中 国 国 家 标 准 汇 编

2008 年修订-84

中国标准出版社　编

中 国 标 准 出 版 社

北　京

图书在版编目（CIP）数据

中国国家标准汇编：2008年修订.84/中国标准出版社编.—北京：中国标准出版社，2009

ISBN 978-7-5066-5584-2

Ⅰ.中…　Ⅱ.中…　Ⅲ.国家标准-汇编-中国-2008
Ⅳ.T-652.1

中国版本图书馆CIP数据核字（2009）第198908号

中国标准出版社出版发行
北京复兴门外三里河北街16号
邮政编码:100045
网址 www.spc.net.cn
电话:68523946　68517548
中国标准出版社秦皇岛印刷厂印刷
各地新华书店经销
*
开本 880×1230　1/16　印张 37　字数 1 113 千字
2009年12月第一版　2009年12月第一次印刷
*
定价 200.00 元

ISBN 978-7-5066-5584-2

出 版 说 明

1.《中国国家标准汇编》是一部大型综合性国家标准全集。自1983年起，按国家标准顺序号以精装本、平装本两种装帧形式陆续分册汇编出版。它在一定程度上反映了我国建国以来标准化事业发展的基本情况和主要成就，是各级标准化管理机构，工矿企事业单位，农林牧副渔系统，科研、设计、教学等部门必不可少的工具书。

2.《中国国家标准汇编》收入我国每年正式发布的全部国家标准，分为"制定"卷和"修订"卷两种编辑版本。

"制定"卷收入上年度我国发布的、新制定的国家标准，顺延前年度标准编号分成若干分册，封面和书脊上注明"20××年制定"字样及分册号，分册号一直连续。各分册中的标准是按照标准编号顺序连续排列的，如有标准顺序号缺号的，除特殊情况注明外，暂为空号。

"修订"卷收入上年度我国发布的、被修订的国家标准，视篇幅分设若干分册，但与"制定"卷分册号无关联，仅在封面和书脊上注明"20××年修订-1，-2，-3，……"字样。"修订"卷各分册中的标准，仍按标准编号顺序排列（但不连续）；如有遗漏的，均在当年最后一分册中补齐。需提请读者注意的是，个别非顺延前年度标准编号的新制定的国家标准没有收入在"制定"卷中，而是收入在"修订"卷中。

读者配套购买《中国国家标准汇编》"制定"卷和"修订"卷则可收齐上一年度我国制定和修订的全部国家标准。

3. 由于读者需求的变化，自1996年起，《中国国家标准汇编》仅出版精装本。

4. 2008年制修订国家标准共5946项。本分册为"2008年修订-84"，收入新制修订的国家标准15项。

中国标准出版社
2009年10月

目　　录

ICS 47.060
R 24

中华人民共和国国家标准

GB/T 15731—2008
代替 GB/T 15731—1995

内河旅游船星级的划分与评定

Star-rating standard for river cruises

2008-11-25 发布　　2009-03-01 实施

中华人民共和国国家质量监督检验检疫总局
中国国家标准化管理委员会　发布

前　言

本标准代替 GB/T 15731—1995《内河旅游船星级的划分及评定》。

本标准与 GB/T 15731—1995 相比主要变化如下：

a) 规定内河旅游船使用星级的有效期限为五年，取消了星级终身制，增加了预备星级（本标准 5.2）；
b) 增加了旅游船安排游客上岸游览的各项服务水平应与旅游船的星级相一致的内容（见 5.3）；
c) 增加了旅游船及其隶属的游船公司应建立统一、规范、科学的管理制度的内容（见 5.4）；
d) 将原标准的服务项目分解到各对客部门（见 6.1.11，6.1.12，6.1.13，6.1.15，6.2.11，6.2.12，6.2.13，6.2.15，6.3.13，6.3.14，6.3.15，6.3.16，6.3.18，6.4.13，6.4.14，6.4.15，6.4.16，6.4.18，6.5.13，6.5.14，6.5.15，6.5.16，6.5.18）；
e) 增加了专门的安全、环境保护与节能条款（见 6.1.16，6.2.16，6.3.19，6.4.19，6.5.19）；
f) 提高了各星级旅游船的最低客房数量要求（见 6.1.12a，6.2.12a，6.3.14a，6.4.14a，6.5.14a）；
g) 对三星级以上旅游船增加了选择项目。选择项目共 72 项，包括综合类别、特色类别、安全类别、环保节能类别四大部类（见 6.6）；
h) 增加了对旅游船和游船公司管理制度的要求（见 9）；
i) “内河旅游船星级的划分与评定”的英文改为“Star-rating standard for river cruises”。

本标准的附录 A、附录 B 和附录 C 为规范性附录，附录 D 为资料性附录。

本标准由中华人民共和国国家旅游局提出。

本标准由全国旅游标准化技术委员会（CSBTS/TC 210）归口。

本标准起草单位：中华人民共和国国家旅游局质量规范与管理司、湖北省旅游局。

本标准主要起草人：满宏卫、刘士军、胡礼鸣、贺静、李伟、刘锦宏、袁俊、韩琪。

本标准于 1995 年首次发布。

引　　言

随着社会经济发展水平和对外开放程度的提高，内河旅游船所面临的外部环境和市场结构发生了较大变化，其自身按不同客源类型和消费层次所作市场定位和分工也日趋细化。同时，国际、国内在环保、节能、安全等方面的政策法规也不断强化。为促进内河旅游船的管理和服务更加规范和专业，使之既符合中国实际又与国际发展趋势保持一致，本标准尚需不时进行修订。

内河旅游船星级的划分与评定

1 范围

本标准规定了我国内河旅游船星级的划分条件、评定规则及服务质量和管理制度要求。

本标准适用于我国内河水域，具有24 h(含24 h)以上营运能力的各类旅游船。

2 规范性引用文件

下列文件中的条款通过本标准的引用而成为本标准的条款。凡是注日期的引用文件，其随后所有的修改单(不包括勘误的内容)或修订版均不适用于本标准，然而，鼓励根据本标准达成协议的各方研究是否可使用这些文件的最新版本。凡是不注日期的引用文件，其最新版本适用于本标准。

GB/T 10001.1 标志用公共信息图形符号 第1部分：通用符号

GB/T 10001.2 标志用公共信息图形符号 第2部分：旅游休闲符号

GB/T 10001.3 标志用公共信息图形符号 第3部分：客运与货运

3 术语和定义

下列术语和定义适用于本标准：

3.1

内河旅游船 river cruise

具有24 h以上(含24 h)连续航行营运能力，以经营接待度假、休闲、观光、商务等游客为主，并为其提供娱乐、食宿、上岸游览和导游服务的内河水域客运船舶。

3.2

星级 star-rating

用星的数量表示旅游船的等级。星级分为五个等级，即一星级、二星级、三星级、四星级、五星级。最低为一星级，最高为五星级。星级越高，表示旅游船的档次、服务等级越高。

3.3

预备星级 probationary star-rating

专门针对运营时间不足一年的旅游船设置，其等级与星级对应。

3.4

阳光甲板 sun deck

有一定面积，供旅游船的游客室外观景或开展其他室外活动的顶层甲板。

4 星级符号

星级以五角星为符号，用一颗五角星表示一星级，两颗五角星表示二星级，三颗五角星表示三星级，四颗五角星表示四星级，五颗五角星表示五星级。

5 总则

5.1 除非本标准有更高要求，旅游船的主体建造、航行设施、服务项目和航行管理应符合交通、安全、消防、卫生、环境保护等现行的国家有关法规和标准，并取得相应的营运证书。

5.2 旅游船正式营运一年后可申请星级，经评定批复后，可以享有五年有效的星级及其标志使用权。营运不足一年的旅游船可以申请预备星级，有效期一年。

5.3　旅游船安排游客上岸游览的各项服务水平应与旅游船的星级相一致。

5.4　旅游船及其隶属的旅游船公司应建立统一、规范、科学的管理制度。

5.5　星级的评定按照本标准及附录A(设施设备及服务项目评分表)、附录B(设施设备维修保养及清洁卫生评定检查表)和附录C(服务质量评定检查表)中给出的最低得分和得分率执行,服务与管理制度评价表参见附录D。

6　星级的划分条件

6.1　一星级

6.1.1　旅游船外形整洁、大方,内装饰材料一般。

6.1.2　布局基本合理,方便游客在旅游船上的正常活动。

6.1.3　公共信息图形符号应符合GB/T 10001.1、GB/T 10001.2和GB/T 10001.3的规定。

6.1.4　根据航行区域气候条件,室内公共区域应有采暖或制冷设备,各区域通风较好。

6.1.5　设施设备养护良好,应达到整洁、卫生、有效。

6.1.6　应有旅游广播系统。

6.1.7　可提供离船短程旅游项目服务。

6.1.8　各种指示和服务用文字应以规范的中英文同时表示。

6.1.9　应以普通话提供服务,应有持证导游对航线中的主要景点提供导游服务。

6.1.10　应有定型线路产品和固定航班。

6.1.11　前厅

a)　应设有与旅游船规模、星级相适应的接待区域和服务台;
b)　总服务台应位于前厅显著位置,有装饰,光线好,应有中英文标志。前厅24 h应有工作人员在岗,提供接待、问讯、结账服务,提供天气预报服务;
c)　应提供旅游船服务项目宣传品及价目表、旅游船行程和活动日程告示、航线旅游景点分布图、旅游船平面示意图;
d)　应提供小件行李存放服务;
e)　可代售邮票,代发信件。

6.1.12　客房

a)　应有不少于50间(套)可供游客居住的客房;
b)　装修良好,应有床、桌、椅、床头壁架等配套家具;
c)　70%以上的客房应有卫生间,装有抽水恭桶、面盆、淋浴或浴缸、浴帘。客房中没有卫生间的楼层应设有男女分设、间隔式公共卫生间以及专供游客使用的男女分设、间隔式公共浴室,游客与相关设施的比例应为6∶1。应采取有效的排水措施,12 h供应热水;
d)　根据航行区域的气候,应有采暖或制冷空调设备,通风良好;
e)　照明充足,客房宜有观景舷窗和遮光窗帘;
f)　应备有旅游船服务指南、价目表、航行须知;
g)　客房、卫生间应每天全面整理一次,每个航次更换床单、被单及枕套;
h)　应24 h提供冷热饮用水。

6.1.13　餐饮

a)　应有与客房接待能力相适应的餐厅;
b)　应有桌椅、餐具,灯光照明充足;干净、卫生;
c)　应定时提供早、中、晚便餐服务,可提供小型中餐便宴;
d)　不使用一次性筷子和一次性湿纸巾,不使用塑料桌布。

6.1.14　厨房

a） 厨房应使用防滑材料铺设地板；

b） 冷菜间与热菜间应有分隔设施，应有充足的冷柜，宜有专门的洗碗消毒区域，布局合理。厨房温度适宜，应有充足的排风设施。设施设备及用具应保持整洁、卫生。

6.1.15 公共区域设施设备

a） 前或后甲板应有一定的室外观光公共区域；

b） 应有公共卫生间；

c） 宜设有面积与客房数相适应的多功能厅或娱乐室，配备电视机及音像设备，提供茶点、饮料服务；

d） 宜设室内公共休息处，配备书架，提供图书、报刊租借服务；

e） 宜设日用商品柜台；

f） 走廊墙面整洁、有装修，24 h 照明充足。

6.1.16 安全、环境保护与节能

a） 遵守国家有关安全、环保、节能、食品、卫生、防疫等法律法规和标准，各项证照齐全；

b） 应有安全、环保、节能降耗等规章制度；

c） 应有安全广播系统，宜有安全、环保、节能的宣传或倡导；

d） 应有应急供电设施和应急照明设施；

e） 廊道无障碍物，紧急出口、消防等标识规范清晰，位置合理；

f） 应有紧急救助设施，可提供紧急救助服务；

g） 客房应按床位数 100％配备救生衣，救生艇或救生筏的载客量应不少于旅游船额定载客量的 50％；

h） 客房门锁宜为暗锁，有防盗装置，显著位置应张贴安全疏散示意图、救生衣穿着示意图；

i） 客房卫生间应采取一定的安全和防滑措施；

j） 全船防火结构应符合行业规范；

k） 厨房应配备烟感或温感报警器、灭火毯、灭火布及其他灭火设备；

l） 应有船舶垃圾管理系统；

m） 应实行废油回收登记制度；

n） 生活用水和污水排放应符合国家规定的技术标准；

o） 烟囱烟尘排放、厨房油烟排放应达到有关规定标准；

p） 应采用节能、降耗的设备设施或物品。

6.2 **二星级**

6.2.1 旅游船外形美观、大方，内装饰材料较好。

6.2.2 布局基本合理，方便游客在旅游船上的日常活动。

6.2.3 公共信息图形符号应符合 GB/T 10001.1、GB/T 10001.2 和 GB/T 10001.3 的规定。

6.2.4 根据航行区域气候，室内公共区域应有采暖或制冷设备，各区域通风较好。

6.2.5 设施设备养护良好，应达到整洁、卫生、有效。

6.2.6 应有公共音响转播系统和旅游广播系统。

6.2.7 能提供离船短程旅游项目服务。

6.2.8 各种指示和服务用文字应以规范的中英文同时表示。

6.2.9 应以普通话提供服务，领班以上服务人员能提供简单英语服务。应有持证导游对航线中的主要景点提供导游服务。有晚间娱乐活动节目。

6.2.10 应有定型线路产品和固定航班。

6.2.11 前厅

a） 应有与旅游船规模、星级相适应的前厅和总服务台；

b) 总服务台应位于前厅显著位置，有装饰，光线好，应有中英文标志。前厅24 h应有工作人员在岗，提供接待、问讯、结账服务，有贵重物品保存服务，提供天气预报服务；

c) 应提供旅游船服务项目宣传品及价目表、旅游船行程和活动日程告示、航线旅游景点分布图及景点情况介绍、旅游船的平面示意图；

d) 应提供小件行李存放服务；

e) 可代售邮票，代发信件；

f) 应有管理人员16 h在岗值班；

g) 在非经营区应设游客休息场所。

6.2.12 客房

a) 应有不少于50间(套)可供游客居住的客房；

b) 装修大方，应有床、桌、椅、床头柜或床头壁架、衣橱、行李架等配套家具；

c) 所有的客房应有卫生间，有抽水恭桶、面盆、梳妆镜、淋浴，有浴帘。采取有效的排水措施，18 h供应热水；

d) 根据航行区域气候条件，应有采暖或制冷空调设备，通风良好；

e) 照明充足，应有观景舷窗和遮光窗帘；

f) 宜有电话；

g) 应有彩色电视机，画面音质清晰，至少两个以上的播放频道，备有节目单；

h) 应有与星级相适的文具用品；

i) 应设有至少两种规格的电源插座；

j) 应备有旅游船服务指南、价目表、航行须知；

k) 客房、卫生间应每天全面整理一次，每个航次更换一次或在航次中应游客要求更换床单、被单及枕套。应配备必要客用品和消耗品；

l) 应24 h提供冷热饮用水。

6.2.13 餐饮

a) 应有与客房接待能力相适应的餐厅，装修大方；

b) 应有桌椅、餐具，灯光照明充足，环境清洁、卫生；

c) 应定时提供早、中、晚餐服务，可提供宴会服务。

6.2.14 厨房

a) 墙面宜作防油污处理，应使用防滑材料铺设地面；

b) 餐饮加工区域、设施设备及用具应保持整洁、卫生；

c) 厨房布局基本合理，冷菜间与热菜间应分设，应有充足的冷柜，宜有专门的洗碗消毒区域、位置合理。应有专门放置临时垃圾的设施。厨房温度适宜，应有充足的排水设施。厨房与餐厅之间应有隔音、隔味和隔热的设施。

6.2.15 公共区域设施设备

a) 前甲板和后甲板应有可供旅游船游客室外观景的区域，宜设有前或后室内观景区域。配置休闲桌椅。阳光甲板宜铺设适量人工草坪；

b) 应有供游客使用的公共卫生间；

c) 宜有面积与载客数量相适应的多功能厅、酒吧或咖啡厅(可共用)，配备电视机及音像设备，可提供卡拉OK和酒水服务；

d) 应设室内公共休息处，配备书架，提供图书、报刊租借服务；

e) 应设小型商场，出售旅行日常用品和旅游纪念品；

f) 走廊墙面整洁、装修大方，24 h光线充足。

6.2.16 安全、环境保护与节能

a) 遵守国家有关安全、环保、节能、食品、卫生、防疫等法律法规和标准，各项证照齐全；
b) 应有安全、环保、节能降耗等规章制度；
c) 应有安全广播系统，宜有安全、环保、节能的宣传或倡导；
d) 应有应急供电设施和应急照明设施；
e) 廊道应无障碍物，紧急出口、消防等标识应规范清晰，位置合理；
f) 应有紧急救助设施，可提供紧急救助服务；
g) 客房应按床位数100%配备救生衣，救生艇或救生筏的载客量不少于旅游船额定载客量的50%；
h) 客房门锁应为暗锁，有防盗装置，显著位置应张贴安全疏散示意图、救生衣穿着示意图；
i) 客房卫生间应采取一定的安全和防滑措施；
j) 全船防火结构应符合行业规范；
k) 厨房应配备烟感或温感报警器、灭火毯、灭火布及其他灭火设备；
l) 应有船舶垃圾管理系统；
m) 应实行废油回收登记制度；
n) 生活用水和污水排放应符合国家规定的技术标准；
o) 烟囱烟尘排放、厨房油烟排放应达到有关规定标准；
p) 应采用节能、降耗的设备设施或物品。

6.3 三星级

6.3.1 旅游船外形美观、大方。内部装饰较高档，较精细。

6.3.2 布局合理，能为游客提供较舒适的活动场所。

6.3.3 指示用标志清晰，公共信息图形符号应符合GB/T 10001.1、GB/T 10001.2和GB/T 10001.3的规定。

6.3.4 室内公共区域应有中央空调，各区域通风良好。

6.3.5 有与本星级相适应的计算机管理系统。

6.3.6 设施设备养护良好，应达到整洁、卫生、有效。

6.3.7 应有公共音响转播系统和旅游广播系统，有背景音乐。

6.3.8 各项管理制度健全，与旅游船规模和星级相一致。

6.3.9 各种指示和服务用文字应以规范的中英文同时表示。

6.3.10 对客服务区域员工应以普通话和服务英语提供服务。应有持证导游对航线全程景点提供普通话导游服务，根据需要提供外语导游服务。

6.3.11 应有固定的活动安排，有可选择的活动项目，可提供健身指导、专题讲座。晚间娱乐活动节目较丰富。宜有员工文艺表演。

6.3.12 应有定型线路产品和固定航班。

6.3.13 前厅

a) 应有与旅游船规模、星级相适应的前厅和总服务台，前厅装修美观别致；
b) 总服务台应位于前厅显著位置，装饰美观，照明充足，各区段应有中英文标志。接待人员应24 h提供接待、问讯和离船一次性结账服务，可提供信用卡、外币兑换服务，提供天气预报和雨具服务；
c) 应提供接送行李服务，有行李存放服务；
d) 应提供旅游船服务项目宣传品及价目表、旅游船行程和活动日程告示、航线的旅游景点分布图及景点情况介绍、旅游船的平面示意图、高级管理人员情况介绍；
e) 可为游客上、下船提供迎送服务；
f) 应提供离船短程旅游项目服务；

g) 应有管理人员24 h在岗值班；

h) 在非经营区应设游客休息场所。

6.3.14 客房

a) 应有不少于60间(套)可供游客居住的客房，应有套房或单人间等两种以上的房型；

b) 装修良好、美观，应有软垫床、梳妆台或写字台、衣橱及衣架、座椅或简易沙发、床头柜或床头壁架、床头灯及行李架等配套家具。室内满铺地毯或木地板。室内采用区域照明且目的物照明度较好。室内面积较宽敞；

c) 所有客房应有卫生间，有抽水恭桶、梳妆台(配备面盆、梳妆镜)、淋浴或浴缸，并配有浴帘。采取有效的排水措施。采用较高级建筑材料装修地面、墙面和天花，色调柔和，目的物照明度良好。应有良好的排风系统或排风器，温湿度适宜。应有110V/220V不间断电源插座。应24 h供应冷、热水；

d) 应有电话，可拨通各服务部门和客房，并配有使用说明和有关电话号码；

e) 应有彩色电视机，画面音质清晰，至少三个以上的播放频道，播放时间不少于10 h，结束播放时间不早于24:00，内容符合中国政府规定；

f) 所有客房应有观景舷窗和遮光窗帘；

g) 应有至少两种规格的电源插座，提供插座转换器；

h) 应有与本星级相适应的文具用品。应有旅游船服务指南、价目表、航行须知、每日行程和活动安排、所在航线旅游景点介绍和航行线路图；

i) 客房、卫生间应每天全面整理一次，应游客要求更换床单、被单及枕套，并做到每客必换；

j) 应提供开夜床服务；

k) 床用棉织品(床单、枕芯、枕套、棉被及被单等)及卫生间针织用品(浴衣、浴巾、毛巾等)材质较好；

l) 应24 h提供冷热饮用水，免费提供茶叶或咖啡；

m) 应提供叫醒服务；

n) 应提供衣装湿洗和熨烫服务；

o) 应提供擦鞋工具。

6.3.15 餐厅

a) 应有与客房接待能力相适应的餐厅，布局合理，装饰美观、别致；

b) 应有较高档次的餐桌椅、备餐台，灯光照明充足，环境干净、卫生；

c) 应提供早、中、晚餐服务，可提供中、西式早餐，中式宴会、西式冷餐酒会、简易西餐服务；

d) 餐具应配套齐全、卫生、光洁，无破损；

e) 应有中英文对照的菜单及饮品单，美观整洁。

6.3.16 酒吧

a) 宜有独立封闭式酒吧或茶室(可与前或后观景室兼用)，提供茶水、软饮、啤酒、鸡尾酒和洋酒服务，有中英文对照的酒水单；

b) 分区设计合理，功能性较强，宜有艺术装饰；

c) 应有台、椅、酒水陈列柜、制冰机及饮具等酒吧设施设备。

6.3.17 厨房

a) 墙面应作防油污处理，应使用防滑材料满铺地面；

b) 厨房布局基本合理，冷菜间与热菜间应分设，宜有单独的面点间。冷菜间温度应符合食品卫生标准，应配备空气消毒设施；

c) 应有必要的冷藏、冷冻设施；

d) 洗碗消毒区域应位置合理，设施齐备；

e) 粗加工间与其他操作间应隔离，各操作间应有充足的排风设施，温度适宜；

f) 厨房与餐厅之间应采取有效的隔音、隔味、隔热措施。

6.3.18 公共区域

a) 前甲板和后甲板应有可供旅游船游客室外观景的区域，应设有前或后室内观景区域；

b) 应有阳光甲板，满铺人工草坪，应提供躺椅等休闲服务设施；

c) 各公共区域应设公共卫生间；

d) 应有面积与载客数量相适应的多功能厅或舞厅(两者可共用)，应配备投影、音像设备、灯光系统，可提供舞会、卡拉OK和酒水服务；

e) 应有阅览室或图书馆(可与前或后观景室兼用)，应有适量可供阅览的中外书刊和报纸；

f) 应设小型商场，出售旅行日常用品和旅游纪念品；

g) 应有商务中心，提供邮件、传真、复印、打字、国际国内长途电话等服务；

h) 走廊地面应满铺地毯或其他较高档材料，墙面整洁、装修美观，24 h光线充足。

6.3.19 安全、环境保护与节能

a) 遵守国家有关安全、环保、节能、食品、卫生、防疫等法律法规和标准，各项证照齐全合格；

b) 应有较完整的安全、环保、节能降耗等规章制度；

c) 应有安全广播系统，宜有安全、环保、节能的宣传或倡导；

d) 应有应急供电设施和应急照明设施；

e) 应有贵重物品保险箱；

f) 廊道应无障碍物，紧急出口、消防等标识应规范清晰，位置合理；

g) 应有紧急救助设施，提供紧急救助服务；

h) 客房应按床位数100%配备救生衣，救生艇或救生筏的载客量不少于旅游船额定载客量的50%；

i) 客房门锁应为暗锁，应有门铃及防盗装置，显著位置应张贴安全疏散示意图、救生衣穿着示意图；

j) 客房卫生间应采取一定的安全和防滑措施；

k) 全船防火结构应符合行业规范，采用无污染绝缘型灭火器；

l) 厨房应配备烟感或温感报警器、灭火毯、灭火布及其他灭火设备；

m) 应有船舶垃圾管理系统；

n) 应实行废油回收登记制度；

o) 应使用净水、污水处理装置，生活用水和污水排放应符合国家规定的技术标准；

p) 烟囱烟尘排放、厨房油烟排放应达到有关规定标准；

q) 宜有减摇、减振、降噪、隔声的措施；

r) 客房应采用节能、降耗设备设施或物品；

s) 应有控制能耗的措施。

6.3.20 在选择项目(6.6)中至少具备20项。

6.4 四星级

6.4.1 旅游船外形美观、大方，有特色。内部装饰高档，美观、精细，主题风格突出。

6.4.2 布局和功能划分合理，设施使用方便、安全，能为游客提供舒适的活动场所。

6.4.3 指示用标志清晰、实用，公共信息图形符号应符合GB/T 10001.1、GB/T 10001.2和GB/T 10001.3的规定。

6.4.4 室内公共区域应有中央空调，各区域通风良好。

6.4.5 应有与本星级相适应的计算机管理系统。

6.4.6 设施设备养护良好，应达到整洁、卫生、有效。

6.4.7 应有公共音响转播系统和旅游广播系统。背景音乐曲目、音量适宜，音质良好。

6.4.8 提供离船短程旅游项目服务。

6.4.9 各项管理制度健全，与旅游船规模和星级相一致。

6.4.10 各种指示和服务用文字应以规范的中英文同时表示。

6.4.11 各对客服务区域应以普通话和英语提供服务。应有驻船持证导游，提供全程普通话和外语导游服务。

6.4.12 应有固定的活动安排，有可选择的活动项目，有健身指导、专题讲座。晚间娱乐活动节目丰富、形式多样。宜有员工文艺表演。

6.4.13 前厅

a) 应有与旅游船规模、星级相适应的前厅和总服务台；

b) 气氛豪华，风格独特，装饰典雅，色调协调，光线充足；

c) 总服务台应位于前厅显著位置，装饰精致、目的物照明度良好，各区段中英文标志规范、清晰。应 24 h 提供接待、问讯和离船一次性结账服务；

d) 应提供信用卡结算服务；

e) 应提供 18 h 外币兑换服务；

f) 应提供天气预报及雨具服务；

g) 应提供接送行李服务。有行李存放服务；

h) 应有定型的线路产品和固定航班；

i) 应提供旅游船服务项目宣传品及价目表；

j) 应有专门的信息栏，有旅游船行程和活动日程告示、航线的旅游景点分布图及景点情况介绍、旅游船的平面示意图、高级管理人员情况介绍；

k) 应为游客上、下船提供迎送服务；

l) 管理人员应 24 h 在岗值班；

m) 在非经营区应设游客休息场所。

6.4.14 客房

a) 应有不少于 60 间(套)可供游客居住的客房；

b) 装修豪华、精致，应有高档软垫床、写字台、衣橱及衣架、茶几、座椅或沙发、床头柜、床头灯、台灯、全身镜及行李架等高级配套家具。室内满铺高级地毯或优质木地板。采用区域照明且目的物照明度良好。室内面积宽敞；

c) 应有卫生间，有高级抽水恭桶、梳妆台(配备面盆、梳妆镜)、淋浴间或浴缸，配有浴帘。水龙头冷热标识清晰。采取有效的排水措施。采用高级整体浴室或用高级建筑材料装修地面、墙面和天花，色调高雅柔和，采用分区照明且目的物照明度良好。应有良好的低噪音排风系统，温度与客房适宜。应有 110 V/220 V 不间断电源插座、电话副机。应 24 h 供应冷、热水；

d) 应有中央空调，游客可自行调节室温，通风良好；

e) 应有方便使用的电话，可拨通各服务部门和客房，并配有使用说明和有关电话号码；

f) 应有彩色电视机，画面音质清晰，提供卫星电视节目和两个频道的闭路电视节目，播放时间不少于 18 h，结束播放时间不早于 24:00，内容符合中国政府规定；

g) 应有两种以上的房型；

h) 应有两开间以上的豪华套房；

i) 所有客房应有观景舷窗、内窗帘及遮光窗帘；

j) 应有游客可以调控且音质良好的背景音乐系统；

k) 应有至少两种规格的电源插座，方便游客使用，应提供插座转换器；

l) 应有与本星级相适应的文具用品。应有旅游船服务指南、价目表、航行须知、每日行程和活动安排、所在航线旅游景点介绍和航行线路图；

m) 客房、卫生间应每天全面整理一次，应游客要求更换床单、被单及枕套，并做到每客必换。应游客要求随时进房清扫整理，客用品和消耗品补充齐全；

n) 应提供开夜床服务，放置晚安致意品；

o) 床用棉织品(床单、枕芯、枕套、棉被及被单等)及卫生间针织用品(浴衣、浴巾、毛巾等)材质良好、工艺讲究、柔软舒适；

p) 应 24 h 提供冷热饮用水，免费提供茶叶或咖啡；

q) 客房应有小冰箱，提供软饮料和冰块，有饮用器具和中英文对照价目单；

r) 应提供叫醒服务；

s) 应提供衣装湿洗和熨烫及缝补服务，可在 24 h 内交还游客。16 h 提供加急服务；

t) 应提供擦鞋服务。

6.4.15 餐厅

a) 应有与客房接待能力相适应的布局合理的高级中餐厅或西餐厅；

b) 装修高档，有特色，格调高雅，文化主题突出；

c) 应有固定的自助餐台和酒水展示台(柜)；

d) 应有独立的备餐间；

e) 应根据游客生活习惯，合理定时安排中、西式早、中、晚餐服务。可提供中餐或西餐零点服务，晚餐结束营业时间应不早于 21：00。餐厅主管、领班及服务员应提供英语服务；

f) 餐具应按中西餐习惯成套配置，无破损，卫生、光洁；

g) 菜单及饮品单应装帧精美，完整清洁。

6.4.16 酒吧

a) 应有专门的酒吧或茶室，装饰有特色，环境幽雅，宜有独立的背景音乐；

b) 应备有多种洋酒和中国名酒，应有调酒和咖啡调制设备、器皿，可提供系列特色鸡尾酒、多种咖啡、软饮和点心；

c) 分区设计应合理，功能性较强。

6.4.17 厨房

a) 布局合理，传菜路线与其他公共区域应不交叉，应有专用传菜设备和通道；

b) 墙面应作防油污处理，应使用防滑材料满铺地面和防潮材料吊顶；

c) 应有单独的冷菜间、中、西面点间，应有足够的冷气设备。冷菜间内应配备空气消毒设施；

d) 应有充足的冷柜，生熟食品及半成品分柜放置。宜有干货、调料仓库；

e) 应有独立的蔬菜、水果冷藏库，独立的鱼肉类、禽类冷冻库；

f) 洗碗消毒区域应位置合理、设施齐备；

g) 厨房应有充足的排风设施，温度适宜；

h) 厨房与餐厅之间应采取有效的隔音、隔味和隔热措施。

6.4.18 公共区域

a) 前甲板和后甲板应有可供旅游船游客室外观景的区域，应设有前或后室内观景区域；

b) 应有阳光甲板，应提供躺椅等休闲服务设施。可提供流动酒吧服务；

c) 室外甲板应满铺人工草坪或高档胶垫；

d) 各公共区域应设公共卫生间；

e) 应有面积与载客数量相适应的多功能厅或舞厅(两者可共用)，应配备多媒体投影、高级音响设备、灯光系统，应提供舞会、卡拉 OK、娱乐活动和酒水服务；

f) 应设阅览室或图书馆(可与前或后观景室兼用)，应有适量可供阅览的中外书刊和报纸；

g) 应设小商场，出售日常用品和旅游纪念品；

h) 应有商务中心，提供邮件、传真、复印、打字、翻译、国际国内长途电话、互联网和电脑出租等服务；

i) 宜有会议设施及服务；

j) 走廊地面应满铺较高档地毯，墙面高档材料装修，精致，24 h 光线充足 。

6.4.19 安全、环境保护与节能

a) 严格遵守国家有关安全、环保、节能、食品、卫生、防疫等法律法规和标准，各项证照齐全合格；

b) 应有完整的安全、环保、节能降耗等规章制度；

c) 应有安全广播系统和安全、环保、节能的宣传或倡导；

d) 应有应急供电设施和应急照明设施；

e) 应有服务人员和游客同时开启的贵重物品保险箱，位置安全、隐蔽；

f) 廊道应无障碍物，紧急出口、消防等标识应规范清晰，位置合理；

g) 应有紧急救助设施，提供紧急救助服务及保健服务；

h) 客房按床位数 100% 配备救生衣，救生艇或救生筏的载客量应不少于旅游船额定载客量的 50%；

i) 客房门锁应为暗锁，应有门铃及防盗装置，显著位置应张贴安全疏散示意图、救生衣穿着示意图；

j) 客房卫生间应采取有效的安全和防滑措施；

k) 全船防火结构应符合行业规范，采用无污染绝缘型灭火器；

l) 厨房应配备烟感或温感报警器、灭火毯、灭火布及其他灭火设备；

m) 应有船舶垃圾管理系统；

n) 应实行废油回收登记制度；

o) 应使用技术先进的净水、污水处理装置，生活用水和污水排放应符合国家规定的技术标准；

p) 洗衣房应采用不含磷洗涤用品，使用和用量正确；

q) 烟囱烟尘排放、厨房油烟排放应达到有关规定标准；

r) 应有减摇、减振、降噪、隔声的有效措施；

s) 应有控制能耗的设备和措施；

t) 客房应积极采用节能、降耗设备设施或物品；

u) 应有降低客房物资用品耗量的措施。

6.4.20 在选择项目(6.6)中至少具备 30 项。

6.5 五星级

6.5.1 旅游船外形美观、特色显著。内装修采用高档装饰材料，工艺精致，主题文化突出，气氛豪华。

6.5.2 布局和功能划分合理，设施设备高档齐全，使用方便、安全，能为游客提供豪华、舒适的活动场所。

6.5.3 指示用标志清晰、实用、美观，公共信息图形符号应符合 GB/T 10001.1、GB/T 10001.2 和 GB/T 10001.3 的规定。

6.5.4 室内公共区域应有中央空调，温度控制在 20 ℃～25 ℃，各区域通风良好。

6.5.5 应有与本星级相适应的计算机管理系统。

6.5.6 设施设备养护良好，应达到完备、整洁、有效。

6.5.7 应有公共音响转播系统和旅游广播系统。背景音乐曲目、音量适宜，音质良好。

6.5.8 提供离船短程旅游项目服务。

6.5.9 各项管理制度健全，与旅游船规模和星级相一致。

6.5.10 各种指示和服务用文字应以规范的中英文同时表示。

6.5.11 对客服务区域员工应以普通话和英语提供服务。应有驻船持证中级导游，提供全程普通话和两种以上外语（英语为必备）导游服务。

6.5.12 应有固定的活动安排，提供健身指导、文化专题讲座、多项文娱活动，根据游客要求可安排特殊旅游活动服务项目。每日晚间娱乐活动主题鲜明，节目丰富，形式多样。应有员工文艺表演或专业文艺表演。

6.5.13 前厅

a) 应有与旅游船规模、星级、主题风格相适应的前厅和总服务台；
b) 主题鲜明，特色显著，色彩协调，光线充足，工艺精致，气氛豪华；
c) 总服务台应位于前厅显著位置，装饰精美、照明充足、烘托气氛，各区段有中英文标志。接待人员应 24 h 提供接待、问讯和离船一次性结账服务；
d) 应提供信用卡结算服务；
e) 应提供 18 h 外币兑换服务；
f) 应提供天气预报及雨具服务；
g) 应提供接送行李服务。有行李存放服务；
h) 应提供旅游船服务项目宣传品及价目表；
i) 应有专门的信息栏，有旅游船行程和活动日程告示、航线的旅游景点分布图及景点情况介绍、旅游船的平面示意图、高级管理人员情况介绍；
j) 应有固定的航线和航班；
k) 应为游客上、下船提供迎送服务；
l) 管理人员应 24 h 在岗值班；
m) 在非经营区应设游客休息场所。

6.5.14 客房

a) 应有不少于 60 间（套）可供游客居住的客房；
b) 装修豪华，艺术品突出主题文化，应有舒适的床垫、写字台、衣橱及衣架、茶几、座椅或沙发、床头柜、床头灯、台灯、全身镜及行李架等高级配套家具。室内应满铺高级地毯或优质木地板。采用区域照明且目的物照明度良好；
c) 应有卫生间，有高级抽水恭桶、梳妆台（配备面盆、梳妆镜）、淋浴间或浴缸，装有浴帘。水龙头冷热标识清晰。采取有效排水措施。采用豪华建筑材料装修地面、墙面和天花，色调高雅柔和，采用分区照明且目的物照明度良好。应有低噪音排风系统，温度与客房无明显差异。有 110V/220V 不间断电源插座、电话副机。应提供吹风机。24 h 供应冷、热水；
d) 应有中央空调，游客可自行调节室温，通风良好；
e) 应有方便使用的电话，可拨通各服务部门和客房，并配有使用说明和有关电话号码；
f) 应有彩色电视机，画面音质清晰，有外语频道，至少三个以上的播放频道及两个频道以上的自办闭路电视节目，全日播放，内容符合中国政府规定；
g) 应有单人间；
h) 应有至少两开间的豪华套房；
i) 在外部条件具备的情况下，应提供国际互联网接入服务，并备有使用说明；
j) 所有客房应有观景舷窗、纱帘及遮光窗帘；
k) 应有游客可以调控且音质良好的背景音乐系统；
l) 应有至少两种规格的电源插座，方便游客使用，应提供插座转换器；
m) 应有与本星级相适应的文具用品。应有旅游船服务指南、价目表、航行须知、每日行程和活动安排、所在航线旅游景点介绍和航行线路图；
n) 应有体重秤；
o) 客房、卫生间应每天全面整理一次，应游客要求更换床单、被单及枕套，并做到每客必换。应游客要求随时进房清扫整理，客用品和消耗品补充齐全；

p) 应提供开夜床服务，放置晚安致意品；

q) 床用棉织品(床单、枕芯、枕套、棉被及被单等)及卫生间针织用品(浴衣、浴巾、毛巾等)材质优良、工艺考究、柔软舒适；

r) 应 24 h 提供冷热饮用水，免费提供茶叶或咖啡；

s) 应有静音冰箱，提供饮料、冰块，备有饮用器具和价目单；

t) 应提供叫醒服务；

u) 应提供衣装湿洗和熨烫及缝补服务，可在 24 h 内交还游客。18 h 提供加急服务；

v) 应提供擦鞋服务。

6.5.15 餐厅

a) 应有与客房接待能力相适应的布局合理的高级中餐厅或西餐厅；

b) 餐厅应装饰豪华，格调高雅，文化主题突出；

c) 应有固定的自助餐台和酒水展示台(柜)；

d) 应有与餐厅相匹配的独立的备餐间；

e) 应根据游客生活习惯，合理安排中、西式早、中、晚餐服务。中、晚餐可提供中餐或西餐零点服务，晚餐最后点菜时间应不早于 22：00。餐厅主管、领班及服务员应用英语服务；

f) 餐具应按中外习惯成套配置，材质高档，工艺精致，有特色，无破损磨痕，光洁、卫生；

g) 菜单及饮品单应装帧精美、整洁。

6.5.16 酒吧

a) 应有独立的酒吧或茶室装饰豪华，环境幽雅，应有独立的背景音乐，营业时间应不少于 18 h；

b) 应设有专业的吧台、酒水展示台(柜)，应备有多种洋酒和中国名酒，应有专业的调酒和咖啡磨制设备、器皿，应提供系列特色鸡尾酒、多种咖啡、软饮和精美点心；

c) 分区设计应合理，方便游客活动，功能性强。

6.5.17 厨房

a) 布局合理，传菜路线与其他公共区域应不交叉，应有独立传菜设备和通道；

b) 墙面应作防油污处理，应使用防滑材料满铺地面和防潮材料的吊顶；

c) 应有单独的冷菜间、中、西面点间，应有足够的冷气设备。冷菜间内应配备空气消毒设施；

d) 粗加工间与其他操作间应隔离，各操作间应冷气供应充足，温度适宜；

e) 应有充足的冷柜，生熟食品及半成品分柜放置。应有干货、调料仓库并定期清理过期食品；

f) 应有独立的蔬菜、水果冷藏库，独立的鱼肉类、禽类冷冻库；

g) 洗碗消毒区域位置应合理、设施齐备；

h) 厨房应有充足的排风设施，温度适宜；

i) 厨房与餐厅之间应采取有效的隔音、隔味和隔热措施。

6.5.18 公共区域

a) 前甲板和后甲板应有可供旅游船游客室外观景的区域，应设有前或后室内观景区域；

b) 应有中央空调；

c) 应有阳光甲板，应提供躺椅等休闲服务设施。应提供流动酒吧，12 h 对客服务；

d) 室外甲板应满铺人工草坪或高档胶垫、木质地板；

e) 各主要区域应设公共卫生间；

f) 应有面积与载客数量相适应的多功能厅或舞厅(两者可共用)，应配备多媒体投影、高级音像设备、专业灯光系统，应提供舞会、卡拉 OK、娱乐活动和酒水服务；

g) 应有阅览室或图书馆(可与前或后观景室兼用)，应有可供阅览的多种中外书刊、报纸；

h) 应设小商场，出售日常用品、工艺品和旅游纪念品；

i) 应有商务中心，提供邮件、传真、复印、打字、翻译、国际国内长途电话、互联网和电脑出租等服务；

j) 应有会议设施及服务；

k) 走廊地面应满铺高级地毯，墙面高档材料装修，工艺精致，24 h 光线充足。

6.5.19 安全、环境保护与节能

a) 严格遵守国家有关安全、环保、节能、食品、卫生、防疫等法律法规和标准，各项证照齐全合格；

b) 应有完整的安全、环保、节能降耗等规章制度；

c) 应有安全广播系统和安全、环保、节能的宣传或倡导；

d) 应有应急供电设施和应急照明设施；

e) 应有服务人员和游客同时开启的贵重物品保险箱，位置安全、隐蔽；

f) 廊道应无障碍物，紧急出口、消防等标识应规范清晰，位置合理；

g) 应有紧急救助设施，提供紧急救助服务及保健服务；

h) 客房按床位数100%配备救生衣，救生艇或救生筏的载客量应不少于旅游船额定载客量的50%；

i) 客房门锁应为暗锁，应有门铃及防盗装置，显著位置应张贴安全疏散示意图、救生衣穿着示意图；

j) 客房卫生间应采取有效的安全和防滑措施；

k) 全船防火结构应符合行业规范，应采用无污染绝缘型灭火器；

l) 厨房应配备烟感或温感报警器、灭火毯、灭火布及其他灭火设备；

m) 应有船舶垃圾管理系统；

n) 应实行废油回收登记制度；

o) 应使用技术先进的净水、污水处理装置，生活用水和污水排放应符合国家规定的技术标准；

p) 洗衣房应采用不含磷洗涤用品，使用和用量正确；

q) 烟囱烟尘排放、厨房油烟排放应达到有关规定标准；

r) 应有减摇、减振、降噪、隔声的有效措施；

s) 应有控制能耗的设备和措施；

t) 客房应积极采用节能、降耗设备设施或物品；

u) 应有降低客房物资用品耗量的措施。

6.5.20 在选择项目(6.6)中至少具备36项。

6.6 选择项目(共72项)

6.6.1 综合类别(14项)

a) 隶属公司拥有3艘吨位在3 000 t以上的旅游船；

b) 隶属公司拥有独立的品牌或共同享有连锁品牌；

c) 隶属公司和船舶获得交通部或其授权的管理机构颁发的DOC和SMC证书；

d) 隶属公司或加盟的公司有独立的网络预订系统，可及时接受国内外游客对旅游船客房的预订；

e) 隶属公司总经理连续5年以上担任过旅游船企业高级管理职位；

f) 船长连续5年以上担任旅游船船长；

g) 船舶诚信评价等级为AAA；

h) 所属公司拥有5种外语以上的导游人员；

i) 每航次沿途停靠游览景点均为AAAA级以上；

j) 在外部条件具备的情况下，100%的客房能提供国际互联网接入服务；

k) 有为残疾人服务的设施，一般可满足残疾人生活起居的要求；

l) 可为聋哑人提供必要的手语服务；

m) 有旅游信息电子查询系统；
n) 24 h 管家服务。

6.6.2 **特色类别(26 项)**

a) 至少容纳 20 人的独立专用西餐厅；
b) 可在甲板上提供进餐服务；
c) 厨房可对游客开展中餐烹饪专题活动；
d) KTV 房；
e) 棋牌室；
f) 健身房；
g) 美容美发室；
h) 桑拿浴；
i) 有游泳池；
j) 设儿童游戏室，能提供代游客照顾儿童服务；
k) 客用电梯；
l) 商场有旅游船公司自主开发的品牌商品或纪念品；
m) 独立的雪茄吧或特色休闲吧；
n) 独立的大堂吧；
o) 三台以上电脑的独立网吧；
p) 有面积 80 m^2 以上的主题套房；
q) 有 4 个以上的豪华套房；
r) 80%以上客房有阳台；
s) 50%以上客房有浴缸；
t) 有三场次以上专题文化讲座；
u) 有中医保健按摩或足疗；
v) 有专门的影视厅；
w) 至少可容纳 15 人的专业会议室；
x) 同声传译系统(至少两种语言)；
y) 多媒体演示系统(含电脑、多媒体投影仪、实物投影仪等)；
z) 提供摄像、摄影、冲洗等配套服务。

6.6.3 **安全类别(11 项)**

a) 有视频监控系统，能对旅游船重要部位进行 24 h 监视和录像；
b) 客区有喷淋装置；
c) 每航次组织游客参与消防演习；
d) 每航次有客人参与的弃船演习；
e) 客房门禁管理系统；
f) 配备逃生手电；
g) 床头有紧急呼叫按钮；
h) 桑拿室有呼叫按钮和安全说明；
i) 卫生间有紧急呼叫按钮；
j) 50%以上的客房配备客用保险箱；
k) 烟囱有火星熄灭装置。

6.6.4 **环保、节能类别(21 项)**

a) 给水管材质为不锈钢质；

b) 有二次净水系统；

c) 定期对水净化指标进行检测；

d) 有中水处理系统；

e) 客区墙面使用的水性涂料或壁纸为“环境标志产品”；

f) 客区家具为“环境标志产品”；

g) 客房棉织品和针织品为“环境标志产品”；

h) 餐厅、酒吧、客房的陶瓷、玻璃、金属等餐饮器皿为“环境标志产品”；

i) 客区木地板、地毯为“环境标志产品”；

j) 采用安全食品；

k) 有固定的食品供应点；

l) 60％以上客房配备静音小冰箱；

m) 积极采用高效节能技术或燃油替代技术；

n) 中央空调系统使用节能型制冷机组或采用智能型控制技术；

o) 冷、热水泵采用变频控制技术；

p) 客区和员工生活区采用高效节能灯具；

q) 采用节水型水龙头、冷热水混合器、自动冲洗阀；

r) 客房洗衣袋为布质，可重复使用；

s) 棉织品由旅游船公司或社会性服务企业集中洗涤；

t) 客房卫生间采用节水型恭桶；

u) 客房有棉织品和卫生间客用品征询游客意见牌(环保卡)。

7 服务质量要求

7.1 服务基本原则

7.1.1 对游客礼貌、热情、亲切、友好。

7.1.2 对所有游客，不分种族、民族、国别、贫富、亲疏，一视同仁。

7.1.3 密切关注并及时响应游客的合理需求，有针对性地提供个性化服务。

7.1.4 遵守国家法律法规和企业的规章制度，保障游客的合法权益。

7.1.5 尊重游客的宗教信仰与风俗习惯，不损害民族尊严。

7.1.6 关爱残疾人等特殊群体，及时提供有效服务。

7.1.7 遵守职业道德，有良好的服务意识和敬业精神。

7.1.8 注重人际沟通，富有合作意识和团队精神。

7.2 服务基本要求

7.2.1 员工仪容仪表要求

a) 工装整洁、熨烫平整、佩戴名牌，仪容仪表端庄、大方；

b) 服务过程中表情自然、亲切，热情适度，微笑服务。

7.2.2 员工言行举止要求

a) 站、坐、行姿符合各岗位的规范与要求，主动服务，有职业风范；

b) 以适度的自然语言和身体语言对客服务，让游客感到尊重舒适；

c) 员工和游客对话时保持目光交流；

d) 员工与同事交流时关注到游客的存在。

7.2.3 员工语言要求

a) 语言文明、简明，音量、语速适度，符合礼仪规范和岗位要求；

b) 对游客提出的问题暂时无法解决时，应耐心解释并于事后设法解决，不推诿和应付。

7.2.4 **员工业务能力与技能要求**

a) 具有良好的沟通协调能力；

b) 具有良好的应变能力和独立处理问题的能力；

c) 及时、准确、全面地为游客提供信息服务；

d) 应经过相应岗位技能和业务培训，掌握相关业务知识和技能，并能熟练运用。

8 管理制度要求

8.1 应有旅游船公司、旅游船和部门组织机构图。

8.2 应有员工手册和安全手册。

8.3 应建立整个旅游船公司和旅游船的管理制度体系，如层级管理制度、安全质量管理制度、突发事件应急预案、市场营销制度、环保节能管理制度等。

8.4 应建立包括管理人员岗位工作说明书、管理人员工作关系表、管理人员工作项目核检表、专门的质量文件、工作用表和质量管理记录等内容的部门化运作规范。

8.5 应建立对服务和专业技术人员的岗位要求、任职条件、班次、接受指令与协调渠道、主要工作职责等内容进行书面说明的服务和专业技术人员岗位工作说明书。

8.6 应建立对每一个服务项目完成的目标、为完成该目标所需要经过的程序，以及对各个程序的质量标准进行说明的服务项目、程序与标准说明书。

8.7 对国家和行业主管部门和强制性标准所要求的特定岗位的技术工作如驾驶、轮机、消防、防污、节能、食品加工与制作等，应有相应的工作技术标准说明书。

附　录　A
（规范性附录）
设施设备及服务项目评分表

A.1　计分说明

A.1.1　满分710分(由于存在加分和系数因素,所有项目全部得分可能会高于满分数)。

A.1.2　各星级应得的最低分数：一星级:150分、二星级:240分、三星级:320分、四星级:420分、五星级:500分。

A.1.3　任何项目只有一档计分时,如不能完全具备该项目要求,则减半计分。

A.1.4　任何设施设备如果具备两种以上功能,则只能选择最有代表性的项目。

A.1.5　计分一次,不可重复计分。

A.2　评分标准

设施设备及服务项目评定见表A.1。

表A.1

序号	项目及标准	各大项总分	各分项总分	各次分项总分	各小项总分	计分	评定机构计分
1	外形、外貌、功能布局	57					
1.1	外形		8				
	造型新颖独特,装饰豪华					8	
	造型美观大方,装饰较好					6	
	造型普通,装饰一般					4	
1.2	外貌		13				
1.2.1	钢板平整,无明显凹凸			2		2	
1.2.2	油漆色泽新艳光亮			2		2	
1.2.3	焊缝平直,无变形			2		2	
1.2.4	护栏、甲板美观牢固			2		2	
1.2.5	烟囱、桅杆新颖独特			2		2	
1.2.6	规范悬挂国旗			1		1	
1.2.7	中英文船名醒目,美观			1		1	
1.2.8	有灯饰装置			1		1	
1.3	功能布局		10				
1.3.1	各类功能设施布局合理,方便游客使用			2		2	
1.3.2	客房区间位于船体前部			2			
	不少于80%					2	
	不少于60%					1	

表 A.1（续）

序号	项目及标准	各大项总分	各分项总分	各次分项总分	各小项总分	计分	评定机构计分
1.3.3	室外观景区容客量			3			
	不少于满载游客数量的 100%					3	
	不少于满载游客数量的 80%					2	
	不少于满载游客数量的 50%					1	
1.3.4	客区位于主甲板以上			2		2	
1.3.5	客区与员工生活区分隔			1		1	
1.4	游客人均占有空间面积和吨位		26				
1.4.1	游客平均占有面积			5			
	不小于 30 m^2/人均					5	
	不小于 25 m^2/人均					3	
	不小于 20 m^2/人均					2	
	不小于 15 m^2/人均					1	
1.4.2	游客平均占有吨位			5			
	不小于 30 t/人均					5	
	不小于 25 t/人均					3	
	不小于 20 t/人均					2	
	不小于 15 t/人均					1	
1.4.3	标准客房房门宽度			3			
	不小于 0.8 m					3	
	不小于 0.7 m					2	
	不小于 0.6 m					1	
1.4.4	内主走道宽度			3			
	不小于 1.7 m					3	
	不小于 1.6 m					2	
	不小于 1.5 m					1	
1.4.5	阳光甲板人均占有面积			5			
	不小于 5 m^2/人均					5	
	不小于 4 m^2/人均					3	
	不小于 3 m^2/人均					2	
	不小于 2 m^2/人均					1	
1.4.6	游客人均占有娱乐场所面积(含酒吧、多功能厅等)			5			
	不小于 12 m^2/人均					5	
	不小于 8 m^2/人均					3	

表 A.1(续)

序号	项目及标准	各大项总分	各分项总分	各次分项总分	各小项总分	计分	评定机构计分
	不小于 5 m^2/人均					2	
	不小于 3 m^2/人均					1	
2	共用系统	35					
2.1	智能化管理系统		7				
2.1.1	结构化综合布线系统			3			
	采用结构化综合布线系统,具有先进性、可扩充性和灵活性					3	
	局部采用综合布线系统					1	
2.1.2	游客信息系统(综合游客消费结算、登船卡、门卡等多功能)			4		4	
2.2	计算机管理系统		3				
	使用内部联网的专业管理软件					3	
	使用内部未联网的微机管理软件					1	
2.3	互联网通讯系统		5				
2.3.1	功能			3			
	采用多种技术组网方式,能提供多种服务,覆盖客房区域和公共区域					3	
	简单组网技术,仅覆盖特定区域					1	
2.3.2	应用			2			
	所属公司有独立网站,国内国际二级以上域名,具有网上预订功能					2	
	在互联网上有所属公司的独立网页和电子邮件地址					1	
2.4	导向系统		4				
2.4.1	各区域有平面示意图			2		2	
2.4.2	指示标志规范、清晰,设置合理,导向效果良好			1		1	
2.4.3	各区域指示标志风格、材料统一,体现旅游船的文化特色			1		1	
2.5	公共音响转播系统		2				
	能提供高质量的背景音乐和导游讲解服务					2	
	有背景音乐和导游讲解服务					1	
2.6	导航助航系统		10				
2.6.1	船舶采用 3G 系统(有 GPS 全球定位、GIM 水域电子图、GPRS 地理信息系统)			4		4	
2.6.2	雷达设施			2			

表 A.1（续）

序号	项目及标准	各大项总分	各分项总分	各次分项总分	各小项总分	计分	评定机构计分
	采用双雷达设施					2	
	有雷达设施					1	
2.6.3	有测深仪			1		1	
2.6.4	有横向侧推器			2		2	
2.6.5	有甚高频设备			1		1	
2.7	空调系统		4				
2.7.1	有中央空调系统			4		4	
2.7.2	无中央空调系统，但客房、餐厅及公共区域采用窗式、分体式或柜式空调			1		1	
3	前厅	50					
3.1	接待大厅每间客房占有面积		5				
	不小于 1 m^2					5	
	不小于 0.6 m^2					3	
	不小于 0.3 m^2					1	
3.2	接待大厅地面		3				
	优质地毯、优质木地板或其他高档材料，色彩协调，拼接齐整，装饰性强					3	
	普通地毯或普通木地板或其他普通材料，色泽基本协调，拼接齐整，装饰一般					1	
3.3	墙壁装饰		5				
3.3.1	材料			3			
	优质木材、高档墙纸或其他高档材料					3	
	普通木材、墙纸					2	
	普通涂料					1	
3.3.2	艺术装饰			2			
	有壁画或浮雕或其他高档艺术品装饰					2	
	有艺术装饰					1	
3.4	天花		3				
	工艺精致，格调高雅					3	
	工艺较好，格调一般					2	
	有装饰					1	
3.5	灯具		5				
3.5.1	档次			3			
	豪华灯具					3	

表 A.1（续）

序号	项目及标准	各大项总分	各分项总分	各次分项总分	各小项总分	计分	评定机构计分
	高级灯具					2	
	普通灯具					1	
3.5.2	照明			2			
	照明良好，有专业性设计，满足不同区域的照明要求					2	
	照明一般					1	
3.6	艺术品和花木		4				
3.6.1	艺术品			2			
	有中心艺术品，突出旅游船主题文化					2	
	有艺术品					1	
3.6.2	花木			2			
	绿色植物摆放合理、烘托气氛					2	
	有绿色植物					1	
3.7	总服务台		5				
3.7.1	布局功能			2			
	布局合理，功能齐全					2	
	布局较合理，功能较齐全					1	
3.7.2	装饰			3			
	装饰精致，格调高雅，主题鲜明					3	
	装饰大方，主题较突出					2	
	装饰一般					1	
3.8	服务信息系统		9				
3.8.1	信息发布栏			2			
	有规范、醒目的信息发布栏					2	
	有信息发布栏					1	
3.8.2	有旅游船平面示意图			1		1	
3.8.3	有高级管理人员简介			1		1	
3.8.4	有船舶行程活动告示			1		1	
3.8.5	有船舶娱乐活动介绍			1		1	
3.8.6	有沿途主要旅游景点介绍			1		1	
3.8.7	有旅游信息电子查询设备			2		2	
3.9	24 h 提供管家式服务		1			1	
3.10	主甲板有接待序厅		2			2	

表 A.1（续）

序号	项目及标准	各大项总分	各分项总分	各次分项总分	各小项总分	计分	评定机构计分
3.11	前厅整体舒适度		8				
3.11.1	区域划分合理，方便游客活动					2	
3.11.2	各部位装修装饰档次匹配；装饰物美观、协调，令游客感到自然舒适					2	
3.11.3	光线、温度适宜，无异味，无烟尘，无噪音，无强风					2	
3.11.4	色调、格调、氛围相互协调					2	
4	客房	138					
4.1	套房		11				
4.1.1	套房数量			3			
	不少于6套					3	
	不少于4套					2	
	不少于2套					1	
4.1.2	套房种类			3			
	3种以上结构的套房					3	
	2种结构的套房					2	
	1种结构的套房					1	
4.1.3	套房卫生间			2			
	分别有供主人和来访者使用的卫生间					2	
	有主客共用卫生间					1	
4.1.4	有豪华套房			3			
	面积不少于80 m^2，有专用观景台					3	
	面积不少于60 m^2					1	
4.2	80%普通客房的面积(不含卫生间和门廊)		8				
	不小于16 m^2					8	
	不小于12 m^2					5	
	不小于8 m^2					3	
4.3	普通客房高度		3				
	不低于2.3 m					3	
	不低于2.2 m					2	
	不低于2.0 m					1	
4.4	客房装修与装饰		7				
4.4.1	地面			3			
	优质地毯或木地板，工艺精致					3	

表 A.1(续)

序号	项目及标准	各大项总分	各分项总分	各次分项总分	各小项总分	计分	评定机构计分
	普通地毯或木地板,工艺良好					2	
	塑胶地垫等					1	
4.4.2	墙壁			2			
	高级墙纸或优质材料装饰					2	
	普通涂料或墙纸					1	
4.4.3	天花			2			
	高档材料,装饰精致					2	
	一般材料,有装饰					1	
4.5	普通客房软床垫(长度不小于 1.8 m)宽度		5				
4.5.1	单人床			3			
	不小于 1.0 m					3	
	不小于 0.9 m					2	
	不小于 0.8 m					1	
4.5.2	双人床			2			
	不小于 1.8 m					2	
	不小于 1.5 m					1	
4.6	家具		17				
4.6.1	家具配置			11			
4.6.1.1	沙发或扶手椅				1	1	
4.6.1.2	茶几				1	1	
4.6.1.3	写字台及座椅				1	1	
4.6.1.4	行李架(含床下活动行李架)				1	1	
4.6.1.5	全身镜				1	1	
4.6.1.6	梳妆镜				1	1	
4.6.1.7	床头壁架				1	1	
4.6.1.8	床头柜				1	1	
4.6.1.9	衣橱				2		
	进深不小于 40 cm,宽度不小于 100 cm					2	
	进深不小于 30 cm,宽度不小于 80 cm					1	
4.6.1.10	每房不少于 4 个西服衣架、4 个裤架和 4 个裙架				1	1	
4.6.2	家具档次			6			
4.6.2.1	材料				3		

表 A.1（续）

序号	项目及标准	各大项总分	各分项总分	各次分项总分	各小项总分	计分	评定机构计分
	优质					3	
	较好					2	
	普通					1	
4.6.2.2	工艺				3		
	精致					3	
	较好					2	
	一般					1	
4.7	灯具		7				
4.7.1	写字台阅读灯			1		1	
4.7.2	镜灯			1		1	
4.7.3	床头灯			1		1	
4.7.4	夜灯			1		1	
4.7.5	走廊灯			1		1	
4.7.6	灯光控制			2			
4.7.6.1	床头设房间灯光总控制开关					1	
4.7.6.2	各灯具开关位置合理，方便使用					1	
4.8	彩色电视机		7				
4.8.1	尺寸			2			
	不小于 18 英寸					2	
	不小于 14 英寸					1	
4.8.2	可遥控			1		1	
4.8.3	节目			3			
	卫星电视或自办闭路电视节目不少于 8 套					3	
	卫星电视或自办闭路电视节目不少于 5 套					2	
	卫星电视或自办闭路电视节目不少于 3 套					1	
4.8.4	外语电视频道或闭路外语节目不少于 2 套			1		1	
4.9	客房电话		2				
4.9.1	普通电话			1		1	
4.9.2	有留言指示灯			1		1	
4.10	有小冰箱		3				
4.10.1	数量			2			
	达到客房数的 100％					2	
	不少于客房数的 60％					1	

表 A.1(续)

序号	项目及标准	各大项总分	各分项总分	各次分项总分	各小项总分	计分	评定机构计分
4.10.2	提供适量软饮料,并配备饮具			1		1	
4.11	客房用品		7				
4.11.1	航行安排及娱乐活动节目单			1		1	
4.11.2	浴衣(不同颜色,每床1件)			1		1	
4.11.3	备用被、毯(每床1条)			1		1	
4.11.4	冰桶(配冰夹)			1		1	
4.11.5	咖啡			1		1	
4.11.6	鲜花或绿色植物			1		1	
4.11.7	艺术品			1		1	
4.12	客房必备用品(少一项,扣1分)						
	服务指南(含欢迎辞、旅游船各项服务简介及价目表)						
	电视频道指示说明及电视节目单						
	电话号码及电话使用说明						
	文具夹						
	笔						
	信封(每房2个)						
	信纸(每房4张)						
	针线包						
	洗衣袋(每床1个)						
	洗衣单(每床1个)						
	茶叶(每房4小袋)						
	水杯(每房2个)						
	暖水瓶(或电热水壶)						
	凉水瓶(或免费矿泉水)						
	擦鞋用具(每客1份)						
	垃圾桶						
	枕芯(每床2只)						
	枕套(每床2只)						
	床单(每床2条)						
	毛毯或棉被(每房2条)						
	“请勿打扰”、“请整理房间”的挂牌或指示灯						
4.13	客房总体评价		6				

表 A.1(续)

序号	项目及标准	各大项总分	各分项总分	各次分项总分	各小项总分	计分	评定机构计分
	好(客房部分得分占客房总分的 80% 以上,即 4.2—4.12 得分不少于 53 分)					6	
	较好(客房部分得分占客房总分的 60% 以上,即 4.2—4.12 得分不少于 40 分)					4	
	一般(客房部分得分占客房总分的 50% 以上,即 4.2—4.12 得分不少于 33 分)					2	
4.14	客房卫生间		30				
4.14.1	80%的卫生间面积			4			
	不小于 4 m^2					4	
	不小于 3 m^2					3	
	不小于 2 m^2					2	
	小于 2 m^2					1	
4.14.2	卫生间装修			4			
	采用高档建筑材料装修或高档整体卫生间、工艺精致					4	
	大部分采用普通材料装修或普通整体卫生间、工艺较好					2	
4.14.3	卫生间照明			2			
	梳妆台和洗浴区分区域照明,光照充足					2	
	一般照明					1	
4.14.4	恭桶			3			
	低噪音高级恭桶					3	
	高级恭桶					2	
	普通恭桶					1	
4.14.5	淋浴设施及浴缸			6			
4.14.5.1	淋浴设施				2		
	有整体淋浴间					2	
	有淋浴					1	
4.14.5.2	淋浴有水流定温功能				1	1	
4.14.5.3	淋浴喷头的水流可以调节				1	1	
4.14.5.4	有浴缸				2	2	
4.14.6	面盆			2			
	高级面盆					2	
	普通面盆					1	

表 A.1（续）

序号	项目及标准	各大项总分	各分项总分	各次分项总分	各小项总分	计分	评定机构计分
4.14.7	其他			7			
4.14.7.1	梳妆镜				2		
	防雾梳妆镜或高档多面梳妆镜					2	
	普通梳妆镜					1	
4.14.7.2	化妆放大镜				1	1	
4.14.7.3	110 V/220 V 不间断电源插座				1	1	
4.14.7.4	电话副机(方便游客取用)				1	1	
4.14.7.5	体重秤				1	1	
4.14.7.6	面巾纸				1	1	
4.14.8	客用必备品(少一项,扣1分)						
	小浴巾(每床1条)						
	小方巾(每床1条)						
	大浴巾(每床1条)						
	地巾						
	漱口杯(每床1个)						
	棉签						
	卫生纸及托架						
	卫生袋						
	污物桶						
	浴巾架						
	浴帽(每床1个)						
	香皂						
4.14.9	应游客要求,可提供牙刷、牙膏、洗浴液、洗发液、梳子等客用消耗品			2			
4.15	卫生间总体评价		3				
	好(卫生间部分得分占卫生间总分的80%以上,即4.14各项得分不少于26分)					3	
	一般(卫生间部分得分占卫生间总分的50%以上即4.14各项得分不少于16分)					1	
4.16	观景阳台		10				
4.16.1	数量			3			
	不少于80%的客房有观景阳台					3	
	不少于50%的客房有观景阳台					2	
	不少于30%的客房有观景阳台					1	

表 A.1(续)

序号	项目及标准	各大项总分	各分项总分	各次分项总分	各小项总分	计分	评定机构计分
4.16.2	装修			3			
	与旅游船风格、档次协调					3	
	与旅游船风格、档次基本协调					2	
	装修效果一般					1	
4.16.3	地面			2			
	木地板					2	
	塑料地垫					1	
4.16.4	配置			2			
	休闲沙滩椅					2	
	普通座椅					1	
4.17	客房整体舒适度		12				
4.17.1	床垫硬度适中无变形;枕芯、棉被等床上用品柔软宜人;洗浴针织品轻柔质优						
	卫生间浴巾、卫生纸方便游客取用,质量与其星级相符			2		2	
4.17.2	隔音效果良好(客房内听不到其他房间及走廊的自然谈话和脚步声、窗外无明显噪声以及通风、送气等设备运转的噪音。)			2		2	
4.17.3	窗帘方便开闭,具有良好的密闭遮光作用;室内各区域照明适度,符合不同功能区域和不同照明目的物的需求			2		2	
4.17.4	温湿度适宜,各区域(含卫生间)保持一致,不闷、不燥、不冷不潮、无异味			2		2	
4.17.5	家具、艺术装饰品档次匹配,布置协调雅致;电器、灯饰档次匹配,色调和谐			2		2	
4.17.6	电视机和背景音乐系统的音、画质量良好,节目及音量调节方便有效			1		1	
4.17.7	可通过房间观景阳台或观景舷窗观看两岸景观			1		1	
4.18	客房隔音、防震效果差,或部分客房靠近舞厅等高噪音设施,影响游客休息					−4	
5	餐厨	64					
5.1	餐厅		44				
5.1.1	面积			4			
	面积不小于 320 m^2					4	
	面积不少于 260 m^2					3	

表 A.1（续）

序号	项目及标准	各大项总分	各分项总分	各次分项总分	各小项总分	计分	评定机构计分
	面积不小于 200 m²					2	
	面积不小于 100 m²					1	
5.1.2	装饰			8			
5.1.2.1	地面				3		
	优质地毯或木地板，工艺精致					3	
	普通地毯或木地板，工艺良好					2	
	塑胶地垫					1	
5.1.2.2	墙壁				3		
	高级墙纸或优质木材装饰					3	
	普通墙纸或木材装饰					2	
	普通涂料装饰					1	
5.1.2.3	艺术品				2		
	有主题鲜明的壁画或艺术装饰，绿色植物摆放合理					2	
	有艺术装饰、绿色植物					1	
5.1.3	设计和氛围			3			
	设计合理，陈设豪华，文化主题突出					3	
	设计基本合理，陈设较美观，有文化主题					2	
	效果一般					1	
5.1.4	家具			6			
5.1.4.1	材质				3		
	优质					3	
	较好					2	
	一般					1	
5.1.4.2	工艺				3		
	精致					3	
	较好					2	
	一般					1	
5.1.5	灯具			5			
5.1.5.1	档次				3		
	豪华灯具					3	
	高级灯具					2	
	普通灯具					1	
5.1.5.2	照明				2		

表 A.1（续）

序号	项目及标准	各大项总分	各分项总分	各次分项总分	各小项总分	计分	评定机构计分
	照明良好，光线充足，灯光设计有专业性					2	
	照明一般					1	
5.1.6	餐具			3			
	高档材质，工艺精致，配套齐全					3	
	较好材质，工艺较好，配套齐全					2	
	普通材质，工艺一般，基本配套					1	
5.1.7	餐厅布局			7			
5.1.7.1	有分区设计				1	1	
5.1.7.2	有酒水台(柜)				1	1	
5.1.7.3	有固定的自助餐台				1	1	
5.1.7.4	有独立的备餐间				1	1	
5.1.7.5	传菜线路不与其他公共区域交叉				1	1	
5.1.7.6	有宴会单间或小餐厅				2	2	
5.1.8	菜单			2			
	用中文及至少两种外文印制(英文菜单必备)，装帧精美					2	
	用中英文印刷					1	
5.1.9	宴会			2			
	船长欢迎、欢送宴会设计新颖，别致，具有浓厚的主题文化氛围					2	
	有船长欢迎、欢送宴会					1	
5.1.10	有零点服务			3			
	经营时间不少于每天 12 h					3	
	经营时间不少于每天 8 h					1	
5.1.11	独立的音响系统或音乐演奏			1		1	
5.1.13	必备品(少一项，扣 1 分)						
5.1.13.1	桌布						
5.1.13.2	口布或口巾纸						
5.1.13.3	酒水单						
5.1.13.4	调味品						
5.1.13.5	牙签						
5.2	厨房		11				
5.2.1	为不同类型的餐厅配有专门厨房(每个 1 分，最多 2 分)			2		2	

表 A.1(续)

序号	项目及标准	各大项总分	各分项总分	各次分项总分	各小项总分	计分	评定机构计分
5.2.2	厨房布局			5			
5.2.2.1	冷、热制作间分隔				1	1	
5.2.2.2	粗细加工间分隔				1	1	
5.2.2.3	洗碗间位置合理,消毒设备齐全				1	1	
5.2.2.4	墙面、天花有防火、防油污处理				1	1	
5.2.2.5	厨房内、灶台上采取有效的通风、排风措施				1	1	
5.2.3	厨房食品储存			4			
5.2.3.1	有干货、调料仓库				1	1	
5.2.3.2	有充足的冷柜,生熟食品及半成品分柜放置				1	1	
5.2.3.3	有独立的蔬菜、水果冷藏库				1	1	
5.2.3.4	独立的鱼肉类、禽类冷冻库				1	1	
5.3	餐饮区域整体舒适度		9				
	整体设计有专业性,格调高雅,色调协调,有文化氛围					2	
	温湿度适宜,通风良好,无炊烟及烟酒等异味					2	
	照明充足,环境舒适,无噪音;背景音乐曲目、音量适宜,音质良好					2	
	餐饮具按菜式习惯配置齐全,有特色,无破损,无磨痕,无水迹					2	
	主题宴会风格与餐厅装饰、氛围协调、统一					1	
6	公共及康乐设施	174					
6.1	多功能厅		30				
6.1.1	面积			5			
	不小于 500 m^2					5	
	不小于 400 m^2					4	
	不小于 300 m^2					3	
	不小于 200 m^2					2	
	不小于 100 m^2					1	
6.1.2	装饰			8			
6.1.2.1	地面				3		
	高档地毯或木地板,工艺精致					3	
	普通地毯或木地板,工艺较好					2	
	油漆或塑胶地垫					1	
6.1.2.2	墙壁				3		

表 A.1（续）

序号	项目及标准	各大项总分	各分项总分	各次分项总分	各小项总分	计分	评定机构计分
	高级墙纸或优质木材、涂料装饰，工艺精致					3	
	普通木材、中档墙纸或涂料装饰，工艺较好					2	
	普通墙纸或涂料装饰，工艺一般					1	
6.1.2.3	艺术品				2		
	有与旅游船文化主题相协调的壁画或艺术装饰，绿色植物摆放合理					2	
	有艺术装饰、绿色植物					1	
6.1.3	氛围			3			
	高雅，独特，环境、装饰设计有专业性					3	
	氛围一般					1	
6.1.4	家具			6			
6.1.4.1	材质				3		
	优质					3	
	较好					2	
	一般					1	
6.1.4.2	工艺				3		
	精致					3	
	较好					2	
	一般					1	
6.1.5	灯具			5			
6.1.5.1	档次				3		
	豪华灯具					3	
	高级灯具					2	
	普通灯具					1	
6.1.5.2	照明				2		
	照明良好，设计有专业性，充分满足不同区域的照明要求					2	
	照明一般					1	
6.1.6	设备			3			
	有高级音响设备，有投影仪及屏幕，有现场摄录设备					3	
	有较好音响设备，有投影仪及屏幕					2	
	有普通音响设备					1	
6.2	酒吧、大堂吧、咖啡厅及其他吧室		33				

表 A.1（续）

序号	项目及标准	各大项总分	各分项总分	各次分项总分	各小项总分	计分	评定机构计分
6.2.1	单独的酒吧、咖啡厅、茶室或其他专业吧室（每个2分，最多6分）			6		6	
6.2.2	家具			3			
	高档家具					3	
	中档家具					2	
	普通家具					1	
6.2.3	灯具			5			
6.2.3.1	档次				3		
	豪华灯具					3	
	高级灯具					2	
	普通灯具					1	
6.2.3.2	照明				2		
	照明良好，设计有专业性，充分满足不同区域的照明要求					2	
	照明一般					1	
6.2.4	装饰			5			
6.2.4.1	地面				3		
	高档地毯或木地板，工艺精致					3	
	普通地毯或木地板，工艺较好					1	
6.2.4.2	艺术品				2		
	有主题鲜明的壁画或艺术装饰，绿色植物摆放合理					2	
	有艺术装饰、绿色植物					1	
6.2.5	功能			3			
	分区设计合理，方便游客活动，功能性强					3	
	分区设计较合理，功能性较强					2	
	有分区设计，功能性一般					1	
6.2.6	音乐			2			
	有现场音乐演奏					2	
	有背景音乐					1	
6.2.7	酒吧设备			9			
6.2.7.1	酒水展示台				3		
	不少于25种中外名酒，陈列美观、大方					3	
	不少于15种的中外名酒，陈列效果一般					1	

表 A.1（续）

序号	项目及标准	各大项总分	各分项总分	各次分项总分	各小项总分	计分	评定机构计分
6.2.7.2	冰箱或冰柜				1	1	
6.2.7.3	制冰机				1	1	
6.2.7.4	咖啡机				1	1	
6.2.7.5	调酒台				2	2	
6.2.7.6	生啤机				1	1	
6.3	客用观光电梯		5				
6.3.1	数量			3			
6.3.1.1	不少于2部					3	
6.3.1.2	不少于1部					2	
6.3.2	装饰及设备			2			
6.3.2.1	装饰精致，照明充足				1	1	
6.3.2.2	有残疾人专用按键				1	1	
6.4	阳光甲板		13				
6.4.1	地面			3			
	满铺高档胶垫或木质地板					3	
	满铺人工草坪					2	
	局部铺设人工草坪					1	
6.4.2	休闲设施			5			
6.4.2.1	休闲躺椅				3		
	不少于客房数30%的休闲躺椅或座椅					3	
	不少于客房数15%的休闲躺椅或座椅					2	
	有普通座椅					1	
6.4.2.2	有秋千椅				1	1	
6.4.2.3	可提供茶几类家具				1	1	
6.4.3	有健身设施			1		1	
6.4.4	有流动酒吧服务			2		2	
6.4.5	阳光甲板提供烧烤等餐饮服务			2		2	
6.5	前或后室内观景室(不含豪华套房观景室)		4				
	装饰精致，有吧台、沙发、茶几、背景音乐					4	
	装饰大方，有沙发、茶几、背景音乐					2	
	装饰一般，有普通座椅、茶几					1	
6.6	公共卫生间		6				

表 A.1(续)

序号	项目及标准	各大项总分	各分项总分	各次分项总分	各小项总分	计分	评定机构计分
6.6.1	各楼层均设有公共卫生间,位置合理,方便游客使用			2		2	
6.6.2	材料、装修和洁具(对所有公共卫生间分别打分,取算术平均值的整数部分)			3			
	使用高档装修材料,装修工艺精致,采用高级洁具					3	
	使用较好装修材料,装修工艺较好,采用较好洁具					2	
	使用普通装修材料,装修工艺一般,采用普通洁具					1	
6.6.3	公共卫生间设施(少一项,扣1分)						
6.6.3.1	抽水恭桶						
6.6.3.2	厕位分隔						
6.6.3.3	卫生纸						
6.6.3.4	污物桶						
6.6.3.5	男用便器						
6.6.3.6	半身镜						
6.6.3.7	干手器						
6.6.3.8	洗手液或香皂						
6.6.4	有方便残疾人使用的专用设施			1		1	
6.7	歌舞厅(与多功能厅合用的不重复计分)		3				
	装饰豪华,配备现代化灯光音响设备					3	
	装饰较好,配备较好灯光音响设备					2	
	装饰一般,有灯光音响设备					1	
6.8	KTV 房		2				
	不少于2个					2	
	1个					1	
6.9	棋牌室		2			2	
6.10	儿童游戏室		1			1	
6.11	美容美发室		3				
	有现代化理发美容设备					3	
	有普通理发美容设备					1	
6.12	按摩室		2				
	有按摩室,提供中医专业保健按摩					2	
	有按摩室,提供一般保健按摩					1	
6.13	桑拿浴		3				

表 A.1（续）

序号	项目及标准	各大项总分	各分项总分	各次分项总分	各小项总分	计分	评定机构计分
	男女分设					3	
	有桑拿浴					1	
6.14	健身房		7				
6.14.1	面积			2			
	不小于 50 m^2					2	
	不小于 20 m^2					1	
6.14.2	装修			2			
	较好材料装修，工艺较好					2	
	普通材料装修，工艺一般					1	
6.14.3	器械			2			
	不少于 8 种功能					2	
	不少于 4 种功能					1	
6.14.4	有良好的通风设施			1		1	
6.15	有游泳池		2			2	
6.16	商场		7				
6.16.1	布局设计			3			
	专业性设计，布局合理，氛围良好					3	
	布局设计一般					1	
6.16.2	商品			3			
	出售日常生活用品和旅游用品，有工艺品柜台					3	
	出售日常用品和旅游用品					2	
	可出售必要的日常用品					1	
6.16.3	有自主开发的旅游纪念品			1		1	
6.16.4	商店、柜台设置不合理，影响旅游船整体氛围或人员行走					−4	
6.17	图书阅览室		5				
6.17.1	数量			3			
	有中外文报纸、期刊，图书不少于 500 册（外文图书不少于 200 册）					3	
	有中外文报纸、期刊，图书不少于 300 册（外文图书不少于 100 册）					2	
	有中外文报纸、期刊					1	
6.17.2	种类			2			

表 A.1（续）

序号	项目及标准	各大项总分	各分项总分	各次分项总分	各小项总分	计分	评定机构计分
	不少于30%的关于风土人情、景观介绍、历史文化方面的书籍					2	
	不少于10%的关于风土人情、景观介绍、历史文化方面的书籍					1	
6.18	有专门的影视厅		3			3	
6.19	专业会议室		6				
6.19.1	面积			2			
	不小于100 m²					2	
	不小于30 m²					1	
6.19.2	有良好隔音、遮光效果			1		1	
6.19.3	设备			3			
6.19.3.1	多媒体演讲系统（含电脑、多媒体投影仪、实物投影仪）				1	1	
6.19.3.2	电视机、录放设备				1	1	
6.19.3.3	同声传译系统（至少2种语言）				1	1	
6.20	商务中心		6				
6.20.1	提供国际、国内长途电话			1		1	
6.20.2	传真机			1		1	
6.20.3	中外文文字处理系统			1		1	
6.20.4	复印机			1		1	
6.20.5	可供出租的电脑，提供国际互联网服务			2		2	
6.21	小型网吧		3			3	
6.22	娱乐活动安排		8				
6.22.1	晚间文艺表演			6			
6.22.1.1	有专业艺术团表演				3	3	
6.22.1.2	有员工的文艺表演，民族特色突出				3	3	
6.22.2	根据游客需要开展多种主题文化活动			2		2	
6.23	游览活动安排		18				
6.23.1	航行观光游览			6			
6.23.1.1	沿线主要景观均在白天通过				2	2	
6.23.1.2	沿途导游讲解				4		
	针对游客的兴趣，提供导游讲解服务					4	
	针对航程中的景观，提供导游讲解服务					2	
	对主要景点进行讲解					1	

表 A.1(续)

序号	项目及标准	各大项总分	各分项总分	各次分项总分	各小项总分	计分	评定机构计分
6.23.2	离船上岸游览			12			
6.23.2.1	不少于 3 个游览景点				3	3	
6.23.2.2	不少于 1 个自选游览景点				2	2	
6.23.2.3	游览景点的质量等级				4		
	全部为 5A 级景区(点)					4	
	全部为 4A 级以上景区(点)					3	
	全部为 A 级景区(点)					1	
6.23.2.4	能保证与本星级一致的各种岸上延伸服务				3	3	
6.24	可提供摄像、摄影、冲洗、VCD 制作等配套服务		2			2	
7	安全设施	65					
7.1	公共安全设施		37				
7.1.1	全船防火结构符合行业规范			6			
7.1.1.1	用耐热与结构性限界面,将船舶划分为若干个主竖区				2	2	
7.1.1.2	用耐热与结构性限界面,将客区与船舶其他区域分隔				2	2	
7.1.1.3	各防火区之间通道有防火门				2	2	
7.1.2	全船阻燃材料及阻燃能力			6			
	优质					6	
	较好					4	
	一般					2	
7.1.3	安全广播系统			3			
7.1.3.1	具有强制性紧急广播功能				2	2	
7.1.3.2	紧急广播能覆盖船舶任何部位				1	1	
7.1.4	有安全监控中心			3		3	
7.1.5	有视频监控系统,能对旅游船重要部位(前厅、餐厨、多功能厅、酒吧、娱乐场所、甲板、机舱等)进行 24 h 监视和录像			3		3	
7.1.6	有驾驶台安全监控系统			2		2	
7.1.7	水消防灭火系统			2		2	
7.1.8	二氧化碳灭火系统			2		2	
7.1.9	烟囱有火星熄灭装置			1		1	
7.1.10	客区有喷淋装置			2		2	
7.1.11	每航次组织有游客参与的消防演习			1		1	

表 A.1(续)

序号	项目及标准	各大项总分	各分项总分	各次分项总分	各小项总分	计分	评定机构计分
7.1.12	不定期组织有游客参与的弃船演习			1		1	
7.1.13	游客上下船舶处有安全护栏、安全网,并有工作人员值守			2		2	
7.1.14	救生艇或气胀救生筏			3			
	不少于载客数的80%					3	
	不少于载客数的60%					2	
	不少于载客数的50%					1	
7.1.15	公共安全必备设施、条件(少一项,扣2分)						
	客区安全通道畅通						
	各通道规范设置紧急出口标志						
	公共区域和通道有应急照明设施						
	客区有烟感或温感报警器						
	有手动报警设施						
7.2	前厅有贵重物品保险箱		4				
7.2.1	数量			2			
	不少于客房数量的15%					2	
	不少于客房数量的8%					1	
7.2.2	位置隐藏、安全			1		1	
7.2.3	服务人员和游客可同时开启			1		1	
7.3	客房安全设施		16				
7.3.1	客房门禁管理系统			3		3	
7.3.2	门窥镜			1		1	
7.3.3	客房门有自动闭合功能			1		1	
7.3.4	客房天花采用防火材料			3		3	
7.3.5	客房家具等设施经过防火处理			2		2	
7.3.6	客房贵重物品保险箱			2			
	100%客房配备					2	
	50%客房配备					1	
7.3.7	配备逃生手电			1		1	
7.3.8	床头有紧急呼叫按钮			1		1	
7.3.9	卫生间有紧急呼叫按钮			1		1	
7.3.10	卫生间浴缸或淋浴区域有扶手杆和防滑垫			1		1	
7.3.11	必备设施(少一项,扣2分)						

表 A.1（续）

序号	项目及标准	各大项总分	各分项总分	各次分项总分	各小项总分	计分	评定机构计分
7.3.11.1	防盗装置						
7.3.11.2	航行安全须知						
7.3.11.3	安全疏散示意图						
7.3.11.4	救生衣						
7.3.11.5	救生衣穿着示意图						
7.3.11.6	烟感或温感报警器						
7.3.11.7	有应急照明系统						
7.4	桑拿室有呼叫按钮和安全提示		1			1	
7.5	游泳池		3				
7.5.1	游泳池明显位置悬挂救生设备，有专人负责现场安全与指导			1		1	
7.5.2	有水循环过滤系统			1		1	
7.5.3	有水深、水温和水质的明显指示标志，有消毒池			1		1	
7.6	厨房消防必备设施（少一项，扣 2 分）						
	烟感或温感报警器						
	灭火毯、灭火布及其他灭火设备						
7.7	紧急救助措施		3				
	可提供紧急救护及保健服务和专题讲座					3	
	可提供必要的紧急救护					1	
7.8	有内部专用安全对讲系统，各主要区域配备手持对讲机		1			1	
8	环境保护与节能设施	67					
8.1	船舶垃圾管理系统		8				
8.1.1	有船舶垃圾管理计划			2		2	
8.1.2	有船舶垃圾记录簿			1		1	
8.1.3	客区有环保宣传告示牌			1		1	
8.1.4	有不定期的环保宣传广播			1		1	
8.1.5	有垃圾分类回收装置			2		2	
8.1.6	统一回收废电池			1		1	
8.2	给排水系统		15				
8.2.1	给水系统			7			
8.2.1.1	材质				3		
	不锈钢管					3	

表 A.1（续）

序号	项目及标准	各大项总分	各分项总分	各次分项总分	各小项总分	计分	评定机构计分
	镀锌管					1	
8.2.1.2	有二次净水系统				3	3	
8.2.1.3	定期对水净化指标进行检测				1	1	
8.2.2	有中水处理系统			3		3	
8.2.3	有生活污水处理装置			3		3	
8.2.4	有油污水处理装置			2		2	
8.3	其他		22				
8.3.1	环保材料及客用品			10			
8.3.1.1	客区墙面使用的水性涂料或壁纸为“环境标志产品”				2	2	
8.3.1.2	客区家具为“环境标志产品”				2	2	
8.3.1.3	客房棉织品为“环境标志产品”				2	2	
8.3.1.4	餐厅、酒吧、客房的陶瓷、玻璃、金属等餐饮器皿为“环境标志产品”				2	2	
8.3.1.5	客区木地板、地毯为“环境标志产品”				2	2	
8.3.2	以合同形式确定无公害食品供应点			1		1	
8.3.3	客房配备静音小冰箱不少于客房数的60%			2		2	
8.3.4	厨房有油烟过滤或净化装置			2		2	
8.3.5	使用节能低排放灶具			2		2	
8.3.6	有噪音控制装置			2		2	
8.3.7	实行废油回收登记制度			1		1	
8.3.8	洗衣房使用不含磷洗涤用品，使用和用量正确			1		1	
8.3.9	采用无污染绝缘型灭火器			1		1	
8.4	节能		22				
8.4.1	动力系统采用高效节能技术或燃油替代技术			4		4	
8.4.2	中央空调系统采用节能型机组或采用智能型控制技术			3		3	
8.4.3	冷、热水泵采用变频控制技术			3		3	
8.4.4	采用节能型照明控制系统			2		2	
8.4.5	采用高效、节能照明灯具			2		2	
8.4.6	采用节水型水龙头、冷热水混合器、自动冲洗阀			2		2	
8.4.7	有定时环境保护和节能宣传广播及电视宣传节目			1		1	
8.4.8	客房有环境保护、节能倡导牌			1		1	
8.4.9	客房洗衣袋为布质，可重复使用			1		1	

表 A.1（续）

序号	项目及标准	各大项总分	各分项总分	各次分项总分	各小项总分	计分	评定机构计分
8.4.10	客房卫生间采用节水型恭桶			2		2	
8.4.11	棉织品由旅游船公司或社会性服务企业集中洗涤			1		1	
9	员工设施	20					
9.1	员工宿舍		6				
9.1.1	住宿人数			2			
	4 人/间以下					2	
	5～6 人/间					1	
	多于 6 人/间					－2	
9.1.2	配置			4			
9.1.2.1	有调节温度和湿度的设备或措施				2	2	
9.1.2.2	有盥洗区域				2	2	
9.2	有分设的男女浴室和公共卫生间		2			2	
9.3	有独立的洗衣室和晾衣间		2			2	
9.4	有员工公共休息室或阅览室		2			2	
9.5	有员工娱乐和健身设施		2			2	
9.6	有独立的员工食堂		2			2	
9.7	有独立的员工厨房		2			2	
9.8	有员工文化宣传栏		1			1	
9.9	员工宿舍不设在底舱		1			1	
10	其他	40					
10.1	所属公司		20				
10.1.1	建立 SMS 安全管理体系，公司和船舶获得交通部或其授权管理机构颁发的 DOC 和 SMC 证书			3		3	
10.1.2	拥有经交通部核准、并持有水路运输许可证、3 艘 3 000 t 级以上的旅游船			2		2	
10.1.3	从业历史			3			
	不少于 15 年的内河旅游船业经营历史					3	
	不少于 10 年的内河旅游船业经营历史					2	
	不少于 5 年的内河旅游船业经营历史					1	
10.1.4	拥有独立的连锁品牌或共享的连锁品牌			2		2	
10.1.5	拥有独立或共享的连锁服务管理标准			2		2	
10.1.6	聘用专业管理公司管理			2		2	
10.1.7	有船务、服务质量、安全专门管理部门			2		2	

表 A.1(续)

序号	项目及标准	各大项总分	各分项总分	各次分项总分	各小项总分	计分	评定机构计分
10.1.8	有独立的销售和预订网络系统			2		2	
10.1.9	有定型产品和固定航班			2		2	
10.2	管理人员和从业人员资质		9				
10.2.1	公司总经理连续5年以上担任内河旅游船高级管理职位			1		1	
10.2.2	船长有10年以上内河船舶驾驶经历或5年以上旅游船驾驶经历			2		2	
10.2.3	驻船经理有5年以上旅游船从业经历			2		2	
10.2.4	导游			4			
	有中级外语导游					4	
	有初级外语导游或中级普通话导游					3	
	有初级普通话导游					1	
10.3	船舶诚信评价		3				
	船舶诚信评价级别为“AAA”					3	
	船舶诚信评价级别为“AA”					2	
	船舶诚信评价级别为“A”					1	
10.4	旅游船的设计、建造		5				
10.4.1	听取全国内河旅游船星级评定机构的意见			2		2	
10.4.2	采纳全国内河旅游船星级评定机构推荐的方案			3		3	
10.5	对特色类、安全类、环保节能类的选择项目，选择率达到70%以上(最多3分)		3			3	
	总分	710					

附 录 B
（规范性附录）
设施设备维修保养及清洁卫生评定检查表

B.1 计分说明

B.1.1 各星级旅游船规定得分率：一星 90%、二星 90%、三星 92%、四星 95%、五星 95%。

B.1.2 得分率＝该项实际得分/该项标准得分×100%。

B.1.3 评分规定：设施设备的维修保养及清洁卫生的评定除综合得分率达到规定外，在前厅、客房、餐厅、厨房、酒吧、娱乐和健身设施、会议室、公共卫生间、驾驶室、机舱、员工设施等部位也应达到相应得分率，如其中任何一个部位达不到所申请星级的规定得分率，则不能获得所申请的星级。

B.1.4 评分时，按照项目标准，完全达到者为优，略有不足者为良，明显不足者为中，严重不足者为差。

B.2 评分标准

设施设备维修保养及清洁卫生评定见表 B.1。

表 B.1

序号	项目	标准	维修保养检查					清洁卫生检查				
			检查分数	实际得分				检查分数	实际得分			
				优	良	中	差		优	良	中	差
一、旅游船外形外貌												
1	旅游船油漆	完好、无破损、无脱漆、无褪色、无污迹、干净	20	20	18	16	10	25	25	22.5	20	12.5
2	旅游船外壳板	平整、无变形、无破损	10	10	9	8	5	20	20	18	16	10
3	舷墙板	平整、无变形、无破损、无污迹、无脱漆	8	8	7.2	6.4	4	4	4	3.6	3.2	2
4	舷侧护舷材	完好、无破损、无污垢	6	6	5.4	4.8	3	8	8	7.2	6.4	4
5	船头	完好、无变形、无破损、无污迹	10	10	9	8	5	10	10	9	8	5
6	船尾	完好、无变形、无破损、无污迹	6	6	5.4	4.8	3	8	8	7.2	6.4	4
7	护栏（栏杆）	完整、无脱漆、无破损、无污迹、无灰尘	4	4	3.6	3.2	2	6	6	5.4	4.8	3
8	防碰撞墩及防碰撞垫	完整、安全、有效	4	4	3.6	3.2	2	4	4	3.6	3.2	2
9	船名	规范、完整、无褪色、无破损、无灰尘、无污迹	10	10	9	8	5	8	8	7.2	6.4	4
10	船徽	规范、完整、无褪色、无破损、无灰尘、无污迹	10	10	9	8	5	6	6	5.4	4.8	3
11	国旗	无褪色、无破损、无污迹	5	5	4.5	4	2.5	4	4	3.6	3.2	2
12	灯饰装置	完好、有效、无破损、无灰尘、无污迹、无蛛网	5	5	4.5	4	2.5	4	4	3.6	3.2	2
13	烟囱	完好、无脱漆、无污迹、干净	5	5	4.5	4	2.5	4	4	3.6	3.2	2

表 B.1（续）

序号	项目	标准	维修保养检查					清洁卫生检查				
			检查分数	实际得分				检查分数	实际得分			
				优	良	中	差		优	良	中	差
14	旅游船外走廊	平整、无划痕、无破损、无污迹、无灰尘、无蛛网、干净	10	10	9	8	5	8	8	7.2	6.4	4
15	通讯导航设施设备	完好、干净、无污迹、无灰尘	8	8	7.2	6.4	4	10	10	9	8	5
16	桅杆	完好、干净、无破损、无脱漆、无变形、无污迹	4	4	3.6	3.2	2	6	6	5.4	4.8	3
17	其他(每项一分)		1	1	0.9	0.8	0.5	1	1	0.9	0.8	0.5
二、前厅												
1	地面	平整、无破损、无卷边、无变色、无变形、无污迹、无异味、干净、光亮	3	3	2.7	2.4	1.5	2	2	1.8	1.6	1
2	门、窗	完好、有效、无脱落、无破损、无变形、无划痕、无污迹、无灰尘、玻璃明亮	3	3	2.7	2.4	1.5	2	2	1.8	1.6	1
3	窗帘	完好、平整、无脱落、无破损、无灰尘、无污迹	2	2	1.8	1.6	1	2	2	1.8	1.6	1
4	天花	平整、无破损、无裂痕、无脱落、无灰尘、无水迹、无蛛网	2	2	1.8	1.6	1	2	2	1.8	1.6	1
5	墙(壁)面	平整、无破损、无开裂、无脱落、无污迹、无蛛网	2	2	1.8	1.6	1	2	2	1.8	1.6	1
6	柱	无脱落、无裂痕、无划痕、有光泽、无灰尘、无污迹	2	2	1.8	1.6	1	2	2	1.8	1.6	1
7	扶梯	完好、无破损、无灰尘、无污迹	4	4	3.6	3.2	2	3	3	2.7	2.4	1.5
8	电梯	平稳、有效、无障碍、无划痕、无脱落、无灰尘、无污迹	4	4	3.6	3.2	2	4	4	3.6	3.2	2
9	家具	稳固、完好、无变形、无破损、无烫痕、无脱漆、无灰尘、无污迹	3	3	2.7	2.4	1.5	3	3	2.7	2.4	1.5
10	灯具	完好、有效、无破损、无灰尘、无污迹、无蛛网	5	5	4.5	4	2.5	5	5	4.5	4	2.5
11	绿色植物	无枯枝败叶、修剪效果好、无灰尘、无异味、无昆虫	5	5	4.5	4	2.5	3	3	2.7	2.4	1.5
12	艺术品	完好、无破损、无灰尘、无污迹	4	4	3.6	3.2	2	3	3	2.7	2.4	1.5
13	公共信息图形符号	规范、完好、有效、无褪色、无破损、无脱落	1	1	0.9	0.8	0.5	1	1	0.9	0.8	0.5
14	信息系统	完整、清晰、无破损、无灰尘、无污迹										
	旅游船平面布置图		1	1	0.9	0.8	0.5	1	1	0.9	0.8	0.5

表 B.1（续）

序号	项目	标　　准	维修保养检查					清洁卫生检查				
			检查分数	实际得分				检查分数	实际得分			
				优	良	中	差		优	良	中	差
	旅游船航线示意图		1	1	0.9	0.8	0.5	1	1	0.9	0.8	0.5
	救生、防火图解		1	1	0.9	0.8	0.5	1	1	0.9	0.8	0.5
	信息发布栏		1	1	0.9	0.8	0.5	1	1	0.9	0.8	0.5
	船舶行程活动告示		1	1	0.9	0.8	0.5	1	1	0.9	0.8	0.5
	高级管理人员简介		1	1	0.9	0.8	0.5	1	1	0.9	0.8	0.5
	船舶娱乐活动介绍		1	1	0.9	0.8	0.5	1	1	0.9	0.8	0.5
	沿途主要旅游景点介绍		1	1	0.9	0.8	0.5	1	1	0.9	0.8	0.5
	前方到达港时刻预告牌		1	1	0.9	0.8	0.5	1	1	0.9	0.8	0.5
15	旅游信息电子查询设备	完好、有效、快捷、无破损、无划痕、无灰尘、无污迹	1	1	0.9	0.8	0.5	1	1	0.9	0.8	0.5
16	国际时差钟	完好、准确，无破损、无脱落、无灰尘、无污迹	1	1	0.9	0.8	0.5	1	1	0.9	0.8	0.5
17	空调回风口	完好、有效、无破损、无脱落、无灰尘、无污迹、噪音低	3	3	2.7	2.4	1.5	3	3	2.7	2.4	1.5
18	客用品	完好、有效、无灰尘、无污迹										
	伞架		1	1	0.9	0.8	0.5	1	1	0.9	0.8	0.5
	垃圾筒		1	1	0.9	0.8	0.5	1	1	0.9	0.8	0.5
	烟灰缸		1	1	0.9	0.8	0.5	1	1	0.9	0.8	0.5
	衣架		1	1	0.9	0.8	0.5	1	1	0.9	0.8	0.5
	擦鞋机		1	1	0.9	0.8	0.5	1	1	0.9	0.8	0.5
19	总台及各种设备	完好、有效、无灰尘、无污迹										
	贵重物品保险箱		1	1	0.9	0.8	0.5	1	1	0.9	0.8	0.5
	电话		1	1	0.9	0.8	0.5	1	1	0.9	0.8	0.5
	服务柜台		1	1	0.9	0.8	0.5	1	1	0.9	0.8	0.5
	宣传册及册架		1	1	0.9	0.8	0.5	1	1	0.9	0.8	0.5
	分区标志		1	1	0.9	0.8	0.5	1	1	0.9	0.8	0.5
20	大堂休息处	整齐、布局合理、干净	10	10	9	8	5	10	10	9	8	5
21	公共阅览处	完整、有效、无破损、整齐、干净	3	3	2.7	2.4	1.5	3	3	2.7	2.4	1.5
22	电脑终端	快捷、准确、无污迹、无灰尘	10	10	9	8	5	10	10	9	8	5

表 B.1(续)

序号	项目	标　　准	维修保养检查					清洁卫生检查				
			检查分数	实际得分				检查分数	实际得分			
				优	良	中	差		优	良	中	差
23	计算机系统	及时维护,快速有效	10	10	9	8	5	10	10	9	8	5
24	其他(每项一分)		1	1	0.9	0.8	0.5	1	1	0.9	0.8	0.5
三、客房												
(一)客房内走道												
1	墙(壁)面	平整、无破损、无开裂、无脱落、无污迹、无蛛网	5	5	4.5	4	2.5	2	2	1.8	1.6	1
2	地面	平整、无破损、无卷边、无变色、无变形、无污迹、无异味、光亮	5	5	4.5	4	2.5	10	10	9	8	5
3	天花	无破损、无裂痕、无脱落、无灰尘、无水迹、无蛛网	8	8	7.2	6.4	4	2	2	1.8	1.6	1
4	灯具	完好、有效、无灰尘、无破损、无污迹、无蛛网	2	2	1.8	1.6	1	2	2	1.8	1.6	1
5	艺术品	完好、无破损、无灰尘、无污迹	2	2	1.8	1.6	1	2	2	1.8	1.6	1
6	消防设备	完好、有效、无灰尘、无污迹	2	2	1.8	1.6	1	2	2	1.8	1.6	1
7	绿色植物	无枯枝败叶、修剪效果好、无灰尘、无异味、无昆虫	2	2	1.8	1.6	1	2	2	1.8	1.6	1
8	公共信息图形符号	规范、完好、有效、无褪色、无破损、无脱落	2	2	1.8	1.6	1	2	2	1.8	1.6	1
9	垃圾筒	完整、无破损、无灰尘、无污迹	1	1	0.9	0.8	0.5	1	1	0.9	0.8	0.5
10	其他(每项一分)		1	1	0.9	0.8	0.5	1	1	0.9	0.8	0.5
(二)客房服务中心												
1	服务台	无破损、无划痕、无灰尘、无污迹	2	2	1.8	1.6	1	2	2	1.8	1.6	1
2	电话	完好、有效、无灰尘、无污迹	1	1	0.9	0.8	0.5	1	1	0.9	0.8	0.5
3	墙(壁)面	平整、无破损、无开裂、无脱落、无污迹、无蛛网	3	3	2.7	2.4	1.5	2	2	1.8	1.6	1
4	门、窗	完好、有效、无脱落、无破损、无变形、无划痕、无污迹、无灰尘、玻璃明亮	3	3	2.7	2.4	1.5	2	2	1.8	1.6	1
5	天花	无破损、无裂痕、无脱落、无灰尘、无水迹、无蛛网	2	2	1.8	1.6	1	2	2	1.8	1.6	1
6	灯具	完好、有效、无灰尘、无破损、无污迹、无蛛网	2	2	1.8	1.6	1	2	2	1.8	1.6	1
	其他(每项一分)		1	1	0.9	0.8	0.5	1	1	0.9	0.8	0.5
(三)客房												
1	门	完好、有效、无灰尘、无污迹										

表 B.1（续）

序号	项目	标准	维修保养检查						清洁卫生检查				
			检查分数	实际得分					检查分数	实际得分			
				优	良	中	差			优	良	中	差
	门铃		2	2	1.8	1.6	1		2	2	1.8	1.6	1
	锁		1	1	0.9	0.8	0.5		1	1	0.9	0.8	0.5
	门窥镜		1	1	0.9	0.8	0.5		1	1	0.9	0.8	0.5
	门牌		1	1	0.9	0.8	0.5		1	1	0.9	0.8	0.5
	闭门器		1	1	0.9	0.8	0.5		1	1	0.9	0.8	0.5
	安全链		1	1	0.9	0.8	0.5		1	1	0.9	0.8	0.5
	把手		1	1	0.9	0.8	0.5		1	1	0.9	0.8	0.5
2	客房内印刷品	规范、完好、字迹图案清晰、无皱折、无涂抹、无灰尘、无污迹											
	安全疏散示意图		1	1	0.9	0.8	0.5		1	1	0.9	0.8	0.5
	救生衣穿着示意图		1	1	0.9	0.8	0.5		1	1	0.9	0.8	0.5
	航行安全须知		1	1	0.9	0.8	0.5		1	1	0.9	0.8	0.5
	绿色环保倡导牌		2	2	1.8	1.6	1		2	2	1.8	1.6	1
	酒水单		2	2	1.8	1.6	1		2	2	1.8	1.6	1
	“请勿打扰”牌或指示灯		2	2	1.8	1.6	1		2	2	1.8	1.6	1
	“请速清扫”门牌		2	2	1.8	1.6	1		2	2	1.8	1.6	1
	服务指南		2	2	1.8	1.6	1		2	2	1.8	1.6	1
	价目表		2	2	1.8	1.6	1		2	2	1.8	1.6	1
	航行安排及娱乐活动节目单		2	2	1.8	1.6	1		2	2	1.8	1.6	1
	闭路电视节目单		2	2	1.8	1.6	1		2	2	1.8	1.6	1
	洗衣单		2	2	1.8	1.6	1		2	2	1.8	1.6	1
3	窗帘	完好、平整、无破损、无脱落、无灰尘、无污迹	8	8	7.2	6.4	4		2	2	1.8	1.6	1
4	墙(壁)面	平整、无破损、无开裂、无脱落、无污迹、无蛛网	4	4	3.6	3.2	2		3	3	2.7	2.4	1.5
5	天花	无破损、无裂痕、无脱落、无灰尘、无水迹、无蛛网	4	4	3.6	3.2	2		3	3	2.7	2.4	1.5
6	地面	完整、无卷边、无破损、无变色、无变形、无污迹、无异味、光亮	4	4	3.6	3.2	2		3	3	2.7	2.4	1.5
7	灯具	完好、有效、无破损、无灰尘、无污迹、无蛛网	2	2	1.8	1.6	1		2	2	1.8	1.6	1
8	烟感报警器	完好、有效、无灰尘、无污迹	1	1	0.9	0.8	0.5		1	1	0.9	0.8	0.5

表 B.1（续）

序号	项目	标　　准	维修保养检查					清洁卫生检查				
			检查分数	实际得分				检查分数	实际得分			
				优	良	中	差		优	良	中	差
9	贵重物品保险箱	完好、有效、无灰尘、无污迹	2	2	1.8	1.6	1	2	2	1.8	1.6	1
10	逃生手电	完好、有效、无污迹	2	2	1.8	1.6	1	2	2	1.8	1.6	1
11	空调回风口	完好、有效、无破损、无脱落、无灰尘、无污迹、噪音低	2	2	1.8	1.6	1	2	2	1.8	1.6	1
12	家具、布草	稳固、完好、无变形、无破损、无烫痕、无脱漆、无灰尘、无污迹										
	软垫床		1	1	0.9	0.8	0.5	1	1	0.9	0.8	0.5
	床头护墙板		1	1	0.9	0.8	0.5	1	1	0.9	0.8	0.5
	床头壁架		1	1	0.9	0.8	0.5	1	1	0.9	0.8	0.5
	床头柜		1	1	0.9	0.8	0.5	1	1	0.9	0.8	0.5
	床上用品		2	2	1.8	1.6	1	2	2	1.8	1.6	1
	衣橱		1	1	0.9	0.8	0.5	1	1	0.9	0.8	0.5
	衣架		2	2	1.8	1.6	1	2	2	1.8	1.6	1
	写字台		2	2	1.8	1.6	1	2	2	1.8	1.6	1
	半身镜		1	1	0.9	0.8	0.5	1	1	0.9	0.8	0.5
	全身镜		1	1	0.9	0.8	0.5	1	1	0.9	0.8	0.5
	椅子、沙发		2	2	1.8	1.6	1	2	2	1.8	1.6	1
	茶几		1	1	0.9	0.8	0.5	1	1	0.9	0.8	0.5
	行李架(柜)		1	1	0.9	0.8	0.5	1	1	0.9	0.8	0.5
	饮具		1	1	0.9	0.8	0.5	1	1	0.9	0.8	0.5
	酒具		1	1	0.9	0.8	0.5	1	1	0.9	0.8	0.5
	烟具		1	1	0.9	0.8	0.5	1	1	0.9	0.8	0.5
	抽屉		1	1	0.9	0.8	0.5	1	1	0.9	0.8	0.5
	垃圾筒		1	1	0.9	0.8	0.5	1	1	0.9	0.8	0.5
	擦鞋工具		1	1	0.9	0.8	0.5	1	1	0.9	0.8	0.5
	针线包(缝纫用具)		1	1	0.9	0.8	0.5	1	1	0.9	0.8	0.5
	洗衣袋		1	1	0.9	0.8	0.5	1	1	0.9	0.8	0.5
	浴衣		1	1	0.9	0.8	0.5	1	1	0.9	0.8	0.5
13	艺术品	完好、无破损、无灰尘、无污迹	1	1	0.9	0.8	0.5	1	1	0.9	0.8	0.5
14	文具夹及文具用品	规范完整、无划痕、无破损、无灰尘、无污迹	3	3	2.7	2.4	1.5	3	3	2.7	2.4	1.5
15	鲜花或绿色植物	无枯枝败叶、修剪效果好、无灰尘、无异味、无昆虫	2	2	1.8	1.6	1	2	2	1.8	1.6	1

表 B.1（续）

序号	项目	标　　准	维修保养检查					清洁卫生检查				
			检查分数	实际得分				检查分数	实际得分			
				优	良	中	差		优	良	中	差
16	艺术品	完好、无破损、无灰尘、无污迹	3	3	2.7	2.4	1.5	3	3	2.7	2.4	1.5
17	电话	完好、无损、有效、安全、无灰尘、无污迹	1	1	0.9	0.8	0.5	1	1	0.9	0.8	0.5
18	电视机及遥控器	完好、无损、有效、安全、无灰尘、无污迹	2	2	1.8	1.6	1	2	2	1.8	1.6	1
19	冰箱、冰桶	完好、无损、有效、安全、无灰尘、无污迹	1	1	0.9	0.8	0.5	1	1	0.9	0.8	0.5
20	开关及电源插座	完好、无损、有效、安全、无灰尘、无污迹	1	1	0.9	0.8	0.5	1	1	0.9	0.8	0.5
21	救生衣	完好、有效、无灰尘、无污迹	2	2	1.8	1.6	1	2	2	1.8	1.6	1
22	观景阳台	完好、有效、安全、无破损、无烫痕、无脱漆、无灰尘、无污迹、无蛛网										
	地面		4	4	3.6	3.2	2	3	3	2.7	2.4	1.5
	墙面		4	4	3.6	3.2	2	3	3	2.7	2.4	1.5
	天花		2	2	1.8	1.6	1	2	2	1.8	1.6	1
	椅		2	2	1.8	1.6	1	2	2	1.8	1.6	1
	茶几		2	2	1.8	1.6	1	2	2	1.8	1.6	1
	栏杆		2	2	1.8	1.6	1	2	2	1.8	1.6	1
23	其他（每项一分）		1	1	0.9	0.8	0.5	1	1	0.9	0.8	0.5
（四）卫生间												
1	门（锁）	安全、有效、无破损、无灰尘、无污迹	3	3	2.7	2.4	1.5	3	3	2.7	2.4	1.5
2	墙面	平整、无破损、无脱落、无灰尘、无污迹	3	3	2.7	2.4	1.5	3	3	2.7	2.4	1.5
3	天花	无破损、无脱落、无灰尘、无污迹	3	3	2.7	2.4	1.5	3	3	2.7	2.4	1.5
4	地面	平坦、无破损、无灰尘、无污迹	3	3	2.7	2.4	1.5	3	3	2.7	2.4	1.5
5	灯具	完好、有效、无灰尘、无污迹	2	2	1.8	1.6	1	2	2	1.8	1.6	1
6	洗脸台面	完好、无磨损、无灰尘、无污迹	2	2	1.8	1.6	1	2	2	1.8	1.6	1
7	镜	完好、明亮、无磨损、无灰尘、无污迹	2	2	1.8	1.6	1	2	2	1.8	1.6	1
8	排风器	完好、有效、噪音低、无灰尘、无污迹	2	2	1.8	1.6	1	1	1	0.9	0.8	0.5
9	面盆	完好、无堵塞、洁净	20	20	18	16	10	15	15	13.5	12	7.5
10	恭桶	完好、无堵塞、噪音低、无污迹	20	20	18	16	10	15	15	13.5	12	7.5

表 B.1（续）

序号	项目	标准	维修保养检查					清洁卫生检查				
			检查分数	实际得分				检查分数	实际得分			
				优	良	中	差		优	良	中	差
11	浴缸	完好、无堵塞、无滴漏、无污迹	20	20	18	16	10	15	15	13.5	12	7.5
12	浴帘及浴帘杆	完好、无脱落、无灰尘、无污迹	4	4	3.6	3.2	2	3	3	2.7	2.4	1.5
13	淋浴喷头	完好、通畅、无滴漏、无污迹	4	4	3.6	3.2	2	3	3	2.7	2.4	1.5
14	水质清洁程度	清澈、无沙质、水温稳定						5	5	4.5	4	2.5
15	空气清新程度	清新、无异味						5	5	4.5	4	2.5
16	电话副机	完好、方便取用、有效、无灰尘、无污迹	2	2	1.8	1.6	1	1	1	0.9	0.8	0.5
17	吹风机	安全、完好、有效、无灰尘、无污迹	2	2	1.8	1.6	1	1	1	0.9	0.8	0.5
18	体重秤	完好、有效、无灰尘、无污迹	1	1	0.9	0.8	0.5	1	1	0.9	0.8	0.5
19	电源插座	完好、有效、无破损、无灰尘、无污迹	1	1	0.9	0.8	0.5	1	1	0.9	0.8	0.5
20	皂盒	完好、无灰尘、无污迹	1	1	0.9	0.8	0.5	1	1	0.9	0.8	0.5
21	手纸托架	完好、方便取用、有效、无灰尘、无污迹	1	1	0.9	0.8	0.5	1	1	0.9	0.8	0.5
22	巾架	完好、有效、无灰尘、无污迹	2	2	1.8	1.6	1	1	1	0.9	0.8	0.5
23	扶手杆	完好、有效、无灰尘、无污迹	2	2	1.8	1.6	1	1	1	0.9	0.8	0.5
24	纸篓	完好、无灰尘、无污迹	2	2	1.8	1.6	1	1	1	0.9	0.8	0.5
25	晾衣绳	完好、有效、无灰尘、无污迹	1	1	0.9	0.8	0.5	1	1	0.9	0.8	0.5
26	卫生袋	正规、完好、无灰尘、无污迹	1	1	0.9	0.8	0.5	1	1	0.9	0.8	0.5
27	客用品	规范、完好、无灰尘、无污迹										
	毛巾		2	2	1.8	1.6	1	4	4	3.6	3.2	2
	浴巾		2	2	1.8	1.6	1	4	4	3.6	3.2	2
	面巾		2	2	1.8	1.6	1	4	4	3.6	3.2	2
	踏脚巾		2	2	1.8	1.6	1	4	4	3.6	3.2	2
	浴帽		2	2	1.8	1.6	1	4	4	3.6	3.2	2
	梳子		2	2	1.8	1.6	1	4	4	3.6	3.2	2
	擦手纸		2	2	1.8	1.6	1	4	4	3.6	3.2	2
	棉签		2	2	1.8	1.6	1	4	4	3.6	3.2	2
	防滑垫		1	1	0.9	0.8	0.5	1	1	0.9	0.8	0.5
	香皂							1	1	0.9	0.8	0.5
	浴液							1	1	0.9	0.8	0.5
	洗发液							1	1	0.9	0.8	0.5
	牙具(口杯)		1	1	0.9	0.8	0.5	1	1	0.9	0.8	0.5

表 B.1（续）

序号	项目	标 准	维修保养检查					清洁卫生检查				
			检查分数	实际得分				检查分数	实际得分			
				优	良	中	差		优	良	中	差
28	其他(每项一分)		1	1	0.9	0.8	0.5	1	1	0.9	0.8	0.5
四、餐厅(如有多个餐厅,则全部检查,综合评分)												
1	餐厅标志	规范、完整、无褪色、无变形、无灰尘、无污迹	10	10	9	8	5	8	8	7.2	6.4	4
2	门	无破损、无变形、无划痕、玻璃明亮、无灰尘	6	6	5.4	4.8	3	5	5	4.5	4	2.5
3	窗户及窗帘	无破损、无变形、无划痕、无灰尘	8	8	7.2	6.4	4	2	2	1.8	1.6	1
4	天花	无破损、无裂痕、无脱落、无灰尘、无水迹、无蛛网	4	4	3.6	3.2	2	2	2	1.8	1.6	1
5	墙面	平整、无破损、无开裂、无脱落、无灰尘、无污迹	6	6	5.4	4.8	3	5	5	4.5	4	2.5
6	柱	无脱落、无裂痕、无划痕、有光泽、无灰尘、无污迹	1	1	0.9	0.8	0.5	1	1	0.9	0.8	0.5
7	灯具	完好、有效、无灰尘、无污迹	2	2	1.8	1.6	1	2	2	1.8	1.6	1
8	地面	平整、无破损、无卷边、无变形、无异味、无灰尘、无污迹、干净、光亮	10	10	9	8	5	12	12	10.8	9.6	6
9	绿色植物	无枯枝败叶、修剪效果好、无灰尘、无异味、无昆虫	2	2	1.8	1.6	1	2	2	1.8	1.6	1
10	艺术品	完好、无破损、无褪色、无灰尘、无污迹	2	2	1.8	1.6	1	2	2	1.8	1.6	1
11	家具	稳固、完好、无变形、无破损、无烫痕、无脱漆、无灰尘、无污迹										
	配餐柜台		10	10	9	8	5	12	12	10.8	9.6	6
	桌		20	20	18	16	10	10	10	9	8	5
	椅		20	20	18	16	10	6	6	5.4	4.8	3
	送餐车		2	2	1.8	1.6	1	2	2	1.8	1.6	1
	接手桌		4	4	3.6	3.2	2	2	2	1.8	1.6	1
12	客用品	完好、无破损、无灰尘、无污迹										
	台布		10	10	9	8	5	20	20	18	16	10
	餐巾		15	15	13.5	12	7.5	15	15	13.5	12	7.5
	面巾		10	10	9	8	5	10	10	9	8	5
	餐具		30	30	27	24	15	20	20	18	16	10
	烟具		6	6	5.4	4.8	3	5	5	4.5	4	2.5
	酒具		20	20	18	16	10	10	10	9	8	5
	调味瓶		10	10	9	8	5	10	10	9	8	5

表 B.1（续）

序号	项目	标准	维修保养检查					清洁卫生检查				
			检查分数	实际得分				检查分数	实际得分			
				优	良	中	差		优	良	中	差
	菜单	规范、美观、清晰、无灰尘、无污迹、无涂抹	5	5	4.5	4	2.5	5	5	4.5	4	2.5
	酒单	规范、美观、清晰、无灰尘、无污迹、无涂抹	5	5	4.5	4	2.5	5	5	4.5	4	2.5
13	宣传品	规范、完整、无灰尘、无污迹、无涂抹	5	5	4.5	4	2.5	4	4	3.6	3.2	2
14	电话	完好、无损、有效、安全、无灰尘、无污迹	3	3	2.7	2.4	1.5	3	3	2.7	2.4	1.5
15	空调	完整、无破损、无灰尘、无污迹	2	2	1.8	1.6	1	2	2	1.8	1.6	1
16	空调回风口及通风设施	完好、有效、无破损、无脱落、无灰尘、无污迹、噪音低	2	2	1.8	1.6	1	2	2	1.8	1.6	1
17	空气清洁程度	清新、无异味						5	5	4.5	4	2.5
18	其他（每项一分）		1	1	0.9	0.8	0.5	1	1	0.9	0.8	0.5
五、厨房												
1	设备	完好、有效、存放有序、无灰尘、无污迹	10	10	9	8	5	10	10	9	8	5
2	与餐厅的通道	无破损、无污迹、无异味	10	10	9	8	5	6	6	5.4	4.8	3
3	门	无破损、无变形、无划痕、玻璃明亮、无灰尘	4	4	3.6	3.2	2	4	4	3.6	3.2	2
4	窗	无破损、无变形、无划痕、玻璃明亮、无灰尘	4	4	3.6	3.2	2	4	4	3.6	3.2	2
5	地面	平整、无破损、无卷边、无变形、无污迹、无异味、干净、光亮	10	10	9	8	5	12	12	10.8	9.6	6
6	墙面	平整、无破损、无脱落、无污迹、无蛛网	10	10	9	8	5	6	6	5.4	4.8	3
7	其他（每项一分）		1	1	0.9	0.8	0.5	1	1	0.9	0.8	0.5
六、公共及康乐设施												
1	多功能厅											
1.1	地面	平整、无破损、无卷边、无变形、无异味、无灰尘、无污迹、干净、光亮	10	10	9	8	5	12	12	10.8	9.6	6
1.2	墙面	平整、无破损、无脱落、无裂痕、无灰尘、无污迹	10	10	9	8	5	12	12	10.8	9.6	6
1.3	天花	无破损、无裂痕、无脱落、无灰尘、无水迹、无蛛网	8	8	7.2	6.4	4	2	2	1.8	1.6	1

表 B.1(续)

序号	项目	标　准	维修保养检查					清洁卫生检查				
			检查分数	实际得分				检查分数	实际得分			
				优	良	中	差		优	良	中	差
1.4	门	无破损、无变形、无划痕、玻璃明亮、无灰尘	8	8	7.2	6.4	4	2	2	1.8	1.6	1
1.5	窗户及窗帘	无破损、无变形、无划痕、无灰尘	8	8	7.2	6.4	4	2	2	1.8	1.6	1
1.6	灯具	完好、有效、无灰尘、无污迹	3	3	2.7	2.4	1.5	3	3	2.7	2.4	1.5
1.7	装饰品	完好、无破损、无灰尘、无污迹	2	2	1.8	1.6	1	2	2	1.8	1.6	1
1.8	绿色植物	无枯枝败叶、修剪效果好、无灰尘、无异味、无昆虫	2	2	1.8	1.6	1	2	2	1.8	1.6	1
1.9	家具	稳固、完好、无变形、无破损、无烫痕、无脱漆、无灰尘、无污迹										
	配餐柜台(吧台)		10	10	9	8	5	12	12	10.8	9.6	6
	桌		20	20	18	16	10	10	10	9	8	5
	椅		20	20	18	16	10	6	6	5.4	4.8	3
1.10	音响设备	完好、有效、安全	10	10	9	8	5	12	12	10.8	9.6	6
2	酒吧		20	20	18	16	10	10	10	9	8	5
2.1	地面	平整、无破损、无卷边、无污迹、无灰尘、无异味、干净、光亮	3	3	2.7	2.4	1.5	3	3	2.7	2.4	1.5
2.2	墙面	平整、无破损、无脱落、无裂痕、无灰尘、无污迹	3	3	2.7	2.4	1.5	3	3	2.7	2.4	1.5
2.3	天花	无破损、无裂痕、无脱落、无灰尘、无水迹、无蛛网	3	3	2.7	2.4	1.5	3	3	2.7	2.4	1.5
2.4	灯具	完好、有效、无灰尘、无污迹	3	3	2.7	2.4	1.5	3	3	2.7	2.4	1.5
2.5	装饰品	完好、无破损、无灰尘、无污迹	2	2	1.8	1.6	1	2	2	1.8	1.6	1
2.6	绿色植物	无枯枝败叶、修剪效果好、无灰尘、无异味、无昆虫	2	2	1.8	1.6	1	2	2	1.8	1.6	1
2.7	家具	稳固、完好、无变形、无破损、无烫痕、无脱漆、无灰尘、无污迹										
	吧台		10	10	9	8	5	12	12	10.8	9.6	6
	桌		20	20	18	16	10	10	10	9	8	5
	椅		20	20	18	16	10	6	6	5.4	4.8	3
2.8	酒吧设备	完好、有效、安全、无变形、无灰尘、无污迹										
	酒水展示台		4	4	3.6	3.2	2	3	3	2.7	2.4	1.5
	冰箱或冰柜		4	4	3.6	3.2	2	3	3	2.7	2.4	1.5
	制冰机		4	4	3.6	3.2	2	3	3	2.7	2.4	1.5
	咖啡机		4	4	3.6	3.2	2	3	3	2.7	2.4	1.5

表 B.1（续）

序号	项目	标　　准	维修保养检查					清洁卫生检查				
			检查分数	实际得分				检查分数	实际得分			
				优	良	中	差		优	良	中	差
	调酒台		4	4	3.6	3.2	2	3	3	2.7	2.4	1.5
	生啤机		4	4	3.6	3.2	2	3	3	2.7	2.4	1.5
	酒具		4	4	3.6	3.2	2	3	3	2.7	2.4	1.5
3	咖啡厅	完好、有效、无脱落、无污迹、无异味	20	20	18	16	10	10	10	9	8	5
4	茶室	完好、有效、无脱落、无污迹、无异味	20	20	18	16	10	10	10	9	8	5
5	商务中心	完好、有效、无脱落、无污迹、无异味	20	20	18	16	10	10	10	9	8	5
6	会议室	完好、有效、无脱落、无污迹、无异味	20	20	18	16	10	10	10	9	8	5
7	小型网吧	完好、有效、无脱落、无污迹	20	20	18	16	10	10	10	9	8	5
8	影视厅	完好、有效、无脱落、无污迹	20	20	18	16	10	10	10	9	8	5
9	健身房	完好、有效、无脱落、无污迹、无异味	10	10	9	8	5	12	12	10.8	9.6	6
10	桑拿浴	完好、有效、无脱落、无污迹、无异味	15	15	13.5	12	7.5	15	15	13.5	12	7.5
11	按摩室	完好、有效、无脱落、无污迹、无异味	15	15	13.5	12	7.5	15	15	13.5	12	7.5
12	美容美发室	完好、有效、无脱落、无污迹、无异味	15	15	13.5	12	7.5	15	15	13.5	12	7.5
13	棋牌室	完好、有效、无脱落、无污迹、无异味	4	4	3.6	3.2	2	3	3	2.7	2.4	1.5
14	雪茄吧	完好、有效、无脱落、无污迹、无异味	10	10	9	8	5	12	12	10.8	9.6	6
15	桌球室	完好、有效、无脱落、无污迹、无异味	4	4	3.6	3.2	2	3	3	2.7	2.4	1.5
16	乒乓球室	完好、有效、无脱落、无污迹、无异味	4	4	3.6	3.2	2	3	3	2.7	2.4	1.5
17	图书阅览室	完好、有效、无脱落、无污迹、无异味	4	4	3.6	3.2	2	3	3	2.7	2.4	1.5
18	儿童游戏室	完好、有效、无脱落、无污迹、无异味	4	4	3.6	3.2	2	3	3	2.7	2.4	1.5
19	KTV 房	完好、有效、无脱落、无污迹、无异味	4	4	3.6	3.2	2	3	3	2.7	2.4	1.5
20	游泳池	完好、有效、无脱落、无污迹、水质良好	15	15	13.5	12	7.5	15	15	13.5	12	7.5

表 B.1(续)

序号	项目	标　　准	维修保养检查					清洁卫生检查				
			检查分数	实际得分				检查分数	实际得分			
				优	良	中	差		优	良	中	差
21	商场	完好、有效、无脱落、无污迹、无异味	2	2	1.8	1.6	1	2	2	1.8	1.6	1
22	医疗室	完好、有效、无脱落、无污迹、无异味	2	2	1.8	1.6	1	2	2	1.8	1.6	1
23	阳光甲板(露天日光浴场)											
23.1	地面	平整、无破损、无卷边、无污迹、无灰尘、干净、光亮	5	5	4.5	4	2.5	5	5	4.5	4	2.5
23.2	座椅或休闲躺椅	完好、无破损、无污迹、无灰尘	5	5	4.5	4	2.5	5	5	4.5	4	2.5
23.3	秋千椅	完好、无破损、无污迹、无灰尘	2	2	1.8	1.6	1	2	2	1.8	1.6	1
23.4	茶几类家具	完好、无破损、无烫痕、无污迹、无灰尘	5	5	4.5	4	2.5	5	5	4.5	4	2.5
23.5	健身设施	完好、有效、安全、无破损、无污迹、无灰尘	5	5	4.5	4	2.5	5	5	4.5	4	2.5
23.6	救生艇(筏)	完好、有效、无脱漆、无灰尘、无污迹	5	5	4.5	4	2.5	5	5	4.5	4	2.5
24	室内观景室	完好、有效、无脱落、无污迹、无灰尘	5	5	4.5	4	2.5	5	5	4.5	4	2.5
25	室外观景甲板	完好、有效、无脱落、无污迹、无灰尘	5	5	4.5	4	2.5	5	5	4.5	4	2.5
26	游戏室	完好、有效、无脱落、无污迹、无灰尘	2	2	1.8	1.6	1	2	2	1.8	1.6	1
27	其他(每项一分)		1	1	0.9	0.8	0.5	1	1	0.9	0.8	0.5
七、公共卫生间												
1	地面	平坦、无破损、无灰尘、无污迹、无异味	2	2	1.8	1.6	1	2	2	1.8	1.6	1
2	墙(壁)面	平整、无破损、无脱落、无裂痕、无变色、无灰尘、无污迹	5	5	4.5	4	2.5	5	5	4.5	4	2.5
3	天花	无破损、无裂痕、无脱落、无灰尘、无水迹、无蛛网	5	5	4.5	4	2.5	5	5	4.5	4	2.5
4	厕位	完好、无堵塞、无滴漏、无污迹	5	5	4.5	4	2.5	5	5	4.5	4	2.5
5	洗手台	完好、无磨损、无灰尘、无污迹	4	4	3.6	3.2	2	3	3	2.7	2.4	1.5
6	梳妆镜	完好、无磨损、玻璃明亮、无灰尘、无污迹	2	2	1.8	1.6	1	2	2	1.8	1.6	1
7	皂液器	完好、有效、无污迹	1	1	0.9	0.8	0.5	1	1	0.9	0.8	0.5
8	干手器	完好、有效、无污迹	1	1	0.9	0.8	0.5	1	1	0.9	0.8	0.5

表 B.1（续）

序号	项目	标　　准	维修保养检查					清洁卫生检查				
			检查分数	实际得分				检查分数	实际得分			
				优	良	中	差		优	良	中	差
9	面盆	完好、无堵塞、洁净	4	4	3.6	3.2	2	3	3	2.7	2.4	1.5
10	手纸托架	完好、方便取用、有效、无灰尘、无污迹	1	1	0.9	0.8	0.5	1	1	0.9	0.8	0.5
11	其他(每项一分)		1	1	0.9	0.8	0.5	1	1	0.9	0.8	0.5
		八、旅游船设施设备										
1	洗衣设备	完好、有效、无灰尘、无污迹										
	湿洗机		4	4	3.6	3.2	2	4	4	3.6	3.2	2
	干洗机		4	4	3.6	3.2	2	4	4	3.6	3.2	2
	熨烫机		2	2	1.8	1.6	1	2	2	1.8	1.6	1
	烫衣台		2	2	1.8	1.6	1	2	2	1.8	1.6	1
	烘干机		4	4	3.6	3.2	2	4	4	3.6	3.2	2
	家用洗衣机		1	1	0.9	0.8	0.5	1	1	0.9	0.8	0.5
	其他(每项一分)		1	1	0.9	0.8	0.5	1	1	0.9	0.8	0.5
2	驾驶台											
	门	无破损、无变形、无划痕、无灰尘、无污迹	5	5	4.5	4	2.5	4	4	3.6	3.2	2
	窗户	无破损、无灰尘、无污迹、玻璃明亮	5	5	4.5	4	2.5	4	4	3.6	3.2	2
	家具	稳固、完好、无变形、无破损、无烫痕、无脱漆、无灰尘、无污迹	4	4	3.6	3.2	2	2	2	1.8	1.6	1
	地面	平整、无破损、无卷边、无污迹、无灰尘、干净、光亮	4	4	3.6	3.2	2	5	5	4.5	4	2.5
	墙面	平整、无破损、无脱落、无开裂、无污迹、无蛛网	5	5	4.5	4	2.5	1	1	0.9	0.8	0.5
	天花	无破损、无裂痕、无脱落、无灰尘、无水迹、无蛛网	2	2	1.8	1.6	1	1	1	0.9	0.8	0.5
	灯具	完好、有效、无灰尘、无污迹、无蛛网	2	2	1.8	1.6	1	1	1	0.9	0.8	0.5
	航行设备	完好、有效、无灰尘、无污迹	5	5	4.5	4	2.5	1	1	0.9	0.8	0.5
	其他(每项一分)		1	1	0.9	0.8	0.5	1	1	0.9	0.8	0.5
3	甲板机械、舾装设备	完好、有效、无破损、无灰尘、无污迹										
	舵机		10	10	9	8	5	6	6	5.4	4.8	3
	锚机		10	10	9	8	5	6	6	5.4	4.8	3
	绞缆机		2	2	1.8	1.6	1	1	1	0.9	0.8	0.5

表 B.1（续）

序号	项目	标准	维修保养检查					清洁卫生检查				
			检查分数	实际得分				检查分数	实际得分			
				优	良	中	差		优	良	中	差
	缆桩		2	2	1.8	1.6	1	2	2	1.8	1.6	1
	导缆筒		2	2	1.8	1.6	1	1	1	0.9	0.8	0.5
	导缆孔		2	2	1.8	1.6	1	1	1	0.9	0.8	0.5
	其他（每项一分）		1	1	0.9	0.8	0.5	1	1	0.9	0.8	0.5
4	旅游船轮机设施	完好、有效、干净、无污迹										
	门	无破损、无变形、无划痕、无灰尘、无污迹	2	2	1.8	1.6	1	1	1	0.9	0.8	0.5
	窗	无破损、无变形、无划痕、玻璃明亮、无灰尘	2	2	1.8	1.6	1	1	1	0.9	0.8	0.5
	管系		10	10	9	8	5	12	12	10.8	9.6	6
	集中监控室		10	10	9	8	5	12	12	10.8	9.6	6
	降噪抑震设施		15	15	13.5	12	7.5	15	15	13.5	12	7.5
	主机组		15	15	13.5	12	7.5	15	15	13.5	12	7.5
	发电机组		10	10	9	8	5	6	6	5.4	4.8	3
	锅炉		10	10	9	8	5	6	6	5.4	4.8	3
	主配电板		10	10	9	8	5	12	12	10.8	9.6	6
	泵类		10	10	9	8	5	12	12	10.8	9.6	6
	净水装置		6	6	5.4	4.8	3	6	6	5.4	4.8	3
	其他（每项一分）		1	1	0.9	0.8	0.5	1	1	0.9	0.8	0.5
5	空调	完好、有效、干净、无污迹										
	中央机组		10	10	9	8	5	12	12	10.8	9.6	6
	空调控制设备		6	6	5.4	4.8	3	6	6	5.4	4.8	3
	空调管系		10	10	9	8	5	6	6	5.4	4.8	3
6	防污染设备	完好、有效、无灰尘、无污迹	10	10	9	8	5	6	6	5.4	4.8	3
7	消防灭火设备	完好、有效、无灰尘、无污迹	12	12	10.8	9.6	6	10	10	9	8	5
8	救生设备	完好、有效、无灰尘、无污迹	10	10	9	8	5	12	12	10.8	9.6	6
	其他（每项一分）		1	1	0.9	0.8	0.5	1	1	0.9	0.8	0.5
九、员工设施												
1	走道											
1.1	墙（壁）面	平整、无破损、无开裂、无脱落、无污迹、无蛛网	5	5	4.5	4	2.5	2	2	1.8	1.6	1
1.2	地面	平整、无破损、无卷边、无变色、无变形、无污迹、无异味、光亮	5	5	4.5	4	2.5	10	10	9	8	5

表 B.1（续）

序号	项目	标准	维修保养检查					清洁卫生检查				
			检查分数	实际得分				检查分数	实际得分			
				优	良	中	差		优	良	中	差
1.3	天花	无破损、无裂痕、无脱落、无灰尘、无水迹、无蛛网	8	8	7.2	6.4	4	2	2	1.8	1.6	1
1.4	灯具	完好、有效、无灰尘、无污迹、无蛛网	2	2	1.8	1.6	1	2	2	1.8	1.6	1
1.5	消防设备	完好、有效、无灰尘、无污迹	2	2	1.8	1.6	1	2	2	1.8	1.6	1
1.6	公共信息图形符号	规范、完好、有效、无褪色、无破损、无脱落	2	2	1.8	1.6	1	2	2	1.8	1.6	1
2	宿舍	完好、无破损、无脱落、无灰尘、无水迹、无蛛网、玻璃明亮	15	15	13.5	12	7.5	15	15	13.5	12	7.5
3	卫生间	完好、无破损、无脱落、无灰尘、无蛛网、无异味	10	10	9	8	5	12	12	10.8	9.6	6
4	浴室	完好、无破损、无脱落、无灰尘、无蛛网	10	10	9	8	5	12	12	10.8	9.6	6
5	洗衣间	完好、无破损、无脱落、无灰尘、无蛛网	5	5	4.5	4	2.5	5	5	4.5	4	2.5
6	晾衣间	完好、无破损、无脱落、无灰尘、无蛛网	2	2	1.8	1.6	1	2	2	1.8	1.6	1
7	员工厨房	完好、无破损、无脱落、无灰尘、无蛛网	10	10	9	8	5	12	12	10.8	9.6	6
8	船员餐厅	完好、无破损、无脱落、无灰尘、无蛛网	5	5	4.5	4	2.5	5	5	4.5	4	2.5
9	船员健身、娱乐室	完好、无破损、无脱落、无灰尘、无蛛网	5	5	4.5	4	2.5	5	5	4.5	4	2.5
10	空调	完好、有效、干净、无污迹、噪音低	10	10	9	8	5	6	6	5.4	4.8	3
11	阅览室	完好、无破损、无脱落、无灰尘、无污迹、无蛛网	5	5	4.5	4	2.5	5	5	4.5	4	2.5
12	文化宣传栏	完好、无破损、无灰尘、无污迹、无蛛网	5	5	4.5	4	2.5	5	5	4.5	4	2.5
13	其他(每项一分)		1	1	0.9	0.8	0.5	1	1	0.9	0.8	0.5
总计												
实际总得分												
得分率												

附 录 C
（规范性附录）
服务质量评定检查表

C.1 计分说明

C.1.1 各星级旅游船规定得分率：一星级 90%、二星级 90%、三星级 92%、四星级 95%、五星级 95%。

C.1.2 得分率＝该项实际得分/该项标准得分×100%。

C.1.3 评分规定：服务质量的评定除综合得分率达到规定外，在服务人员的仪容仪表、前厅服务、客房服务、餐厅（酒吧）服务、康乐服务等五个部分也应达到相应得分率，如其中任何一个部位达不到申请星级的规定得分率，就不能获得所申请的星级。

C.1.4 评分时，按照项目标准，完全达到者为优，略有不足者为良，明显不足者为中，严重不足者为差。

C.2 评分标准

服务质量评定见表 C.1。

表 C.1

序号	项目	标准	检查分数	实际得分			
				优	良	中	差
一、服务人员仪容仪表							
1	服装						
1.1	服装完好整洁程度	完整、挺括、清洁	10	10	9	8	5
1.2	服装与旅游船格调协调程度	与旅游船档次、特色、服务工种协调	10	10	9	8	5
1.3	不同岗位着装区别	按部门、按工种、按职务区分	6	6	5.4	4.8	3
1.4	着装统一程度	外套、裤（裙）、鞋、袜、领带（领花）、工号牌统一	10	10	9	8	5
1.5	着装效果	以上四项平均分值 95%以上为优，85%以上为良，70%以上为中，70%以下为差	10	10	9	8	5
2	服务人员的礼貌程度	端庄大方、礼貌周到、规范标准、主动热情	40	40	36	32	20
3	服务人员的纪律性	无扎堆聊天，擅离岗位等现象	30	30	27	24	15
4	服务人员的外语水平（是否符合必备条件）	熟练掌握岗位英语或岗位专业用语	30	30	27	24	15
5	服务人员服务效果总的印象	以上四项平均分值 95%以上为优，85%以上为良，70%以上为中，70%以下为差	10	10	9	8	5
二、前厅服务质量（态度、效率）							
1	投诉处理	态度好，效率高，协调应变能力强	20	20	18	16	10
2	迎送服务	态度好，礼节好，礼节周到，热情主动	20	20	18	16	10
3	行李服务	态度好，效率高，安全	20	20	18	16	10
4	接待服务	态度好，效率高，周到	20	20	18	16	10
5	问讯服务	态度好，效率高，准确无差错	10	10	9	8	5

表 C.1（续）

序号	项　　目	标　　准	检查分数	实际得分			
				优	良	中	差
6	外币兑换服务	态度好，效率高，准确无差错	6	6	5.4	4.8	3
7	结帐服务	态度好，效率高，准确无差错	15	15	13.5	12	7.5
8	导游服务	态度好，周到方便，业务水平高	30	30	27	24	15
9	电话服务	接话快，态度好，业务熟，准确无差错	10	10	9	8	5
10	广播服务	内容详细，语言流畅，准确无差错	20	20	18	16	10
11	贵重物品保存服务	态度好，准确无差错，安全措施好	6	6	5.4	4.8	3
12	前厅温度、通风状况	温度适宜，23℃～25℃，通风良好	10	10	9	8	5
13	背景音乐质量	音质好、音量柔和舒适	10	10	9	8	5
14	为残疾人服务	态度好，耐心、细致、及时、周到	4	4	3.6	3.2	2
15	委托代办服务	态度好，效率高、准确无差错	5	5	4.5	4	2.5
16	天气预报服务	及时、准确	5	5	4.5	4	2.5
17	客人漏（掉）船处理服务	及时，协调应变能力强	15	15	13.5	12	7.5
18	信息服务	及时，丰富，内容齐全	20	20	18	16	10
19	其他服务（每项 4 分）		4	4	3.6	3.2	2
20	前厅服务效果	以上各项平均得分 95%以上为优，85%以上为良，70%以上为中，70%以下为差	20	20	18	16	10
		三、客房服务质量（态度、效率、周到）					
1	客房服务中心	态度好，效率高，周到	20	20	18	16	10
2	客房整理服务	整洁，效率高，用品齐全	30	30	27	24	15
3	电话服务	接话快，态度好，业务熟，准确无差错	10	10	9	8	5
4	洗衣服务	态度好，手续清楚，质量好	20	20	18	16	10
5	闭路电视、卫星电视节目	图象清晰，音质好	10	10	9	8	5
6	背景音乐音质效果	音质好、音量柔和舒适、调节有效	10	10	9	8	5
7	叫醒服务	态度好，准确无差错	4	4	3.6	3.2	2
8	开夜床服务	态度好，效率高，周到	4	4	3.6	3.2	2
9	擦鞋服务	迅速、准确、质量好	4	4	3.6	3.2	2
10	饮用水（冰块）供应	有保证，及时、卫生	4	4	3.6	3.2	2
11	为残疾人提供的服务	态度好，耐心、细致、及时、周到	4	4	3.6	3.2	2
12	会客服务	态度好，效率高，安全	4	4	3.6	3.2	2
13	其他服务	态度好，效率高，周到	4	4	3.6	3.2	2
14	客房服务效果	以上各项平均得分 95%以上为优，85%以上为良，70%以上为中，70%以下为差	20	20	18	16	10

表 C.1（续）

序号	项　目	标　准	检查分数	实际得分			
				优	良	中	差
四、餐厅服务（态度、效率、周到、规范）质量							
1	餐厅经理（语言能力、推荐餐饮能力、组织协调、监督能力）	语言能力好、推荐食品能力强、管理监督效果好	30	30	27	24	15
2	餐厅领班（语言能力、组织协调效果）	能运用外语、熟悉业务、组织协调效果好	20	20	18	16	10
3	餐厅服务员（态度、纪律性、语言能力、服务效果）	态度好，纪律性强，能运用外语，服务效果好	30	30	27	24	15
4	餐厅温度	22 ℃～24 ℃	10	10	9	8	5
5	餐厅空气新鲜程度	空气清新，无异味	10	10	9	8	5
6	餐厅音乐效果	音质好，音量适中	10	10	9	8	5
7	餐食和饮料质量	根据客人反映打分、出现问题酌情扣分	40	40	36	32	20
8	菜式美观程度	色、形、味俱佳	30	30	27	24	15
9	食品卫生	符合地方规定的打满分，凡食品变质、变味、有异味的酌情扣分	40	40	36	32	20
10	团队就餐服务效果	态度好，效率高，服务周到，规范化	40	40	36	32	20
11	自助餐服务效果	态度好，效率高，服务周到，规范化	20	20	18	16	10
12	宴会服务效果	态度好，效率高，服务周到，规范化	20	20	18	16	10
13	零点服务	态度好，效率高，服务周到，规范化	10	10	9	8	5
14	餐厅服务的总印象	摆台水准高，服务规范化，技巧好，效率高	20	20	18	16	10
五、酒吧服务质量（态度、效率、周到、规范）							
1	酒吧经理（语言能力、推荐餐饮能力、组织协调、监督能力）	语言能力好、推荐酒水能力强、管理监督效果好	30	30	27	24	15
2	酒吧领班（语言能力、组织协调效果）	能运用外语、熟悉业务、组织协调效果好	20	20	18	16	10
3	酒吧服务员（态度、纪律性、语言能力、服务效果）	态度好，纪律性强，能运用外语，服务效果好	30	30	27	24	15
4	酒吧温度	22 ℃～24 ℃	10	10	9	8	5
5	酒吧空气新鲜程度	空气清新，无异味	10	10	9	8	5
6	酒吧音乐效果	音质好，音量适中	20	20	18	16	10
7	酒水质量	根据客人反映打分、出现问题酌情扣分	40	40	36	32	20
8	酒水摆放水平	酒水展示性强，突出重点，美观丰富，价签美观	20	20	18	16	10

表 C.1(续)

序号	项　　目	标　　准	检查分数	实际得分			
				优	良	中	差
9	酒水卫生	符合行业规定的打满分,凡酒水变质、变味、有异味的酌情扣分	30	30	27	24	15
10	酒吧服务效果	态度好,效率高,服务周到,规范化	20	20	18	16	10
11	总印象	服务水准高,服务规范化,技巧好,效率高	20	20	18	16	10
六、其他服务(态度、效率、周到、安全)							
1	多功能厅	态度好,效率高,服务周到,规范化	40	40	36	32	20
2	健身房服务	态度好,服务周到,有教练,安全	20	20	18	16	10
3	按摩服务	态度好,服务周到,安全	20	20	18	16	10
4	桑拿浴服务	态度好,服务周到,安全	10	10	9	8	5
5	KTV 服务	态度好,服务周到,安全	5	5	4.5	4	2.5
6	棋牌室服务	态度好,服务周到	20	20	18	16	10
7	网吧	态度好,服务周到	20	20	18	16	10
8	阳光甲板	态度好,服务周到	40	40	36	32	20
9	室内观景室	态度好,服务周到	20	20	18	16	10
10	游泳池	态度好,服务周到,有安全措施及救生员	10	10	9	8	5
11	其他娱乐休闲项目服务(每项 10 分)						
12	美发美容服务	态度好,服务周到,质量好,安全	20	20	18	16	10
13	商务服务	态度好,效率高,方便,周到,准确无差错	30	30	27	24	15
14	紧急救助服务	及时、有效、符合程序	20	20	18	16	10
15	商品服务						
15.1	服务员	语言能力强,态度好,服务技巧高,服务周到	20	20	18	16	10
15.2	旅游必需用品齐全程度	旅行生活必需品齐全	20	20	18	16	10
15.3	工艺品、旅游纪念品齐全程度	工艺品和纪念品齐全,能突出当地特色	20	20	18	16	10
15.4	商品摆放水平	商品展示性强,突出重点,美观丰富,价签美观	30	30	27	24	15
15.5	商品服务效果	以上四项平均分值 95%以上为优,85%以上为良,70%以上为中,70%以下为差	10	10	9	8	5
16	阅览室	书刊种类丰富,服务态度好,热情周到	20	20	18	16	10
17	歌舞厅服务(态度、周到、安全)	态度好,效率高,安全	20	20	18	16	10
18	会议服务(态度、规范、效率)	态度好,效率高,规范化	30	30	27	24	15
19	文艺表演						

表 C.1（续）

序号	项　　目	标　　　　准	检查分数	实际得分			
				优	良	中	差
19.1	节目	丰富，有特色，有参与性，娱乐性强	40	40	36	32	20
19.2	节目主持人及演员素质	表现力强，热情投入	30	30	27	24	15
20	离船短程游览活动服务	规范、安全，客人满意度高	50	50	45	40	25
七、航行和安全							
1	旅游船航行水准	航行平稳，无异样震动，停靠码头无明显碰撞	40	40	36	32	20
2	旅游船的防噪声措施	客房及公共区域噪声控制在 55 dB～60 dB 以下	40	40	36	32	20
3	旅游船的治安状况	治安措施有效，近两年无治安事故	20	20	18	16	10
4	每个航次（客人须参加）救生演习和穿救生衣演示	组织有序，准确无差错	20	20	18	16	10
5	每个航次（客人须参加）消防演习	组织有序，准确无差错	20	20	18	16	10
6	旅游船安全印象	全体员工均受过消防、救生、抢险知识和技能的培训，有明晰的救生救险岗位分工，近两年无安全事故	40	40	36	32	20
八、旅游船声誉							
1	在国内有关评比中获得过好评或奖励	在国内有关评比活动中获得好评，一次 5 分，最多 20 分					
2	在国际有关评比中获得过名次	在国际有关评比活动中获得好评，一次 5 分，最多 20 分					
3	国家领导人和外国元首多人次乘坐	国家领导人和外国元首多人次乘坐，三人次以上得 10 分					
九、旅游船服务综合效果							
	旅游船服务综合效果	平均得分 95％以上为优，85％以上为良，70％以上为中，70％以下为差	50	50	45	40	25
本页小计（实际得分率：__________）							
总计							
总得分率							

附 录 D
（资料性附录）
服务与管理制度评价表

服务与管理制度的评价见表 D.1。

表 D.1

旅游船星级	经营与管理制度要求	合格与否	评价说明
一星级	1. 组织结构图（包括旅游船公司和各船舶不同的部门设置、管理层级设置、管理人员设置及各个岗位员工人数等）		
	2. 员工手册（内容包括总经理致辞、服务理念、行为规范、公司及船舶简介，以及员工福利、奖惩、安全等基本管理制度等）		
	3. 主导性管理制度（包括航行、客务、安全、突发事件处理、环保、节能、离岸游览、客人二次消费、人力资源、船舶调度以及设施维修保养和清洁卫生等各个前后台运转系统）		
	4. 部门化运营规范（包括各级管理人员岗位工作指导书，规定管理人员的工作岗位、班次、指令与反馈渠道、工作目标、工作职责和任职资质等各项内容）		
	5. 服务和专业技术人员岗位工作说明书（包括对服务和专业技术人员的岗位要求、任职资质、班次、接受指令与协调渠道、主要工作职责等内容进行书面说明）		
	6. 工作技术标准说明书（包括对国家、行业管理部门和强制性标准所要求的特定岗位的技术工作如驾驶、轮机、安全、消防、节能、环保、食品加工与制作等，必须有相应的工作技术标准的书面说明）		
	7. 应建立统一、规范、合理的价格体系，不得使用攀附性语言和模糊语言进行虚假宣传		
	8. 其他可以证明旅游船安全及服务质量管理水平的证书或文件		
二星级	1. 组织结构图（包括旅游船公司和各船舶不同的部门设置、管理层级设置、管理人员设置及各个岗位员工人数等）		
	2. 员工手册（内容包括总经理致辞、服务理念、行为规范、公司及船舶简介，以及员工福利、奖惩、安全等基本管理制度等）		
	3. 主导性管理制度（包括航行、客务、安全、突发事件处理、离岸游览、客人二次消费、人力资源、船舶调度以及设施维修保养和清洁卫生等各个前后台运转系统）		

表 D.1（续）

旅游船星级	经营与管理制度要求	合格与否	评价说明
二星级	4. 部门化运营规范（包括各级管理人员岗位工作指导书，规定管理人员的工作岗位、班次、指令与反馈渠道、工作目标、工作职责和任职资质等各项内容）		
	5. 服务和专业技术人员岗位工作说明书（包括对服务和专业技术人员的岗位要求、任职资质、班次、接受指令与协调渠道、主要工作职责等内容进行书面说明）		
	6. 工作技术标准说明书（包括对国家、行业管理部门和强制性标准所要求的特定岗位的技术工作如驾驶、轮机、安全、消防、节能、环保、食品加工与制作等，必须有相应的工作技术标准的书面说明）		
	7. 应建立统一、规范、合理的价格体系，不得使用攀附性语言和模糊语言进行虚假宣传		
	8. 其他可以证明旅游船安全及服务质量管理水平的证书或文件		
三星级	1. 组织结构图（包括旅游船公司和各船舶不同的部门设置、管理层级设置、管理人员设置及各个岗位员工人数等）		
	2. 员工手册（内容包括总经理致辞、服务理念、行为规范、公司及船舶简介，以及员工福利、奖惩、安全等基本管理制度等）		
	3. 主导性管理制度（包括航行、客务、安全、突发事件处理、环保、节能、离岸游览、客人二次消费、人力资源、船舶调度以及设施维修保养和清洁卫生等各个前后台运转系统）及其修订记录		
	4. 部门化运营规范：包括各级管理人员岗位工作指导书（对管理人员的工作岗位、班次、指令与反馈渠道、工作目标、工作职责和任职资质等项内容进行说明），管理人员工作关系表（对不同部门和不同层级进行与旅游船管理有关的计划、组织、审批、指令、反馈、控制等活动以及相应的上下级关系、协调关系进行说明）		
	5. 服务和专业技术人员岗位工作说明书（包括对服务和专业技术人员的岗位要求、任职资质、班次、接受指令与协调渠道、主要工作职责等内容进行书面说明）		
	6. 服务项目、程序与标准说明书（包括针对服务和专业技术人员岗位工作说明书的要求，对每一个服务项目完成的目标及为完成该目标所需经过的程序，以及对各个程序的质量标准进行书面说明）		
	7. 工作技术标准说明书（包括对国家、行业管理部门和强制性标准所要求的特定岗位的技术工作如驾驶、轮机、安全、消防、节能、环保、食品加工与制作等，必须有相应的工作技术标准的书面说明）		

表 D.1（续）

旅游船星级	经营与管理制度要求	合格与否	评价说明
三星级	8. 应建立统一、规范、合理的价格体系，不得使用攀附性语言和模糊语言进行虚假宣传		
	9. 其他可以证明旅游船安全及服务质量管理水平的证书或文件		
四星级	1. 组织结构图（包括旅游船公司和各船舶不同的部门设置、管理层级设置、管理人员设置及各个岗位员工人数等）		
	2. 员工手册（内容包括总经理致辞、服务理念、行为规范、公司及船舶简介，以及员工福利、奖惩、安全基本管理制度等）		
	3. 主导性管理制度（包括航行、客务、安全、突发事件处理、环保、节能、离岸游览、客人二次消费、人力资源、船舶调度以及设施维修保养和清洁卫生等各个前后台运转系统）及其修订记录		
	4. 部门化运营规范：包括各级管理人员岗位工作指导书（对管理人员的工作岗位、班次、指令与反馈渠道、工作目标、工作职责和任职资质等项内容进行说明），管理人员工作关系表（对不同部门和不同层级进行与旅游船管理有关的计划、组织、审批、指令、反馈、控制等活动以及相应的上下级关系、协调关系进行说明），管理人员工作项目核验表（管理人员每天、每航次、每月、每季、每年需要进行的工作项目列表）		
	5. 服务和专业技术人员岗位工作说明书（包括对服务和专业技术人员的岗位要求、任职资质、班次、接受指令与协调渠道、主要工作职责等内容进行书面说明）		
	6. 服务项目、程序与标准说明书（包括针对服务和专业技术人员岗位工作说明书的要求，对每一个服务项目完成的目标及为完成该目标所需经过的程序，以及对各个程序的质量标准进行书面说明）		
	7. 工作技术标准说明书（包括对国家、行业管理部门和强制性标准所要求的特定岗位的技术工作如驾驶、轮机、安全、消防、节能、环保、食品加工与制作等，必须有相应的工作技术标准的书面说明）		
	8. 其他作用技术标准说明书（包括与设施设备、船舶外形外貌的维修保养与清洁卫生有关的作业技术标准的书面资料）		
	9. 应建立统一、规范、合理的价格体系，不得使用攀附性语言和模糊语言进行虚假宣传		
	10. 其他可以证明旅游船安全及服务质量管理水平的证书或文件		

表 D.1(续)

旅游船星级	经营与管理制度要求	合格与否	评价说明
五星级	1. 组织结构图(包括旅游船公司和各船舶不同的部门设置、管理层级设置、管理人员设置及各个岗位员工人数等)		
	2. 员工手册(内容包括总经理致辞、服务理念、行为规范、公司及船舶简介,以及员工福利、奖惩、安全基本管理制度等)		
	3. 主导性管理制度(包括航行、客务、安全、突发事件处理、环保、节能、离岸游览、客人二次消费、人力资源、船舶调度以及设施维修保养和清洁卫生等各个前后台运转系统)及其修订记录		
	4. 部门化运营规范:包括各级管理人员岗位工作指导书(对管理人员的工作岗位、班次、指令与反馈渠道、工作目标、工作职责和任职资质等项内容进行说明),管理人员工作关系表(对不同部门和不同层级进行与旅游船管理有关的计划、组织、审批、指令、反馈、控制等活动以及相应的上下级关系、协调关系进行说明),管理人员工作项目核验表(管理人员每天、每航次、每月、每季、每年需要进行的工作项目列表),专门的质量管理文件、工作用表和质量管理记录		
	5. 服务和专业技术人员岗位工作说明书(包括对服务和专业技术人员的岗位要求、任职资质、班次、接受指令与协调渠道、主要工作职责等内容进行书面说明)		
	6. 服务项目、程序与标准说明书(包括针对服务和专业技术人员岗位工作说明书的要求,对每一个服务项目完成的目标及为完成该目标所需经过的程序,以及对各个程序的质量标准进行书面说明)		
	7. 工作技术标准说明书(包括对国家、行业管理部门和强制性标准所要求的特定岗位的技术工作如驾驶、轮机、安全、消防、节能、环保、食品加工与制作等,必须有相应的工作技术标准的书面说明)		
	8. 其他作用技术标准说明书(包括与设施设备、船舶外形外貌的维修保养与清洁卫生有关的作业技术标准的书面资料)		
	9. 应建立统一、规范、合理的价格体系,不得使用攀附性语言和模糊语言进行虚假宣传		
	10. 其他可以证明旅游船安全及服务质量管理水平的证书或文件		

参 考 文 献

[1] GB/T 14308—2003 旅游饭店星级的划分与评定

[2] GB/T 16890.1～16890.7—1997 水路客运服务质量要求

[3] JT/T 440—2001 中华人民共和国交通行业标准 船舶消防管理和检查技术要求

[4] LB/T 007—2006 中华人民共和国旅游行业标准 绿色旅游饭店

[5] LB/T 006—2006 中华人民共和国旅游行业标准 星级饭店访查规范

ICS 83.120
Q 23

中华人民共和国国家标准

GB/T 15738—2008
代替 GB/T 15738—1995

导电和抗静电纤维增强塑料电阻率试验方法

Test method for resistivity of conducting and antistatic fiber reinforced plastics

(ISO 3915:1999,NEQ)

2008-06-30 发布　　2009-04-01 实施

中华人民共和国国家质量监督检验检疫总局
中国国家标准化管理委员会　发布

前　言

本标准对应于 ISO 3915:1999《导电塑料电阻率试验方法》(英文版),与 ISO 3915:1999 的一致性程度为非等效。

本标准代替 GB/T 15738—1995《导电和抗静电纤维增强塑料电阻率试验方法》。

本标准与 GB/T 15738—1995 相比主要变化如下:

——修改原理的内容(GB/T 15738—1995 中的第 3 章,本标准的第 3 章);

——增加尺寸测量装置的要求(见 4.8);

——修改试样厚度测量点,由 6 个点改为测量 3 个点(GB/T 15738—1995 中的 7.1,本标准的 7.1)。

本标准由中国建筑材料联合会提出。

本标准由全国纤维增强塑料标准化技术委员会归口。

本标准负责起草单位:中国兵器工业集团第五三研究所。

本标准主要起草人:郑会保、张永侠、陈海玲、刘成阳、吕秀莲。

本标准于 1995 年 11 月首次发布,本次为第一次修订。

导电和抗静电
纤维增强塑料电阻率试验方法

1 范围

本标准规定了内部加入导电微粒或抗静电剂等而具有导电和抗静电性能的纤维增强塑料电阻率试验方法的原理、仪器和测量装置、试样、试验环境条件、试验步骤、试验结果计算及试验报告等。

本标准适用于测量电阻率小于 10^6 Ω·m 的材料，不适用于因改变表面电阻而具有导电和抗静电的材料。

2 规范性引用文件

下列文件中的条款通过本标准的引用而成为本标准的条款。凡是注日期的引用文件，其随后所有的修改单(不包括勘误的内容)或修订版均不适用于本标准，然而，鼓励根据本标准达成协议的各方研究是否可使用这些文件的最新版本。凡是不注日期的引用文件，其最新版本适用于本标准。

GB/T 1446 纤维增强塑料性能试验方法总则

3 原理

在被测试样两端的供电电极之间通以大小为 I 的稳定直流电流，用静电计测量两个电位电极之间的电压降(ΔU)。两个电位电极之间试样的电阻由 $R=\Delta U/I$ 得出，与接触电阻无关，电阻率由此计算得出。

4 仪器和测量装置

4.1 试验电路

试验电路示意图如图 1 所示。

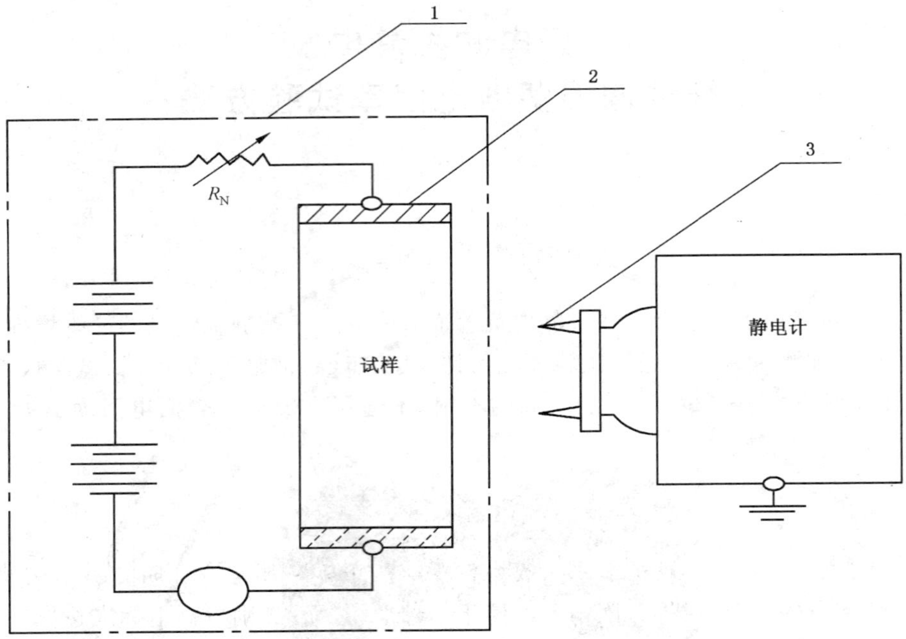

1——此矩形内所有组件对地绝缘电阻大于 10^{12} Ω；

2——供电电极；

3——电位电极；

R_N——已知电阻。

图 1 试验电路示意图

4.2 电源

直流电源，将电源放在一个高绝缘的薄板上，使其对地绝缘电阻不小于 10^{12} Ω，且在试样上引起的功率耗散不大于 0.1 W。

4.3 毫安表或微安表

选取其中一种，测量电流应准确质±5%。当电流小于 0.1 μA 时，可由静电计测得与试样串联的已知电阻 R_N 两端的电压降，电流按式(1)计算：

$$I=\frac{\Delta U}{R_N} \qquad \cdots\cdots(1)$$

式中：

I——通过试样的电流，单位为安培(A)；

ΔU——电位电极之间的电压降，单位为伏特(V)；

R_N——已知电阻值，单位为欧姆(Ω)。

4.4 电极

4.4.1 供电电极

由纯净的黄铜或不锈钢制成。长度应不少于试样宽度，与试样的接触宽度约为 5 mm。

4.4.2 电位电极

质量大约 60 g，施加在试样上的作用力约为 0.6 N。两接点之间的距离应为(10±0.2)mm，见图 2。如有特殊要求，接点间的距离可以达到 70 mm。但是该距离至少应比试样长度小 60 mm。两个接点间距离的测量精度为 2%。两接点间的绝缘电阻不小于 10^{12} Ω。

单位为毫米

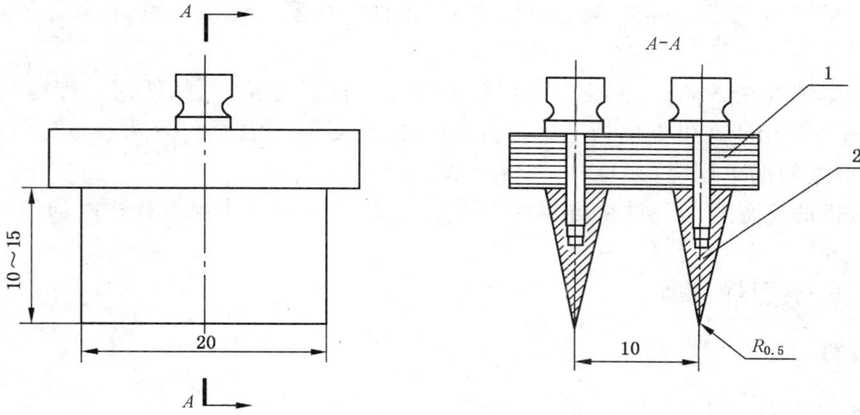

1——绝缘支撑板(聚苯乙烯)；

2——电位电极(黄铜)。

图 2 电位电极

4.5 静电计

输入电阻大于 $10^{12}\ \Omega$,测量精度为±5%。

4.6 高绝缘材料薄板

体积电阻率大于 $10^{13}\ \Omega \cdot m$。

4.7 恒温箱

具有适当的可控温度范围,控温精度±2 ℃。

4.8 尺寸测量装置

测量范围不小于 150 mm,精度优于 0.02 mm。

5 试样

5.1 试样尺寸

试样宽度:(10±0.2)mm;长度:(70～150)mm;推荐厚度:(3～4)mm,试样任何一点的厚度与平均值的差不得大于 5%。在产品和片材上切割的试样要避免弯曲。

5.2 试样制备

5.2.1 试样切割时,应避免受力变形和损伤。

5.2.2 试样的表面应当洁净,必要时可用难以还原的金属氧化物(镁铝硅酸盐水混合物)和水擦洗,再用蒸馏水冲洗,并烘干。

5.2.3 试样表面既不能抛光或磨光,也不能用侵蚀或溶胀试样材料的有机物质擦洗。

5.3 试样数量

通常试样为 3 个,如需考虑各向异性的影响,应从两个相互垂直的方向上各切取 3 个试样。

6 试验环境条件

按 GB/T 1446 规定。推荐环境条件为温度:(23±2)℃,相对湿度:(50±5)%。

7 试验步骤

7.1 测量试样的长度、宽度、厚度。试样的厚度应沿其长度方向在 3 个均匀分布点上测量,取其平均值。

7.2 将试样放在高绝缘材料板上,在规定的环境条件下至少放置 16 h。

7.3 试验前,将供电电极接到试样两端。

7.4 将以上备测系统放入恒温箱内，在(70±2)℃条件下恒温 2 h，然后取出，在规定的环境下放置 1 h 以上。对于 70 ℃易发生变形的材料，可在(60±2)℃条件下恒温 3 h，取出后，在规定的环境下放置 1 h 以上。

7.5 将电位电极系统放在试样上，保证刀刃接触与电流方向成直角，而且任何一端电位电极与供电电极之间距离应大于 20 mm，在供电电极上施加直流电流，充电时间大于 60 s 后读取电流值(I)。并用静电计测量电位电极之间的电压降(ΔU)。

7.6 移动电位电极的位置对同一试样再重新复测两次，以便得到在供电电极之间均匀分布的试样段上的电阻值。

7.7 对其他试样进行同样的测量。

8 试验结果的计算

8.1 电位电极每一个位置的电阻值按式(2)计算：

$$R = \frac{\Delta U}{I} \qquad \cdots\cdots(2)$$

式中：

R——电阻值，单位为欧姆(Ω)；

ΔU——电位电极之间的电压降，单位为伏特(V)；

I——通过试样的电流，单位为安培(A)(当电流小于 0.1 μA 时，按式(1)计算)。

从三次试验结果中取中值，作为该试样的电阻值。

8.2 电阻率按式(3)计算：

$$\rho = \frac{R \cdot A}{l} \qquad \cdots\cdots(3)$$

式中：

ρ——电阻率，单位为欧姆·米(Ω·m)；

R——按 8.1 得到的电阻值，单位为欧姆(Ω)；

A——垂直于电流方向的试样横截面积，单位为平方米(m^2)(见图 3)；

l——电位电极之间的距离，单位为米(m)。

8.3 试验结果的算术平均值、标准偏差及离散系数按 GB/T 1446 的规定。

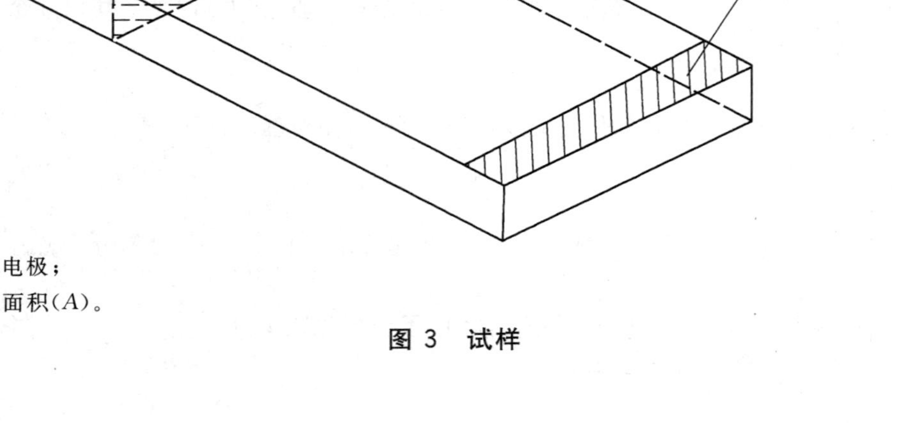

1——供电电极；

2——横截面积(A)。

图 3 试样

9 试验报告

试验报告应包括下列各项：

a) 注明执行本标准；

b) 试样的名称及来源；

c) 试样的选取方向(如果需要)；

d) 试样状态描述(试样的编号、形状、尺寸、外观)；

e) 试样处理条件；

f) 烘箱温度；

g) 电位电极之间的距离；

h) 电阻率的算术平均值(必要时，给出单值、标准偏差和离散系数)；

i) 其他。

ICS 43.140
T 80

中华人民共和国国家标准

GB 15744—2008
代替 GB/T 15744—1995,GB/T 16486—1996

摩托车燃油消耗量限值及测量方法

The limits and measurement methods of fuel consumption for motorcycles

(ISO 7860:1995 Motorcycles—Methods of measuring fuel consumption,NEQ)

2008-12-31 发布 2009-07-01 实施

中华人民共和国国家质量监督检验检疫总局
中国国家标准化管理委员会 发布

前　言

本标准的附录为推荐性的，其余均为强制性的。

本标准与国际标准化组织(ISO)1995 年 12 月 15 日生效的 ISO 7860 第二版《摩托车　燃油消耗量测量方法》(英文版)标准的一致性程度为非等效。

本标准与上述 ISO 7860 国际标准相比，主要修改内容：

——原标准的规范性引用文件一章引用的国际标准，在本标准中改为引用相应的国家标准；

——删除了原标准中运转循环的内容，改为直接引用 GB 14622—2007 规定的运转循环；

——调整了部分章节号顺序；

——增加了燃油消耗量限值内容；

——删减了附录 A 部分内容。

本标准代替 GB/T 15744—1995《摩托车和轻便摩托车燃油消耗量限值》和 GB/T 16486—1996《摩托车和轻便摩托车燃油消耗试验方法》中与摩托车相关的内容，与 GB/T 15744—1995 和 GB/T 16486—1996 相比，本标准主要变化如下：

——燃油消耗量限值按照排量进行划分，并且区别于原标准划分范围，取消了按冲程进行划分的方法；

——燃油消耗量限值包括了Ⅰ型试验和Ⅱ型试验两部分内容；

——燃油消耗量测量方法增加了工况法测量内容，改变了等速法的车速确定方法；

——改变了等速法的试验次数和试验结果的计算方法。

本标准附录 A、附录 B 是规范性附录。

对于新认证车型，本标准自 2009 年 7 月 1 日起实施；对于在生产车型，本标准自 2010 年 1 月 1 日起实施。

本标准由国家发展和改革委员会提出。

本标准由全国汽车标准化技术委员会归口。

本标准起草单位：天津摩托车技术中心、上海摩托车研究所、浙江钱江摩托股份有限公司。

本标准主要起草人：贺文杰、王青、刘欣、马小强、全铁枫、郭则新、林先进、孙为民。

本标准所代替标准的历次版本发布情况为：

——GB 5377—1985；

——GB/T 15744—1995；

——GB/T 16486—1996。

摩托车燃油消耗量限值及测量方法

1 范围

本标准规定了摩托车燃油消耗量限值及测量方法。

本标准适用于摩托车(赛车和越野车除外)。

2 规范性引用文件

下列文件中的条款通过本标准的引用而成为本标准的条款。凡是注日期的引用文件,其随后所有的修改单(不包括勘误的内容)或修订版均不适用于本标准,然而,鼓励根据本标准达成协议的各方研究是否可使用这些文件的最新版本。凡是不注日期的引用文件,其最新版本适用于本标准。

GB/T 1884 原油和液体石油产品密度实验室测定法(密度计法)(GB/T 1884—2000,eqv ISO 3675:1998)

GB/T 5378—1994 摩托车和轻便摩托车道路试验总则

GB/T 5384—1996 摩托车和轻便摩托车最高车速试验方法

GB 14622—2007 摩托车污染物排放限值及测量方法(工况法,中国第Ⅲ阶段)

3 术语和定义

GB 14622—2007 确立的以及下列术语和定义适用于本标准。

3.1

基准车速 reference speed

摩托车进行燃油消耗量试验(Ⅱ型试验)时的行驶车速。

4 试验类型和试验条件

4.1 试验类型

摩托车应进行两种类型的试验。

4.1.1 Ⅰ型试验(在规定的运行循环条件下测量平均燃油消耗量)

Ⅰ型试验在底盘测功机上完成,试验采用 GB 14622—2007 附件 CA 中 CA.2 的市区循环进行。一次试验包括两个连续的运行循环。

4.1.2 Ⅱ型试验(等速时测量平均燃油消耗量)

Ⅱ型试验在道路或底盘测功机上完成,测量受试车按基准车速行驶时的燃油消耗量。

4.2 环境条件

试验环境应满足下列条件:

——相对湿度:小于 95%;

——最大风速:3 m/s 以下;

——阵风最大风速:5 m/s 以下;

——环境温度:278 K~303 K。

4.3 标准条件

标准条件如下:

——大气压:P_0=100 kPa;

——气温:T_0=293 K;

——相对空气密度：$d_0=0.9197$。

试验时的相对空气密度按公式(1)计算，与标准状态下的空气密度的差值不应大于7.5%。

$$d_T = d_0 \times \frac{P_T}{P_0} \times \frac{T_0}{T_T} \qquad \cdots\cdots(1)$$

式中：

d_T——试验条件下的相对空气密度；

P_T——试验时的大气压，单位为千帕(kPa)；

T_T——试验时的气温，单位为开尔文(K)。

5 试验准备

5.1 试验车辆

5.1.1 摩托车生产企业或其授权代理人应按附录A的要求提交产品描述资料。

5.1.2 试验前受试车按生产企业技术文件要求进行磨合，并处于正常的运行状态。

5.1.3 检查进气系统和供油系统的密封性，以保证混合气不会因意外进气受到影响。

5.1.4 受试车的调整应按技术文件的规定进行。轮胎气压应符合技术文件的规定。

5.1.5 试验前应检查受试车；受试车应与生产企业技术文件的描述一致；应能正常行驶，能在冷、热状态下正常起动。

5.1.6 试验前，受试车应进行预热行驶，以达到生产企业技术文件规定的正常状态。若无规定时，车辆应在底盘测功机上按GB 14622—2007附录C中C.2所述运行循环要求，进行4个附件CA中CA.2运行循环的预热运转；若试验在道路上进行，受试车应在正常行驶条件下，行驶至少15 min，以使发动机及传动系统达到正常热状态。

5.1.7 试验时，乘员和车辆的装载质量应符合生产企业技术文件的要求。无特殊规定时，两轮车为一名驾驶员的规定质量。边三轮摩托车为一名驾驶员、两名乘员的质量之和。允许用压载物来代替乘员，但压载物的位置应与乘员乘坐的位置接近。每名乘员的质量按75 kg计算。正三轮摩托车为该车技术文件规定的厂定最大装载质量。应测量燃油消耗测量装置的质量，并将以上各项的质量记入试验记录。

5.1.8 前轮轴和后轮轴之间的载荷分配应符合生产企业技术文件的要求。当在受试车上安装测量仪器时，应使对原载荷分配的影响减到最小。

5.1.9 在摩托车外侧安装燃油消耗测量装置和车速传感器时，应尽量使附加的空气阻力减到最小。

5.2 燃料及润滑油

试验时应使用GB 14622—2007规定的燃料。试验燃料的密度按照标准GB/T 1884的方法测得；氢-碳比采用固定值，汽油为1.85。

发动机的润滑油，应按照生产企业技术文件要求的等级和数量进行配置。

6 Ⅰ型试验(在规定的运行循环条件下测量平均燃油消耗量)

6.1 底盘测功机上的运行循环

摩托车的运行循环按照GB 14622—2007附录C中C.2的规定进行设置，按照附件CA中CA.2的市区循环进行。

6.2 试验装置

6.2.1 底盘测功机

底盘测功机主要特性应符合GB 14622—2007附录C中C.4.1的规定。

当测定燃油消耗量时，用于燃油消耗量、行驶距离和时间的测量系统应同步。

6.2.2 燃油消耗量测量方法和装置

燃油消耗量测量应按下面方法中的一种进行，测量方法的选用取决于每一种方法的特性和试验类型(Ⅰ型试验或Ⅱ型试验)：

a) 流量测量法；

b) 容积测量法；

c) 称量测量法；

d) 碳平衡测量法(仅适用于装有四冲程发动机的摩托车)。

关于测量方法的解释见附录B中B.1。如果能证明试验结果相同,也允许使用其他的测试方法。

6.2.2.1 附录B中B.2为燃油消耗量测量仪器的安装要求和使用说明。燃油应通过一个与附录B一致、准确度为±2%的燃油流量测量装置供给发动机,并且此装置应保证发动机各项性能不受影响。当采用容积测量系统时,应测量装置内的燃油温度或装置出口处的燃油温度。

从正常供油系统转换到测量系统应通过一个阀系统来实现,其转换时间不应大于0.2 s。

6.2.2.2 用碳平衡法测量时,试验装置与GB 14622—2007要求的设备相同。

6.3 测量程序

6.3.1 底盘测功机按GB 14622—2007附录C中C.5.4调整。

6.3.2 测量工作按GB 14622—2007附录C中C.6规定的程序进行。按附录B进行燃油消耗量测量仪器的操作,采用碳平衡法时按GB 14622—2007附录C中C.7规定进行排气取样、分析和容积测量。

6.4 燃油消耗量的测量

每两个连续运行循环的燃油消耗量作为一次测量值。

6.5 测量结果的确定

6.5.1 按照6.4连续3次测量燃油消耗量,取3次测量值的算术平均值作为最终测量结果。在每2次测量之间,允许有不超过60 s的怠速阶段,在怠速期间不进行燃油消耗量测量。

6.5.2 如果测量值之间的最大差值不超过测量平均值的5%,则本次测量结果有效,否则应再次进行测量,直至按6.5.3计算的A值不大于5%。

6.5.3 A值按公式(2)计算：

$$A = K \times \frac{s}{\sqrt{n}} \times \frac{100}{\overline{FC}} \qquad \cdots\cdots(2)$$

式中：

K——由表1查出；

表1 K值表

n	4	5	6	7	8	9	10
K	3.2	2.8	2.6	2.5	2.4	2.3	2.3
$\frac{K}{\sqrt{n}}$	1.6	1.25	1.06	0.94	0.85	0.77	0.73

n——测量次数；

s——标准偏差,由公式(3)计算得到；

$$s = \sqrt{\frac{\sum_{i=1}^{n}(\overline{FC} - FC_i)}{n-1}} \qquad \cdots\cdots(3)$$

FC_i——第i次测量时的燃油消耗量,单位为升每100千米(L/100 km)；

$\overline{FC}$——FC的n个数值的算术平均值,单位为升每100千米(L/100 km)。

6.5.4 如果经过10次测量,A值仍然大于5%,应换同一型号的其他车辆进行测量。

6.5.5 燃油消耗量计算结果修约至小数点后两位。

7 Ⅱ型试验(等速时测量平均燃油消耗量)

7.1 试验条件

7.1.1 Ⅱ型试验应在道路或底盘测功机上进行。

7.1.2 燃油消耗测量装置的安装和使用要求见6.2.2.1。

7.2 道路测量方法

7.2.1 驾驶员及驾驶姿势

7.2.1.1 驾驶员应穿防护服,并佩戴头盔,驾驶员的身高为1.75 m±0.05 m,体重为75 kg±5 kg。

7.2.1.2 驾驶姿势

驾驶时,驾驶员应坐在规定的驾驶位置上,双手控制方向把,双脚放在脚蹬上,双臂应正常伸展。测量过程中,驾驶员应保持同一姿势不变。

7.2.2 试验道路

7.2.2.1 试验道路应为长度在2 000 m以上、最小转弯半径200 m以上的封闭环道,或者是能正反双向行驶、长度为500 m以上的直线道路。

7.2.2.2 试验道路的表面应覆盖有沥青、柏油、混凝土或同等的材料。

7.2.2.3 试验道路应尽量水平,其纵向坡度不允许超过1%,且任意两点之间的高度差不允许超过1 m,横向坡度不允许超过3%。

7.2.2.4 试验道路应平坦、干燥、整洁。

7.2.2.5 试验区间:500 m。

7.3 底盘测功机测量方法

在底盘测功机上试验时按6.3.1进行设定。

7.4 试验方法

7.4.1 试验应在最高挡位、按表2规定的基准车速进行等速油耗测量。摩托车的最高车速按GB/T 5384的规定进行测量。试验以两个基准车速下得到得较优值作为Ⅱ型试验的测量结果。

表2 基准车速

最高车速 km/h	基准车速 km/h
$v>130$	120和90
$100<v\leqslant 130$	90和60
$70<v\leqslant 100$	60和45
$v\leqslant 70$	45

7.4.2 燃油消耗量的测量

7.4.2.1 在一个稳定的基准车速测量燃油消耗量,应进行4次试验,其中2次的平均车速低于基准车速,另外2次的平均车速高于基准车速。在试验进行期间,受试车的行驶速度允差应控制在±2 km/h之内。

每次试验的平均车速与基准车速的差值小于2 km/h。

每次试验的燃油消耗量应按公式(5)、公式(6)计算。

7.4.2.2 平均车速低于基准车速的2次试验的燃油消耗量的差应小于这2次试验得到的平均值的5%;对于平均车速高于基准车速的2次试验也有同样要求。基准车速下的燃油消耗量应按图1所示用线性插入法计算得出。

7.4.2.3 如果任意一对计算值都不能满足7.4.2.2的条件,则应重新进行4次试验。如果进行10组试验还不能满足以上要求,应另选同类型的其他摩托车,按以上顺序重新进行试验。

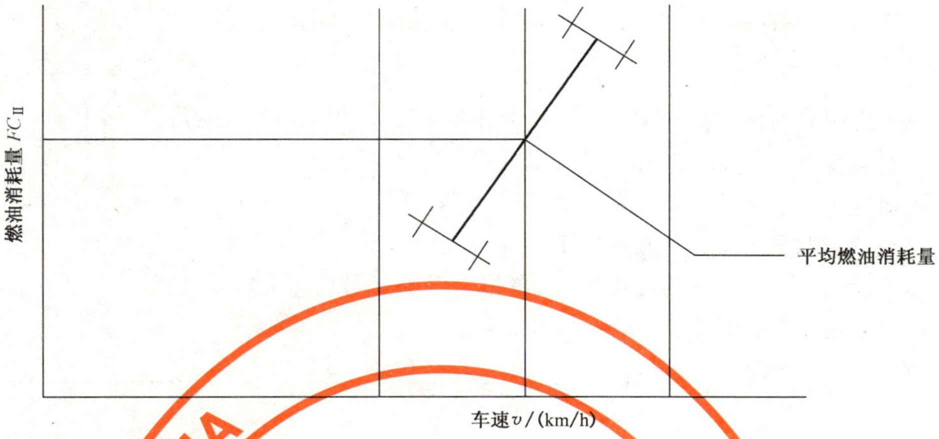

注：×形标记(四个交叉点)与每次行驶试验的计算值相对应。$FC_{Ⅱ}$ 是线性插值得出的基准车速 v 下的平均燃油消耗量。

图 1 基准车速下平均燃油消耗量计算

8 燃油消耗量的计算方法及限值

8.1 燃油消耗量计算

燃油消耗量按公式(4)计算

$$FC = 0.6 \times FC_{Ⅰ} + 0.4 \times FC_{Ⅱ} \quad \cdots\cdots(4)$$

式中：

$FC_{Ⅰ}$——Ⅰ型试验测得的燃油消耗量，单位为升每 100 千米(L/100 km)；

$FC_{Ⅱ}$——Ⅱ型试验中线性插值得出的基准车速下燃油消耗量，单位为升每 100 千米(L/100 km)。

8.2 Ⅰ型试验和Ⅱ型试验燃油消耗量计算

8.2.1 如果以容积法测量燃油消耗量，燃油消耗量 FC 按公式(5)计算：

$$FC_i = \frac{Q[1+\alpha(T_0-T)]}{S} \times 100 \quad \cdots\cdots(5)$$

式中：

FC_i——第 i 次测量时的燃油消耗量，单位为升每 100 千米(L/100 km)；

Q——测得的燃油消耗量，单位为升(L)；

α——燃油体积膨胀系数，汽油为 0.001 K^{-1}；

T_0——标准温度(293 K)，单位为开尔文(K)；

T——燃油温度，单位为开尔文(K)；

S——车辆试验中设定容积燃油行驶的距离，单位为千米(km)。

8.2.2 如果燃油消耗量是以称量法测量，燃油消耗量 FC 按公式(6)计算：

$$FC_i = \frac{m}{\rho \times S} \times 100 \quad \cdots\cdots(6)$$

式中：

FC_i——第 i 次测量时的燃油消耗量，单位为升每 100 千米(L/100 km)；

m——燃油消耗测量值，单位为千克(kg)；

ρ——标准状态(293 K)下的燃油密度，单位为千克每升(kg/L)；

S——车辆试验中行驶的距离，单位为千米(km)。

8.2.3 如果以碳平衡法测量燃油消耗量，燃油消耗量 FC 按公式(7)计算：

$$FC_i = \frac{0.1154}{\rho} \times [(0.429 \times M_{co}) + (0.866 \times M_{HC}) + (0.273 \times M_{CO_2})] \quad \cdots\cdots\cdots\cdots (7)$$

式中：

FC_i——第 i 次测量时的燃油消耗量，单位为升每 100 千米(L/100 km)；

M_{co}——一氧化碳排放量，单位为克每千米(g/km)；

M_{HC}——碳氢化合物排放量，单位为克每千米(g/km)；

M_{CO_2}——二氧化碳排放量，单位为克每千米(g/km)；

ρ——标准状态(293 K)下的燃油密度，单位为千克每升(kg/L)。

8.2.3.1 气态污染物排放量按公式(8)进行计算：

$$M_j = \frac{V_{mix} \times d_j \times C_j \times 10^{-6}}{S} \quad \cdots\cdots\cdots\cdots (8)$$

式中：

M_j——污染物 j 的排放量，单位为克每千米(g/km)；

V_{mix}——校正至标准状态(273.2 K 和 101.33 kPa)的稀释排气容积，单位为升每试验(L/试验)；

d_j——标准状态(273.2 K 和 101.33 kPa)下污染物 j 的密度，单位为克每升(g/L)；

C_j——稀释排气中污染物 j 的浓度，并按稀释空气中污染物的含量进行校正，单位为容积浓度 10^{-6}；如果容积用百分数表示，则系数 10^{-6} 由 10^{-2} 替代；

S——试验期间的行驶距离，单位为千米(km)。

8.2.3.2 容积测定

8.2.3.2.1 当使用孔板或文丘里管控制恒定流量的变稀释度装置计算容积时，连续记录显示容积流量的参数，并计算试验期间的总容积。

8.2.3.2.2 当使用容积泵计算容积时，按公式(9)计算包括容积泵系统内的稀释排气容积：

$$V = V_0 \times N \quad \cdots\cdots\cdots\cdots (9)$$

式中：

V——稀释排气容积(校正前)，单位为升每试验(L/试验)；

V_0——试验条件下容积泵送出的气体容积，单位为升每转(L/r)；

N——每次试验的转数，单位为转(r)。

8.2.3.2.3 将稀释排气容积校正至标准状态。按公式(10)校正稀释排气容积：

$$V_{mix} = V \times K_1 \times \frac{P_p}{T_p} \quad \cdots\cdots\cdots\cdots (10)$$

式中：

K_1——系数

$$K_1 = \frac{273.2}{101.33} = 2.6961 \quad (K \times kPa^{-1}) \quad \cdots\cdots\cdots\cdots (11)$$

P_p——容积泵进口处的绝对压力，单位为千帕(kPa)；

T_p——试验期间进入容积泵的稀释排气的平均温度，单位为开尔文(K)。

8.2.3.3 计算取样袋中污染物的校正浓度

$$C_j = C_e - C_d\left(1 - \frac{1}{DF}\right) \quad \cdots\cdots\cdots\cdots (12)$$

式中：

C_j——经稀释空气中污染物 j 含量校正后稀释排气中污染物 j 的浓度，单位为容积浓度 10^{-6} 或%；

C_e——稀释排气中污染物 j 测定浓度，单位为容积浓度 10^{-6} 或%；

C_d——稀释空气中污染物 j 测定浓度，单位为容积浓度 10^{-6} 或%；

DF——稀释系数，计算如下：

$$DF = \frac{14.5}{C_{CO_2} + 0.5C_{CO} + C_{HC}} \quad \cdots\cdots(13)$$

式中：

C_{CO_2}——取样袋内稀释排气中 CO_2 的浓度，单位为容积浓度%；

C_{CO}——取样袋内稀释排气中 CO 的浓度，单位为容积浓度%；

C_{HC}——取样袋内稀释排气中 HC 的浓度，单位为容积浓度%。

8.2.4 燃油/润滑油混合的情况

对于采用混合油润滑的二冲程摩托车，计算时应减去润滑油消耗量。

8.3 摩托车燃油消耗量限值见表 3 和表 4。

表 3 两轮摩托车燃油消耗量限值

发动机排量/mL	>50～100	≥100～125	≥125～250	≥250～400	≥400～650	≥650～1 000	≥1 000～1 250	≥1 250
燃油消耗限值 L/100 km	2.3	2.5	2.9	3.4	5.2	6.3	7.2	8.0

表 4 三轮摩托车燃油消耗量限值

发动机排量/mL	>50～100	≥100～150	≥150～250	≥250～400	≥400～650	≥650
燃油消耗限值 L/100 km	3.3	3.8	4.3	5.1	7.8	9.0

附　录　A
（规范性附录）
摩托车产品描述

A.1　生产企业名称（商标）________________

A.2　车辆类型________________

A.3　车辆质量

整车整备质量________________kg

额定载质量________________kg

A.4　变速器 手动/自动挡位（速比）数________________

传动比（手动变速器）

第一挡________________

第二挡________________

第三挡________________

第四挡________________

第五挡________________

第六挡________________

A.5　驱动速比

初级________________

最终________________

A.6　轮胎：

前轮规格________________mm；后轮规格________________mm

轮胎气压　　技术文件规定　　实际

前轮________________kPa________________kPa

后轮________________kPa________________kPa

A.7　发动机说明

生产企业________________

类型________________

循环　二冲程/四冲程________________

气缸数和排列型式________________

缸径________________mm

行程________________mm

排量________________mL

压缩比________:________

燃　油________________

冷却系统类型 水/空气/其他（详细说明）________________

空气滤清器类型________________

润滑系统________________

（二冲程发动机：分离式/混合式）

A.8　附加的污染控制装置

（是否未被其他项目包括）________________是/否

燃油供给类型________________

化油器/燃油喷射系统

商标________________________________

类型________________________________

A.9 发动机性能

怠速转速______________________________ r/min

发动机最大功率及相应转速________________________________ kW/(r/min)

附　录　B
（规范性附录）
摩托车燃油消耗量测量仪器

B.1　测量方法

B.1.1　流量测量法

流量测量法是利用一个允许以连续或不连续的方式、在一定的时间间隔内、测量通过的燃油的确定质量或体积的装置。

连续式装置给出一个与流出量相关的显示；不连续式装置给出一个建立在计量最小基本体积基础上的显示。

B.1.2　容积测量法

容积测量法是使用一个已知容积的容器来测量所消耗燃油容积的方法。这个容器应是“固定”容积式或是“可变”容积式。

“固定”容积式容器仅允许读取固定的燃油流量。此流量已被确定。该流量取决于容器自身的容积或容器上的标志。

“可变”容积式容器是一个具有刻度标志的容器。它允许读取不固定的燃油流量。

B.1.3　称量测量法

称量测量法是利用一个称量装置来测定所消耗的燃油质量，该装置应是“固定”称量式或是“可变”称量式。

“固定”称量式装置仅允许读取一个固定的燃油流量。此燃油流量已被确定。该流量取决于装置本身和它的特性。

“可变”称量式装置允许读取不固定的燃油流量。

B.2　测量装置的安装

B.2.1　一般注意事项

B.2.1.1　无论采用何种测量方法，测量装置的安装在任何情况下都不应干扰或改变车辆的燃油供给系统的供油情况。

这里应主要考虑燃油供给管路的压力降、横截面尺寸和管路长度。

B.2.1.2　应考虑满足B.2.1.1规定的条件。

a)　如果使用流量测量法，若通过系统的压力降小于100 Pa，流量计应按图B.1和B.2进行设置。

b)　容积测量法和称量测量法的安装按图B.3、图B.4和图B.5、图B.6进行。

B.2.1.3　如果能证明不影响车辆的燃油供给系统，允许使用其他的安装方法。

B.2.1.4　为了减少燃油管路内的压力损耗，建议：

$$d_1 \leqslant d_2 \quad \cdots\cdots\cdots\cdots (B.1)$$

$$d_2 = d_3 \quad \cdots\cdots\cdots\cdots (B.2)$$

式中：

d_1——原来的燃油管直径，单位为毫米(mm)；

d_2 和 d_3——测量装置的燃油管直径，单位为毫米(mm)。

B.2.2　流量测量法

B.2.2.1　流量计按通过装置的压力降不大于100 Pa设计。

B.2.2.2 图 B.1 中为化油器供油时的流量法测量系统示意；图 B.2 为燃油喷射供油时的流量法测量系统示意。

B.2.2.3 准确度

整个试验期间，在全量程的±2%范围内。

B.2.3 容积测量法

B.2.3.1 图 B.3 为化油器供油时的容积法测量系统示意；图 B.4 为燃油喷射供油时的容积法测量系统示意。

B.2.3.2 试验条件(图 B.2 所示的底盘测功机和道路上使用的容积法)

B.2.3.2.1 量管应按如下方法设置在燃油箱一侧：

$$h_a \leqslant h_u - h_1 + 300 \qquad \cdots\cdots(\text{B.3})$$

以上数值应以 mm 为单位。

B.2.3.2.2 量管内的压力应不受作用在量管空气出口处的风压的影响。

B.2.4 称量测量法

B.2.4.1 图 B.5 为化油器供油时的称量法测量系统示意；B.6 为燃油喷射供油时的称量法测量系统示意。

B.2.4.2 对于刻度的要求

准确度：≤1%

分辨力：0.1 g

B.2.4.3 密度测量(质量/体积)

应具有 1 g/cm³ 的测量准确度，并转换成标准状态。

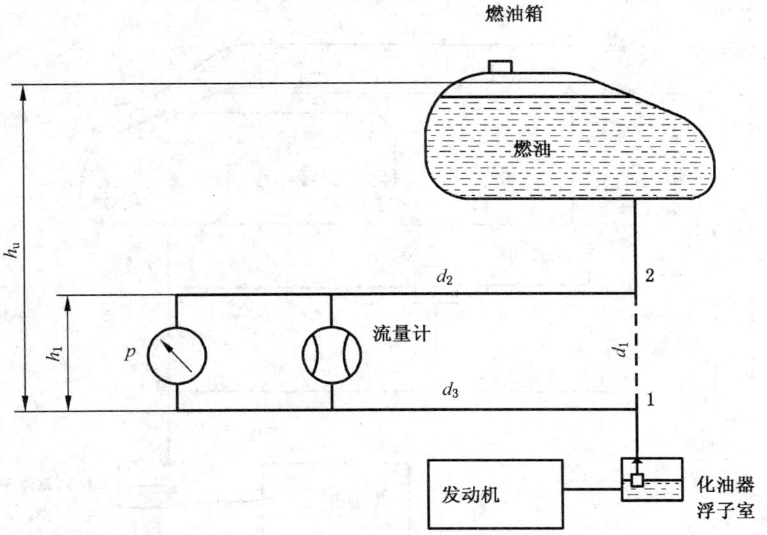

h_u——燃油的上限位置，单位为毫米(mm)；

h_1——燃油的下限位置，单位为毫米(mm)；

p——通过流量计的压力损耗，单位为帕(Pa)；

1——化油器燃油输入；

2——燃油箱出口；

d_1——原来的燃油管直径，单位为毫米(mm)；

d_2——测量装置的燃油管直径，单位为毫米(mm)；

d_3——测量装置的燃油管直径，单位为毫米(mm)。

图 B.1 流量测量法

(化油器供油时燃油测量系统)

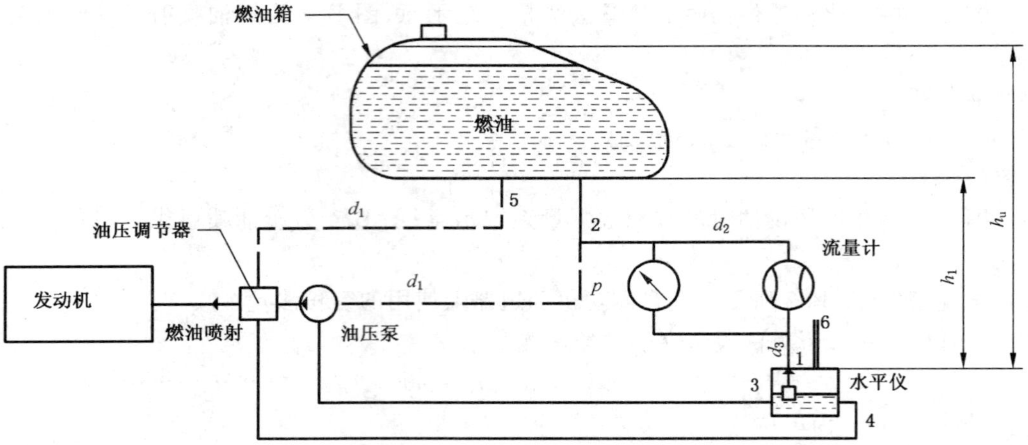

h_u——燃油的上限位置，单位为毫米(mm)；
h_1——燃油的下限位置，单位为毫米(mm)；
p——通过流量计的压力损耗，单位为帕(Pa)；
d_1——原来的燃油管直径，单位为毫米(mm)；
d_2——测量装置的燃油管直径，单位为毫米(mm)；
d_3——测量装置的燃油管直径，单位为毫米(mm)；
1——水平仪的燃油进口；
2——燃油箱的出口；
3——水平仪的燃油出口；
4——水平仪的燃油进口；
5——燃油箱进口；
6——水平仪的空气出口管。

图 B.2　流量测量法
（燃油喷射供油时燃油测量系统）

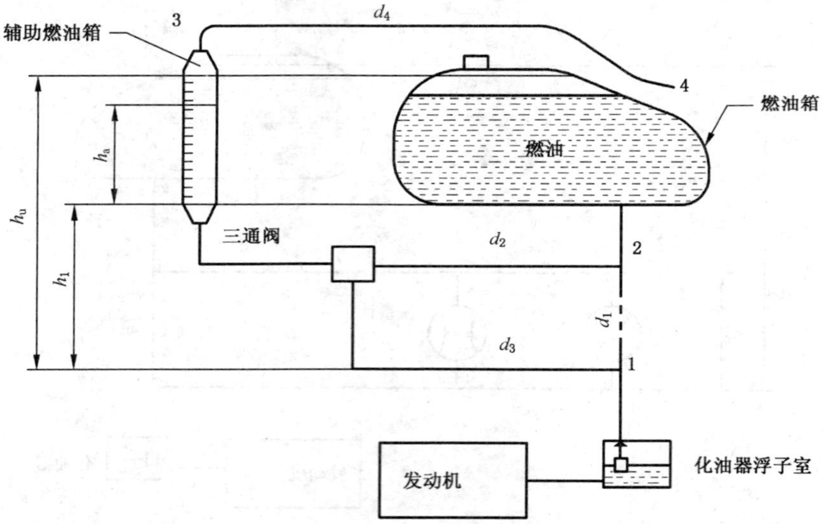

h_u——燃油的上限位置，单位为毫米(mm)；
h_1——燃油的下限位置，单位为毫米(mm)；
h_a——量管的最大测量高度，单位为米(m)；
d_1——原来的燃油管直径，单位为毫米(mm)；
d_2——测量装置的燃油管直径，单位为毫米(mm)；
d_3——测量装置的燃油管直径，单位为毫米(mm)；
d_4——量管的空气出口管直径，单位为毫米(mm)；
1——化油器燃油输入；
2——燃油箱出口；
3——量管的空气出口；
4——量管的空气出口管末端。

图 B.3　容积测量法
（化油器供油时燃油测量系统）

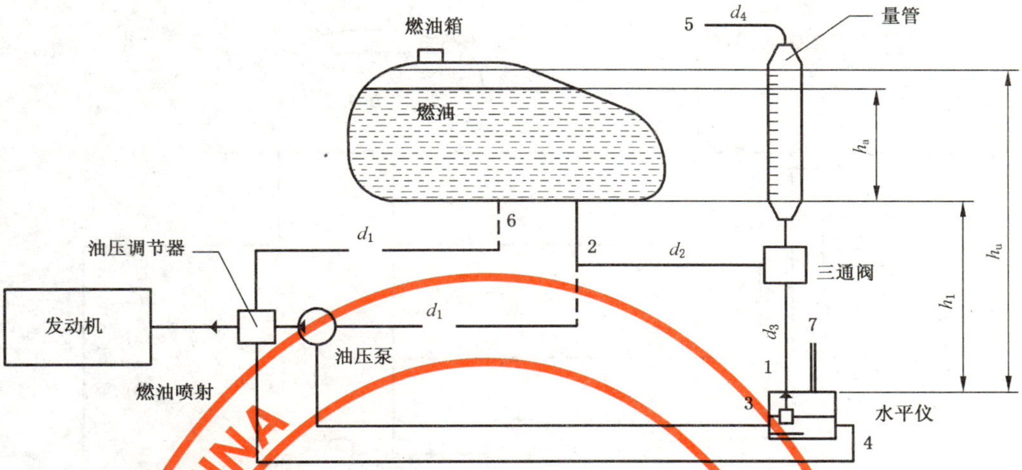

h_u——燃油的上限位置，单位为毫米(mm)；

h_1——燃油的下限位置，单位为毫米(mm)；

h_a——量管的最大量值，单位为毫米(mm)；

d_1——原来的燃油管直径，单位为毫米(mm)；

d_2——测量装置的燃油管直径，单位为毫米(mm)；

d_3——测量装置的燃油管直径，单位为毫米(mm)；

d_4——量管的空气出口管直径，单位为毫米(mm)；

1——水平仪的燃油进口；

2——燃油箱的出口；

3——水平仪的燃油出口；

4——水平仪的燃油进口；

5——量管空气出口管末端；

6——燃油箱进口；

7——水平仪的空气出口管。

图 B.4　容积测量法

（燃油喷射供油时燃油测量系统）

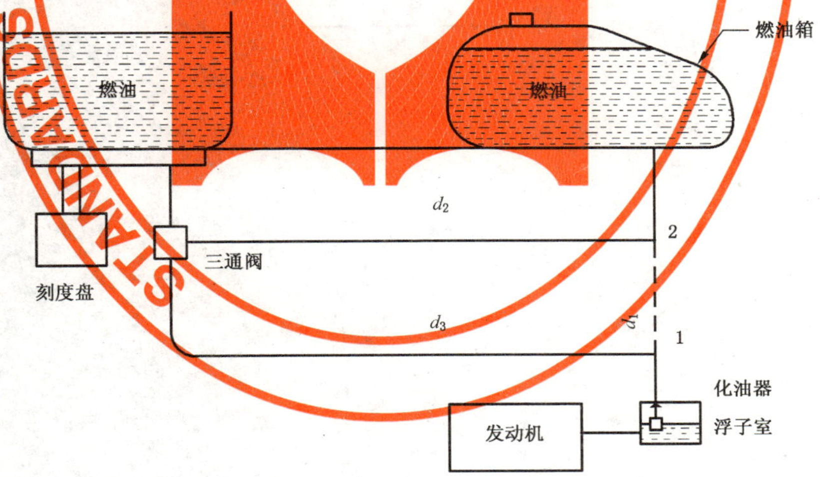

d_1——原来的燃油管直径，单位为毫米(mm)；

d_2——测量装置的燃油管直径，单位为毫米(mm)；

d_3——测量装置的燃油管直径，单位为毫米(mm)；

1——化油器燃油输入；

2——燃油箱出口。

图 B.5　称量测量法

（化油器供油时燃油测量系统）

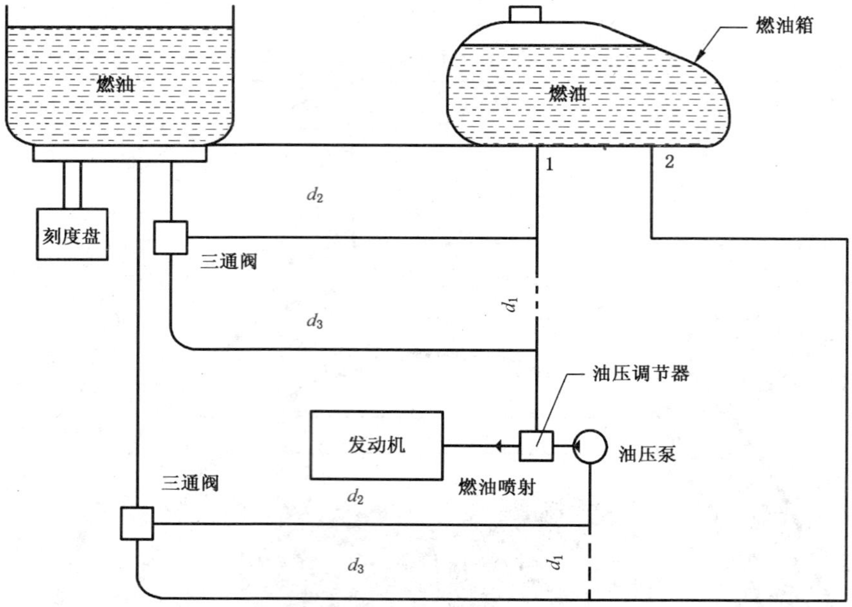

d_1——原来的燃油管直径,单位为毫米(mm);

d_2——测量装置的燃油管直径,单位为毫米(mm);

d_3——测量装置的燃油管直径,单位为毫米(mm);

1——燃油箱进口;

2——燃油箱出口。

图 B.6 称量测量法

(燃油喷射供油时燃油测量系统)

ICS 77.040.30
H 24

中华人民共和国国家标准

GB/T 15749—2008
代替 GB/T 15749—1995

定量金相测定方法

Measuring method in quantitative metallography

2008-10-20 发布　　　　2009-04-01 实施

中华人民共和国国家质量监督检验检疫总局
中国国家标准化管理委员会　发布

前　　言

本标准代替 GB/T 15749—1995《定量金相手工测定方法》。

本标准与 GB/T 15749—1995 相比，主要变化如下：

——修改了标准的名称；

——增加了前言、试验报告、附录 A“物相形态参考图”和附录 B“测量参考图”；

——增加了线段刻度测定法、图像分析仪测定法；

——删除了基本原理及附录 A“测量实例”；

——对术语进行了增减。

本标准的附录 A 和附录 B 为资料性附录。

本标准由中国船舶重工集团公司提出。

本标准由全国海洋船舶标准化技术委员会船用材料应用工艺分技术委员会归口。

本标准起草单位：中国船舶重工集团公司第七二五研究所、广州广船国际有限公司。

本标准主要起草人：郭海霞、童惠荣、李雪峰、杨之勇。

本标准所代替标准的发布情况为：

——GB/T 15749—1995。

定量金相测定方法

1 范围

本标准规定了用网格数点法、网格截线法、显微镜测微目镜测定法、线段刻度测定法及图像分析仪测定法测定物相体积百分数的方法。

本标准适用于各类合金显微组织中物相体积百分数的测定。

2 规范性引用文件

下列文件中的条款通过本标准的引用而成为本标准的条款。凡是注日期的引用文件，其随后所有的修改单(不包括勘误的内容)或修订版均不适用于本标准，然而，鼓励根据本标准达成协议的各方研究是否可使用这些文件的最新版本。凡是不注日期的引用文件，其最新版本适用于本标准。

GB/T 13298 金属显微组织检验方法

3 术语、定义和符号

3.1 术语和定义

下列术语和定义适用于本标准。

3.1.1

体视学 stereology

由二维截面或投影面上的图像特征参数复原(或推证)三维空间图像形貌的科学。

3.1.2

定量金相 quantitative metallography

根据体视学原理，由金相试样磨面上测量和计算出的二维参量来确定三维空间中物相体积百分数。

3.1.3

阈值分割 threshold division

根据临界值把图像转换为只有两种颜色的二值图像。

3.2 符号

下列符号适用于本标准。

A_A——待测物相面积，%；

L——某角度测量线段长，单位为毫米(mm)；

L_L——待测物相线，%；

$L_1 \sim L_8$——某角度的测量线段被物相所截割的线段长，单位为毫米(mm)；

P_P——待测物相点，%；

V_V——待测物相体积，%。

4 测定方法

4.1 总则

4.1.1 体视学互换公式见公式(1)。

$$V_V = A_A = L_L = P_P \qquad \cdots\cdots(1)$$

4.1.2 试样的切取和制备按 GB/T 13298 的有关规定进行。

4.1.3 放大倍数的选择应以清晰地分辨待测物相的形貌和边界为准，在此基础上，选择较低倍数。

4.1.4 测量时应选择具有代表性的视场。测量视场数取决于待测物相均匀性,一般不少于五个视场并应避免视场间的重叠,取平均值作为测量结果。

4.1.5 物相含量的计算结果应至少保留小数点后一位。

4.1.6 物相常见形态为:近似等轴状、条带状及不规则状,参见附录A。

4.1.7 网格数点法仅适用于形态近似等轴状物相的含量测定,其他方法适用于所有形态物相的含量测定。

4.2 网格数点法

4.2.1 采用网格数点法对物相进行测量,网格间距与待测物相间的距离接近,参见图B.1。

4.2.2 将网格覆盖在待测图像上,数出落在待测物相上的格点数。待测物相边界上的格点,以1/2点计算。

4.2.3 点百分数 P_P 为落在待测物相上的格点数与网格总格点数的百分比,按公式(1)计算待测物相体积百分数 V_V。

4.3 网格截线法

4.3.1 采用网格截线法对物相进行测量,网格间距与待测物相间的距离接近,参见图B.1。

4.3.2 放大倍数在满足4.1.3时,还应保证在此放大倍数下绝大多数待测物相的最小截距不小于测量网格的最小刻度(1 mm)。

4.3.3 将网格覆盖在待测图像上,测出落在待测物相上的线段长。当测量线段与待测物相边界重合时,以重合线段的1/2计算。

4.3.4 线百分数 L_L 为落在待测物相上的线段长与网格总线段长的百分比,按公式(1)计算待测物相体积百分数 V_V。

4.4 显微镜测微目镜测定法

4.4.1 采用可旋转的显微镜测微目镜直接在显微镜视场中对物相进行测量,参见图B.2。

4.4.2 放大倍数满足4.1.3时,还应保证在此放大倍数下绝大多数待测物相的最小截距不小于显微镜测微目镜最小刻度(1 mm)。

4.4.3 对于所有形态的待测物相,都需测量近似等分的八个角度上的待测物相所截割的线段长。当测量线段与待测物相边界重合时,以重合线段的1/2计算。

4.4.4 按公式(2)计算线百分数 L_L,再按公式(1)计算待测物相体积百分数 V_V。

$$L_L = \frac{L_1 + L_2 + L_3 + L_4 + L_5 + L_6 + L_7 + L_8}{8 \times L} \times 100 \quad \cdots\cdots(2)$$

4.5 线段刻度测定法

4.5.1 在待测图像上画出最小刻度为1 mm的多角度线段或采用最小刻度为1 mm的多角度线段工具对物相进行测量,参见图B.3。

4.5.2 放大倍数在满足4.1.3时,还应保证在此放大倍数下绝大多数待测物相的最小截距不小于测量工具最小刻度(1 mm)。然后按4.4.3、4.4.4进行测定。

4.6 图像分析仪测定法

4.6.1 采用可实现自动化的图像分析仪对物相进行测量。

4.6.2 侵蚀试样要求待测物相衬度明显且轮廓线清晰。

4.6.3 测量步骤如下:

a) 在图像分析软件中打开待测图像。

b) 加载标尺。

c) 若图像为灰度图像,直接进行阈值分割提取待测物相;若图像为真彩色图像,可直接进行阈值分割提取待测物相,也可将图像彩色灰度化后进行阈值分割提取待测物相。

d) 自动测量待测物相面积百分数 A_A,按公式(1)计算待测物相体积百分数 V_V。

5 试验报告

试验报告一般包括下列内容：

a) 材料名称、牌号、规格、批号、编号、热处理状态及检验项目；

b) 所采用的标准号；

c) 使用仪器的型号及编号；

d) 侵蚀剂、放大倍数及检测结果；

e) 报告日期及报告编号；

f) 检测人员与审核人员签字。

附 录 A
（资料性附录）
物相形态参考图

A.1 近似等轴状待测物相（黑色）见图 A.1、图 A.2。

A.2 条带状待测物相（黑色）见图 A.3、图 A.4。

A.3 不规则状待测物相（黑色）见图 A.5、图 A.6。

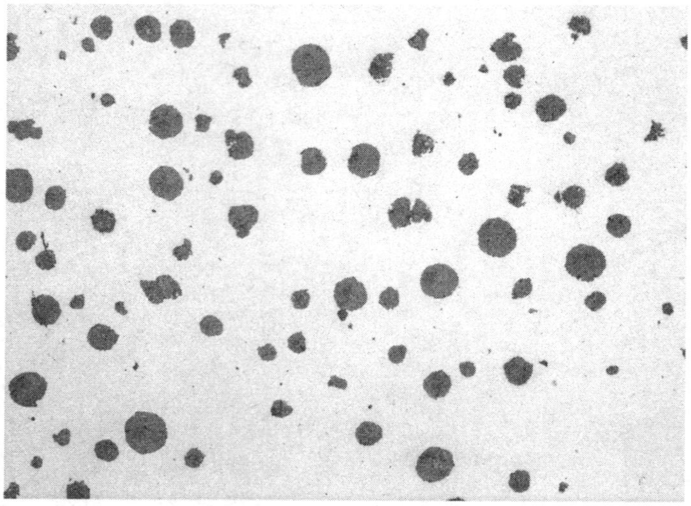

图 A.1 球墨铸铁中球状石墨 100×

图 A.2 正火钢中珠光体 200×

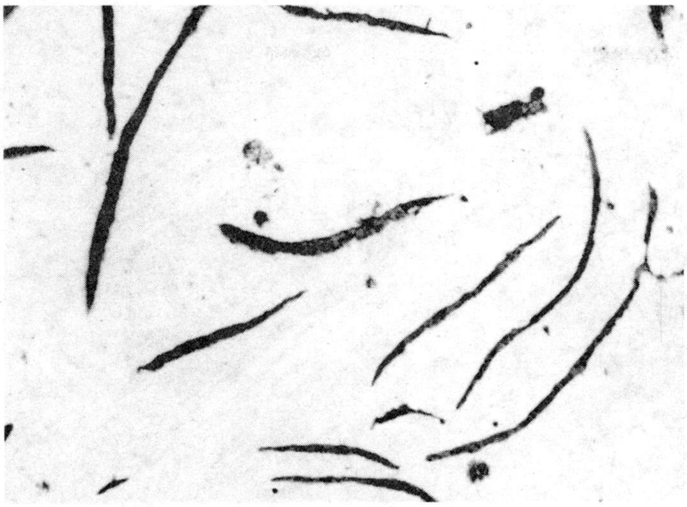

图 A.3　灰铸铁中条状 A 型石墨 500×

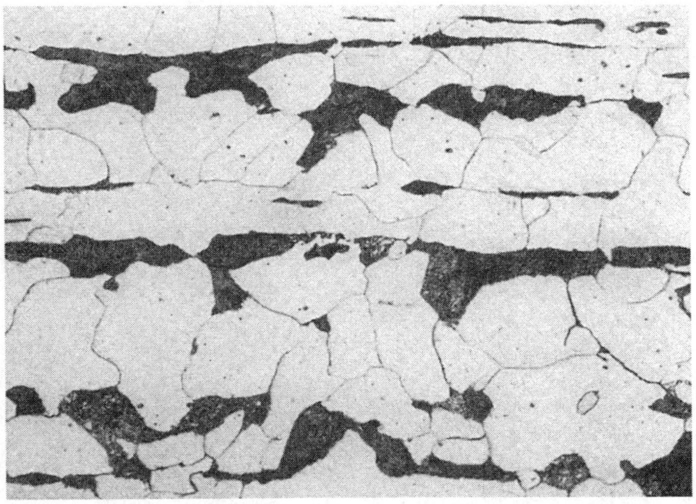

图 A.4　轧制钢中带状珠光体 500×

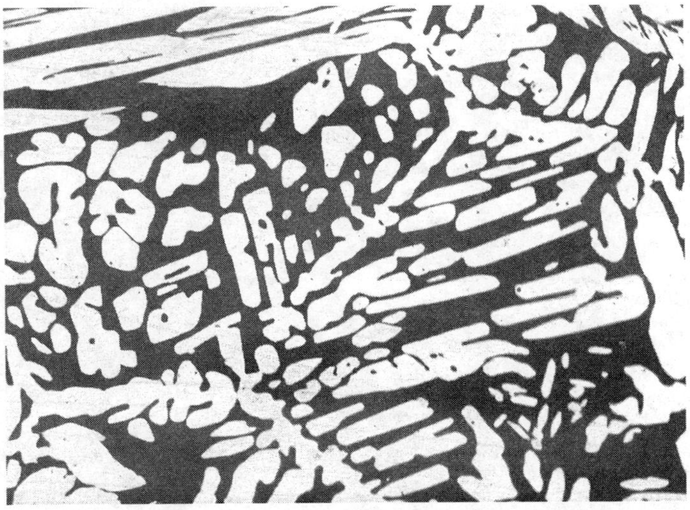

图 A.5　(铁素体＋奥氏体)双相不锈钢中铁素体 200×

图 A.6 (铁素体＋奥氏体)双相不锈钢中铁素体 200×

附 录 B
（资料性附录）
测量参考图

B.1 网格数点法及网格截线法见图 B.1。

B.2 显微镜测微目镜测定法见图 B.2。

B.3 线段刻度测定法见图 B.3。

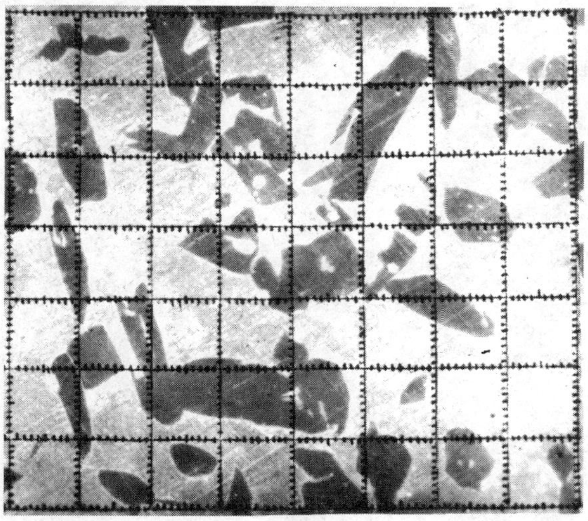

图 B.1 网格数点法及网格截线法测量

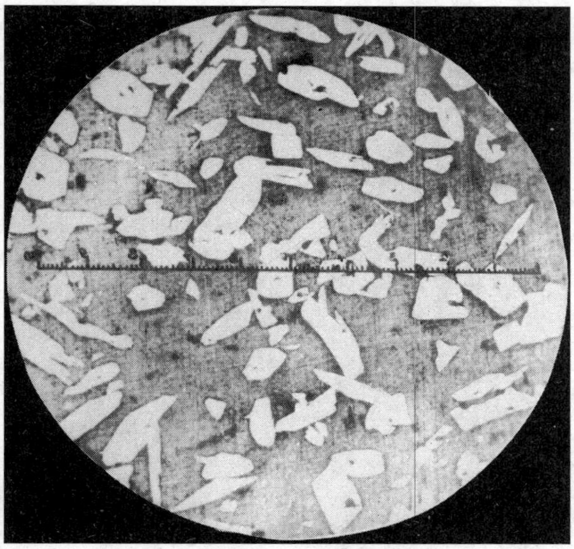

图 B.2 某角度的测微目镜测量

图 B.3 多角度线段工具测量

ICS 31-030
L 90

中华人民共和国国家标准

GB/T 15750—2008
代替 GB/T 15750—1995

压电陶瓷材料性能测试方法
老化性能的测试

Test methods for the properties of piezoelectric ceramics—
Test for the ageing properties

2008-10-20 发布 2009-04-01 实施

中华人民共和国国家质量监督检验检疫总局
中国国家标准化管理委员会 发布

前　言

本标准代替 GB/T 15750—1995《压电陶瓷材料老化性能试验规程》。

本标准与 GB/T 15750—1995 相比，主要有下列变化：

——修改了测试条件；

——增加了时间老化性能的测试次数；

——确定了温度老化性能测试的处理温度。

本标准由中国船舶工业集团公司提出。

本标准由全国海洋船标准化技术委员会船用材料应用工艺分技术委员会归口。

本标准起草单位：中国船舶工业集团公司国营第七二一厂。

本标准主要起草人：朱斌、张晖、张丽英。

本标准所代替标准的历次版本发布情况为：

——GB/T 15750—1995。

压电陶瓷材料性能测试方法
老化性能的测试

1 范围

本标准规定了压电陶瓷材料时间老化、温度老化性能的测试条件、测试方法和测试程序及计算方法。

本标准适用于压电陶瓷材料时间老化、温度老化性能的测试。

2 规范性引用文件

下列文件中的条款通过本标准的引用而成为本标准的条款。凡是注日期的引用文件，其随后所有的修改单(不包括勘误的内容)或修订版均不适用于本标准，然而，鼓励根据本标准达成协议的各方研究是否可使用这些文件的最新版本。凡是不注日期的引用文件，其最新版本适用于本标准。

GB/T 2414.1　压电陶瓷材料性能试验方法　圆片径向伸缩振动模式

GB/T 2414.2　压电陶瓷材料性能试验方法　长条横向长度伸缩振动模式

GB/T 3389.1　铁电压电陶瓷词汇

GB/T 3389　压电陶瓷材料性能测试方法　性能参数的测试

GB/T 6427　压电陶瓷振子频率温度稳定性的测试方法

GB/T 11310　压电陶瓷材料性能测试方法　相对自由介电常数温度特性的测试

3 术语、定义和符号

GB/T 3389.1 中确立的术语、定义和符号以及下列术语适用于本标准。

3.1

时间老化性能　ageing properties of time

压电陶瓷材料极化后的性能参数随时间而变化的特性。

3.2

温度老化性能　ageing properties of temperature

为提高压电陶瓷材料性能稳定性进行温度处理，参数性能随老化温度高低、老化时间长短(或循环次数多少)而变化的特性。

4 测试条件

4.1 测试的大气条件

测试的大气条件如下：

a) 温度：15 ℃～35 ℃，测试过程中的温度变化应控制在±2 ℃范围内；

b) 相对湿度：25%～75%；

c) 大气压力：86 kPa～106 kPa。

4.2 仲裁测试的大气条件

仲裁测试的大气条件如下：

a) 温度：25 ℃±2 ℃；

b) 相对湿度：45%～55%；

c) 大气压力:86 kPa～106 kPa。

5 测试方法

5.1 圆片径向伸缩振动模式的参数性能测试按 GB/T 2414.1 的规定进行。

5.2 长条横向长度伸缩振动模式的参数性能测试按 GB/T 2414.2 的规定进行。

5.3 柱体纵向长度伸缩振动模式的参数性能测试按 GB/T 3389 的规定进行。

5.4 圆片厚度伸缩振动模式的参数性能测试按 GB/T 3389 的规定进行。

5.5 长方片厚度切变振动模式的参数性能测试按 GB/T 3389 的规定进行。

5.6 频率温度稳定性测试按 GB/T 6427 的规定进行。

5.7 相对自由介电常数温度特性测试按 GB/T 11310 的规定进行。

6 测试程序及计算方法

6.1 时间老化性能

时间老化性能用十倍时间老化率来表征,按第 5 章规定的测试方法,在极化后至少测试六次。分别在极化后 10 d、20 d、30 d、40 d、80 d 和 100 d 左右测试。六次测试的数据均应以极化后的天数为单位做出相对于时间的对数曲线。10 d 和 100 d 的值应采用最佳的一条直线以外推法来确定。从 10 d～100 d 每十倍时间老化率按公式(1)计算。

$$\frac{Y(t)-Y(t_1)}{Y(t_1)}=A\lg\frac{t}{t_1} \qquad \cdots\cdots(1)$$

式中:

A——对数曲线的斜率,通常称为十倍时间老化率;

$Y(t_1)$——极化后经过时间 t_1 测得的参数值;

$Y(t)$——极化后经过时间 t 测得的参数值。

6.2 温度老化性能

6.2.1 温度处理前测量

压电陶瓷材料极化后,存放时间应不小于 10 d,按第 5 章规定的测试方法进行参数性能测试。

6.2.2 温度处理

根据不同压电陶瓷材料采用其居里温度的 1/3～1/2 为试样的处理温度,将电学短路状态的试样放入高温箱内,把箱温调到所需温度,升温速率应不低于 100 ℃/h。保温 4 h 后关闭电源,自然冷却到室温后取出试样。

试样在高温箱内的放置应有利于热平衡,不应受高温发热体的直接辐射。

6.2.3 温度处理后测量

试样在室温条件下恢复 3 d,按第 5 章规定的测试方法进行参数性能测试。

6.2.4 温度老化率

按公式(2)计算温度老化率。

$$B=\left|\frac{X-X_1}{X_1}\right| \qquad \cdots\cdots(2)$$

式中:

B——温度老化率;

X_1——温度处理前测得的参数数值;

X——温度处理后测得的参数数值。

ICS 21.040.10
J 04

中华人民共和国国家标准

GB/T 15756—2008
代替 GB/T 15756—1995

普通螺纹 极限尺寸

General purpose metric screw threads—Limits of sizes

2008-07-30 发布 2009-02-01 实施

中华人民共和国国家质量监督检验检疫总局
中国国家标准化管理委员会 发布

前　言

本标准代替 GB/T 15756—1995《普通螺纹　极限尺寸》。

本标准与 GB/T 15756—1995 相比，增加了 6G 内螺纹公差带，删除了 5h6h、8h 和 8g 外螺纹公差带，螺纹规格也按 GB/T 193—2003 进行了部分调整。

本标准为普通螺纹系列标准中的极限尺寸标准。普通螺纹系列标准包括：

——GB/T 192—2003　普通螺纹　基本牙型；

——GB/T 193—2003　普通螺纹　直径与螺距系列；

——GB/T 9144—2003　普通螺纹　优选系列；

——GB/T 1414—2003　普通螺纹　管路系列；

——GB/T 196—2003　普通螺纹　基本尺寸；

——GB/T 197—2003　普通螺纹　公差；

——GB/T 2516—2003　普通螺纹　极限偏差；

——GB/T 15756—2008　普通螺纹　极限尺寸；

——GB/T 9145—2003　普通螺纹　中等精度、优选系列的极限尺寸；

——GB/T 9146—2003　普通螺纹　粗糙精度、优选系列的极限尺寸。

本标准由全国螺纹标准化技术委员会(SAC/TC 108)提出并归口。

本标准起草单位：宁波九龙紧固件制造有限公司、中机生产力促进中心。

本标准主要起草人：徐勇、李晓滨。

本标准所代替标准的历次版本发布情况为：

——GB/T 15756—1995。

普通螺纹　极限尺寸

1　范围

本标准依据 GB/T 193—2003《普通螺纹　直径与螺距系列》和 GB/T 197—2003《普通螺纹　公差》，规定了普通螺纹的极限尺寸。普通螺纹基本牙型符合 GB/T 192—2003《普通螺纹　基本牙型》的规定。

本标准适用于公称直径 1 mm～300 mm、公差带为 4H、5H、6H、7H、6G、4h、6h、6g、6f 和 6e 的常用普通螺纹。

2　规范性引用文件

下列文件中的条款通过本标准的引用而成为本标准的条款。凡是注日期的引用文件，其随后所有的修改单(不包括勘误的内容)或修订版均不适用于本标准，然而，鼓励根据本标准达成协议的各方研究是否可使用这些文件的最新版本。凡是不注日期的引用文件，其最新版本适用于本标准。

GB/T 192—2003　普通螺纹　基本牙型(ISO 68-1:1998,ISO general purpose screw threads—Basic profile—Part 1: Metric screw threads,MOD)

GB/T 193—2003　普通螺纹　直径与螺距系列(ISO 261:1998,ISO general purpose metric screw threads—General plan,MOD)

GB/T 197—2003　普通螺纹　公差(ISO 965-1:1998,ISO general purpose metric screw threads—Tolerances—Part 1: Principles and basic data,MOD)

GB/T 14791　螺纹术语(GB/T 14791—1993,neq ISO 5408:1983)

3　术语和定义

GB/T 14791 所规定的术语和定义适用于本标准。

4　内螺纹的极限尺寸

4.1　内螺纹公差带及其各直径位置见图 1。

4.2　内螺纹极限尺寸计算式

$$D_{min}=D+EI$$

注：D 为直牙侧消失处的螺纹大径。

$$D_{2min}=D_{min}-3/4H$$
$$=D_{min}-3/4\times 0.866\ 025\ 404P$$
$$D_{2max}=D_{2min}+T_{D_2}$$
$$D_{1min}=D_{min}-5/4H$$
$$=D_{min}-5/4\times 0.866\ 025\ 404P$$
$$D_{1max}=D_{1min}+T_{D_1}$$

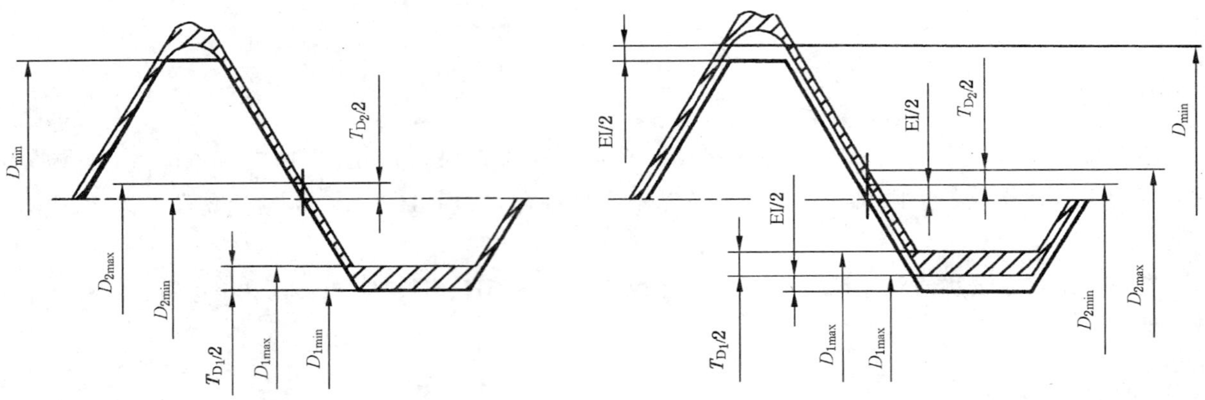

a） 公差带位置为 H　　　　b） 公差带位置为 G

D_{min}——内螺纹大径的最小值；
D_{2max}——内螺纹中径的最大值；
D_{2min}——内螺纹中径的最小值；
D_{1max}——内螺纹小径的最大值；
D_{1min}——内螺纹小径的最小值；
T_{D_2}——内螺纹中径公差；
T_{D_1}——内螺纹小径公差；
EI——内螺纹基本偏差。

图 1　内螺纹公差带及其各直径位置

4.3　内螺纹的极限尺寸

4H：公称直径 1 mm～100 mm 内螺纹的极限尺寸见表 1；
5H：公称直径 1 mm～300 mm 内螺纹的极限尺寸见表 2；
6H：公称直径 1.4 mm～300 mm 内螺纹的极限尺寸见表 3；
7H：公称直径 3 mm～200 mm 内螺纹的极限尺寸见表 4；
6G：公称直径 1.4 mm～200 mm 内螺纹的极限尺寸见表 5。

表 1　4H 内螺纹的极限尺寸

单位为毫米

公称直径 D	螺距 P	大径 D_{min}	中径 D_{2max}	中径 D_{2min}	小径 D_{1max}	小径 D_{1min}
1	0.2	1.000	0.910	0.870	0.821	0.783
	0.25	1.000	0.883	0.838	0.774	0.729
1.1	0.2	1.100	1.010	0.970	0.921	0.883
	0.25	1.100	0.983	0.938	0.874	0.829
1.2	0.2	1.200	1.110	1.070	1.021	0.983
	0.25	1.200	1.083	1.038	0.974	0.929
1.4	0.2	1.400	1.310	1.270	1.221	1.183
	0.3	1.400	1.253	1.205	1.128	1.075
1.6	0.2	1.600	1.512	1.470	1.421	1.383
	0.35	1.600	1.426	1.373	1.284	1.221
1.8	0.2	1.800	1.712	1.670	1.621	1.583
	0.35	1.800	1.626	1.573	1.484	1.421
2	0.25	2.000	1.886	1.838	1.774	1.729
	0.4	2.000	1.796	1.740	1.638	1.567
2.2	0.25	2.200	2.086	2.038	1.974	1.929
	0.45	2.200	1.968	1.908	1.793	1.713
2.5	0.35	2.500	2.326	2.273	2.184	2.121
	0.45	2.500	2.268	2.208	2.093	2.013
3	0.35	3.000	2.829	2.773	2.684	2.621
	0.5	3.000	2.738	2.675	2.549	2.459
3.5	0.35	3.500	3.329	3.273	3.184	3.121
	0.6	3.500	3.181	3.110	2.950	2.850
4	0.5	4.000	3.738	3.675	3.549	3.459
	0.7	4.000	3.620	3.545	3.354	3.242
4.5	0.5	4.500	4.238	4.175	4.049	3.959
	0.75	4.500	4.088	4.013	3.806	3.688
5	0.5	5.000	4.738	4.675	4.549	4.459
	0.8	5.000	4.560	4.480	4.259	4.134
5.5	0.5	5.500	5.238	5.175	5.049	4.959
6	0.75	6.000	5.598	5.513	5.306	5.188
	1	6.000	5.445	5.350	5.067	4.917
7	0.75	7.000	6.598	6.513	6.306	6.188
	1	7.000	6.445	6.350	6.067	5.917

表 1（续）

单位为毫米

公称直径 D	螺距 P	大径 D_{min}	中径 D_{2max}	中径 D_{2min}	小径 D_{1max}	小径 D_{1min}
8	0.75	8.000	7.598	7.513	7.306	7.188
	1	8.000	7.445	7.350	7.067	6.917
	1.25	8.000	7.288	7.188	6.817	6.647
9	0.75	9.000	8.598	8.513	8.306	8.188
	1	9.000	8.445	8.350	8.067	7.917
	1.25	9.000	8.288	8.188	7.817	7.647
10	0.75	10.000	9.598	9.513	9.306	9.188
	1	10.000	9.445	9.350	9.067	8.917
	1.25	10.000	9.288	9.188	8.817	8.647
	1.5	10.000	9.138	9.026	8.566	8.376
11	0.75	11.000	10.598	10.513	10.306	10.188
	1	11.000	10.445	10.350	10.067	9.917
	1.5	11.000	10.138	10.026	9.566	9.376
12	1	12.000	11.450	11.350	11.067	10.917
	1.25	12.000	11.300	11.188	10.817	10.647
	1.5	12.000	11.144	11.026	10.566	10.376
	1.75	12.000	10.988	10.863	10.318	10.106
14	1	14.000	13.450	13.350	13.067	12.917
	1.5	14.000	13.144	13.026	12.566	12.376
	2	14.000	12.833	12.701	12.071	11.835
15	1	15.000	14.450	14.350	14.067	13.917
	1.5	15.000	14.144	14.026	13.566	13.376
16	1	16.000	15.450	15.350	15.067	14.917
	1.5	16.000	15.144	15.026	14.566	14.376
	2	16.000	14.833	14.701	14.071	13.835
17	1	17.000	16.450	16.350	16.067	15.917
	1.5	17.000	16.144	16.026	15.566	15.376
18	1	18.000	17.450	17.350	17.067	16.917
	1.5	18.000	17.144	17.026	16.566	16.376
	2	18.000	16.833	16.701	16.071	15.835
	2.5	18.000	16.516	16.376	15.574	15.294
20	1	20.000	19.450	19.350	19.067	18.917
	1.5	20.000	19.144	19.026	18.566	18.376
	2	20.000	18.833	18.701	18.071	17.835
	2.5	20.000	18.516	18.376	17.574	17.294

表 1（续）

单位为毫米

公称直径 D	螺距 P	大径 D_{min}	中径 D_{2max}	中径 D_{2min}	小径 D_{1max}	小径 D_{1min}
22	1	22.000	21.450	21.350	21.067	20.917
	1.5	22.000	21.144	21.026	20.566	20.376
	2	22.000	20.833	20.701	20.071	19.835
	2.5	22.000	20.516	20.376	19.574	19.294
24	1	24.000	23.456	23.350	23.067	22.917
	1.5	24.000	23.151	23.026	22.566	22.376
	2	24.000	22.841	22.701	22.071	21.835
	3	24.000	22.221	22.051	21.067	20.752
25	1	25.000	24.456	24.350	24.067	23.917
	1.5	25.000	24.151	24.026	23.566	23.376
	2	25.000	23.841	23.701	23.071	22.835
26	1.5	26.000	25.151	25.026	24.566	24.376
27	1	27.000	26.456	26.350	26.067	25.917
	1.5	27.000	26.151	26.026	25.566	25.376
	2	27.000	25.841	25.701	25.071	24.835
	3	27.000	25.221	25.051	24.067	23.752
28	1	28.000	27.456	27.350	27.067	26.917
	1.5	28.000	27.151	27.026	26.566	26.376
	2	28.000	26.841	26.701	26.071	25.835
30	1	30.000	29.456	29.350	29.067	28.917
	1.5	30.000	29.151	29.026	28.566	28.376
	2	30.000	28.841	28.701	28.071	27.835
	3	30.000	28.221	28.051	27.067	26.752
	3.5	30.000	27.907	27.727	26.566	26.211
32	1.5	32.000	31.151	31.026	30.566	30.376
	2	32.000	30.841	30.701	30.071	29.835
33	1.5	33.000	32.151	32.026	31.566	31.376
	2	33.000	31.841	31.701	31.071	30.835
	3	33.000	31.221	31.051	30.067	29.752
	3.5	33.000	30.907	30.727	29.566	29.211
36	1.5	36.000	35.151	35.026	34.566	34.376
	2	36.000	34.841	34.701	34.071	33.835
	3	36.000	34.221	34.051	33.067	32.752
	4	36.000	33.592	33.402	32.045	31.670
38	1.5	38.000	37.151	37.026	36.566	36.376

表 1（续）

单位为毫米

公称直径 D	螺距 P	大径 D_{min}	中径		小径	
			D_{2max}	D_{2min}	D_{1max}	D_{1min}
39	1.5	39.000	38.151	38.026	37.566	37.376
	2	39.000	37.841	37.701	37.071	36.835
	3	39.000	37.221	37.051	36.067	35.752
	4	39.000	36.592	36.402	35.045	34.670
40	1.5	40.000	39.151	39.026	38.566	38.376
	2	40.000	38.841	38.701	38.071	37.835
	3	40.000	38.221	38.051	37.067	36.752
42	1.5	42.000	41.151	41.026	40.566	40.376
	2	42.000	40.841	40.701	40.071	39.835
	3	42.000	40.221	40.051	39.067	38.752
	4	42.000	39.592	39.402	38.045	37.670
	4.5	42.000	39.277	39.077	37.554	37.129
45	1.5	45.000	44.151	44.026	43.566	43.376
	2	45.000	43.841	43.701	43.071	42.835
	3	45.000	43.221	43.051	42.067	41.752
	4	45.000	42.592	42.402	41.045	40.670
	4.5	45.000	42.277	42.077	40.554	40.129
48	1.5	48.000	47.158	47.026	46.566	46.376
	2	48.000	46.851	46.701	46.071	45.835
	3	48.000	46.231	46.051	45.067	44.752
	4	48.000	45.602	45.402	44.045	43.670
	5	48.000	44.964	44.752	43.037	42.587
50	1.5	50.000	49.158	49.026	48.566	48.376
	2	50.000	48.851	48.701	48.071	47.835
	3	50.000	48.231	48.051	47.067	46.752
52	1.5	52.000	51.158	51.026	50.566	50.376
	2	52.000	50.851	50.701	50.071	49.835
	3	52.000	50.231	50.051	49.067	48.752
	4	52.000	49.602	49.402	48.045	47.670
	5	52.000	48.964	48.752	47.037	46.587
55	1.5	55.000	54.158	54.026	53.566	53.376
	2	55.000	53.851	53.701	53.071	52.835
	3	55.000	53.231	53.051	52.067	51.752
	4	55.000	52.602	52.402	51.045	50.670

表 1（续）

单位为毫米

公称直径 D	螺距 P	大径 D_{min}	中径 D_{2max}	中径 D_{2min}	小径 D_{1max}	小径 D_{1min}
56	1.5	56.000	55.158	55.026	54.566	54.376
	2	56.000	54.851	54.701	54.071	53.835
	3	56.000	54.231	54.051	53.067	52.752
	4	56.000	53.602	53.402	52.045	51.670
	5.5	56.000	52.652	52.428	50.521	50.046
58	1.5	58.000	57.158	57.026	56.566	56.376
	2	58.000	56.851	56.701	56.071	55.835
	3	58.000	56.231	56.051	55.067	54.752
	4	58.000	55.602	55.402	54.045	53.670
60	1.5	60.000	59.158	59.026	58.566	58.376
	2	60.000	58.851	58.701	58.071	57.835
	3	60.000	58.231	58.051	57.067	56.752
	4	60.000	57.602	57.402	56.045	55.670
	5.5	60.000	56.652	56.428	54.521	54.046
62	1.5	62.000	61.158	61.026	60.566	60.376
	2	62.000	60.851	60.701	60.071	59.835
	3	62.000	60.231	60.051	59.067	58.752
	4	62.000	59.602	59.402	58.045	57.670
64	1.5	64.000	63.158	63.026	62.566	62.376
	2	64.000	62.851	62.701	62.071	61.835
	3	64.000	62.231	62.051	61.067	60.752
	4	64.000	61.602	61.402	60.045	59.670
	6	64.000	60.339	60.103	58.005	57.505
65	1.5	65.000	64.158	64.026	63.566	63.376
	2	65.000	63.851	63.701	63.071	62.835
	3	65.000	63.231	63.051	62.067	61.752
	4	65.000	62.602	62.402	61.045	60.670
68	1.5	68.000	67.158	67.026	66.566	66.376
	2	68.000	66.851	66.701	66.071	65.835
	3	68.000	66.231	66.051	65.067	64.752
	4	68.000	65.602	65.402	64.045	63.670
	6	68.000	64.339	64.103	62.005	61.505

表 1（续） 单位为毫米

公称直径 D	螺距 P	大径 D_{min}	中径 D_{2max}	中径 D_{2min}	小径 D_{1max}	小径 D_{1min}
70	1.5	70.000	69.158	69.026	68.566	68.376
	2	70.000	68.851	68.701	68.071	67.835
	3	70.000	68.231	68.051	67.067	66.752
	4	70.000	67.602	67.402	66.045	65.670
	6	70.000	66.339	66.103	64.005	63.505
72	1.5	72.000	71.158	71.026	70.566	70.376
	2	72.000	70.851	70.701	70.071	69.835
	3	72.000	70.231	70.051	69.067	68.752
	4	72.000	69.602	69.402	68.045	67.670
	6	72.000	68.339	68.103	66.005	65.505
75	1.5	75.000	74.158	74.026	73.566	73.376
	2	75.000	73.851	73.701	73.071	72.835
	3	75.000	73.231	73.051	72.067	71.752
	4	75.000	72.602	72.402	71.045	70.670
76	1.5	76.000	75.158	75.026	74.566	74.376
	2	76.000	74.851	74.701	74.071	73.835
	3	76.000	74.231	74.051	73.067	72.752
	4	76.000	73.602	73.402	72.045	71.670
	6	76.000	72.339	72.103	70.005	69.505
78	2	78.000	76.851	76.701	76.071	75.835
80	1.5	80.000	79.158	79.026	78.566	78.376
	2	80.000	78.851	78.701	78.071	77.835
	3	80.000	78.231	78.051	77.067	76.752
	4	80.000	77.602	77.402	76.045	75.670
	6	80.000	76.339	76.103	74.005	73.505
82	2	82.000	80.851	80.701	80.071	79.835
85	2	85.000	83.851	83.701	83.071	82.835
	3	85.000	83.231	83.051	82.067	81.752
	4	85.000	82.602	82.402	81.045	80.670
	6	85.000	81.339	81.103	79.005	78.505
90	2	90.000	88.851	88.701	88.071	87.835
	3	90.000	88.231	88.051	87.067	86.752
	4	90.000	87.602	87.402	86.045	85.670
	6	90.000	86.339	86.103	84.005	83.505

表 1（续）

单位为毫米

公称直径 D	螺距 P	大径 D_{min}	中径 D_{2max}	中径 D_{2min}	小径 D_{1max}	小径 D_{1min}
95	2	95.000	93.861	93.701	93.071	92.835
	3	95.000	93.241	93.051	92.067	91.752
	4	95.000	92.614	92.402	91.045	90.670
	6	95.000	91.353	91.103	89.005	88.505
100	2	100.000	98.861	98.701	98.071	97.835
	3	100.000	98.241	98.051	97.067	96.752
	4	100.000	97.614	97.402	96.045	95.670
	6	100.000	96.353	96.103	94.005	93.505

表 2　5H 内螺纹的极限尺寸

单位为毫米

公称直径 D	螺距 P	大径 D_{min}	中径 D_{2max}	中径 D_{2min}	小径 D_{1max}	小径 D_{1min}
1	0.25	1.000	0.894	0.838	0.785	0.729
1.1	0.25	1.100	0.994	0.938	0.885	0.829
1.2	0.25	1.200	1.094	1.038	0.985	0.929
1.4	0.3	1.400	1.265	1.205	1.142	1.075
1.6	0.35	1.600	1.440	1.373	1.301	1.221
1.8	0.35	1.800	1.640	1.573	1.501	1.421
2	0.25	2.000	1.898	1.838	1.785	1.729
	0.4	2.000	1.811	1.740	1.657	1.567
2.2	0.25	2.200	2.098	2.038	1.985	1.929
	0.45	2.200	1.983	1.908	1.813	1.713
2.5	0.35	2.500	2.340	2.273	2.201	2.121
	0.45	2.500	2.283	2.208	2.113	2.013
3	0.35	3.000	2.844	2.773	2.701	2.621
	0.5	3.000	2.755	2.675	2.571	2.459
3.5	0.35	3.500	3.344	3.273	3.201	3.121
	0.6	3.500	3.200	3.110	2.975	2.850
4	0.5	4.000	3.755	3.675	3.571	3.459
	0.7	4.000	3.640	3.545	3.382	3.242
4.5	0.5	4.500	4.255	4.175	4.071	3.959
	0.75	4.500	4.108	4.013	3.838	3.688
5	0.5	5.000	4.755	4.675	4.571	4.459
	0.8	5.000	4.580	4.480	4.294	4.134
5.5	0.5	5.500	5.255	5.175	5.071	4.959

表 2（续）

单位为毫米

公称直径 D	螺距 P	大径 D_{min}	中径 D_{2max}	中径 D_{2min}	小径 D_{1max}	小径 D_{1min}
6	0.75	6.000	5.619	5.513	5.338	5.188
	1	6.000	5.468	5.350	5.107	4.917
7	0.75	7.000	6.619	6.513	6.338	6.188
	1	7.000	6.468	6.350	6.107	5.917
8	0.75	8.000	7.619	7.513	7.338	7.188
	1	8.000	7.468	7.350	7.107	6.917
	1.25	8.000	7.313	7.188	6.859	6.647
9	0.75	9.000	8.619	8.513	8.338	8.188
	1	9.000	8.468	8.350	8.107	7.917
	1.25	9.000	8.313	8.188	7.859	7.647
10	0.75	10.000	9.619	9.513	9.338	9.188
	1	10.000	9.468	9.350	9.107	8.917
	1.25	10.000	9.313	9.188	8.859	8.647
	1.5	10.000	9.166	9.026	8.612	8.376
11	0.75	11.000	10.619	10.513	10.338	10.188
	1	11.000	10.468	10.350	10.107	9.917
	1.5	11.000	10.166	10.026	9.612	9.376
12	1	12.000	11.475	11.350	11.107	10.917
	1.25	12.000	11.328	11.188	10.859	10.647
	1.5	12.000	11.176	11.026	10.612	10.376
	1.75	12.000	11.023	10.863	10.371	10.106
14	1	14.000	13.475	13.350	13.107	12.917
	1.5	14.000	13.176	13.026	12.612	12.376
	2	14.000	12.871	12.701	12.135	11.835
15	1	15.000	14.475	14.350	14.107	13.917
	1.5	15.000	14.176	14.026	13.612	13.376
16	1	16.000	15.475	15.350	15.107	14.917
	1.5	16.000	15.176	15.026	14.612	14.376
	2	16.000	14.871	14.701	14.135	13.835
17	1	17.000	16.475	16.350	16.107	15.917
	1.5	17.000	16.176	16.026	15.612	15.376
18	1	18.000	17.475	17.350	17.107	16.917
	1.5	18.000	17.176	17.026	16.612	16.376
	2	18.000	16.871	16.701	16.135	15.835
	2.5	18.000	16.556	16.376	15.649	15.294

表 2（续）

单位为毫米

公称直径 D	螺距 P	大径 D_{min}	中径 D_{2max}	中径 D_{2min}	小径 D_{1max}	小径 D_{1min}
20	1	20.000	19.475	19.350	19.107	18.917
	1.5	20.000	19.176	19.026	18.612	18.376
	2	20.000	18.871	18.701	18.135	17.835
	2.5	20.000	18.556	18.376	17.649	17.294
22	1	22.000	21.475	21.350	21.107	20.917
	1.5	22.000	21.176	21.026	20.612	20.376
	2	22.000	20.871	20.701	20.135	19.835
	2.5	22.000	20.556	20.376	19.649	19.294
24	1	24.000	23.482	23.350	23.107	22.917
	1.5	24.000	23.186	23.026	22.612	22.376
	2	24.000	22.881	22.701	22.135	21.835
	3	24.000	22.263	22.051	21.152	20.752
25	1	25.000	24.482	24.350	24.107	23.917
	1.5	25.000	24.186	24.026	23.612	23.376
	2	25.000	23.881	23.701	23.135	22.835
26	1.5	26.000	25.186	25.026	24.612	24.376
27	1	27.000	26.482	26.350	26.107	25.917
	1.5	27.000	26.186	26.026	25.612	25.376
	2	27.000	25.881	25.701	25.135	24.835
	3	27.000	25.263	25.051	24.152	23.752
28	1	28.000	27.482	27.350	27.107	26.917
	1.5	28.000	27.186	27.026	26.612	26.376
	2	28.000	26.881	26.701	26.135	25.835
30	1	30.000	29.482	29.350	29.107	28.917
	1.5	30.000	29.186	29.026	28.612	28.376
	2	30.000	28.881	28.701	28.135	27.835
	3	30.000	28.263	28.051	27.152	26.752
	3.5	30.000	27.951	27.727	26.661	26.211
32	1.5	32.000	31.186	31.026	30.612	30.376
	2	32.000	30.881	30.701	30.135	29.835
33	1.5	33.000	32.186	32.026	31.612	31.376
	2	33.000	31.881	31.701	31.135	30.835
	3	33.000	31.263	31.051	30.152	29.752
	3.5	33.000	30.951	30.727	29.661	29.211

表 2（续）

单位为毫米

公称直径 D	螺距 P	大径 D_{min}	中径 D_{2max}	中径 D_{2min}	小径 D_{1max}	小径 D_{1min}
36	1.5	36.000	35.186	35.026	34.612	34.376
	2	36.000	34.881	34.701	34.135	33.835
	3	36.000	34.263	34.051	33.152	32.752
	4	36.000	33.638	33.402	32.145	31.670
38	1.5	38.000	37.186	37.026	36.612	36.376
39	1.5	39.000	38.186	38.026	37.612	37.376
	2	39.000	37.881	37.701	37.135	36.835
	3	39.000	37.263	37.051	36.152	35.752
	4	39.000	36.638	36.402	35.145	34.670
40	1.5	40.000	39.186	39.026	38.612	38.376
	2	40.000	38.881	38.701	38.135	37.835
	3	40.000	38.263	38.051	37.152	36.752
42	1.5	42.000	41.186	41.026	40.612	40.376
	2	42.000	40.881	40.701	40.135	39.835
	3	42.000	40.263	40.051	39.152	38.752
	4	42.000	39.638	39.402	38.145	37.670
	4.5	42.000	39.327	39.077	37.659	37.129
45	1.5	45.000	44.186	44.026	43.612	43.376
	2	45.000	43.881	43.701	43.135	42.835
	3	45.000	43.263	43.051	42.152	41.752
	4	45.000	42.638	42.402	41.145	40.670
	4.5	45.000	42.327	42.077	40.659	40.129
48	1.5	48.000	47.196	47.026	46.612	46.376
	2	48.000	46.891	46.701	46.135	45.835
	3	48.000	46.275	46.051	45.152	44.752
	4	48.000	45.652	45.402	44.145	43.670
	5	48.000	45.017	44.752	43.147	42.587
50	1.5	50.000	49.196	49.026	48.612	48.376
	2	50.000	48.891	48.701	48.135	47.835
	3	50.000	48.275	48.051	47.152	46.752
52	1.5	52.000	51.196	51.026	50.612	50.376
	2	52.000	50.891	50.701	50.135	49.835
	3	52.000	50.275	50.051	49.152	48.752
	4	52.000	49.652	49.402	48.145	47.670
	5	52.000	49.017	48.752	47.147	46.587

表 2（续）

单位为毫米

公称直径 D	螺距 P	大径 D_{min}	中径 D_{2max}	中径 D_{2min}	小径 D_{1max}	小径 D_{1min}
55	1.5	55.000	54.196	54.026	53.612	53.376
	2	55.000	53.891	53.701	53.135	52.835
	3	55.000	53.275	53.051	52.152	51.752
	4	55.000	52.652	52.402	51.145	50.670
56	1.5	56.000	55.196	55.026	54.612	54.376
	2	56.000	54.891	54.701	54.135	53.835
	3	56.000	54.275	54.051	53.152	52.752
	4	56.000	53.652	53.402	52.145	51.670
	5.5	56.000	52.708	52.428	50.646	50.046
58	1.5	58.000	57.196	57.026	56.612	56.376
	2	58.000	56.891	56.701	56.135	55.835
	3	58.000	56.275	56.051	55.152	54.752
	4	58.000	55.652	55.402	54.145	53.670
60	1.5	60.000	59.196	59.026	58.612	58.376
	2	60.000	58.891	58.701	58.135	57.835
	3	60.000	58.275	58.051	57.152	56.752
	4	60.000	57.652	57.402	56.145	55.670
	5.5	60.000	56.708	56.428	54.646	54.046
62	1.5	62.000	61.196	61.026	60.612	60.376
	2	62.000	60.891	60.701	60.135	59.835
	3	62.000	60.275	60.051	59.152	58.752
	4	62.000	59.652	59.402	58.145	57.670
64	1.5	64.000	63.196	63.026	62.612	62.376
	2	64.000	62.891	62.701	62.135	61.835
	3	64.000	62.275	62.051	61.152	60.752
	4	64.000	61.652	61.402	60.145	59.670
	6	64.000	60.403	60.103	58.135	57.505
65	1.5	65.000	64.196	64.026	63.612	63.376
	2	65.000	63.891	63.701	63.135	62.835
	3	65.000	63.275	63.051	62.152	61.752
	4	65.000	62.652	62.402	61.145	60.670

表 2（续）

单位为毫米

公称直径 D	螺距 P	大径 D_{min}	中径 D_{2max}	中径 D_{2min}	小径 D_{1max}	小径 D_{1min}
68	1.5	68.000	67.196	67.026	66.612	66.376
	2	68.000	66.891	66.701	66.135	65.835
	3	68.000	66.275	66.051	65.152	64.752
	4	68.000	65.652	65.402	64.145	63.670
	6	68.000	64.403	64.103	62.135	61.505
70	1.5	70.000	69.196	69.026	68.612	68.376
	2	70.000	68.891	68.701	68.135	67.835
	3	70.000	68.275	68.051	67.152	66.752
	4	70.000	67.652	67.402	66.145	65.670
	6	70.000	66.403	66.103	64.135	63.505
72	1.5	72.000	71.196	71.026	70.612	70.376
	2	72.000	70.891	70.701	70.135	69.835
	3	72.000	70.275	70.051	69.152	68.752
	4	72.000	69.652	69.402	68.145	67.670
	6	72.000	68.403	68.103	66.135	65.505
75	1.5	75.000	74.196	74.026	73.612	73.376
	2	75.000	73.891	73.701	73.135	72.835
	3	75.000	73.275	73.051	72.152	71.752
	4	75.000	72.652	72.402	71.145	70.670
76	1.5	76.000	75.196	75.026	74.612	74.376
	2	76.000	74.891	74.701	74.135	73.835
	3	76.000	74.275	74.051	73.152	72.752
	4	76.000	73.652	73.402	72.145	71.670
	6	76.000	72.403	72.103	70.135	69.505
78	2	78.000	76.891	76.701	76.135	75.835
80	1.5	80.000	79.196	79.026	78.612	78.376
	2	80.000	78.891	78.701	78.135	77.835
	3	80.000	78.275	78.051	77.152	76.752
	4	80.000	77.652	77.402	76.145	75.670
	6	80.000	76.403	76.103	74.135	73.505
82	2	82.000	80.891	80.701	80.135	79.835
85	2	85.000	83.891	83.701	83.135	82.835
	3	85.000	83.275	83.051	82.152	81.752
	4	85.000	82.652	82.402	81.145	80.670
	6	85.000	81.403	81.103	79.135	78.505

表 2（续）

单位为毫米

公称直径 D	螺距 P	大径 D_{min}	中径 D_{2max}	中径 D_{2min}	小径 D_{1max}	小径 D_{1min}
90	2	90.000	88.891	88.701	88.135	87.835
	3	90.000	88.275	88.051	87.152	86.752
	4	90.000	87.652	87.402	86.145	85.670
	6	90.000	86.403	86.103	84.135	83.505
95	2	95.000	93.901	93.701	93.135	92.835
	3	95.000	93.287	93.051	92.152	91.752
	4	95.000	92.667	92.402	91.145	90.670
	6	95.000	91.418	91.103	89.135	88.505
100	2	100.000	98.901	98.701	98.135	97.835
	3	100.000	98.287	98.051	97.152	96.752
	4	100.000	97.667	97.402	96.145	95.670
	6	100.000	96.418	96.103	94.135	93.505
105	2	105.000	103.901	103.701	103.135	102.835
	3	105.000	103.287	103.051	102.152	101.752
	4	105.000	102.667	102.402	101.145	100.670
	6	105.000	101.418	101.103	99.135	98.505
110	2	110.000	108.901	108.701	108.135	107.835
	3	110.000	108.287	108.051	107.152	106.752
	4	110.000	107.667	107.402	106.145	105.670
	6	110.000	106.418	106.103	104.135	103.505
115	2	115.000	113.901	113.701	113.135	112.835
	3	115.000	113.287	113.051	112.152	111.752
	4	115.000	112.667	112.402	111.145	110.670
	6	115.000	111.418	111.103	109.135	108.505
120	2	120.000	118.901	118.701	118.135	117.835
	3	120.000	118.287	118.051	117.152	116.752
	4	120.000	117.667	117.402	116.145	115.670
	6	120.000	116.418	116.103	114.135	113.505
125	2	125.000	123.901	123.701	123.135	122.835
	3	125.000	123.287	123.051	122.152	121.752
	4	125.000	122.667	122.402	121.145	120.670
	6	125.000	121.418	121.103	119.135	118.505
	8	125.000	120.159	119.804	117.140	116.340

表 2（续）

单位为毫米

公称直径 D	螺距 P	大径 D_{min}	中径 D_{2max}	中径 D_{2min}	小径 D_{1max}	小径 D_{1min}
130	2	130.000	128.901	128.701	128.135	127.835
	3	130.000	128.287	128.051	127.152	126.752
	4	130.000	127.667	127.402	126.145	125.670
	6	130.000	126.418	126.103	124.135	123.505
	8	130.000	125.159	124.804	122.140	121.340
135	2	135.000	133.901	133.701	133.135	132.835
	3	135.000	133.287	133.051	132.152	131.752
	4	135.000	132.667	132.402	131.145	130.670
	6	135.000	131.418	131.103	129.135	128.505
140	2	140.000	138.901	138.701	138.135	137.835
	3	140.000	138.287	138.051	137.152	136.752
	4	140.000	137.667	137.402	136.145	135.670
	6	140.000	136.418	136.103	134.135	133.505
	8	140.000	135.159	134.804	132.140	131.340
145	2	145.000	143.901	143.701	143.135	142.835
	3	145.000	143.287	143.051	142.152	141.752
	4	145.000	142.667	142.402	141.145	140.670
	6	145.000	141.418	141.103	139.135	138.505
150	2	150.000	148.901	148.701	148.135	147.835
	3	150.000	148.287	148.051	147.152	146.752
	4	150.000	147.667	147.402	146.145	145.670
	6	150.000	146.418	146.103	144.135	143.505
	8	150.000	145.159	144.804	142.140	141.340
155	3	155.000	153.287	153.051	152.152	151.752
	4	155.000	152.667	152.402	151.145	150.670
	6	155.000	151.418	151.103	149.135	148.505
160	3	160.000	158.287	158.051	157.152	156.752
	4	160.000	157.667	157.402	156.145	155.670
	6	160.000	156.418	156.103	154.135	153.505
	8	160.000	155.159	154.804	152.140	151.340
165	3	165.000	163.287	163.051	162.152	161.752
	4	165.000	162.667	162.402	161.145	160.670
	6	165.000	161.418	161.103	159.135	158.505

表 2（续）

单位为毫米

公称直径 D	螺距 P	大径 D_{min}	中径 D_{2max}	D_{2min}	小径 D_{1max}	D_{1min}
170	3	170.000	168.287	168.051	167.152	166.752
	4	170.000	167.667	167.402	166.145	165.670
	6	170.000	166.418	166.103	164.135	163.505
	8	170.000	165.159	164.804	162.140	161.340
175	3	175.000	173.287	173.051	172.152	171.752
	4	175.000	172.667	172.402	171.145	170.670
	6	175.000	171.418	171.103	169.135	168.505
180	3	180.000	178.287	178.051	177.152	176.752
	4	180.000	177.667	177.402	176.145	175.670
	6	180.000	176.418	176.103	174.135	173.505
	8	180.000	175.159	174.804	172.140	171.340
185	3	185.000	183.316	183.051	182.152	181.752
	4	185.000	182.702	182.402	181.145	180.670
	6	185.000	181.438	181.103	179.135	178.505
190	3	190.000	188.316	188.051	187.152	186.752
	4	190.000	187.702	187.402	186.145	185.670
	6	190.000	186.438	186.103	184.135	183.505
	8	190.000	185.179	184.804	182.140	181.340
195	3	195.000	193.316	193.051	192.152	191.752
	4	195.000	192.702	192.402	191.145	190.670
	6	195.000	191.438	191.103	189.135	188.505
200	3	200.000	198.316	198.051	197.152	196.752
	4	200.000	197.702	197.402	196.145	195.670
	6	200.000	196.438	196.103	194.135	193.505
	8	200.000	195.179	194.804	192.140	191.340
205	3	205.000	203.316	203.051	202.152	201.752
	4	205.000	202.702	202.402	201.145	200.670
	6	205.000	201.438	201.103	199.135	198.505
210	3	210.000	208.316	208.051	207.152	206.752
	4	210.000	207.702	207.402	206.145	205.670
	6	210.000	206.438	206.103	204.135	203.505
	8	210.000	205.179	204.804	202.140	201.340
215	3	215.000	213.316	213.051	212.152	211.752
	4	215.000	212.702	212.402	211.145	210.670
	6	215.000	211.438	211.103	209.135	208.505

表 2（续）

单位为毫米

公称直径 D	螺距 P	大径 D_{min}	中径 D_{2max}	中径 D_{2min}	小径 D_{1max}	小径 D_{1min}
220	3	220.000	218.316	218.051	217.152	216.752
	4	220.000	217.702	217.402	216.145	215.670
	6	220.000	216.438	216.103	214.135	213.505
	8	220.000	215.179	214.804	212.140	211.340
225	3	225.000	223.316	223.051	222.152	221.752
	4	225.000	222.702	222.402	221.145	220.670
	6	225.000	221.438	221.103	219.135	218.505
230	3	230.000	228.316	228.051	227.152	226.752
	4	230.000	227.702	227.402	226.145	225.670
	6	230.000	226.438	226.103	224.135	223.505
	8	230.000	225.179	224.804	222.140	221.340
235	3	235.000	233.316	233.051	232.152	231.752
	4	235.000	232.702	232.402	231.145	230.670
	6	235.000	231.438	231.103	229.135	228.505
240	3	240.000	238.316	238.051	237.152	236.752
	4	240.000	237.702	237.402	236.145	235.670
	6	240.000	236.438	236.103	234.135	233.505
	8	240.000	235.179	234.804	232.140	231.340
245	3	245.000	243.316	243.051	242.152	241.752
	4	245.000	242.702	242.402	241.145	240.670
	6	245.000	241.438	241.103	239.135	238.505
250	3	250.000	248.316	248.051	247.152	246.752
	4	250.000	247.702	247.402	246.145	245.670
	6	250.000	246.438	246.103	244.135	243.505
	8	250.000	245.179	244.804	242.140	241.340
255	4	255.000	252.702	252.402	251.145	250.670
	6	255.000	251.438	251.103	249.135	248.505
260	4	260.000	257.702	257.402	256.145	255.670
	6	260.000	256.438	256.103	254.135	253.505
	8	260.000	255.179	254.804	252.140	251.340
265	4	265.000	262.702	262.402	261.145	260.670
	6	265.000	261.438	261.103	259.135	258.505
270	4	270.000	267.702	267.402	266.145	265.670
	6	270.000	266.438	266.103	264.135	263.505
	8	270.000	265.179	264.804	262.140	261.340

表 2（续）

单位为毫米

公称直径 D	螺距 P	大径 D_{min}	中径 D_{2max}	中径 D_{2min}	小径 D_{1max}	小径 D_{1min}
275	4	275.000	272.702	272.402	271.145	270.670
	6	275.000	271.438	271.103	269.135	268.505
280	4	280.000	277.702	277.402	276.145	275.670
	6	280.000	276.438	276.103	274.135	273.505
	8	280.000	275.179	274.804	272.140	271.340
285	4	285.000	282.702	282.402	281.145	280.670
	6	285.000	281.438	281.103	279.135	278.505
290	4	290.000	287.702	287.402	286.145	285.670
	6	290.000	286.438	286.103	284.135	283.505
	8	290.000	285.179	284.804	282.140	281.340
295	4	295.000	292.702	292.402	291.145	290.670
	6	295.000	291.438	291.103	289.135	288.505
300	4	300.000	297.702	297.402	296.145	295.670
	6	300.000	296.438	296.103	294.135	293.505
	8	300.000	295.179	294.804	292.140	291.340

表 3　6H 内螺纹的极限尺寸

单位为毫米

公称直径 D	螺距 P	大径 D_{min}	中径 D_{2max}	中径 D_{2min}	小径 D_{1max}	小径 D_{1min}
1.4	0.3	1.400	1.280	1.205	1.160	1.075
1.6	0.35	1.600	1.458	1.373	1.321	1.221
1.8	0.35	1.800	1.658	1.573	1.521	1.421
2	0.4	2.000	1.830	1.740	1.679	1.567
2.2	0.45	2.200	2.003	1.908	1.838	1.713
2.5	0.35	2.500	2.358	2.273	2.221	2.121
	0.45	2.500	2.303	2.208	2.138	2.013
3	0.35	3.000	2.863	2.773	2.721	2.621
	0.5	3.000	2.775	2.675	2.599	2.459
3.5	0.35	3.500	3.363	3.273	3.221	3.121
	0.6	3.500	3.222	3.110	3.010	2.850
4	0.5	4.000	3.775	3.675	3.599	3.459
	0.7	4.000	3.663	3.545	3.422	3.242
4.5	0.5	4.500	4.275	4.175	4.099	3.959
	0.75	4.500	4.131	4.013	3.878	3.688

表 3（续）

单位为毫米

公称直径 D	螺距 P	大径 D_{min}	中径 D_{2max}	中径 D_{2min}	小径 D_{1max}	小径 D_{1min}
5	0.5	5.000	4.775	4.675	4.599	4.459
	0.8	5.000	4.605	4.480	4.334	4.134
5.5	0.5	5.500	5.275	5.175	5.099	4.959
6	0.75	6.000	5.645	5.513	5.378	5.188
	1	6.000	5.500	5.350	5.153	4.917
7	0.75	7.000	6.645	6.513	6.378	6.188
	1	7.000	6.500	6.350	6.153	5.917
8	0.75	8.000	7.645	7.513	7.378	7.188
	1	8.000	7.500	7.350	7.153	6.917
	1.25	8.000	7.348	7.188	6.912	6.647
9	0.75	9.000	8.645	8.513	8.378	8.188
	1	9.000	8.500	8.350	8.153	7.917
	1.25	9.000	8.348	8.188	7.912	7.647
10	0.75	10.000	9.645	9.513	9.378	9.188
	1	10.000	9.500	9.350	9.153	8.917
	1.25	10.000	9.348	9.188	8.912	8.647
	1.5	10.000	9.206	9.026	8.676	8.376
11	0.75	11.000	10.645	10.513	10.378	10.188
	1	11.000	10.500	10.350	10.153	9.917
	1.5	11.000	10.206	10.026	9.676	9.376
12	1	12.000	11.510	11.350	11.153	10.917
	1.25	12.000	11.368	11.188	10.912	10.647
	1.5	12.000	11.216	11.026	10.676	10.376
	1.75	12.000	11.063	10.863	10.441	10.106
14	1	14.000	13.510	13.350	13.153	12.917
	1.5	14.000	13.216	13.026	12.676	12.376
	2	14.000	12.913	12.701	12.210	11.835
15	1	15.000	14.510	14.350	14.153	13.917
	1.5	15.000	14.216	14.026	13.676	13.376
16	1	16.000	15.510	15.350	15.153	14.917
	1.5	16.000	15.216	15.026	14.676	14.376
	2	16.000	14.913	14.701	14.210	13.835
17	1	17.000	16.510	16.350	16.153	15.917
	1.5	17.000	16.216	16.026	15.676	15.376

表 3（续）

单位为毫米

公称直径 D	螺距 P	大径 D_{min}	中径 D_{2max}	中径 D_{2min}	小径 D_{1max}	小径 D_{1min}
18	1	18.000	17.510	17.350	17.153	16.917
	1.5	18.000	17.216	17.026	16.676	16.376
	2	18.000	16.913	16.701	16.210	15.835
	2.5	18.000	16.600	16.376	15.744	15.294
20	1	20.000	19.510	19.350	19.153	18.917
	1.5	20.000	19.216	19.026	18.676	18.376
	2	20.000	18.913	18.701	18.210	17.835
	2.5	20.000	18.600	18.376	17.744	17.294
22	1	22.000	21.510	21.350	21.153	20.917
	1.5	22.000	21.216	21.026	20.676	20.376
	2	22.000	20.913	20.701	20.210	19.835
	2.5	22.000	20.600	20.376	19.744	19.294
24	1	24.000	23.520	23.350	23.153	22.917
	1.5	24.000	23.226	23.026	22.676	22.376
	2	24.000	22.925	22.701	22.210	21.835
	3	24.000	22.316	22.051	21.252	20.752
25	1	25.000	24.520	24.350	24.153	23.917
	1.5	25.000	24.226	24.026	23.676	23.376
	2	25.000	23.925	23.701	23.210	22.835
26	1.5	26.000	25.226	25.026	24.676	24.376
27	1	27.000	26.520	26.350	26.153	25.917
	1.5	27.000	26.226	26.026	25.676	25.376
	2	27.000	25.925	25.701	25.210	24.835
	3	27.000	25.316	25.051	24.252	23.752
28	1	28.000	27.520	27.350	27.153	26.917
	1.5	28.000	27.226	27.026	26.676	26.376
	2	28.000	26.925	26.701	26.210	25.835
30	1	30.000	29.520	29.350	29.153	28.917
	1.5	30.000	29.226	29.026	28.676	28.376
	2	30.000	28.925	28.701	28.210	27.835
	3	30.000	28.316	28.051	27.252	26.752
	3.5	30.000	28.007	27.727	26.771	26.211
32	1.5	32.000	31.226	31.026	30.676	30.376
	2	32.000	30.925	30.701	30.210	29.835

表 3（续）

单位为毫米

公称直径 D	螺距 P	大径 D_{min}	中径 D_{2max}	中径 D_{2min}	小径 D_{1max}	小径 D_{1min}
33	1.5	33.000	32.226	32.026	31.676	31.376
	2	33.000	31.925	31.701	31.210	30.835
	3	33.000	31.316	31.051	30.252	29.752
	3.5	33.000	31.007	30.727	29.771	29.211
36	1.5	36.000	35.226	35.026	34.676	34.376
	2	36.000	34.925	34.701	34.210	33.835
	3	36.000	34.316	34.051	33.252	32.752
	4	36.000	33.702	33.402	32.270	31.670
38	1.5	38.000	37.226	37.026	36.676	36.376
39	1.5	39.000	38.226	38.026	37.676	37.376
	2	39.000	37.925	37.701	37.210	36.835
	3	39.000	37.316	37.051	36.252	35.752
	4	39.000	36.702	36.402	35.270	34.670
40	1.5	40.000	39.226	39.026	38.676	38.376
	2	40.000	38.925	38.701	38.210	37.835
	3	40.000	38.316	38.051	37.252	36.752
42	1.5	42.000	41.226	41.026	40.676	40.376
	2	42.000	40.925	40.701	40.210	39.835
	3	42.000	40.316	40.051	39.252	38.752
	4	42.000	39.702	39.402	38.270	37.670
	4.5	42.000	39.392	39.077	37.799	37.129
45	1.5	45.000	44.226	44.026	43.676	43.376
	2	45.000	43.925	43.701	43.210	42.835
	3	45.000	43.316	43.051	42.252	41.752
	4	45.000	42.702	42.402	41.270	40.670
	4.5	45.000	42.392	42.077	40.799	40.129
48	1.5	48.000	47.238	47.026	46.676	46.376
	2	48.000	46.937	46.701	46.210	45.835
	3	48.000	46.331	46.051	45.252	44.752
	4	48.000	45.717	45.402	44.270	43.670
	5	48.000	45.087	44.752	43.297	42.587
50	1.5	50.000	49.238	49.026	48.676	48.376
	2	50.000	48.937	48.701	48.210	47.835
	3	50.000	48.331	48.051	47.252	46.752

表 3（续）

单位为毫米

公称直径 D	螺距 P	大径 D_{min}	中径 D_{2max}	中径 D_{2min}	小径 D_{1max}	小径 D_{1min}
52	1.5	52.000	51.238	51.026	50.676	50.376
	2	52.000	50.937	50.701	50.210	49.835
	3	52.000	50.331	50.051	49.252	48.752
	4	52.000	49.717	49.402	48.270	47.670
	5	52.000	49.087	48.752	47.297	46.587
55	1.5	55.000	54.238	54.026	53.676	53.376
	2	55.000	53.937	53.701	53.210	52.835
	3	55.000	53.331	53.051	52.252	51.752
	4	55.000	52.717	52.402	51.270	50.670
56	1.5	56.000	55.238	55.026	54.676	54.376
	2	56.000	54.937	54.701	54.210	53.835
	3	56.000	54.331	54.051	53.252	52.752
	4	56.000	53.717	53.402	52.270	51.670
	5.5	56.000	52.783	52.428	50.796	50.046
58	1.5	58.000	57.238	57.026	56.676	56.376
	2	58.000	56.937	56.701	56.210	55.835
	3	58.000	56.331	56.051	55.252	54.752
	4	58.000	55.717	55.402	54.270	53.670
60	1.5	60.000	59.238	59.026	58.676	58.376
	2	60.000	58.937	58.701	58.210	57.835
	3	60.000	58.331	58.051	57.252	56.752
	4	60.000	57.717	57.402	56.270	55.670
	5.5	60.000	56.783	56.428	54.796	54.046
62	1.5	62.000	61.238	61.026	60.676	60.376
	2	62.000	60.937	60.701	60.210	59.835
	3	62.000	60.331	60.051	59.252	58.752
	4	62.000	59.717	59.402	58.270	57.670
64	1.5	64.000	63.238	63.026	62.676	62.376
	2	64.000	62.937	62.701	62.210	61.835
	3	64.000	62.331	62.051	61.252	60.752
	4	64.000	61.717	61.402	60.270	59.670
	6	64.000	60.478	60.103	58.305	57.505

表 3（续）

单位为毫米

公称直径 D	螺距 P	大径 D_{min}	中径 D_{2max}	中径 D_{2min}	小径 D_{1max}	小径 D_{1min}
65	1.5	65.000	64.238	64.026	63.676	63.376
	2	65.000	63.937	63.701	63.210	62.835
	3	65.000	63.331	63.051	62.252	61.752
	4	65.000	62.717	62.402	61.270	60.670
68	1.5	68.000	67.238	67.026	66.676	66.376
	2	68.000	66.937	66.701	66.210	65.835
	3	68.000	66.331	66.051	65.252	64.752
	4	68.000	65.717	65.402	64.270	63.670
	6	68.000	64.478	64.103	62.305	61.505
70	1.5	70.000	69.238	69.026	68.676	68.376
	2	70.000	68.937	68.701	68.210	67.835
	3	70.000	68.331	68.051	67.252	66.752
	4	70.000	67.717	67.402	66.270	65.670
	6	70.000	66.478	66.103	64.305	63.505
72	1.5	72.000	71.238	71.026	70.676	70.376
	2	72.000	70.937	70.701	70.210	69.835
	3	72.000	70.331	70.051	69.252	68.752
	4	72.000	69.717	69.402	68.270	67.670
	6	72.000	68.478	68.103	66.305	65.505
75	1.5	75.000	74.238	74.026	73.676	73.376
	2	75.000	73.937	73.701	73.210	72.835
	3	75.000	73.331	73.051	72.252	71.752
	4	75.000	72.717	72.402	71.270	70.670
76	1.5	76.000	75.238	75.026	74.676	74.376
	2	76.000	74.937	74.701	74.210	73.835
	3	76.000	74.331	74.051	73.252	72.752
	4	76.000	73.717	73.402	72.270	71.670
	6	76.000	72.478	72.103	70.305	69.505
78	2	78.000	76.937	76.701	76.210	75.835
80	1.5	80.000	79.238	79.026	78.676	78.376
	2	80.000	78.937	78.701	78.210	77.835
	3	80.000	78.331	78.051	77.252	76.752
	4	80.000	77.717	77.402	76.270	75.670
	6	80.000	76.478	76.103	74.305	73.505

表 3（续） 单位为毫米

公称直径 D	螺距 P	大径 D_{min}	中径 D_{2max}	中径 D_{2min}	小径 D_{1max}	小径 D_{1min}
82	2	82.000	80.937	80.701	80.210	79.835
85	2	85.000	83.937	83.701	83.210	82.835
	3	85.000	83.331	83.051	82.252	81.752
	4	85.000	82.717	82.402	81.270	80.670
	6	85.000	81.478	81.103	79.305	78.505
90	2	90.000	88.937	88.701	88.210	87.835
	3	90.000	88.331	88.051	87.252	86.752
	4	90.000	87.717	87.402	86.270	85.670
	6	90.000	86.478	86.103	84.305	83.505
95	2	95.000	93.951	93.701	93.210	92.835
	3	95.000	93.351	93.051	92.252	91.752
	4	95.000	92.737	92.402	91.270	90.670
	6	95.000	91.503	91.103	89.305	88.505
100	2	100.000	98.951	98.701	98.210	97.835
	3	100.000	98.351	98.051	97.252	96.752
	4	100.000	97.737	97.402	96.270	95.670
	6	100.000	96.503	96.103	94.305	93.505
105	2	105.000	103.951	103.701	103.210	102.835
	3	105.000	103.351	103.051	102.252	101.752
	4	105.000	102.737	102.402	101.270	100.670
	6	105.000	101.503	101.103	99.305	98.505
110	2	110.000	108.951	108.701	108.210	107.835
	3	110.000	108.351	108.051	107.252	106.752
	4	110.000	107.737	107.402	106.270	105.670
	6	110.000	106.503	106.103	104.305	103.505
115	2	115.000	113.951	113.701	113.210	112.835
	3	115.000	113.351	113.051	112.252	111.752
	4	115.000	112.737	112.402	111.270	110.670
	6	115.000	111.503	111.103	109.305	108.505
120	2	120.000	118.951	118.701	118.210	117.835
	3	120.000	118.351	118.051	117.252	116.752
	4	120.000	117.737	117.402	116.270	115.670
	6	120.000	116.503	116.103	114.305	113.505

表 3（续）

单位为毫米

公称直径 D	螺距 P	大径 D_{min}	中径 D_{2max}	中径 D_{2min}	小径 D_{1max}	小径 D_{1min}
125	2	125.000	123.951	123.701	123.210	122.835
	3	125.000	123.351	123.051	122.252	121.752
	4	125.000	122.737	122.402	121.270	120.670
	6	125.000	121.503	121.103	119.305	118.505
	8	125.000	120.254	119.804	117.340	116.340
130	2	130.000	128.951	128.701	128.210	127.835
	3	130.000	128.351	128.051	127.252	126.752
	4	130.000	127.737	127.402	126.270	125.670
	6	130.000	126.503	126.103	124.305	123.505
	8	130.000	125.254	124.804	122.340	121.340
135	2	135.000	133.951	133.701	133.210	132.835
	3	135.000	133.351	133.051	132.252	131.752
	4	135.000	132.737	132.402	131.270	130.670
	6	135.000	131.503	131.103	129.305	128.505
140	2	140.000	138.951	138.701	138.210	137.835
	3	140.000	138.351	138.051	137.252	136.752
	4	140.000	137.737	137.402	136.270	135.670
	6	140.000	136.503	136.103	134.305	133.505
	8	140.000	135.254	134.804	132.340	131.340
145	2	145.000	143.951	143.701	143.210	142.835
	3	145.000	143.351	143.051	142.252	141.752
	4	145.000	142.737	142.402	141.270	140.670
	6	145.000	141.503	141.103	139.305	138.505
150	2	150.000	148.951	148.701	148.210	147.835
	3	150.000	148.351	148.051	147.252	146.752
	4	150.000	147.737	147.402	146.270	145.670
	6	150.000	146.503	146.103	144.305	143.505
	8	150.000	145.254	144.804	142.340	141.340
155	3	155.000	153.351	153.051	152.252	151.752
	4	155.000	152.737	152.402	151.270	150.670
	6	155.000	151.503	151.103	149.305	148.505
160	3	160.000	158.351	158.051	157.252	156.752
	4	160.000	157.737	157.402	156.270	155.670
	6	160.000	156.503	156.103	154.305	153.505
	8	160.000	155.254	154.804	152.340	151.340

表 3（续）

单位为毫米

公称直径 D	螺距 P	大径 D_{min}	中径		小径	
			D_{2max}	D_{2min}	D_{1max}	D_{1min}
165	3	165.000	163.351	163.051	162.252	161.752
	4	165.000	162.737	162.402	161.270	160.670
	6	165.000	161.503	161.103	159.305	158.505
170	3	170.000	168.351	168.051	167.252	166.752
	4	170.000	167.737	167.402	166.270	165.670
	6	170.000	166.503	166.103	164.305	163.505
	8	170.000	165.254	164.804	162.340	161.340
175	3	175.000	173.351	173.051	172.252	171.752
	4	175.000	172.737	172.402	171.270	170.670
	6	175.000	171.503	171.103	169.305	168.505
180	3	180.000	178.351	178.051	177.252	176.752
	4	180.000	177.737	177.402	176.270	175.670
	6	180.000	176.503	176.103	174.305	173.505
	8	180.000	175.254	174.804	172.340	171.340
185	3	185.000	183.386	183.051	182.252	181.752
	4	185.000	182.777	182.402	181.270	180.670
	6	185.000	181.528	181.103	179.305	178.505
190	3	190.000	188.386	188.051	187.252	186.752
	4	190.000	187.777	187.402	186.270	185.670
	6	190.000	186.528	186.103	184.305	183.505
	8	190.000	185.279	184.804	182.340	181.340
195	3	195.000	193.386	193.051	192.252	191.752
	4	195.000	192.777	192.402	191.270	190.670
	6	195.000	191.528	191.103	189.305	188.505
200	3	200.000	198.386	198.051	197.252	196.752
	4	200.000	197.777	197.402	196.270	195.670
	6	200.000	196.528	196.103	194.305	193.505
	8	200.000	195.279	194.804	192.340	191.340
205	3	205.000	203.386	203.051	202.252	201.752
	4	205.000	202.777	202.402	201.270	200.670
	6	205.000	201.528	201.103	199.305	198.505
210	3	210.000	208.386	208.051	207.252	206.752
	4	210.000	207.777	207.402	206.270	205.670
	6	210.000	206.528	206.103	204.305	203.505
	8	210.000	205.279	204.804	202.340	201.340

表 3（续）

单位为毫米

公称直径 D	螺距 P	大径 D_{min}	中径 D_{2max}	中径 D_{2min}	小径 D_{1max}	小径 D_{1min}
215	3	215.000	213.386	213.051	212.252	211.752
	4	215.000	212.777	212.402	211.270	210.670
	6	215.000	211.528	211.103	209.305	208.505
220	3	220.000	218.386	218.051	217.252	216.752
	4	220.000	217.777	217.402	216.270	215.670
	6	220.000	216.528	216.103	214.305	213.505
	8	220.000	215.279	214.804	212.340	211.340
225	3	225.000	223.386	223.051	222.252	221.752
	4	225.000	222.777	222.402	221.270	220.670
	6	225.000	221.528	221.103	219.305	218.505
230	3	230.000	228.386	228.051	227.252	226.752
	4	230.000	227.777	227.402	226.270	225.670
	6	230.000	226.528	226.103	224.305	223.505
	8	230.000	225.279	224.804	222.340	221.340
235	3	235.000	233.386	233.051	232.252	231.752
	4	235.000	232.777	232.402	231.270	230.670
	6	235.000	231.528	231.103	229.305	228.505
240	3	240.000	238.386	238.051	237.252	236.752
	4	240.000	237.777	237.402	236.270	235.670
	6	240.000	236.528	236.103	234.305	233.505
	8	240.000	235.279	234.804	232.340	231.340
245	3	245.000	243.386	243.051	242.252	241.752
	4	245.000	242.777	242.402	241.270	240.670
	6	245.000	241.528	241.103	239.305	238.505
250	3	250.000	248.386	248.051	247.252	246.752
	4	250.000	247.777	247.402	246.270	245.670
	6	250.000	246.528	246.103	244.305	243.505
	8	250.000	245.279	244.804	242.340	241.340
255	4	255.000	252.777	252.402	251.270	250.670
	6	255.000	251.528	251.103	249.305	248.505
260	4	260.000	257.777	257.402	256.270	255.670
	6	260.000	256.528	256.103	254.305	253.505
	8	260.000	255.279	254.804	252.340	251.340

表 3（续） 单位为毫米

公称直径 D	螺距 P	大径 D_{min}	中径 D_{2max}	中径 D_{2min}	小径 D_{1max}	小径 D_{1min}
265	4	265.000	262.777	262.402	261.270	260.670
	6	265.000	261.528	261.103	259.305	258.505
270	4	270.000	267.777	267.402	266.270	265.670
	6	270.000	266.528	266.103	264.305	263.505
	8	270.000	265.279	264.804	262.340	261.340
275	4	275.000	272.777	272.402	271.270	270.670
	6	275.000	271.528	271.103	269.305	268.505
280	4	280.000	277.777	277.402	276.270	275.670
	6	280.000	276.528	276.103	274.305	273.505
	8	280.000	275.279	274.804	272.340	271.340
285	4	285.000	282.777	282.402	281.270	280.670
	6	285.000	281.528	281.103	279.305	278.505
290	4	290.000	287.777	287.402	286.270	285.670
	6	290.000	286.528	286.103	284.305	283.505
	8	290.000	285.279	284.804	282.340	281.340
295	4	295.000	292.777	292.402	291.270	290.670
	6	295.000	291.528	291.103	289.305	288.505
300	4	300.000	297.777	297.402	296.270	295.670
	6	300.000	296.528	296.103	294.305	293.505
	8	300.000	295.279	294.804	292.340	291.340

表 4 7H 内螺纹的极限尺寸 单位为毫米

公称直径 D	螺距 P	大径 D_{min}	中径 D_{2max}	中径 D_{2min}	小径 D_{1max}	小径 D_{1min}
3	0.5	3.000	2.800	2.675	2.639	2.459
3.5	0.6	3.500	3.250	3.110	3.050	2.850
4	0.5	4.000	3.800	3.675	3.639	3.459
	0.7	4.000	3.695	3.545	3.466	3.242
4.5	0.5	4.500	4.300	4.175	4.139	3.959
	0.75	4.500	4.163	4.013	3.924	3.688
5	0.5	5.000	4.800	4.675	4.639	4.459
	0.8	5.000	4.640	4.480	4.384	4.134
5.5	0.5	5.500	5.300	5.175	5.139	4.959
6	0.75	6.000	5.683	5.513	5.424	5.188
	1	6.000	5.540	5.350	5.217	4.917

表 4（续）

单位为毫米

公称直径 D	螺距 P	大径 D_{min}	中径 D_{2max}	中径 D_{2min}	小径 D_{1max}	小径 D_{1min}
7	0.75	7.000	6.683	6.513	6.424	6.188
	1	7.000	6.540	6.350	6.217	5.917
8	0.75	8.000	7.683	7.513	7.424	7.188
	1	8.000	7.540	7.350	7.217	6.917
	1.25	8.000	7.388	7.188	6.982	6.647
9	0.75	9.000	8.683	8.513	8.424	8.188
	1	9.000	8.540	8.350	8.217	7.917
	1.25	9.000	8.388	8.188	7.982	7.647
10	0.75	10.000	9.683	9.513	9.424	9.188
	1	10.000	9.540	9.350	9.217	8.917
	1.25	10.000	9.388	9.188	8.982	8.647
	1.5	10.000	9.250	9.026	8.751	8.376
11	0.75	11.000	10.683	10.513	10.424	10.188
	1	11.000	10.540	10.350	10.217	9.917
	1.5	11.000	10.250	10.026	9.751	9.376
12	1	12.000	11.550	11.350	11.217	10.917
	1.25	12.000	11.412	11.188	10.982	10.647
	1.5	12.000	11.262	11.026	10.751	10.376
	1.75	12.000	11.113	10.863	10.531	10.106
14	1	14.000	13.550	13.350	13.217	12.917
	1.5	14.000	13.262	13.026	12.751	12.376
	2	14.000	12.966	12.701	12.310	11.835
15	1	15.000	14.550	14.350	14.217	13.9175
	1.5	15.000	14.262	14.026	13.751	13.376
16	1	16.000	15.550	15.350	15.217	14.917
	1.5	16.000	15.262	15.026	14.751	14.376
	2	16.000	14.966	14.701	14.310	13.835
17	1	17.000	16.550	16.350	16.217	15.917
	1.5	17.000	16.262	16.026	15.751	15.376
18	1	18.000	17.550	17.350	17.217	16.917
	1.5	18.000	17.262	17.026	16.751	16.376
	2	18.000	16.966	16.701	16.310	15.835
	2.5	18.000	16.656	16.376	15.854	15.294

表 4（续）　　　　单位为毫米

公称直径 D	螺 距 P	大 径 D_{min}	中 径 D_{2max}	中 径 D_{2min}	小 径 D_{1max}	小 径 D_{1min}
20	1	20.000	19.550	19.350	19.217	18.917
	1.5	20.000	19.262	19.026	18.751	18.376
	2	20.000	18.966	18.701	18.310	17.835
	2.5	20.000	18.656	18.376	17.854	17.294
22	1	22.000	21.550	21.350	21.217	20.917
	1.5	22.000	21.262	21.026	20.751	20.376
	2	22.000	20.966	20.701	20.310	19.835
	2.5	22.000	20.656	20.376	19.854	19.294
24	1	24.000	23.562	23.350	23.217	22.917
	1.5	24.000	23.276	23.026	22.751	22.376
	2	24.000	22.981	22.701	22.310	21.835
	3	24.000	22.386	22.051	21.382	20.752
25	1	25.000	24.562	24.350	24.217	23.917
	1.5	25.000	24.276	24.026	23.751	23.376
	2	25.000	23.981	23.701	23.310	22.835
26	1.5	26.000	25.276	25.026	24.751	24.376
27	1	27.000	26.562	26.350	26.217	25.917
	1.5	27.000	26.276	26.026	25.751	25.376
	2	27.000	25.981	25.701	25.310	24.835
	3	27.000	25.386	25.051	24.382	23.752
28	1	28.000	27.562	27.350	27.217	26.917
	1.5	28.000	27.276	27.026	26.751	26.376
	2	28.000	26.981	26.701	26.310	25.835
30	1	30.000	29.562	29.350	29.217	28.917
	1.5	30.000	29.276	29.026	28.751	28.376
	2	30.000	28.981	28.701	28.310	27.835
	3	30.000	28.386	28.051	27.382	26.752
	3.5	30.000	28.082	27.727	26.921	26.211
32	1.5	32.000	31.276	31.026	30.751	30.376
	2	32.000	30.981	30.701	30.310	29.835
33	1.5	33.000	32.276	32.026	31.751	31.376
	2	33.000	31.981	31.701	31.310	30.835
	3	33.000	31.386	31.051	30.382	29.752
	3.5	33.000	31.082	30.727	29.921	29.211

表 4（续） 单位为毫米

公称直径 D	螺距 P	大径 D_{min}	中径 D_{2max}	中径 D_{2min}	小径 D_{1max}	小径 D_{1min}
36	1.5	36.000	35.276	35.026	34.751	34.376
	2	36.000	34.981	34.701	34.310	33.835
	3	36.000	34.386	34.051	33.382	32.752
	4	36.000	33.777	33.402	32.420	31.670
38	1.5	38.000	37.276	37.026	36.751	36.376
39	1.5	39.000	38.276	38.026	37.751	37.376
	2	39.000	37.981	37.701	37.310	36.835
	3	39.000	37.386	37.051	36.382	35.752
	4	39.000	36.777	36.402	35.420	34.670
40	1.5	40.000	39.276	39.026	38.751	38.376
	2	40.000	38.981	38.701	38.310	37.835
	3	40.000	38.386	38.051	37.382	36.752
42	1.5	42.000	41.276	41.026	40.751	40.376
	2	42.000	40.981	40.701	40.310	39.835
	3	42.000	40.386	40.051	39.382	38.752
	4	42.000	39.777	39.402	38.420	37.670
	4.5	42.000	39.477	39.077	37.979	37.129
45	1.5	45.000	44.276	44.026	43.751	43.376
	2	45.000	43.981	43.701	43.310	42.835
	3	45.000	43.386	43.051	42.382	41.752
	4	45.000	42.777	42.402	41.420	40.670
	4.5	45.000	42.477	42.077	40.979	40.129
48	1.5	48.000	47.291	47.026	46.751	46.376
	2	48.000	47.001	46.701	46.310	45.835
	3	48.000	46.406	46.051	45.382	44.752
	4	48.000	45.802	45.402	44.420	43.670
	5	48.000	45.177	44.752	43.487	42.587
50	1.5	50.000	49.291	49.026	48.751	48.376
	2	50.000	49.001	48.701	48.310	47.835
	3	50.000	48.406	48.051	47.382	46.752
52	1.5	52.000	51.291	51.026	50.751	50.376
	2	52.000	51.001	50.701	50.310	49.835
	3	52.000	50.406	50.051	49.382	48.752
	4	52.000	49.802	49.402	48.420	47.670
	5	52.000	49.177	48.752	47.487	46.587

表 4（续）

单位为毫米

公称直径 D	螺距 P	大径 D_{min}	中径 D_{2max}	中径 D_{2min}	小径 D_{1max}	小径 D_{1min}
55	1.5	55.000	54.291	54.026	53.751	53.376
	2	55.000	54.001	53.701	53.310	52.835
	3	55.000	53.406	53.051	52.382	51.752
	4	55.000	52.802	52.402	51.420	50.670
56	1.5	56.000	55.291	55.026	54.751	54.376
	2	56.000	55.001	54.701	54.310	53.835
	3	56.000	54.406	54.051	53.382	52.752
	4	56.000	53.802	53.402	52.420	51.670
	5.5	56.000	52.878	52.428	50.996	50.046
58	1.5	58.000	57.291	57.026	56.751	56.376
	2	58.000	57.001	56.701	56.310	55.835
	3	58.000	56.406	56.051	55.382	54.752
	4	58.000	55.802	55.402	54.420	53.670
60	1.5	60.000	59.291	59.026	58.751	58.376
	2	60.000	59.001	58.701	58.310	57.835
	3	60.000	58.406	58.051	57.382	56.752
	4	60.000	57.802	57.402	56.420	55.670
	5.5	60.000	56.878	56.428	54.996	54.046
62	1.5	62.000	61.291	61.026	60.751	60.376
	2	62.000	61.001	60.701	60.310	59.835
	3	62.000	60.406	60.051	59.382	58.752
	4	62.000	59.802	59.402	58.420	57.670
64	1.5	64.000	63.291	63.026	62.751	62.376
	2	64.000	63.001	62.701	62.310	61.835
	3	64.000	62.406	62.051	61.382	60.752
	4	64.000	61.802	61.402	60.420	59.670
	6	64.000	60.578	60.103	58.505	57.505
65	1.5	65.000	64.291	64.026	63.751	63.376
	2	65.000	64.001	63.701	63.310	62.835
	3	65.000	63.406	63.051	62.382	61.752
	4	65.000	62.802	62.402	61.420	60.670

表 4（续）

单位为毫米

公称直径 D	螺距 P	大径 D_{min}	中径 D_{2max}	中径 D_{2min}	小径 D_{1max}	小径 D_{1min}
68	1.5	68.000	67.291	67.026	66.751	66.376
	2	68.000	67.001	66.701	66.310	65.835
	3	68.000	66.406	66.051	65.382	64.752
	4	68.000	65.802	65.402	64.420	63.670
	6	68.000	64.578	64.103	62.505	61.505
70	1.5	70.000	69.291	69.026	68.751	68.376
	2	70.000	69.001	68.701	68.310	67.835
	3	70.000	68.406	68.051	67.382	66.752
	4	70.000	67.802	67.402	66.420	65.670
	6	70.000	66.578	66.103	64.505	63.505
72	1.5	72.000	71.291	71.026	70.751	70.376
	2	72.000	71.001	70.701	70.310	69.835
	3	72.000	70.406	70.051	69.382	68.752
	4	72.000	69.802	69.402	68.420	67.670
	6	72.000	68.578	68.103	66.505	65.505
75	1.5	75.000	74.291	74.026	73.751	73.376
	2	75.000	74.001	73.701	73.310	72.835
	3	75.000	73.406	73.051	72.382	71.752
	4	75.000	72.802	72.402	71.420	70.670
76	1.5	76.000	75.291	75.026	74.751	74.376
	2	76.000	75.001	74.701	74.310	73.835
	3	76.000	74.406	74.051	73.382	72.752
	4	76.000	73.802	73.402	72.420	71.670
	6	76.000	72.578	72.103	70.505	69.505
78	2	78.000	77.001	76.701	76.310	75.835
80	1.5	80.000	79.291	79.026	78.751	78.376
	2	80.000	79.001	78.701	78.310	77.835
	3	80.000	78.406	78.051	77.382	76.752
	4	80.000	77.802	77.402	76.420	75.670
	6	80.000	76.578	76.103	74.505	73.505
82	2	82.000	81.001	80.701	80.310	79.835
85	2	85.000	84.001	83.701	83.310	82.835
	3	85.000	83.406	83.051	82.382	81.752
	4	85.000	82.802	82.402	81.420	80.670
	6	85.000	81.578	81.103	79.505	78.505

表 4（续）

单位为毫米

公称直径 D	螺距 P	大径 D_{min}	中径 D_{2max}	中径 D_{2min}	小径 D_{1max}	小径 D_{1min}
90	2	90.000	89.001	88.701	88.310	87.835
	3	90.000	88.406	88.051	87.382	86.752
	4	90.000	87.802	87.402	86.420	85.670
	6	90.000	86.578	86.103	84.505	83.505
95	2	95.000	94.016	93.701	93.310	92.835
	3	95.000	93.426	93.051	92.382	91.752
	4	95.000	92.827	92.402	91.420	90.670
	6	95.000	91.603	91.103	89.505	88.505
100	2	100.000	99.016	98.701	98.310	97.835
	3	100.000	98.426	98.051	97.382	96.752
	4	100.000	97.827	97.402	96.420	95.670
	6	100.000	96.603	96.103	94.505	93.505
105	2	105.000	104.016	103.701	103.310	102.835
	3	105.000	103.426	103.051	102.382	101.752
	4	105.000	102.827	102.402	101.420	100.670
	6	105.000	101.603	101.103	99.505	98.505
110	2	110.000	109.016	108.701	108.310	107.835
	3	110.000	108.426	108.051	107.382	106.752
	4	110.000	107.827	107.402	106.420	105.670
	6	110.000	106.603	106.103	104.505	103.505
115	2	115.000	114.016	113.701	113.310	112.835
	3	115.000	113.426	113.051	112.382	111.752
	4	115.000	112.827	112.402	111.420	110.670
	6	115.000	111.603	111.103	109.505	108.505
120	2	120.000	119.016	118.701	118.310	117.835
	3	120.000	118.426	118.051	117.382	116.752
	4	120.000	117.827	117.402	116.420	115.670
	6	120.000	116.603	116.103	114.505	113.505
125	2	125.000	124.016	123.701	123.310	122.835
	3	125.000	123.426	123.051	122.382	121.752
	4	125.000	122.827	122.402	121.420	120.670
	6	125.000	121.603	121.103	119.505	118.505
	8	125.000	120.364	119.804	117.590	116.340

表 4（续）

单位为毫米

公称直径 D	螺距 P	大径 D_{min}	中径 D_{2max}	中径 D_{2min}	小径 D_{1max}	小径 D_{1min}
130	2	130.000	129.016	128.701	128.310	127.835
	3	130.000	128.426	128.051	127.382	126.752
	4	130.000	127.827	127.402	126.420	125.670
	6	130.000	126.603	126.103	124.505	123.505
	8	130.000	125.364	124.804	122.590	121.340
135	2	135.000	134.016	133.701	133.310	132.835
	3	135.000	133.426	133.051	132.382	131.752
	4	135.000	132.827	132.402	131.420	130.670
	6	135.000	131.603	131.103	129.505	128.505
140	2	140.000	139.016	138.701	138.310	137.835
	3	140.000	138.426	138.051	137.382	136.752
	4	140.000	137.827	137.402	136.420	135.670
	6	140.000	136.603	136.103	134.505	133.505
	8	140.000	135.364	134.804	132.590	131.340
145	2	145.000	144.016	143.701	143.310	142.835
	3	145.000	143.426	143.051	142.382	141.752
	4	145.000	142.827	142.402	141.420	140.670
	6	145.000	141.603	141.103	139.505	138.505
150	2	150.000	149.016	148.701	148.310	147.835
	3	150.000	148.426	148.051	147.382	146.752
	4	150.000	147.827	147.402	146.420	145.670
	6	150.000	146.603	146.103	144.505	143.505
	8	150.000	145.364	144.804	142.590	141.340
155	3	155.000	153.426	153.051	152.382	151.752
	4	155.000	152.827	152.402	151.420	150.670
	6	155.000	151.603	151.103	149.505	148.505
160	3	160.000	158.426	158.051	157.382	156.752
	4	160.000	157.827	157.402	156.420	155.670
	6	160.000	156.603	156.103	154.505	153.505
	8	160.000	155.364	154.804	152.590	151.340
165	3	165.000	163.426	163.051	162.382	161.752
	4	165.000	162.827	162.402	161.420	160.670
	6	165.000	161.603	161.103	159.505	158.505

表 4（续） 单位为毫米

公称直径 D	螺距 P	大径 D_{min}	中径 D_{2max}	中径 D_{2min}	小径 D_{1max}	小径 D_{1min}
170	3	170.000	168.426	168.051	167.382	166.752
	4	170.000	167.827	167.402	166.420	165.670
	6	170.000	166.603	166.103	164.505	163.505
	8	170.000	165.364	164.804	162.590	161.340
175	3	175.000	173.426	173.051	172.382	171.752
	4	175.000	172.827	172.402	171.420	170.670
	6	175.000	171.603	171.103	169.505	168.505
180	3	180.000	178.426	178.051	177.382	176.752
	4	180.000	177.827	177.402	176.420	175.670
	6	180.000	176.603	176.103	174.505	173.505
	8	180.000	175.364	174.804	172.590	171.340
185	3	185.000	183.476	183.051	182.382	181.752
	4	185.000	182.877	182.402	181.420	180.670
	6	185.000	181.633	181.103	179.505	178.505
190	3	190.000	188.476	188.051	187.382	186.752
	4	190.000	187.877	187.402	186.420	185.670
	6	190.000	186.633	186.103	184.505	183.505
	8	190.000	185.404	184.804	182.590	181.340
195	3	195.000	193.476	193.051	192.382	191.752
	4	195.000	192.877	192.402	191.420	190.670
	6	195.000	191.633	191.103	189.505	188.505
200	3	200.000	198.476	198.051	197.382	196.752
	4	200.000	197.877	197.402	196.420	195.670
	6	200.000	196.633	196.103	194.505	193.505
	8	200.000	195.404	194.804	192.590	191.340

表 5　6G 内螺纹的极限尺寸 单位为毫米

公称直径 D	螺距 P	大径 D_{min}	中径 D_{2max}	中径 D_{2min}	小径 D_{1max}	小径 D_{1min}
1.4	0.3	1.418	1.298	1.223	1.178	1.093
1.6	0.35	1.619	1.477	1.392	1.340	1.240
1.8	0.35	1.819	1.677	1.592	1.540	1.440
2	0.4	2.019	1.849	1.759	1.698	1.586
2.2	0.45	2.220	2.023	1.928	1.858	1.733

表 5（续）

单位为毫米

公称直径 D	螺距 P	大径 D_{min}	中径 D_{2max}	中径 D_{2min}	小径 D_{1max}	小径 D_{1min}
2.5	0.35	2.519	2.377	2.292	2.240	2.140
	0.45	2.520	2.323	2.228	2.158	2.033
3	0.35	3.019	2.882	2.792	2.740	2.640
	0.5	3.020	2.795	2.695	2.619	2.479
3.5	0.35	3.519	3.382	3.292	3.240	3.140
	0.6	3.521	3.243	3.131	3.031	2.871
4	0.5	4.020	3.795	3.695	3.619	3.479
	0.7	4.022	3.685	3.567	3.444	3.264
4.5	0.5	4.520	4.295	4.195	4.119	3.979
	0.75	4.522	4.153	4.035	3.900	3.710
5	0.5	5.020	4.795	4.695	4.619	4.479
	0.8	5.024	4.629	4.504	4.358	4.158
5.5	0.5	5.520	5.295	5.195	5.119	4.979
6	0.75	6.022	5.667	5.535	5.400	5.210
	1	6.026	5.526	5.376	5.179	4.943
7	0.75	7.022	6.667	6.535	6.400	6.210
	1	7.026	6.526	6.376	6.179	5.943
8	0.75	8.022	7.667	7.535	7.400	7.210
	1	8.026	7.526	7.376	7.179	6.943
	1.25	8.028	7.376	7.216	6.940	6.675
9	0.75	9.022	8.667	8.535	8.400	8.210
	1	9.026	8.526	8.376	8.179	7.943
	1.25	9.028	8.376	8.216	7.940	7.675
10	0.75	10.022	9.667	9.535	9.400	9.210
	1	10.026	9.526	9.376	9.179	8.943
	1.25	10.028	9.376	9.216	8.940	8.675
	1.5	10.032	9.238	9.058	8.708	8.408
11	0.75	11.022	10.667	10.535	10.400	10.210
	1	11.026	10.526	10.376	10.179	9.943
	1.5	11.032	10.238	10.058	9.708	9.408
12	1	12.026	11.536	11.376	11.179	10.943
	1.25	12.028	11.396	11.216	10.940	10.675
	1.5	12.032	11.248	11.058	10.708	10.408
	1.75	12.034	11.097	10.897	10.475	10.140

表 5（续）

单位为毫米

公称直径 D	螺距 P	大径 D_{min}	中径 D_{2max}	中径 D_{2min}	小径 D_{1max}	小径 D_{1min}
14	1	14.026	13.536	13.376	13.179	12.943
	1.5	14.032	13.248	13.058	12.708	12.408
	2	14.038	12.951	12.739	12.248	11.873
15	1	15.026	14.536	14.376	14.179	13.943
	1.5	15.032	14.248	14.058	13.708	13.408
16	1	16.026	15.536	15.376	15.179	14.943
	1.5	16.032	15.248	15.058	14.708	14.408
	2	16.038	14.951	14.739	14.248	13.873
17	1	17.026	16.536	16.376	16.179	15.943
	1.5	17.032	16.248	16.058	15.708	15.408
18	1	18.026	17.536	17.376	17.179	16.943
	1.5	18.032	17.248	17.058	16.708	16.408
	2	18.038	16.951	16.739	16.248	15.873
	2.5	18.042	16.642	16.418	15.786	15.336
20	1	20.026	19.536	19.376	19.179	18.943
	1.5	20.032	19.248	19.058	18.708	18.408
	2	20.038	18.951	18.739	18.248	17.873
	2.5	20.042	18.642	18.418	17.786	17.336
22	1	22.026	21.536	21.376	21.179	20.943
	1.5	22.032	21.248	21.058	20.708	20.408
	2	22.038	20.951	20.739	20.248	19.873
	2.5	22.042	20.642	20.418	19.786	19.336
24	1	24.026	23.546	23.376	23.179	22.943
	1.5	24.032	23.258	23.058	22.708	22.408
	2	24.038	22.963	22.739	22.248	21.873
	3	24.048	22.364	22.099	21.300	20.800
25	1	25.026	24.546	24.376	24.179	23.943
	1.5	25.032	24.258	24.058	23.708	23.408
	2	25.038	23.963	23.739	23.248	22.873
26	1.5	26.032	25.258	25.058	24.708	24.408
27	1	27.026	26.546	26.376	26.179	25.943
	1.5	27.032	26.258	26.058	25.708	25.408
	2	27.038	25.963	25.739	25.248	24.873
	3	27.048	25.364	25.099	24.300	23.800

表 5（续）

单位为毫米

公称直径 D	螺距 P	大径 D_{min}	中径 D_{2max}	中径 D_{2min}	小径 D_{1max}	小径 D_{1min}
28	1	28.026	27.546	27.376	27.179	26.943
	1.5	28.032	27.258	27.058	26.708	26.408
	2	28.038	26.963	26.739	26.248	25.873
30	1	30.026	29.546	29.376	29.179	28.943
	1.5	30.032	29.258	29.058	28.708	28.408
	2	30.038	28.963	28.739	28.248	27.873
	3	30.048	28.364	28.099	27.300	26.800
	3.5	30.053	28.060	27.780	26.824	26.264
32	1.5	32.032	31.258	31.058	30.708	30.408
	2	32.038	30.963	30.739	30.248	29.873
33	1.5	33.032	32.258	32.058	31.708	31.408
	2	33.038	31.963	31.739	31.248	30.873
	3	33.048	31.364	31.099	30.300	29.800
	3.5	33.053	31.060	30.780	29.824	29.264
36	1.5	36.032	35.258	35.058	34.708	34.408
	2	36.038	34.963	34.739	34.248	33.873
	3	36.048	34.364	34.099	33.300	32.800
	4	36.060	33.762	33.462	32.330	31.730
38	1.5	38.032	37.258	37.058	36.708	36.408
39	1.5	39.032	38.258	38.058	37.708	37.408
	2	39.038	37.963	37.739	37.248	36.873
	3	39.048	37.364	37.099	36.300	35.800
	4	39.060	36.762	36.462	35.330	34.730
40	1.5	40.032	39.258	39.058	38.708	38.408
	2	40.038	38.963	38.739	38.248	37.873
	3	40.048	38.364	38.099	37.300	36.800
42	1.5	42.032	41.258	41.058	40.708	40.408
	2	42.038	40.963	40.739	40.248	39.873
	3	42.048	40.364	40.099	39.300	38.800
	4	42.060	39.762	39.462	38.330	37.730
	4.5	42.063	39.455	39.140	37.862	37.192

表 5（续）

单位为毫米

公称直径 D	螺距 P	大径 D_{min}	中径 D_{2max}	中径 D_{2min}	小径 D_{1max}	小径 D_{1min}
45	1.5	45.032	44.258	44.058	43.708	43.408
	2	45.038	43.963	43.739	43.248	42.873
	3	45.048	43.364	43.099	42.300	41.800
	4	45.060	42.762	42.462	41.330	40.730
	4.5	45.063	42.455	42.140	40.862	40.192
48	1.5	48.032	47.270	47.058	46.708	46.408
	2	48.038	46.975	46.739	46.248	45.873
	3	48.048	46.379	46.099	45.300	44.800
	4	48.060	45.777	45.462	44.330	43.730
	5	48.071	45.158	44.823	43.368	42.658
50	1.5	50.032	49.270	49.058	48.708	48.408
	2	50.038	48.975	48.739	48.248	47.873
	3	50.048	48.379	48.099	47.300	46.800
52	1.5	52.032	51.270	51.058	50.708	50.408
	2	52.038	50.975	50.739	50.248	49.873
	3	52.048	50.379	50.099	49.300	48.800
	4	52.060	49.777	49.462	48.330	47.730
	5	52.071	49.158	48.823	47.368	46.658
55	1.5	55.032	54.270	54.058	53.708	53.408
	2	55.038	53.975	53.739	53.248	52.873
	3	55.048	53.379	53.099	52.300	51.800
	4	55.060	52.777	52.462	51.330	50.730
56	1.5	56.032	55.270	55.058	54.708	54.408
	2	56.038	54.975	54.739	54.248	53.873
	3	56.048	54.379	54.099	53.300	52.800
	4	56.060	53.777	53.462	52.330	51.730
	5.5	56.075	52.858	52.503	50.871	50.121
58	1.5	58.032	57.270	57.058	56.708	56.408
	2	58.038	56.975	56.739	56.248	55.873
	3	58.048	56.379	56.099	55.300	54.800
	4	58.060	55.777	55.462	54.330	53.730
60	1.5	60.032	59.270	59.058	58.708	58.408
	2	60.038	58.975	58.739	58.248	57.873
	3	60.048	58.379	58.099	57.300	56.800
	4	60.060	57.777	57.462	56.330	55.730
	5.5	60.075	56.858	56.503	54.871	54.121

表 5（续）

单位为毫米

公称直径 D	螺距 P	大径 D_{min}	中径 D_{2max}	中径 D_{2min}	小径 D_{1max}	小径 D_{1min}
62	1.5	62.032	61.270	61.058	60.708	60.408
	2	62.038	60.975	60.739	60.248	59.873
	3	62.048	60.379	60.099	59.300	58.800
	4	62.060	59.777	59.462	58.330	57.730
64	1.5	64.032	63.270	63.058	62.708	62.408
	2	64.038	62.975	62.739	62.248	61.873
	3	64.048	62.379	62.099	61.300	60.800
	4	64.060	61.777	61.462	60.330	59.730
	6	64.080	60.558	60.183	58.385	57.585
65	1.5	65.032	64.270	64.058	63.708	63.408
	2	65.038	63.975	63.739	63.248	62.873
	3	65.048	63.379	63.099	62.300	61.800
	4	65.060	62.777	62.462	61.330	60.730
68	1.5	68.032	67.270	67.058	66.708	66.408
	2	68.038	66.975	66.739	66.248	65.873
	3	68.048	66.379	66.099	65.300	64.800
	4	68.060	65.777	65.462	64.330	63.730
	6	68.080	64.558	64.183	62.385	61.585
70	1.5	70.032	69.270	69.058	68.708	68.408
	2	70.038	68.975	68.739	68.248	67.873
	3	70.048	68.379	68.099	67.300	66.800
	4	70.060	67.777	67.462	66.330	65.730
	6	70.080	66.558	66.183	64.385	63.585
72	1.5	72.032	71.270	71.058	70.708	70.408
	2	72.038	70.975	70.739	70.248	69.873
	3	72.048	70.379	70.099	69.300	68.800
	4	72.060	69.777	69.462	68.330	67.730
	6	72.080	68.558	68.183	66.385	65.585
75	1.5	75.032	74.270	74.058	73.708	73.408
	2	75.038	73.975	73.739	73.248	72.873
	3	75.048	73.379	73.099	72.300	71.800
	4	75.060	72.777	72.462	71.330	70.730

表 5（续）

单位为毫米

公称直径 D	螺距 P	大径 D_{min}	中径		小径	
			D_{2max}	D_{2min}	D_{1max}	D_{1min}
76	1.5	76.032	75.270	75.058	74.708	74.408
	2	76.038	74.975	74.739	74.248	73.873
	3	76.048	74.379	74.099	73.300	72.800
	4	76.060	73.777	73.462	72.330	71.730
	6	76.080	72.558	72.183	70.385	69.585
78	2	78.038	76.975	76.739	76.248	75.873
80	1.5	80.032	79.270	79.058	78.708	78.408
	2	80.038	78.975	78.739	78.248	77.873
	3	80.048	78.379	78.099	77.300	76.800
	4	80.060	77.777	77.462	76.330	75.730
	6	80.080	76.558	76.183	74.385	73.585
82	2	82.038	80.975	80.739	80.248	79.873
85	2	85.038	83.975	83.739	83.248	82.873
	3	85.048	83.379	83.099	82.300	81.800
	4	85.060	82.777	82.462	81.330	80.730
	6	85.080	81.558	81.183	79.385	78.585
90	2	90.038	88.975	88.739	88.248	87.873
	3	90.048	88.379	88.099	87.300	86.800
	4	90.060	87.777	87.462	86.330	85.730
	6	90.080	86.558	86.183	84.385	83.585
95	2	95.038	93.989	93.739	93.248	92.873
	3	95.048	93.399	93.099	92.300	91.800
	4	95.060	92.797	92.462	91.330	90.730
	6	95.080	91.583	91.183	89.385	88.585
100	2	100.038	98.989	98.739	98.248	97.873
	3	100.048	98.399	98.099	97.300	96.800
	4	100.060	97.797	97.462	96.330	95.730
	6	100.080	96.583	96.183	94.385	93.585
105	2	105.038	103.989	103.739	103.248	102.873
	3	105.048	103.399	103.099	102.300	101.800
	4	105.060	102.797	102.462	101.330	100.730
	6	105.080	101.583	101.183	99.385	98.585

表 5（续） 单位为毫米

公称直径 D	螺距 P	大径 D_{min}	中径 D_{2max}	中径 D_{2min}	小径 D_{1max}	小径 D_{1min}
110	2	110.038	108.989	108.739	108.248	107.873
	3	110.048	108.399	108.099	107.300	106.800
	4	110.060	107.797	107.462	106.330	105.730
	6	110.080	106.583	106.183	104.385	103.585
115	2	115.038	113.989	113.739	113.248	112.873
	3	115.048	113.399	113.099	112.300	111.800
	4	115.060	112.797	112.462	111.330	110.730
	6	115.080	111.583	111.183	109.385	108.585
120	2	120.038	118.989	118.739	118.248	117.873
	3	120.048	118.399	118.099	117.300	116.800
	4	120.060	117.797	117.462	116.330	115.730
	6	120.080	116.583	116.183	114.385	113.585
125	2	125.038	123.989	123.739	123.248	122.873
	3	125.048	123.399	123.099	122.300	121.800
	4	125.060	122.797	122.462	121.330	120.730
	6	125.080	121.583	121.183	119.385	118.585
	8	125.100	120.354	119.904	117.440	116.440
130	2	130.038	128.989	128.739	128.248	127.873
	3	130.048	128.399	128.099	127.300	126.800
	4	130.060	127.797	127.462	126.330	125.730
	6	130.080	126.583	126.183	124.385	123.585
	8	130.100	125.354	124.904	122.440	121.440
135	2	135.038	133.989	133.739	133.248	132.873
	3	135.048	133.399	133.099	132.300	131.800
	4	135.060	132.797	132.462	131.330	130.730
	6	135.080	131.583	131.183	129.385	128.585
140	2	140.038	138.989	138.739	138.248	137.873
	3	140.048	138.399	138.099	137.300	136.800
	4	140.060	137.797	137.462	136.330	135.730
	6	140.080	136.583	136.183	134.385	133.585
	8	140.100	135.354	134.904	132.440	131.440
145	2	145.038	143.989	143.739	143.248	142.873
	3	145.048	143.399	143.099	142.300	141.800
	4	145.060	142.797	142.462	141.330	140.730
	6	145.080	141.583	141.183	139.385	138.585

表 5（续）

单位为毫米

公称直径 D	螺距 P	大径 D_{min}	中径 D_{2max}	中径 D_{2min}	小径 D_{1max}	小径 D_{1min}
150	2	150.038	148.989	148.739	148.248	147.873
	3	150.048	148.399	148.099	147.300	146.800
	4	150.060	147.797	147.462	146.330	145.730
	6	150.080	146.583	146.183	144.385	143.585
	8	150.100	145.354	144.904	142.440	141.440
155	3	155.048	153.399	153.099	152.300	151.800
	4	155.060	152.797	152.462	151.330	150.730
	6	155.080	151.583	151.183	149.385	148.585
160	3	160.048	158.399	158.099	157.300	156.800
	4	160.060	157.797	157.462	156.330	155.730
	6	160.080	156.583	156.183	154.385	153.585
	8	160.100	155.354	154.904	152.440	151.440
165	3	165.048	163.399	163.099	162.300	161.800
	4	165.060	162.797	162.462	161.330	160.730
	6	165.080	161.583	161.183	159.385	158.585
170	3	170.048	168.399	168.099	167.300	166.800
	4	170.060	167.797	167.462	166.330	165.730
	6	170.080	166.583	166.183	164.385	163.585
	8	170.100	165.354	164.904	162.440	161.440
175	3	175.048	173.399	173.099	172.300	171.800
	4	175.060	172.797	172.462	171.330	170.730
	6	175.080	171.583	171.183	169.385	168.585
180	3	180.048	178.399	178.099	177.300	176.800
	4	180.060	177.797	177.462	176.330	175.730
	6	180.080	176.583	176.183	174.385	173.585
	8	180.100	175.354	174.904	172.440	171.440
185	3	185.048	183.434	183.099	182.300	181.800
	4	185.060	182.837	182.462	181.330	180.730
	6	185.080	181.608	181.183	179.385	178.585
190	3	190.048	188.434	188.099	187.300	186.800
	4	190.060	187.837	187.462	186.330	185.730
	6	190.080	186.608	186.183	184.385	183.585
	8	190.100	185.379	184.904	182.440	181.440
195	3	195.048	193.434	193.099	192.300	191.800
	4	195.060	192.837	192.462	191.330	190.730
	6	195.080	191.608	191.183	189.385	188.585

表 5（续） 单位为毫米

公称直径 D	螺距 P	大径 D_{min}	中径		小径	
			D_{2max}	D_{2min}	D_{1max}	D_{1min}
200	3	200.048	198.434	198.099	197.300	196.800
	4	200.060	197.837	197.462	196.330	195.730
	6	200.080	196.608	196.183	194.385	193.585
	8	200.100	195.379	194.904	192.440	191.440

5 外螺纹的极限尺寸

5.1 外螺纹公差带及其各直径位置见图 2。

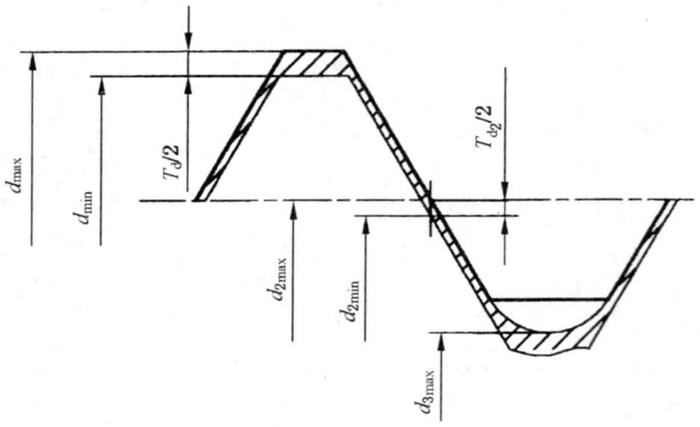

a) 公差带位置为 h

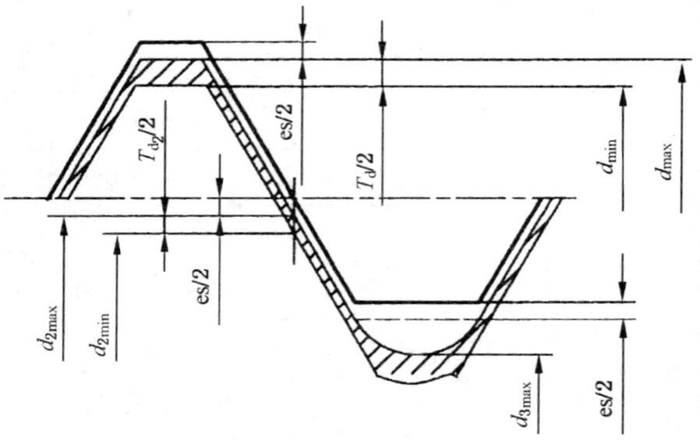

b) 公差带位置为 g、f 和 e

d_{max}——外螺纹大径的最大值；
d_{min}——外螺纹大径的最小值；
d_{2max}——外螺纹中径的最大值；
d_{2min}——外螺纹中径的最小值；
d_{3max}——外螺纹小径的最大值；
T_d——外螺纹大径公差；
T_{d_2}——外螺纹中径公差；
es——外螺纹基本偏差。

图 2 外螺纹公差带及其各直径位置

5.2 外螺纹极限尺寸计算式

$$d_{max} = d + es$$

$$d_{min} = d_{max} - T_d$$

$$d_{2max} = d_{max} - 3/4H$$

$$= d_{max} - 3/4 \times 0.866\,025\,404P$$

$$d_{2min} = d_{2max} - T_{d_2}$$

$$d_{3max} = d_{max} - 1.226\,869P$$

注：d_3 为削平高度等于 $H/6$ 处的小径。

5.3 外螺纹的极限尺寸

4h：公称直径 1 mm～100 mm 外螺纹的极限尺寸见表 6；

6h：公称直径 1 mm～100 mm 外螺纹的极限尺寸见表 7；

6g：公称直径 1 mm～300 mm 外螺纹的极限尺寸见表 8；

6f：公称直径 1.6 mm～200 mm 外螺纹的极限尺寸见表 9；

6e：公称直径 3 mm～200 mm 外螺纹的极限尺寸见表 10。

表 6　4h 外螺纹的极限尺寸

单位为毫米

公称直径 d	螺距 P	大径		中径		小径（参考）
		d_{max}	d_{min}	d_{2max}	d_{2min}	d_{3max}
1	0.2	1.000	0.964	0.870	0.840	0.755
	0.25	1.000	0.958	0.838	0.804	0.693
1.1	0.2	1.100	1.064	0.970	0.940	0.855
	0.25	1.100	1.058	0.938	0.904	0.793
1.2	0.2	1.200	1.164	1.070	1.040	0.955
	0.25	1.200	1.158	1.038	1.004	0.893
1.4	0.2	1.400	1.364	1.270	1.240	1.155
	0.3	1.400	1.352	1.205	1.169	1.032
1.6	0.2	1.600	1.564	1.470	1.438	1.355
	0.35	1.600	1.547	1.373	1.333	1.171
1.8	0.2	1.800	1.764	1.670	1.638	1.555
	0.35	1.800	1.747	1.573	1.533	1.371
2	0.25	2.000	1.958	1.838	1.802	1.693
	0.4	2.000	1.940	1.740	1.698	1.509
2.2	0.25	2.200	2.158	2.038	2.002	1.893
	0.45	2.200	2.137	1.908	1.863	1.648
2.5	0.35	2.500	2.447	2.273	2.233	2.071
	0.45	2.500	2.437	2.208	2.163	1.948
3	0.35	3.000	2.947	2.773	2.731	2.571
	0.5	3.000	2.933	2.675	2.627	2.387
3.5	0.35	3.500	3.447	3.273	3.231	3.071
	0.6	3.500	3.420	3.110	3.057	2.764
4	0.5	4.000	3.933	3.675	3.627	3.387
	0.7	4.000	3.910	3.545	3.489	3.141
4.5	0.5	4.500	4.433	4.175	4.127	3.887
	0.75	4.500	4.410	4.013	3.957	3.580
5	0.5	5.000	4.933	4.675	4.627	4.387
	0.8	5.000	4.905	4.480	4.420	4.019
5.5	0.5	5.500	5.433	5.175	5.127	4.887
6	0.75	6.000	5.910	5.513	5.450	5.080
	1	6.000	5.888	5.350	5.279	4.773
7	0.75	7.000	6.910	6.513	6.450	6.080
	1	7.000	6.888	6.350	6.279	5.773

表 6（续）

单位为毫米

公称直径 d	螺距 P	大径		中径		小径（参考）
		d_{max}	d_{min}	d_{2max}	d_{2min}	d_{3max}
8	0.75	8.000	7.910	7.513	7.450	7.080
	1	8.000	7.888	7.350	7.279	6.773
	1.25	8.000	7.868	7.188	7.113	6.466
9	0.75	9.000	8.910	8.513	8.450	8.080
	1	9.000	8.888	8.350	8.279	7.773
	1.25	9.000	8.868	8.188	8.113	7.466
10	0.75	10.000	9.910	9.513	9.450	9.080
	1	10.000	9.888	9.350	9.279	8.773
	1.25	10.000	9.868	9.188	9.113	8.466
	1.5	10.000	9.850	9.026	8.941	8.160
11	0.75	11.000	10.910	10.513	10.450	10.080
	1	11.000	10.888	10.350	10.279	9.773
	1.5	11.000	10.850	10.026	9.941	9.160
12	1	12.000	11.888	11.350	11.275	10.773
	1.25	12.000	11.868	11.188	11.103	10.466
	1.5	12.000	11.850	11.026	10.936	10.160
	1.75	12.000	11.830	10.863	10.768	9.853
14	1	14.000	13.888	13.350	13.275	12.773
	1.5	14.000	13.850	13.026	12.936	12.160
	2	14.000	13.820	12.701	12.601	11.546
15	1	15.000	14.888	14.350	14.275	13.773
	1.5	15.000	14.850	14.026	13.936	13.160
16	1	16.000	15.888	15.350	15.275	14.773
	1.5	16.000	15.850	15.026	14.936	14.160
	2	16.000	15.820	14.701	14.601	13.546
17	1	17.000	16.888	16.350	16.275	15.773
	1.5	17.000	16.850	16.026	15.936	15.160
18	1	18.000	17.888	17.350	17.275	16.773
	1.5	18.000	17.850	17.026	16.936	16.160
	2	18.000	17.820	16.701	16.601	15.546
	2.5	18.000	17.788	16.376	16.270	14.933

表 6（续）

单位为毫米

公称直径 d	螺距 P	大径		中径		小径（参考）
		d_{max}	d_{min}	d_{2max}	d_{2min}	d_{3max}
20	1	20.000	19.888	19.350	19.275	18.773
	1.5	20.000	19.850	19.026	18.936	18.160
	2	20.000	19.820	18.701	18.601	17.546
	2.5	20.000	19.788	18.376	18.270	16.933
22	1	22.000	21.888	21.350	21.275	20.773
	1.5	22.000	21.850	21.026	20.936	20.160
	2	22.000	21.820	20.701	20.601	19.546
	2.5	22.000	21.788	20.376	20.270	18.933
24	1	24.000	23.888	23.350	23.270	22.773
	1.5	24.000	23.850	23.026	22.931	22.160
	2	24.000	23.820	22.701	22.595	21.546
	3	24.000	23.764	22.051	21.926	20.319
25	1	25.000	24.888	24.350	24.270	23.773
	1.5	25.000	24.850	24.026	23.931	23.160
	2	25.000	24.820	23.701	23.595	22.546
26	1.5	26.000	25.850	25.026	24.931	24.160
27	1	27.000	26.888	26.350	26.270	25.773
	1.5	27.000	26.850	26.026	25.931	25.160
	2	27.000	26.820	25.701	25.595	24.546
	3	27.000	26.764	25.051	24.926	23.319
28	1	28.000	27.888	27.350	27.270	26.773
	1.5	28.000	27.850	27.026	26.931	26.160
	2	28.000	27.820	26.701	26.595	25.546
30	1	30.000	29.888	29.350	29.270	28.773
	1.5	30.000	29.850	29.026	28.931	28.160
	2	30.000	29.820	28.701	28.595	27.546
	3	30.000	29.764	28.051	27.926	26.319
	3.5	30.000	29.735	27.727	27.595	25.706
32	1.5	32.000	31.850	31.026	30.931	30.160
	2	32.000	31.820	30.701	30.595	29.546
33	1.5	33.000	32.850	32.026	31.931	31.160
	2	33.000	32.820	31.701	31.595	30.546
	3	33.000	32.764	31.051	30.926	29.319
	3.5	33.000	32.735	30.727	30.595	28.706

表 6（续） 单位为毫米

公称直径 d	螺距 P	大径		中径		小径（参考）
		d_{max}	d_{min}	d_{2max}	d_{2min}	d_{3max}
36	1.5	36.000	35.850	35.026	34.931	34.160
	2	36.000	35.820	34.701	34.595	33.546
	3	36.000	35.764	34.051	33.926	32.319
	4	36.000	35.700	33.402	33.262	31.093
38	1.5	38.000	37.850	37.026	36.931	36.160
39	1.5	39.000	38.850	38.026	37.931	37.160
	2	39.000	38.820	37.701	37.595	36.546
	3	39.000	38.764	37.051	36.926	35.319
	4	39.000	38.700	36.402	36.262	34.093
40	1.5	40.000	39.850	39.026	38.931	38.160
	2	40.000	39.820	38.701	38.595	37.546
	3	40.000	39.764	38.051	37.926	36.319
42	1.5	42.000	41.850	41.026	40.931	40.160
	2	42.000	41.820	40.701	40.595	39.546
	3	42.000	41.764	40.051	39.926	38.319
	4	42.000	41.700	39.402	39.262	37.093
	4.5	42.000	41.685	39.077	38.927	36.479
45	1.5	45.000	44.850	44.026	43.931	43.160
	2	45.000	44.820	43.701	43.595	42.546
	3	45.000	44.764	43.051	42.926	41.319
	4	45.000	44.700	42.402	42.262	40.093
	4.5	45.000	44.685	42.077	41.927	39.479
48	1.5	48.000	47.850	47.026	46.926	46.160
	2	48.000	47.820	46.701	46.589	45.546
	3	48.000	47.764	46.051	45.919	44.319
	4	48.000	47.700	45.402	45.252	43.093
	5	48.000	47.665	44.752	44.592	41.866

表 6（续）

单位为毫米

公称直径 d	螺距 P	大径		中径		小径（参考）
		d_{max}	d_{min}	d_{2max}	d_{2min}	d_{3max}
50	1.5	50.000	49.850	49.026	48.926	48.160
	2	50.000	49.820	48.701	48.589	47.546
	3	50.000	49.764	48.051	47.919	46.319
52	1.5	52.000	51.850	51.026	50.926	50.160
	2	52.000	51.820	50.701	50.589	49.546
	3	52.000	51.764	50.051	49.919	48.319
	4	52.000	51.700	49.402	49.252	47.093
	5	52.000	51.665	48.752	48.592	45.866
55	1.5	55.000	54.850	54.026	53.926	53.160
	2	55.000	54.820	53.701	53.589	52.546
	3	55.000	54.764	53.051	52.919	51.319
	4	55.000	54.700	52.402	52.252	50.093
56	1.5	56.000	55.850	55.026	54.926	54.160
	2	56.000	55.820	54.701	54.589	53.546
	3	56.000	55.764	54.051	53.919	52.319
	4	56.000	55.700	53.402	53.252	51.093
	5.5	56.000	55.645	52.428	52.258	49.252
58	1.5	58.000	57.850	57.026	56.926	56.160
	2	58.000	57.820	56.701	56.589	55.546
	3	58.000	57.764	56.051	55.919	54.319
	4	58.000	57.700	55.402	55.252	53.093
60	1.5	60.000	59.850	59.026	58.926	58.160
	2	60.000	59.820	58.701	58.589	57.546
	3	60.000	59.764	58.051	57.919	56.319
	4	60.000	59.700	57.402	57.252	55.093
	5.5	60.000	59.645	56.428	56.258	53.252
62	1.5	62.000	61.850	61.026	60.926	60.160
	2	62.000	61.820	60.701	60.589	59.546
	3	62.000	61.764	60.051	59.919	58.319
	4	62.000	61.700	59.402	59.252	57.093

表 6（续） 单位为毫米

公称直径 d	螺距 P	大径		中径		小径（参考）
		d_{max}	d_{min}	d_{2max}	d_{2min}	d_{3max}
64	1.5	64.000	63.850	63.026	62.926	62.160
	2	64.000	63.820	62.701	62.589	61.546
	3	64.000	63.764	62.051	61.919	60.319
	4	64.000	63.700	61.402	61.252	59.093
	6	64.000	63.625	60.103	59.923	56.639
65	1.5	65.000	64.850	64.026	63.926	63.160
	2	65.000	64.820	63.701	63.589	62.546
	3	65.000	64.764	63.051	62.919	61.319
	4	65.000	64.700	62.402	62.252	60.093
68	1.5	68.000	67.850	67.026	66.926	66.160
	2	68.000	67.820	66.701	66.589	65.546
	3	68.000	67.764	66.051	65.919	64.319
	4	68.000	67.700	65.402	65.252	63.093
	6	68.000	67.625	64.103	63.923	60.639
70	1.5	70.000	69.850	69.026	68.926	68.160
	2	70.000	69.820	68.701	68.589	67.546
	3	70.000	69.764	68.051	67.919	66.319
	4	70.000	69.700	67.402	67.252	65.093
	6	70.000	69.625	66.103	65.923	62.639
72	1.5	72.000	71.850	71.026	70.926	70.160
	2	72.000	71.820	70.701	70.589	69.546
	3	72.000	71.764	70.051	69.919	68.319
	4	72.000	71.700	69.402	69.252	67.093
	6	72.000	71.625	68.103	67.923	64.639
75	1.5	75.000	74.850	74.026	73.926	73.160
	2	75.000	74.820	73.701	73.589	72.546
	3	75.000	74.764	73.051	72.919	71.319
	4	75.000	74.700	72.402	72.252	70.093

表 6（续）

单位为毫米

公称直径 d	螺距 P	大径		中径		小径（参考）
		d_{max}	d_{min}	d_{2max}	d_{2min}	d_{3max}
76	1.5	76.000	75.850	75.026	74.926	74.160
	2	76.000	75.820	74.701	74.589	73.546
	3	76.000	75.764	74.051	73.919	72.319
	4	76.000	75.700	73.402	73.252	71.093
	6	76.000	75.625	72.103	71.923	68.639
78	2	78.000	77.820	76.701	76.589	75.546
80	1.5	80.000	79.850	79.026	78.926	78.160
	2	80.000	79.820	78.701	78.589	77.546
	3	80.000	79.764	78.051	77.919	76.319
	4	80.000	79.700	77.402	77.252	75.093
	6	80.000	79.625	76.103	75.923	72.639
82	2	82.000	81.820	80.701	80.589	79.546
85	2	85.000	84.820	83.701	83.589	82.546
	3	85.000	84.764	83.051	82.919	81.319
	4	85.000	84.700	82.402	82.252	80.093
	6	85.000	84.625	81.103	80.923	77.639
90	2	90.000	89.820	88.701	88.589	87.546
	3	90.000	89.764	88.051	87.919	86.319
	4	90.000	89.700	87.402	87.252	85.093
	6	90.000	89.625	86.103	85.923	82.639
95	2	95.000	94.820	93.701	93.583	92.546
	3	95.000	94.764	93.051	92.911	91.319
	4	95.000	94.700	92.402	92.242	90.093
	6	95.000	94.625	91.103	90.913	87.639
100	2	100.000	99.820	98.701	98.583	97.546
	3	100.000	99.764	98.051	97.911	96.319
	4	100.000	99.700	97.402	97.242	95.093
	6	100.000	99.625	96.103	95.913	92.639

表 7　6h 外螺纹的极限尺寸

单位为毫米

公称直径 d	螺距 P	大径		中径		小径（参考）
		d_{max}	d_{min}	d_{2max}	d_{2min}	d_{3max}
1	0.2	1.000	0.944	0.870	0.822	0.755
	0.25	1.000	0.933	0.838	0.785	0.693
1.1	0.2	1.100	1.044	0.970	0.922	0.855
	0.25	1.100	1.033	0.938	0.885	0.793
1.2	0.2	1.200	1.144	1.070	1.022	0.955
	0.25	1.200	1.133	1.038	0.985	0.893
1.4	0.2	1.400	1.344	1.270	1.222	1.155
	0.3	1.400	1.325	1.205	1.149	1.032
1.6	0.2	1.600	1.544	1.470	1.420	1.355
	0.35	1.600	1.515	1.373	1.310	1.171
1.8	0.2	1.800	1.744	1.670	1.620	1.555
	0.35	1.800	1.715	1.573	1.510	1.371
2	0.25	2.000	1.933	1.838	1.782	1.693
	0.4	2.000	1.905	1.740	1.673	1.509
2.2	0.25	2.200	2.133	2.038	1.982	1.893
	0.45	2.200	2.100	1.908	1.837	1.648
2.5	0.35	2.500	2.415	2.273	2.210	2.071
	0.45	2.500	2.400	2.208	2.137	1.948
3	0.35	3.000	2.915	2.773	2.706	2.571
	0.5	3.000	2.894	2.675	2.600	2.387
3.5	0.35	3.500	3.415	3.273	3.206	3.071
	0.6	3.500	3.375	3.110	3.025	2.764
4	0.5	4.000	3.894	3.675	3.600	3.387
	0.7	4.000	3.860	3.545	3.455	3.141
4.5	0.5	4.500	4.394	4.175	4.100	3.887
	0.75	4.500	4.360	4.013	3.923	3.580
5	0.5	5.000	4.894	4.675	4.600	4.387
	0.8	5.000	4.850	4.480	4.385	4.019
5.5	0.5	5.500	5.394	5.175	5.100	4.887
6	0.75	6.000	5.860	5.513	5.413	5.080
	1	6.000	5.820	5.350	5.238	4.773
7	0.75	7.000	6.860	6.513	6.413	6.080
	1	7.000	6.820	6.350	6.238	5.773

表 7（续）

单位为毫米

公称直径 d	螺距 P	大径		中径		小径（参考）
		d_{max}	d_{min}	d_{2max}	d_{2min}	d_{3max}
8	0.75	8.000	7.860	7.513	7.413	7.080
	1	8.000	7.820	7.350	7.238	6.773
	1.25	8.000	7.788	7.188	7.070	6.466
9	0.75	9.000	8.860	8.513	8.413	8.080
	1	9.000	8.820	8.350	8.238	7.773
	1.25	9.000	8.788	8.188	8.070	7.466
10	0.75	10.000	9.860	9.513	9.413	9.080
	1	10.000	9.820	9.350	9.238	8.773
	1.25	10.000	9.788	9.188	9.070	8.466
	1.5	10.000	9.764	9.026	8.894	8.160
11	0.75	11.000	10.860	10.513	10.413	10.080
	1	11.000	10.820	10.350	10.238	9.773
	1.5	11.000	10.764	10.026	9.894	9.160
12	1	12.000	11.820	11.350	11.232	10.773
	1.25	12.000	11.788	11.188	11.056	10.466
	1.5	12.000	11.764	11.026	10.886	10.160
	1.75	12.000	11.735	10.863	10.713	9.853
14	1	14.000	13.820	13.350	13.232	12.773
	1.5	14.000	13.764	13.026	12.886	12.160
	2	14.000	13.720	12.701	12.541	11.546
15	1	15.000	14.820	14.350	14.232	13.773
	1.5	15.000	14.764	14.026	13.886	13.160
16	1	16.000	15.820	15.350	15.232	14.773
	1.5	16.000	15.764	15.026	14.886	14.160
	2	16.000	15.720	14.701	14.541	13.546
17	1	17.000	16.820	16.350	16.232	15.773
	1.5	17.000	16.764	16.026	15.886	15.160
18	1	18.000	17.820	17.350	17.232	16.773
	1.5	18.000	17.764	17.026	16.886	16.160
	2	18.000	17.720	16.701	16.541	15.546
	2.5	18.000	17.665	16.376	16.206	14.933

表 7（续）

单位为毫米

公称直径 d	螺距 P	大径		中径		小径（参考）
		d_{max}	d_{min}	d_{2max}	d_{2min}	d_{3max}
20	1	20.000	19.820	19.350	19.232	18.773
	1.5	20.000	19.764	19.026	18.886	18.160
	2	20.000	19.720	18.701	18.541	17.546
	2.5	20.000	19.665	18.376	18.206	16.933
22	1	22.000	21.820	21.350	21.232	20.7737
	1.5	22.000	21.764	21.026	20.886	20.160
	2	22.000	21.720	20.701	20.541	19.546
	2.5	22.000	21.665	20.376	20.206	18.933
24	1	24.000	23.820	23.350	23.225	22.773
	1.5	24.000	23.764	23.026	22.876	22.160
	2	24.000	23.720	22.701	22.531	21.546
	3	24.000	23.625	22.051	21.851	20.319
25	1	25.000	24.820	24.350	24.225	23.773
	1.5	25.000	24.764	24.026	23.876	23.160
	2	25.000	24.720	23.701	23.531	22.546
26	1.5	26.000	25.764	25.026	24.876	24.160
27	1	27.000	26.820	26.350	26.225	25.773
	1.5	27.000	26.764	26.026	25.876	25.160
	2	27.000	26.720	25.701	25.531	24.546
	3	27.000	26.625	25.051	24.851	23.319
28	1	28.000	27.820	27.350	27.225	26.773
	1.5	28.000	27.764	27.026	26.876	26.160
	2	28.000	27.720	26.701	26.531	25.546
30	1	30.000	29.820	29.350	29.225	28.773
	1.5	30.000	29.764	29.026	28.876	28.160
	2	30.000	29.720	28.701	28.531	27.546
	3	30.000	29.625	28.051	27.851	26.319
	3.5	30.000	29.575	27.727	27.515	25.706
32	1.5	32.000	31.764	31.026	30.876	30.160
	2	32.000	31.720	30.701	30.531	29.546
33	1.5	33.000	32.764	32.026	31.876	31.160
	2	33.000	32.720	31.701	31.531	30.546
	3	33.000	32.625	31.051	30.851	29.319
	3.5	33.000	32.575	30.727	30.515	28.706

表 7（续）

单位为毫米

公称直径 d	螺距 P	大径		中径		小径（参考）
		d_{max}	d_{min}	d_{2max}	d_{2min}	d_{3max}
36	1.5	36.000	35.764	35.026	34.876	34.160
	2	36.000	35.720	34.701	34.531	33.546
	3	36.000	35.625	34.051	33.851	32.319
	4	36.000	35.525	33.402	33.178	31.093
38	1.5	38.000	37.764	37.026	36.876	36.160
39	1.5	39.000	38.764	38.026	37.876	37.160
	2	39.000	38.720	37.701	37.531	36.546
	3	39.000	38.625	37.051	36.851	35.319
	4	39.000	38.525	36.402	36.178	34.093
40	1.5	40.000	39.764	39.026	38.876	38.160
	2	40.000	39.720	38.701	38.531	37.546
	3	40.000	39.625	38.051	37.851	36.319
42	1.5	42.000	41.764	41.026	40.876	40.160
	2	42.000	41.720	40.701	40.531	39.546
	3	42.000	41.625	40.051	39.851	38.319
	4	42.000	41.525	39.402	39.178	37.093
	4.5	42.000	41.500	39.077	38.841	36.479
45	1.5	45.000	44.764	44.026	43.876	43.160
	2	45.000	44.720	43.701	43.531	42.546
	3	45.000	44.625	43.051	42.851	41.319
	4	45.000	44.525	42.402	42.178	40.093
	4.5	45.000	44.500	42.077	41.841	39.479
48	1.5	48.000	47.764	47.026	46.866	46.160
	2	48.000	47.720	46.701	46.521	45.546
	3	48.000	47.625	46.051	45.839	44.319
	4	48.000	47.525	45.402	45.166	43.093
	5	48.000	47.470	44.752	44.502	41.866
50	1.5	50.000	49.764	49.026	48.866	48.160
	2	50.000	49.720	48.701	48.521	47.546
	3	50.000	49.625	48.051	47.839	46.319
52	1.5	52.000	51.764	51.026	50.866	50.160
	2	52.000	51.720	50.701	50.521	49.546
	3	52.000	51.625	50.051	49.839	48.319
	4	52.000	51.525	49.402	49.166	47.093
	5	52.000	51.470	48.752	48.502	45.866

表 7（续）

单位为毫米

公称直径 d	螺距 P	大径		中径		小径（参考）
		d_{max}	d_{min}	d_{2max}	d_{2min}	d_{3max}
55	1.5	55.000	54.764	54.026	53.866	53.160
	2	55.000	54.720	53.701	53.521	52.546
	3	55.000	54.625	53.051	52.839	51.319
	4	55.000	54.525	52.402	52.166	50.093
56	1.5	56.000	55.764	55.026	54.866	54.160
	2	56.000	55.720	54.701	54.521	53.546
	3	56.000	55.625	54.051	53.839	52.319
	4	56.000	55.525	53.402	53.166	51.093
	5.5	56.000	55.440	52.428	52.163	49.252
58	1.5	58.000	57.764	57.026	56.866	56.160
	2	58.000	57.720	56.701	56.521	55.546
	3	58.000	57.625	56.051	55.839	54.319
	4	58.000	57.525	55.402	55.166	53.093
60	1.5	60.000	59.764	59.026	58.866	58.160
	2	60.000	59.720	58.701	58.521	57.546
	3	60.000	59.625	58.051	57.839	56.319
	4	60.000	59.525	57.402	57.166	55.093
	5.5	60.000	59.440	56.428	56.163	53.252
62	1.5	62.000	61.764	61.026	60.866	60.160
	2	62.000	61.720	60.701	60.521	59.546
	3	62.000	61.625	60.051	59.839	58.319
	4	62.000	61.525	59.402	59.166	57.093
64	1.5	64.000	63.764	63.026	62.866	62.160
	2	64.000	63.720	62.701	62.521	61.546
	3	64.000	63.625	62.051	61.839	60.319
	4	64.000	63.525	61.402	61.166	59.093
	6	64.000	63.400	60.103	59.823	56.639
65	1.5	65.000	64.764	64.026	63.866	63.160
	2	65.000	64.720	63.701	63.521	62.546
	3	65.000	64.625	63.051	62.839	61.319
	4	65.000	64.525	62.402	62.166	60.093

表 7（续）

单位为毫米

公称直径 d	螺距 P	大径		中径		小径（参考）
		d_{max}	d_{min}	d_{2max}	d_{2min}	d_{3max}
68	1.5	68.000	67.764	67.026	66.866	66.160
	2	68.000	67.720	66.701	66.521	65.546
	3	68.000	67.625	66.051	65.839	64.319
	4	68.000	67.525	65.402	65.166	63.093
	6	68.000	67.400	64.103	63.823	60.639
70	1.5	70.000	69.764	69.026	68.866	68.160
	2	70.000	69.720	68.701	68.521	67.546
	3	70.000	69.625	68.051	67.839	66.319
	4	70.000	69.525	67.402	67.166	65.093
	6	70.000	69.400	66.103	65.823	62.639
72	1.5	72.000	71.764	71.026	70.866	70.160
	2	72.000	71.720	70.701	70.521	69.546
	3	72.000	71.625	70.051	69.839	68.319
	4	72.000	71.525	69.402	69.166	67.093
	6	72.000	71.400	68.103	67.823	64.639
75	1.5	75.000	74.764	74.026	73.866	73.160
	2	75.000	74.720	73.701	73.521	72.546
	3	75.000	74.625	73.051	72.839	71.319
	4	75.000	74.525	72.402	72.166	70.093
76	1.5	76.000	75.764	75.026	74.866	74.160
	2	76.000	75.720	74.701	74.521	73.546
	3	76.000	75.625	74.051	73.839	72.319
	4	76.000	75.525	73.402	73.166	71.093
	6	76.000	75.400	72.103	71.823	68.639
78	2	78.000	77.720	76.701	76.521	75.546
80	1.5	80.000	79.764	79.026	78.866	78.160
	2	80.000	79.720	78.701	78.521	77.546
	3	80.000	79.625	78.051	77.839	76.319
	4	80.000	79.525	77.402	77.166	75.093
	6	80.000	79.400	76.103	75.823	72.639
82	2	82.000	81.720	80.701	80.521	79.546
85	2	85.000	84.720	83.701	83.521	82.546
	3	85.000	84.625	83.051	82.839	81.319
	4	85.000	84.525	82.402	82.166	80.093
	6	85.000	84.400	81.103	80.823	77.639

表 7（续）

单位为毫米

公称直径 d	螺距 P	大径		中径		小径（参考）
		d_{max}	d_{min}	d_{2max}	d_{2min}	d_{3max}
90	2	90.000	89.720	88.701	88.521	87.546
	3	90.000	89.625	88.051	87.839	86.319
	4	90.000	89.525	87.402	87.166	85.093
	6	90.000	89.400	86.103	85.823	82.639
95	2	95.000	94.720	93.701	93.511	92.546
	3	95.000	94.625	93.051	92.827	91.319
	4	95.000	94.525	92.402	92.152	90.093
	6	95.000	94.400	91.103	90.803	87.639
100	2	100.000	99.720	98.701	98.511	97.546
	3	100.000	99.625	98.051	97.827	96.319
	4	100.000	99.525	97.402	97.152	95.093
	6	100.000	99.400	96.103	95.803	92.639

表 8　6g 外螺纹的极限尺寸

单位为毫米

公称直径 d	螺距 P	大径		中径		小径（参考）
		d_{max}	d_{min}	d_{2max}	d_{2min}	d_{3max}
1	0.2	0.983	0.927	0.853	0.805	0.738
	0.25	0.982	0.915	0.820	0.767	0.675
1.1	0.2	1.083	1.027	0.953	0.905	0.838
	0.25	1.082	1.015	0.920	0.867	0.775
1.2	0.2	1.183	1.127	1.053	1.005	0.938
	0.25	1.182	1.115	1.020	0.967	0.875
1.4	0.2	1.383	1.327	1.253	1.205	1.138
	0.3	1.382	1.307	1.187	1.131	1.014
1.6	0.2	1.583	1.527	1.453	1.403	1.338
	0.35	1.581	1.496	1.354	1.291	1.152
1.8	0.2	1.783	1.727	1.653	1.603	1.538
	0.35	1.781	1.696	1.554	1.491	1.352
2	0.25	1.982	1.915	1.820	1.764	1.675
	0.4	1.981	1.886	1.721	1.654	1.490
2.2	0.25	2.182	2.115	2.020	1.964	1.875
	0.45	2.180	2.080	1.888	1.817	1.628
2.5	0.35	2.481	2.396	2.254	2.191	2.052
	0.45	2.480	2.380	2.188	2.117	1.928

表 8（续）

单位为毫米

公称直径 d	螺距 P	大径		中径		小径（参考）
		d_{max}	d_{min}	d_{2max}	d_{2min}	d_{3max}
3	0.35	2.981	2.896	2.754	2.687	2.552
	0.5	2.980	2.874	2.655	2.580	2.367
3.5	0.35	3.481	3.396	3.254	3.187	3.052
	0.6	3.479	3.354	3.089	3.004	2.743
4	0.5	3.980	3.874	3.655	3.580	3.367
	0.7	3.978	3.838	3.523	3.433	3.119
4.5	0.5	4.480	4.374	4.155	4.080	3.867
	0.75	4.478	4.338	3.991	3.901	3.558
5	0.5	4.980	4.874	4.655	4.580	4.367
	0.8	4.976	4.826	4.456	4.361	3.995
5.5	0.5	5.480	5.374	5.155	5.080	4.867
6	0.75	5.978	5.838	5.491	5.391	5.058
	1	5.974	5.794	5.324	5.212	4.747
7	0.75	6.978	6.838	6.491	6.391	6.058
	1	6.974	6.794	6.324	6.212	5.747
8	0.75	7.978	7.838	7.491	7.391	7.058
	1	7.974	7.794	7.324	7.212	6.747
	1.25	7.972	7.760	7.160	7.042	6.438
9	0.75	8.978	8.838	8.491	8.391	8.058
	1	8.974	8.794	8.324	8.212	7.747
	1.25	8.972	8.760	8.160	8.042	7.438
10	0.75	9.978	9.838	9.491	9.391	9.058
	1	9.974	9.794	9.324	9.212	8.747
	1.25	9.972	9.760	9.160	9.042	8.438
	1.5	9.968	9.732	8.994	8.862	8.128
11	0.75	10.978	10.838	10.491	10.391	10.058
	1	10.974	10.794	10.324	10.212	9.747
	1.5	10.968	10.732	9.994	9.862	9.128
12	1	11.974	11.794	11.324	11.206	10.747
	1.25	11.972	11.760	11.160	11.028	10.438
	1.5	11.968	11.732	10.994	10.854	10.128
	1.75	11.966	11.701	10.829	10.679	9.819

表 8（续） 单位为毫米

公称直径 d	螺距 P	大径		中径		小径（参考）
		d_{max}	d_{min}	d_{2max}	d_{2min}	d_{3max}
14	1	13.974	13.794	13.324	13.206	12.747
	1.5	13.968	13.732	12.994	12.854	12.128
	2	13.962	13.682	12.663	12.503	11.508
15	1	14.974	14.794	14.324	14.206	13.747
	1.5	14.968	14.732	13.994	13.854	13.128
16	1	15.974	15.794	15.324	15.206	14.747
	1.5	15.968	15.732	14.994	14.854	14.128
	2	15.962	15.682	14.663	14.503	13.508
17	1	16.974	16.794	16.324	16.206	15.747
	1.5	16.968	16.732	15.994	15.854	15.128
18	1	17.974	17.794	17.324	17.206	16.747
	1.5	17.968	17.732	16.994	16.854	16.128
	2	17.962	17.682	16.663	16.503	15.508
	2.5	17.958	17.623	16.334	16.164	14.891
20	1	19.974	19.794	19.324	19.206	18.747
	1.5	19.968	19.732	18.994	18.854	18.128
	2	19.962	19.682	18.663	18.503	17.508
	2.5	19.958	19.623	18.334	18.164	16.891
22	1	21.974	21.794	21.324	21.206	20.747
	1.5	21.968	21.732	20.994	20.854	20.128
	2	21.962	21.682	20.663	20.503	19.508
	2.5	21.958	21.623	20.334	20.164	18.891
24	1	23.974	23.794	23.324	23.199	22.747
	1.5	23.968	23.732	22.994	22.844	22.128
	2	23.962	23.682	22.663	22.493	21.508
	3	23.952	23.577	22.003	21.803	20.271
25	1	24.974	24.794	24.324	24.199	23.747
	1.5	24.968	24.732	23.994	23.844	23.128
	2	24.962	24.682	23.663	23.493	22.508
26	1.5	25.968	25.732	24.994	24.844	24.128
27	1	26.974	26.794	26.324	26.199	25.747
	1.5	26.968	26.732	25.994	25.844	25.128
	2	26.962	26.682	25.663	25.493	24.508
	3	26.952	26.577	25.003	24.803	23.271

表 8（续）　　单位为毫米

公称直径 d	螺距 P	大径		中径		小径（参考）
		d_{max}	d_{min}	d_{2max}	d_{2min}	d_{3max}
28	1	27.974	27.794	27.324	27.199	26.747
	1.5	27.968	27.732	26.994	26.844	26.128
	2	27.962	27.682	26.663	26.493	25.508
30	1	29.974	29.794	29.324	29.199	28.747
	1.5	29.968	29.732	28.994	28.844	28.128
	2	29.962	29.682	28.663	28.493	27.508
	3	29.952	29.577	28.003	27.803	26.271
	3.5	29.947	29.522	27.674	27.462	25.653
32	1.5	31.968	31.732	30.994	30.844	30.128
	2	31.962	31.682	30.663	30.493	29.508
33	1.5	32.968	32.732	31.994	31.844	31.128
	2	32.962	32.682	31.663	31.493	30.508
	3	32.952	32.577	31.003	30.803	29.271
	3.5	32.947	32.522	30.674	30.462	28.653
36	1.5	35.968	35.732	34.994	34.844	34.128
	2	35.962	35.682	34.663	34.493	33.508
	3	35.952	35.577	34.003	33.803	32.271
	4	35.940	35.465	33.342	33.118	31.033
38	1.5	37.968	37.732	36.994	36.844	36.128
39	1.5	38.968	38.732	37.994	37.844	37.128
	2	38.962	38.682	37.663	37.493	36.508
	3	38.952	38.577	37.003	36.803	35.271
	4	38.940	38.465	36.342	36.118	34.033
40	1.5	39.968	39.732	38.994	38.844	38.128
	2	39.962	39.682	38.663	38.493	37.508
	3	39.952	39.577	38.003	37.803	36.271
42	1.5	41.968	41.732	40.994	40.844	40.128
	2	41.962	41.682	40.663	40.493	39.508
	3	41.952	41.577	40.003	39.803	38.271
	4	41.940	41.465	39.342	39.118	37.033
	4.5	41.937	41.437	39.014	38.778	36.416
45	1.5	44.968	44.732	43.994	43.844	43.128
	2	44.962	44.682	43.663	43.493	42.508
	3	44.952	44.577	43.003	42.803	41.271
	4	44.940	44.465	42.342	42.118	40.033
	4.5	44.937	44.437	42.014	41.778	39.416

表 8（续）

单位为毫米

公称直径 d	螺距 P	大径		中径		小径（参考）
		d_{max}	d_{min}	d_{2max}	d_{2min}	d_{3max}
48	1.5	47.968	47.732	46.994	46.834	46.128
	2	47.962	47.682	46.663	46.483	45.508
	3	47.952	47.577	46.003	45.791	44.271
	4	47.940	47.465	45.342	45.106	43.033
	5	47.929	47.399	44.681	44.431	41.795
50	1.5	49.968	49.732	48.994	48.834	48.128
	2	49.962	49.682	48.663	48.483	47.508
	3	49.952	49.577	48.003	47.791	46.271
52	1.5	51.968	51.732	50.994	50.834	50.128
	2	51.962	51.682	50.663	50.483	49.508
	3	51.952	51.577	50.003	49.791	48.271
	4	51.940	51.465	49.342	49.106	47.033
	5	51.929	51.399	48.681	48.431	45.795
55	1.5	54.968	54.732	53.994	53.834	53.128
	2	54.962	54.682	53.663	53.483	52.508
	3	54.952	54.577	53.003	52.791	51.271
	4	54.940	54.465	52.342	52.106	50.033
56	1.5	55.968	55.732	54.994	54.834	54.128
	2	55.962	55.682	54.663	54.483	53.508
	3	55.952	55.577	54.003	53.791	52.271
	4	55.940	55.465	53.342	53.106	51.033
	5.5	55.925	55.365	52.353	52.088	49.177
58	1.5	57.968	57.732	56.994	56.834	56.128
	2	57.962	57.682	56.663	56.483	55.508
	3	57.952	57.577	56.003	55.791	54.271
	4	57.940	57.465	55.342	55.106	53.033
60	1.5	59.968	59.732	58.994	58.834	58.128
	2	59.962	59.682	58.663	58.483	57.508
	3	59.952	59.577	58.003	57.791	56.271
	4	59.940	59.465	57.342	57.106	55.033
	5.5	59.925	59.365	56.353	56.088	53.177

表 8（续）

单位为毫米

公称直径 d	螺距 P	大径		中径		小径（参考）
		d_{max}	d_{min}	d_{2max}	d_{2min}	d_{3max}
62	1.5	61.968	61.732	60.994	60.834	60.128
	2	61.962	61.682	60.663	60.483	59.508
	3	61.952	61.577	60.003	59.791	58.271
	4	61.940	61.465	59.342	59.106	57.033
64	1.5	63.968	63.732	62.994	62.834	62.128
	2	63.962	63.682	62.663	62.483	61.508
	3	63.952	63.577	62.003	61.791	60.271
	4	63.940	63.465	61.342	61.106	59.033
	6	63.920	63.320	60.023	59.743	56.559
65	1.5	64.968	64.732	63.994	63.834	63.128
	2	64.962	64.682	63.663	63.483	62.508
	3	64.952	64.577	63.003	62.791	61.271
	4	64.940	64.465	62.342	62.106	60.033
68	1.5	67.968	67.732	66.994	66.834	66.128
	2	67.962	67.682	66.663	66.483	65.508
	3	67.952	67.577	66.003	65.791	64.271
	4	67.940	67.465	65.342	65.106	63.033
	6	67.920	67.320	64.023	63.743	60.559
70	1.5	69.968	69.732	68.994	68.834	68.128
	2	69.962	69.682	68.663	68.483	67.508
	3	69.952	69.577	68.003	67.791	66.271
	4	69.940	69.465	67.342	67.106	65.033
	6	69.920	69.320	66.023	65.743	62.559
72	1.5	71.968	71.732	70.994	70.834	70.128
	2	71.962	71.682	70.663	70.483	69.508
	3	71.952	71.577	70.003	69.791	68.271
	4	71.940	71.465	69.342	69.106	67.033
	6	71.920	71.320	68.023	67.743	64.559
75	1.5	74.968	74.732	73.994	73.834	73.128
	2	74.962	74.682	73.663	73.483	72.508
	3	74.952	74.577	73.003	72.791	71.271
	4	74.940	74.465	72.342	72.106	70.033

表 8（续）

单位为毫米

公称直径 d	螺距 P	大径		中径		小径（参考）
		d_{max}	d_{min}	d_{2max}	d_{2min}	d_{3max}
76	1.5	75.968	75.732	74.994	74.834	74.128
	2	75.962	75.682	74.663	74.483	73.508
	3	75.952	75.577	74.003	73.791	72.271
	4	75.940	75.465	73.342	73.106	71.033
	6	75.920	75.320	72.023	71.743	68.559
78	2	77.962	77.682	76.663	76.483	75.508
80	1.5	79.968	79.732	78.994	78.834	78.128
	2	79.962	79.682	78.663	78.483	77.508
	3	79.952	79.577	78.003	77.791	76.271
	4	79.940	79.465	77.342	77.106	75.033
	6	79.920	79.320	76.023	75.743	72.559
82	2	81.962	81.682	80.663	80.483	79.508
85	2	84.962	84.682	83.663	83.483	82.508
	3	84.952	84.577	83.003	82.791	81.271
	4	84.940	84.465	82.342	82.106	80.033
	6	84.920	84.320	81.023	80.743	77.559
90	2	89.962	89.682	88.663	88.483	87.508
	3	89.952	89.577	88.003	87.791	86.271
	4	89.940	89.465	87.342	87.106	85.033
	6	89.920	89.320	86.023	85.743	82.559
95	2	94.962	94.682	93.663	93.473	92.508
	3	94.952	94.577	93.003	92.779	91.271
	4	94.940	94.465	92.342	92.092	90.033
	6	94.920	94.320	91.023	90.723	87.559
100	2	99.962	99.682	98.663	98.473	97.508
	3	99.952	99.577	98.003	97.779	96.271
	4	99.940	99.465	97.342	97.092	95.033
	6	99.920	99.320	96.023	95.723	92.559
105	2	104.962	104.682	103.663	103.473	102.508
	3	104.952	104.577	103.003	102.779	101.271
	4	104.940	104.465	102.342	102.092	100.033
	6	104.920	104.320	101.023	100.723	97.559

表 8（续）

单位为毫米

公称直径 d	螺距 P	大径		中径		小径（参考）
		d_{max}	d_{min}	d_{2max}	d_{2min}	d_{3max}
110	2	109.962	109.682	108.663	108.473	107.508
	3	109.952	109.577	108.003	107.779	106.271
	4	109.940	109.465	107.342	107.092	105.033
	6	109.920	109.320	106.023	105.723	102.559
115	2	114.962	114.682	113.663	113.473	112.508
	3	114.952	114.577	113.003	112.779	111.271
	4	114.940	114.465	112.342	112.092	110.033
	6	114.920	114.320	111.023	110.723	107.559
120	2	119.962	119.682	118.663	118.473	117.508
	3	119.952	119.577	118.003	117.779	116.271
	4	119.940	119.465	117.342	117.092	115.033
	6	119.920	119.320	116.023	115.723	112.559
125	2	124.962	124.682	123.663	123.473	122.508
	3	124.952	124.577	123.003	122.779	121.271
	4	124.940	124.465	122.342	122.092	120.033
	6	124.920	124.320	121.023	120.723	117.559
	8	124.900	124.190	119.704	119.369	115.085
130	2	129.962	129.682	128.663	128.473	127.508
	3	129.952	129.577	128.003	127.779	126.271
	4	129.940	129.465	127.342	127.092	125.033
	6	129.920	129.320	126.023	125.723	122.559
	8	129.900	129.190	124.704	124.369	120.085
135	2	134.962	134.682	133.663	133.473	132.508
	3	134.952	134.577	133.003	132.779	131.271
	4	134.940	134.465	132.342	132.092	130.033
	6	134.920	134.320	131.023	130.723	127.559
140	2	139.962	139.682	138.663	138.473	137.508
	3	139.952	139.577	138.003	137.779	136.271
	4	139.940	139.465	137.342	137.092	135.033
	6	139.920	139.320	136.023	135.723	132.559
	8	139.900	139.190	134.704	134.369	130.085
145	2	144.962	144.682	143.663	143.473	142.508
	3	144.952	144.577	143.003	142.779	141.271
	4	144.940	144.465	142.342	142.092	140.033
	6	144.920	144.320	141.023	140.723	137.559

表 8（续） 单位为毫米

公称直径 d	螺距 P	大径		中径		小径（参考）
		d_{max}	d_{min}	d_{2max}	d_{2min}	d_{3max}
150	2	149.962	149.682	148.663	148.473	147.508
	3	149.952	149.577	148.003	147.779	146.271
	4	149.940	149.465	147.342	147.092	145.033
	6	149.920	149.320	146.023	145.723	142.559
	8	149.900	149.190	144.704	144.369	140.085
155	3	154.952	154.577	153.003	152.779	151.271
	4	154.940	154.465	152.342	152.092	150.033
	6	154.920	154.320	151.023	150.723	147.559
160	3	159.952	159.577	158.003	157.779	156.271
	4	159.940	159.465	157.342	157.092	155.033
	6	159.920	159.320	156.023	155.723	152.559
	8	159.900	159.190	154.704	154.369	150.085
165	3	164.952	164.577	163.003	162.779	161.271
	4	164.940	164.465	162.342	162.092	160.033
	6	164.920	164.320	161.023	160.723	157.559
170	3	169.952	169.577	168.003	167.779	166.271
	4	169.940	169.465	167.342	167.092	165.033
	6	169.920	169.320	166.023	165.723	162.559
	8	169.900	169.190	164.704	164.369	160.085
175	3	174.952	174.577	173.003	172.779	171.271
	4	174.940	174.465	172.342	172.092	170.033
	6	174.920	174.320	171.023	170.723	167.559
180	3	179.952	179.577	178.003	177.779	176.271
	4	179.940	179.465	177.342	177.092	175.033
	6	179.920	179.320	176.023	175.723	172.559
	8	179.900	179.190	174.704	174.369	170.085
185	3	184.952	184.577	183.003	182.753	181.271
	4	184.940	184.465	182.342	182.062	180.033
	6	184.920	184.320	181.023	180.708	177.559
190	3	189.952	189.577	188.003	187.753	186.271
	4	189.940	189.465	187.342	187.062	185.033
	6	189.920	189.320	186.023	185.708	182.559
	8	189.900	189.190	184.704	184.349	180.085

表 8（续）

单位为毫米

公称直径 d	螺距 P	大径		中径		小径（参考）
		d_{max}	d_{min}	d_{2max}	d_{2min}	d_{3max}
195	3	194.952	194.577	193.003	192.753	191.271
	4	194.940	194.465	192.342	192.062	190.033
	6	194.920	194.320	191.023	190.708	187.559
200	3	199.952	199.577	198.003	197.753	196.271
	4	199.940	199.465	197.342	197.062	195.033
	6	199.920	199.320	196.023	195.708	192.559
	8	199.900	199.190	194.704	194.349	190.085
205	3	204.952	204.577	203.003	202.753	201.271
	4	204.940	204.465	202.342	202.062	200.033
	6	204.920	204.320	201.023	200.708	197.559
210	3	209.952	209.577	208.003	207.753	206.271
	4	209.940	209.465	207.342	207.062	205.033
	6	209.920	209.320	206.023	205.708	202.559
	8	209.900	209.190	204.704	204.349	200.085
215	3	214.952	214.577	213.003	212.753	211.271
	4	214.940	214.465	212.342	212.062	210.033
	6	214.920	214.320	211.023	210.708	207.559
220	3	219.952	219.577	218.003	217.753	216.271
	4	219.940	219.465	217.342	217.062	215.033
	6	219.920	219.320	216.023	215.708	212.559
	8	219.900	219.190	214.704	214.349	210.085
225	3	224.952	224.577	223.003	222.753	221.271
	4	224.940	224.465	222.342	222.062	220.033
	6	224.920	224.320	221.023	220.708	217.559
230	3	229.952	229.577	228.003	227.753	226.271
	4	229.940	229.465	227.342	227.062	225.033
	6	229.920	229.320	226.023	225.708	222.559
	8	229.900	229.190	224.704	224.349	220.085
235	3	234.952	234.577	233.003	232.753	231.271
	4	234.940	234.465	232.342	232.062	230.033
	6	234.920	234.320	231.023	230.708	227.559
240	3	239.952	239.577	238.003	237.753	236.271
	4	239.940	239.465	237.342	237.062	235.033
	6	239.920	239.320	236.023	235.708	232.559
	8	239.900	239.190	234.704	234.349	230.085

表 8（续） 单位为毫米

公称直径 d	螺距 P	大径		中径		小径（参考）
		d_{max}	d_{min}	d_{2max}	d_{2min}	d_{3max}
245	3	244.952	244.577	243.003	242.753	241.271
	4	244.940	244.465	242.342	242.062	240.033
	6	244.920	244.320	241.023	240.708	237.559
250	3	249.952	249.577	248.003	247.753	246.271
	4	249.940	249.465	247.342	247.062	245.033
	6	249.920	249.320	246.023	245.708	242.559
	8	249.900	249.190	244.704	244.349	240.085
255	4	254.940	254.465	252.342	252.062	250.033
	6	254.920	254.320	251.023	250.708	247.559
260	4	259.940	259.465	257.342	257.062	255.033
	6	259.920	259.320	256.023	255.708	252.559
	8	259.900	259.190	254.704	254.349	250.085
265	4	264.940	264.465	262.342	262.062	260.033
	6	264.920	264.320	261.023	260.708	257.559
270	4	269.940	269.465	267.342	267.062	265.033
	6	269.920	269.320	266.023	265.708	262.559
	8	269.900	269.190	264.704	264.349	260.085
275	4	274.940	274.465	272.342	272.062	270.033
	6	274.920	274.320	271.023	270.708	267.559
280	4	279.940	279.465	277.342	277.062	275.033
	6	279.920	279.320	276.023	275.708	272.559
	8	279.900	279.190	274.704	274.349	270.085
285	4	284.940	284.465	282.342	282.062	280.033
	6	284.920	284.320	281.023	280.708	277.559
290	4	289.940	289.465	287.342	287.062	285.033
	6	289.920	289.320	286.023	285.708	282.559
	8	289.900	289.190	284.704	284.349	280.085
295	4	294.940	294.465	292.342	292.062	290.033
	6	294.920	294.320	291.023	290.708	287.559
300	4	299.940	299.465	297.342	297.062	295.033
	6	299.920	299.320	296.023	295.708	292.559
	8	299.900	299.190	294.704	294.349	290.085

表 9　6f 外螺纹的极限尺寸

单位为毫米

公称直径 d	螺距 P	大径		中径		小径（参考）
		d_{max}	d_{min}	d_{2max}	d_{2min}	d_{3max}
1.6	0.35	1.566	1.481	1.339	1.276	1.137
1.8	0.35	1.766	1.681	1.539	1.476	1.337
2	0.4	1.966	1.871	1.706	1.639	1.475
2.2	0.45	2.165	2.065	1.873	1.802	1.613
2.5	0.35	2.466	2.381	2.239	2.176	2.037
	0.45	2.465	2.365	2.173	2.102	1.913
3	0.35	2.966	2.881	2.739	2.672	2.537
	0.5	2.964	2.858	2.639	2.564	2.351
3.5	0.35	3.466	3.381	3.239	3.172	3.037
	0.6	3.464	3.339	3.074	2.989	2.728
4	0.5	3.964	3.858	3.639	3.564	3.351
	0.7	3.962	3.822	3.507	3.417	3.103
4.5	0.5	4.464	4.358	4.139	4.064	3.851
	0.75	4.462	4.322	3.975	3.885	3.542
5	0.5	4.964	4.858	4.639	4.564	4.351
	0.8	4.962	4.812	4.442	4.347	3.981
5.5	0.5	5.464	5.358	5.139	5.064	4.851
6	0.75	5.962	5.822	5.475	5.375	5.042
	1	5.960	5.780	5.310	5.198	4.733
7	0.75	6.962	6.822	6.475	6.375	6.042
	1	6.960	6.780	6.310	6.198	5.733
8	0.75	7.962	7.822	7.475	7.375	7.042
	1	7.960	7.780	7.310	7.198	6.733
	1.25	7.958	7.746	7.146	7.028	6.424
9	0.75	8.962	8.822	8.475	8.375	8.042
	1	8.960	8.780	8.310	8.198	7.733
	1.25	8.958	8.746	8.146	8.028	7.424
10	0.75	9.962	9.822	9.475	9.375	9.042
	1	9.960	9.780	9.310	9.198	8.733
	1.25	9.958	9.746	9.146	9.028	8.424
	1.5	9.955	9.719	8.981	8.849	8.115
11	0.75	10.962	10.822	10.475	10.375	10.042
	1	10.960	10.780	10.310	10.198	9.733
	1.5	10.955	10.719	9.981	9.849	9.115

表 9（续）

单位为毫米

公称直径 d	螺距 P	大径 d_{max}	大径 d_{min}	中径 d_{2max}	中径 d_{2min}	小径（参考） d_{3max}
12	1	11.960	11.780	11.310	11.192	10.733
	1.25	11.958	11.746	11.146	11.014	10.424
	1.5	11.955	11.719	10.981	10.841	10.115
	1.75	11.952	11.687	10.815	10.665	9.805
14	1	13.960	13.780	13.310	13.192	12.733
	1.5	13.955	13.719	12.981	12.841	12.115
	2	13.948	13.668	12.649	12.489	11.494
15	1	14.960	14.780	14.310	14.192	13.733
	1.5	14.955	14.719	13.981	13.841	13.115
16	1	15.960	15.780	15.310	15.192	14.733
	1.5	15.955	15.719	14.981	14.841	14.115
	2	15.948	15.668	14.649	14.489	13.494
17	1	16.960	16.780	16.310	16.192	15.733
	1.5	16.955	16.719	15.981	15.841	15.115
18	1	17.960	17.780	17.310	17.192	16.733
	1.5	17.955	17.719	16.981	16.841	16.115
	2	17.948	17.668	16.649	16.489	15.494
	2.5	17.942	17.607	16.318	16.148	14.875
20	1	19.960	19.780	19.310	19.192	18.733
	1.5	19.955	19.719	18.981	18.841	18.115
	2	19.948	19.668	18.649	18.489	17.494
	2.5	19.942	19.607	18.318	18.148	16.875
22	1	21.960	21.780	21.310	21.192	20.733
	1.5	21.955	21.719	20.981	20.841	20.115
	2	21.948	21.668	20.649	20.489	19.494
	2.5	21.942	21.607	20.318	20.148	18.875
24	1	23.960	23.780	23.310	23.185	22.733
	1.5	23.955	23.719	22.981	22.831	22.115
	2	23.948	23.668	22.649	22.479	21.494
	3	23.937	23.562	21.988	21.788	20.256
25	1	24.960	24.780	24.310	24.185	23.733
	1.5	24.955	24.719	23.981	23.831	23.115
	2	24.948	24.668	23.649	23.479	22.494

表 9（续）

单位为毫米

公称直径 d	螺距 P	大径		中径		小径（参考）
		d_{max}	d_{min}	d_{2max}	d_{2min}	d_{3max}
26	1.5	25.955	25.719	24.981	24.831	24.115
27	1	26.960	26.780	26.310	26.185	25.733
	1.5	26.955	26.719	25.981	25.831	25.115
	2	26.948	26.668	25.649	25.479	24.494
	3	26.937	26.562	24.988	24.788	23.256
28	1	27.960	27.780	27.310	27.185	26.733
	1.5	27.955	27.719	26.981	26.831	26.115
	2	27.948	27.668	26.649	26.479	25.494
30	1	29.960	29.780	29.310	29.185	28.733
	1.5	29.955	29.719	28.981	28.831	28.115
	2	29.948	29.668	28.649	28.479	27.494
	3	29.937	29.562	27.988	27.788	26.256
	3.5	29.930	29.505	27.657	27.445	25.636
32	1.5	31.955	31.719	30.981	30.831	30.115
	2	31.948	31.668	30.649	30.479	29.494
33	1.5	32.955	32.719	31.981	31.831	31.115
	2	32.948	32.668	31.649	31.479	30.494
	3	32.937	32.562	30.988	30.788	29.256
	3.5	32.930	32.505	30.657	30.445	28.636
36	1.5	35.955	35.719	34.981	34.831	34.115
	2	35.948	35.668	34.649	34.479	33.494
	3	35.937	35.562	33.988	33.788	32.256
	4	35.925	35.450	33.327	33.103	31.018
38	1.5	37.955	37.719	36.981	36.831	36.115
39	1.5	38.955	38.719	37.981	37.831	37.115
	2	38.948	38.668	37.649	37.479	36.494
	3	38.937	38.562	36.988	36.788	35.256
	4	38.925	38.450	36.327	36.103	34.018
40	1.5	39.955	39.719	38.981	38.831	38.115
	2	39.948	39.668	38.649	38.479	37.494
	3	39.937	39.562	37.988	37.788	36.256

表 9（续）

单位为毫米

公称直径 d	螺距 P	大径		中径		小径（参考）
		d_{max}	d_{min}	d_{2max}	d_{2min}	d_{3max}
42	1.5	41.955	41.719	40.981	40.831	40.115
	2	41.948	41.668	40.649	40.479	39.494
	3	41.937	41.562	39.988	39.788	38.256
	4	41.925	41.450	39.327	39.103	37.018
	4.5	41.920	41.420	38.997	38.761	36.399
45	1.5	44.955	44.719	43.981	43.831	43.115
	2	44.948	44.668	43.649	43.479	42.494
	3	44.937	44.562	42.988	42.788	41.256
	4	44.925	44.450	42.327	42.103	40.018
	4.5	44.920	44.420	41.997	41.761	39.399
48	1.5	47.955	47.719	46.981	46.821	46.115
	2	47.948	47.668	46.649	46.469	45.494
	3	47.937	47.562	45.988	45.776	44.256
	4	47.925	47.450	45.327	45.091	43.018
	5	47.915	47.385	44.667	44.417	41.781
50	1.5	49.955	49.719	48.981	48.821	48.115
	2	49.948	49.668	48.649	48.469	47.494
	3	49.937	49.562	47.988	47.776	46.256
52	1.5	51.955	51.719	50.981	50.821	50.115
	2	51.948	51.668	50.649	50.469	49.494
	3	51.937	51.562	49.988	49.776	48.256
	4	51.925	51.450	49.327	49.091	47.018
	5	51.915	51.385	48.667	48.417	45.781
55	1.5	54.955	54.719	53.981	53.821	53.115
	2	54.948	54.668	53.649	53.469	52.494
	3	54.937	54.562	52.988	52.776	51.256
	4	54.925	54.450	52.327	52.091	50.018
56	1.5	55.955	55.719	54.981	54.821	54.115
	2	55.948	55.668	54.649	54.469	53.494
	3	55.937	55.562	53.988	53.776	52.256
	4	55.925	55.450	53.327	53.091	51.018
	5.5	55.910	55.350	52.338	52.073	49.162

表 9（续）

单位为毫米

公称直径 d	螺距 P	大径 d_{max}	大径 d_{min}	中径 d_{2max}	中径 d_{2min}	小径（参考） d_{3max}
58	1.5	57.955	57.719	56.981	56.821	56.115
	2	57.948	57.668	56.649	56.469	55.494
	3	57.937	57.562	55.988	55.776	54.256
	4	57.925	57.450	55.327	55.091	53.018
60	1.5	59.955	59.719	58.981	58.821	58.115
	2	59.948	59.668	58.649	58.469	57.494
	3	59.937	59.562	57.988	57.776	56.256
	4	59.925	59.450	57.327	57.091	55.018
	5.5	59.910	59.350	56.338	56.073	53.162
62	1.5	61.955	61.719	60.981	60.821	60.115
	2	61.948	61.668	60.649	60.469	59.494
	3	61.937	61.562	59.988	59.776	58.256
	4	61.925	61.450	59.327	59.091	57.018
64	1.5	63.955	63.719	62.981	62.821	62.115
	2	63.948	63.668	62.649	62.469	61.494
	3	63.937	63.562	61.988	61.776	60.256
	4	63.925	63.450	61.327	61.091	59.018
	6	63.905	63.305	60.008	59.728	56.544
65	1.5	64.955	64.719	63.981	63.821	63.115
	2	64.948	64.668	63.649	63.469	62.494
	3	64.937	64.562	62.988	62.776	61.256
	4	64.925	64.450	62.327	62.091	60.018
68	1.5	67.955	67.719	66.981	66.821	66.115
	2	67.948	67.668	66.649	66.469	65.494
	3	67.937	67.562	65.988	65.776	64.256
	4	67.925	67.450	65.327	65.091	63.018
	6	67.905	67.305	64.008	63.728	60.544
70	1.5	69.955	69.719	68.981	68.821	68.115
	2	69.948	69.668	68.649	68.469	67.494
	3	69.937	69.562	67.988	67.776	66.256
	4	69.925	69.450	67.327	67.091	65.018
	6	69.905	69.305	66.008	65.728	62.544

表 9（续）

单位为毫米

公称直径 d	螺距 P	大径		中径		小径（参考）
		d_{max}	d_{min}	d_{2max}	d_{2min}	d_{3max}
72	1.5	71.955	71.719	70.981	70.821	70.115
	2	71.948	71.668	70.649	70.469	69.494
	3	71.937	71.562	69.988	69.776	68.256
	4	71.925	71.450	69.327	69.091	67.018
	6	71.905	71.305	68.008	67.728	64.544
75	1.5	74.955	74.719	73.981	73.821	73.115
	2	74.948	74.668	73.649	73.469	72.494
	3	74.937	74.562	72.988	72.776	71.256
	4	74.925	74.450	72.327	72.091	70.018
76	1.5	75.955	75.719	74.981	74.821	74.115
	2	75.948	75.668	74.649	74.469	73.494
	3	75.937	75.562	73.988	73.776	72.256
	4	75.925	75.450	73.327	73.091	71.018
	6	75.905	75.305	72.008	71.728	68.544
78	2	77.948	77.668	76.649	76.469	75.494
80	1.5	79.955	79.719	78.981	78.821	78.115
	2	79.948	79.668	78.649	78.469	77.494
	3	79.937	79.562	77.988	77.776	76.256
	4	79.925	79.450	77.327	77.091	75.018
	6	79.905	79.305	76.008	75.728	72.544
82	2	81.948	81.668	80.649	80.469	79.494
85	2	84.948	84.668	83.649	83.469	82.494
	3	84.937	84.562	82.988	82.776	81.256
	4	84.925	84.450	82.327	82.091	80.018
	6	84.905	84.305	81.008	80.728	77.544
90	2	89.948	89.668	88.649	88.469	87.494
	3	89.937	89.562	87.988	87.776	86.256
	4	89.925	89.450	87.327	87.091	85.018
	6	89.905	89.305	86.008	85.728	82.544
95	2	94.948	94.668	93.649	93.459	92.494
	3	94.937	94.562	92.988	92.764	91.256
	4	94.925	94.450	92.327	92.077	90.018
	6	94.905	94.305	91.008	90.708	87.544

表 9（续）

单位为毫米

公称直径 d	螺距 P	大径		中径		小径（参考）
		d_{max}	d_{min}	d_{2max}	d_{2min}	d_{3max}
100	2	99.948	99.668	98.649	98.459	97.494
	3	99.937	99.562	97.988	97.764	96.256
	4	99.925	99.450	97.327	97.077	95.018
	6	99.905	99.305	96.008	95.708	92.544
105	2	104.948	104.668	103.649	103.459	102.494
	3	104.937	104.562	102.988	102.764	101.256
	4	104.925	104.450	102.327	102.077	100.018
	6	104.905	104.305	101.008	100.708	97.544
110	2	109.948	109.668	108.649	108.459	107.494
	3	109.937	109.562	107.988	107.764	106.256
	4	109.925	109.450	107.327	107.077	105.018
	6	109.905	109.305	106.008	105.708	102.544
115	2	114.948	114.668	113.649	113.459	112.494
	3	114.937	114.562	112.988	112.764	111.256
	4	114.925	114.450	112.327	112.077	110.018
	6	114.905	114.305	111.008	110.708	107.544
120	2	119.948	119.668	118.649	118.459	117.494
	3	119.937	119.562	117.988	117.764	116.256
	4	119.925	119.450	117.327	117.077	115.018
	6	119.905	119.305	116.008	115.708	112.544
125	2	124.948	124.668	123.649	123.459	122.494
	3	124.937	124.562	122.988	122.764	121.256
	4	124.925	124.450	122.327	122.077	120.018
	6	124.905	124.305	121.008	120.708	117.544
	8	124.882	124.172	119.686	119.351	115.067
130	2	129.948	129.668	128.649	128.459	127.494
	3	129.937	129.562	127.988	127.764	126.256
	4	129.925	129.450	127.327	127.077	125.018
	6	129.905	129.305	126.008	125.708	122.544
	8	129.882	129.172	124.686	124.351	120.067
135	2	134.948	134.668	133.649	133.459	132.494
	3	134.937	134.562	132.988	132.764	131.256
	4	134.925	134.450	132.327	132.077	130.018
	6	134.905	134.305	131.008	130.708	127.544

表 9（续） 单位为毫米

公称直径 d	螺距 P	大径		中径		小径（参考）
		d_{max}	d_{min}	d_{2max}	d_{2min}	d_{3max}
140	2	139.948	139.668	138.649	138.459	137.494
	3	139.937	139.562	137.988	137.764	136.256
	4	139.925	139.450	137.327	137.077	135.018
	6	139.905	139.305	136.008	135.708	132.544
	8	139.882	139.172	134.686	134.351	130.067
145	2	144.948	144.668	143.649	143.459	142.494
	3	144.937	144.562	142.988	142.764	141.256
	4	144.925	144.450	142.327	142.077	140.018
	6	144.905	144.305	141.008	140.708	137.544
150	2	149.948	149.668	148.649	148.459	147.494
	3	149.937	149.562	147.988	147.764	146.256
	4	149.925	149.450	147.327	147.077	145.018
	6	149.905	149.305	146.008	145.708	142.544
	8	149.882	149.172	144.686	144.351	140.067
155	3	154.937	154.562	152.988	152.764	151.256
	4	154.925	154.450	152.327	152.077	150.018
	6	154.905	154.305	151.008	150.708	147.544
160	3	159.937	159.562	157.988	157.764	156.256
	4	159.925	159.450	157.327	157.077	155.018
	6	159.905	159.305	156.008	155.708	152.544
	8	159.882	159.172	154.686	154.351	150.067
165	3	164.937	164.562	162.988	162.764	161.256
	4	164.925	164.450	162.327	162.077	160.018
	6	164.905	164.305	161.008	160.708	157.544
170	3	169.937	169.562	167.988	167.764	166.256
	4	169.925	169.450	167.327	167.077	165.018
	6	169.905	169.305	166.008	165.708	162.544
	8	169.882	169.172	164.686	164.351	160.067
175	3	174.937	174.562	172.988	172.764	171.256
	4	174.925	174.450	172.327	172.077	170.018
	6	174.905	174.305	171.008	170.708	167.544
180	3	179.937	179.562	177.988	177.764	176.256
	4	179.925	179.450	177.327	177.077	175.018
	6	179.905	179.305	176.008	175.708	172.544
	8	179.882	179.172	174.686	174.351	170.067

表 9（续）

单位为毫米

公称直径 d	螺距 P	大径 d_{max}	大径 d_{min}	中径 d_{2max}	中径 d_{2min}	小径（参考）d_{3max}
185	3	184.937	184.562	182.988	182.738	181.256
	4	184.925	184.450	182.327	182.047	180.018
	6	184.905	184.305	181.008	180.693	177.544
190	3	189.937	189.562	187.988	187.738	186.256
	4	189.925	189.450	187.327	187.047	185.018
	6	189.905	189.305	186.008	185.693	182.544
	8	189.882	189.172	184.686	184.331	180.067
195	3	194.937	194.562	192.988	192.738	191.256
	4	194.925	194.450	192.327	192.047	190.018
	6	194.905	194.305	191.008	190.693	187.544
200	3	199.937	199.562	197.988	197.738	196.256
	4	199.925	199.450	197.327	197.047	195.018
	6	199.905	199.305	196.008	195.693	192.544
	8	199.882	199.172	194.686	194.331	190.067

表 10　6e 外螺纹的极限尺寸

单位为毫米

公称直径 d	螺距 P	大径 d_{max}	大径 d_{min}	中径 d_{2max}	中径 d_{2min}	小径（参考）d_{3max}
3	0.5	2.950	2.844	2.625	2.550	2.337
3.5	0.6	3.447	3.322	3.057	2.972	2.711
4	0.5	3.950	3.844	3.625	3.550	3.337
	0.7	3.944	3.804	3.489	3.399	3.085
4.5	0.5	4.450	4.344	4.125	4.050	3.837
	0.75	4.444	4.304	3.957	3.867	3.524
5	0.5	4.950	4.844	4.625	4.550	4.337
	0.8	4.940	4.790	4.420	4.325	3.959
5.5	0.5	5.450	5.344	5.125	5.050	4.837
6	0.75	5.944	5.804	5.457	5.357	5.024
	1	5.940	5.760	5.290	5.178	4.713
7	0.75	6.944	6.804	6.457	6.357	6.024
	1	6.940	6.760	6.290	6.178	5.713
8	0.75	7.944	7.804	7.457	7.357	7.024
	1	7.940	7.760	7.290	7.178	6.713
	1.25	7.937	7.725	7.125	7.007	6.403

表 10（续）

单位为毫米

公称直径 d	螺距 P	大径		中径		小径（参考）
		d_{max}	d_{min}	d_{2max}	d_{2min}	d_{3max}
9	0.75	8.944	8.804	8.457	8.357	8.024
	1	8.940	8.760	8.290	8.178	7.713
	1.25	8.937	8.725	8.125	8.007	7.403
10	0.75	9.944	9.804	9.457	9.357	9.024
	1	9.940	9.760	9.290	9.178	8.713
	1.25	9.937	9.725	9.125	9.007	8.403
	1.5	9.933	9.697	8.959	8.827	8.093
11	0.75	10.944	10.804	10.457	10.357	10.024
	1	10.940	10.760	10.290	10.178	9.713
	1.5	10.933	10.697	9.959	9.827	9.093
12	1	11.940	11.760	11.290	11.172	10.713
	1.25	11.937	11.725	11.125	10.993	10.403
	1.5	11.933	11.697	10.959	10.819	10.093
	1.75	11.929	11.664	10.792	10.642	9.782
14	1	13.940	13.760	13.290	13.172	12.713
	1.5	13.933	13.697	12.959	12.819	12.093
	2	13.929	13.649	12.630	12.470	11.475
15	1	14.940	14.760	14.290	14.172	13.713
	1.5	14.933	14.697	13.959	13.819	13.093
16	1	15.940	15.760	15.290	15.172	14.713
	1.5	15.933	15.697	14.959	14.819	14.093
	2	15.929	15.649	14.630	14.470	13.475
17	1	16.940	16.760	16.290	16.172	15.713
	1.5	16.933	16.697	15.959	15.819	15.093
18	1	17.940	17.760	17.290	17.172	16.713
	1.5	17.933	17.697	16.959	16.819	16.093
	2	17.929	17.649	16.630	16.470	15.475
	2.5	17.920	17.585	16.296	16.126	14.853
20	1	19.940	19.760	19.290	19.172	18.713
	1.5	19.933	19.697	18.959	18.819	18.093
	2	19.929	19.649	18.630	18.470	17.475
	2.5	19.920	19.585	18.296	18.126	16.853

表 10（续）

单位为毫米

公称直径 d	螺距 P	大径		中径		小径（参考）
		d_{max}	d_{min}	d_{2max}	d_{2min}	d_{3max}
22	1	21.940	21.760	21.290	21.172	20.713
	1.5	21.933	21.697	20.959	20.819	20.093
	2	21.929	21.649	20.630	20.470	19.475
	2.5	21.920	21.585	20.296	20.126	18.853
24	1	23.940	23.760	23.290	23.165	22.713
	1.5	23.933	23.697	22.959	22.809	22.093
	2	23.929	23.649	22.630	22.460	21.475
	3	23.915	23.540	21.966	21.766	20.234
25	1	24.940	24.760	24.290	24.165	23.713
	1.5	24.933	24.697	23.959	23.809	23.093
	2	24.929	24.649	23.630	23.460	22.475
26	1.5	25.933	25.697	24.959	24.809	24.093
27	1	26.940	26.760	26.290	26.165	25.713
	1.5	26.933	26.697	25.959	25.809	25.093
	2	26.929	26.649	25.630	25.460	24.475
	3	26.915	26.540	24.966	24.766	23.234
28	1	27.940	27.760	27.290	27.165	26.713
	1.5	27.933	27.697	26.959	26.809	26.093
	2	27.929	27.649	26.630	26.460	25.475
30	1	29.940	29.760	29.290	29.165	28.713
	1.5	29.933	29.697	28.959	28.809	28.093
	2	29.929	29.649	28.630	28.460	27.475
	3	29.915	29.540	27.966	27.766	26.234
	3.5	29.910	29.485	27.637	27.425	25.616
32	1.5	31.933	31.697	30.959	30.809	30.093
	2	31.929	31.649	30.630	30.460	29.475
33	1.5	32.933	32.697	31.959	31.809	31.093
	2	32.929	32.649	31.630	31.460	30.475
	3	32.915	32.540	30.966	30.766	29.234
	3.5	32.910	32.485	30.637	30.425	28.616
36	1.5	35.933	35.697	34.959	34.809	34.093
	2	35.929	35.649	34.630	34.460	33.475
	3	35.915	35.540	33.966	33.766	32.234
	4	35.905	35.430	33.307	33.083	30.998

表 10（续） 单位为毫米

公称直径 d	螺距 P	大径		中径		小径（参考）
		d_{max}	d_{min}	d_{2max}	d_{2min}	d_{3max}
38	1.5	37.933	37.697	36.959	36.809	36.093
39	1.5	38.933	38.697	37.959	37.809	37.093
	2	38.929	38.649	37.630	37.460	36.475
	3	38.915	38.540	36.966	36.766	35.234
	4	38.905	38.430	36.307	36.083	33.998
40	1.5	39.933	39.697	38.959	38.809	38.093
	2	39.929	39.649	38.630	38.460	37.475
	3	39.915	39.540	37.966	37.766	36.234
42	1.5	41.933	41.697	40.959	40.809	40.093
	2	41.929	41.649	40.630	40.460	39.475
	3	41.915	41.540	39.966	39.766	38.234
	4	41.905	41.430	39.307	39.083	36.998
	4.5	41.900	41.400	38.977	38.741	36.379
45	1.5	44.933	44.697	43.959	43.809	43.093
	2	44.929	44.649	43.630	43.460	42.475
	3	44.915	44.540	42.966	42.766	41.234
	4	44.905	44.430	42.307	42.083	39.998
	4.5	44.900	44.400	41.977	41.741	39.379
48	1.5	47.933	47.697	46.959	46.799	46.093
	2	47.929	47.649	46.630	46.450	45.475
	3	47.915	47.540	45.966	45.754	44.234
	4	47.905	47.430	45.307	45.071	42.998
	5	47.894	47.364	44.646	44.396	41.760
50	1.5	49.933	49.697	48.959	48.799	48.093
	2	49.929	49.649	48.630	48.450	47.475
	3	49.915	49.540	47.966	47.754	46.234
52	1.5	51.933	51.697	50.959	50.799	50.093
	2	51.929	51.649	50.630	50.450	49.475
	3	51.915	51.540	49.966	49.754	48.234
	4	51.905	51.430	49.307	49.071	46.998
	5	51.894	51.364	48.646	48.396	45.760
55	1.5	54.933	54.697	53.959	53.799	53.093
	2	54.929	54.649	53.630	53.450	52.475
	3	54.915	54.540	52.966	52.754	51.234
	4	54.905	54.430	52.307	52.071	49.998

表 10（续）

单位为毫米

公称直径 d	螺距 P	大径		中径		小径（参考）
		d_{max}	d_{min}	d_{2max}	d_{2min}	d_{3max}
56	1.5	55.933	55.697	54.959	54.799	54.093
	2	55.929	55.649	54.630	54.450	53.475
	3	55.915	55.540	53.966	53.754	52.234
	4	55.905	55.430	53.307	53.071	50.998
	5.5	55.888	55.328	52.316	52.051	49.140
58	1.5	57.933	57.697	56.959	56.799	56.093
	2	57.929	57.649	56.630	56.450	55.475
	3	57.915	57.540	55.966	55.754	54.234
	4	57.905	57.430	55.307	55.071	52.998
60	1.5	59.933	59.697	58.959	58.799	58.093
	2	59.929	59.649	58.630	58.450	57.475
	3	59.915	59.540	57.966	57.754	56.234
	4	59.905	59.430	57.307	57.071	54.998
	5.5	59.888	59.328	56.316	56.051	53.140
62	1.5	61.933	61.697	60.959	60.799	60.093
	2	61.929	61.649	60.630	60.450	59.475
	3	61.915	61.540	59.966	59.754	58.234
	4	61.905	61.430	59.307	59.071	56.998
64	1.5	63.933	63.697	62.959	62.799	62.093
	2	63.929	63.649	62.630	62.450	61.475
	3	63.915	63.540	61.966	61.754	60.234
	4	63.905	63.430	61.307	61.071	58.998
	6	63.882	63.282	59.985	59.705	56.521
65	1.5	64.933	64.697	63.959	63.799	63.093
	2	64.929	64.649	63.630	63.450	62.475
	3	64.915	64.540	62.966	62.754	61.234
	4	64.905	64.430	62.307	62.071	59.998
68	1.5	67.933	67.697	66.959	66.799	66.093
	2	67.929	67.649	66.630	66.450	65.475
	3	67.915	67.540	65.966	65.754	64.234
	4	67.905	67.430	65.307	65.071	62.998
	6	67.882	67.282	63.985	63.705	60.521

表 10（续）

单位为毫米

公称直径 d	螺距 P	大径 d_{max}	大径 d_{min}	中径 d_{2max}	中径 d_{2min}	小径（参考） d_{3max}
70	1.5	69.933	69.697	68.959	68.799	68.093
	2	69.929	69.649	68.630	68.450	67.475
	3	69.915	69.540	67.966	67.754	66.234
	4	69.905	69.430	67.307	67.071	64.998
	6	69.882	69.282	65.985	65.705	62.521
72	1.5	71.933	71.697	70.959	70.799	70.093
	2	71.929	71.649	70.630	70.450	69.475
	3	71.915	71.540	69.966	69.754	68.234
	4	71.905	71.430	69.307	69.071	66.998
	6	71.882	71.282	67.985	67.705	64.521
75	1.5	74.933	74.697	73.959	73.799	73.093
	2	74.929	74.649	73.630	73.450	72.475
	3	74.915	74.540	72.966	72.754	71.234
	4	74.905	74.430	72.307	72.071	69.998
76	1.5	75.933	75.697	74.959	74.799	74.093
	2	75.929	75.649	74.630	74.450	73.475
	3	75.915	75.540	73.966	73.754	72.234
	4	75.905	75.430	73.307	73.071	70.998
	6	75.882	75.282	71.985	71.705	68.521
78	2	77.929	77.649	76.630	76.450	75.475
80	1.5	79.933	79.697	78.959	78.799	78.093
	2	79.929	79.649	78.630	78.450	77.475
	3	79.915	79.540	77.966	77.754	76.234
	4	79.905	79.430	77.307	77.071	74.998
	6	79.882	79.282	75.985	75.705	72.521
82	2	81.929	81.649	80.630	80.450	79.475
85	2	84.929	84.649	83.630	83.450	82.475
	3	84.915	84.540	82.966	82.754	81.234
	4	84.905	84.430	82.307	82.071	79.998
	6	84.882	84.282	80.985	80.705	77.521
90	2	89.929	89.649	88.630	88.450	87.475
	3	89.915	89.540	87.966	87.754	86.234
	4	89.905	89.430	87.307	87.071	84.998
	6	89.882	89.282	85.985	85.705	82.521

表 10（续）

单位为毫米

公称直径 d	螺距 P	大径		中径		小径（参考）
		d_{max}	d_{min}	d_{2max}	d_{2min}	d_{3max}
95	2	94.929	94.649	93.630	93.440	92.475
	3	94.915	94.540	92.966	92.742	91.234
	4	94.905	94.430	92.307	92.057	89.998
	6	94.882	94.282	90.985	90.685	87.521
100	2	99.929	99.649	98.630	98.440	97.475
	3	99.915	99.540	97.966	97.742	96.234
	4	99.905	99.430	97.307	97.057	94.998
	6	99.882	99.282	95.985	95.685	92.521
105	2	104.929	104.649	103.630	103.440	102.475
	3	104.915	104.540	102.966	102.742	101.234
	4	104.905	104.430	102.307	102.057	99.998
	6	104.882	104.282	100.985	100.685	97.521
110	2	109.929	109.649	108.630	108.440	107.475
	3	109.915	109.540	107.966	107.742	106.234
	4	109.905	109.430	107.307	107.057	104.998
	6	109.882	109.282	105.985	105.685	102.521
115	2	114.929	114.649	113.630	113.440	112.475
	3	114.915	114.540	112.966	112.742	111.234
	4	114.905	114.430	112.307	112.057	109.998
	6	114.882	114.282	110.985	110.685	107.521
120	2	119.929	119.649	118.630	118.440	117.475
	3	119.915	119.540	117.966	117.742	116.234
	4	119.905	119.430	117.307	117.057	114.998
	6	119.882	119.282	115.985	115.685	112.521
125	2	124.929	124.649	123.630	123.440	122.475
	3	124.915	124.540	122.966	122.742	121.234
	4	124.905	124.430	122.307	122.057	119.998
	6	124.882	124.282	120.985	120.685	117.521
	8	124.860	124.150	119.664	119.329	115.045
130	2	129.929	129.649	128.630	128.440	127.475
	3	129.915	129.540	127.966	127.742	126.234
	4	129.905	129.430	127.307	127.057	124.998
	6	129.882	129.282	125.985	125.685	122.521
	8	129.860	129.150	124.664	124.329	120.045

表 10（续）

单位为毫米

公称直径 d	螺距 P	大径		中径		小径（参考）
		d_{max}	d_{min}	d_{2max}	d_{2min}	d_{3max}
135	2	134.929	134.649	133.630	133.440	132.475
	3	134.915	134.540	132.966	132.742	131.234
	4	134.905	134.430	132.307	132.057	129.998
	6	134.882	134.282	130.985	130.685	127.521
140	2	139.929	139.649	138.630	138.440	137.475
	3	139.915	139.540	137.966	137.742	136.234
	4	139.905	139.430	137.307	137.057	134.998
	6	139.882	139.282	135.985	135.685	132.521
	8	139.860	139.150	134.664	134.329	130.045
145	2	144.929	144.649	143.630	143.440	142.475
	3	144.915	144.540	142.966	142.742	141.234
	4	144.905	144.430	142.307	142.057	139.998
	6	144.882	144.282	140.985	140.685	137.521
150	2	149.929	149.649	148.630	148.440	147.475
	3	149.915	149.540	147.966	147.742	146.234
	4	149.905	149.430	147.307	147.057	144.998
	6	149.882	149.282	145.985	145.685	142.521
	8	149.860	149.150	144.664	144.329	140.045
155	3	154.915	154.540	152.966	152.742	151.234
	4	154.905	154.430	152.307	152.057	149.998
	6	154.882	154.282	150.985	150.685	147.521
160	3	159.915	159.540	157.966	157.742	156.234
	4	159.905	159.430	157.307	157.057	154.998
	6	159.882	159.282	155.985	155.685	152.521
	8	159.860	159.150	154.664	154.329	150.045
165	3	164.915	164.540	162.966	162.742	161.234
	4	164.905	164.430	162.307	162.057	159.998
	6	164.882	164.282	160.985	160.685	157.521
170	3	169.915	169.540	167.966	167.742	166.234
	4	169.905	169.430	167.307	167.057	164.998
	6	169.882	169.282	165.985	165.685	162.521
	8	169.860	169.150	164.664	164.329	160.045

表 10（续）

单位为毫米

公称直径 d	螺距 P	大径		中径		小径（参考）
		d_{max}	d_{min}	d_{2max}	d_{2min}	d_{3max}
175	3	174.915	174.540	172.966	172.742	171.234
	4	174.905	174.430	172.307	172.057	169.998
	6	174.882	174.282	170.985	170.685	167.521
180	3	179.915	179.540	177.966	177.742	176.234
	4	179.905	179.430	177.307	177.057	174.998
	6	179.882	179.282	175.985	175.685	172.521
	8	179.860	179.150	174.664	174.329	170.045
185	3	184.915	184.540	182.966	182.716	181.234
	4	184.905	184.430	182.307	182.027	179.998
	6	184.882	184.282	180.985	180.670	177.521
190	3	189.915	189.540	187.966	187.716	186.234
	4	189.905	189.430	187.307	187.027	184.998
	6	189.882	189.282	185.985	185.670	182.521
	8	189.860	189.150	184.664	184.309	180.045
195	3	194.915	194.540	192.966	192.716	191.234
	4	194.905	194.430	192.307	192.027	189.998
	6	194.882	194.282	190.985	190.670	187.521
200	3	199.915	199.540	197.966	197.716	196.234
	4	199.905	199.430	197.307	197.027	194.998
	6	199.882	199.282	195.985	195.670	192.521
	8	199.860	199.150	194.664	194.309	190.045

ICS 21.120.30
J 18

中华人民共和国国家标准

GB/T 15758—2008
代替 GB/T 15758—1995

花键基本术语

Basic terminology of spline

2008-09-27 发布 2009-05-01 实施

中华人民共和国国家质量监督检验检疫总局
中国国家标准化管理委员会 发布

前　言

本标准是对 GB/T 15758—1995《花键基本术语》的修订。

本标准与 GB/T 15758—1995 相比主要变化如下：

——2.3 中取消“内、外”二字；

——2.9 中“……圆柱面和端齿花键……”改为“……圆柱面或端齿花键……”；

——2.21 中将“……内外花键……”改为“……两花键……”，将“……(含齿形裕度部分)……”改为“……(含齿形裕度)”；

——6.5 中将“……压力角为设计值”改为“……压力角为标准值”；

——7.2.4 中取消“实际测得的”；

——7.2.8 中取消“实际测得的”；

——删除图 1 中的中心线，修改图 13、图 14 中齿顶弧线，两端平行；

——图 25 增加两条与圆锥素线平行的点划线；

——图 32 和 7.3.2 中的“结合长度”改为“配合长度”。

本标准由全国机器轴与附件标准化技术委员会提出并归口。

本标准起草单位：中机生产力促进中心、哈尔滨东安发动机制造公司、石家庄链轮总厂、中国第二重型机械集团公司、太原重工股份有限公司。

本标准主要起草人：明翠新、常宝印、许文江、谭仁万、王晓凌、邓高见。

本标准所代替标准的历次版本发布情况为：

——GB/T 15758—1995。

花键基本术语

1 范围

本标准规定花键的基本术语及其定义。

本标准适用于矩形、渐开线和端齿花键，其他花键也可参照使用。

2 一般术语

2.1

花键联结　spline joint

两零件上等距分布且齿数相同的键齿相互联结，并传递转矩或运动的同轴偶件。见图1。

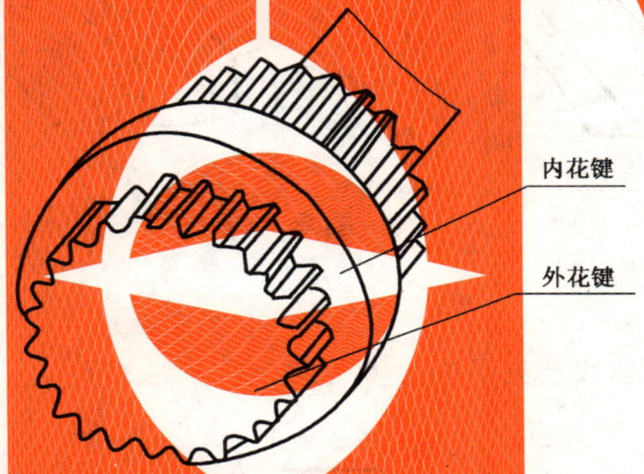

图 1

2.2

花键　spline

花键联结中两联结件的统称。

2.3

花键副　mating spline

相互联结的一对花键。

2.4

内花键　internal spline

键齿在内圆柱（或内圆锥）表面上的花键。

2.5

外花键　external spline

键齿在外圆柱（或外圆锥）表面上的花键。

2.6

键齿　tooth

齿

花键上用于联结的每个凸起部分。见图2。

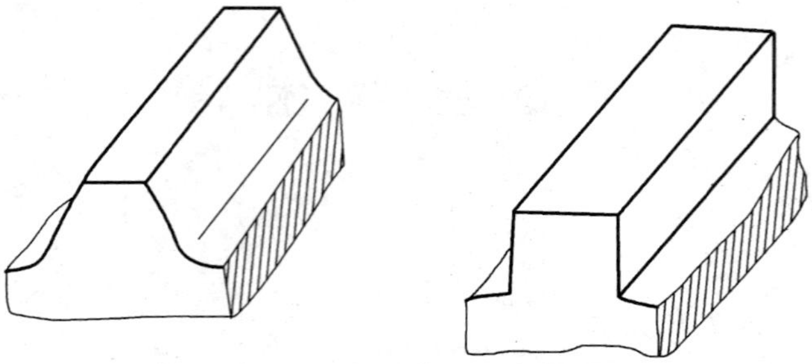

图 2

2.7

齿槽　tooth space

键槽

花键上相邻键齿之间的空间。见图 3。

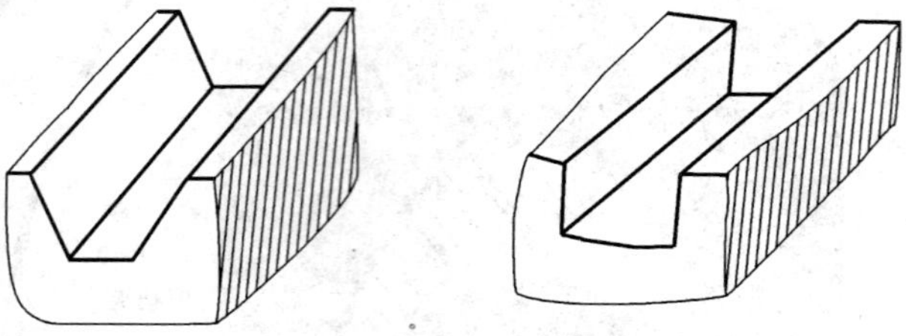

图 3

2.8

齿根圆弧　tooth root arc

齿侧与齿根圆连接的过渡曲线。见图 4。

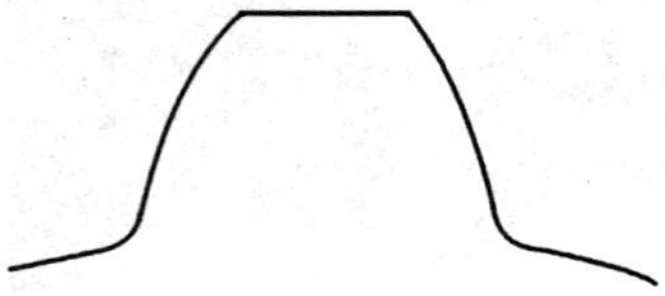

图 4

2.9

齿线　tooth trace

渐开线花键分度圆柱面或分度圆锥面、矩形花键平分工作齿高的圆柱面或端齿花键平分工作齿高的基准平面与齿面的交线。见图 5。

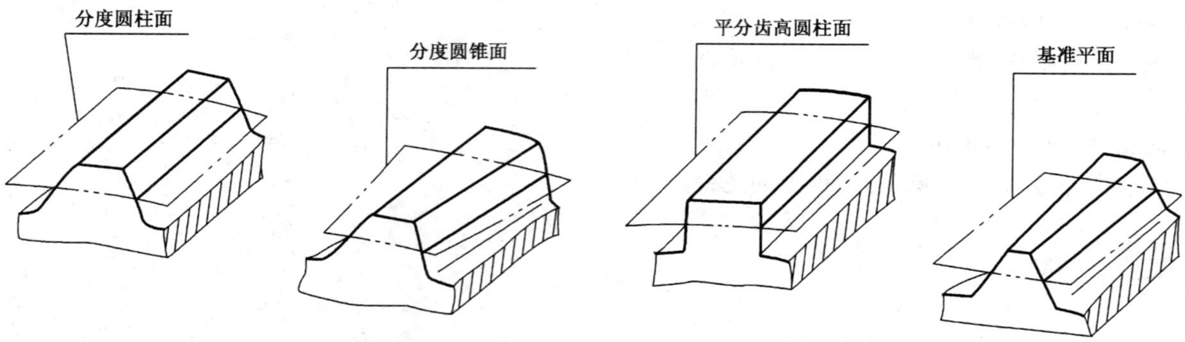

图 5

2.10

端平面　transverse plane

垂直于花键轴线的平面。

2.11

法平面　normal plane

垂直于齿线的平面。

2.12

轴平面　axial plane

包含花键轴线的平面。

2.13

基准平面　datum plane

渐开线花键的基本齿条或端齿花键上的假想平面。在该平面上,齿厚与齿距之比为一个给定的标准值(通常为0.5)。见图6。

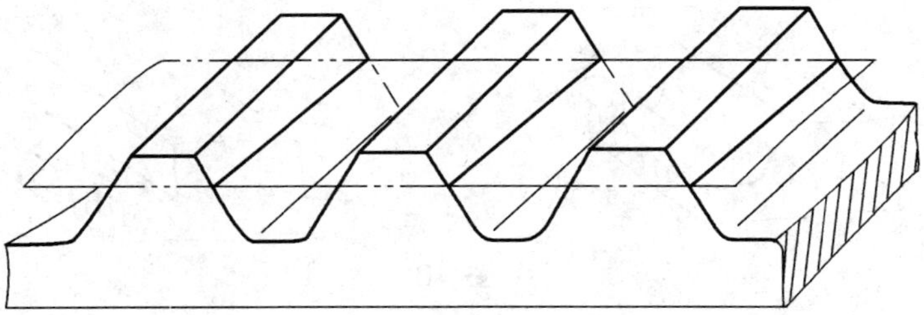

图6

2.14

平齿根花键　flat root spline

在渐开线花键端平面同一齿槽上,两侧渐开线齿形各由一段齿根圆弧与齿根圆相连接的花键。见图7。

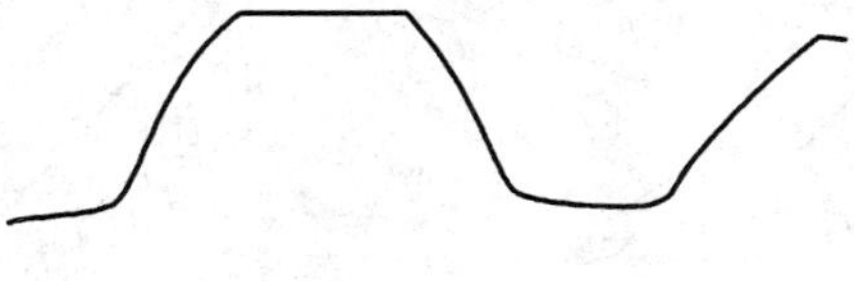

图7

2.15

圆齿根花键　fillet root spline

在渐开线花键端平面同一齿槽上,两侧渐开线齿形由一段或近似一段齿根圆弧与齿根圆相连接的花键。见图8。

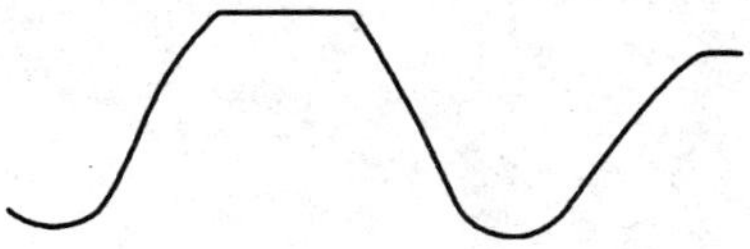

图8

2.16

齿面　tooth flank

位于花键大径与小径之间的键齿侧表面。见图9。

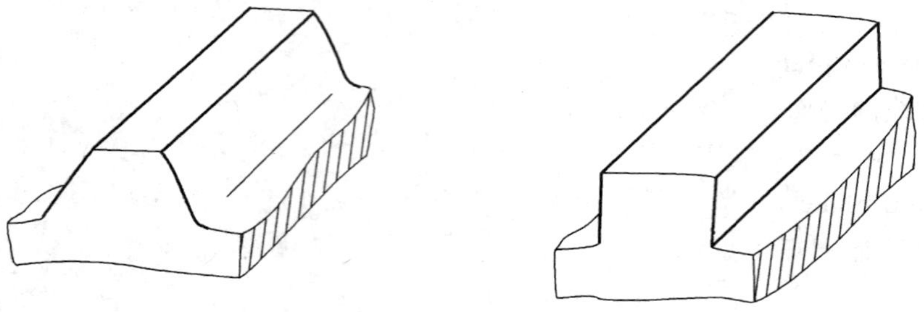

图 9

2.17

右侧齿面　right flank

右齿面

从花键一端沿轴向(端齿花键从大端向小端)看齿顶朝上的键齿,位于键齿右侧的齿面。见图 10。

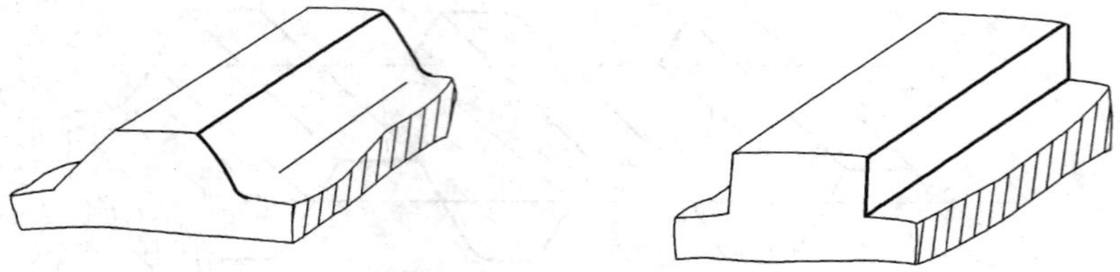

图 10

2.18

左侧齿面　left flank

左齿面

从花键一端沿轴线(端齿花键从大端向小端)看齿顶朝上的键齿,位于键齿左侧的齿面。见图 11。

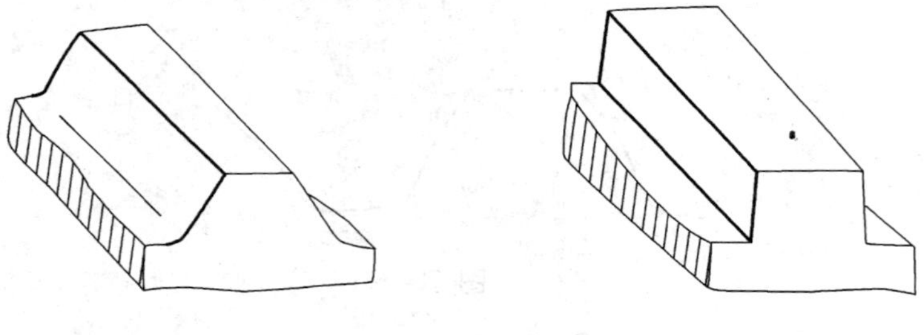

图 11

2.19

同侧齿面　corresponding flank

在同一花键上各右侧齿面或各左侧齿面。

2.20

异侧齿面　opposite flank

在同一花键上的非同侧齿面。

2.21

工作齿面　working flank

在花键副工作时,两花键传递转矩或运动的齿面(含齿形裕度)。见图 12。

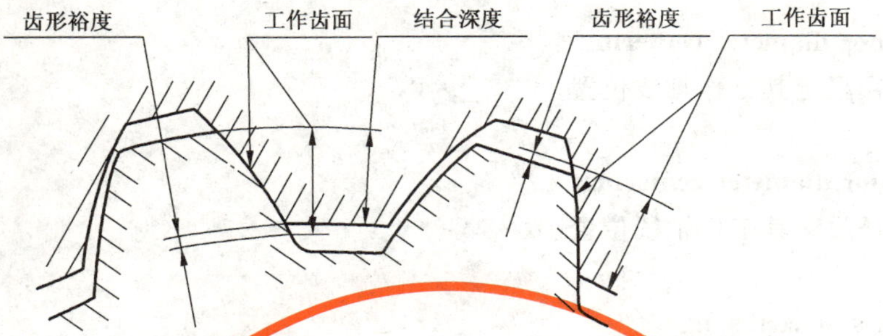

图 12

2.22

结合深度　depth of engagement

内花键小圆至外花键大圆的径向距离(不包括倒棱深度)。见图 12。

2.23

齿形裕度　form clearance

在渐开线花键联结中,渐开线齿形超过结合深度的径向距离。见图 12。

2.24

右旋齿　right-hand teeth

齿线为右螺旋线的键齿。见图 13。

图 13

2.25

左旋齿　left-hand teeth

齿线为左螺旋线的键齿。见图 14。

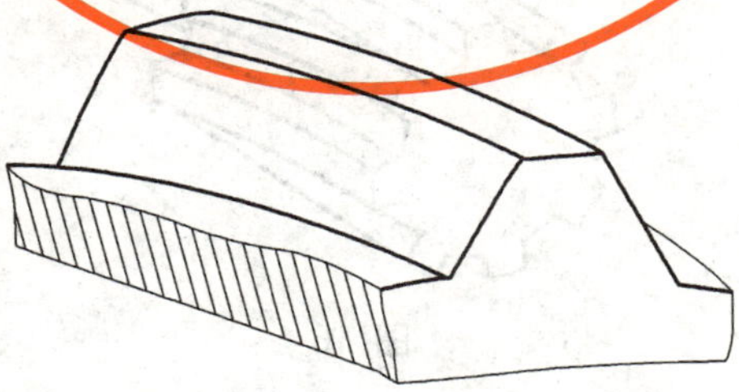

图 14

2.26

定心　centering

花键副工作轴线位置的限定。

2.26.1

小径定心　minor diameter centering

由花键副的小径限定其工作轴线位置。

2.26.2

大径定心　major diameter centering

由花键副的大径限定其工作轴线位置。

2.26.3

齿侧定心 tooth side centering

由花键副的齿面限定其工作轴线位置(对渐开线花键和端齿花键也称自动定心)。

3　花键的种类

3.1

矩形花键　straight-sided splines

端平面上外花键的键齿或内花键的键槽,两侧齿形为相互平行的直线且对称于轴平面的花键。

3.1.1

圆柱直齿矩形花键　cylindrical straight-sided splines

键齿在圆柱面上,且齿线为直线的矩形花键。简称矩形花键。见图15。

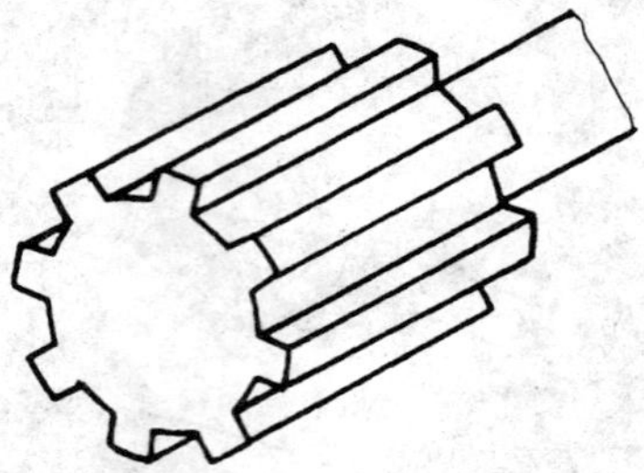

图 15

3.1.2

圆柱斜齿矩形花键　cylindrical helical straight-sided splines

键齿在圆柱面上,且齿线为螺旋线的矩形花键。见图16。

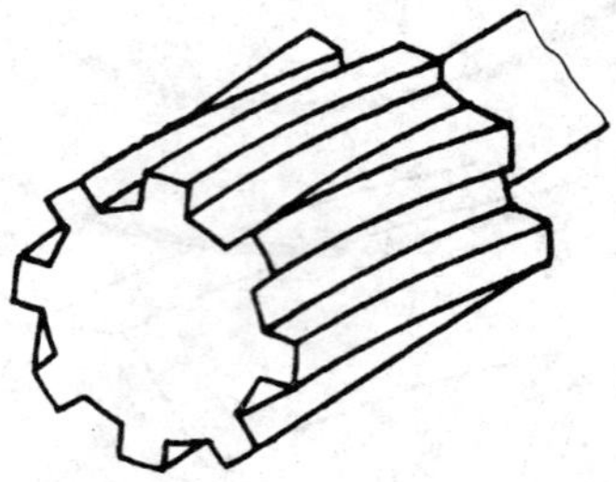

图 16

3.2

渐开线花键　involute splines

键齿在圆柱(或圆锥)面上,且齿形为渐开线的花键。

3.2.1

圆柱直齿渐开线花键　straight cylindrical involute splines

键齿在圆柱面上,且齿线为直线的渐开线花键。见图17。

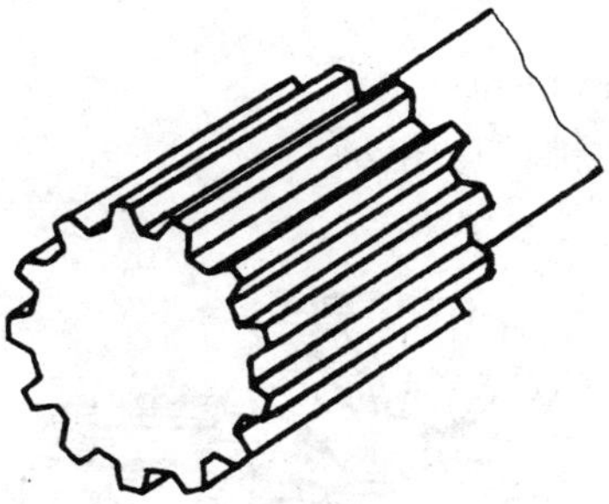

图 17

3.2.2

圆锥直齿渐开线花键　straight cone involute splines

键齿在圆锥面上，且齿线为直线的渐开线花键。见图 18。

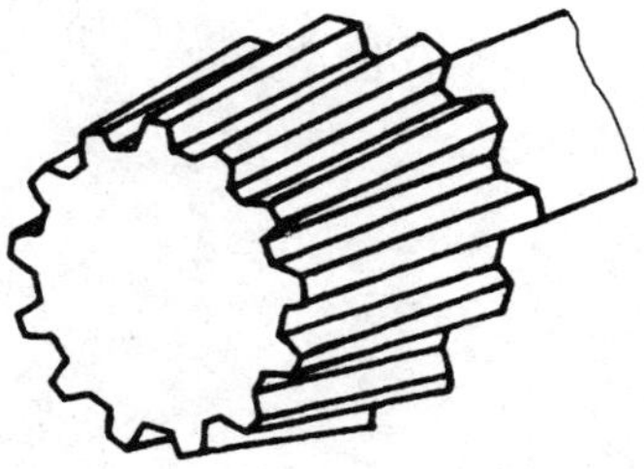

图 18

3.2.3

圆柱斜齿渐开线花键　helical cylindrical involute splines

键齿在圆柱面上，且齿线为螺旋线的渐开线花键。见图 19。

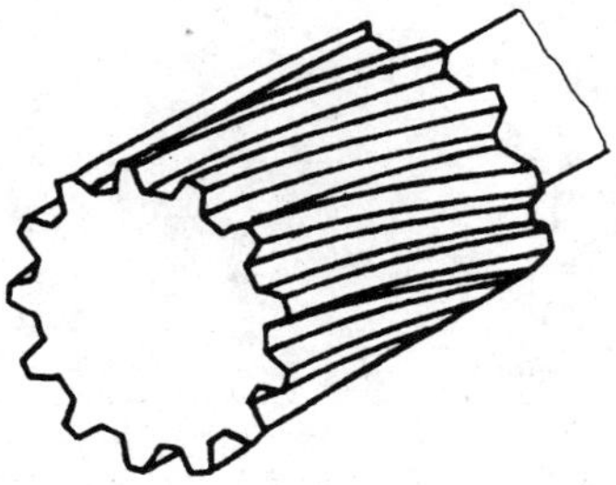

图 19

3.3

端齿花键　transverse splines

键齿在端平面上的花键。

3.3.1

直齿端齿花键　straight transverse splines

齿线为直线的端齿花键。见图 20。

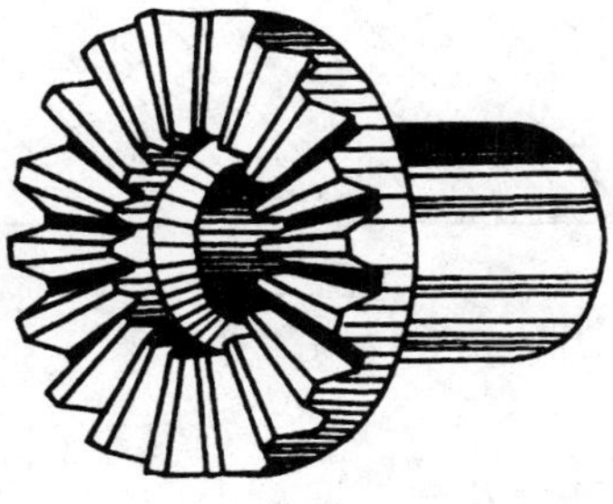

图 20

3.3.2

弧齿端齿花键　spiral transverse splines

齿线为圆弧或其他曲线的端齿花键。见图 21。

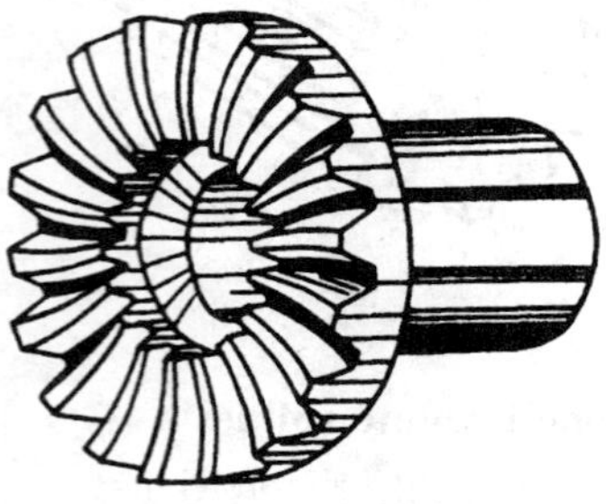

图 21

4　齿廓

4.1

齿廓　tooth profile

键齿被与齿线相交的既定平面所截的截线。

4.1.1

端面齿廓　transverse profile

键齿被端平面所截的截线。

4.1.2

法向齿廓　normal profile

键齿被法平面所截的截线。

4.1.3

基本齿廓　basic tooth profile

基本齿条的法向齿廓。它是确定花键尺寸的依据。见图 22。

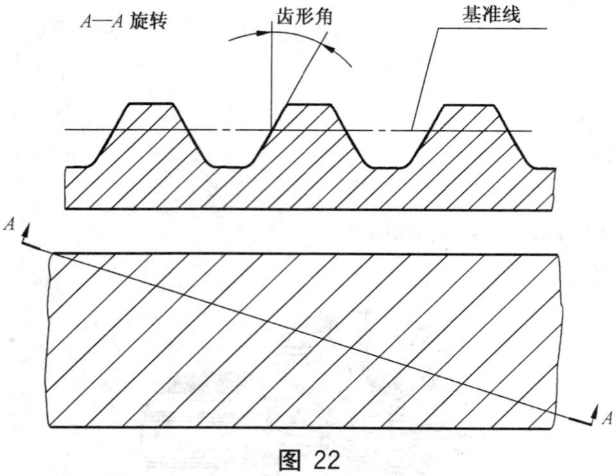

图 22

4.2

基本齿条　basic rack

直径为无穷大的无误差的理想渐开线花键。见图 22。

4.3

基准线　reference line;datum line

基本齿条的法平面与基准平面的交线。基准线是横贯基本齿廓的一条直线，以此线为基准，确定基本齿廓的尺寸。见图 22。

4.4

齿形角　nominal pressure angle

过基本齿廓与基准线交点的径向线与齿廓所夹锐角。见图 22。

5　基本参数

5.1

模数　module

表示渐开线花键键齿大小的参数，其数值为齿距除以圆周率 π 所得的商，以 mm 计。

5.1.1

法向模数　normal module

法向齿距除以圆周率 π 所得的商。

5.1.2

端面模数　transverse module

端面齿距除以圆周率 π 所得的商。

5.2

齿数　number of teeth

一个花键键齿的总数。

5.3

压力角　pressure angle

过渐开线齿形上任一点的径向线与过该点的齿形切线所夹的锐角。

5.3.1

法向压力角　normal pressure angle

在法平面上的压力角。

5.3.2

标准压力角　standard pressure angle

分度圆上的法向压力角。

5.3.3

端面压力角　transverse pressure angle

在端平面上的压力角。

5.4

齿距　pitch

在分度圆上，两相邻同侧齿面间的弧长。

5.4.1

端面齿距　transverse pitch

端平面上的齿距。

5.4.2

法向齿距　normal pitch

法平面上的齿距。

5.5

螺旋角　helix angle

对于圆柱斜齿花键，圆柱螺旋线的切线与通过切点的圆柱体素线之间所夹的锐角。对渐开线花键，通常系指分度圆的螺旋角。见图 23。

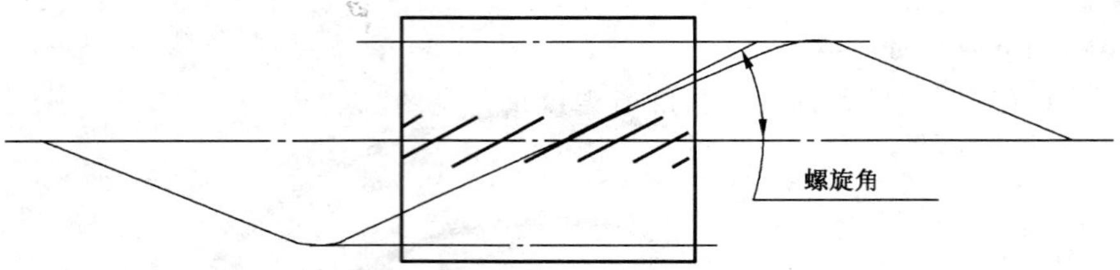

图 23

5.6

齿槽角　space angle

直线齿形内花键，其齿槽两侧齿形的夹角。见图 24。

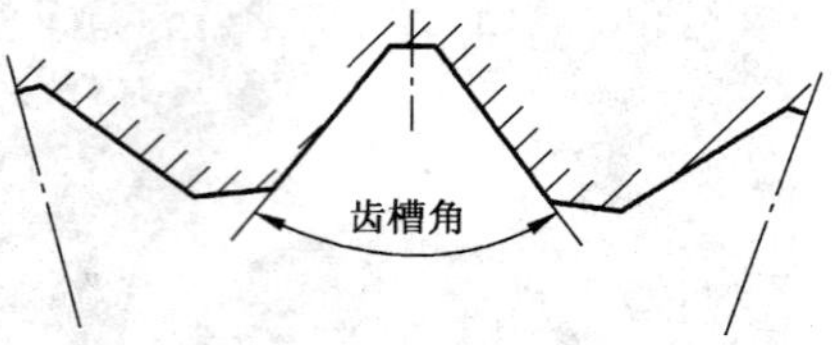

图 24

5.7

圆锥素线　conical line

小径圆锥表面与通过花键轴平面的交线。见图 25。

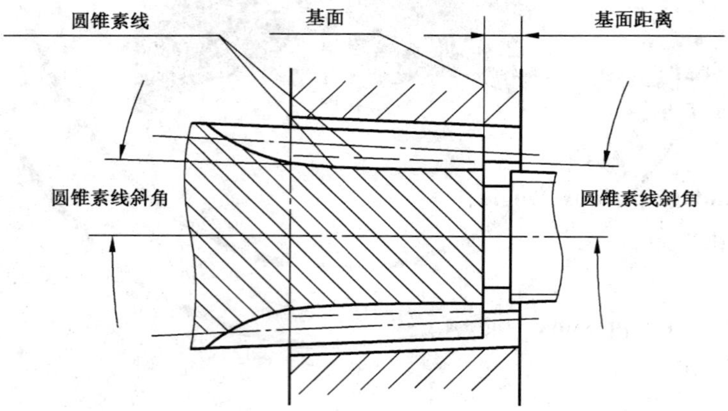

图 25

5.8

圆锥素线斜角　conical line bevel angle

内外花键圆锥素线与花键轴线所夹锐角。见图 25。

5.9

基面　base plane

在圆锥花键联结中，规定花键参数、尺寸公差的端平面。基面的位置规定在外花键小端并应与设计给定的内花键基面重合。见图 25。

5.10

基面距离　base plane length

从基面到圆锥内花键小端端面的距离。见图 25。

6　圆和直径

6.1

齿顶圆　tip circle

齿顶曲面与端平面的交线。见图 26。

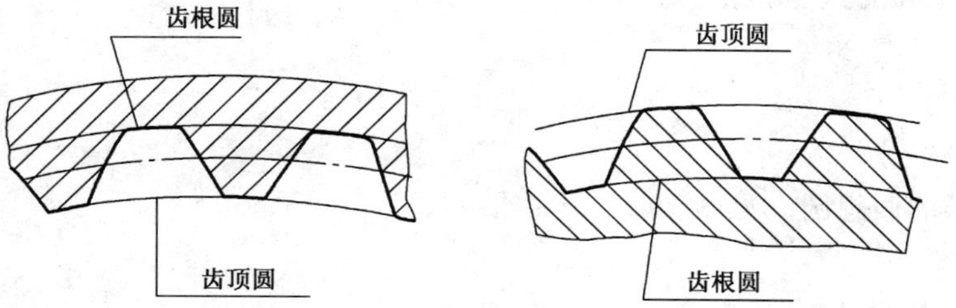

图 26

6.2

齿根圆　tooth root circle

齿根曲面与端平面的交线。见图 26。

6.3

大径　major diameter

内花键齿根圆(大圆)或外花键齿顶圆(大圆)的直径。见图 27 和图 28。

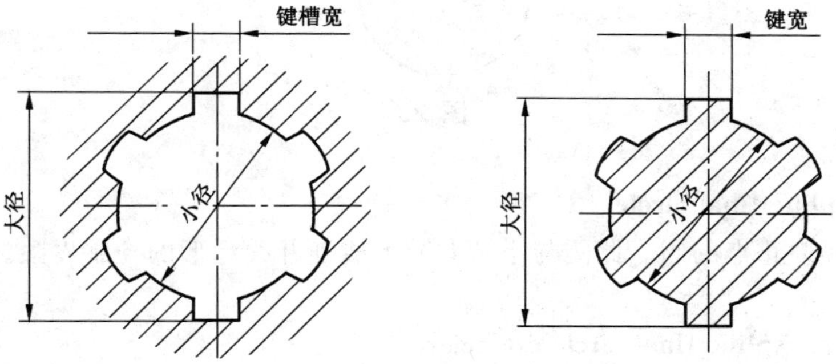

图 27

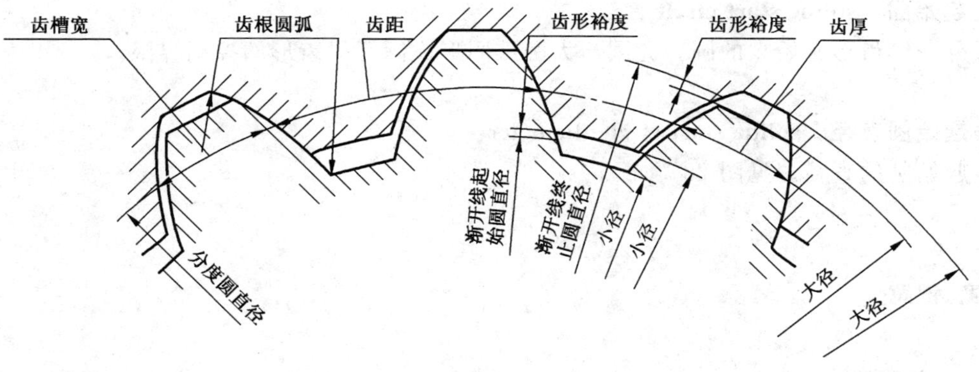

图 28

6.4

小径　minor diameter

内花键齿顶圆(小圆)、外花键齿根圆(小圆)的直径。见图 27 和图 28。

6.5

分度圆　reference circle

渐开线花键分度圆柱面或分度圆锥面与端平面的交线。它(对圆锥直齿花键为基面上的分度圆)是计算花键尺寸的基准圆,该圆上的模数和压力角为标准值。

6.6

分度圆直径　reference diameter

分度圆的直径。见图 28。

6.7

基圆　base circle

展成渐开线齿形的假想圆。见图 29。

6.8

基圆直径　base diameter

基圆的直径。见图 29。

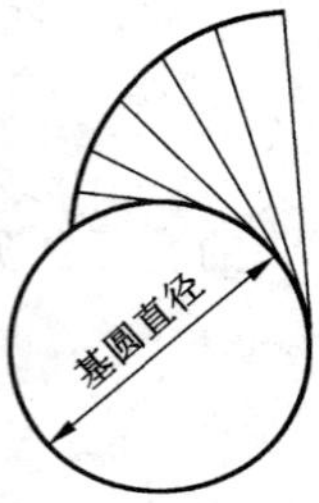

图 29

6.9

渐开线终止圆　spline final circle

渐开线内花键齿形终止点的圆。此圆与小圆共同形成渐开线齿形的控制界限。

6.10

渐开线终止圆直径　spline final circle diameter

渐开线终止圆的直径。见图 28。

6.11

渐开线起始圆　spline start circle

渐开线外花键齿形起始点的圆。此圆与大圆共同形成渐开线齿形的控制界限。

6.12

渐开线起始圆直径　spline start circle diameter

渐开线起始圆的直径。见图 28。

7　配合

7.1　键槽宽、键宽

7.1.1

键槽宽　space width

矩形内花键键槽的宽度。见图 27。

7.1.2

键宽　spline width

矩形外花键键齿的宽度。见图 27。

7.2　齿槽宽、齿厚与侧隙

7.2.1

齿槽宽　space width

在渐开线内花键上，一个齿槽的分度圆弧长。

7.2.2

基本齿槽宽　basic space width

渐开线内花键分度圆上弧齿槽宽的基本尺寸，其值为齿距之半。

7.2.3

作用齿槽宽　effective space width

数值等于与之在渐开线内花键全齿长上配合(无间隙且无过盈)的理想全齿外花键分度圆弧齿厚的齿槽宽。见图 30。

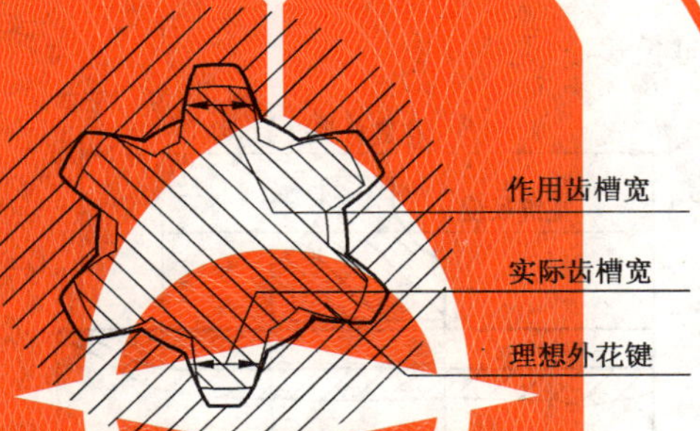

图 30

7.2.4

实际齿槽宽　actual space width

在渐开线内花键分度圆上各齿槽的弧齿槽宽。见图 30。

7.2.5

齿厚　tooth thickness

在渐开线外花键上，一个键齿的分度圆弧长。

7.2.6

基本齿厚　basic tooth thickness

渐开线外花键分度圆上弧齿厚的基本尺寸，其值为齿距之半。

7.2.7

作用齿厚　effective tooth thickness

数值等于与之在渐开线外花键全齿长上配合(无间隙且无过盈)的理想全齿内花键分度圆弧齿槽宽的齿厚。见图 31。

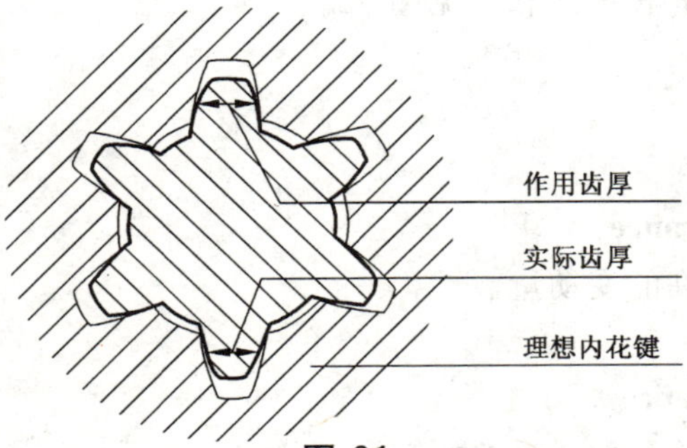

图 31

7.2.8

实际齿厚 actual tooth thickness

在渐开线外花键分度圆上各键齿的弧齿厚。见图 31。

7.2.9

作用侧隙 effective clearance

全齿侧隙

内花键作用齿槽宽减去与之相配合的外花键作用齿厚。正值为间隙,负值为过盈。

7.2.10

理论侧隙 theoretical clearance

单齿侧隙

内花键实际齿槽宽减去与之相配合的外花键实际齿厚。

7.3 **长度**

7.3.1

花键长度 length of spline

花键上具有完整齿廓的轴向长度。见图 32。

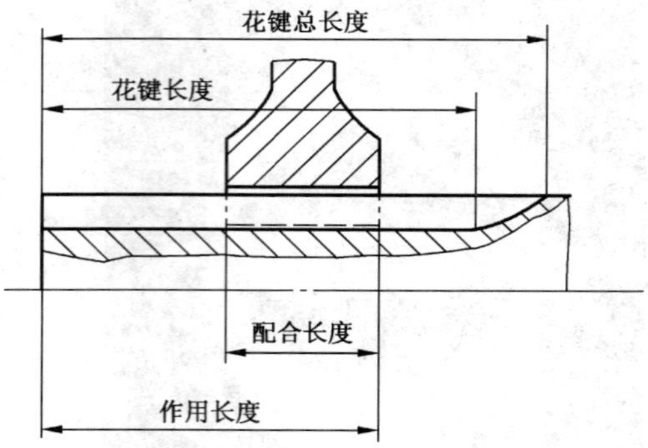

图 32

7.3.2

配合长度 length of engagement

内外花键的轴向联结长度。见图 32。

7.3.3

作用长度 active spline length

花键的最大轴向工作长度。在滑动花键中作用长度大于配合长度。见图 32。

7.3.4

花键总长度 total length of spline

花键长度与非完整齿廓轴向长度之和。见图 32。

8 误差、公差及测量

8.1

加工公差 machining tolerance

实际齿槽宽或实际齿厚允许的变动量。

8.2

综合误差 deviation allowance

花键齿槽或键齿的形状误差和位置误差的综合。

8.3

综合公差　allowance tolerance

允许的综合误差。

8.4

总公差　total tolerance

加工公差与综合公差之和。

8.5

齿距累积误差　total pitch deviation

在分度圆上(矩形花键在大圆上),任意两同侧齿面间的实际弧长与理论弧长之差的最大绝对值。见图 33。

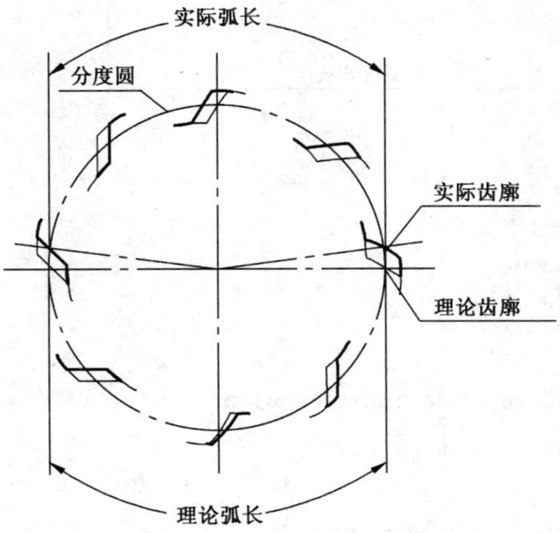

图 33

8.6

齿距累积公差　total pitch tolerance

允许的齿距累积误差。

8.7

齿形误差　total profile deviation

在齿形工作部分(包括齿形裕度,不包括齿顶倒棱)包容实际齿形的两条理论齿形之间的法向距离。见图 34。

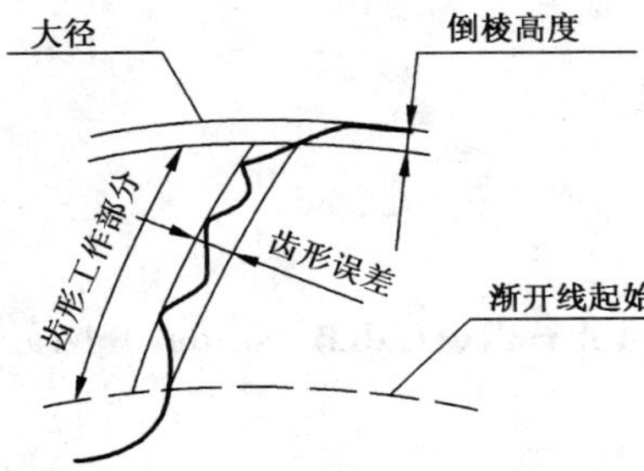

图 34

8.8

齿形公差　total profile tolerance

允许的齿形误差。

8.9

齿向误差　total helix deviation

在花键配合长度范围内,包容实际齿线的两条理论齿线之间的弧长。见图35。

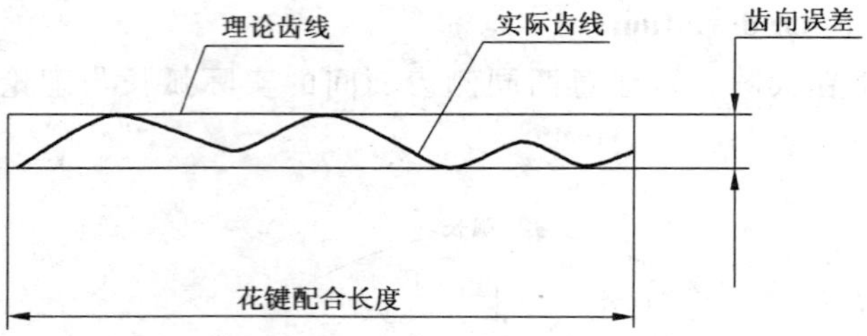

图 35

8.10

齿向公差　total helix tolerance

允许的齿向误差。

8.11

齿槽角极限偏差　tooth space angle limit deviation

实际齿槽角相对于基本齿槽角的上、下偏差。

8.12

齿圈径向跳动　eccentricity;radial run-out

花键在一转范围内,测头在齿槽内或键齿上于分度圆附近双面接触,测头相对于回转轴线的最大变动量。见图36。

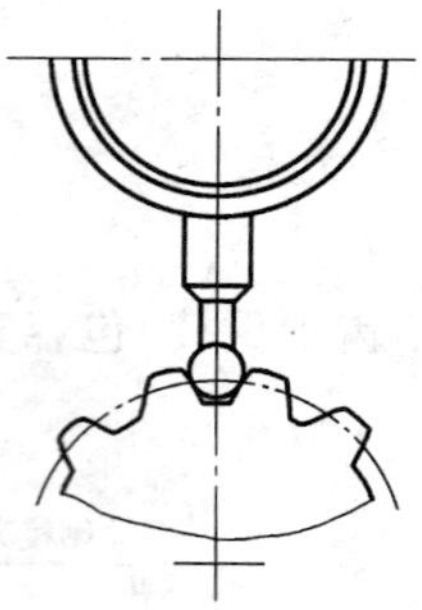

图 36

8.13

齿圈径向跳动公差　eccentricity tolerance;radial run-out tolerance

允许的齿圈径向跳动量。

8.14

棒间距　measurement between two pins

借助两量棒测量内花键实际齿槽宽时两量棒间的内侧距离。见图37。

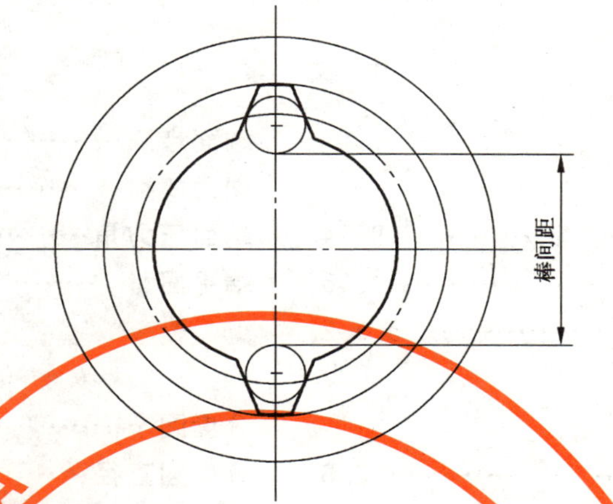

图 37

8.15

跨棒距　measurement over two pins

借助两量棒测量外花键实际齿厚时两量棒间的外侧距离。见图 38。

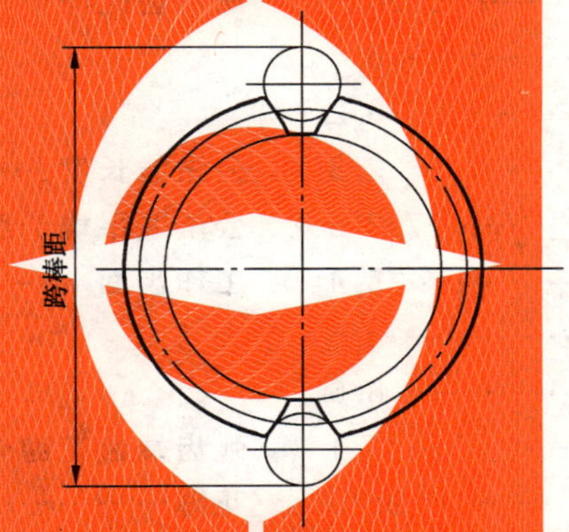

图 38

8.16

变换系数　approximation factor

跨棒距值的变换系数,其值为跨棒距的变动量与齿厚的变动量之比。

8.17

公法线长度　measurement over *K* teeth

相隔 K 个齿的两外侧齿面各与两平行平面之中的一个平面相切,此两平行平面之间的垂直距离。见图 39。

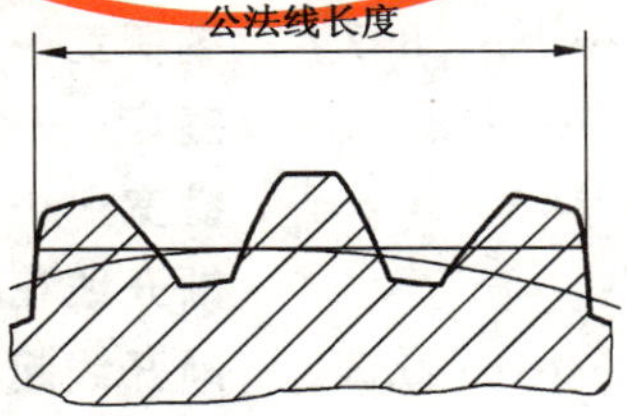

图 39

必须指明两平行平面所跨的齿数。

8.18

公法线平均长度　average value of measurement over *K* teeth

同一花键上实际测得的公法线长度的平均值。

中 文 索 引

英 文 索 引

A

B

C

D

E

P

R

S

T

W

ICS 91.100.30
Q 14

GB

中华人民共和国国家标准

GB 15762—2008
代替 GB 15762—1995

蒸压加气混凝土板

Autoclaved aerated concrete slabs

2008-12-31 发布　　　　2009-12-30 实施

中华人民共和国国家质量监督检验检疫总局
中国国家标准化管理委员会　发布

前　　言

本标准的4.2、4.3、4.4和4.5为强制性的，其余为推荐性的。

本标准代替GB 15762—1995《蒸压加气混凝土板》。本标准与GB 15762—1995相比，主要差异在于：

——增加了楼板品种；

——取消了等级品的规定；

——修改了对板的外观质量和尺寸误差要求；

——增加了楼板、墙板的结构性能要求；

——修改了板材结构性能测试方法；

——增加了非常用新品种的介绍。

本标准附录A和附录B为资料性附录，附录C和附录D为规范性附录。

本标准由中国建筑材料联合会提出。

本标准由全国水泥制品标准化技术委员会归口。

本标准负责起草单位：同济大学、中国加气混凝土协会、上海伊通有限公司、浙江开元新型墙体材料有限公司。

本标准参加起草单位：北京市现代建筑材料有限公司、北京市加气混凝土有限责任公司、爱舍新型建材有限公司。

本标准主要起草人：苏宇峰、程才渊、姜勇、陆洁、陈宏平、唐建平、张焕良、申京涛、欧阳春斐、贺铁明、张瑞海、杨云凤、王能关、陈新疆。

本标准所代替标准的历次版本发布情况为：

——GB 15762—1995。

蒸压加气混凝土板

1 范围

本标准规定了蒸压加气混凝土板的分类、规格和标记、要求、试验方法、检验规则、标志、运输和贮存以及产品合格证。

本标准适用于民用与工业建筑物中使用的蒸压加气混凝土板。

2 规范性引用文件

下列文件中的条款通过本标准的引用而成为本标准的条款。凡是注日期的引用文件，其随后所有的修改单(不包括勘误的内容)或修订版均不适用于本标准，然而，鼓励根据本标准达成协议的各方研究是否可使用这些文件的最新版本。凡是不注日期的引用文件，其最新版本适用于本标准。

GB/T 701 低碳钢热轧圆盘条

GB 1499.2 钢筋混凝土用钢 第2部分:热轧带肋钢筋

GB/T 10294 绝热材料稳态热阻及有关特性的测定 防护热板法

GB 11968—2006 蒸压加气混凝土砌块

GB/T 11969 蒸压加气混凝土性能试验方法

GB 13788 冷轧带肋钢筋

JC/T 540 混凝土制品用冷拔低碳钢丝

JC/T 855 蒸压加气混凝土板钢筋涂层防锈性能试验方法

JG/T 169—2005 建筑隔墙用轻质条板

3 分类、规格和标记

3.1 品种

3.1.1 蒸压加气混凝土板按使用功能分为屋面板(JWB)、楼板(JLB)、外墙板(JQB)、隔墙板(JGB)等常用品种，其外型、断面和配筋示意参见附录A。

3.1.2 蒸压加气混凝土板的非常用品种参见附录B。

3.2 规格

蒸压加气混凝土板常用规格见表1。

表1 常用规格

单位为毫米

<table>
<tr><th>长度(L)</th><th>宽度(B)</th><th>厚度(D)</th></tr>
<tr><td rowspan="2">1 800～6 000(300模数进位)</td><td rowspan="2">600</td><td>75、100、125、150、175、200、250、300</td></tr>
<tr><td>120、180、240</td></tr>
<tr><td colspan="3">注：其他非常用规格和单项工程的实际制作尺寸由供需双方协商确定。</td></tr>
</table>

3.3 级别

蒸压加气混凝土板按蒸压加气混凝土强度分为:A2.5、A3.5、A5.0、A7.5四个强度级别。

蒸压加气混凝土板按蒸压加气混凝土干密度分为:B04、B05、B06、B07四个干密度级别。

3.4 产品标记

3.4.1 标记方法

屋面板、楼板、外墙板的标记应包括品种、标准号、干密度级别、制作尺寸(长度×宽度×厚度)、荷载允许值等内容。

隔墙板的标记应包括品种、标准号、干密度级别、制作尺寸(长度×宽度×厚度)等内容。

3.4.2 标记示例

a) 屋面板

干密度级别为B06,长度为4 800 mm、宽度为600 mm、厚度为175 mm,荷载允许值为2 000 N/m^2 的屋面板:

JWB-GB 15762-B06-4800×600×175-2000

b) 外墙板

干密度级别为B05,长度为4 200 mm、宽度为600 mm、厚度为150 mm,荷载允许值为1 500 N/m^2 的外墙板:

JQB-GB 15762-B05-4200×600×150-1500

c) 隔墙板

干密度级别为B04,长度为3 500 mm、宽度为600 mm、厚度为100 mm的隔墙板:

JGB-GB 15762-B04-3500×600×100

4 要求

4.1 原材料

4.1.1 蒸压加气混凝土板生产用原材料(包括水泥、生石灰、粉煤灰、砂、铝粉、石膏等)的要求应符合GB 11968—2006第5章的要求。

4.1.2 蒸压加气混凝土板中的钢筋应符合GB/T 701、GB 1499.2、GB 13788或JC/T 540的规定。

4.1.3 防锈剂应符合相应标准的要求。

4.2 外观质量和尺寸偏差

4.2.1 外观质量

蒸压加气混凝土板允许修补的外观缺陷(见图1)限值和外观质量要求应符合表2的要求。

表2 外观缺陷限值和外观质量

<table>
<tr><th colspan="2">项目</th><th>允许修补的缺陷限值</th><th>外观质量</th></tr>
<tr><td colspan="2">大面上平行于板宽的裂缝(横向裂缝)</td><td>不允许</td><td>无</td></tr>
<tr><td colspan="2">大面上平行于板长的裂缝(纵向裂缝)</td><td>宽度<0.2 mm,数量不大于3条。总长≤1/10L。</td><td>无</td></tr>
<tr><td colspan="2">大面凹陷</td><td>面积≤150 cm^2,深度 t≤10 mm,数量不得多于2处。</td><td>无</td></tr>
<tr><td colspan="2">大气泡</td><td>直径≤20 mm。</td><td>无直径>8 mm、深>3 mm的气泡</td></tr>
<tr><td rowspan="2">掉角</td><td>屋面板、楼板</td><td>每个端部的板宽方向不多于1处,其尺寸为 b_1≤100 mm、d_1≤2/3D、l_1≤300 mm。</td><td rowspan="2">每块板≤1处(b_1≤20 mm,d_1≤20 mm,l_1≤100 mm)</td></tr>
<tr><td>外墙板、隔墙板</td><td>每个端部的板宽方向不多于1处,在板宽方向尺寸 b_1≤150 mm、板厚方向 d_1≤4/5D、板长方向的尺寸 l_1≤300 mm。</td></tr>
<tr><td colspan="2">侧面损伤或缺棱</td><td>≤3 m的板不多于2处,>3 m的板不多于3处;每处长度 l_2≤300 mm,深度 b_2≤50 mm。</td><td>每侧≤1处(b_2≤10 mm,l_2≤120 mm)</td></tr>
<tr><td colspan="4">注1:修补材颜色、质感宜与蒸压加气混凝土一致,性能应匹配。
注2:若板材经修补,则外观质量为修补后的要求。</td></tr>
</table>

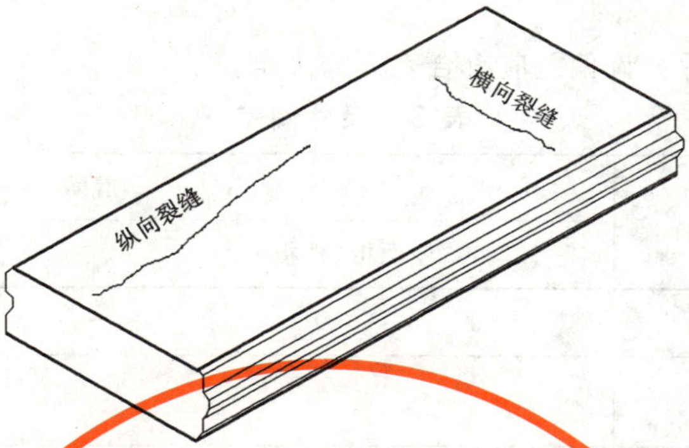

a）横向裂缝和纵向裂缝示意

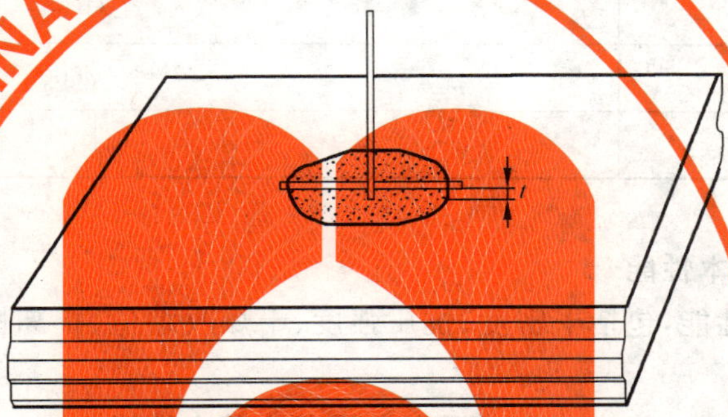

b）大面凹陷或气泡示意

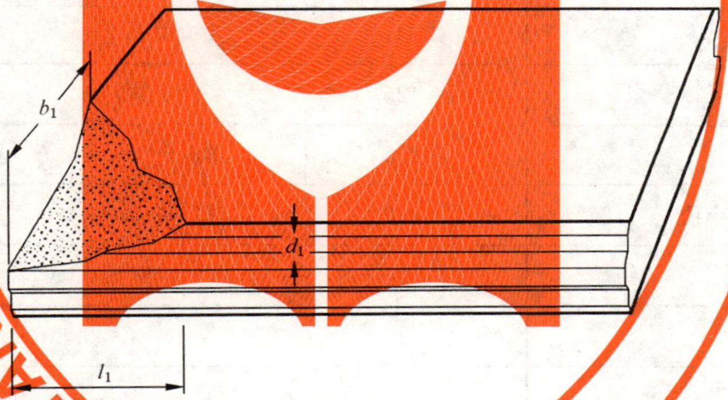

c）掉角示意

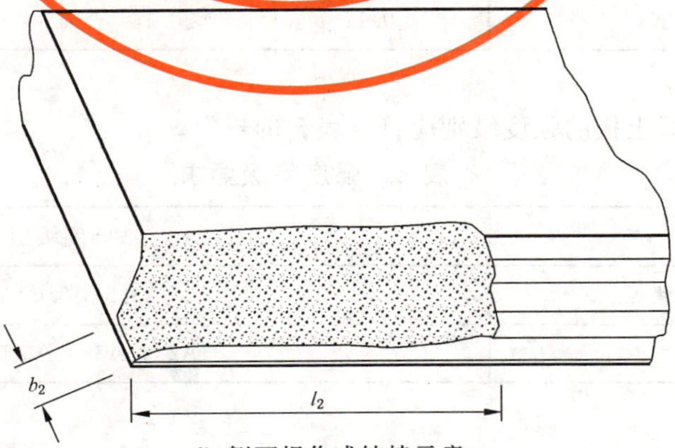

d）侧面损伤或缺棱示意

图 1　外观缺陷示意图

4.2.2 尺寸偏差

蒸压加气混凝土板的尺寸允许偏差应符合表 3 的规定。

表 3 尺寸偏差

单位为毫米

项目	指标	
	屋面板、楼板	外墙板、隔墙板
长度 L	±4	
宽度 B	$^{0}_{-4}$	
厚度 D	±2	
侧向弯曲	≤L/1 000	
对角线差	≤L/600	
表面平整	≤5	≤3

4.3 基本性能

4.3.1 蒸压加气混凝土基本性能

蒸压加气混凝土基本性能，包括干密度、抗压强度、干燥收缩值、抗冻性、导热系数，应符合表 4 的规定。

表 4 蒸压加气混凝土基本性能

强度级别		A2.5	A3.5	A5.0	A7.5
干密度级别		B04	B05	B06	B07
干密度/(kg/m^3)		≤425	≤525	≤625	≤725
抗压强度/MPa	平均值	≥2.5	≥3.5	≥5.0	≥7.5
	单组最小值	≥2.0	≥2.8	≥4.0	≥6.0
干燥收缩值/(mm/m)	标准法	≤0.50			
	快速法	≤0.80			
抗冻性	质量损失/%	≤5.0			
	冻后强度/MPa	≥2.0	≥2.8	≥4.0	≥6.0
导热系数(干态)/[W/(m·K)]		≤0.12	≤0.14	≤0.16	≤0.18

4.3.2 强度级别要求

各品种蒸压加气混凝土板的强度级别应符合表 5 的规定。

表 5 强度等级要求

品种	强度级别
屋面板、楼板、外墙板	A3.5、A5.0、A7.5
隔墙板	A2.5、A3.5、A5.0、A7.5

4.4 钢筋要求

4.4.1 蒸压加气混凝土板中配置的钢筋应用防锈剂作防锈处理。防锈处理后的钢筋应符合表 6 的规定。

表 6 钢筋防锈要求

项目	防锈要求
防锈能力	试验后，锈蚀面积≤5%
钢筋粘着力	≥1.0 MPa

4.4.2 纵向钢筋保护层厚度从钢筋外缘算起(图 2)。保护层厚度的基本尺寸和允许偏差应符合表 7 的规定。

表 7 纵向钢筋保护层要求

单位为毫米

项目	基本尺寸	允许偏差	
		屋面板、楼板、外墙板	隔墙板
距大面的保护层厚度 c_1	20	±5	$^{+5}_{-10}$
距端部的保护层厚度 c_2	10	$^{+5}_{-10}$	
注：配单层网的隔墙板和有特殊要求的其他板材，其基本尺寸和允许偏差由供需双方协商确定。			

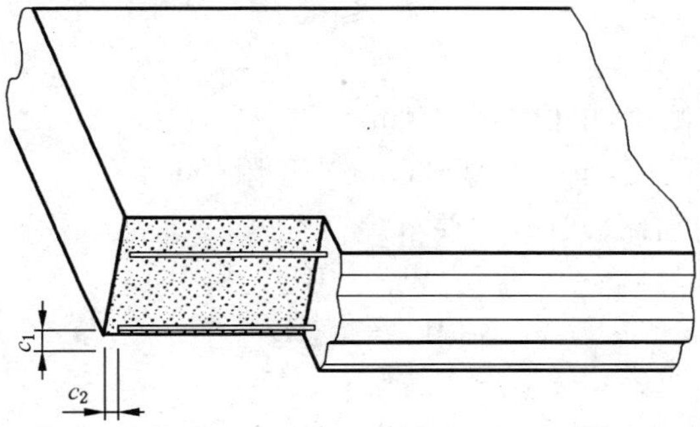

图 2 钢筋保护层厚度示意

4.5 蒸压加气混凝土板的结构性能

4.5.1 各品种蒸压加气混凝土板的结构性能检验应符合表 8 的规定。

表 8 结构性能检验

品种	检验项目	要求
屋面板、楼板、外墙板	承载能力检验	符合公式(1)和(2)
	短期挠度检验	符合公式(3)
隔墙板	承载能力检验	符合公式(4)

4.5.2 屋面板、楼板、外墙板的承载能力应同时符合公式(1)和公式(2)的要求。

$$W_1^s \geqslant W_R \qquad \cdots\cdots(1)$$

$$W_2^s \geqslant \frac{\gamma_o[\gamma_u]}{\gamma_R} W_R \qquad \cdots\cdots(2)$$

式中：

W_1^s——屋面板、楼板或外墙板初裂时荷载实测值，单位为牛顿每平方米(N/m^2)；

W_R——单项工程荷载设计值，单位为牛顿每平方米(N/m^2)；

W_2^s——破坏时荷载实测值(达到表 9 所列破坏标志之一时的荷载实测值)，单位为牛顿每平方米(N/m^2)；

γ_o——重要性系数，根据结构安全等级，按表 10 选用；

$[\gamma_u]$——承载力检验系数允许值，按表9选用；

γ_R——抗力分项系数，采用0.75。

表9 破坏检验标志

结构设计受力情况	破坏的检验标志	$[\gamma_u]$
受弯	在受拉主筋的最大裂缝宽度达到1.5 mm，或挠度达到跨度的1/50	1.20
	受压处加气混凝土破坏	1.25
	受拉主筋拉断	1.50
受弯构件的受剪	腹部斜裂缝达到1.5 mm，或斜裂缝末端受压区加气混凝土剪压破坏	1.35
	沿斜截面加气混凝土斜压破坏，或受拉主筋在端部滑脱，或其他锚固破坏	1.50

表10 重要性系数

结构安全等级	一级	二级	三级
γ_o	1.1	1.0	0.9

4.5.3 屋面板、楼板、外墙板的短期挠度应符合公式(3)的要求。

$$\alpha^s \leqslant \alpha_k \quad \cdots\cdots(3)$$

式中：

α^s——试验板短期挠度实测值，单位为毫米(mm)；

α_k——试验板短期挠度特征值，单位为毫米(mm)，见附录C。

4.5.4 隔墙板的承载能力应符合公式(4)的要求。

$$W_3^s \geqslant W_g \quad \cdots\cdots(4)$$

$$W_g = \gamma_g \rho D \quad \cdots\cdots(5)$$

式中：

W_3^s——隔墙板的初裂时荷载实测值，单位为牛顿每平方米(N/m^2)

W_g——隔墙板承载力检验荷载特征值，单位为牛顿每平方米(N/m^2)；

γ_g——隔墙板承载力检验系数，取0.3；

ρ——干密度计算值，按附录C表C.1取值，单位为牛顿每立方米(N/m^3)；

D——板的厚度，单位为米(m)。

5 试验方法

5.1 试验环境及试验条件

除规定外，试验应在常温(≥5 ℃)常湿条件下进行。

5.2 外观质量和尺寸偏差

5.2.1 外观质量

对受测板，视距0.6 m，目测有无裂缝，并记录。若有裂缝，测量裂缝长度。

对大面凹陷、大气泡、掉角、侧面损伤或缺棱，采用精度为1 mm的卷尺或直尺测量，读数读至1 mm，记录数量和尺寸大小。

5.2.2 尺寸偏差

蒸压加气混凝土板的长度、宽度、厚度、侧向弯曲、对角线差和表面平整按JG/T 169—2005中6.3的规定进行。

5.3 基本性能

5.3.1 蒸压加气混凝土的干密度、抗压强度、干燥收缩值、抗冻性的检测应按GB/T 11969规定的方法进行。

5.3.2　蒸压加气混凝土的导热系数应按 GB/T 10294 的规定进行。

5.4　**钢筋要求**

5.4.1　钢筋防锈能力按 JC/T 855 的规定进行。

5.4.2　钢筋粘着力按附录 D 的规定进行。

5.4.3　纵向钢筋保护层厚度可用钢筋探测仪(采用电磁脉冲原理)检测或用量具直接测量(必要时进行破坏性试验)。

a)　屋面板和楼板

距大面的纵向钢筋保护层厚度：受力面随机测量 12 处，取正负偏差的最大值，测试结果精确至 1 mm。

距端部的纵向钢筋保护层厚度：两个端部应分别检测，每个端部随机测量 4 处，取正负偏差的最大值，测试结果精确至 1 mm。

b)　外墙板和隔墙板

距大面的纵向钢筋保护层厚度：两侧大面应分别检测，每个大面随机测量 6 处，取正负偏差的最大值，测试结果精确至 1 mm。

距端部的纵向钢筋保护层厚度：两个端部应分别检测，每个端部随机测量 4 处，取正负偏差的最大值，测试结果精确至 1 mm。

5.5　**蒸压加气混凝土板的结构性能**

板的结构性能应按附录 C 的规定进行。

6　检验规则

6.1　**检验分类**

检验分为出厂检验和型式检验。

6.2　**出厂检验**

6.2.1　**出厂检验项目**

产品出厂应按同品种、同级别进行检验。出厂检验项目见表 11。

表 11　检验项目和样本数量

序号	条	检验项目		出厂检验	出厂检验样本数量	型式检验	型式检验样本数量
1	4.2.1	外观质量		是	50 块	是	80 块
2	4.2.2	尺寸偏差		是	50 块	是	80 块
3	4.3	蒸压加气混凝土基本性能	干密度	是	3 组	是	3 组
4			抗压强度	是	3 组	是	3 组
5			干燥收缩值	否	—	是	3 组
6			抗冻性	否	—	是	3 组
7			导热系数	否	—	是	1 组
8	4.4.1	钢筋防锈要求	防锈能力	否	—	是	1 组
9			钢筋粘着力	否	—	是	1 组
10	4.4.2	纵向钢筋保护层厚度		是	3 块	是	3 块
11	4.5	结构性能		是	1 块	是	1 块

6.2.2　**抽样规则**

6.2.2.1　同品种、同级别的板材，以 3 000 块为一批，不足 3 000 块时亦作一批计。

6.2.2.2 随机抽取50块板，进行外观质量和尺寸偏差的检验。从外观质量和尺寸偏差检验合格的板中，按表11的要求随机抽取其他出厂检验项目用板及制作相关试件。

6.2.2.3 基本性能中干密度和抗压强度试件，也可在与该批板同样条件下制得的砌块上取样。

6.2.3 **判定规则**

6.2.3.1 受检的50块板中，外观质量全部符合表2的规定时，判该批板外观质量合格。若不符合表2规定的板超过1块时，判该批板外观质量不合格。

6.2.3.2 受检的50块板中，尺寸偏差不符合表3规定的板不超过4块时，判该批板尺寸偏差合格；不符合表3规定的板超过4块时，判该批板尺寸偏差不合格。

6.2.3.3 基本性能中，3组干密度试件测定结果平均值符合表4的规定时，判该批板干密度合格；3组抗压强度试件测定结果平均值和单组最小值符合表4的要求时，判该批板抗压强度合格。若强度级别符合表5的要求时，判该批板强度级别合格。若有一项不合格，则判该批板不合格。

6.2.3.4 进行钢筋保护层厚度检验的3块板全部符合表7的规定时，判该批板钢筋保护层厚度合格；有1块不符合规定时，判该批板钢筋保护层厚度不合格。

6.2.3.5 进行结构性能检验的屋面板、楼板或外墙板符合公式(1)和公式(3)的要求时，判该批板结构性能合格；进行结构性能检验的隔墙板符合公式(4)的要求时，判该批板结构性能合格。若该板不符合有关公式的要求，判该批板不合格。

6.2.3.6 出厂检验中，受检板的6个检验项目全部合格时，则判该批板出厂检验合格。

若6个检验项目中仅有一项不合格，则对该项目加倍抽样，再次进行检验；若检验合格，则判该批板出厂检验合格；若该项目检验仍不合格，则判出厂检验不合格。

若6个检验项目中有2项或2项以上不合格，应加倍抽样进行全部6项检验；若第二次所有检验项目合格，则判出厂检验合格；若仍有1项不合格，则判出厂检验不合格。

6.3 型式检验

6.3.1 **型式检验条件**

有下列情况之一时，应进行型式检验：

a) 新产品或老产品转厂生产进行投产鉴定时；

b) 正式生产后，产品的材料、配方、工艺有重大改变，可能影响产品性能时；

c) 连续生产的产品，每年一次；

d) 产品停产半年以上再恢复生产时；

e) 出厂检验结果与上次型式检验结果有较大差异时；

f) 国家质量监督检验机构提出型式检验要求时。

6.3.2 **型式检验项目**

型式检验项目为4.2、4.3、4.4、4.5中全部规定项目(见表11)。

6.3.3 **抽样规则**

6.3.3.1 同品种、同级别的板材中，随机抽取80块板，进行外观质量和尺寸偏差的检验。

6.3.3.2 从外观质量和尺寸偏差检验合格的板中，按表11的规定，随机抽取其他型式检验项目用板及制作相关试件。

6.3.4 **判定规则**

6.3.4.1 若受检的80块板中，外观质量全部符合表2的规定时，判该批板外观质量合格。若不符合表2规定的板超过1块时，判该批板外观质量不合格。

6.3.4.2 若受检的80块板中，尺寸偏差不符合表3规定的板不超过4块时，判该批板尺寸偏差合格；不符合表4规定的板超过4块时，判该批板尺寸偏差不合格。

6.3.4.3 基本性能中，3组干密度试件测定结果平均值符合表4的规定时，判该批板干密度合格。

3组抗压强度试件测定结果平均值和单组最小值，符合表4的规定时，判该批板抗压强度合格。若强度级别符合表 5 的规定时，判该批板强度级别合格。

干燥收缩测定结果中的最大值符合表 4 的规定时，判该批板干燥收缩合格。

抗冻性测定结果中的质量损失最大值和冻后强度最小值符合表 4 的规定时，判该批板抗冻性合格。

导热系数测定结果符合表 4 的规定时，判该批板导热系数合格。

若以上测定结果中，有某项性能不符合表 4 规定时，则判该批板的该项性能不合格。

6.3.4.4 若钢筋防锈能力和钢筋粘着力的试验结果符合表 5 的规定时，判该批板钢筋防锈能力和钢筋粘着力合格。有 1 项不符合表 5 的规定时，判该批板的该项性能不合格。

6.3.4.5 若 3 块板钢筋保护层厚度都符合表 6 的规定时，判该批板的钢筋保护层厚度合格；有 1 块不符合表 6 的规定时，判该批板的钢筋保护层厚度不合格。

6.3.4.6 在钢筋保护层检验合格的板中，随机挑选 1 块板进行结构性能检验。符合表 8 的规定时，判该批板的结构性能合格；若不符合表 8 的规定，则判该批板的结构性能不合格。

6.3.4.7 型式检验中，受检板的 11 个检验项目全部都合格时，则判该批板合格。

若 11 个检验项目中仅有一项不合格，则对该项目加倍抽样，再次进行检验；若检验合格，则判该批板型式检验合格；若该项目检验仍不合格，则判型式检验不合格。

若 11 个检验项目中有 2 项及 2 项以上不合格，应加倍抽样进行全部 11 项检验；若第二次所有检验项目合格，则判型式检验合格；若仍有 1 项不合格，则判型式检验不合格。

6.4 复验规则

用户有权按本标准对产品进行复验，复验项目、地点按双方合同规定，复验应在购货合同生效后或购方收到货后 20 d 内进行。

7 标志、运输和贮存

7.1 在每块板上应进行标志。除 3.4 要求外，还可标记产品追溯号（如生产日期、底板号等）、认证号、屋面板和楼板的受力方向等内容。

7.2 板在出釜后应存放 5 d、检验合格。

7.3 屋面板、楼板宜按使用方向平放；墙板应侧立放置。堆放场地应坚实、平整、干燥，堆放时板不得直接接触地面。堆高时，应注意安全，不得破坏板材外观和性能。

7.4 露天贮存时应有防雨措施。

7.5 板在运输装卸时需用专用工具，应绑扎牢固或包装运输。

8 产品合格证

8.1 产品应有产品证明书。其内容应包括：

a) 产品名称、标准号、商标；

b) 生产企业名称和地址；

c) 产品规格、等级；

d) 生产日期；

e) 检验部门与检验人员签章、检验日期。

8.2 产品合格证应于产品交付时提供。

附 录 A
（资料性附录）
蒸压加气混凝土板外型、断面和配筋示意

A.1 蒸压加气混凝土板外型示意

蒸压加气混凝土板的外型示意见图 A.1。

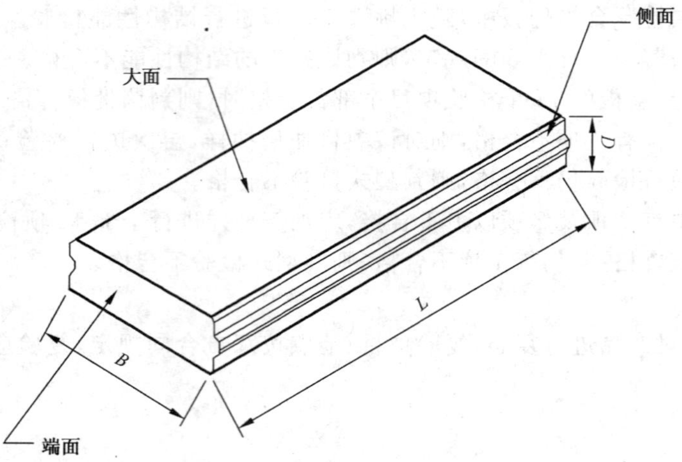

图 A.1 蒸压加气混凝土板外型示意

A.2 蒸压加气混凝土板典型断面和配筋示意

A.2.1 屋面板和楼板的典型断面和配筋示意见图 A.2。

图 A.2 屋面板和楼板的典型断面和配筋示意

A.2.2 外墙板的典型断面和配筋示意见图 A.3。

图 A.3 外墙板的典型断面和配筋示意

A.2.3 隔墙板的典型断面和配筋示意见图 A.4。

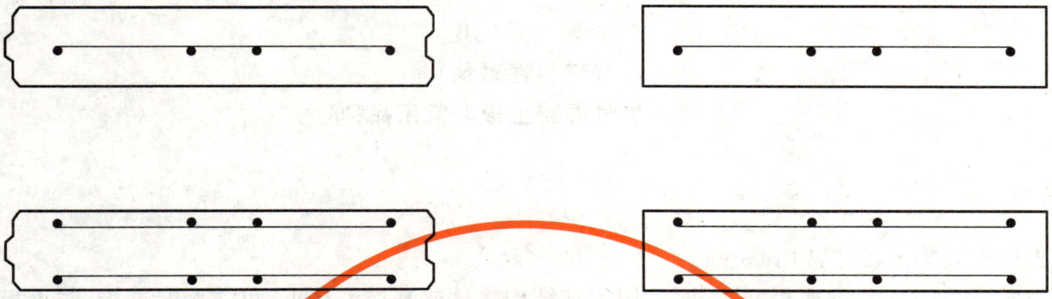

T型（凹凸型）　　平板

注：隔墙板配单层网片时，其厚度不应大于 100 mm。

图 A.4 隔墙板的典型断面和配筋示意

附　录　B
（资料性附录）
蒸压加气混凝土板非常用品种

B.1　分类

蒸压加气混凝土板非常用品种有：

——板厚＜75 mm 的薄板，使用时需固定在结构构件或基层墙体上，可作为装饰板、防火板等；

——表面进行加工处理形成一定图案的花纹板（也称艺术板），通常为具有装饰功能的墙板；

——容重级别为 B03 或 B04 的低密度板，一般用于建筑物的辅助保温隔热，而不单独作为墙体使用；

——适用于外墙转角处的转角板；

——由板材切割而成的、应用于门窗洞口的过梁，分为承重过梁和非承重过梁，内部配筋应分别经计算和试验确认。

B.2　花纹板

B.2.1　花纹板外观示意见图 B.1。

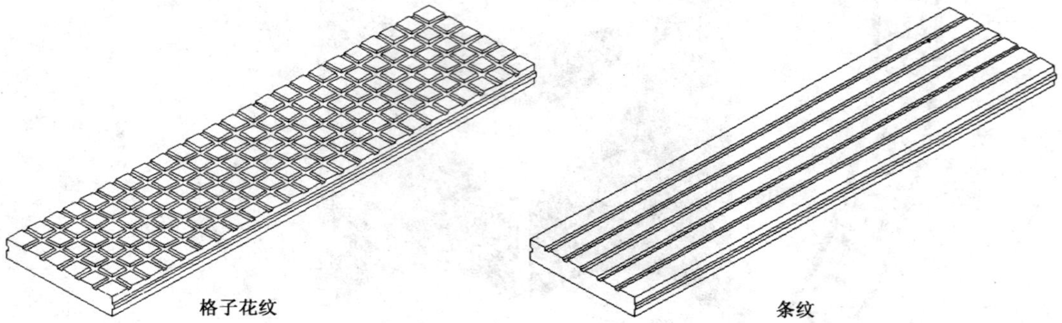

图 B.1　花纹板外观示意图

B.2.2　外墙花纹板的有效厚度和保护层厚度见图 B.2。

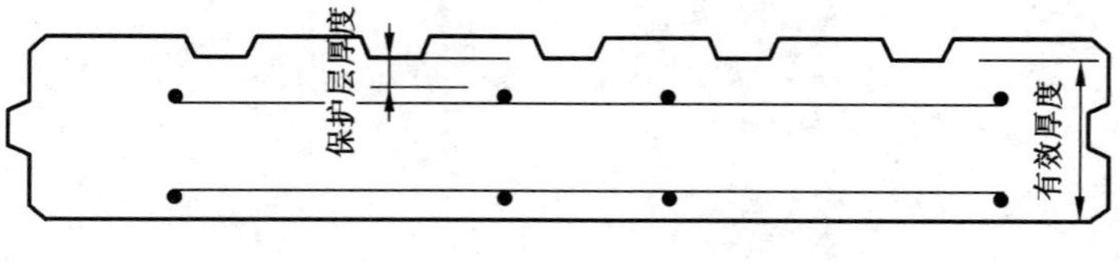

图 B.2　花纹板有效厚度和保护层厚度

B.3 转角板

转角板的外型见图 B.3。转角板应进行合理配筋，保证其使用性能。

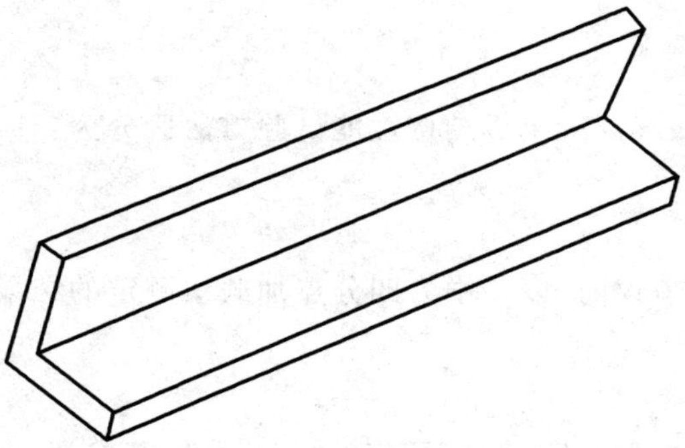

图 B.3 转角板外型示意

附 录 C
（规范性附录）
蒸压加气混凝土板结构性能试验方法

C.1 试验方法

根据荷载加载方式，蒸压加气混凝土板结构性能试验方法区分为：

——集中力四分点加载法；

——均布荷载法。

当两种方法的测试结果有争议时，以集中力四分点加载法测定的结果为准。

C.2 试验仪器

C.2.1 蒸压加气混凝土板加载试验机：精度（示值的相对误差）不应低于±20%，其量程的选择应能使试件的预期最大破坏荷载在全量程的20%～80%范围内；

C.2.2 砝码，精度10 N；

C.2.3 百分表，精度0.01 mm；

C.2.4 直尺，精度1 mm；

C.2.5 刻度放大镜，精度0.05 mm。

C.2.6 支承应符合图C.1的要求，一端为铰支承，另一端为滚动支承。

单位为毫米

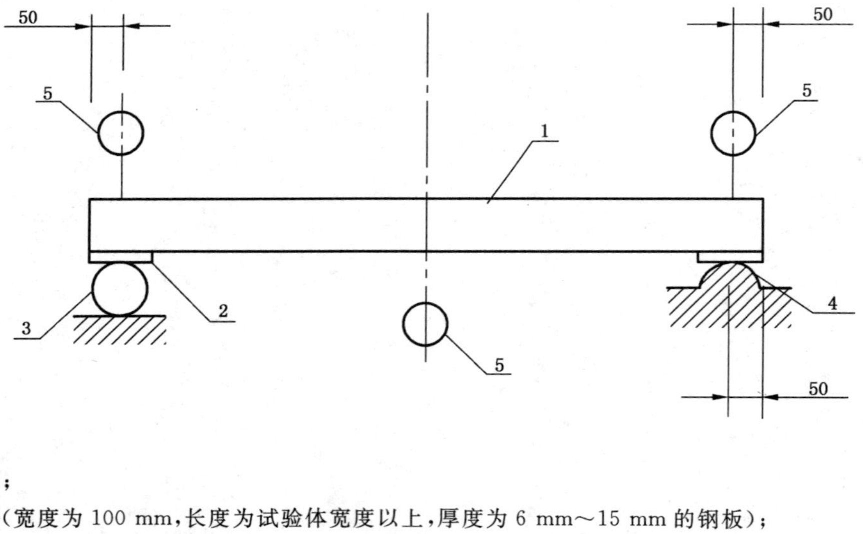

1——试验板；

2——钢垫板（宽度为100 mm，长度为试验体宽度以上，厚度为6 mm～15 mm的钢板）；

3——支点滚筒；

4——铰支座；

5——百分表。

图C.1 板的安装示意图

C.3 准备

C.3.1 当试验板为屋面板、楼板或外墙板时，获取单项工程的荷载标准值 W_k 和荷载设计值 W_R。

C.3.2 当试验板为隔墙板时，按公式(5)计算试验荷载 W_g，计算精确到10 N。

C.3.3　试验的蒸压加气混凝土板应冷却至室温(≥5 ℃)后方能进行试验。

C.3.4　测量并记录试验板的外观尺寸、钢筋保护层厚度。

C.3.5　按图 C.1 要求,安装板到支承上。受力面向上搁置。

C.3.6　在板长中部下方安装百分表,需要时可在板两端上部安装百分表,百分表归零。也可采用自动位移记录仪,记录初始读数或归零。

C.4　集中力四分点加载法

C.4.1　试验过程

C.4.1.1　对加载用加压板、滚筒和横梁进行称重,记录为 F_0(N)。按图 C.2 把加载用加压板、滚筒和横梁搁置在试验板上。

单位为毫米

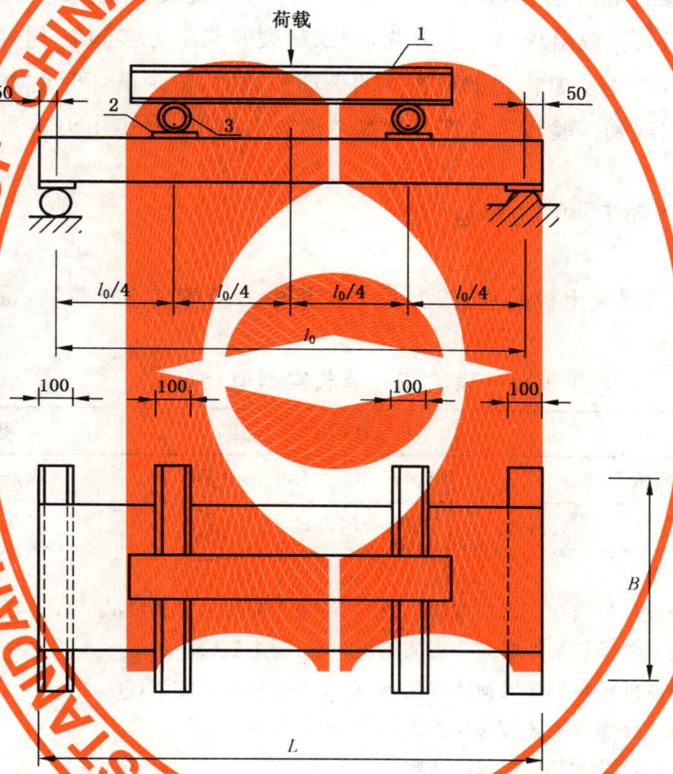

1——加载用横梁;

2——加压板(宽度为 100 mm,长度为试验体宽度以上,厚度为 6 mm~15 mm 的钢板);

3——加载点滚筒(长度大于试验体宽度,可以抵抗因荷载造成的变形,且具有充分抗弯刚性的钢制圆柱或管)。

图 C.2　集中力四分点加载法

C.4.1.2　对屋面板、楼板和外墙板,按公式(C.1)和公式(C.2)计算得到短期挠度检验时应加载的集中荷载计算值 F_1 和检验荷载特征值 W_H。

$$F_1 = W_H \times B \times L_0 \quad \cdots\cdots (C.1)$$

$$W_H = W_k - \rho \times D \quad \cdots\cdots (C.2)$$

式中:

F_1——短期挠度检验时应加载的集中力计算值,单位为牛顿(N);

W_H——检验荷载特征值,单位为牛顿每平方米(N/m^2);

B——试验板宽,单位为米(m);

L_0——试验板两支点间距离，单位为米(m)；

W_k——单项工程的荷载标准值，单位为牛顿每平方米(N/m^2)；

ρ——干密度计算值，按表 C.1 取值，单位为牛顿每立方米(N/m^3)；

D——试验板厚，单位为米(m)。

表 C.1 干密度计算值

干密度级别	B04	B05	B06	B07
干密度计算值 ρ/(N/m^3)	5 500	6 850	8 250	9 600

C.4.1.3 试验时加载速度为：跨径中央的弯曲变形达到每秒 0.05 mm 左右。

C.4.1.4 对屋面板、楼板和外墙板，加载到 F_1 时，记录板中挠度(不包括支座位移)，即短期挠度实测值 α^s；然后，继续加载到试验板出现第一次裂缝，记录初裂时集中力实测值 F_2^s(N)。出厂检验结束。

C.4.1.5 型式检验时，再继续加载到出现表 9 的破坏标志时，记录破坏时集中力实测值 F_3^s(N)。

C.4.1.6 对隔墙板，加载到试验板出现第一次裂缝时，记录初裂时集中力实测值 F_4^s(N)。隔墙板试验结束。

C.4.1.7 在 F_1、F_2^s、F_3^s 和 F_4^s 中，均应包括 F_0。

C.4.2 结果计算

C.4.2.1 根据蒸压加气混凝土板品种，按表 C.2 把集中力换算成均布荷载，得到初裂时和破坏时的荷载，计算精度为 1 N/m^2。

表 C.2 荷载实测值计算

品种	初裂时荷载实测值	破坏时荷载实测值
屋面板、楼板、外墙板	$W_1^s=F_2^s/(B\times L_0)+\rho\times D$	$W_2^s=F_3^s/(B\times L_0)+\rho\times D$
隔墙板	$W_3^s=F_4^s/(B\times L_0)$	—

式中：

W_1^s——屋面板、楼板或外墙板初裂时荷载实测值，单位为牛顿每平方米(N/m^2)；

F_2^s——屋面板、楼板或外墙板初裂时集中力实测值，单位为牛顿(N)；

W_2^s——屋面板、楼板或外墙板破坏时荷载实测值，单位为牛顿每平方米(N/m^2)；

F_3^s——屋面板、楼板或外墙板破坏时集中力实测值，单位为牛顿(N)；

W_3^s——隔墙板初裂时荷载实测值，单位为牛顿每平方米(N/m^2)；

F_4^s——隔墙板初裂时集中力实测值，单位为牛顿(N)。

C.4.2.2 屋面板、楼板和外墙板的短期挠度计算值按表 C.3 进行，计算精确到 0.1 mm。

表 C.3 短期挠度计算值 α_n

用途	α_n 计算式(mm)	
	集中力四分点加载法	均布荷载法
屋面板、楼板	$\alpha_k=\frac{W_H}{W_k}\times\frac{11}{10}\times\frac{L_0}{400}\times 1\,000$	$\alpha_k=\frac{W_H}{W_k}\times\frac{L_0}{400}\times 1\,000$
外墙板	$\alpha_k=\frac{W_H}{W_k}\times\frac{11}{10}\times\frac{L_0}{200}\times 1\,000$	$\alpha_k=\frac{W_H}{W_k}\times\frac{L_0}{200}\times 1\,000$

式中：

α_k——在单项工程的荷载标准值 W_k 下，板材短期挠度计算值，单位为毫米(mm)。

C.5 均布荷载法

C.5.1 试验过程

C.5.1.1 采用均布荷载分级方式进行加载试验。每级荷载加载时，间隔 5 min。采用砝码加载时，应均匀从板的两端向中部逐步加载。

C.5.1.2 按表 C.4 计算加载量，计算精确到 10 N。

表 C.4 加载量计算和记录表

板材品种	阶段	每级加载量/N	记录
屋面板、楼板、外墙板	短期荷载挠度测试前	$F_1\times1/5$	五级荷载后，记录短期挠度实测值 α_s。
	短期荷载挠度测试至荷载允许值测试之间	$(W_R-W_k)\times B\times L_0\times1/3$	再加三级荷载后，记录板材是否开裂。
	大于荷载允许值后	$F_1\times1/10$	板材破坏时，记录前一级荷载为破坏集中荷载 P_2。
隔墙板	检验荷载计算值($0\sim W_g$)	$W_g\times B\times L_0\times1/5$	五级荷载后，记录板材是否开裂。

C.5.1.3 对屋面板、楼板和外墙板，五级加载后，达到荷载标准值 W_k 时，静停 10 min。记录板中挠度(不包括支座位移)，即短期挠度实测值 α^s；继续再加三级荷载后，静停 10 min，观察试验板是否出现裂缝，并记录；出厂检验结束。

C.5.1.4 型式检验时，再继续加载到出现表 10 的破坏标志时，记录上一级的荷载(砝码总重量)，为集中破坏时荷载实测值 F_3^s。

C.5.1.5 对隔墙板，五级荷载后，达到承载力检验荷载特征值 W_g 时，静停 10 min；记录试验板是否开裂；隔墙板试验结束。

C.5.2 结果计算

对屋面板、楼板和外墙板，按表 C.2 计算其破坏时荷载实测值 W_2^s，计算精确到 1 N/m²；按表 C.3 计算短期挠度计算值 α_k，计算精确到 0.1 mm。

附 录 D
（规范性附录）
蒸压加气混凝土中钢筋粘着力试验方法 顶出试验法

D.1 试验仪器

D.1.1 材料试验机：精度（示值的相对误差）不应低于±20%，其量程的选择应能使试件的预期最大破坏荷载在全量程的20%～80%范围内。

D.1.2 带孔铁板：大小为100 mm×100 mm，孔径d=14 mm～16 mm，铁板厚度为3 mm～5 mm。

D.1.3 顶头：与所需测定钢筋同样直径的10 mm长的钢筋。

D.2 试件

在蒸压加气混凝土板中部两根横筋中间，切割含纵向长筋（不含横向钢筋）的试件。每个试件长160 mm±3 mm，截面边长至少40 mm（见图D.1）。相近部位的3个试件为1组。

单位为毫米

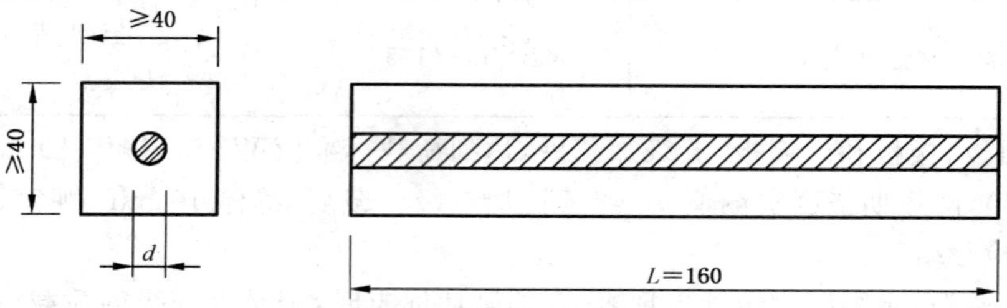

图 D.1 试件示意图

D.3 试验过程

D.3.1 试验在材料试验机上进行。将试件按钢筋垂直方向立在带孔铁板上，将顶头压在试件中所试验之钢筋的上端，顶头、钢筋与带孔铁板上的小孔必须垂直对准（见图D.2）。

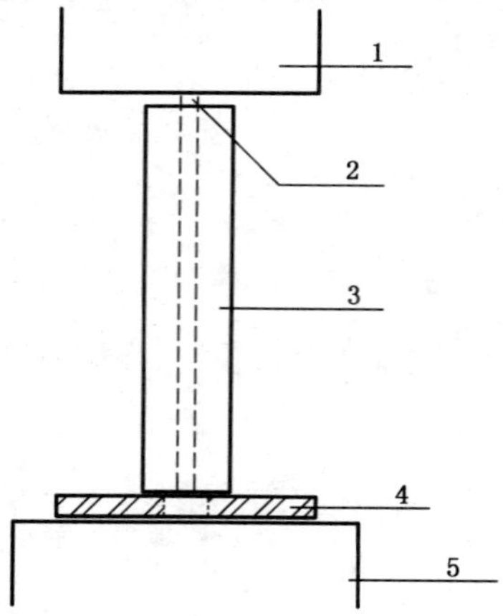

1——试验机上压板；
2——顶头；
3——试件；
4——带孔铁板；
5——试验机下压板。

图 D.2 试件放置示意图

D.3.2 开动试验机以 100 N/s～150 N/s 的速度，逐步加载，至钢筋移动时，记录材料试验机上的读数，即为极限荷载 P'。

D.4 结果计算与评定

D.4.1 按(D.1)计算钢筋粘着力，计算精确到 0.1 MPa。

$$p = \frac{F}{\pi dl} \qquad \cdots\cdots(D.1)$$

式中：

p——钢筋粘着力，单位为兆帕(MPa)；

F——极限荷载，单位为牛顿(N)；

d——钢筋直径，单位为毫米(mm)；

l——钢筋长度，单位为毫米(mm)；

π——常数，取 3.141 6。

D.4.2 取同一试样中各个试件的算术平均值为 1 组钢筋粘着力，计算精确至 0.1 MPa。

ICS 81.040
Q 33

中华人民共和国国家标准

GB/T 15764—2008
代替 GB/T 15764—1995

平板玻璃术语

Standard terminology of flat glass

2008-10-15 发布 2009-06-01 实施

中华人民共和国国家质量监督检验检疫总局
中国国家标准化管理委员会 发布

前　　言

本标准代替 GB/T 15764—1995《平板玻璃术语》。

本标准与 GB/T 15764—1995 相比主要变化如下：

——修改了标准的英文名称；

——增加了术语：超白浮法玻璃、暂时应力、永久应力、吊墙、调节闸板、安全闸板、烟囱、大碹、热点、对流、原片、扒渣机、挡帘、光学变形、虹彩、点状缺陷（本版的 2.5、3.6、3.7、5.28、5.29、5.30、5.31、5.32、6.46、6.47、7.49、7.53、7.54、9.25、9.26、9.27）；

——删除了术语：热反射玻璃、玻璃平衡厚度、合格原板、原板破损率、原板废品率、标准箱（1995 年版的 2.5、7.37、7.50、7.54、7.55、8.6）；

——将术语吸热玻璃、闸板开度、炉龄、拉边器、跑边、放边、缩边、裂口、疙瘩、边部缺陷分别修改为着色玻璃、烟道闸板开度、窑龄、拉边机、拖边、放板、缩板、裂纹、节瘤、断面缺陷（1995 年版的 2.4、5.17、5.26、7.38、7.39、7.43、7.44、9.3、9.5、9.22，本版的 2.4、5.17、5.26、7.37、7.38、7.42、7.43、9.3、9.5、9.22）；

——增加或修改了术语碳粉、着色剂、脱色剂、熟料、熔化部、澄清、均化、浮法、退火窑、切裁、选片、波筋、开口泡、线道的英语对应词（1995 年版的 4.9、4.14、4.15、4.23、5.2、6.37、6.39、7.7、7.47、8.1、8.3、9.1、9.7、9.8，本版的 4.9、4.14、4.15、4.22、5.2、6.37、6.39、7.7、7.46、8.1、8.3、9.1、9.7、9.8）；

——修改了以下术语的定义：析晶、应力、密度、长石、脱色剂、粉碎、分料、纯碱飞散率、冷却部、耳池、池壁、卡脖、流槽、小炉、格子体、闸板开度、窑体保温、过大火、熔窑热效率、搅拌、辅助电熔、预热、窑压、雾化、雾化介质、火焰覆盖面积、空气过剩系数、换火、液面、均化、四小稳、冷却面积、熔化面积、对辊法、浮法、打炉、漏锡、保护气体、原板、总成品率、重量箱、波筋、结石、节瘤、线道、沾锡、光畸变点、雾斑、夹杂物、网歪斜、斑马法（1995 年版的 3.1、3.5、3.6、4.3、4.15、4.16、4.26、4.27、5.3、5.6、5.7、5.10、5.12、5.13、5.15、5.18、5.19、5.25、5.27、6.12、6.15、6.16、6.19、6.20、6.21、6.26、6.28、6.32、6.34、6.39、6.41、6.42、6.43、7.4、7.7、7.23、7.35、7.36、7.49、8.5、8.7、9.1、9.4、9.5、9.8、9.13、9.14、9.15、9.17、9.19、9.24，本版的 3.1、3.5、3.8、4.3、4.15、4.16、4.27、5.3、5.6、5.7、5.10、5.12、5.13、5.15、5.18、5.19、5.25、5.27、6.12、6.15、6.16、6.19、6.20、6.21、6.26、6.28、6.32、6.34、6.39、6.41、6.42、6.43、7.4、7.7、7.23、7.35、7.36、7.48、8.5、8.6、9.1、9.4、9.5、9.8、9.13、9.14、9.15、9.17、9.19、9.24）。

本标准由中国建筑材料联合会提出。

本标准由全国建筑用玻璃标准化技术委员会归口。

本标准负责起草单位：秦皇岛玻璃工业研究设计院。

本标准参加起草单位：信义玻璃控股有限公司、江苏华尔润集团有限公司、浙江玻璃股份有限公司、洛阳玻璃股份有限公司。

本标准主要起草人：刘焕章、王玉兰、李勇、吴楠、吕金、毛俊春、杨刚。

本标准所代替标准的历次版本发布情况为：

——GB/T 15764—1995。

平板玻璃术语

1 范围

本标准规定了平板玻璃品种、物化性能、原料、熔窑、熔化、成形、切裁、缺陷与检验方法等方面的有关术语及其定义。

本标准适用于平板玻璃的生产与产品所涉及的术语解释。

2 平板玻璃品种

2.1

平板玻璃 flat glass

板状的硅酸盐玻璃。

2.2

普通平板玻璃 sheet glass

用垂直引上法和平拉法生产的平板玻璃。

2.3

浮法玻璃 float glass

用浮法(7.7)工艺生产的平板玻璃。

2.4

着色玻璃 tined glass

玻璃成分中加入着色剂(4.14)使玻璃显现一定颜色的平板玻璃。

2.5

超白浮法玻璃 ultra-clear float glass

采用浮法工艺生产的，成分中三氧化二铁含量不大于0.015%，具有高可见光透射比的平板玻璃。

2.6

压花玻璃 patterned glass

用压延法生产的表面带有花纹图案、透光但不透明的平板玻璃。

2.7

夹丝玻璃 wired glass

用压延法生产的内部夹有金属丝或网的平板玻璃。

3 平板玻璃物化性能

3.1

析晶 crystallization

玻璃中产生晶体的现象。

3.2

软化点 softening point

相应于玻璃黏度为$10^{6.6}$ Pa·s时的温度。又称软化温度。

3.3

应变点 strain point

相应于玻璃黏度为$10^{13.5}$ Pa·s～$10^{13.6}$ Pa·s时的温度，在该温度下，玻璃内应力开始消除。

3.4

转变温度　transformation temperature

相应于玻璃黏度为10^{12} Pa·s时的温度。在该温度下，玻璃的折射率、比热、热膨胀系数发生突变。

3.5

应力　stress

由于玻璃内部及表面存在温差或因化学组成不均匀导致结构上的不均匀而产生的相互作用力，以及当有外力作用时而在其内部单位截面上产生的相互作用力。

3.6

暂时应力　temporary stress

由于温度梯度存在而产生的热应力。

3.7

永久应力　permanent stress

玻璃温度逐渐降低至室温时也不会消失的应力。也叫残余应力。

3.8

密度　density

一定温度条件下单位体积的玻璃质量。

3.9

化学稳定性　chemical stability

玻璃抵抗气体、水、酸、碱、盐或其他化学试剂侵蚀的能力。

4　平板玻璃原料

4.1

砂岩　sand stone

石英(SiO_2)颗粒被胶结而成的沉积岩。

4.2

硅砂　quartz sand

以石英(SiO_2)为主要成分的天然砂。

4.3

长石　feldspar

含钾、钠、钙的硅铝酸盐矿物的总称。

4.4

石灰石　limestone

碳酸钙类岩石。

4.5

白云石　dolomite

碳酸钙与碳酸镁的复盐岩石。

4.6

萤石　fluorite

氟化钙的天然矿物。

4.7

纯碱　soda ash

无水碳酸钠。

4.8

芒硝　salt cake

无水硫酸钠。

4.9

碳粉　carbon powder

以碳为主要成分的粉末。

4.10

助熔剂　flux

加速玻璃原料熔融的物质。

4.11

澄清剂　refining agent

对玻璃液起澄清作用的物质。

4.12

氧化剂　oxidizing agent

在氧化还原反应中，对其他物质起氧化作用而自身被还原的物质。

4.13

还原剂　reducing agent

在氧化还原反应中，对其他物质起还原作用而自身被氧化的物质。

4.14

着色剂　colorants

使玻璃着色的物质。

4.15

脱色剂　decolourizing agent

用以减弱玻璃因铁氧化物等杂质引起着色的物质。

4.16

粉碎　comminution

将块状的原料加工成粉料的过程。

4.17

筛分　screen classification

将粉料按粒度分离的过程。

4.18

称量　metage

在配料过程中，用衡器称取物料的操作过程。

4.19

混合　mixture

使两种或多种粉料相互分散而达到均匀状态的过程。

4.20

配料　batching

根据玻璃料方，进行称量、混合，制成配合料的过程。

4.21

配合料　batch

经配料制成的混合物。

4.22

熟料　grog；cullet

作为原料使用的碎玻璃。

4.23

生料　raw batch

不含熟料(4.22)的配合料。

4.24

粒化料 palletizing batch

用生料加工成的颗粒状料。

4.25

压块料 briquetting batch

用生料压成的块状料。

4.26

分料 segregation

物料由于粒度、密度不同在储存或运输过程中产生的分层现象。

4.27

纯碱飞散率 loss soda ash percentage

纯碱称量后在混合、输送、熔化过程中的飞散量占纯碱总用量的百分比。

4.28

芒硝含率 salt cake content

芒硝引入的氧化钠量与芒硝和纯碱引入的氧化钠总量之比值(以百分数表示)。

4.29

碳粉含率 powdered carbon content

碳粉引入的碳量与芒硝引入的硫酸钠量的比值(以百分数表示)。

4.30

萤石含率 fluorite content

萤石引入的氟化钙量与生料总量的比值(以百分数表示)。

4.31

熟料含率 cullet adding

配合料中的熟料量与配合料总量的比值(以百分数表示)。

4.32

熔成率 batch changing into melt rate

熔成单位玻璃液量与所需生料量的比值(以百分数表示)。

5 平板玻璃熔窑

5.1

玻璃熔窑 glass melting furnace

用耐火材料砌成的熔制玻璃的热工设备。

5.2

熔化部 melting end

池窑中**卡脖**(5.10)、**矮碹**(5.9)等分隔装置之前的部位。

5.3

冷却部 cooling end

池窑中位于**熔化部**(5.2)之后,通路或流道之前的部位。

5.4

通路 canal

垂直引上玻璃熔窑中,冷却部末端至大梁砖之前的通道。

5.5

成形室 drawing chamber

玻璃液形成玻璃带的区域。

5.6

耳池　auriculate bath

位于池窑**熔化部**(5.2)或**冷却部**(5.3)两侧的对称小池。

5.7

池壁　side wall

构成玻璃窑池且与玻璃液直接接触的池墙。

5.8

胸墙　breast wall

池窑两侧池壁与大碹砖之间的窑墙。

5.9

矮碹　flying arch

位于熔化部和冷却部窑体之间分隔气体空间的拱形窑体结构。

5.10

卡脖　neck

熔化部与冷却部之间的缩窄部分,是池窑的一种分隔装置。

5.11

流道　runner

玻璃液从池窑进入流槽的通道。

5.12

流槽　spout

玻璃液从流道流入锡槽的通道。

5.13

小炉　port

火焰式玻璃熔窑的燃烧设备。在用煤气作燃料时是煤气和助燃空气的混合预燃设备,在烧重油或其他燃料时,作为供给助燃空气的设备。

5.14

蓄热室　regenerator

吸收并储存烟气热量、对助燃空气和气体燃料进行预热的设备。

5.15

格子体　checker

蓄热室中用耐火砖砌成的格孔状砌体。

5.16

换向器　reversal device

为周期性地向窑内送入空气、气体燃料及由窑内排出烟气而设置的气体换向设备。

5.17

烟道闸板　flue damper

用来改变烟道流通面积,以调节气体的流量和窑压的一种装置。

5.18

烟道闸板开度　flue opening of damper

通道内闸板打开部分的截面积与通道总截面积之比。

5.19

窑体保温　insulation of furnace wall

在窑体外侧使用隔热材料以减少窑体散热。

5.20

保窑 protecting furnace

为延长玻璃熔窑的生产周期而采取的保护窑体的措施。

5.21

热修 hot repair

在玻璃熔窑运行中,对窑体烧损部位修复的操作。

5.22

冷修 cold repair

玻璃熔窑停火冷却后进行大修的过程。

5.23

放玻璃水 tapping

玻璃熔窑冷修前将熔窑内的玻璃液放出的过程。

5.24

烤窑 heating up

新建或冷修完的熔窑,由点火开始按升温曲线使熔窑升至作业温度的过程。

5.25

过大火 heating with normal burner

烤窑过程中,当达到一定的温度时,取消临时燃烧装置而改用正常生产时的燃烧装置,使窑体继续升温的过程。

5.26

窑龄 furnace life

熔窑两次冷修之间的连续生产时间,通常以年或月表示。

5.27

熔窑热效率 heat efficiency of furnace

玻璃熔窑有效利用的热量占总热量的比值(以百分数表示)。

5.28

吊墙 suspension wall

悬挂于熔窑前端或中部的空间分隔装置。

5.29

调节闸板 adjusting tweel

为适应锡槽成形需要而设置的调节玻璃液流量的控制装置。

5.30

安全闸板 safety tweel

为处理锡槽事故或更换流道唇砖等而设置的玻璃液分隔装置。

5.31

烟囱 chimney

调节窑压和排出废气的设施。

5.32

大碹 crown

玻璃熔窑的拱形窑顶。

6 平板玻璃熔化

6.1

熔化 melting

配合料熔融成玻璃液的过程。

6.2

熔化温度　melting temperature

配合料在熔窑内熔融时的某一温度范围，通常以玻璃液黏度为 10 Pa·s～$10^{1.5}$ Pa·s 时的相应温度，定为熔化温度。

6.3

熔化温度制度　temperature regulation for glass-melting

在玻璃熔化过程中，规定的沿窑长方向上的温度分布。

6.4

投料　batch charging

配合料投入熔窑的过程。

6.5

泡界线　foam line

在池窑的熔化部，由配合料熔融形成的覆盖在玻璃液面上的泡沫层与熔融好的玻璃液面间的明显界线。

6.6

跑料　running

窑内没有熔化好的配合料跑出泡界线以外的现象。

6.7

飞料　batch carry-over

配合料在输送和投料时的飞散现象。

6.8

倒料　batch turning

调整玻璃熔窑内料堆、泡界线等位置的操作过程。

6.9

结料　batch cake

粉料或配合料存放时间过长而结成的块料的现象。

6.10

料堆　float batch

熔窑内浮在玻璃液面上尚未熔融成玻璃液的配合料。

6.11

鼓泡　bubbling

将净化的压缩空气或氮气直接引入到窑底玻璃液中形成气泡，促进玻璃液的澄清和均化的方法。

6.12

搅拌　stirring

利用机械设备搅动玻璃液，加强玻璃液均化的操作。

6.13

富氧燃烧　oxygen-enriched

在助燃空气中掺入一定量的氧气加强燃烧的措施。

6.14

浸没燃烧　immersion combustion

在玻璃液面下部插入喷嘴，使燃料在玻璃液内部燃烧的方式。

6.15

辅助电熔　electric boosting

以燃料加热为主的池窑中，同时采用电能加热加速配合料熔融的措施。

6.16

预热　preheating

燃料、空气或配合料进入熔窑前的预加热过程。

6.17

蓄热　heat accumulation

蓄热室中的格子体吸收并储存烟气中热量的过程。

6.18

风冷　air cooling

靠空气的流动把热量带走,以降低温度的方法。

6.19

窑压　furnace pressure

熔窑内空间气体的静压强。

6.20

雾化　atomization

把液体燃料变成雾状颗粒的过程。

6.21

雾化介质　atomization medium

雾化液体燃料用的物质,亦称雾化剂。

6.22

火根　root of flame

火焰的始发端。

6.23

火稍　end of flame

火焰的末端。

6.24

火焰发飘　flame drifting

火焰刚性差,向上飘散的现象。

6.25

火焰亮度　brightness of flame

火焰的明亮程度。

6.26

火焰覆盖面积　flame covered

火焰在配合料及玻璃液面上的铺展面积。

6.27

助燃空气　secondary air

为使燃料充分燃烧送入的空气。

6.28

空气过剩系数　coefficient of excess air

燃料燃烧时实际输入的空气量与理论所需空气量的比值(以百分数表示)。

6.29

氧化焰　oxidizing flame

空气过剩系数大于1的火焰。

6.30

中性焰　neutral flame

空气过剩系数等于1的火焰。

6.31

还原焰 reducing flame

空气过剩系数小于 1 的火焰。

6.32

换火 reversal

池窑内改换火焰喷射方向的一项操作。

6.33

换火周期 reversal interval

两次换火的间隔时间。

6.34

液面 metal level

熔窑中熔融玻璃液的水平面。

6.35

芒硝水 water of salt cake

漂浮在玻璃液面上的熔融芒硝。

6.36

浮渣 float slag

漂浮在泡界线外液面上未完全熔化好的配合料。

6.37

澄清 refining;fining

从玻璃液中消除气泡的过程。

6.38

澄清温度 refining temperature;fining temperature

相应于玻璃黏度接近 10 Pa·s 的温度。

6.39

均化 homogenizing

在熔窑内,使玻璃液化学组成逐渐趋向一致的过程。

6.40

四大稳 four large stabilizing

原料、燃料、熔化、成形四大要素的稳定。

6.41

四小稳 four small stabilizing

在玻璃配合料的熔制过程中,熔化温度、窑压、液面、泡界线的稳定。

6.42

冷却面积 cooling area

从卡脖之后到流道或成形室之前的全部池窑面积。

6.43

熔化面积 melting area

池窑中能够对配合料和玻璃液起着熔化和澄清作用的受热面积。通常指从投料池壁内侧起到最末一对小炉中心线外一米处的池窑面积。

6.44

熔化量 melting quantity

熔窑 24 h 所能熔化的玻璃液量(吨/天)。

6.45

熔化率　melting rate

熔窑单位熔化面积每 24 h 熔化的玻璃液量(吨/(平方米·天))。

6.46

热点　hot spot

熔窑内玻璃液温度最高的部位。

6.47

对流　convection

玻璃液内部由于各部分温度不同造成的相对流动。

7　平板玻璃成形

7.1

成形　forming

由玻璃液形成玻璃带的过程。

7.2

有槽垂直引上法　Fourcault process

平板玻璃成形方法之一。在玻璃池窑成形室的玻璃液中压入槽子砖,在静压作用下玻璃液从槽子口涌出。依靠垂直引上机石棉辊的拉力,连续地向上拉引成形,并在机膛内完成冷却和退火。

7.3

无槽垂直引上法　Pittsburgh process

平板玻璃成形方法之一。在成形室玻璃液下沉入引砖,玻璃液直接从自由液面用垂直引上机向上拉引成形,并在引上机膛内进行冷却和退火。

7.4

对辊法　Asahi process

从有槽垂直引上法发展而来的平板玻璃垂直引上方法。用一对大小形状相同的辊子代替槽子砖水平对称地放置在成形室相对于槽子砖的位置,玻璃液通过两辊间的缝隙连续向上拉引,经冷却器急速冷却硬化形成玻璃带,并在引上机膛内进行冷却和退火。

7.5

平拉法　Colburn process

平板玻璃成形方法之一。此法又有深池、浅池两种。玻璃液从成形室的自由液面连续地向上拉引,当玻璃带上升到一定高度时,借助转向辊转为水平方向,随即进入平拉室,然后进行退火。

7.6

压延法　rolling process

平板玻璃成形方法之一。用一根或一对水冷的金属辊将玻璃液滚压延展成玻璃带。

7.7

浮法　float glass process

熔窑内熔融的玻璃液流入有保护气体锡槽内浮在金属锡液面上,经过摊平、抛光形成玻璃带的一种成形方法。

7.8

垂直引上机　vertical drawing machine

垂直引上法拉引平板玻璃的主要设备。主要由若干对石棉辊和鱼鳞板组成。玻璃带在其中连续拉引退火和冷却。

7.9

槽子砖　debiteuse

有槽垂直引上法制造平板玻璃的成形模,为中间有一条中部宽两端稍窄缝隙的耐火砖。

7.10

引砖　draw bar

无槽垂直引上法用以稳定玻璃板根以及调节引上室表层玻璃液温度的耐火砖。

7.11

换槽子　changing debiteuse

用新槽子砖(或引砖)替换旧槽子砖(或引砖)的操作。

7.12

铲槽子　scraping debiteuse

铲除槽子砖表面的脏玻璃液与杂物的操作。

7.13

压槽子　suppressing debiteuse down

将槽子砖压入玻璃液中一定深度的操作。

7.14

对辊　Asahi process drawing rollers

对辊法生产平板玻璃的成形模,是一对大小形状相同中间细两头粗的耐火辊子。

7.15

转向辊　bending roller

平拉法生产平板玻璃中,使玻璃带由垂直方向转为水平方向的耐热钢辊。

7.16

小眼温度　temperature of orifice

大梁砖前面玻璃液的温度。

7.17

槽口温度　temperature of debiteuse mouth

槽口中部玻璃液的温度。

7.18

板根　meniscus

从槽口或自由液面拉引玻璃带时,由于拉引力及玻璃表面张力的作用,槽口附近的玻璃带强烈收缩形成的可塑状锥形玻璃液。

7.19

板根肥大　large and thick meniscus

有槽引上成形中,槽子砖压入玻璃液中过深或玻璃液温度高、黏度小或液面过高时,造成板根形状扩大和不稳定。

7.20

上炉　drawing up

垂直引上法和平拉法开始拉引玻璃的操作过程。

7.21

看炉　watching chamber

垂直引上法和平拉法中在炉门操作口监视玻璃原板,发现异常现象以便及时排除的操作。

7.22

掉炉　drawing-off

指引上室内的玻璃原板突然下坠造成停产的事故。

7.23

打炉　drawing-chamber

按计划进行的更新玻璃原板的操作。

7.24

打炉周期 cycle of drawing-chamber

两次打炉之间的连续生产时间。

7.25

烧炉 firing drawing-chamber

打炉后用燃料把引上室内玻璃液加热到一定温度的操作过程。

7.26

舀玻璃水 bailing melt

将引上室内温度较低、含有结晶的脏玻璃液舀出的操作。

7.27

烧边火 side firing

引上室内加热玻璃原板边部以维持和调节原板边部温度的火焰。

7.28

燎裂子 firing crack

在引上机膛中原板出现裂纹时，用火焰直接烧燎纹头，将纹头止住或将纹头引向边部的操作。

7.29

架疙瘩 passing knots over

当玻璃原板上出现的疙瘩或砂粒运行到引上机石棉辊子处时，为防止原板被挤压破碎而将石棉辊遂道拉开让疙瘩、砂粒通过的操作。

7.30

掏渣 de-drossing

清除耳池中浮渣的操作。

7.31

锡槽 tin bath

装有锡液以浮载玻璃液、完成玻璃带成形过程的热工设备。

7.32

过渡辊台 lift up rollers

使玻璃带从锡槽过渡到退火窑中的一种辊道装置。

7.33

沾边 wetting edge

在锡槽高温区，玻璃带与锡槽侧壁粘附的现象。

7.34

满槽 filled bath

流入锡槽的玻璃液量大于拉引量，造成玻璃液铺满锡槽的现象。

7.35

漏锡 tin leaking

锡液从锡槽中漏出的现象。

7.36

保护气体 atmosphere

为了避免锡槽中锡被氧化而充入的还原性气体。通常是经过提纯的氮气和少量氢气组成的混合气体。

7.37

拉边机 edge roller

浮法玻璃生产中用以控制玻璃板边位置和玻璃带宽度、厚度的机械装置。

7.38

拖边　glass edges deviation

玻璃原板边部失去控制，原板摆动或宽度发生异常变化的现象。

7.39

挡边　keeping up the side

用专用设备调整板边的操作。

7.40

修边　trimming edges

对原板边子进行修理，以维持正常引上操作。

7.41

改板　changing substance of ribbon

改变玻璃原板厚度或宽度的操作过程。

7.42

放板　widening ribbon

加宽原板宽度的操作。

7.43

缩板　narrowing ribbon

缩窄原板宽度的操作。

7.44

炸边　crack edges

当原板边部存在应力紊乱或应力过大时，造成板边破裂的现象。

7.45

退火　annealing

成形后的平板玻璃，以一定的速度冷却，以降低和均化热应力的热处理过程。

7.46

退火窑　lehr

使玻璃带以一定的速度冷却以降低和均化热应力的热工设备。

7.47

采板　snapping

从玻璃带上掰断、取下玻璃原板的操作。

7.48

原板　raw sheets

未经去边，宽度包括自然边的玻璃板。

7.49

原片　stock sheets

从原板上掰断去边取下的规定尺寸的玻璃板。

7.50

引上速度　drawing speed

垂直引上法生产中，单位时间拉引的玻璃原板的长度(m/h)。

7.51

拉引速度　stretching speed

浮法、平拉法生产中，单位时间拉引的玻璃原板的长度(m/h)。

7.52

引上率　drawing rate

拉引率

拉出的合格原板总面积与拉引的原板总面积之比值(以百分数表示)。

7.53

扒渣机　dog metal

位于锡槽末端或收缩段用来清除漂浮在锡液面上的锡灰、锡渣的机械设备。

7.54

挡帘　curtain

锡槽出口处或退火窑内的空间分隔装置。

8　平板玻璃切裁

8.1

切裁　cutting

按照预定的规格尺寸将玻璃原板切成成品的过程。

8.2

切裁率　yield of glass sizing

切裁成的平板玻璃成品面积与合格玻璃原板面积之比(以百分数表示)。

8.3

选片　classification

按照质量标准对原片进行分等的操作。

8.4

装箱破损率　failure percentage

装箱过程中破损的玻璃面积与交付装箱的合格玻璃面积的比值(以百分数表示)。

8.5

总成品率　percentage of pass

成品玻璃面积(或重量)与拉引的原板总面积(或总重量)之比值(以百分数表示)。

8.6

重量箱　weight case

平板玻璃产品的计量单位。50 kg 为一重量箱。通常以密度为 2.5 g/cm^3、厚度为 2 mm 的平板玻璃 10 m^2 为一重量箱。

8.7

折算系数　conversion factor

各种不同厚度的平板玻璃换算成相当于 2 mm 厚度玻璃所用的系数(见表 1)。

表 1　重量箱折算系数

玻璃厚度/mm	2	3	4	5	6	8	10	12
折算系数	1.0	1.5	2.0	2.5	3.0	4.0	5.0	6.0

9　平板玻璃缺陷与检验方法

9.1

波筋　ream

平板玻璃表面呈现出与拉引方向一致的条纹。

9.2

波纹 streak

玻璃表面微小起伏不平的纹理。

9.3

裂纹 crack

玻璃板面或断面的开裂缺陷。

9.4

结石 stone

玻璃中的晶体夹杂物。有原料结石、耐火材料结石、析晶结石等。

9.5

节瘤 knot

完全或部分熔化成玻璃态的半透明或不透明的结节状物质,往往突出玻璃表面并有波及范围。

9.6

气泡 bubble

玻璃中的气体夹杂物。

9.7

开口泡 broken bubble

玻璃表面泡壁破裂的气泡。

9.8

线道 string

玻璃中的线状缺陷。

9.9

划伤 scratch

玻璃表面被硬物摩擦、刻划所留下的伤痕。

9.10

辊子伤 roller scratch

玻璃在拉引过程中因辊子所造成的擦伤。

9.11

轴花 roller bump

在垂直引上过程中塑性玻璃带被石棉辊子挤压后表面呈现的压痕。

9.12

麻点 mottling

用平拉法生产平板玻璃,玻璃带经过转向辊时,由于转向辊精度不高或腐蚀、变形等原因,而在玻璃带上造成的小压痕。

9.13

沾锡 tin pick-up

玻璃带经锡槽时,其下表面沾上的锡氧化物。

9.14

光畸变点 spot distortion

浮法玻璃表面引起光学变形的斑点。

9.15

雾斑 hot end dust

浮法玻璃表面存在雾状的斑点。

9.16

发霉 weathering of glass

玻璃表面发生化学变化,出现白色或彩虹状的斑痕,严重时引起粘片。

9.17

夹杂物 inclusion

玻璃中的固体杂质。

9.18

断丝 broken wire

夹丝玻璃金属网(丝)折断或焊接脱开的现象。

9.19

网歪斜 out of square for wire

夹丝玻璃的金属网在水平面内变形,造成纬丝与玻璃带拉引方向不垂直的现象。

9.20

破皮 sheel

玻璃表面局部剥落的现象。

9.21

偏斜 out of square

玻璃板切裁形状与规定形状发生偏差造成歪斜的现象。

9.22

断面缺陷 edge fault

玻璃板边部凸出或残缺等现象。

9.23

点光源法 method of dot light source

用强集中光源,透射玻璃样品使其在屏幕上成像,与平板玻璃标准样板相比较,测量玻璃的波筋、轴花等缺陷,确定玻璃等级。

9.24

斑马法 zebra method

透过玻璃样品观察屏幕上斜线的变形程度,测量玻璃的**光学变形**(9.25)的方法 。

9.25

光学变形 optical distortion

在一定角度透过玻璃观察物体时出现变形的缺陷。其变形程度用入射角(俗称斑马角)来表示。

9.26

虹彩 bloom

浮法玻璃经过热弯或钢化后,玻璃下表面(成形时与锡液接触的表面)呈现光干涉色。

9.27

点状缺陷 spot faults

气泡、夹杂物、斑点等缺陷的统称。

汉语拼音索引

T

W

X

Y

Z

英 文 索 引

A

B

C

D

E

F

G

H

I

K

L

M

N

O

P

Q

R

S

ICS 29.140.20;43.040.20
K 71

中华人民共和国国家标准

GB 15766.1—2008
代替 GB 15766.1—2000

道路机动车辆灯泡 尺寸、光电性能要求

Lamps for road vehicles—Dimensional, electrical and luminous requirements

(IEC 60809:2004,NEQ)

2008-03-24 发布　　2009-03-01 实施

中华人民共和国国家质量监督检验检疫总局
中国国家标准化管理委员会　发布

前　言

本部分的全部技术内容为强制性。

《道路机动车辆灯泡》分为两个部分：

——第1部分：尺寸、光电性能要求；

——第2部分：性能要求。

本部分是《道路机动车辆灯泡》的第1部分。

本部分代替GB 15766.1—2000《道路机动车辆灯丝灯泡　尺寸、光电性能要求》。

本部分对应于IEC 60809:2004《道路机动车辆灯泡　尺寸、光电性能要求》(第2.3版英文版)、ECE R37:2005《关于批准用于机动车辆及其拖车已认证灯组件的灯丝灯泡的统一规定》[第4次修正版英文版，包括其修正ECE R37-Amend.1:2006及ECE R37-Amend.2:2006(含该版后的03系列修正案第28号增补件)]、ECE R99:2001《关于批准用于机动车辆已认证气体放电灯组件的气体放电光源的统一规定》(第1次修正版英文版，包括其修正ECE R99-Amend.1:2004和ECE R99-Amend.2:2006)。本部分与IEC 60809、ECE R37、ECE R99的一致性程度为非等效。其中：

a) 采用了国际电工委员会IEC 60809:2004第2.3版(英文版)中，除第5章5.1条　具体的灯泡型式一览表及其灯泡数据活页和附录F(规范性附录)HB1灯泡内部零件的测量方法以外的全部内容。

b) 采用了联合国欧洲经济委员会ECE R37:2005《关于批准用于机动车辆及其拖车已认证灯组件中的灯丝灯泡的统一规定》中的附录6、附录7、附录8和附录9，及ECE R99:2001《关于批准用于机动车辆已认证气体放电灯组件的气体放电光源的统一规定》中的附录6、附录7和附录8(IEC 60809:2004中指定)。

c) 等同采用联合国欧洲经济委员会ECE R37:2005(英文版)，包括其修正ECE R37-Amend.1:2006及ECE R37-Amend.2:2006(含该版后的03系列修正案第28号增补件)中的灯泡类型、型式及其数据活页。等同引用联合国欧洲经济委员会ECE R99:2001(英文版)，包括其修正ECE R99-Amend.1:2004和ECE R99-Amend.2:2006中的灯泡类型、型式及其数据活页。

本部分根据IEC 60809:2004、ECE R37:2005、ECE R99:2001重新起草。

本部分代替GB 15766.1—2000《道路机动车辆灯泡、尺寸、光电性能要求》，与GB 15766.1—2000相比主要差异如下：

a) 标准名称由“道路机动车辆灯丝灯泡　尺寸、光电性能要求”改为“道路机动车辆灯泡　尺寸、光电性能要求”；

b) 术语“型式 type”中，增加了“卤素(halogen)”为不同型式；

c) 术语“额定值 rated value”改为“目标值 objective values”；术语“试验光通量 test luminous flux”改为“测量光通量 measuring luminous flux”；

d) 增加术语“基准光通量(reference luminous flux)”；

e) 删除1.4条灯丝灯泡数据活页的编号体系；

f) 灯丝灯泡要求与试验条件中增加“颜色耐久性”要求；

g) 灯丝灯泡要求与试验条件中增加“标准前照灯”要求；

h) 灯丝灯泡要求与试验条件中增加“紫外(UV)辐射”要求；

i) 增加第3章“放电灯泡要求与试验条件”；

j) 淘汰了S4和H2,2种类型、5个型式；

k) 删除了 H6,HB1,H5,HS3,B1.13W,B0.6W 和 B2.4W 7 种类型、7 个型式;

l) 增加了 H8,H8B,H9,H9B,H10,H11,H11B,H12,H13,H13A,H14,H27W/1,H27W/2,H1R1,H1R2,HS5,P13W,P19W,PY19W,PR19W,PS19W,PSY19W,PSR19W,P24W,PX24W,PY24W,PR24W,PS24W,PSX24W,PSY24W,PSR24W,P27W,P27/7W,PR21W,PR21/4W,PR21/5W,PR27/7W,PY27/7W,RR5W,RY10W,RR10W,W2.3W,WY5W,WR5W,W15/5W,W16W,WP21W,WPY21W,WR21/5W,WY2.3W,WY21W,D1R,D1S,D2R,D2S,D3R,D3S,D4R 和 D4S 59 种类型、71 个型式;

m) 删除原附录 F(标准的附录) HB1 灯泡内部零件的测量方法;

n) 增加附录 F(资料性附录) 测量放电灯泡电弧位置和形状及电极位置的光学装置;

o) 增加附录 G(规范性附录) 放电灯泡光电性能的测量方法;

p) 增加附录 H(资料性附录) 灯泡类型及其应用综述;

q) 增加附录 I(规范性附录) 颜色耐久性测量试验条件;

r) 增加附录 J(规范性附录) 对制造商质量控制程序的最低要求;

s) 增加附录 K(规范性附录) 制造商试验记录的抽样及合格水平;

t) 增加附录 L(规范性附录) 权威管理机构进行现场检验的最低要求;

u) 增加附录 M(规范性附录) 现场检验的合格条件。

本部分的附录 A,附录 B,附录 C,附录 D,附录 E,附录 G,附录 I,附录 J,附录 K,附录 L 和附录 M 是规范性附录,附录 F 和附录 H 是资料性附录。

本部分由中国轻工业联合会提出。

本部分由全国照明电器标准化技术委员会(SAC/TC 224)归口。

本部分主要起草单位:镇江震东电光源有限公司、欧司朗(中国)照明有限公司、广东雪莱特光电科技股份有限公司、北京电光源研究所、国家电光源质量监督检验中心(北京)。

本部分主要起草人:吴三多、刘熙娟、张明、马文松、吴子玢、吕建明、赵秀荣、江姗。

本部分于 1995 年首次发布,2000 年第 1 次修订,本次为第 2 次修订。

道路机动车辆灯泡
尺寸、光电性能要求

1 概述

1.1 范围

本部分适用于作为道路机动车辆前照灯、雾灯和信号灯的灯泡(灯丝灯泡和放电灯泡)。它尤其适用于法规所涉及的那些灯泡。特别是,它包括了那些包含在联合国欧洲经济委员会(ECE)的1958年3月20日日内瓦协议内的第37号和第99号法规中涉及的灯泡。

本部分规定了对于产品灯泡和标准灯泡的试验方法和基本互换性(尺寸和光电性能)的技术要求。规定的大多数要求,见"有关的数据活页"。对第5章中列出的所有灯泡,数据活页包含在本部分中。

对灯泡寿命、光通维持率、扭力强度和耐振动与耐冲击等性能的要求,在GB/T 15766.2中规定。温度极限和灯泡最大外形轮廓等资料也包括在GB/T 15766.2中,用以指导照明器件的设计。

不是法规所涉及的用于辅助用途的道路机动车辆灯泡在GB/T 15766.3中规定。

在制定认可法规时,建议按本部分评价产品的一致性。GB/T 15766.2和GB/T 15766.3不用于此目的。

注:在不同的词汇和标准中,不同的术语用于"白炽灯"(incandescent lamp)(GB/T 2900.65中845-07-04)和"放电灯"(discharge lamp)(GB/T 2900.65中845-07-17)。在本部分中,采用"灯丝灯泡"(filament lamp)和"放电灯泡"(discharge lamp)。然而,在仅写作"灯泡"(lamp)时,则指的是这两种类别的灯泡,除非上下文明确地显示它仅用来表示一种类别的灯泡。

1.2 规范性引用文件

下列文件中的条款通过本部分的引用而成为本部分的条款。凡是注日期的引用文件,其随后所有的修改单(不包括勘误的内容)或修订版均不适用于本部分,然而,鼓励根据本部分达成协议的各方研究是否可使用这些文件的最新版本。凡是不注日期的引用文件,其最新版本适用于本部分。

GB/T 2900.65 电工术语 照明(GB/T 2900.65—2004,IEC 60050(845):1987,MOD)

GB 4599 汽车用灯丝灯泡前照灯

GB 4660 汽车用灯丝灯泡前雾灯

GB 5948 摩托车白炽丝光源前照灯配光性能

GB/T 15766.2 道路机动车辆灯泡 性能要求(GB/T 15766.2—2007,IEC 60810:2003,IDT)

GB/T 15766.3 小型灯(GB/T 15766.3—2007,IEC 60983:2005,IDT)

IEC 60051 直接作用指示的模拟电气测量仪器及其附件

IEC 60061-1 灯头、灯座及控制其互换性和安全性的量规 第1部分:灯头

ECE R19 关于批准机动车辆前雾灯的统一规定

1.3 术语和定义

本部分中使用下列术语和定义。

1.3.1

类型 category

用于描述标准化了的灯泡不同基本设计的术语。

注:每一种特定的命名,例如:P21/5W、H4、D2R,都可构成一种类型的灯泡,这些命名大多数来自ECE法规。

1.3.2

型式(品种) type

属于同一种类型,但在如下主要方面不同的灯泡即为不同型式的灯泡:

a) 商标名或商标；

注：商标名或商标相同，而由不同的制造商生产的灯泡，被视为不同型式的灯泡。同一制造商生产，仅商标名或商标不同的灯泡，被视为相同型式的灯泡。

b) 玻壳设计，就其影响光学效果来讲；

c) 对于灯丝灯泡，标称电压；

d) 卤素。

注：选择性黄色玻壳或附加的选择性黄色外玻壳，仅用于改变发射白色光的光源的颜色，不改变其他特性，不构成光源型式的改变。

1.3.3

型式试验　type test

为检验产品的设计是否达到有关规定的要求，对型式试验样品进行的一项或一系列试验。

1.3.4

型式试验样品　type test sample

由制造商或负责的销售商提交，用于进行型式试验的一只或相同的几只样品。

1.3.5

批量产品的一致性　conformity of production

根据有关规定的要求评价给定型式的灯泡批量生产的合格性。

注：批量产品灯泡与业经批准的型式试验样品是相同的设计。

1.3.6

标称电压　nominal voltage

用于命名灯泡的电压，通常是道路机动车辆供电网络的电池电压(6 V，12 V 或 24 V)。

1.3.7

标称功率　nominal wattage

用于命名灯泡的功率。

1.3.8

试验电压　test voltage

规定和检验灯泡的某些性能时施加的电压，对于灯丝灯泡，该电压为灯头端的电压。对于放电灯泡，该电压为镇流器输入端的电压。

1.3.9

目标值　objective values

光电性能的设计值。当对灯丝灯泡在试验电压下施加电流时，对放电灯泡在试验电压下通过镇流器施加电流时，在规定的允差范围内欲达到的值。

1.3.10

允差　tolerance

可容许的与目标值的偏离，一般用目标值的百分数表示。

1.3.11

极限值　limit values

灯泡在规定条件下工作时特性必须满足的最低和/或最高值。

1.3.12

测量光通量　measuring luminous flux

按 2.8 的规定在标准前照灯内试验灯丝灯泡时所规定的光通量。

1.3.13

基准光通量　reference luminous flux

用于测量照明装置的光学性能而对标准灯丝灯泡规定的光通量。

1.3.14

基准面 reference plane

以灯头为基准而确定的平面，并据此来测量灯泡某些零件位置。

1.3.15

基准轴 reference axis

以灯头为基准而确定的轴线，并据此来测量灯泡某些零件位置。

1.3.16

老炼时间 ageing period

为稳定灯泡性能，将未经使用的灯泡在试验电压下工作的一段时间。

1.3.17

标准灯泡 standard lamp

发射白色、琥珀色或红色光，具有较小的尺寸允差，用于照明和光信号装置的光度测量的灯泡。

注：对每种类型，仅规定一种标称电压的标准灯泡。

1.3.18

产品灯泡 production lamp

应符合本部分有关灯泡数据活页“产品灯泡”栏中表明要求的灯泡。

1.3.19

重载灯泡 heavy duty lamp

由制造商或负责的销售商宣称，除了符合本部分规定的要求外，符合 GB/T 15766.2—2007 表 B.2 中所规定的重载试验条件的灯泡。

2 灯丝灯泡要求与试验条件

2.1 一般要求

灯丝灯泡的设计应使其在正常使用中保持良好的工作状态。在外观上无设计与制造方面的缺陷。

2.2 灯泡标志

灯泡上应标有下列清晰耐久的标志：

——制造商或负责的销售商的商标名或商标；

——标称电压；

——有关类型的国际命名；

——标称功率(对双灯丝灯泡其顺序为：高功率灯丝/低功率灯丝)；如果其是有关灯丝灯泡类型的国际命名的一部分，则不需另外标明。

另外，满足 2.9 条要求的卤素灯丝灯泡应当用字母“U”标明。

除上述内容外还可添加其他标志。

注：如由管理机构授予的认证标志等。

合格性通过以下方法检验：

a） 标志是否存在而且清晰——用目视检查；

b） 耐久性——对未使用过的灯泡进行下列试验：

用一块水浸湿的软布擦拭灯泡上有标志的部分 15 s，试验以后，标志应依然清晰。

如标志打印在玻壳上，则不应对光输出性能有不利影响。

2.3 玻壳

灯丝灯泡玻壳上不应有妨碍其光学性能的刻痕或斑点。

2.4 颜色

2.4.1 光的颜色

除非在相应的灯丝灯泡数据活页中另有规定，灯丝灯泡发射的光应为白色。对于有些类型灯泡允许发射有色光。

用CIE色度坐标表示的所发射光的色度特性应在下述范围内：

——发射白色光的成品灯丝灯泡：

趋向蓝色的极限：　$x \geqslant 0.310$

趋向黄色的极限：　$x \leqslant 0.500$

趋向绿色的极限：　$y \leqslant 0.150 + 0.640x$

趋向绿色的极限：　$y \leqslant 0.440$

趋向紫色的极限：　$y \geqslant 0.050 + 0.750x$

趋向红色的极限：　$y \geqslant 0.382$

——发射选择性黄色光的成品灯丝灯泡：

趋向红色的极限：　$y \geqslant 0.138 + 0.580x$

趋向绿色的极限：　$y \leqslant 1.290x - 0.100$

趋向白色的极限：　$y \geqslant 0.940 - x$ 和 $y \geqslant 0.440$

——发射琥珀色光的成品灯丝灯泡：

趋向绿色的极限：　$y \leqslant x - 0.120$

趋向红色的极限：　$y \geqslant 0.390$

趋向白色的极限：　$y \geqslant 0.790 - 0.670x$

——发射红色光的成品灯丝灯泡：

趋向黄色的极限：　$y \leqslant 0.335$

趋向紫色的极限：　$y \geqslant 0.980 - x$

所发射光的颜色应按附录B规定的方法进行测量。

每一测量值应位于要求的允差范围内。而且，对于发射白色光的灯丝灯泡，测量值相对于在普朗克(Planckian)轨迹上选择的点，在x和/或y方向上的偏离不大于0.020单位。

对于产品一致性且仅对于琥珀色和红色，至少80%的测量结果应位于要求的允差范围内。

2.4.2 颜色耐久性

用于光信号装置的有色灯丝灯泡应在如附录I所规定的颜色耐久性测量的试验条件下工作。

此后，光的颜色应按附录B规定的方法进行测量。所有的测量结果，而对于琥珀色和红色至少80%的测量结果，应位于2.4.1规定的允差范围内。

对于采用滤色涂层的情况而言，不用专门的光学工具，这些涂层应不能观察到裂缝。

2.4.3 涂色玻壳

就使用涂色玻壳的情况而言，在按C.1条进行老炼后，玻壳表面应使用在体积比为70%的庚烷(n-heptane)和30%的甲苯(toluol)混合液中浸过的棉布轻轻地擦拭，在约5 min后，目视检查玻壳表面，应无任何明显的变化。

2.5 灯泡尺寸

灯丝灯泡尺寸应符合灯泡图或有关的灯丝灯泡数据活页中规定的限定值。

灯丝形状、长度和位置的限定及其测量条件，应分别符合附录A、附录D、和附录E的相应要求。

2.6 灯头

灯丝灯泡应配有相应的灯丝灯泡数据活页中指定的合乎规定的灯头，并应符合IEC 60061-1相应的灯头数据活页的规定。

2.7 初始光电性能要求

灯丝灯泡功率与光通量应符合相应的灯泡数据活页中规定的限定值。

除非说明特定的颜色，在相应的灯丝灯泡数据活页中规定的光通量仅适用于发射白色光的灯丝灯泡。

就允许采用选择性黄色的情况而言，具有选择性黄色（外）玻壳的灯丝灯泡的光通量至少应达到相应的具有无色透明玻壳的灯丝灯泡光通量的 85%。

一致性按附录 C 中规定的试验条件进行检验。

2.8 光学质量的检验

此项要求仅适用于发射非对称近光光束前照灯使用的具有内部配光屏的双灯丝灯泡（仅适用于 H4、HS1 和 R2 类型的灯丝灯泡），当有关法规要求时进行此项检验。

检验光学质量时应在达到测量光通量量值时的电压下进行。

2.8.1 发射白色光的 12 V 灯泡

将最为接近标准灯丝灯泡要求的样品，置于 2.8.4 规定的标准前照灯内进行试验，并验证由上述前照灯和待测灯丝灯泡组成的整套装置的近光光分布符合 GB 4599 或 GB 5948 标准对近光光束的要求。

2.8.2 发射白色光的 6 V 和 24 V 灯泡

将最为接近额定尺寸值的样品，置于 2.8.4 规定的标准前照灯内进行试验，并验证由上述前照灯和待测灯丝灯泡组成的整套装置，符合 GB 4599 或 GB 5948 标准中对近光光束规定的光分布要求，偏差值如不超过最小值的 10%，是可接受的。

2.8.3 发射选择性黄色光的灯泡

对于发射选择性黄色光的灯丝灯泡，应按 2.8.1 和 2.8.2 所说明的同样方法，在标准的前照灯中进行试验，并确保照度对于 12 V 灯丝灯泡达到 GB 4599 或 GB 5948 标准对近光光束规定的光分布最小值的至少 85%，而对于 6 V 和 24 V 灯丝灯泡达到最小值的至少 77%。最大照度的极限保持不变。

就具有选择性黄色玻壳的灯丝灯泡的情况而言，如果发射白色光的相同型式的灯丝灯泡认证已获得批准，则此项检验可省去。

2.8.4 符合下列条件的前照灯被认为是标准前照灯

2.8.4.1 其满足认证批准的有关条件；

2.8.4.2 有效直径不小于 160 mm；

2.8.4.3 使用标准灯丝灯泡，在有关的前照灯型式所规定的各点和各区域产生的照度等于：

2.8.4.3.1 不大于对有关的前照灯型式所规定的最大极限值的 90%；

2.8.4.3.2 不小于对有关的前照灯型式所规定的最小极限值的 120%。

2.9 紫外（UV）辐射

卤素灯丝灯泡的 UV 辐射见式(1)和式(2)：

$$k_1 = \frac{\int_{315\ \mathrm{nm}}^{400\ \mathrm{nm}} \phi_\lambda \mathrm{d}\lambda}{k_\mathrm{m}\int_{380\ \mathrm{nm}}^{780\ \mathrm{nm}} \phi_\lambda V(\lambda)\mathrm{d}\lambda} \leqslant 2\times 10^{-4} \quad \mathrm{W/lm} \qquad (1)$$

$$k_2 = \frac{\int_{250\ \mathrm{nm}}^{315\ \mathrm{nm}} \phi_\lambda \mathrm{d}\lambda}{k_\mathrm{m}\int_{380\ \mathrm{nm}}^{780\ \mathrm{nm}} \phi_\lambda V(\lambda)\mathrm{d}\lambda} \leqslant 2\times 10^{-6} \quad \mathrm{W/lm} \qquad (2)$$

式中：

ϕ_λ[W/nm]——辐射通量的光谱分布；

$V(\lambda)$[1]——光谱光视效率；

λ[nm]——波长；

k_m=683[lm/W]——光辐射当量。

此值应以 5 nm 为间隔进行计算。

2.10 标准灯丝灯泡

标准灯丝灯泡应满足有关灯丝灯泡数据活页中规定的附加要求。

发射白色光的标准灯丝灯泡的玻壳对色温为2856 K的光源的CIE三色度坐标的改变，在x和/或y方向不应大于0.010单位。对于发射琥珀色光或红色光的标准灯丝灯泡，玻壳温度的变化不应影响光通量，以至损害信号装置的光度测量。

3 放电灯泡要求与试验条件

3.1 一般要求

放电灯泡的设计应使其在正常使用中保持良好的工作状态。此外，在外观上无设计与制造方面的缺陷。

3.2 灯泡标志

放电灯泡的灯头上应标有下列清晰耐久的标志：

——制造商或负责的销售商的商标名或商标；

——标称功率；

——有关类型的国际命名。

除上述内容外还可添加其他标志。

注1：如由管理机构授予的认证标志等。

注2：在使放电灯泡启动和工作的镇流器上，应打印型式和商标标识，以及有关的灯泡数据活页所表明的标称电压和功率。

合格性通过以下方法检验：

a） 标志是否存在而且清晰——用目视检查；

b） 耐久性——对未使用过的灯泡进行下列试验：

用一块水浸湿的软布擦拭灯泡上有标志的部分15 s，试验以后，标志应依然清晰。

3.3 玻壳

放电灯泡玻壳上不应有妨碍其光学性能的刻痕或斑点。

玻壳应符合有关的灯泡数据活页规定的尺寸要求。

3.4 灯头

放电灯泡应配有相应的灯泡数据活页中指定的合乎规定的灯头，并应符合IEC 60061-1相应的灯头数据活页的规定。灯头应牢固地固定在玻壳上。

3.5 电极、电弧及遮光带的位置和尺寸

3.5.1 电极

电极的几何位置和尺寸应符合有关的数据活页的规定。

合格性应在放电灯泡老炼前，不点亮情况下，使用光学方法透过玻壳进行检验。

3.5.2 电弧

电弧的形状和位移应符合有关的数据活页给定的要求。

合格性应在放电灯泡老炼后，在试验电压下通过镇流器点亮的情况下进行检验。

3.5.3 遮光带

遮光带（如适用）位置、尺寸及透射率应符合有关的数据活页给定的要求。

合格性应在放电灯泡老炼后，在试验电压下通过镇流器点亮的情况下进行检验。

注：电弧和电极位置测量方法的例子在附录F中给出，也可采用其他方法。

3.6 启动、上升和热再触发性能

3.6.1 启动

放电灯泡应直接启动并保持点亮。

3.6.2 上升

在启动以后，放电灯泡应：

在 1 s 后，光通量至少达到其目标值的 25%。

在 4 s 后，光通量至少达到其目标值的 80%。

光通量目标值如有关数据活页所表明。

3.6.3 热再触发

放电灯泡在关闭如有关的数据活页所规定的一段时间后，当打开电源时，应直接再启动。在 1 s 后，灯泡的光通量应至少达到其目标值的 80%。

3.6.4 合格性

合格性应通过附录 G 规定的试验来检验。

3.7 光电性能

3.7.1 电压与功率

灯泡的电压和功率应位于有关数据活页规定的限定范围内。

3.7.2 光通量

光通量应位于有关数据活页规定的限定范围内。

3.7.3 合格性

合格性应通过附录 G 规定的试验来检验。

3.8 颜色

发射光的颜色应为白色，用 CIE 色度坐标表示的色度特性，应位于有关数据活页所规定的限定范围内。

发射白色光的放电灯泡的最低红色光成分，即红色比见式(3)：

$$k_{\mathrm{red}} = \frac{\int_{\lambda=610\ \mathrm{nm}}^{780\ \mathrm{nm}} \phi_{\lambda} V(\lambda)\,\mathrm{d}\lambda}{\int_{\lambda=380\ \mathrm{nm}}^{780\ \mathrm{nm}} \phi_{\lambda} V(\lambda)\,\mathrm{d}\lambda} \geqslant 0.05 \qquad \cdots\cdots (3)$$

式中：

ϕ_{λ}[W/nm]——辐射通量的光谱分布；

$V(\lambda)$[1]——光谱光视效率；

λ[nm]——波长。

此值应以 1 nm 为间隔进行计算。

合格性应通过附录 G 规定的试验来检验。

3.9 紫外(UV)辐射

放电灯泡发射的光的最大 UV 成分，即紫外辐射比见式(4)：

$$k_{\mathrm{uv}} = \frac{\int_{\lambda=250\ \mathrm{nm}}^{400\ \mathrm{nm}} \phi_{\lambda} S(\lambda)\,\mathrm{d}\lambda}{k_{\mathrm{m}} \int_{\lambda=380\ \mathrm{nm}}^{780\ \mathrm{nm}} \phi_{\lambda} V(\lambda)\,\mathrm{d}\lambda} \leqslant 10^{-5}\ \ \mathrm{W/lm} \qquad \cdots\cdots (4)$$

式中：

$S(\lambda)$[1]——光谱加权函数；

ϕ_{λ}[W/nm]——辐射通量的光谱分布；

$V(\lambda)$[1]——光谱光视效率；

λ[nm]——波长；

k_m=683[lm/W]——光辐射当量。

此值应以 1 nm 为间隔进行计算。

UV 辐射应按照下表给出的值进行加权计算。

λ	S(λ)	λ	S(λ)	λ	S(λ)
250	0.430	305	0.060	355	0.000 16
255	0.520	310	0.015	360	0.000 13
260	0.650	315	0.003	365	0.000 11
265	0.810	320	0.001	370	0.000 09
270	1.000	325	0.000 50	375	0.000 077
275	0.960	330	0.000 41	380	0.000 064
280	0.880	335	0.000 34	385	0.000 053
285	0.770	340	0.000 28	390	0.000 044
290	0.640	345	0.000 24	395	0.000 036
295	0.540	350	0.000 20	400	0.000 030
300	0.300				

选定的波长是代表性的，其他值应使用插值法插入。

合格性应通过附录 G 规定的试验来检验。

3.10 标准放电灯泡

标准放电灯泡应符合对产品灯泡的要求，且符合相应数据活页表明的的特定要求。

4 抽样与合格条件

对于抽样与合格条件的要求，按附录 J 和附录 K 中规定。权威管理机构进行现场检验，按附录 L 和附录 M 中规定。

5 灯泡(数据)活页

灯泡类型及其活页号一览表

类型	活　页　号	电压/V	功率/W	灯头型号	页码
C5W1)	15766.1—GB-C5W/1	6 12 24	5	SV8.5	13
C21W1) 5)	15766.1—GB-C21W/1-2	12	21	SV8.5	14
H1	15766.1—GB-H1/1-3	6 12 24	55 55 70	P14.5s	16
H3	15766.1—GB-H3/1-4	6 12 24	55 55 70	PK22s	19
H4	15766.1—GB-H4/1-5	12 24	60/55 75/70	P43t	23

表(续)

类型	活　页　号	电压/V	功率/W	灯头型号	页码
H7	15766.1—GB-H7/1-4	12 24	55 70	PX26d	28
H8	15766.1—GB-H8/1-4	12	35	PGJ19-1	32
H8B				PGJY19-1	
H9[3)]	15766.1—GB-H9/1-4	12	65	PGJ19-5	36
H9B[3)]				PGJY19-5	
H10	15766.1—GB-H10/1-3	12	42	PY20d	40
H11	15766.1—GB-H11/1-4	12 24	55 70	PGJ19-2	43
H11B		12 24	55 70	PGJY19-2	
H12	15766.1—GB-H12/1-3	12	53	PZ20d	47
H13	15766.1—GB-H13/1-4	12	60/55	P26.4t	50
H13A				PJ26.4t	
H14	15766.1—GB-H14/1-4	12	60/55	P38t	54
H6W[1)]	15766.1—GB-H6W/1	12	6	BAX9s	58
H21W[2)4)]	15766.1—GB-H21W/1-2	12 24	21	BAY9s	59
H27W/1	15766.1—GB-H27W/1-3	12	27	PG13	61
H27W/2				PGJ13	
HB3	15766.1—GB-HB3/1-4	12	60	P20d	64
HB3A					
HB4	15766.1—GB-HB4/1-4	12	51	P22d	68
HB4A					
HIR1[3)]	15766.1—GB-HIR1/1-3	12	65	PX20d	72
HIR2	15766.1—GB-HIR2/1-3	12	55	PX22d	75
HS1	15766.1—GB-HS1/1-5	6 12	35/35	PX43t	78
HS2	15766.1—GB-HS2/1-3	6 12	15	PX13.5s	83
HS5	15766.1—GB-HS5/1-4	12	35/30	P23t	86
P13W[1)]	15766.1—GB-P13W/1-3	12	13	PG18.5d—1	90
P19W[1)]	15766.1—GB-P19W/1-3	12	19	PGU20-1	93
PY19W[1)]				PGU20-2	
PR19W[1)]				PGU20-5	

表(续)

类型	活　页　号	电压/V	功率/W	灯头型号	页码
PS19W[1)]	15766.1—GB-P19W/1-3	12	19	PG20-1	93
PSY19W[1)]				PG20-2	
PSR19W[1)]				PG20-5	
P21W[1)]	15766.1—GB-P21W/1-2	6 12 24	21	BA15s(BA15d)	96
P21/4W[1)]	15766.1—GB-P21/4W/1 (15766.1—GB-P21/5W/2-3)	12 24	21/4	BAZ15d	98
P21/5W[1)]	15766.1—GB-P21/5W/1-3	6 12 24	21/5	BAY15d	99
P24W[1)]	15766.1—GB-P24W/1-3	12	24	PGU20-3	102
PX24W[2)4)]				PGU20-7	
PY24W[1)]				PGU20-4	
PR24W[1)]				PGU20-6	
PS24W[1)]				PG20-3	
PSX24W[2)4)]				PG20-7	
PSY24W[1)]				PG20-4	
PSR24W[1)]				PG20-6	
P27W[1)]	15766.1—GB-P27W/1-2	12	27	W2.5x16d	105
P27/7W[1)]	15766.1—GB-P27/7W/1-3	12	27/7	W2.5x16q	107
PR21W[1)]	15766.1—GB-PR21W/1 (15766.1—GB-P21W/2)	12 24	21	BAW15s	110
PR21/4W[1)]	15766.1—GB-PR21/4W/1 (15766.1—GB-P21/5W/2-3)	12 24	21/4	BAU15d	111
PR21/5W[1)]	15766.1—GB-PR21/5W/1 (15766.1—GB-P21/5W/2-3)	12 24	21/5	BAW15d	112
PR27/7W[1)]	15766.1—GB-PR27/7W/1 (15766.1—GB-P27/7W/2-3)	12	27/7	WU2.5x16q	113
PY21W[1)]	15766.1—GB-PY21W/1 (15766.1—GB-P21W/2)	12 24	21	BAU15s	114
PY27/7W[1)]	15766.1—GB-PY27/7W/1 (15766.1—GB-P27/7W/2-3)	12	27/7	WX2.5x16q	115
R2[5)]	15766.1—GB-R2/1-3	6 12 24	45/40 45/40 55/50	P45t-41	116
R5W[1)]	15766.1—GB-R5W/1	6 12 24	5	BA15s (BA15d)	119

表(续)

类型	活　页　号	电压/V	功率/W	灯头型号	页码
RR5W[1)]	15766.1—GB-R5W/1	6 12 24	5	BAW15s	119
R10W[1)]	15766.1—GB-R10W/1	6 12 24	10	BA15s (BA15d)	120
RY10W[1)]		6 12 24		BAU15s	
RR10W[1)]		12 24		BAW15s	
S1[5)]	15766.1—GB-S1/S2/1-2	6 12	25/25	BA20d	121
S2		6 12	35/35		
S3	15766.1—GB-S3/1	6 12	15	P26s	123
T1.4W[1)]	15766.1—GB-T1.4W/1	12	1.4	P11.5d	124
T4W[1)]	15766.1—GB-T4W/1	6 12 24	4	BA9s	125
W2.3W[1)]	15766.1—GB-W2.3W/1	12	2.3	W2x4.6d	126
W3W[1)]	15766.1—GB-W3W/1	6 12 24	3	W2.1x9.5d	127
W5W[1)]	15766.1—GB-W5W/1	6 12 24	5	W2.1x9.5d	128
WY5W[1)]		6 12 24			
WR5W[1)]		12 24			
W15/5W[1)]	15766.1—GB-W15/5W/1-3	12	15/5	WZ3x16q	129
W16W[1)]	15766.1—GB-W16W/1	12	16	W2.1x9.5d	132
W21W[1)]	15766.1—GB-W21W/1-2	12	21	W3x16d	133
W21/5W[1)]	15766.1—GB-W21/5W/1-3	12	21/5	W3x16q	135
WP21W[1)]	15766.1—GB-WP21W/1-2	12	21	WY2.5x16d	138
WPY21W[1)]				WZ2.5x16d	

表(续)

类型	活页号	电压/V	功率/W	灯头型号	页码
WR21/5W[1)]	15766.1—GB-WR21/5W/1 (15766.1—GB-W21/5W/2-3)	12	21/5	WY3x16q	140
WY2.3W[1)]	15766.1—GB-WY2.3W/1	12	2.3	W2x4.6d	141
WY21W[1)]	15766.1—GB-WY21W/1-2	12	21	WX3x16d	142
D1R	15766.1—GB-DxR/1-7	12	35	PK32d-3	144
D2R				P32d-3	
D3R				PK32d-6	
D4R				P32d-6	
D1S	15766.1—GB-DxS/1-6	12	35	PK32d-2	151
D2S				P32d-2	
D3S				PK32d-5	
D4S				P32d-5	

1) 仅用于信号灯具。
2) 不应用于近光光束前照灯具。
3) 不应用于 GB 4660 规定的前雾灯。
4) 见 ECE 第 19 号法规的规定。
5) 仅用于替换目的,不推荐用于新的灯具设计。

道路机动车辆灯泡数据活页 类型:C5W 灯头:SV8.5	C5W/1

单位为毫米

本图仅表明灯丝灯泡的主要尺寸

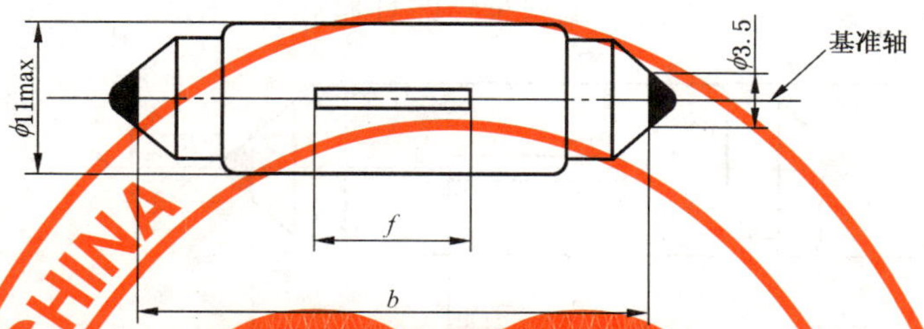

尺寸/mm			产品灯丝灯泡			标准灯丝灯泡
			min	nom	max	
b[1)]			34.0	35.0	36.0	35.0±0.5
f[2)3)]			7.5[4)]		15[5)]	9±1.5
灯头 SV8.5 符合 IEC 60061(活页 7004—81—4)						
光 电 性 能						
标称值	电压	V	6	12	24	12
	功率	W		5		5
试验电压		V	6.75	13.5	28.0	13.5
目标值	功率	W	5.5 max		7.7 max	5.5 max
	光通量	lm	45(1±20%)			
基准光通量:45 lm 在约 13.5 V						

1) 该尺寸表示灯头上直径为 3.5 mm 的两个孔径之间的距离。

2) 灯丝应位于一长为 19 mm,与灯丝灯泡同轴,且与灯丝灯泡中心相对称而配置的圆柱体内。该圆柱体的直径,对于 6 V 和 12 V 灯丝灯泡为:d+4 mm(对于标准灯丝灯泡:d+2 mm),对于 24 V 灯丝灯泡为:d+5 mm。d 系指制造商声称的灯丝标称直径。

3) 沿基准轴方向测得的灯丝中心与灯丝灯泡中心的偏差应不大于±2.0 mm(对于标准灯丝灯泡:±0.5 mm)。

4) 对于 6 V 灯丝灯泡:4.5 mm。

5) 对于 24 V 灯丝灯泡:16.5 mm。

	道路机动车辆灯泡数据活页 类型:C21W 灯头:SV8.5	C21W/1

单位为毫米

本图仅表明灯丝灯泡的主要尺寸

仅用于倒车灯的灯丝灯泡

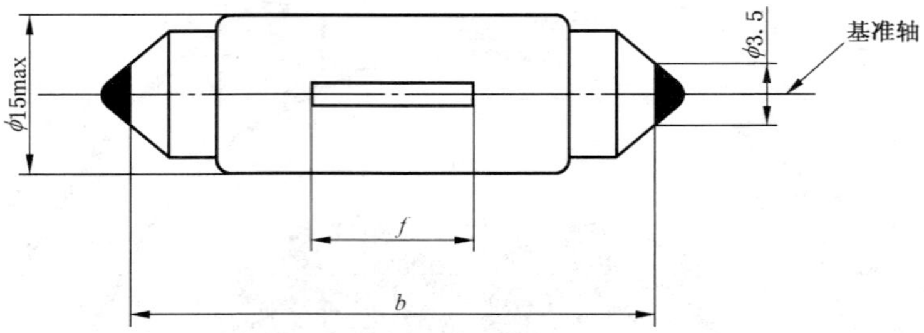

尺寸/mm			产品灯丝灯泡			标准灯丝灯泡
			min	nom	max	
b[1]			40.0	41.0	42.0	41.0±0.5
f[2]			7.5		10.5	8±1.0
灯头 SV8.5 符合 IEC 60061(活页 7004-81-4)						
光　电　性　能						
标称值	电压	V	12			12
	功率	W	21			21
试验电压		V	13.5			13.5
目标值	功率	W	26.5 max			26.5 max
	光通量	lm	460(1±15%)			
基准光通量:460 lm　在约 13.5 V						

1)　该尺寸表示直径为 3.5 mm 的两个孔径之间的距离。

2)　灯丝的位置用箱式系统检验,见活页 C21W/2。

15766.1—GB-C21W/1-2

	道路机动车辆灯泡数据活页 类型:C21W 灯头:SV8.5	C21W/2

单位为毫米

屏幕投影要求

本项试验通过检查灯丝相对基准轴和灯丝灯泡长度中心的位置是否正确,确定灯丝灯泡是否符合要求。

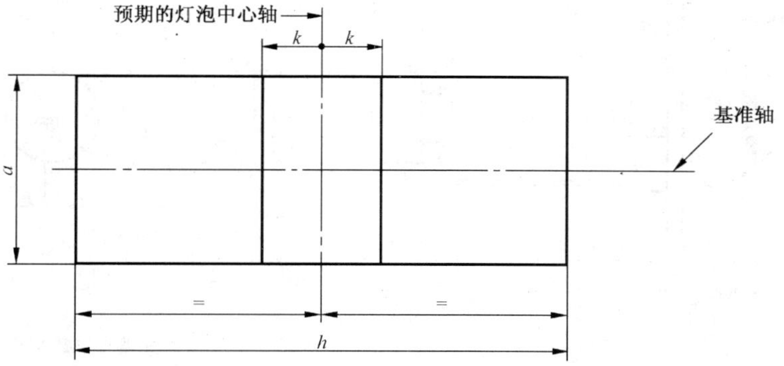

12 V	a	h	k
产品灯丝灯泡	4.0+d	14.5	2.0
标准灯丝灯泡	2.0+d	14.5	0.5

d=制造者声称的灯丝标称直径

试验程序及要求

1 将灯丝灯泡置于一个能绕基准轴旋转360°的灯座上,并在灯丝影像的屏幕上看到正视图。屏幕上的基准轴应与灯丝灯泡的中心相重叠。屏幕上的预期中心轴应与灯丝灯泡长度的中心相重叠。

2 正视图

2.1 当灯丝灯泡旋转360°时,灯丝投影应完全位于规定的矩形内;

2.2 灯丝中心相对于灯泡预期中心轴的偏差不应大于距离“k”。

15766.1—GB-C21W/1-2

	道路机动车辆灯泡数据活页 类型:H1 灯头:P14.5s	H1/1

单位为毫米

本图仅表明灯丝灯泡的主要尺寸

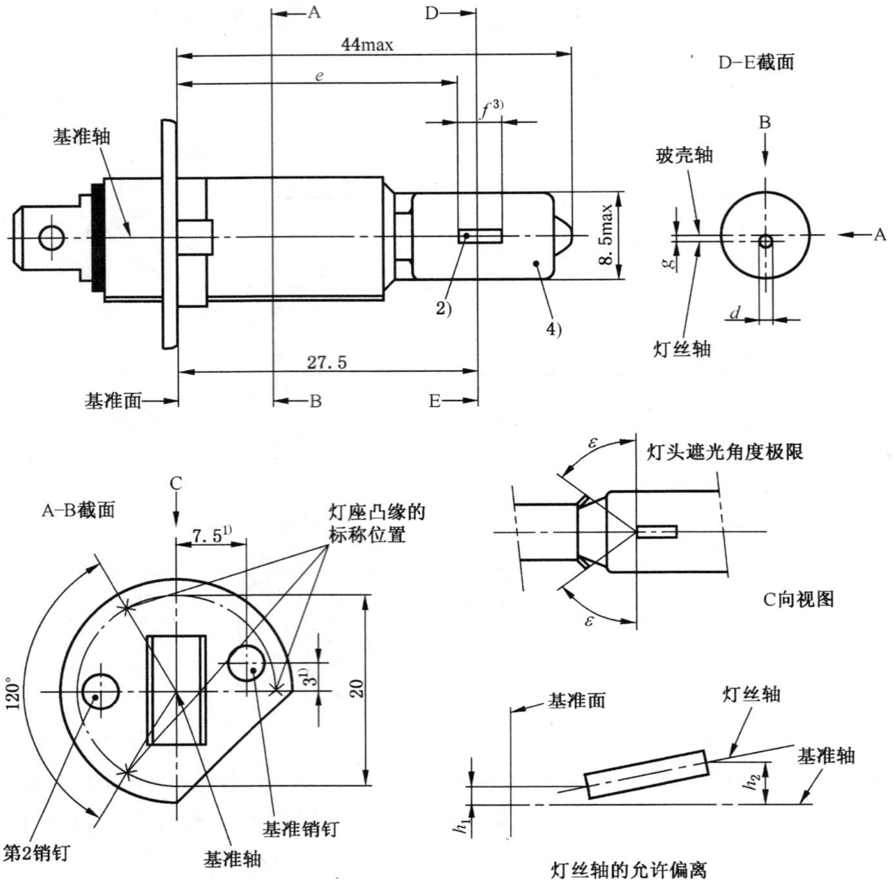

1) 基准轴是垂直于基准面且通过标有注 1)的尺寸所确定的点的直线。

2) 两根电引线均应位于灯泡内部,较长的电引线应位于灯丝上方(观察灯丝灯泡时的方向如图所示)。灯泡的内部设计应使杂散光的影像和反射光降低至最小程度,例如,可以通过在灯丝的无螺旋部分加冷却套的方法来实现。

3) 玻壳的 f 段圆柱体不应使灯丝的投射影像变形而明显影响光学效果。

4) 所发射光的颜色应为白色或选择性黄色。

15766.1—GB-H1/1-3

道路机动车辆灯泡数据活页 类型:H1 灯头:P14.5s	H1/2

尺寸/mm	产品灯丝灯泡			标准灯丝灯泡
	6 V	12 V	24 V	12 V
e[6)10)]	25.0[9)]			25.0±0.15
f[6)10)]	4.5±1.0	5.0±0.5	5.5±1.0	5.0+0.50/−0.00
g[7)8)]	0.5 d±0.5 d			0.5 d±0.25 d
h_1	9)			0±0.20[5)]
h_2	9)			0±0.25[5)]
ε	45°±12°			45°±3°
灯头 P14.5s 符合 IEC 60061(活页 7004-46-2)				

光电性能						
标称值	电压	V	6	12	24	12
	功率	W	55		70	55
试验电压		V	6.3	13.2	28.0	13.2
目标值	功率	W	63 max	68 max	84 max	68 max
	光通量	lm	1 350	1 550	1 900	
		±%	15			
基准光通量:1 150 lm 在约 12 V						

5) 偏心度仅在如图所示的灯丝灯泡的水平和竖直方向测量。测量点是距基准面最近和最远的端部圈外侧的投影与灯丝轴的交点。

6) 观察方向垂直于由基准轴和灯头第二销钉的中心所确定的平面内的基准轴。

7) 在距基准面 27.5 mm 处测量的灯丝相对于玻壳轴的偏离值。

8) d:灯丝直径。

9) 用箱式系统检验,见活页 H1/3。

10) 灯丝端点的定义是指这样的点,即在按以上注 6)所示的方向观察时,距基准面最近和最远的端部圈外侧的投影与基准轴的交点。(对双螺旋灯丝的特殊要求尚在考虑中)。

	道路机动车辆灯泡数据活页 类型:H1 灯头:P14.5s	H1/3

单位为毫米

屏幕投影要求

本项试验通过检查灯丝相对于基准轴和基准面的位置是否正确,确定灯丝灯泡是否符合要求。

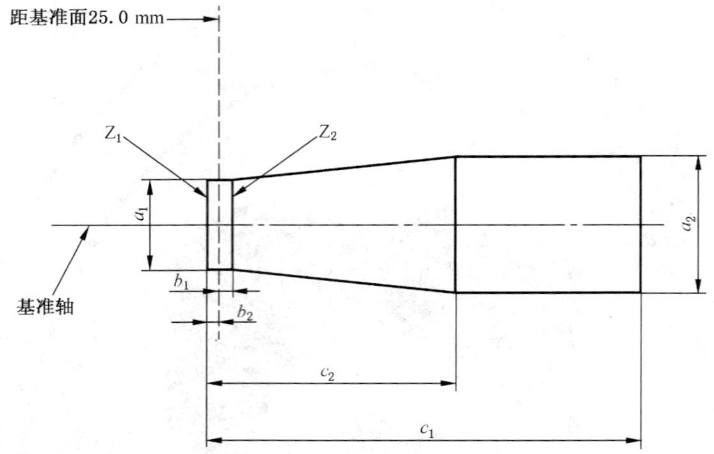

	a_1	a_2	b_1	b_2	c_1	c_2
6 V	1.4 d	1.9 d	0.25		6	3.5
12 V					6	4.5
24 V					7	4.5

d=灯丝直径。

如活页 H1/1 所示,灯丝位置仅在 A 和 B 方向进行检测。

灯丝应完全位于所示的范围内。

按活页 H1/2,注 10)所确定的灯丝始端应位于线 Z_1 和 Z_2 之间。

	道路机动车辆灯泡数据活页 类型:H3 灯头:PK22s	H3/1

单位为毫米

本图仅表明灯丝灯泡的主要尺寸

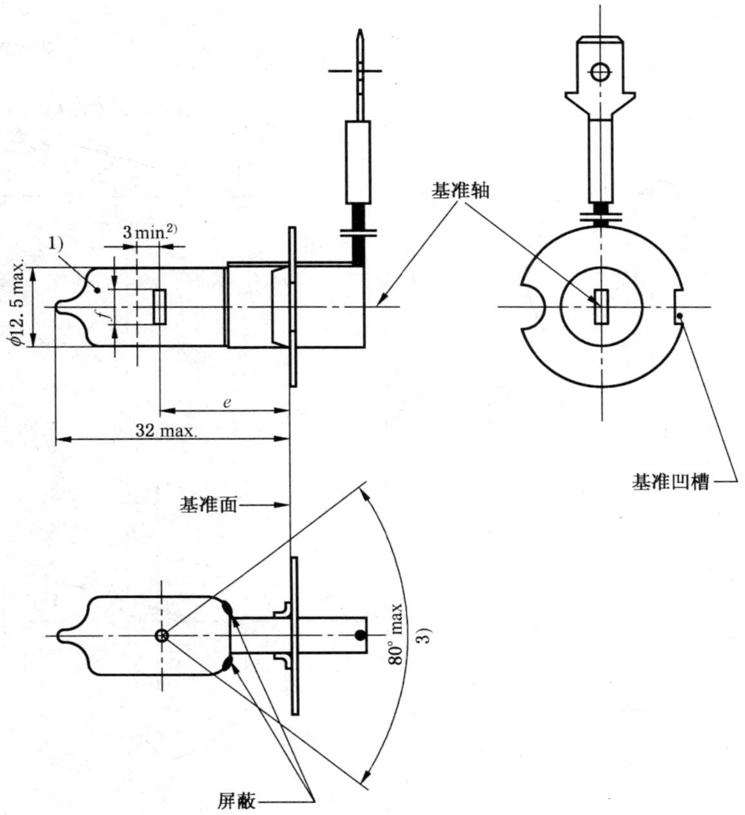

1) 所发射光的颜色应为白色或选择性黄色。

2) 指光中心高度(“e”)上方玻壳圆柱部分所应保持的最小距离。

3) 从 80° max 的遮光角以外的任何方向不应看到玻壳的灯头端部分的变形,屏蔽片不应产生不适当的反射,从玻壳一侧测量基准轴与各屏蔽片之间夹角应不超过 90°。

	道路机动车辆灯泡数据活页 类型:H3 灯头:PK22s	H3/2

单位为毫米

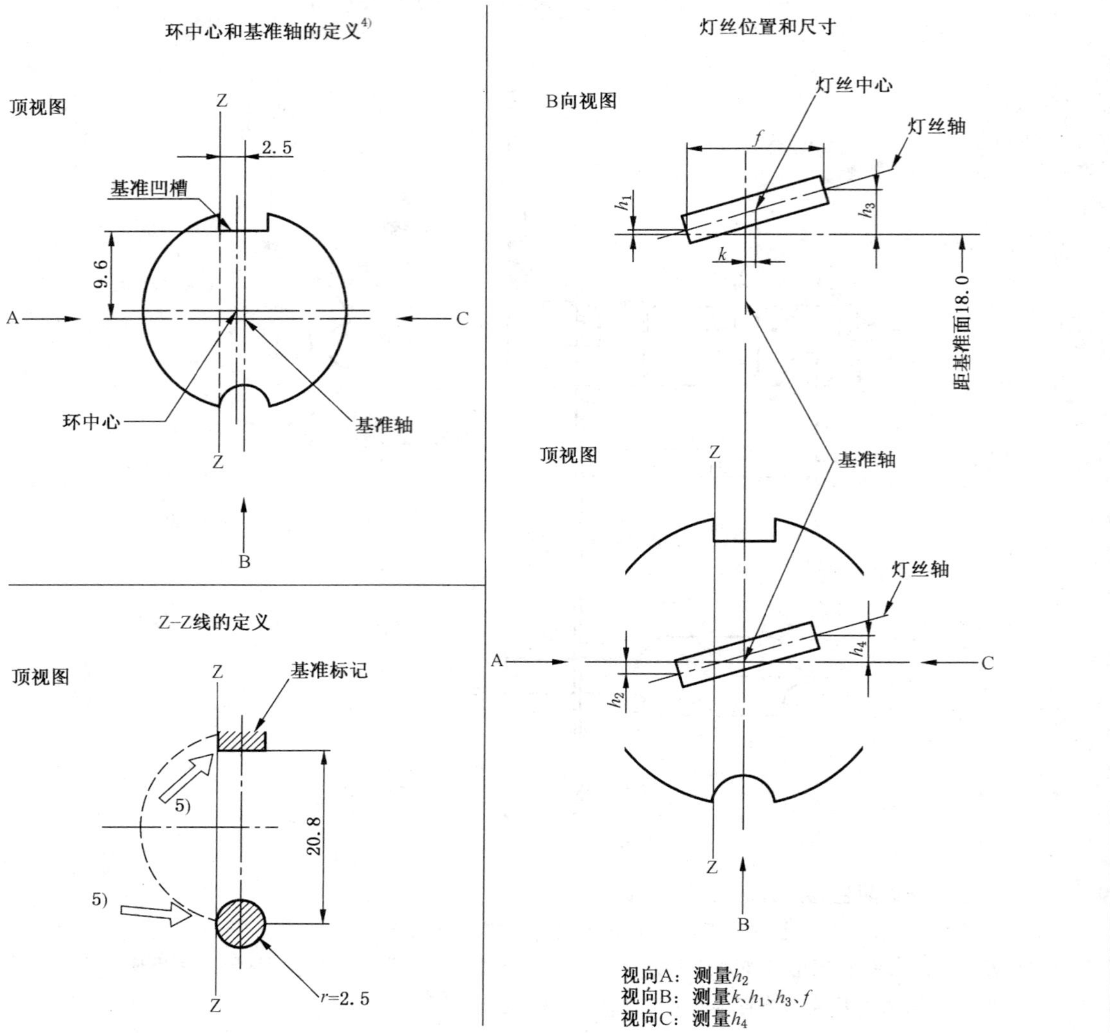

4） 环中心距基准轴的允差，在与 Z—Z 线垂直的方向上为 0.5 mm，在与 Z—Z 线平行的方向上为 0.05 mm。

5） 灯头应按此方向压入。

道路机动车辆灯泡数据活页 类型:H3 灯头:PK22s	H3/3

尺寸/mm			产品灯丝灯泡			标准灯丝灯泡
			6 V	12 V	24 V	12 V
e			18.0[6]			18.0
f[8]			3.0 min	4.0 min		5.0±0.50
k			0[6]			0±0.20
h_1,h_3			0[6]			0±0.15[7]
h_2,h_4			0[6]			0±0.25[7]
灯头 PK22s 符合 IEC 60061(活页 7004-47-4)						
光电性能						
标称值	电压	V	6	12	24	12
	功率	W	55		70	55
试验电压		V	6.3	13.2	28.0	13.2
目标值	功率	W	63 max	68 max	84 max	68 max
	光通量	lm	1 050	1 450	1 750	
		±%	15			
基准光通量:1 100 lm 在约 12 V						

6) 用箱式系统检验,见活页 H3/4。

7) 对于标准灯丝灯泡,被测点是端部圈外侧的投影与灯丝轴的交点。

8) 灯丝的首圈与末圈的位置,是由首末发光圈的外侧分别同一个与基准面相平行且与之相距 18 mm 的平面的交点所确定。(对于双螺旋灯丝的另外要求正在考虑中)。

	道路机动车辆灯泡数据活页 类型:H3 灯头:PK22s	H3/4

单位为毫米

屏幕投影要求

本项试验通过检查灯丝相对于基准轴和基准面的位置是否正确,确定灯丝灯泡是否符合要求。

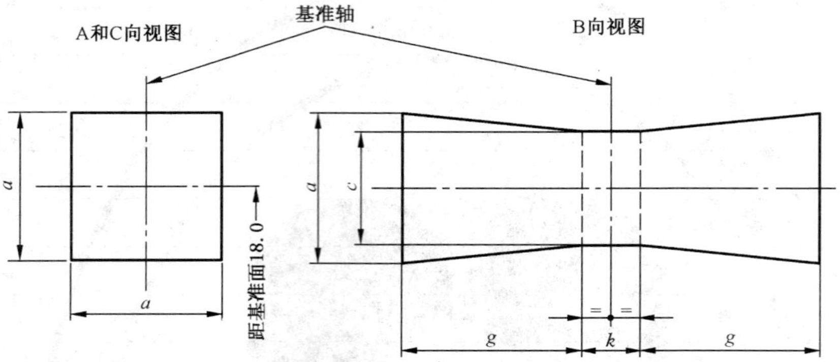

	a	c	k	g
6 V	1.8 d	1.6 d	1.0	2.0
12 V				2.8
24 V				2.9

d=灯丝直径。

灯丝应完全位于图示的范围内。

灯丝中心应位于尺寸 k 所限定的范围内。

15766.1—GB-H3/1-4

道路机动车辆灯泡数据活页 类型：H4 灯头：P43t	H4/1

单位为毫米

本图仅表明灯丝灯泡的主要尺寸

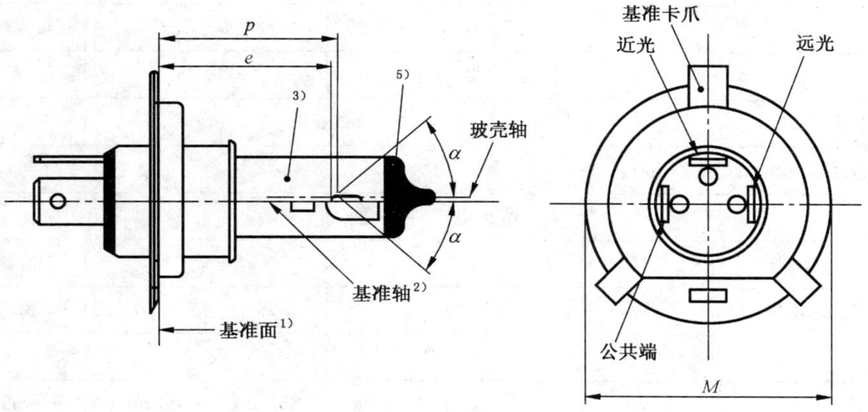

图 1　主视图

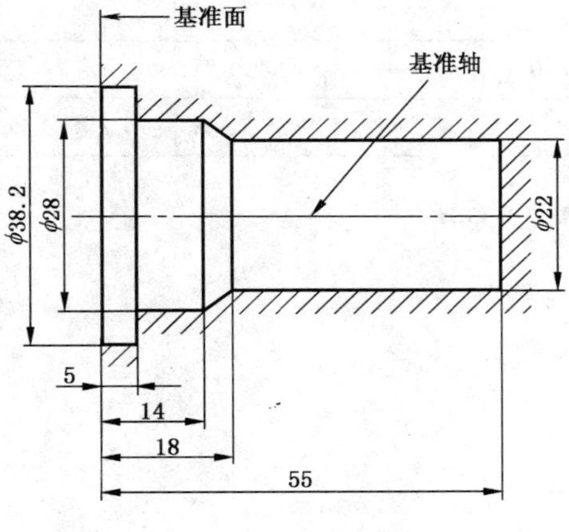

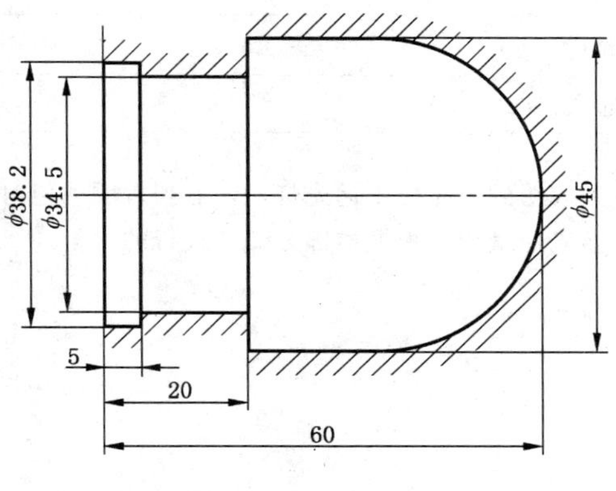

图 2　　　　灯泡最大外轮廓[4)]　　　　图 3

1)　基准面是由灯头环的三个卡爪的定位点所形成的平面。

2)　基准轴是一条与基准面垂直且通过直径为 M 圆的圆心的直线。

3)　所发射光的颜色应为白色或选择性黄色。

4)　玻壳和支撑不应超出如图 2 所示的轮廓。然而，当使用选择性黄色外玻壳时，玻壳和支撑不应超出如图 3 所示的轮廓。

5)　遮光层至少要延伸到玻壳的圆柱部分，当从与基准轴垂直的方向观察配光屏时，遮光层应与配光屏相重叠。

15766.1—GB-H4/1-5

	道路机动车辆灯泡数据活页 类型:H4 灯头:P43t	H4/2

<table>
<tr><td colspan="3" rowspan="2">尺寸/mm</td><td colspan="2">产品灯丝灯泡</td><td colspan="2">产品灯丝灯泡</td><td colspan="2">标准灯丝灯泡</td></tr>
<tr><td colspan="2">12 V</td><td colspan="2">24 V</td><td colspan="2">12 V</td></tr>
<tr><td colspan="3">e</td><td colspan="2">28.5+0.35/−0.25</td><td colspan="2">29.0±0.35</td><td colspan="2">28.5+0.20/−0.00</td></tr>
<tr><td colspan="3">p</td><td colspan="2">28.95</td><td colspan="2">29.25</td><td colspan="2">28.95</td></tr>
<tr><td colspan="3">α</td><td colspan="4">max40°</td><td colspan="2">max40°</td></tr>
<tr><td colspan="9">灯头 P43t 符合 IEC 60061(活页 7004-39-6)</td></tr>
<tr><td colspan="9">光　电　性　能</td></tr>
<tr><td rowspan="2">标称值</td><td>电压</td><td>V</td><td colspan="2">12[6)]</td><td colspan="2">24[6)]</td><td colspan="2">12[6)]</td></tr>
<tr><td>功率</td><td>W</td><td>60</td><td>55</td><td>75</td><td>70</td><td>60</td><td>55</td></tr>
<tr><td colspan="2">试验电压</td><td>V</td><td colspan="2">13.2</td><td colspan="2">28.0</td><td colspan="2">13.2</td></tr>
<tr><td rowspan="3">目标值</td><td>功率</td><td>W</td><td>75 max</td><td>68 max</td><td>85 max</td><td>80 max</td><td>75 max</td><td>68 max</td></tr>
<tr><td rowspan="2">光通量</td><td>lm</td><td>1 650</td><td>1 000</td><td>1 900</td><td>1 200</td><td colspan="2"></td></tr>
<tr><td>±%</td><td colspan="4">15</td><td colspan="2"></td></tr>
<tr><td colspan="2">测量光通量[7)]</td><td>lm</td><td>—</td><td>750</td><td>—</td><td>800</td><td colspan="2"></td></tr>
<tr><td colspan="7">基准光通量:在约 12 V</td><td>1 250</td><td>750</td></tr>
</table>

6) 左列表明的值对应于远光灯丝。右列表明的值对应于近光灯丝。

7) 测量光通量用于根据本部分 2.8 进行的测量。

15766.1—GB-H4/1-5

	道路机动车辆灯泡数据活页 类型：H4 灯头：P43t	H4/3

单位为毫米

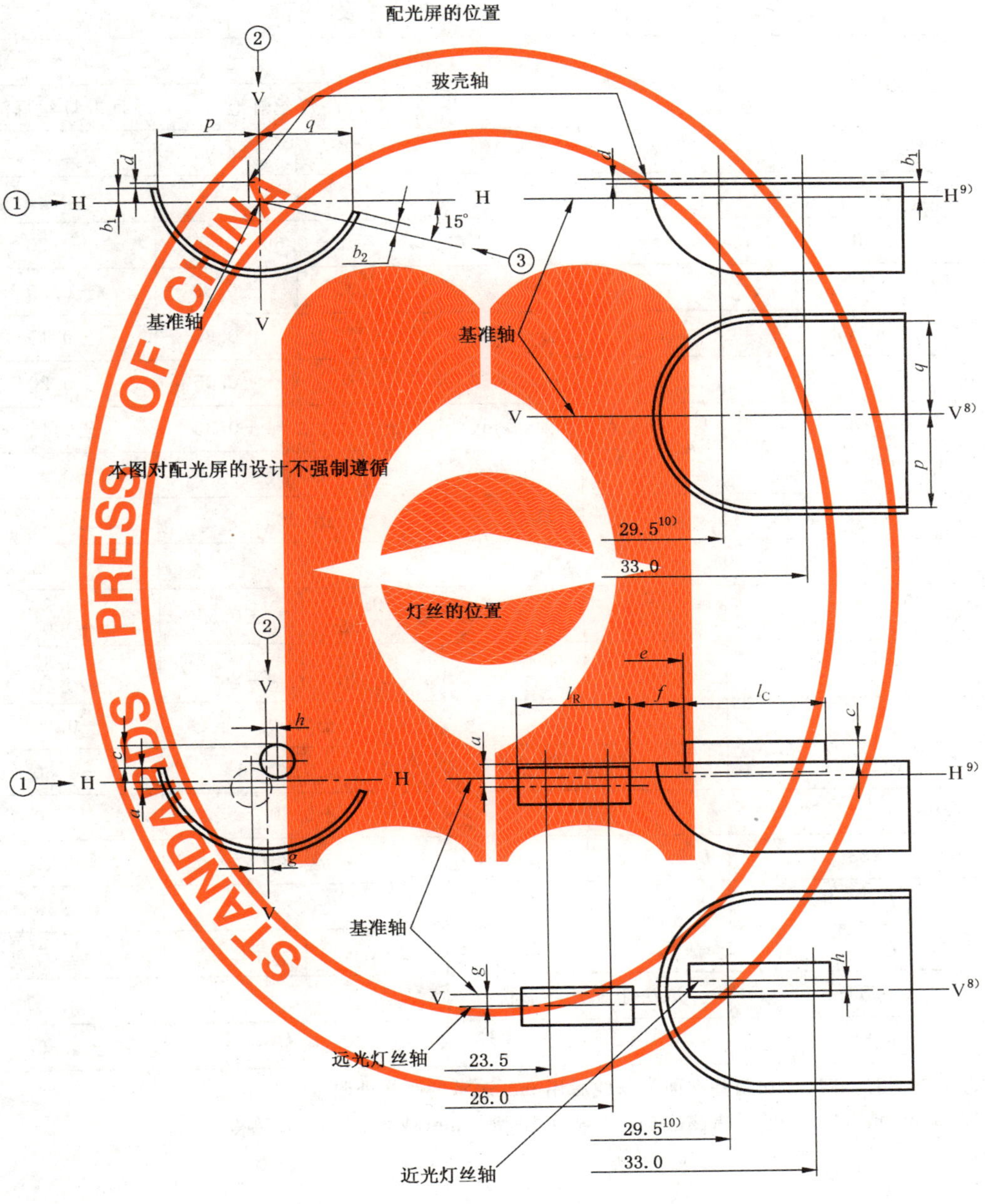

15766.1—GB-H4/1-5

	道路机动车辆灯泡数据活页 类型:H4 灯头:P43t	H4/4

单位为毫米

活页 H4/3 图中的尺寸表

代号*		尺寸**		允差		
				产品灯丝灯泡		标准灯丝灯泡
12 V	24 V	12 V	24 V	12 V	24 V	12 V
a/26		0.8		±0.35		±0.20
a/23.5		0.8		±0.60		±0.20
b_1/29.5	30.0	0		±0.30	±0.35	±0.20
b_1/33		b_1/29.5 mv	30.0 mv	±0.30	±0.35	±0.15
b_2/29.5	30.0	0		±0.30	±0.35	±0.20
b_2/33		b_1/29.5 mv	30.0 mv	±0.30	±0.35	±0.15
c/29.5	30.0	0.6	0.75	±0.35		±0.20
c/33		c/29.5 mv	30.0 mv	±0.35		±0.15
d		min 0.1		—		—
e[13]		28.5	29.0	+0.35 −0.25	±0.35	+0.20 −0.00
f[11] [12] [13]		1.7	2.0	+0.50 −0.30	±0.40	+0.30 −0.10
g/26		0		±0.50		±0.30
g/23.5		0		±0.70		±0.30
h/29.5	30.0	0		±0.50		±0.30
h/33		h/29.5 mv	30.0 mv	±0.35		±0.20
l_R[11][14]		4.5	5.25	±0.80		±0.40
l_C[11][12]		5.5	5.25	±0.50	±0.80	±0.35
p/33		取决于配光屏形状		—		—
q/33		$(p+q)/2$		±0.60		±0.30

* “.../26”指这些尺寸在距基准面为斜线后用 mm 表示的距离处测量。

** “29.5 mv”或“30.0 mv”系指该值是在距基准面 29.5 mm 或 30.0 mm 处测得。

15766.1—GB-H4/1-5

	道路机动车辆灯泡数据活页 类型：H4 灯头：P43t	H4/5

8） 平面 V—V 同基准面相垂直，它通过基准轴以及直径为 M 的圆同基准卡爪轴线的相交点。

9） 平面 H—H 为与基准面及 V—V 面均相垂直且通过基准轴的平面。

10） 对于 24 V 型式为 30.0 mm。

11） 灯丝端部圈分别定义为初始发光圈和最末发光圈，并且有基本准确的螺旋角，就双螺旋灯丝而言，端部圈取决于一次螺旋的外轮廓。

12） 对于近光灯丝来说，各个被测点就是从方向 1 观察到的配光屏的横向边缘，同按注 11）定义的端部圈外侧的相交点。

13） "e"系指基准面到按上述确定的近光灯丝始端的距离。

14） 对于远光灯丝来说，各个被测点就是从方向 1 观察到的，平行于 H—H 面且在其下方0.8 mm处的一个平面，同按注 11）定义的端部圈（外侧）的相交点。

活页 H4/3 的附加说明

在三个视向上测量如下的尺寸：

1 尺寸 a，b_1，c，d，e，f，l_R 和 l_C；

2 尺寸 g，h，p 和 q；

3 尺寸 b_2。

尺寸 p 和 q 在与基准面平行且与之相距 33 mm 的平面内测量。

尺寸 b_1，b_2，c 和 h 在与基准面平行且与之相距 29.5 mm（对于 24 V 灯丝灯泡为 30.0 mm）和 33 mm的平面内测量。

尺寸 a 和 g 在与基准面平行且与之相距 26.0 mm 和 23.5 mm 的平面内测量。

注：关于测量方法，见本部分附录 E。

	道路机动车辆灯泡数据活页 类型:H7 灯头:PX26d	H7/1

单位为毫米

本图仅表明灯丝灯泡的主要尺寸

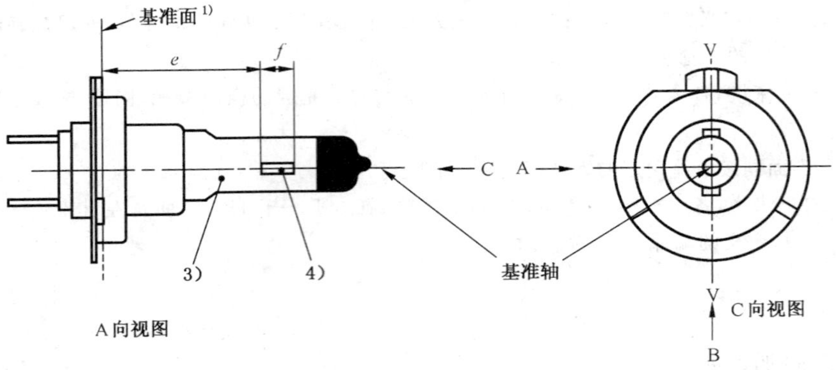

图 1 主视图

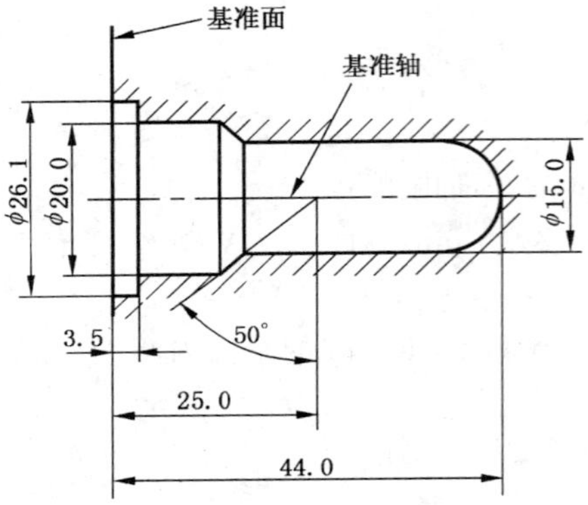

图 2 灯泡最大外轮廓5)

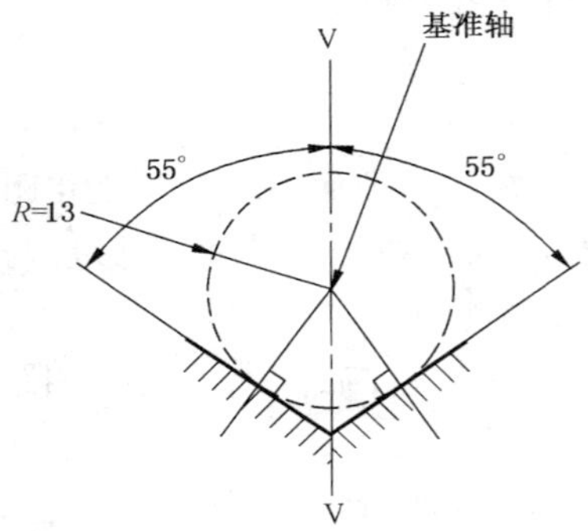

图 3 基准轴的定义2)

1) 基准面通过灯头环的三个支撑凸台与灯座表面的接触点确定。

2) 基准轴是一条垂直于基准面且通过如图3所示的两条垂线的交点的直线。

3) 所发射光的颜色应为白色或选择性黄色。

4) 关于灯丝直径的注:

——不是对于实际灯丝直径的限定要求,而是将来发展的目标是对于12 V灯丝灯泡,$d_{max}=1.3$ mm,对于24 V灯丝灯泡,$d_{max}=1.7$ mm。

——对于同一制造商,标准灯丝灯泡的灯丝设计直径与产品灯丝灯泡应是相同的。

5) 玻壳和支撑不应超出图2所表明的轮廓,该轮廓与基准轴同心。

15766.1—GB-H7/1-4

	道路机动车辆灯泡数据活页 类型：H7 灯头：PX26d	H7/2

单位为毫米

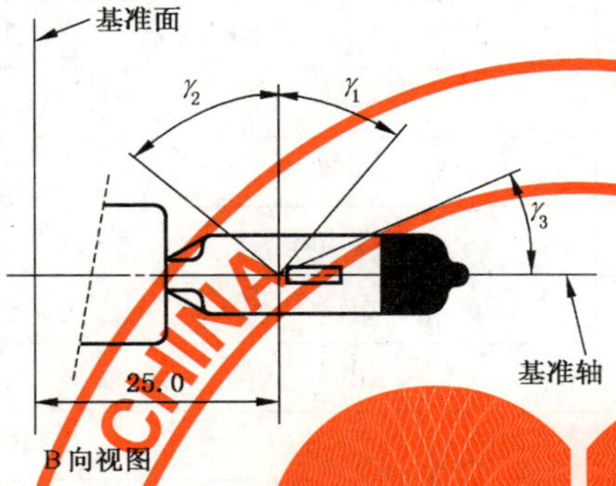

图4　无畸变区间和顶部暗区[6)7)]

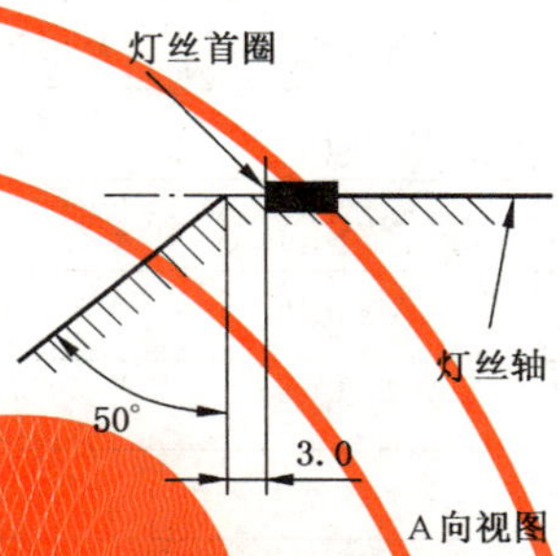

图5　无金属区间[8)]

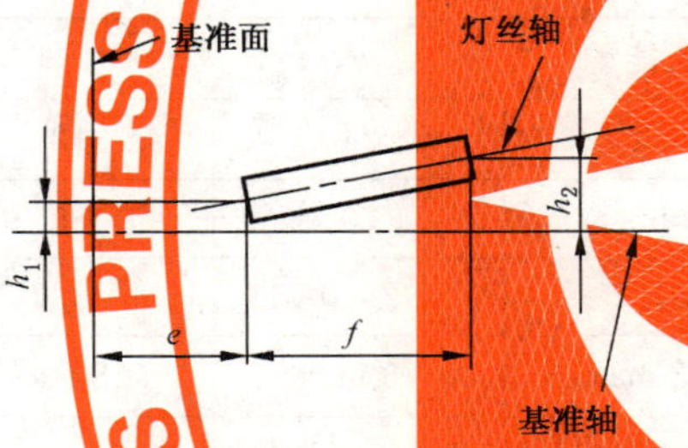

图6　灯丝轴的允许偏离
（仅对于标准灯丝灯泡）

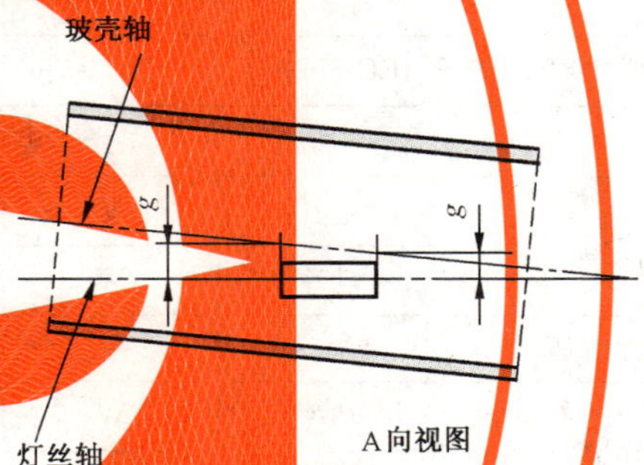

图7　玻壳偏心度

6)　玻壳在角 γ_1 和 γ_2 范围内应无光学畸变。此项要求适用于在角 γ_1 和 γ_2 范围内的整个玻壳圆周。

7)　遮光层应至少延伸到整个玻壳顶部圆周的圆柱部分，而且应至少延伸到与基准面平行且通过角 γ_3 与玻壳外表面相交点的平面（如活页 H7/1 所表明的视向 B）。

8)　灯泡的内部设计应是，当从水平方向观察（视向 A，如活页 H7/1 图 1 所示），杂散光线影像和反射仅位于灯丝本身以上。除了灯丝螺旋，应没有金属部分位于图 5 所示的阴影区间。

	道路机动车辆灯泡数据活页 类型:H7 灯头:PX26d	H7/3

尺寸/mm			产品灯丝灯泡		标准灯丝灯泡
			12 V	24 V	12 V
e[9]			25.0[10]		25.0±0.1
f[9]			4.1[10]	4.9[10]	4.1±0.1
g[12]			0.5 min		u. c.
h_1[11]			0[10]		0±0.10
h_2[11]			0[10]		0±0.15
γ_1			40° min		40° min
γ_2			50° min		50° min
γ_3			30° min		30° min
灯头 PX26d 符合 IEC 60061(活页 7004-5-6)					
光　电　性　能					
标称值	电压	V	12	24	12
	功率	W	55	70	55
试验电压		V	13.2	28.0	13.2
目标值	功率	W	58 max	75 max	58 max
	光通量	lm	1 500(1±10%)	1 750(1±10%)	
基准光通量:1 100 lm　在约 12 V					

9) 灯丝端点定义为如下的点,当按如活页 H7/1 图 1 所示的视向 A 的方向观察时,端部圈外侧的投影与灯丝轴的交点。(对于双螺旋灯丝的特别要求正在考虑中)

10) 用箱式系统检验,见活页 H7/4。

11) 灯丝相对于基准轴的偏离仅在如活页 H7/1 图 1 所示的视向 A 和 B 测量,被测点是距基准面最近和最远的端部圈外侧的投影与灯丝轴的交点。

12) 灯丝相对于玻壳轴的偏离在与基准面平行的两个平面内测量,这两个平面通过距基准面最近和最远的端部圈外侧的投影与灯丝轴的交点。

15766.1—GB-H7/1-4

	道路机动车辆灯泡数据活页 类型：H7 灯头：PX26d	H7/4

单位为毫米

屏幕投影要求

本项试验通过检查灯丝相对于基准轴和基准面的位置是否正确，确定灯丝灯泡是否符合要求。

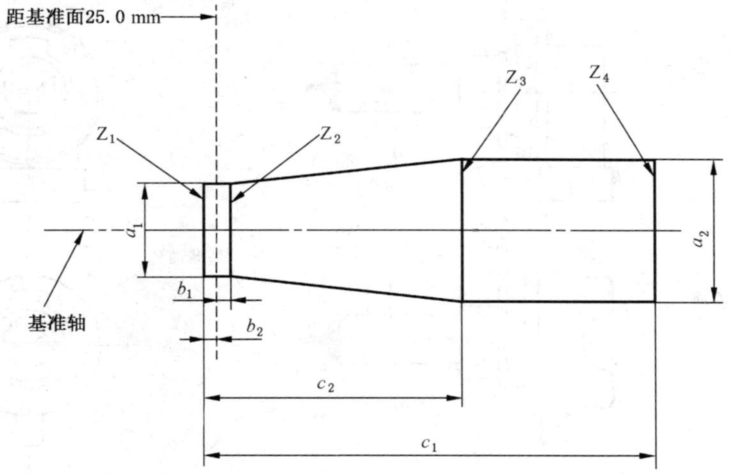

	a_1	a_2	b_1	b_2	c_1	c_2
12 V	d+0.30	d+0.50	0.2		4.6	4.0
24 V	d+0.60	d+1.00	0.25		5.9	4.4

d=灯丝直径

灯丝位置仅在如活页 H7/1 图 1 所示的视向 A 和 B 检测。

灯丝应完全位于如图所示的范围内。

如活页 H7/3 注 9)所确定的灯丝端点必须位于线 Z_1 和 Z_2 及 Z_3 和 Z_4 之间。

道路机动车辆灯泡数据活页 类型：H8 和 H8B 灯头：PGJ19-1 和 PGJY19-1	H8/1

单位为毫米

本图仅表明灯丝灯泡的主要尺寸

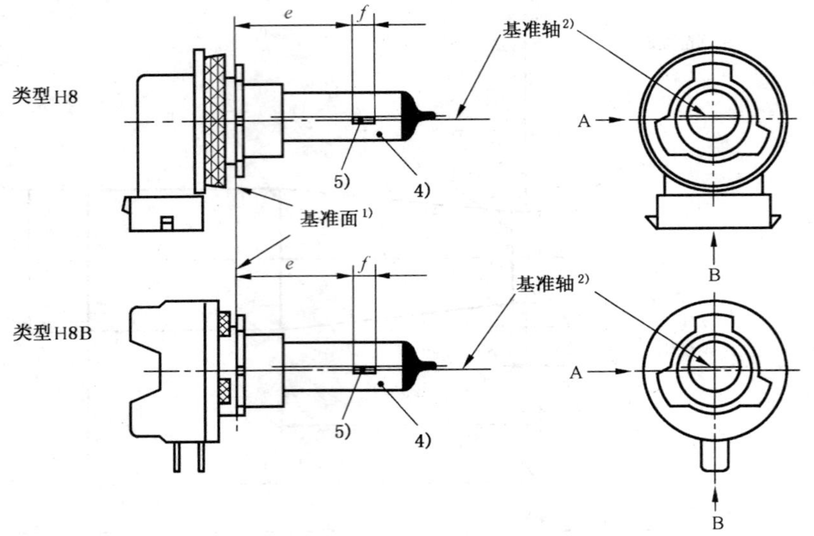

图 1　主视图

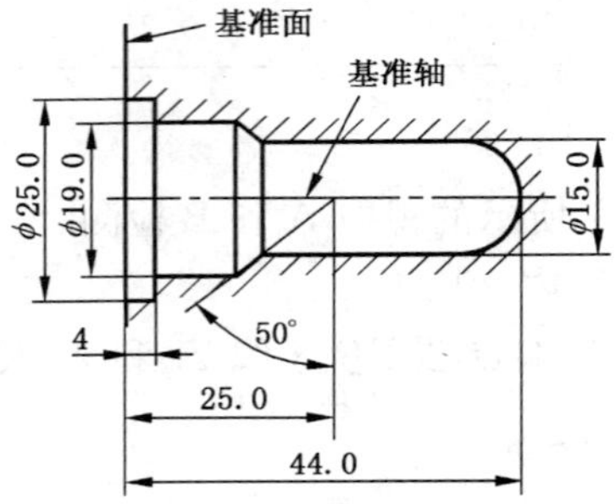

图 2　灯泡最大外轮廓[3)]

1） 基准面是由灯头的斜截导入法兰的下侧所形成的平面。

2） 基准轴垂直于基准面且通过 19 mm 灯头直径的中心。

3） 玻壳和支撑不应超出如图 2 所示的轮廓，该轮廓与基准轴同心。

4） 所发射光的颜色应为白色或选择性黄色。

5） 关于灯丝直径的注：

——不是对于实际灯丝直径的限定要求，而是将来发展的目标是 $d_{max}=1.2$ mm。

——对于同一制造商，标准灯丝灯泡的灯丝设计直径与产品灯丝灯泡应是相同的。

15766.1—GB-H8/1-4

道路机动车辆灯泡数据活页 类型:H8 和 H8B 灯头:PGJ19-1 和 PGJY19-1	H8/2

单位为毫米

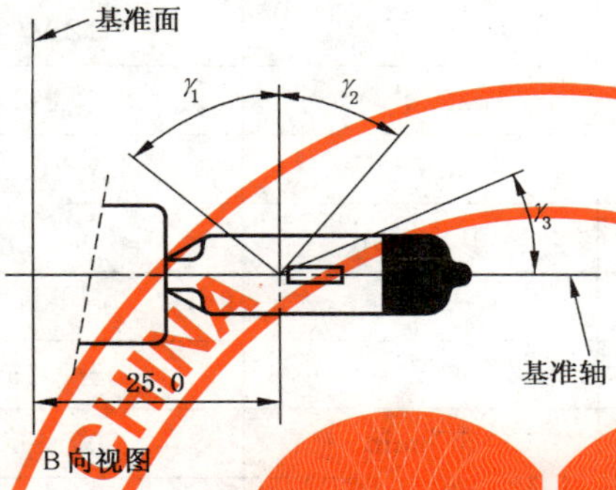

图3 无畸变区间[6)]和顶部暗区[7)]

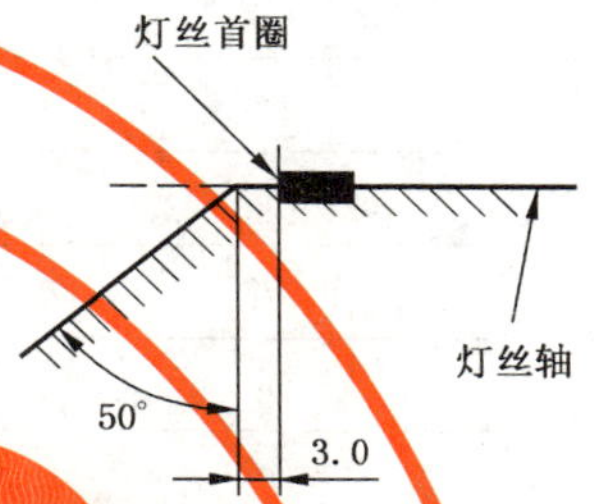

图4 无金属区间[8)]

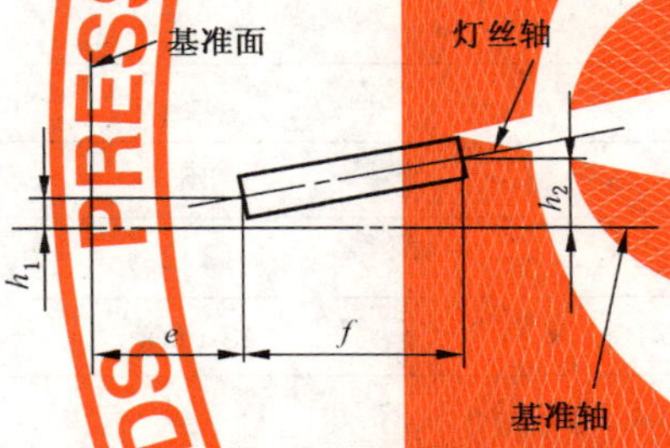

图5 灯丝轴的允许偏离[9)]
(仅对于标准灯丝灯泡)

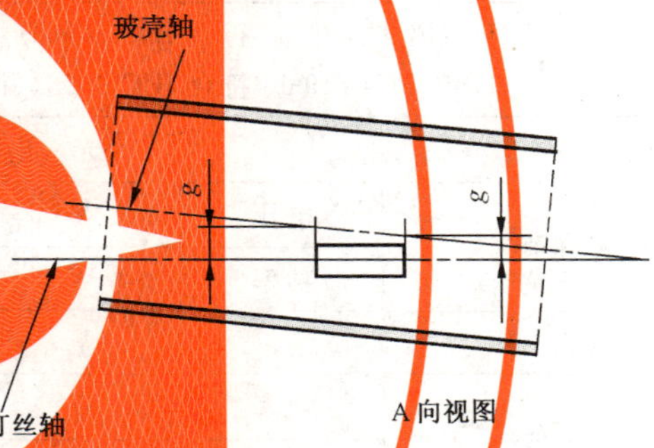

图6 玻壳偏心度[10)]

6) 玻壳在角 γ_1 和 γ_2 范围内应无光学畸变。此项要求适用于在角 γ_1 和 γ_2 范围内的整个玻壳圆周。

7) 遮光层应至少延伸到整个玻壳顶部圆周的圆柱部分,而且应至少延伸到与基准面平行且通过角 γ_3 与玻壳外表面相交点的平面(如活页 H8/1 所表明的视向 B)。

8) 灯泡的内部设计应是,当从水平方向观察(视向 A,如活页 H8/1 图 1 所示),杂散光线影像和反射仅位于灯丝本身以上。除了灯丝螺旋,应没有金属部分位于图 4 所示的阴影区间。

9) 灯丝相对于基准轴的偏离仅在如活页 H8/1 图 1 所示的视向 A 和 B 测量,被测点是距基准面最近和最远的端部圈外侧的投影与灯丝轴的交点。

10) 灯丝相对于玻壳轴的偏离在与基准面平行的两个平面内测量,这两个平面通过距基准面最近和最远的端部圈外侧的投影与灯丝轴的交点。

15766.1—GB-H8/1-4

	道路机动车辆灯泡数据活页 类型:H8 和 H8B 灯头:PGJ19-1 和 PGJY19-1	H8/3

尺寸/mm			产品灯丝灯泡	标准灯丝灯泡
			12 V	12 V
e[11]			25.0[12]	25.0±0.1
f[11]			3.7[12]	3.7±0.1
g			0.5 min	u. c.
h_1			0[12]	0±0.1
h_2			0[12]	0±0.15
γ_1			50° min	50° min
γ_2			40° min	40° min
γ_3			30° min	30° min
灯头: H8:PGJ19-1 符合 IEC 60061(活页 7004-110-2) H8B:PGJY19-1 符合 IEC 60061(活页 7004-146-1)				
光 电 性 能				
标称值	电压	V	12	12
	功率	W	35	35
试验电压		V	13.2	13.2
目标值	功率	W	43 max	43 max
	光通量	lm	800(1±15%)	
基准光通量:600 lm 在约 12 V				

11) 灯丝端点定义为如下的点,当按如活页 H8/1 图 1 所示的视向 A 的方向观察时,端部圈外侧的投影与灯丝轴的交点。

12) 用箱式系统检验,见活页 H8/4。

	道路机动车辆灯泡数据活页 类型：H8 和 H8B 灯头：PGJ19-1 和 PGJY19-1	H8/4

单位为毫米

屏幕投影要求

本项试验通过检查灯丝相对于基准轴和基准面的位置是否正确，确定灯丝（灯泡）是否符合要求。

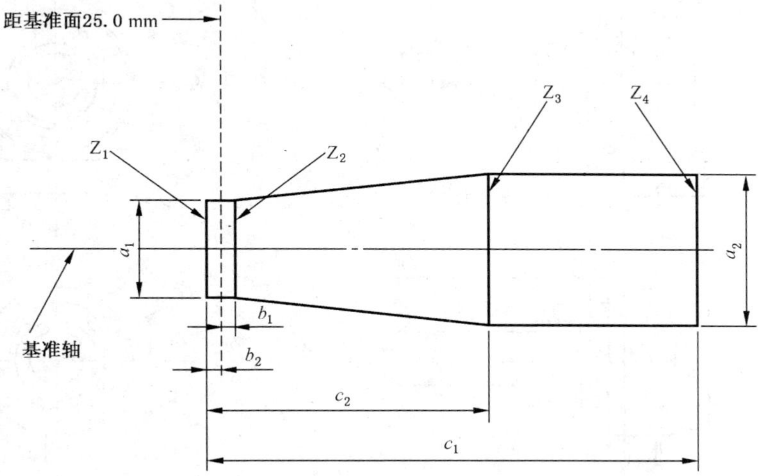

a_1	a_2	b_1	b_2	c_1	c_2
$d+0.50$	$d+0.70$	0.25		4.6	3.5

d＝灯丝直径

灯丝位置仅在如活页 H8/1 图 1 所示的视向 A 和 B 检测。

灯丝应完全位于如图所示的范围内。

如活页 H8/3 注 11)所确定的灯丝端点必须位于线 Z_1 和 Z_2 及 Z_3 和 Z_4 之间。

道路机动车辆灯泡数据活页 类型：H9 和 H9B 灯头：PGJ19-5 和 PGJY19-5	H9/1

单位为毫米

本图仅表明灯丝灯泡的主要尺寸

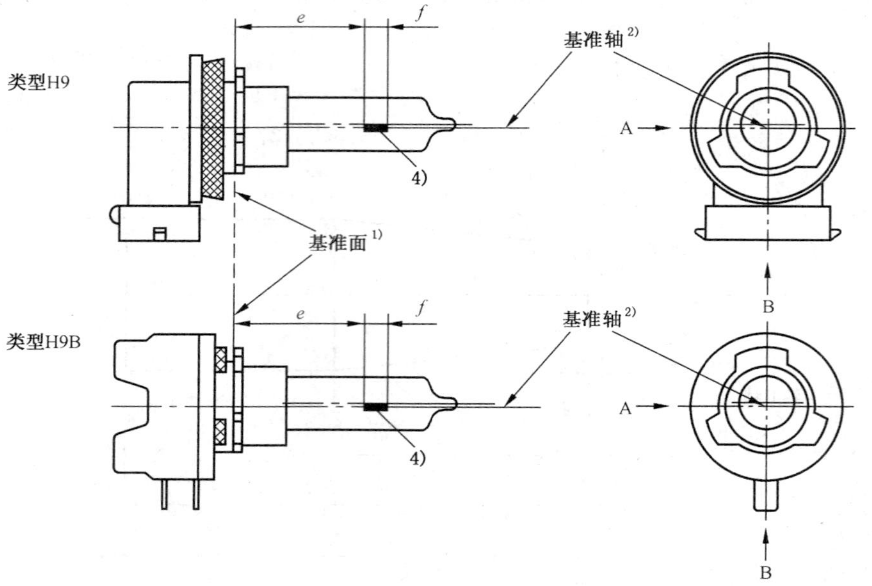

图 1　主视图

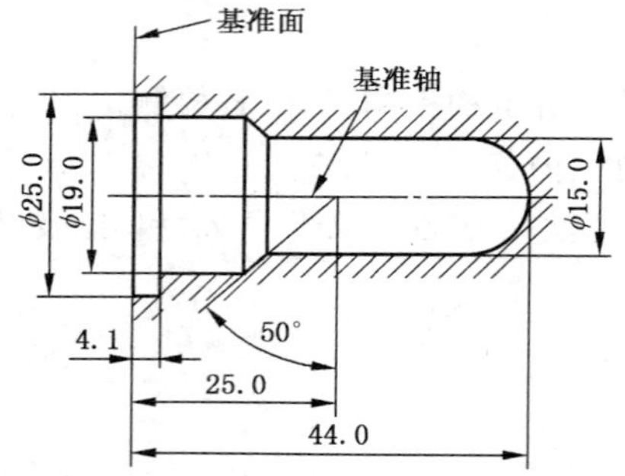

图 2　灯泡最大外轮廓[3)]

1）　基准面是由灯头的斜截导入法兰的下侧所形成的平面。

2）　基准轴垂直于基准面且通过 19 mm 灯头直径的中心。

3）　玻壳和支撑不应超出如图 2 所示的轮廓。该轮廓与基准轴同心。

4）　关于灯丝直径的注：

——不是对于实际灯丝直径的限定要求，而是将来发展的目标是 $d_{max}=1.4$ mm。

——对于同一制造商，标准灯丝灯泡的灯丝设计直径与产品灯丝灯泡应是相同的。

	道路机动车辆灯泡数据活页 类型：H9 和 H9B 灯头：PGJ19-5 和 PGJY19-5	H9/2

单位为毫米

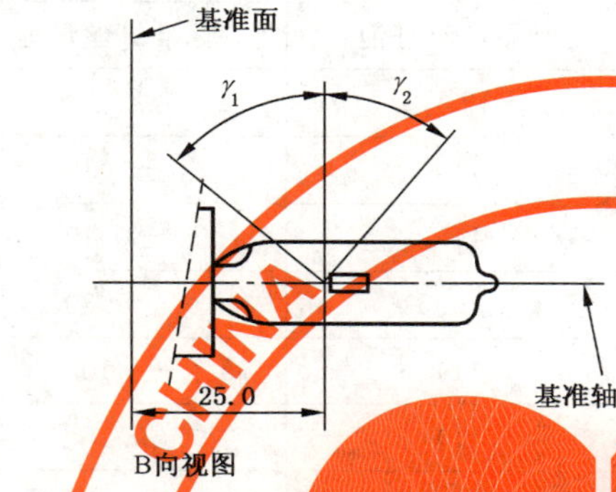

图 3　无畸变区间[5)]

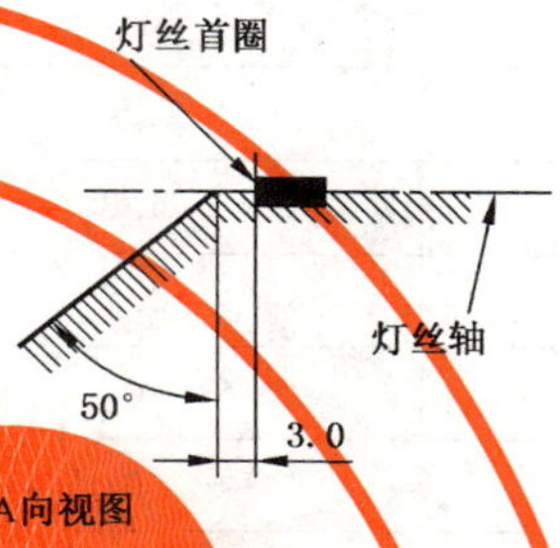

图 4　无金属区间[6)]

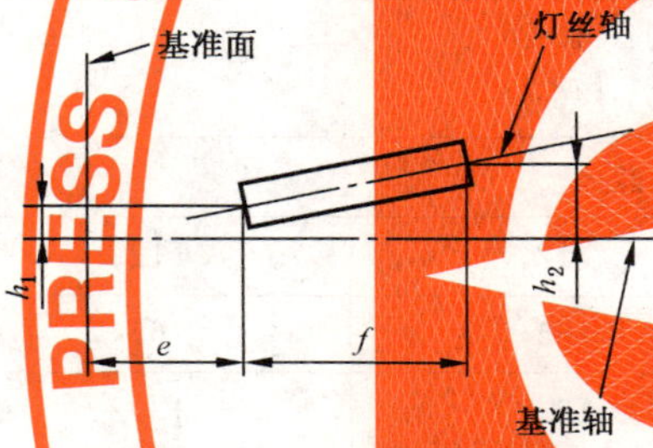

图 5　灯丝轴的允许偏离[7)]
（仅对于标准灯丝灯泡）

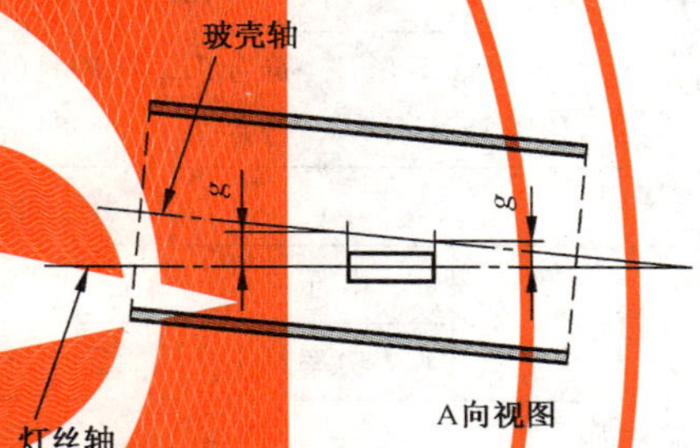

图 6　玻壳偏心度[8)]

5)　玻壳在角 γ_1 和 γ_2 范围内应无光学畸变。此项要求适用于在角 γ_1 和 γ_2 范围内的整个玻壳圆周。

6)　灯泡的内部设计应是，当从水平方向观察（视向 A，如活页 H9/1 图 1 所示），杂散光线影像和反射仅位于灯丝本身以上。除了灯丝螺旋，应没有金属部分位于图 4 所示的阴影区间。

7)　灯丝相对于基准轴的偏离仅在如活页 H9/1 图 1 所示的视向 A 和 B 测量，被测点是距基准面最近和最远的端部圈外侧的投影与灯丝轴的交点。

8)　灯丝相对于玻壳轴的偏离在与基准面平行的两个平面内测量，这两个平面通过距基准面最近和最远的端部圈外侧的投影与灯丝轴的交点。

道路机动车辆灯泡数据活页 类型：H9 和 H9B 灯头：PGJ19-5 和 PGJY19-5	H9/3

尺寸/mm		允差	
		产品灯丝灯泡	标准灯丝灯泡
		12 V	12 V
e 9) 10)	25	11)	±0.10
f 9) 10)	4.8	11)	±0.10
g 9)	0.7	±0.5	±0.30
h_1	0	11)	±0.10 12)
h_2	0	11)	±0.15 12)
γ_1	50° min	—	—
γ_2	40° min	—	—

灯头：H9：PGJ19-5　符合 IEC 60061(活页 7004-110-2)
H9B：PGJY19-5　符合 IEC 60061(活页 7004-146-1)

光电性能

标称值	电压	V	12	12
	功率	W	65	65
试验电压		V	13.2	13.2
目标值	功率	W	73 max	73 max
	光通量	lm	2 100(1±10%)	

基准光通量：1 500 lm　在约 12 V

9) 观察方向为如活页 H9/1 图 1 所示的视向 A。

10) 灯丝端点定义为如下的点，当按以上注 9)规定的方向观察时，端部圈外侧的投影与灯丝轴的交点。

11) 用箱式系统检验，见活页 H9/4。

12) 偏心度仅在如活页 H9/1 图 1 所示的视向 A 和 B 测量，被测点是距基准面最近和最远的端部圈外侧的投影与灯丝轴的交点。

	道路机动车辆灯泡数据活页 类型：H9 和 H9B 灯头：PGJ19-5 和 PGJY19-5	H9/4

单位为毫米

屏幕投影要求

本项试验通过检查灯丝相对于基准轴和基准面的位置是否正确，确定灯丝(灯泡)是否符合要求。

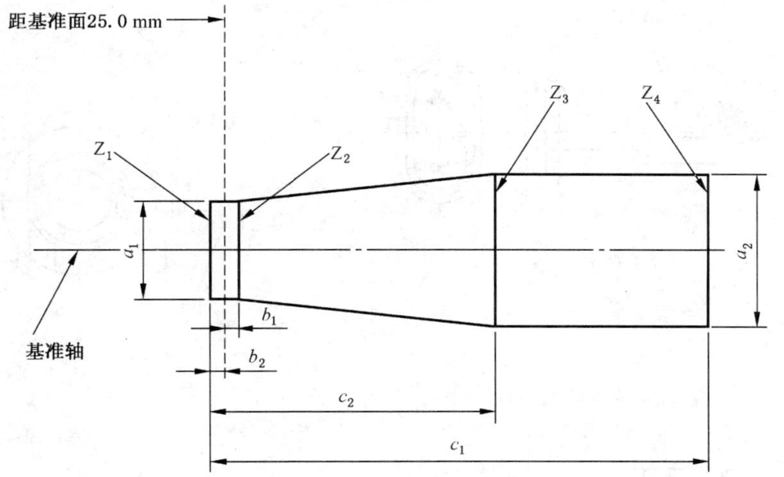

a_1	a_2	b_1	b_2	c_1	c_2
$d+0.4$	$d+0.7$	0.25		5.7	4.6

d=灯丝直径

灯丝位置仅在如活页 H9/1 图 1 所示的视向 A 和 B 检测。

灯丝应完全位于如图所示的范围内。

如活页 H9/3 注 10)所确定的灯丝端点必须位于线 Z_1 和 Z_2 及 Z_3 和 Z_4 之间。

	道路机动车辆灯泡数据活页 类型:H10 灯头:PY20d	H10/1

单位为毫米

本图仅表明灯丝灯泡的主要尺寸

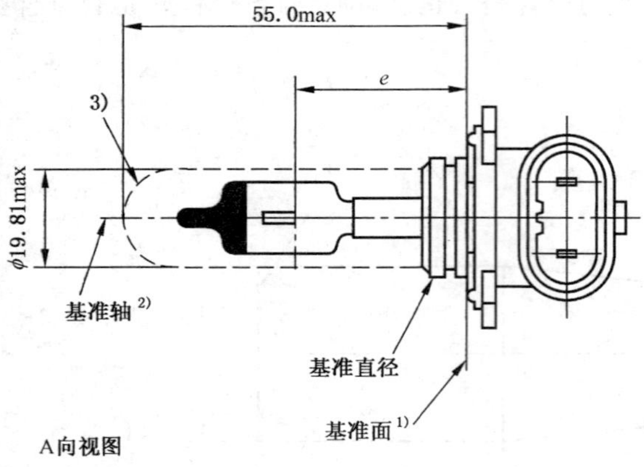

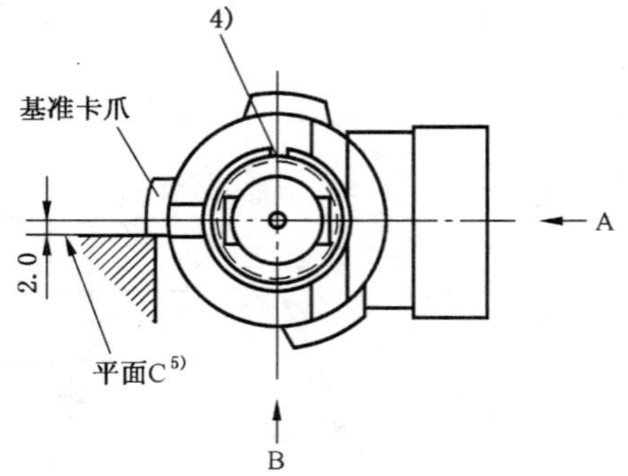

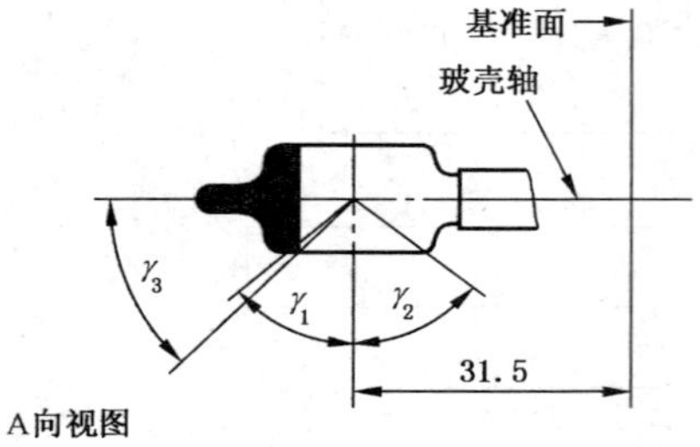

无畸变区间[6]和顶部暗区[7]

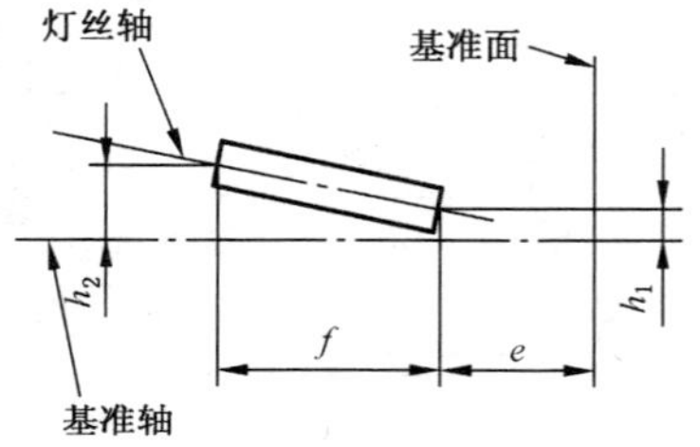

灯丝的偏离

1） 基准面是由灯头和灯座配合的接触点所确定的平面。

2） 基准轴是垂直于基准面且与灯头基准直径同心的轴线。

3） 玻壳和支撑不应超出轮廓,不应妨碍经过灯具键的插入,该轮廓与基准轴同心。

4） 键槽是强制性的。

5） 灯丝灯泡应在测量夹具内旋转,直至基准卡爪与夹具的平面 C 接触。

6） 玻壳圆周在角 γ_1 和 γ_2 范围内应无轴向和圆柱形的光学畸变。此项要求适用于在角 γ_1 和 γ_2 范围内的整个玻壳圆周,而被遮光层覆盖的区域不需检验。

7） 遮光层应至少延伸到角 γ_3 和由角 γ_1 所确定的玻壳未变形部分。

道路机动车辆灯泡数据活页 类型:H10 灯头:PY20d	H10/2

尺寸[8)]/mm			允差	
			产品灯丝灯泡	标准灯丝灯泡
e[9) 10)]		28.9	11)	±0.16
f[9) 10)]		5.2	11)	±0.16
h_1,h_2		0	11)	±0.15[12)]
γ_1		50° min	—	—
γ_2		52° min	—	—
γ_3		45°	±5°	±5°
灯头 PY20d 符合 IEC 60061(活页 7004-31-2)				
光电性能				
标称值	电压	V	12	12
	功率	W	42	42
试验电压		V	13.2	13.2
目标值	功率	W	50 max	50 max
	光通量	lm	850(1±15%)	
基准光通量:600 lm 在约 12 V				

8) 尺寸应在去掉 O 型圈后检验。

9) 观察方向为如活页 H10/1 图所示的视向* B。

10) 灯丝端点定义为如下的点,当按以上注 9)规定的方向* 观察时,端部圈外侧的投影与灯丝轴的交点。

11) 用箱式系统检验,见活页 H10/3。*

12) 偏心度仅在如活页 H10/1 图所示的视向* A 和 B 测量,被测点是距基准面最近和最远的端部圈外侧的投影与灯丝轴的交点。

* 制造商可以选择另一组垂直视向,当检测灯丝尺寸和位置时,检测试验室使用制造商规定的视向。

	道路机动车辆灯泡数据活页 类型：H10 灯头：PY20d	H10/3

单位为毫米

屏幕投影要求

本项试验通过检查灯丝相对于基准轴和基准面的位置是否正确，确定灯丝灯泡是否符合要求。

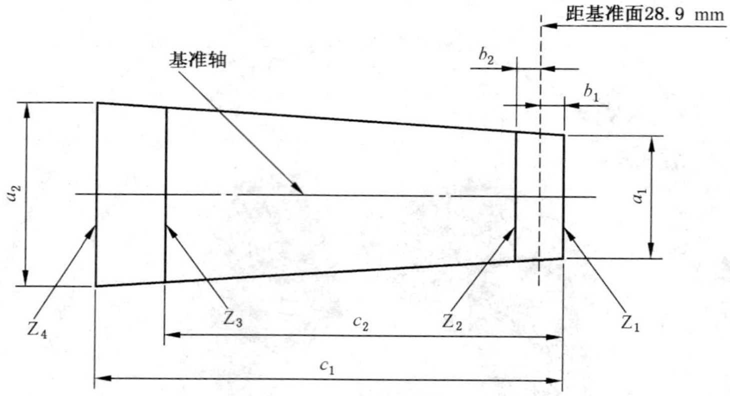

	a_1	a_2	b_1	b_2	c_1	c_2
12 V	1.4 d	1.8 d	0.25		6.1	4.9

d=灯丝直径

灯丝位置仅在如活页 H10/1 所示的视向 A 和 B 检测。

灯丝应完全位于如图所示的范围内。

如活页 H10/2 注 10)所确定的灯丝端点必须位于线 Z_1 和 Z_2 及 Z_3 和 Z_4 之间。

	道路机动车辆灯泡数据活页 类型：H11 和 H11B 灯头：PGJ19-2 和 PGJY19-2	H11/1

单位为毫米

本图仅表明灯丝灯泡的主要尺寸

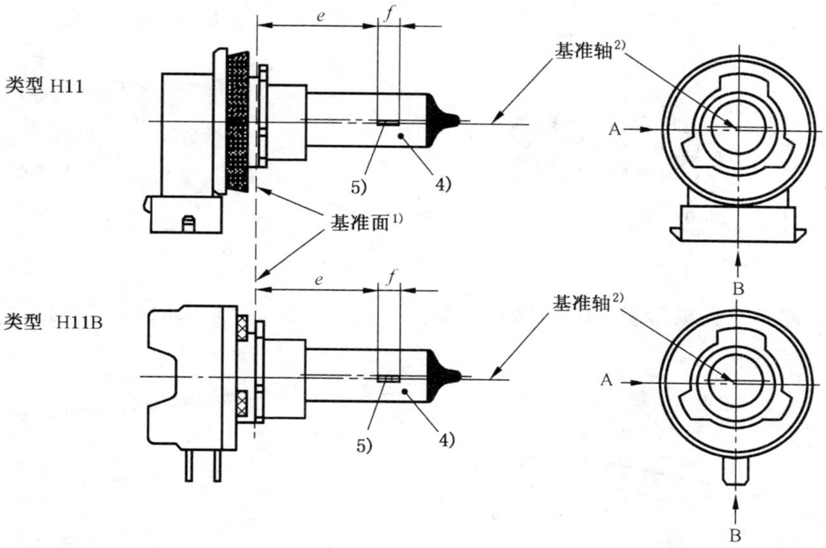

图 1 主视图

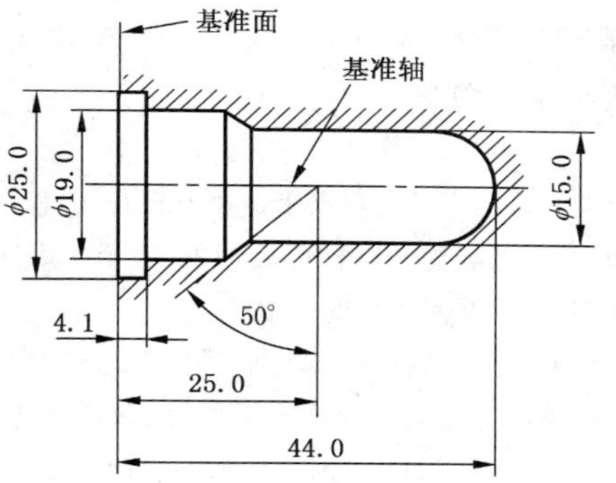

图 2 灯泡最大外轮廓[3)]

1) 基准面是由灯头的斜截导入法兰的下侧所形成的平面。

2) 基准轴垂直于基准面且通过 19 mm 灯头直径的中心。

3) 玻壳和支撑不应超出如图 2 所示的轮廓。该轮廓与基准轴同心。

4) 所发射光的颜色应为白色或选择性黄色。

5) 关于灯丝直径的注：

——不是对于实际灯丝直径的限定要求，而是将来发展的目标是 $d_{max}=1.4$ mm。

——对于同一制造商，标准灯丝灯泡的灯丝设计直径与产品灯丝灯泡应是相同的。

道路机动车辆灯泡数据活页 类型：H11 和 H11B 灯头：PGJ19-2 和 PGJY19-2	H11/2

单位为毫米

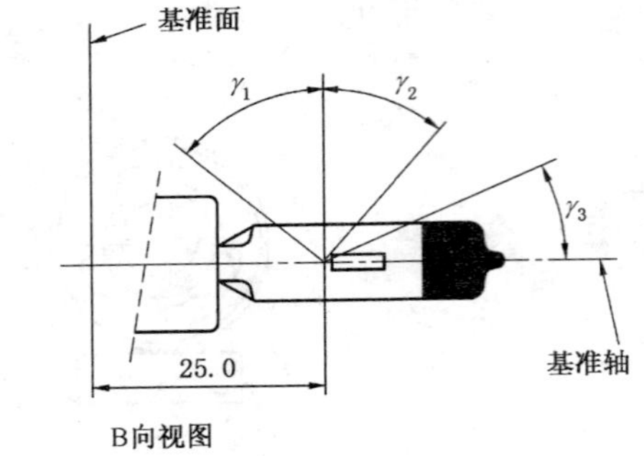

图 3　无畸变区间[6)]和顶部暗区[7)]

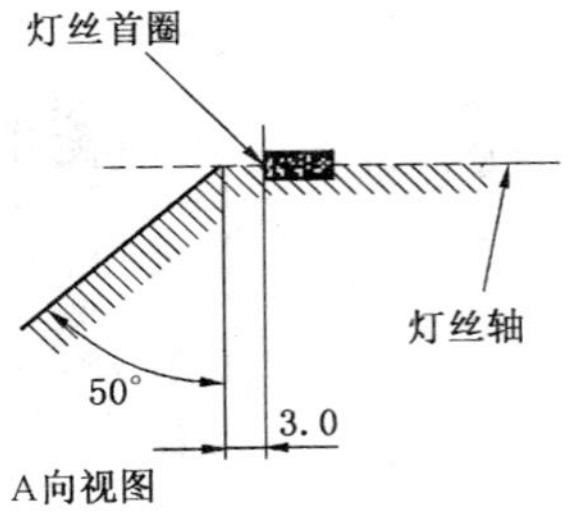

图 4　无金属区间[8)]

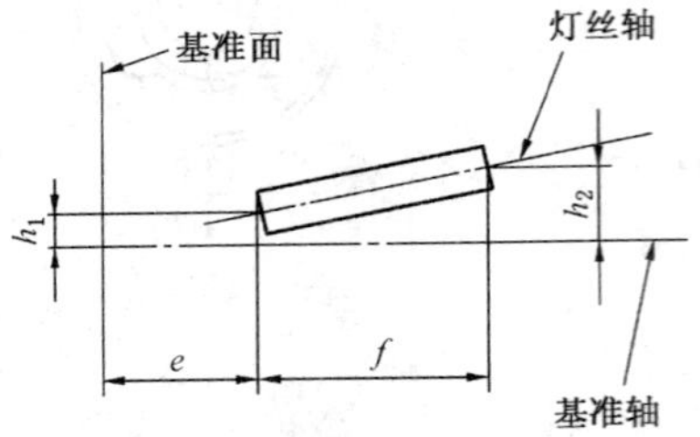

图 5　灯丝轴的允许偏离[9)]
（仅对于标准灯丝灯泡）

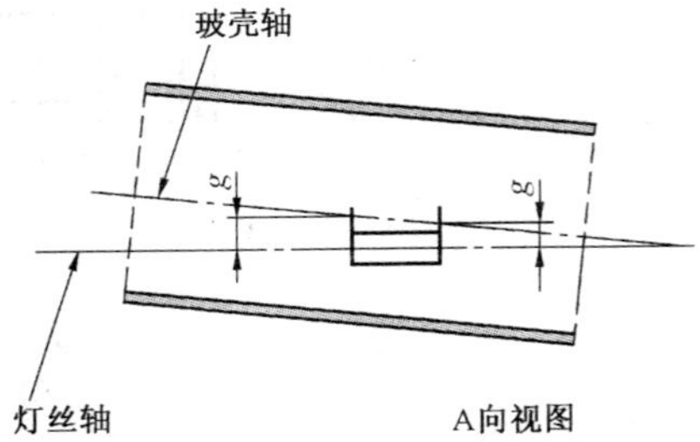

图 6　玻壳偏心度[10)]

6）　玻壳在角 γ_1 和 γ_2 范围内应无光学畸变。此项要求适用于在角 γ_1 和 γ_2 范围内的整个玻壳圆周。

7）　遮光层应至少延伸到整个玻壳顶部圆周的圆柱部分，而且应至少延伸到与基准面平行且通过角 γ_3 与玻壳外表面相交点的平面（如活页 H11/1 所表明的视向 B）。

8）　灯泡的内部设计应是，当从水平方向观察（视向 A，如活页 H11/1 图 1 所示），杂散光线影像和反射仅位于灯丝本身以上。除了灯丝螺旋，应没有金属部分位于图 4 所示的阴影区间。

9）　灯丝相对于基准轴的偏离仅在如活页 H11/1 图 1 所示的视向 A 和 B 测量，被测点是距基准面最近和最远的端部圈外侧的投影与灯丝轴的交点。

10）　玻壳轴相对于灯丝轴的偏心度在与基准面平行的两个平面内测量，这两个平面通过距基准面最近和最远的端部圈外侧的投影与灯丝轴的交点。

	道路机动车辆灯泡数据活页 类型:H11 和 H11B 灯头:PGJ19-2 和 PGJY19-2	H11/3

尺寸/mm			产品灯丝灯泡		标准灯丝灯泡
			12 V	24 V	12 V
e[11]			25.0[12]		25.0±0.1
f[11]			4.5	5.3[12]	4.5±0.1
g			0.5 min		u.c.
h_1			0[12]		0±0.1
h_2			0[12]		0±0.15
γ_1			50° min		50° min
γ_2			40° min		40° min
γ_3			30° min		30° min
灯头: H11:PGJ19-2 符合 IEC 60061(活页 7004-110-2) H11B:PGJY19-2 符合 IEC 60061(活页 7004-146-1)					
光 电 性 能					
标称值	电压	V	12	24	12
	功率	W	55	70	55
试验电压		V	13.2	28.0	13.2
目标值	功率	W	62 max	80 max	62 max
	光通量	lm	1 350(1±10%)	1 600(1±10%)	
基准光通量:1 000 lm 在约 12 V					

11) 灯丝端点定义为如下的点,当按如活页 H11/1 图 1 所示的视向 A 的方向观察时,端部圈外侧的投影与灯丝轴的交点。

12) 用箱式系统检验,见活页 H11/4。

	道路机动车辆灯泡数据活页 类型:H11 和 H11B 灯头:PGJ19-2 和 PGJY19-2	H11/4

单位为毫米

屏幕投影要求

本项试验通过检查灯丝相对于基准轴和基准面的位置是否正确,确定灯丝(灯泡)是否符合要求。

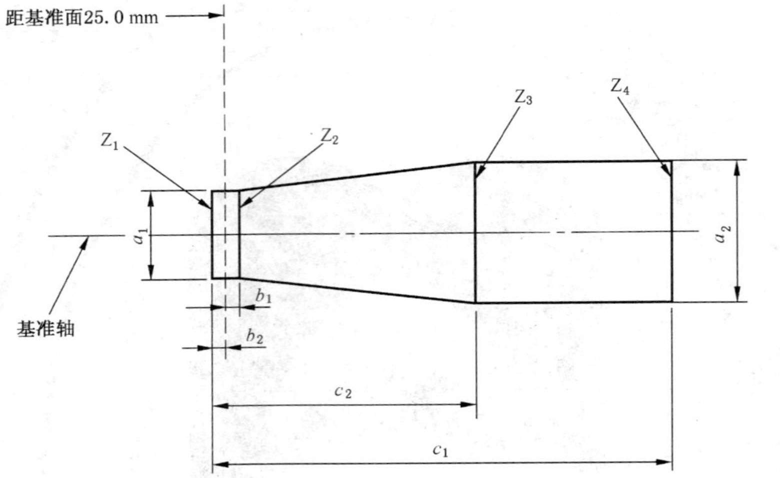

	a_1	a_2	b_1	b_2	c_1	c_2
12 V	$d+0.3$	$d+0.5$	0.2		5.0	4.0
24 V	$d+0.6$	$d+1.0$	0.25		6.3	4.6

d=灯丝直径

灯丝位置仅在如活页 H11/1 图 1 所示的视向 A 和 B 检测。

灯丝应完全位于如图所示的范围内。

如活页 H11/3 注 11)所确定的灯丝端点必须位于线 Z_1 和 Z_2 及 Z_3 和 Z_4 之间。

道路机动车辆灯泡数据活页 类型：H12 灯头：PZ20d	H12/1

单位为毫米

本图仅表明灯丝灯泡的主要尺寸

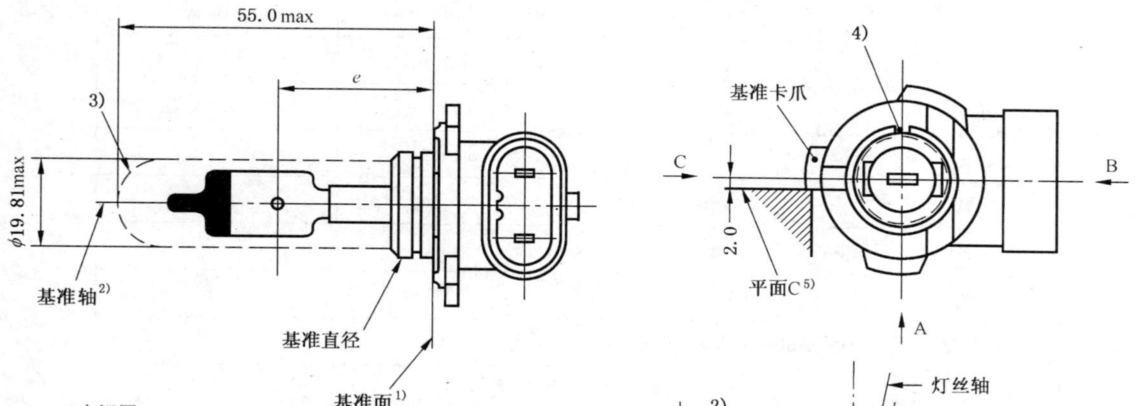

B向视图

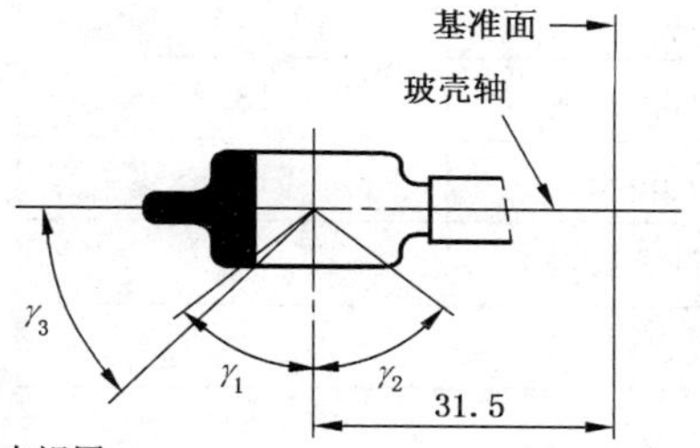

B向视图

无畸变区间6) 和顶部暗区7)

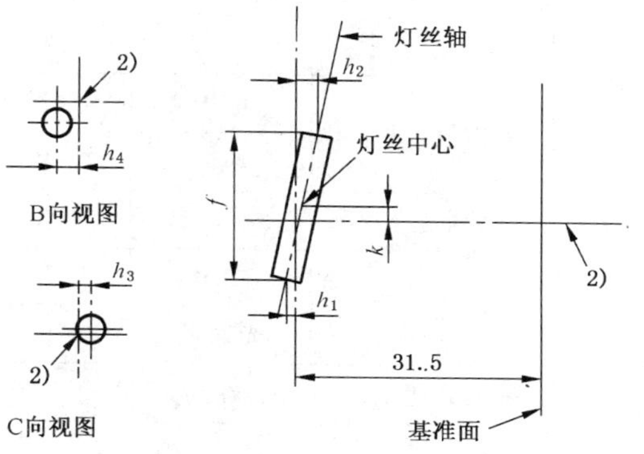

A向视图

灯丝的偏离

1) 基准面是由灯头和灯座配合的接触点所确定的平面。

2) 基准轴是垂直于基准面且与灯头基准直径同心的轴线。

3) 玻壳和支撑不应超出轮廓，不应妨碍经过灯具键的插入，该轮廓与基准轴同心。

4) 键槽是强制性的。

5) 灯丝灯泡应在测量夹具内旋转，直至基准卡爪与夹具的平面 C 接触。

6) 玻壳圆周在角 γ_1 和 γ_2 范围内应无轴向和圆柱形的光学畸变。此项要求适用于在角 γ_1 和 γ_2 范围内的整个玻壳圆周，而被遮光层覆盖的区域不需检验。

7) 遮光层应至少延伸到角 γ_3 和由角 γ_1 所确定的玻壳未变形部分。

15766.1—GB-H12/1-3

	道路机动车辆灯泡数据活页 类型:H12 灯头:PZ20d	H12/2

尺寸[8)]/mm		允差	
		产品灯丝灯泡	标准灯丝灯泡
e[9) 10)]	31.5	11)	±0.16
f[9) 10)]	5.5	4.8 min	±0.16
h_1, h_2, h_3, h_4	0	11)	±0.15[12)]
k	0	11)	±0.15[13)]
γ_1	50° min	—	—
γ_2	52° min	—	—
γ_3	45°	±5°	±5°
灯头 PZ20d 符合 IEC 60061(活页 7004-31-2)			
光电性能			

标称值	电压	V	12	12
	功率	W	53	53
试验电压		V	13.2	13.2
目标值	功率	W	61 max	61 max
	光通量	lm	1 050(1±15%)	
基准光通量:775 lm　在约 12 V				

8) 尺寸应在去掉 O 型圈后检验。

9) 观察方向为如活页 H12/1 图所示的视向 A。

10) 灯丝端点定义为如下的点,当按以上注 9)规定的方向观察时,端部圈外侧的投影与灯丝轴的交点。

11) 用箱式系统检验,见活页 H12/3。

12) 如活页 H12/1 图所示,尺寸 h_1 和 h_2 仅在视向 A 测量,尺寸 h_3 仅在视向 C 测量,尺寸 h_4 仅在视向 B 测量,被测点是距基准面最近和最远的端部圈外侧的投影与灯丝轴的交点。

13) 尺寸 k 仅在视向 A 测量。

15766.1—GB-H12/1-3

	道路机动车辆灯泡数据活页 类型：H12 灯头：PZ20d	H12/3

单位为毫米

屏幕投影要求

本项试验通过检查灯丝相对于基准轴和基准面的位置是否正确，确定灯丝灯泡是否符合要求。

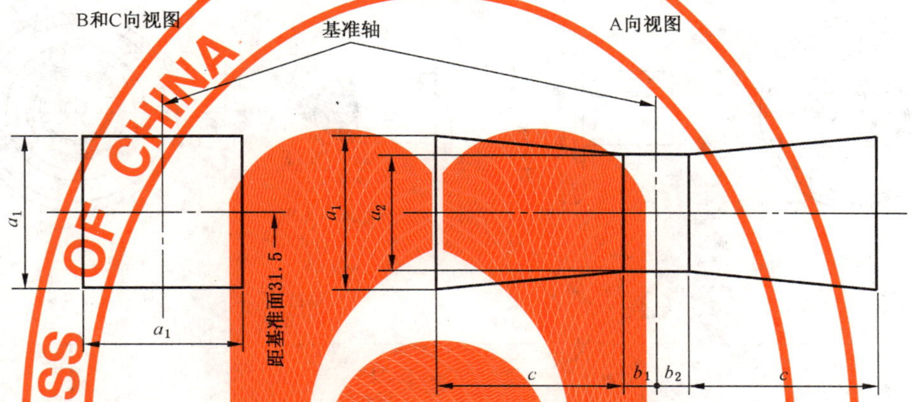

a_1	a_2	b_1	b_2	c
1.6 d	1.3 d	0.30	0.30	2.8

d=灯丝直径

关于视向A、B和C，见活页H12/1。

灯丝应完全位于如图所示的范围内。

灯丝中心应位于尺寸b_1和b_2所限定的范围内。

15766.1—GB-H12/1-3

	道路机动车辆灯泡数据活页 类型:H13 和 H13A 灯头:P26.4t 和 PJ26.4t	H13/1

本图仅表明灯丝灯泡的主要尺寸 单位为毫米

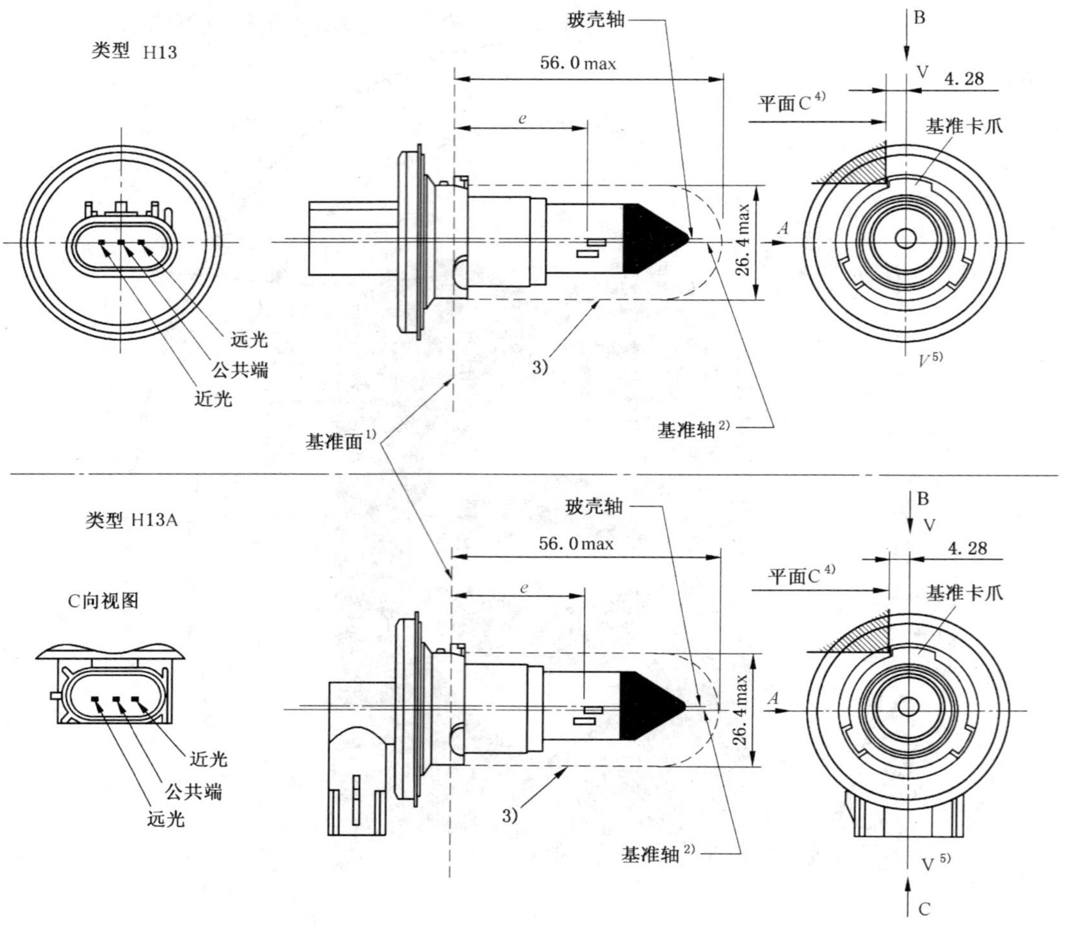

图 1 主视图

1) 基准面是由灯头的三个卡爪弧形部分的下侧所形成的平面。
2) 基准轴垂直于基准面且通过如活页 H13/2 图 2 所示的两条垂线的交点。
3) 玻壳和支撑不应超出如图所示的轮廓,该轮廓与基准轴同心。
4) 灯丝灯泡应在测量夹具内旋转,直至基准卡爪与夹具的平面 C 接触。
5) 平面 V—V 为垂直于基准面,通过基准轴且平行于平面 C 的平面。

道路机动车辆灯泡数据活页 类型：H13 和 H13A 灯头：P26.4t 和 PJ26.4t	H13/2

单位为毫米

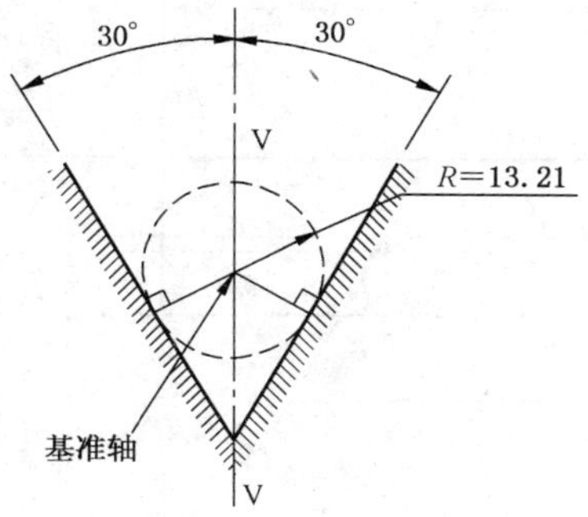

图 2　基准轴的定义[2)]

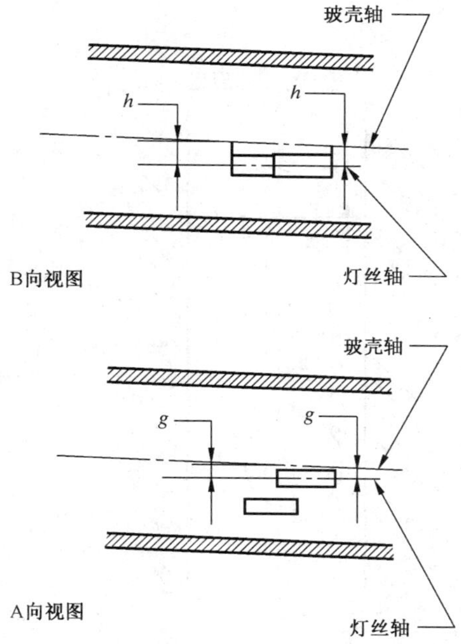

图 4　玻壳偏离[8)]

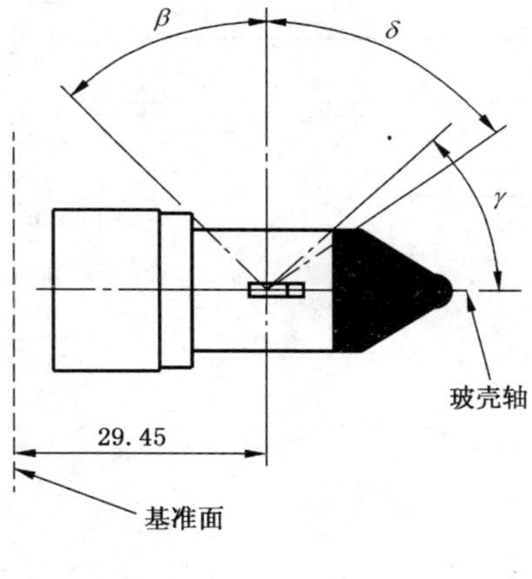

图 3　无畸变区间[6)]和不透光涂层[7)]

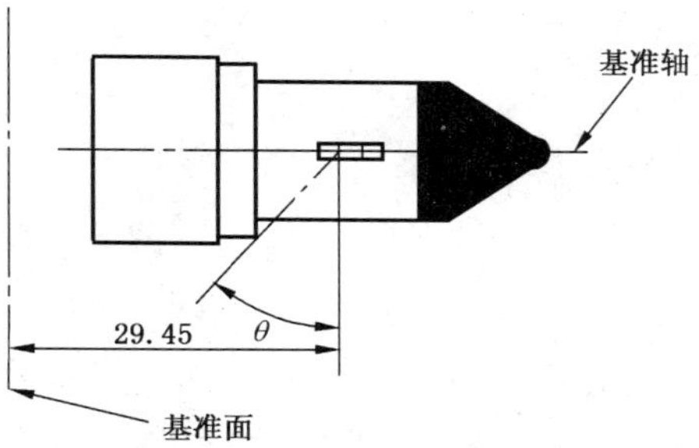

图 5　灯头对光的遮挡[9)]

6）　玻壳圆周在角 β 和 δ 范围内应无轴向和圆柱形的光学畸变。此项要求适用于在角 β 和 δ 范围内的整个玻壳圆周，而被不透光涂层覆盖的区域不需检验。

7）　不透光涂层应至少延伸到整个玻壳顶部圆周的圆柱部分，而且应至少延伸到与基准面平行且通过角 γ 与玻壳外表面相交点的平面（如活页 H13/1 所表明的视向 B）。

8）　近光灯丝相对于玻壳轴的偏离在与基准面平行的两个平面内测量，这两个平面通过距基准面最近和最远的端部圈外侧的投影与近光灯丝轴的交点。

9）　光通过超出角 θ 的玻壳的灯头端部分，应被遮挡。此项要求适用于围绕基准轴的所有方向。

	道路机动车辆灯泡数据活页 类型:H13 和 H13A 灯头:P26.4t 和 PJ26.4t	H13/3

单位为毫米

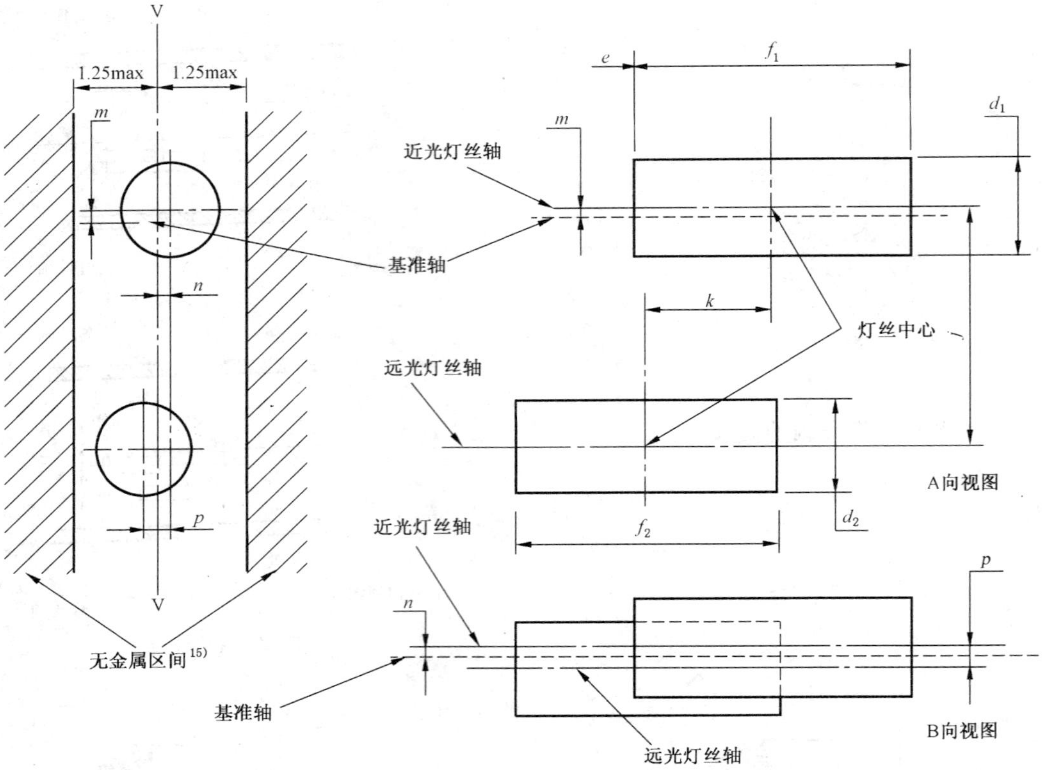

图 6 灯丝位置和尺寸 10) 11) 12) 13) 14)

10) 尺寸 j、k 和 p 从近光灯丝中心到远光灯丝中心测量。

11) 尺寸 m 和 n 从基准轴到近光灯丝中心测量。

12) 两灯丝轴围绕各自灯丝中心相对于基准轴的倾斜应在 2°以内。

13) 关于灯丝直径的注:

——对于同一制造商,标准灯丝灯泡的灯丝设计直径与产品灯丝灯泡应是相同的。

14) 对于远光灯丝和近光灯丝,灯丝从圆柱体的变形均不应超过灯丝直径的±5%。

15) 无金属区间限定在光路径内导线的位置。应没有金属部分位于如图 6 所示的阴影区间。

15766.1—GB-H13/1-4

	道路机动车辆灯泡数据活页 类型：H13 和 H13A 灯头：P26.4t 和 PJ26.4t	H13/4

尺寸/mm			允差			
			产品灯丝灯泡		标准灯丝灯泡	
d_1[13,17]	1.8 max		—		—	
d_2[13,17]	1.8 max		—		—	
e[16]	29.45		±0.20		±0.10	
f_1[16]	4.6		±0.50		±0.25	
f_2[16]	4.6		±0.50		±0.25	
g[8,17]	$0.5d_1$		±0.40		±0.20	
h[8]	0		±0.30		±0.15	
j[10]	2.5		±0.20		±0.10	
k[10]	2.0		±0.20		±0.10	
m[11]	0		±0.20		±0.13	
n[11]	0		±0.20		±0.13	
p[10]	0		±0.08		±0.08	
β	42° min		—		—	
δ	52° min		—		—	
γ	43°		+0°/−5°		+0°/−5°	
θ[8]	41°		±4°		±4°	
灯头：H13：P26.4t H13A：PJ26.4t	符合 IEC 60061（活页 7004-128-2）					
光电性能[18]						
标称值	电压	V	12		12	
	功率	W	55	60	55	60
试验电压		V	13.2		13.2	
目标值	功率	W	68 max	75 max	68 max	75 max
	光通量	lm	1 100 (1±15%)	1 700 (1±15%)		
基准光通量：800/1 200 lm 在约 12 V						

16）灯丝端点确定为：当按活页 H13/1 所示的视向 A 观察时，端部圈外侧的投影与灯丝轴的交点。

17）d_1 是近光灯丝的实际直径，d_2 是远光灯丝的实际直径。

18）左列所表明的值对应近光灯丝，右列所表明的值对应远光灯丝。

15766.1—GB-H13/1-4

	道路机动车辆灯泡数据活页 类型：H14 灯头：P38t	H14/1

本图仅表明灯丝灯泡的主要尺寸

单位为毫米

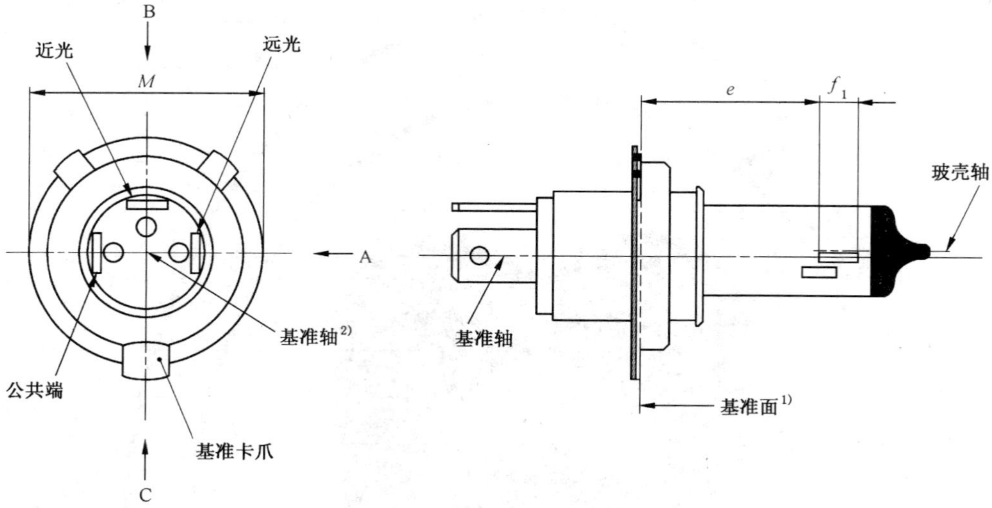

图 1　主视图

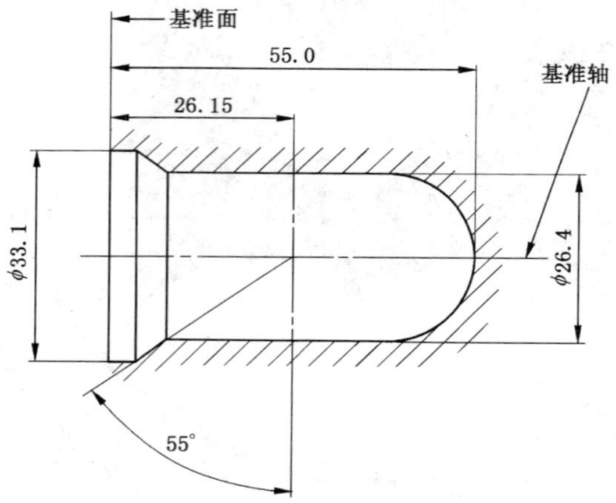

图 2　灯泡最大外轮廓[3)]

1）　基准面由灯头环的三个卡爪与灯座表面的接触点确定。

2）　基准轴垂直于基准面且通过灯头环直径 M 的中心。

3）　玻壳和支撑不应超出如图 2 所示的轮廓，该轮廓与基准轴同心。

	道路机动车辆灯泡数据活页 类型:H14 灯头:P38t	H14/2

单位为毫米

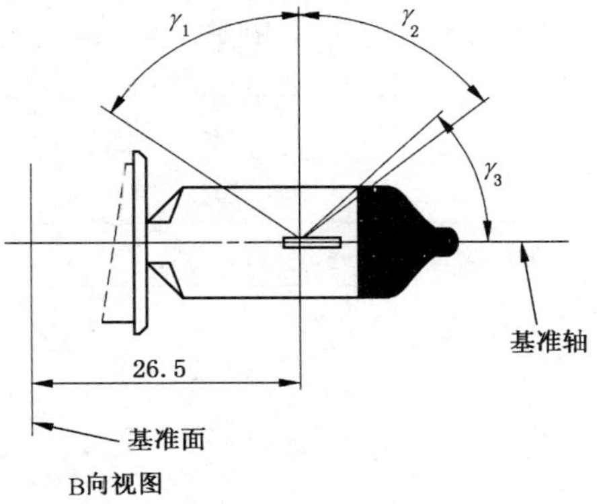

图 3 无畸变区间[4]和顶部暗区[5]

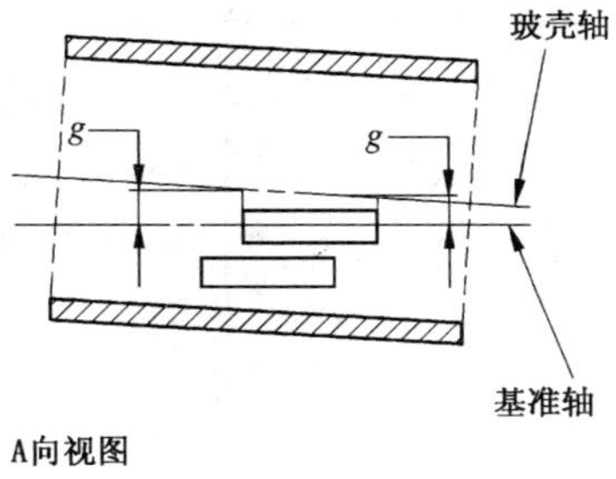

图 4 玻壳偏心度[6]

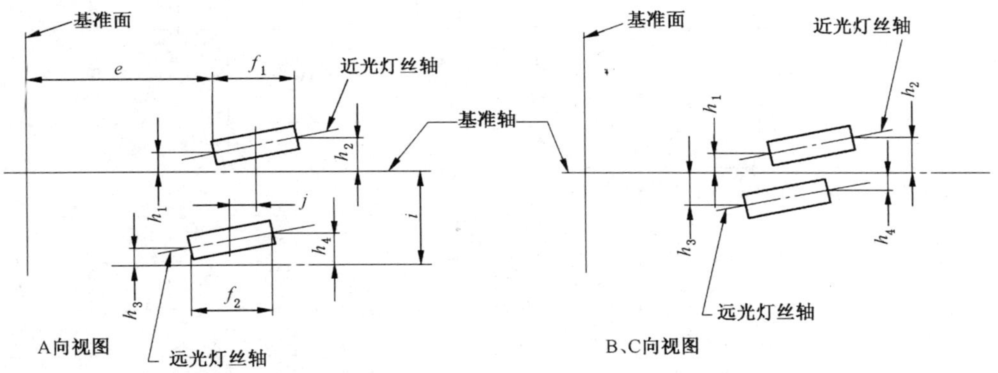

图 5 灯丝轴的偏离[7](仅对于标准灯丝灯泡)

4) 玻壳圆周在角 γ_1 和 γ_2 范围内应无光学畸变。此项要求适用于在角 γ_1 和 γ_2 范围内的整个玻壳圆周，而被遮光层覆盖的区域不需检验。

5) 遮光层应至少延伸到整个玻壳顶部圆周的圆柱部分，而且应至少延伸到与基准面平行且通过角 γ_3 与玻壳外表面相交点的平面(如活页 H14/1 所表明的视向 B)。

6) 玻壳相对于近光灯丝轴的偏心度在与基准面平行的两个平面内测量，这两个平面通过距基准面最近和最远的端部圈外侧的投影与近光灯丝轴的交点。

7) 灯丝相对于基准轴的偏离仅在如活页 H14/1 图 1 所示的视向 A、B 和 C 测量，被测点是距基准面最近和最远的端部圈外侧的投影与灯丝轴的交点。

道路机动车辆灯泡数据活页 类型：H14 灯头：P38t	H14/3

<table>
<tr><td colspan="3">尺寸/mm</td><td colspan="2">产品灯丝灯泡</td><td colspan="2">标准灯丝灯泡</td></tr>
<tr><td>e[8)]</td><td colspan="2">26.15</td><td colspan="2">10)</td><td colspan="2">±0.1</td></tr>
<tr><td>f_1[8) 9)]</td><td colspan="2">5.3</td><td colspan="2">10)</td><td colspan="2">±0.1</td></tr>
<tr><td>f_2[8) 9)]</td><td colspan="2">5.0</td><td colspan="2">10)</td><td colspan="2">±0.1</td></tr>
<tr><td>g</td><td colspan="2">0.3 min</td><td colspan="2"></td><td colspan="2"></td></tr>
<tr><td>h_1</td><td colspan="2">0</td><td colspan="2">10)</td><td colspan="2">±0.1</td></tr>
<tr><td>h_2</td><td colspan="2">0</td><td colspan="2">10)</td><td colspan="2">±0.15</td></tr>
<tr><td>h_3</td><td colspan="2">0</td><td colspan="2">10)</td><td colspan="2">±0.15</td></tr>
<tr><td>h_4</td><td colspan="2">0</td><td colspan="2">10)</td><td colspan="2">±0.15</td></tr>
<tr><td>i</td><td colspan="2">2.7</td><td colspan="2"></td><td colspan="2">—</td></tr>
<tr><td>j</td><td colspan="2">2.5</td><td colspan="2">10)</td><td colspan="2">±0.1</td></tr>
<tr><td>γ_1</td><td colspan="2">55°min</td><td colspan="2">—</td><td colspan="2">—</td></tr>
<tr><td>γ_2</td><td colspan="2">52°min</td><td colspan="2">—</td><td colspan="2">—</td></tr>
<tr><td>γ_3</td><td colspan="2">43°</td><td colspan="2">0/−5°</td><td colspan="2">0/−5°</td></tr>
<tr><td colspan="7">灯头 P38t 符合 IEC 60061（活页 7004-133-1）</td></tr>
<tr><td colspan="7">光　电　性　能</td></tr>
<tr><td rowspan="2">标称值</td><td>电压</td><td>V</td><td colspan="2">12</td><td colspan="2">12</td></tr>
<tr><td>功率</td><td>W</td><td>55</td><td>60</td><td>55</td><td>60</td></tr>
<tr><td colspan="2">试验电压</td><td>V</td><td colspan="2">13.2</td><td colspan="2">13.2</td></tr>
<tr><td rowspan="2">目标值</td><td>功率</td><td>W</td><td>68 max</td><td>75 max</td><td>68 max</td><td>75 max</td></tr>
<tr><td>光通量</td><td>lm</td><td>1 150
(1±15%)</td><td>1 750
(1±15%)</td><td></td><td></td></tr>
<tr><td colspan="5">基准光通量在约 12 V</td><td>860</td><td>1 300</td></tr>
</table>

8) 灯丝端点定义为如下的点，当按如活页 H14/1 图 1 所示的视向 A 的方向观察时，端部圈外侧的投影与灯丝轴的交点。

9) “f_1”表示近光灯丝长度，“f_2”表示远光灯丝长度。

10) 用箱式系统检验，见活页 H14/4。

	道路机动车辆灯泡数据活页 类型：H14 灯头：P38t	H14/4

屏幕投影要求

单位为毫米

本项试验通过检查灯丝相对于基准轴和基准面的位置是否正确，确定灯丝灯泡是否符合要求。

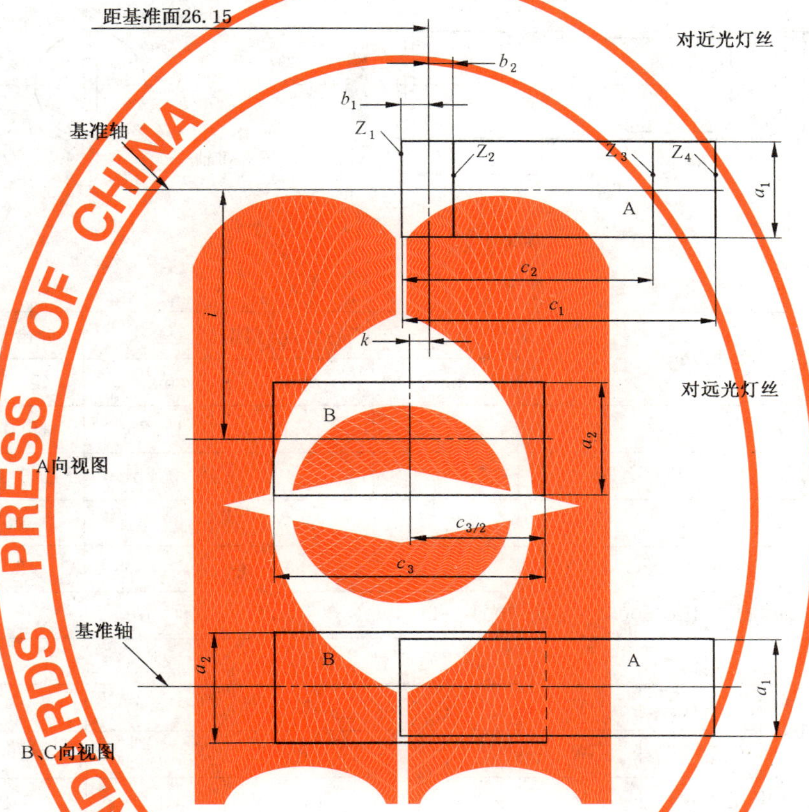

a_1	a_2	b_1	b_2	c_1	c_2	c_3	i	k
$d_1+0.5$	$1.6d_2$	0.2		5.8	5.1	5.75	2.7	0.15

d_1 是近光灯丝直径，d_2 是远光灯丝直径。

关于灯丝直径的注：

——不是对于实际灯丝直径的限定要求，而是将来发展的目标是 $d_{1\,max}=1.6$ mm 和 $d_{2\,max}=1.6$ mm。

——对于同一制造商，标准灯丝灯泡的灯丝设计直径与产品灯丝灯泡应是相同的。

灯丝位置仅在如活页 H14/1 图 1 所示的视向 A、B 和 C 检测。

近光灯丝应完全位于矩形 A 内，远光灯丝应完全位于矩形 B 内。

如活页 H14/3 注 8)所确定的近光灯丝端点必须位于线 Z_1 和 Z_2 及 Z_3 和 Z_4 之间。

	道路机动车辆灯泡数据活页 类型：H6W 灯头：BAX9s	H6W/1

本图仅表明灯丝灯泡的主要尺寸

单位为毫米

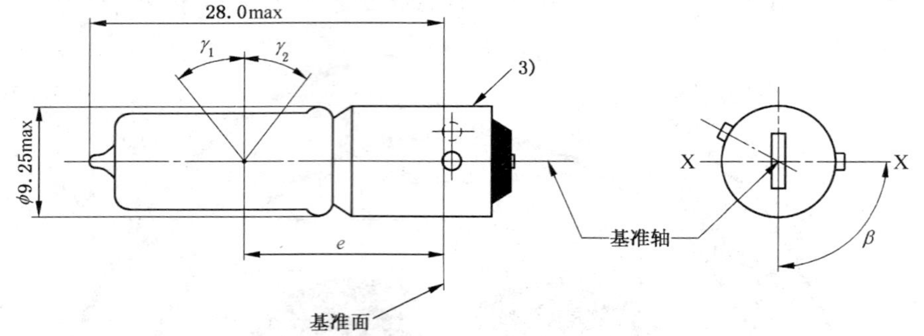

尺寸/mm	产品灯丝灯泡			标准灯丝灯泡
	min	nom	max	
e	14.25	15.0	15.75	15.0 ±0.25
横向偏差[1]			0.75	0.4 max
β	82.5°	90°	97.5°	90°±5°
γ_1，γ_2[2]	30 °			30 °min
灯头 BAX9s 符合 IEC 60061（活页 7004-8-1）				

光　电　性　能				
标称值	电压	V	12	12
	功率	W	6	6
试验电压		V	13.5	13.5
目标值	功率	W	7.35 max	7.35 max
	光通量	lm	125(1±12%)	
基准光通量：125 lm　在约 13.5 V				

1） 系指灯丝中心与两个相互垂直平面的最大横向偏差，这两个平面都通过基准轴，而且其中一个平面还通过 X—X 轴。

2） 在角 γ_1 和 γ_2 的外侧边之间的区间，玻壳不应有光学畸变部分，且玻壳的曲率半径应不小于实际玻壳直径的 50%。

3） 在灯头全长范围内不应有超过灯头最大允许直径的凸起或焊锡。

15766.1—GB-H6W/1

	道路机动车辆灯泡数据活页 类型:H21W 灯头:BAY9s	H21W/1

本图仅表明灯丝灯泡的主要尺寸　　单位为毫米

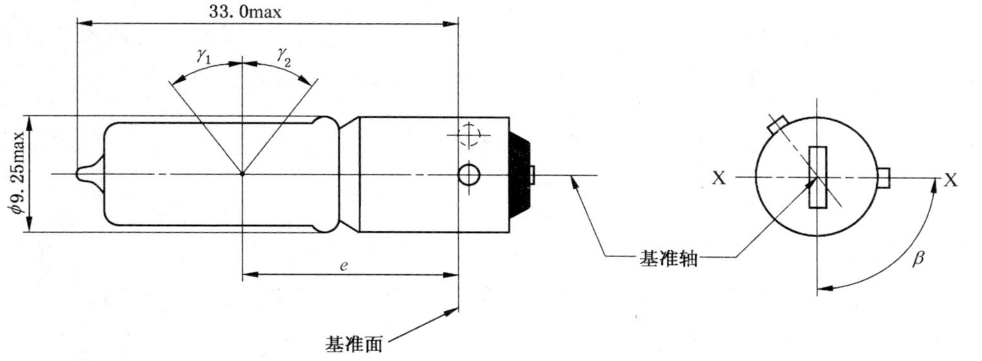

尺寸/mm		产品灯丝灯泡			标准灯丝灯泡
		min	nom	max	
e			20.0[1]		20.0±0.25
f	12 V			3.8	3.8+0/−1
	24 V			4.5	
横向偏差[2]				1)	0.0±0.15[3]
β		82.5°	90°	97.5°	90°±5°
γ_1,γ_2[4]		45°			45°min
灯头 BAY9s 符合 IEC 60061(活页 7004-9-1)					

光电性能					
标称值	电压	V	12	24	12
	功率	W	21	21	21
试验电压		V	13.5	28.0	13.5
目标值	功率	W	26.25 max	29.4 max	26.25 max
	光通量	lm	600(1±12%)	600(1±15%)	
基准光通量	在约	12 V	415 lm		
	在约	13.5 V	600 lm		

1) 用箱式系统检验,见活页 H21W/2。

2) 系指灯丝中心与两个相互垂直平面的最大横向偏差,这两个平面都通过基准轴,而且其中一个平面还通过X—X轴。

3) 相对于垂直于X—X轴的平面的横向偏差在活页 H21W/2 的试验程序第1条描述的位置测量。

4) 在角 γ_1 和 γ_2 的外侧边之间的区间,玻壳不应有光学畸变部分,且玻壳的曲率半径应不小于实际玻壳直径的50%。

	道路机动车辆灯泡数据活页 类型：H21W 灯头：BAY9s	H21W/2

屏幕投影要求

单位为毫米

本项试验通过检查灯丝相对于基准轴和基准面的位置是否正确，灯丝轴与通过基准销钉中心线和基准轴的平面的垂直要求，是否在±7.5°的范围内，确定灯丝灯泡是否符合要求。

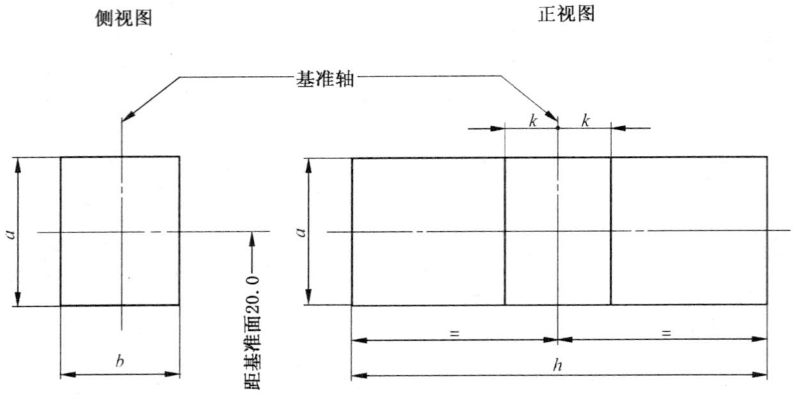

代号	*a*	*b*	*h*	*k*
尺寸	d+1.0	d+1.0	f+1.2	0.50

d=实际灯丝直径

f=实际灯丝长度

试验程序和要求

1　灯丝灯泡置于能围绕其轴线旋转的灯座中，灯座上带定标刻度或对应于角位移允差极限的定位档块。然后将灯座适当旋转，使灯丝的端部影像投影于屏幕上，灯丝端部影像应在角位移允差极限内得到。

2　侧视图

灯丝灯泡的位置是灯头朝下，基准轴呈垂向，而观察到的灯丝成纵向，灯丝投影应完全位于高为"*a*"，宽为"*b*"的矩形内，该矩形的中心位于灯丝中心的理论位置上。

3　正视图

灯丝灯泡的位置为灯头朝下，基准轴呈垂向，从与灯丝轴成直角的方向进行观察：

3.1　灯丝的投影应完全位于高为"*a*"，宽为"*h*"的矩形内，该矩形的中心位于灯丝中心的理论位置上。

3.2　灯丝中心偏离基准轴的距离不应超过"*k*"。

15766.1—GB-H21W/1-2

	道路机动车辆灯泡数据活页 类型：H27W/1 和 H27W/2 灯头：PG13 和 PGJ13	H27W/1

本图仅表明灯丝灯泡的主要尺寸

单位为毫米

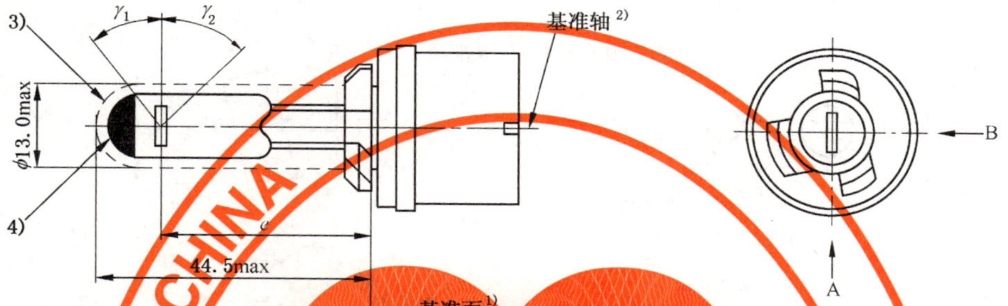

类型 H27W/1

类型 H27W/2

1) 基准面是由灯头的斜截导入法兰的下侧所形成的平面。

2) 基准轴垂直于基准面且通过 13.10 mm 灯头直径的中心。

3) 玻壳及支撑不应超过理论圆柱的尺寸，该圆柱中心在基准轴上。

4) 遮光层应延伸到整个玻壳顶部，包括直到与角 γ_1 相交的玻壳圆柱部分。

15766.1—GB-H27W/1-3

	道路机动车辆灯泡数据活页 类型：H27W/1 和 H27W/2 灯头：PG13 和 PGJ13	H27W/2

单位为毫米

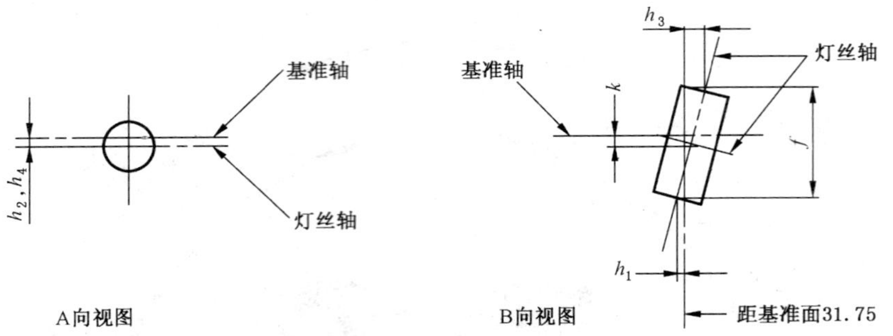

灯丝尺寸和位置

（尺寸 f 对于所有灯丝灯泡）

（尺寸 h_1, h_2, h_3, h_4 和 k 仅对于标准灯丝灯泡）

尺寸/mm			产品灯丝灯泡	标准灯丝灯泡
e			31.75[6)]	31.75 ±0.25
f[8)]			4.8 max	4.2 ±0.20
k			0[6)]	0.0 ±0.25
h_1, h_2, h_3, h_4[7)]			0[6)]	0.0 ±0.25
γ_1[5)]			38°nom	38°nom
γ_2[5)]			44°nom	44°nom
灯头：H27W/1：PG13 H27W/2：PGJ13　符合 IEC 60061（活页 7004-107-3）				
光　电　性　能				
标称值	电压	V	12	12
	功率	W	27	27
试验电压		V	13.5	13.5
目标值	功率	W	31 max	31 max
	光通量	lm	477(1±15%)	
基准光通量	在约	12 V	350 lm	
	在约	13.5 V	477 lm	

5） 玻壳在角 γ_1 和 γ_2 范围内应无光学畸变。此项要求适用于角 γ_1 和 γ_2 范围内的整个玻壳圆周。

6） 用箱式系统检验，见活页 H27W/3。

7） 对于标准灯丝灯泡，被测点是端部圈外侧的投影与灯丝轴的交点。

8） 灯丝的端点，分别由灯丝首末发光圈的外侧，与平行于基准面且与之相距 31.75 mm 的平面的交点所确定。

15766.1—GB-H27W/1-3

	道路机动车辆灯泡数据活页 类型:H27W/1 和 H27W/2 灯头:PG13 和 PGJ13	H27W/3

屏幕投影要求

单位为毫米

本项试验通过检查灯丝相对于基准轴和基准面的位置是否正确,确定灯丝灯泡是否符合要求。

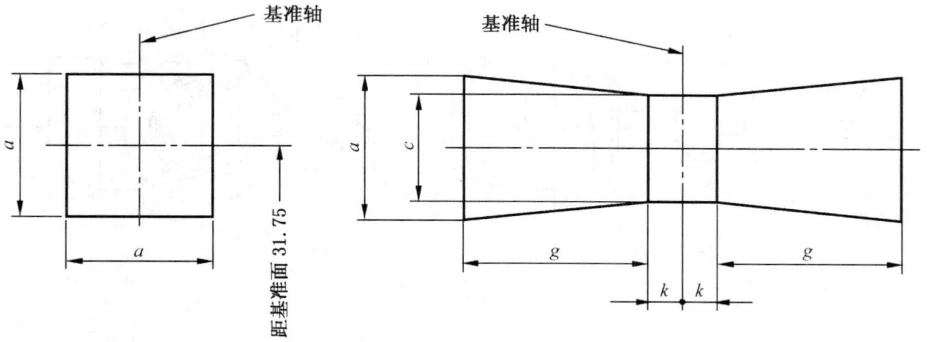

代号	a	c	k	g
尺寸	$d+1.2$	$d+1.0$	0.5	2.4

d=实际灯丝直径

灯丝应完全位于如图所示的范围内。

灯丝中心应位于尺寸 k 所限定的范围内。

	道路机动车辆灯泡数据活页 类型:HB3 和 HB3A 灯头:P20d	HB3/1

本图仅表明灯丝灯泡的主要尺寸

单位为毫米

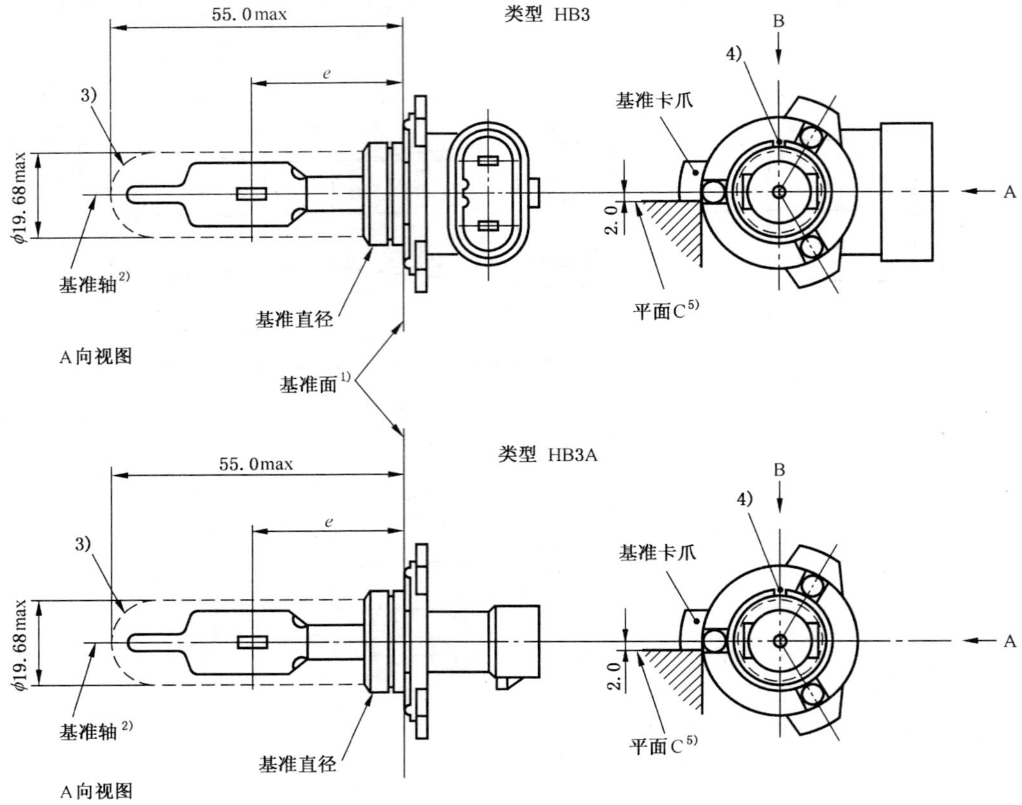

1） 基准面是由灯头和灯座配合的接触点所确定的平面。

2） 基准轴是垂直于基准面且与灯头的基准直径同心的轴线。

3） 玻壳和支撑不应超出轮廓，不应妨碍经过灯具键的插入。

4） 键槽对类型 HB3A 是强制性的，对类型 HB3 是任选的。

5） 灯丝灯泡应在测量夹具内旋转，直至基准卡爪与夹具的平面 C 接触。

	道路机动车辆灯泡数据活页 类型：HB3 和 HB3A 灯头：P20d	HB3/2

单位为毫米

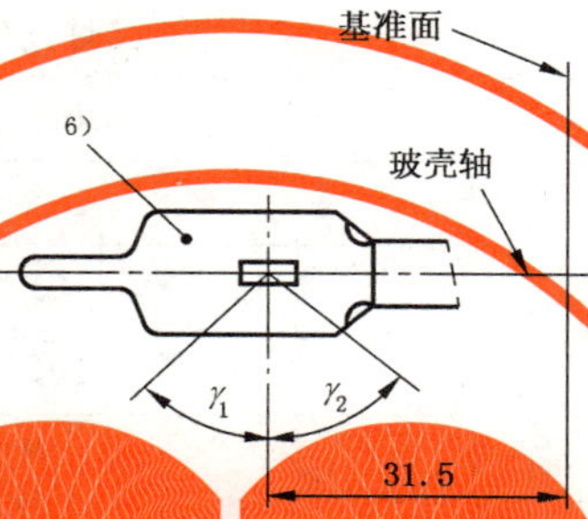

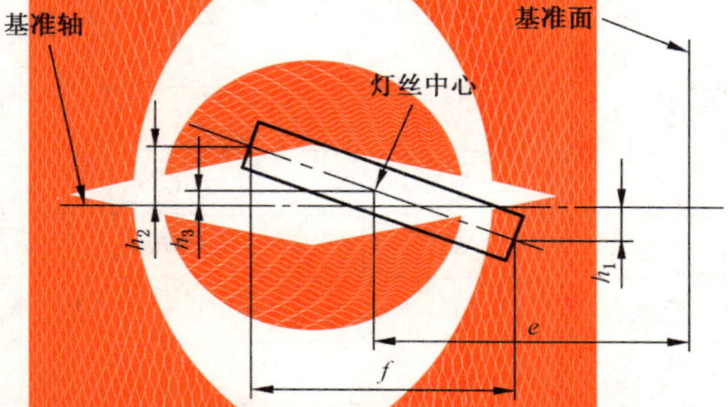

灯丝位置和尺寸

6) 所发射光的颜色应为白色或选择性黄色。

7) 玻壳圆周在角 γ_1 和 γ_2 范围内应无轴向光学畸变。此项要求适用于在角 γ_1 和 γ_2 范围内的整个玻壳圆周。

	道路机动车辆灯泡数据活页 类型:HB3 和 HB3A 灯头:P20d	HB3/3

尺寸[12)] /mm			允　　差	
			产品灯丝灯泡	标准灯丝灯泡
e[9) 11)]	31.5		10)	±0.16
f[9) 11)]	5.1		10)	±0.16
h_1, h_2	0		10)	±0.15[8)]
h_3	0		10)	±0.08[8)]
γ_1	45°min		—	—
γ_2	52°min		—	—
灯头 P20d 符合 IEC 60061 (活页 7004-31-2)　13)				
光　电　性　能				
标称值	电压	V	12	12
	功率	W	60	60
试验电压		V	13.2	13.2
目标值	功率	W	73 max	73 max
	光通量	lm	1 860(1±12%)	
基准光通量:1 300 lm　在约 12 V				

8) 偏心度仅在如活页 HB3/1 图所示的视向* A 和 B 测量,被测点是距基准面最近和最远的端部圈外侧的投影与灯丝轴的交点。

9) 观察方向是活页 HB3/1 图所示的视向* B 。

10) 用箱式系统检验,见活页 HB3/4* 。

11) 灯丝端点定义为如下的点,当按以上注 9)规定的方向* 观察时,端部圈外侧的投影与灯丝轴的交点。

12) 尺寸应在去掉 O 型圈后检验。

13) 灯丝灯泡 HB3 应配有直角灯头,灯丝灯泡 HB3A 应配有直灯头。

* 制造商可以选择另一组垂直视向,当检测灯丝尺寸和位置时,检测试验室使用制造商规定的视向。

	道路机动车辆灯泡数据活页 类型:HB3 和 HB3A 灯头:P20d	HB3/4

屏幕投影要求

单位为毫米

本项试验通过检查灯丝相对于基准轴和基准面的位置是否正确,确定灯丝灯泡是否符合要求。

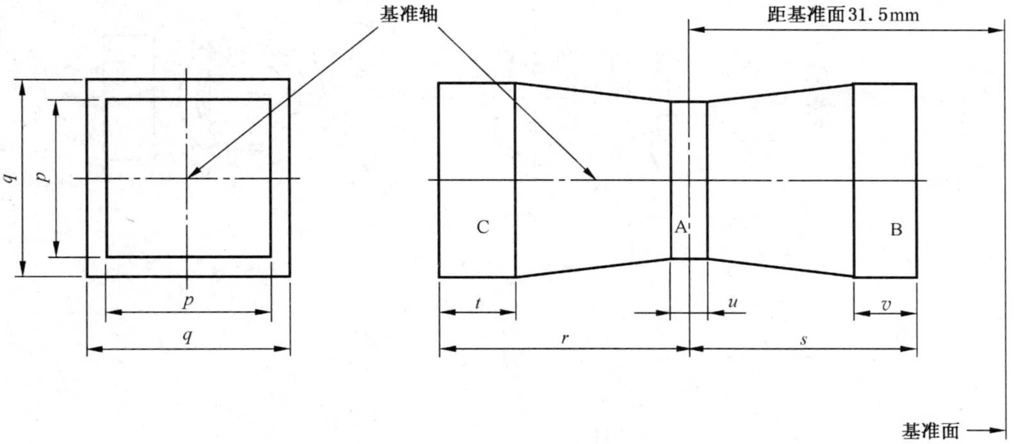

	p	q	r	s	t	u	v
12 V	1.3 d	1.6 d	3.0	2.9	0.9	0.4	0.7

d=灯丝直径

灯丝位置仅在如活页 HB3/1 所示的视向 A 和 B 检测。

灯丝应完全位于如图所示的范围内。

如活页 HB3/3 注 11)所确定的灯丝始端应位于区域 B,灯丝末端应位于区域 C。

区域 A 不涉及任何灯丝中心要求。

	道路机动车辆灯泡数据活页 类型:HB4 和 HB4A 灯头:P22d	HB4/1

本图仅表明灯丝灯泡的主要尺寸

单位为毫米

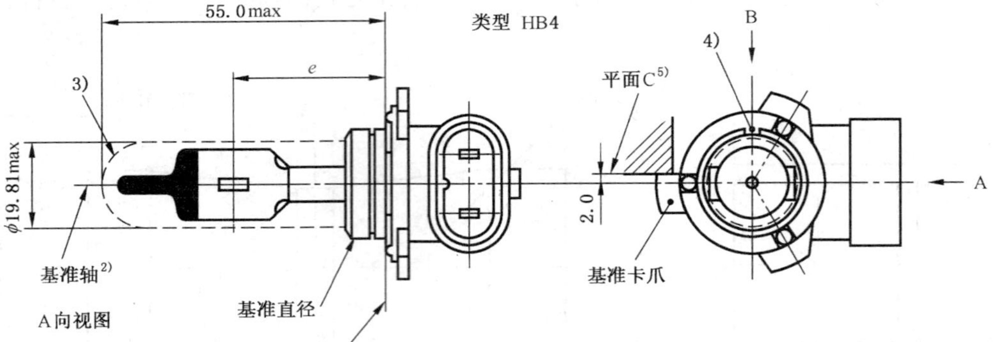

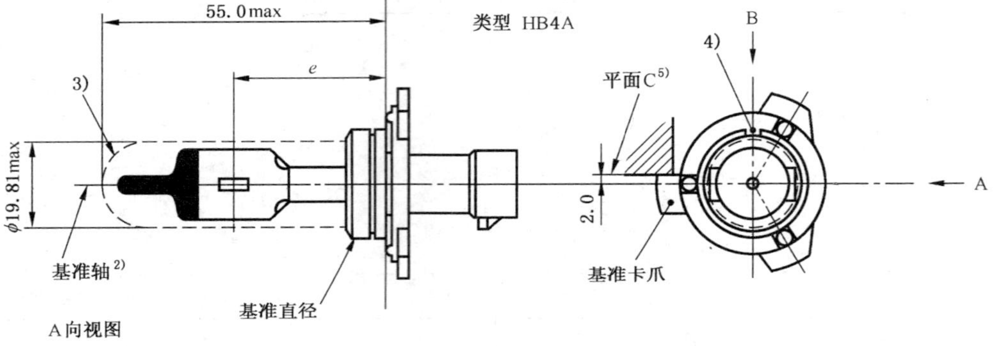

1) 基准面是由灯头和灯座配合的接触点所确定的平面。

2) 基准轴是垂直于基准面且与灯头的基准直径同心的轴线。

3) 玻壳和支撑不应超出轮廓,不应妨碍经过灯具键的插入。该轮廓与基准轴同心。

4) 键槽对类型 HB4A 是强制性的,对类型 HB4 是任选的。

5) 灯丝灯泡应在测量夹具内旋转,直至基准卡爪与夹具的平面 C 接触。

	道路机动车辆灯泡数据活页 类型：HB4 和 HB4A 灯头：P22d	HB4/2

单位为毫米

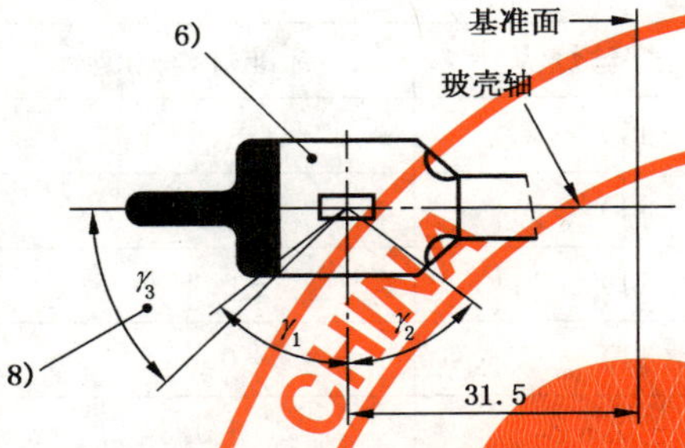

无畸变区间[7)]和顶部暗区[8)]

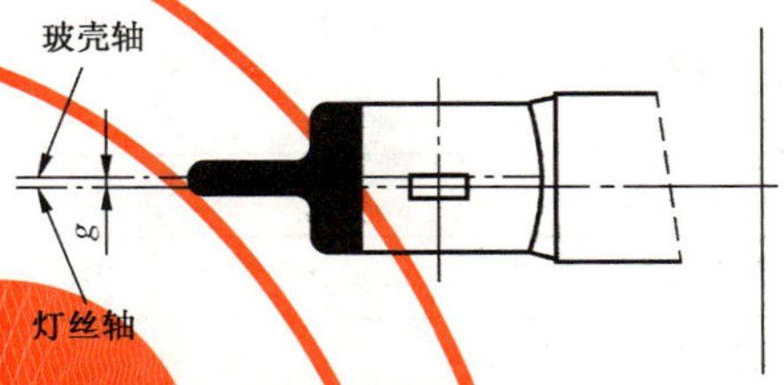

玻壳偏心度

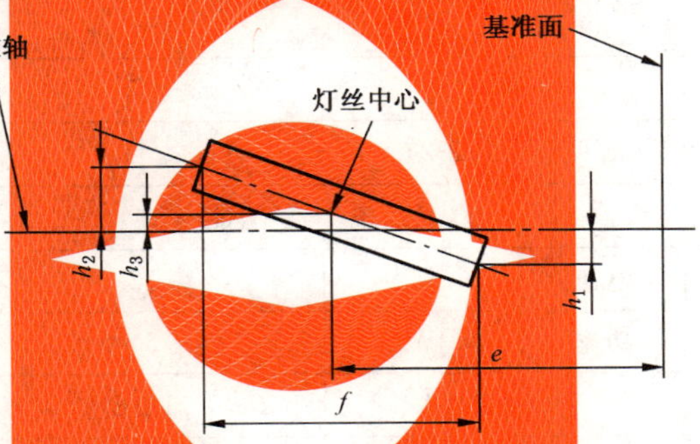

灯丝位置和尺寸

6) 所发射光的颜色应为白色或选择性黄色。

7) 玻壳圆周在角 γ_1 和 γ_2 范围内应无轴向和圆柱形的光学畸变。此项要求适用于在角 γ_1 和 γ_2 范围内的整个玻壳圆周，而被遮光层覆盖的区域不需检验。

8) 遮光层应至少延伸到角 γ_3 及由角 γ_1 所确定的玻壳的不变形部分。

	道路机动车辆灯泡数据活页 类型:HB4 和 HB4A 灯头:P22d	HB4/3

尺寸[13)] /mm			允差	
			产品灯丝灯泡	标准灯丝灯泡
e[10) 12)]	31.5		11)	±0.16
f[10) 12)]	5.1		11)	±0.16
h_1,h_2	0		11)	±0.15[9)]
h_3	0		11)	±0.08[9)]
g[10)]	0.75		±0.5	±0.3
γ_1	50°min		—	—
γ_2	52°min		—	—
γ_3	45°		±5°	±5°
灯头 P22d 符合 IEC 60061(活页 7004-32-2) 14)				
光电性能				
标称值	电压	V	12	12
	功率	W	51	51
试验电压		V	13.2	13.2
目标值	功率	W	62 max	62 max
	光通量	lm	1 095(1±15%)	
基准光通量:825 lm 在约 12 V				

9) 偏心度仅在如活页 HB4/1 图所示的视向* A 和 B 测量,被测点是距基准面最近和最远的端部圈外侧的投影与灯丝轴的交点。

10) 观察方向是活页 HB4/1 图所示的视向* B。

11) 用箱式系统检验,见活页 HB4/4。*

12) 灯丝端点定义为如下的点,当按以上注 10)规定的方向* 观察时,端部圈外侧的投影与灯丝轴的交点。

13) 尺寸应在去掉 O 型圈后检验。

14) 灯丝灯泡 HB4 应配有直角灯头,灯丝灯泡 HB4A 应配有直灯头。

* 制造商可以选择另一组垂直视向,当检测灯丝尺寸和位置时,检测试验室使用制造商规定的视向。

	道路机动车辆灯泡数据活页 类型:HB4 和 HB4A 灯头:P22d	HB4/4

屏幕投影要求

单位为毫米

本项试验通过检查灯丝相对于基准轴和基准面的位置是否正确,确定灯丝灯泡是否符合要求。

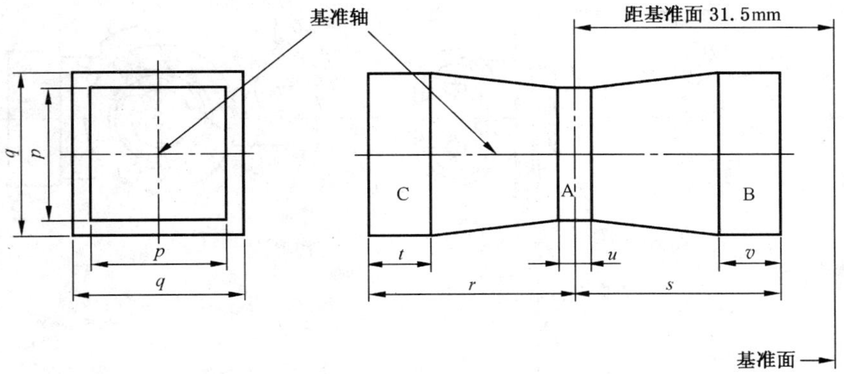

	p	q	r	s	t	u	v
12 V	1.3 d	1.6 d	3.0	2.9	0.9	0.4	0.7

d=灯丝直径

灯丝位置仅在如活页 HB4/1 所示的视向 A 和 B 检测。

灯丝应完全位于如图所示的范围内。

如活页 HB4/3 注 12)所确定的灯丝始端应位于区域 B,灯丝末端应位于区域 C。

区域 A 不涉及任何灯丝中心要求。

	道路机动车辆灯泡数据活页 类型:HIR1 灯头:PX20d	HIR1/1

本图仅表明灯丝灯泡的主要尺寸

单位为毫米

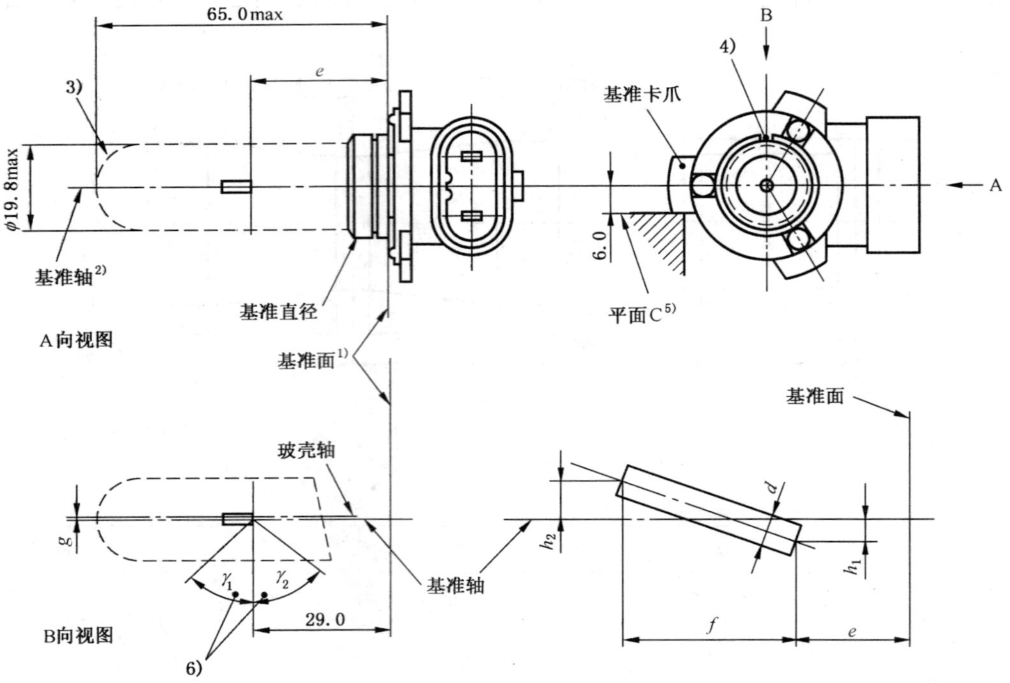

1） 基准面是由灯头法兰的三个支撑凸起所确定的平面。

2） 基准轴是垂直于基准面且与灯头的基准直径同心的轴线。

3） 玻壳和支撑不应超出轮廓。该轮廓与基准轴同心。

4） 键槽是强制性的。

5） 灯丝灯泡应在测量夹具内旋转，直至基准卡爪与夹具的平面C接触。

6） 玻壳圆周在角 γ_1 和 γ_2 范围内应无轴向光学畸变。此项要求适用于在角 γ_1 和 γ_2 范围内的整个玻壳圆周。

15766.1—GB-HIR1/1-3

道路机动车辆灯泡数据活页
类型：HIR1
灯头：PX20d

HIR1/2

尺寸[11] /mm		允差	
		产品灯丝灯泡	标准灯丝灯泡
e[8) 10)]	29	9)	±0.16
f[8) 10)]	5.1	9)	±0.16
g[8)]	0	+0.7/−0.0	+0.4/−0.0
h_1，h_2	0	9)	±0.15[7)]
d	1.6 max		
γ_1	50°min	—	—
γ_2	50°min	—	—
灯头 PX20d 符合 IEC 60061（活页 7004-31-2）			

光电性能				
标称值	电压	V	12	12
	功率	W	65	65
试验电压		V	13.2	13.2
目标值	功率	W	73 max	73 max
	光通量	lm	2 500(1±15%)	
基准光通量：1 840 lm 在约 12 V				

7) 偏心度仅在如活页 HIR1/1 图所示的视向 A 和 B 测量，被测点是距基准面最近和最远的端部圈外侧的投影与灯丝轴的交点。
8) 观察方向是活页 HIR1/1 图所示的视向 B。
9) 用箱式系统检验，见活页 HIR1/3。
10) 灯丝端点定义为如下的点，当按以上注 8)规定的方向观察时，端部圈外侧的投影与灯丝轴的交点。
11) 尺寸应在安装 O 型圈后检验。

	道路机动车辆灯泡数据活页 类型:HIR1 灯头:PX20d	HIR1/3

屏幕投影要求

单位为毫米

本项试验通过检查灯丝相对于基准轴和基准面的位置是否正确,确定灯丝灯泡是否符合要求。

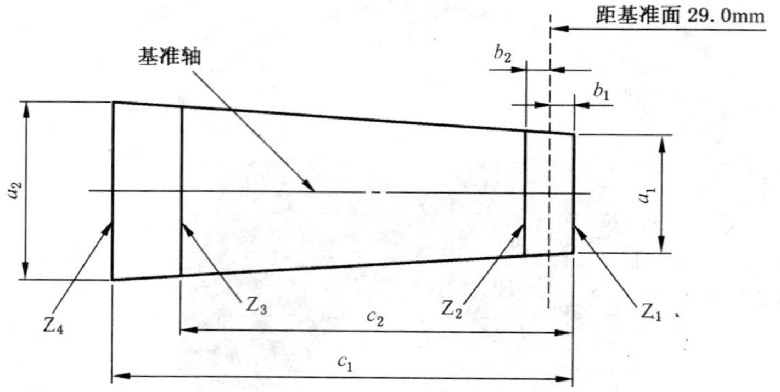

	a_1	a_2	b_1	b_2	c_1	c_2
12 V	d+0.4	d+0.8	0.35		6.1	5.2

d=灯丝直径

灯丝位置仅在如活页 HIR1/1 所示的视向 A 和 B 检测。

如活页 HIR1/2 注 10)所确定的灯丝端点必须位于线 Z_1 和 Z_2 及 Z_3 和 Z_4 之间。

	道路机动车辆灯泡数据活页 类型：HIR2 灯头：PX22d	HIR2/1

本图仅表明灯丝灯泡的主要尺寸

单位为毫米

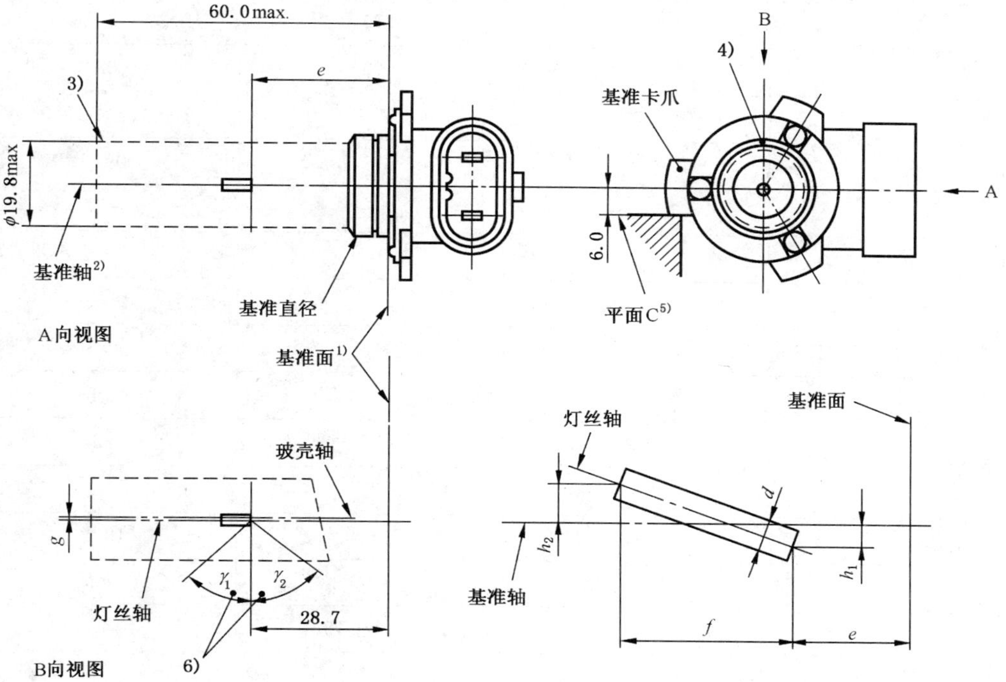

1) 基准面是由灯头和灯座配合的三个接触点所确定的平面。

2) 基准轴是垂直于基准面且与灯头基准直径同心的轴线。

3) 玻壳和支撑不应超出轮廓。该轮廓与基准轴同心。

4) 键槽是强制性的。

5) 灯丝灯泡应在测量夹具内旋转，直至基准卡爪与夹具的平面 C 接触。

6) 玻壳圆周在角 γ_1 和 γ_2 范围内应无轴向光学畸变。此项要求适用于在角 γ_1 和 γ_2 范围内的整个玻壳圆周。

15766.1—GB-HIR2/1-3

	道路机动车辆灯泡数据活页 类型:HIR2 灯头:PX22d	HIR2/2

尺寸[11] /mm		允差	
		产品灯丝灯泡	标准灯丝灯泡
e[8) 10)]	28.7	9)	±0.16
f[8) 10)]	5.3	9)	±0.16
g[8)]	0	+0.7/−0.0	+0.4/−0.0
h_1, h_2	0	9)	±0.15[7)]
d	1.6 max	—	—
γ_1	50°min	—	—
γ_2	50°min	—	—

灯头 PX22d 符合 IEC 60061(活页 7004-32-2)

光电性能

标称值	电压	V	12	12
	功率	W	55	55
试验电压		V	13.2	13.2
目标值	功率	W	63 max	63 max
	光通量	lm	1 875(1±15%)	

基准光通量:1 355 lm 在约 12 V

7) 偏心度仅在如活页 HIR2/1 图所示的视向 A 和 B 测量,被测点是距基准面最近和最远的端部圈外侧的投影与灯丝轴的交点。

8) 观察方向是活页 HIR2/1 图所示的视向 B。

9) 用箱式系统检验,见活页 HIR2/3。

10) 灯丝端点定义为如下的点,当按以上注 8)规定的方向观察时,端部圈外侧的投影与灯丝轴的交点。

11) 尺寸应在去掉 O 型圈后检验。

15766.1—GB-HIR2/1-3

	道路机动车辆灯泡数据活页 类型:HIR2 灯头:PX22d	HIR2/3

屏幕投影要求

单位为毫米

本项试验通过检查灯丝相对于基准轴和基准面的位置是否正确,确定灯丝灯泡是否符合要求。

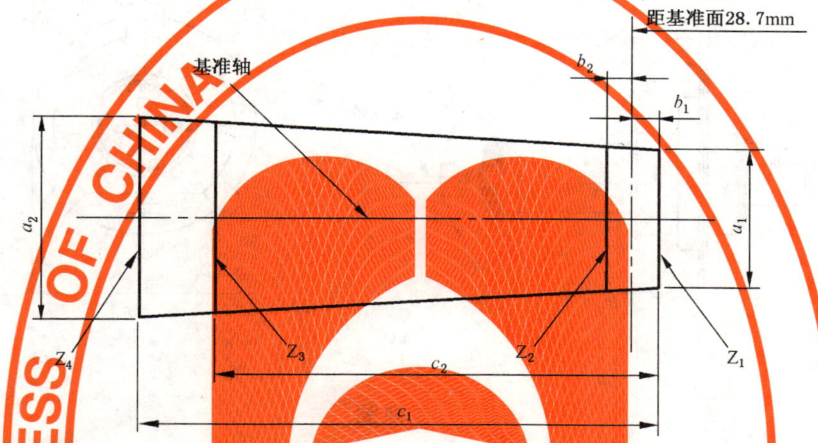

	a_1	a_2	b_1	b_2	c_1	c_2
12 V	$d+0.4$	$d+0.8$	0.35		6.6	5.7

d=灯丝直径

灯丝位置仅在如活页 HIR2/1 所示的视向 A 和 B 检测。

如活页 HIR2/2 注 10)所确定的灯丝端点必须位于线 Z_1 和 Z_2 及 Z_3 和 Z_4 之间。

	道路机动车辆灯泡数据活页 类型:HS1 灯头:PX43t	HS1/1

本图仅表明灯丝灯泡的主要尺寸　　单位为毫米

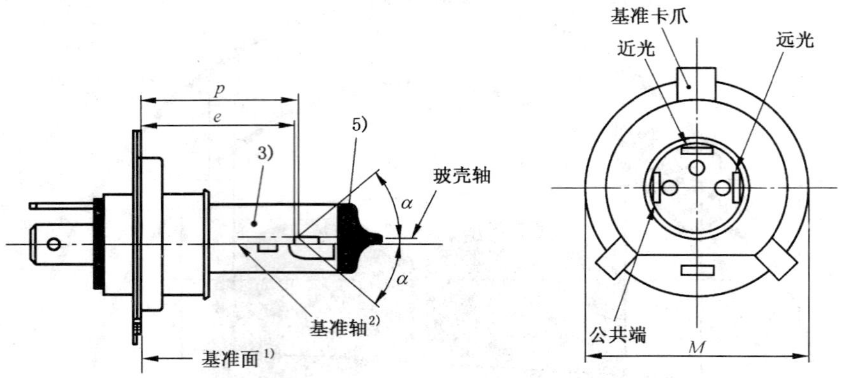

图 1　主视图

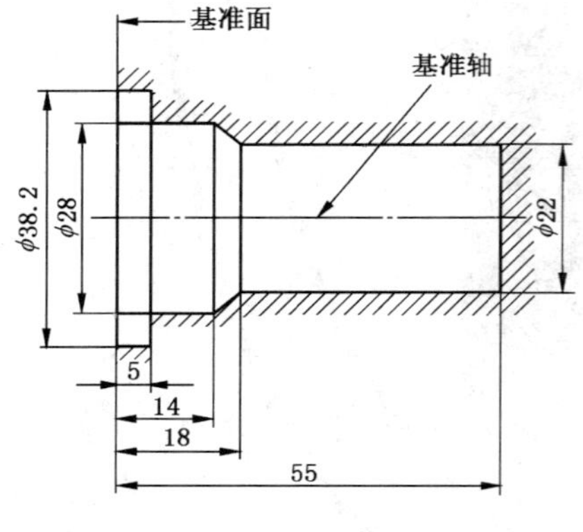

图 2　灯泡最大外轮廓4)

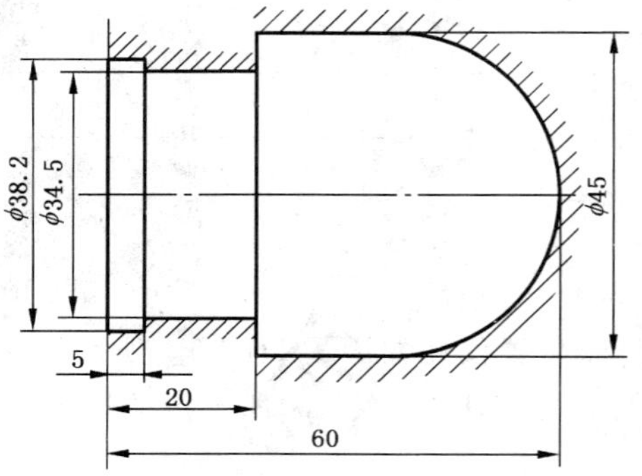

图 3

1）　基准面是由灯头环的三个卡爪的定位点所形成的平面。

2）　基准轴是一条与基准面垂直且通过直径为 M 圆的圆心的直线。

3）　所发射光的颜色应为白色或选择性黄色。

4）　玻壳和支撑不应超出如图 2 所示的轮廓。然而,当使用选择性黄色外玻壳时,玻壳和支撑不应超出如图 3 所示的轮廓。

5）　遮光层至少要延伸到玻壳的圆柱部分,当从与基准轴垂直的方向观察配光屏时,遮光层应与配光屏相重叠。

15766.1—GB-HS1/1-5

道路机动车辆灯泡数据活页 类型：HS1 灯头：PX43t	HS1/2

尺寸/mm			产品灯丝灯泡				标准灯丝灯泡	
			6 V		12 V		12 V	
e			28.5+0.45/−0.25				28.5+0.20/−0.00	
p			28.95				28.95	
α			max40°				max40°	
灯头 PX43t 符合 IEC 60061（活页 7004-34-2）								
光　电　性　能								
标称值	电压	V	6[6]		12[6]		12[6]	
	功率	W	35	35	35	35	35	35
试验电压		V	6.3		13.2		13.2	
目标值	功率	W	35	35	35	35	35	35
		±%	5				5	
	光通量	lm	700	440	825	525		
		±%	15					
测量光通量[7]		lm	—		—	450		
基准光通量：在约 12 V							700	450

6） 左列表明的值对应于远光灯丝。右列表明的值对应于近光灯丝。

7） 测量光通量用于根据本部分 2.8 进行的测量。

15766.1—GB-HS1/1-5

	道路机动车辆灯泡数据活页 类型：HS1 灯头：PX43t	HS1/3

单位为毫米

配光屏的位置

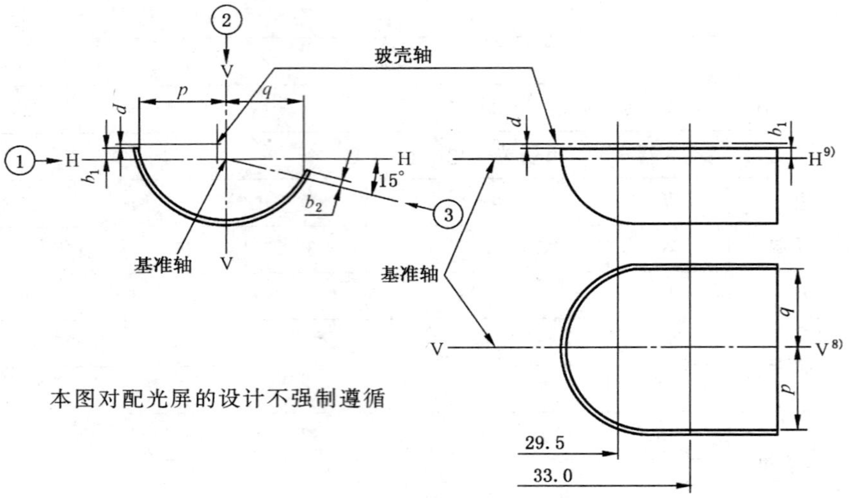

本图对配光屏的设计不强制遵循

灯丝的位置

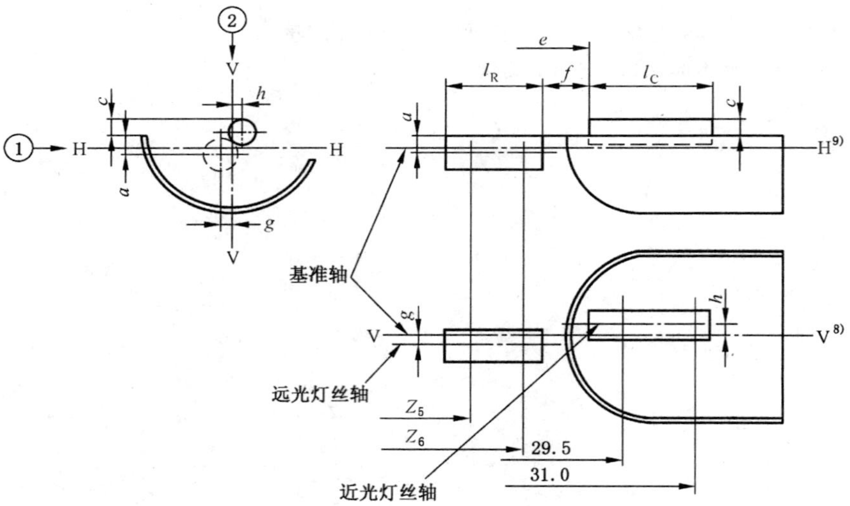

15766.1—GB-HS1/1-5

	道路机动车辆灯泡数据活页 类型：HS1 灯头：PX43t	HS1/4

活页 HS1/3 图中的尺寸表　　　　单位为毫米

代号*		尺寸**		允差		
				产品灯丝灯泡		标准灯丝灯泡
6 V	12 V	6 V	12 V	6 V	12 V	12 V
a/26		0.8		±0.35		±0.20
a/25		0.8		±0.55		±0.20
b_1/29.5		0		±0.35		±0.20
b_1/33		b_1/29.5 mv		±0.35		±0.15
b_2/29.5		0		±0.35		±0.20
b_2/33		b_1/29.5 mv		±0.35		±0.15
c/29.5		0.6		±0.35		±0.20
c/31		c/29.5 mv		±0.30		±0.15
d		min0.1 / max1.5		—		—
*e*13)		28.5		+0.45/−0.25		+0.20/−0.00
*f*11) 12) 13)		1.7		+0.50/−0.30		+0.30/−0.10
g/26		0		±0.50		±0.30
g/25		0		±0.70		±0.30
h/29.5		0		±0.50		±0.30
h/31		*h*/29.5 mv		±0.30		±0.20
l_R 11) 14)		3.5	4.0	±0.80		±0.40
l_C 11) 12)		3.3	4.5	±0.80		±0.35
p/33		取决于配光屏形状		—		—
q/33		(*p*+*q*)/2		±0.60		±0.30

*　"../26"指这些尺寸在距基准面为斜线后用 mm 表示的距离处测量。

**　"29.5 mv"系指该值是在距基准面 29.5 mm 处测得。

道路机动车辆灯泡数据活页 类型：HS1 灯头：PX43t	HS1/5

8） 平面 V—V 同基准面相垂直，它通过基准轴以及直径为 M 的圆同基准卡爪轴线的相交点。

9） 平面 H—H 为与基准面及 V—V 面均相垂直且通过基准轴的平面。

10） （空）。

11） 灯丝端部圈分别定义为初始发光圈和最末发光圈，并且有基本准确的螺旋角，就双螺旋灯丝而言，端部圈取决于一次螺旋的外轮廓。

12） 对于近光灯丝来说，各个被测点就是从方向 1 观察到的配光屏的横向边缘，同按注 11）定义的端部圈外侧的相交点。

13） "e"系指基准面到按上述确定的近光灯丝始端的距离。

14） 对于远光灯丝来说，各个被测点就是从方向 1 观察到的，平行于 H—H 面且在其下方 0.8 mm 处的一个平面，同按注 11）定义的端部圈（外侧）的相交点。

活页 HS1/3 的附加说明

在三个视向上测量如下的尺寸：

1 尺寸 a，b_1，c，d，e，f，l_R 和 l_C；

2 尺寸 g，h，p 和 q；

3 尺寸 b_2。

尺寸 p 和 q 在与基准面平行且与之相距 33 mm 的平面内测量。

尺寸 b_1 和 b_2 在与基准面平行且与之相距 29.5 mm 和 33 mm 的平面内测量。

尺寸 a 和 g 在与基准面平行且与之相距 25.0 mm 和 26.0 mm 的平面内测量。

尺寸 c 和 h 在与基准面平行且与之相距 29.5 mm 和 31 mm 的平面内测量。

注：关于测量方法，见本部分附录 E。

15766.1—GB-HS1/1-5

道路机动车辆灯泡数据活页 类型：HS2 灯头：PX13.5s	HS2/1

本图仅表明灯丝灯泡的主要尺寸　　　　单位为毫米

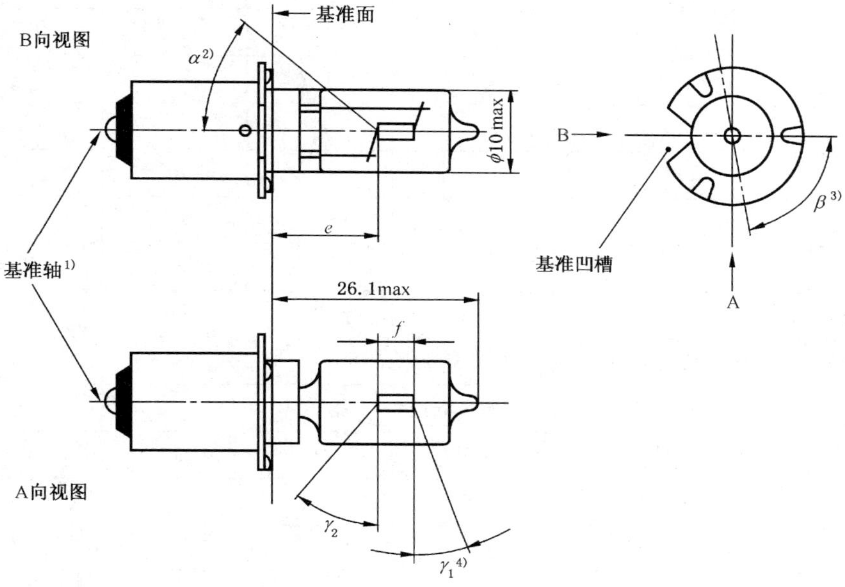

灯丝位置

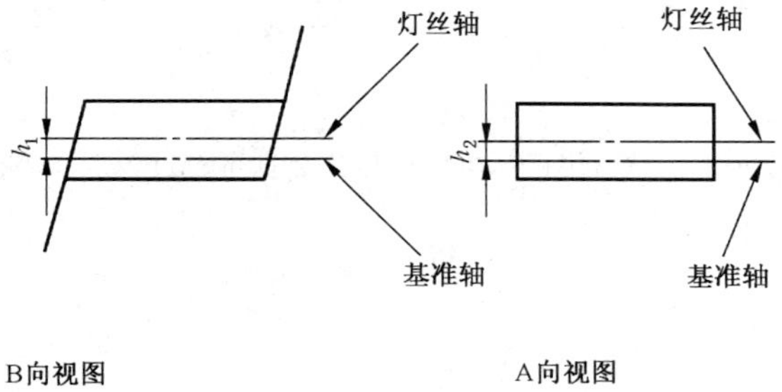

1）　基准轴垂直于基准面并通过该面与灯头环轴线的交点。

2）　所有遮挡光线或影响光束的部分应位于角 α 内。

3）　角 β 表示过两内导线的平面相对基准凹槽的位置。

4）　在角 γ_1 和 γ_2 的外侧边之间的区间，玻壳不应有光学畸变部分，且玻壳的曲率半径应不小于实际玻壳直径的 50%。

15766.1—GB-HS2/1-3

	道路机动车辆灯泡数据活页 类型:HS2 灯头:PX13.5s	HS2/2

尺寸/mm		产品灯丝灯泡			标准灯丝灯泡
		min	nom	max	
e			11.0[5)]		11.0 ±0.15
f[6)]	6 V	1.5	2.5	3.0	2.5 ±0.15
	12 V	2.0	3.0	4.0	
h_1,h_2			5)		0 ±0.15
α[2)]				40°	
β[3)]		75°	90°	105°	90° ±5°
γ_1[4)]		15°			15°min
γ_2[4)]		40°			40°min
灯头 PX13.5s 符合 IEC 60061(活页 7004-35-2)					

光 电 性 能					
标称值	电压	V	6	12	6
	功率	W	15		15
试验电压		V	6.75	13.5	6.75
目标值	功率	W	15(1±6%)		15±6%
	光通量	lm	320(1±15%)		
基准光通量:320 lm 在约 6.75 V					

5) 用箱式系统检验,见活页 HS2/3。

6) 为避免灯丝快速损坏,对于 6 V 和 12 V 灯丝灯泡,电源电压应分别不超过 8.5 V 和 15 V。

15766.1—GB-HS2/1-3

	道路机动车辆灯泡数据活页 类型：HS2 灯头：PX13.5s	HS2/3

屏幕投影要求

单位为毫米

本项试验通过检查灯丝相对于基准轴和基准面的位置是否正确，确定灯丝灯泡是否符合要求。

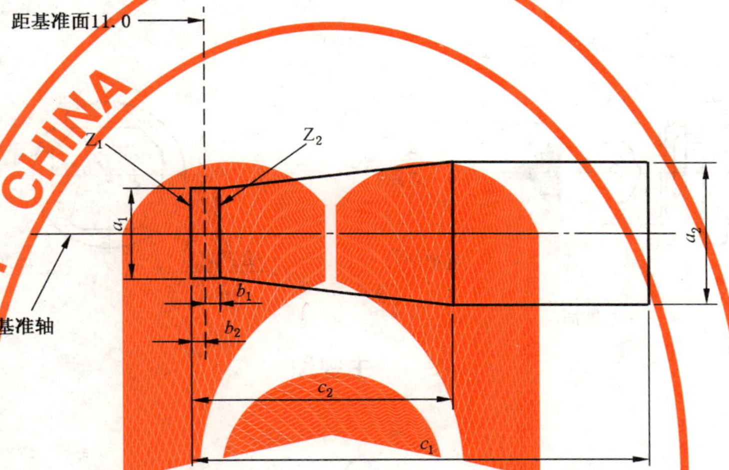

代号	a_1	a_2	b_1	b_2	c_1(6 V)	c_1(12 V)	c_2
尺寸	d+1.0	d+1.4	0.25	0.25	4.0	4.5	1.75

d=实际灯丝直径

灯丝应完全位于图示的范围内。

灯丝首端应位于线 Z_1 和 Z_2 之间。

	道路机动车辆灯泡数据活页 类型:HS5 灯头:P23t	HS5/1

本图仅表明灯丝灯泡的主要尺寸 单位为毫米

用于摩托车的灯丝灯泡

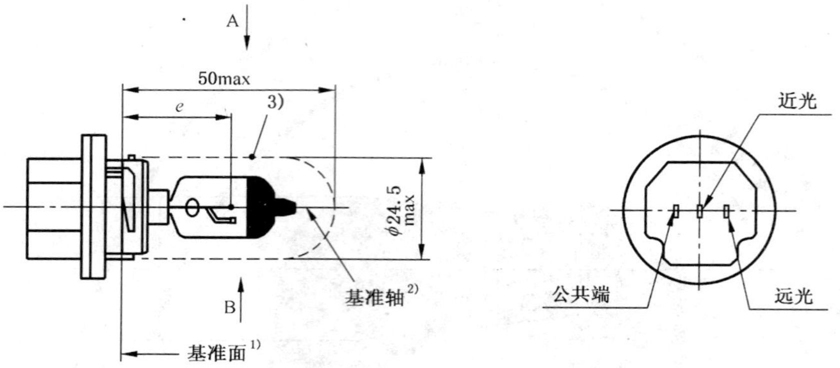

图 1 主视图

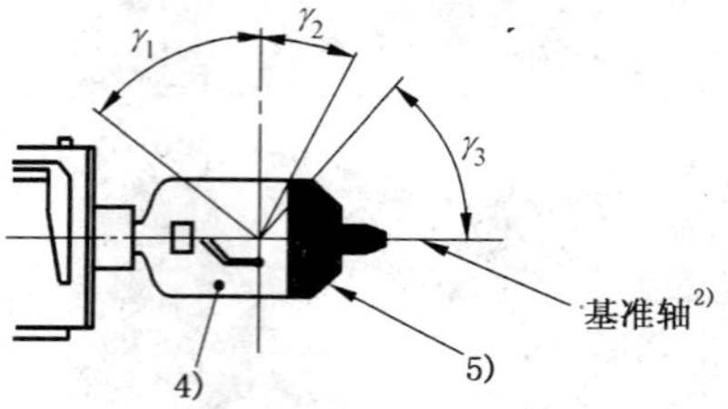

图 2 无畸变区间4) 和顶部暗区5)

1) 基准面由三个斜台的内侧面所确定。

2) 基准轴垂直于基准面且通过 23 mm 灯头直径的中心。

3) 玻壳和支撑不应超出如图 1 所示的轮廓,该轮廓与基准轴同心。

4) 玻壳在角 γ_1 和 γ_2 范围内应无光学畸变。此项要求适用于在角 γ_1 和 γ_2 范围内的整个玻壳圆周。

5) 遮光层应至少延伸到角 γ_3 及整个玻壳顶部圆周的圆柱部分。

	道路机动车辆灯泡数据活页 类型:HS5 灯头:P23t	HS5/2

单位为毫米

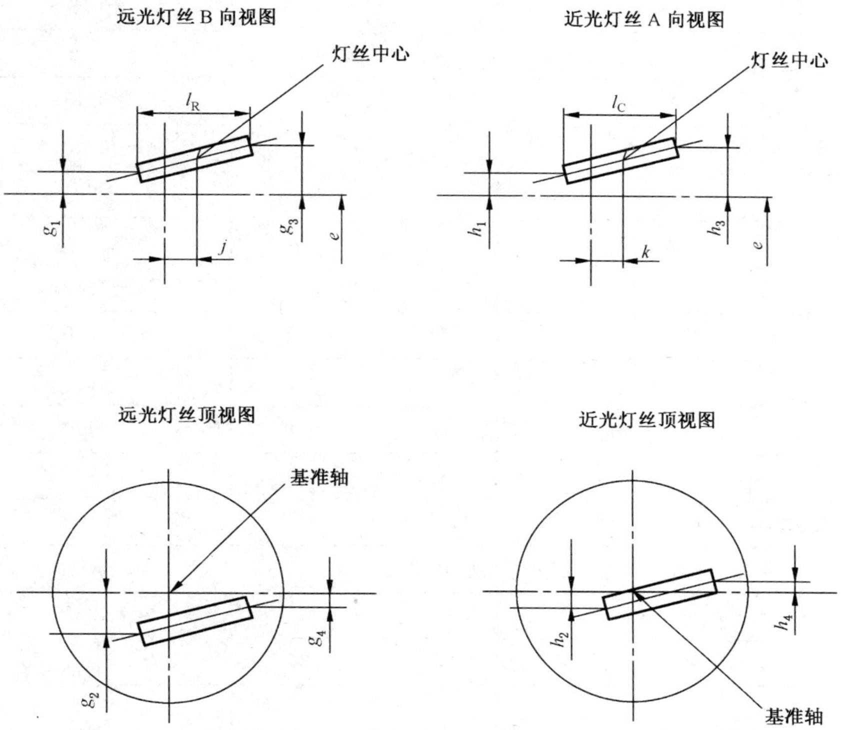

图 3 灯丝位置和尺寸

15766.1—GB-HS5/1-4

	道路机动车辆灯泡数据活页 类型:HS5 灯头:P23t	HS5/3

<table>
<tr><td colspan="3" rowspan="2">尺寸/mm</td><td colspan="2">产品灯丝灯泡</td><td colspan="2">标准灯丝灯泡</td></tr>
<tr><td colspan="2">12 V</td><td colspan="2">12 V</td></tr>
<tr><td colspan="2">e</td><td>26</td><td colspan="2" rowspan="9">6)</td><td colspan="2">±0.15</td></tr>
<tr><td colspan="2">l_C 7)</td><td>4.6</td><td colspan="2">±0.3</td></tr>
<tr><td colspan="2">k</td><td>0</td><td colspan="2">±0.2</td></tr>
<tr><td colspan="2">h_1,h_3</td><td>0</td><td colspan="2">±0.15</td></tr>
<tr><td colspan="2">h_2,h_4</td><td>0</td><td colspan="2">±0.20</td></tr>
<tr><td colspan="2">l_R 7)</td><td>4.6</td><td colspan="2">±0.3</td></tr>
<tr><td colspan="2">j</td><td>0</td><td colspan="2">±0.2</td></tr>
<tr><td colspan="2">g_1,g_3</td><td>0</td><td colspan="2">±0.30</td></tr>
<tr><td colspan="2">g_2,g_4</td><td>2.5</td><td colspan="2">±0.40</td></tr>
<tr><td colspan="2">γ_1</td><td>50° min</td><td colspan="2">—</td><td colspan="2">—</td></tr>
<tr><td colspan="2">γ_2</td><td>23° min</td><td colspan="2">—</td><td colspan="2">—</td></tr>
<tr><td colspan="2">γ_3</td><td>50° min</td><td colspan="2">—</td><td colspan="2">—</td></tr>
<tr><td colspan="7">灯头 P23t 符合 IEC 60061(活页 7004-138 -1)</td></tr>
<tr><td colspan="7">光 电 性 能</td></tr>
<tr><td rowspan="2">标称值</td><td>电压</td><td>V</td><td colspan="2">12</td><td colspan="2">12</td></tr>
<tr><td>功率</td><td>W</td><td>35</td><td>30</td><td>35</td><td>30</td></tr>
<tr><td colspan="2">试验电压</td><td>V</td><td colspan="2">13.2</td><td colspan="2">13.2</td></tr>
<tr><td rowspan="3">目标值</td><td>功率</td><td>W</td><td>40 max</td><td>37 max</td><td>40 max</td><td>37 max</td></tr>
<tr><td rowspan="2">光通量</td><td>lm</td><td>620</td><td>515</td><td></td><td></td></tr>
<tr><td>±%</td><td>15</td><td>15</td><td></td><td></td></tr>
<tr><td colspan="5">基准光通量:在约 12 V</td><td>460 lm</td><td>380 lm</td></tr>
</table>

6) 用箱式系统检验,见活页 HS5/4。

7) 灯丝首末圈的位置确定为,灯丝首末发光圈的外侧分别与平行于基准面且距其 26 mm 的平面的交点。

	道路机动车辆灯泡数据活页 类型：HS5 灯头：P23t	HS5/4

单位为毫米

屏幕投影要求

本项试验通过检查

a) 近光灯丝相对于基准轴和基准面的位置是否正确，

b) 远光灯丝相对于近光灯丝的位置是否正确，

确定灯丝灯泡是否符合要求。

侧视图

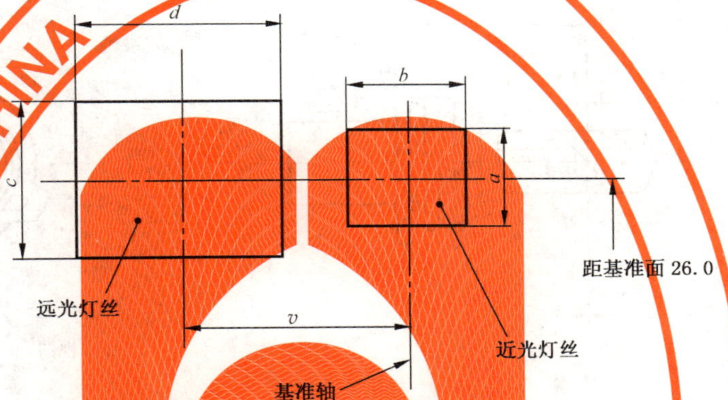

代号	a	b	c	d	v
尺寸	$d_1+0.6$	$d_1+0.8$	$d_2+1.2$	$d_2+1.6$	2.5

d_1：近光灯丝直径

d_2：远光灯丝直径

正视图

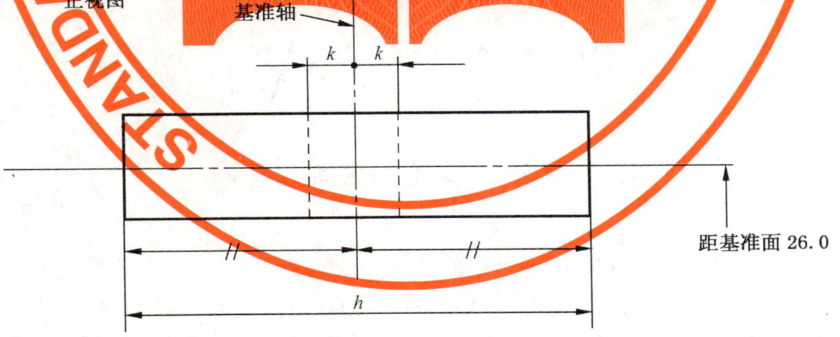

代号	h	k
尺寸	6.0	0.5

灯丝应完全位于如图所示的范围内。

灯丝中心应位于尺寸 k 所限定的范围内。

	道路机动车辆灯泡数据活页 类型：P13W 灯头：PG18.5d-1	P13W/1

本图仅表明灯丝灯泡的主要尺寸

单位为毫米

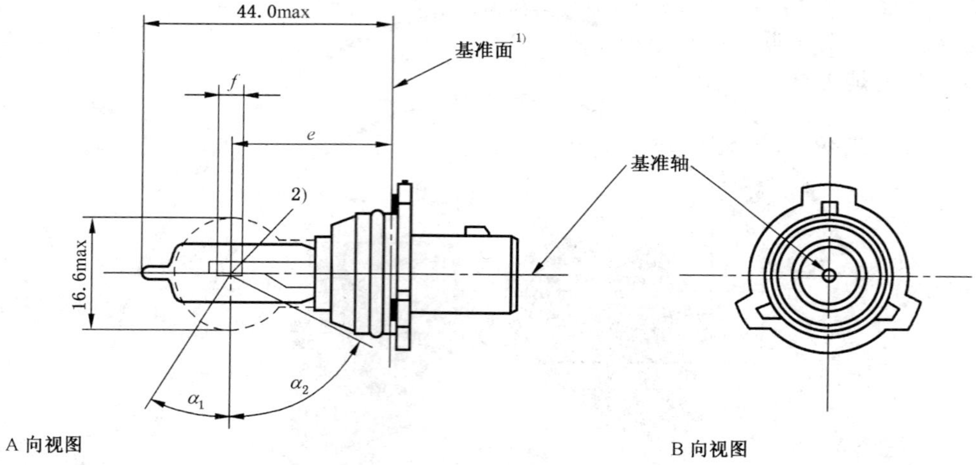

图 1　主视图

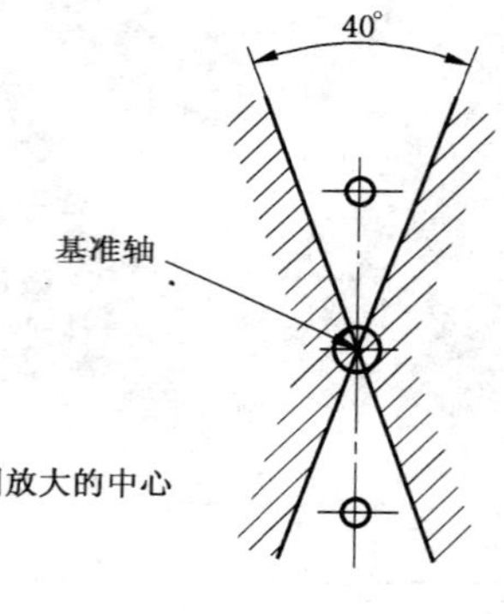

图 2　无金属区间[3)]

1)　基准面是由灯头和灯座配合的接触点所确定的平面。

2)　不是对于实际灯丝直径的限定要求，而是目标为 $d_{max}=1.0$ mm。

3)　除了灯丝螺旋，应没有不透光部件位于如图 2 所示的阴影区间。此项要求适用于在角 $\alpha_1+\alpha_2$ 范围内的旋转体。

15766.1—GB-P13W/1-3

	道路机动车辆灯泡数据活页 类型:P13W 灯头:PG18.5d-1	P13W/2

尺寸/mm			产品灯丝灯泡	标准灯丝灯泡
e[5]			25.0[4]	25.0±0.25
f[5]			4.3[4]	4.3±0.25
α_1[6]			30.0° min	30.0° min
α_2[6]			58.0° min	58.0° min
灯头 PG18.5d-1 符合 IEC 60061(活页 7004-147-1)				
光电性能				
标称值	电压	V	12	12
	功率	W	13	13
试验电压		V	13.5	13.5
目标值	功率	W	19 max	19 max
	光通量	lm	250	
		±	+15%/−20%	
基准光通量:在约 13.5 V				250 lm

4) 用箱式系统检验,见活页 P13W/3。

5) 灯丝端点定义为如下的点,当沿垂直于通过灯丝两导线的平面的方向观察时,端部圈外侧的投影与灯丝轴的交点。

6) 基准面以上的灯头部分,不应位于如活页 P13W/1 图 1 所示的角 α_2 以内。玻壳在角 $\alpha_1+\alpha_2$ 范围内应无光学畸变。这些要求适用于整个玻壳圆周。

	道路机动车辆灯泡数据活页 类型：P13W 灯头：PG18.5d-1	P13W/3

屏幕投影要求

单位为毫米

本项试验通过检查灯丝相对于基准轴和基准面的位置是否正确，确定灯丝灯泡是否符合要求。

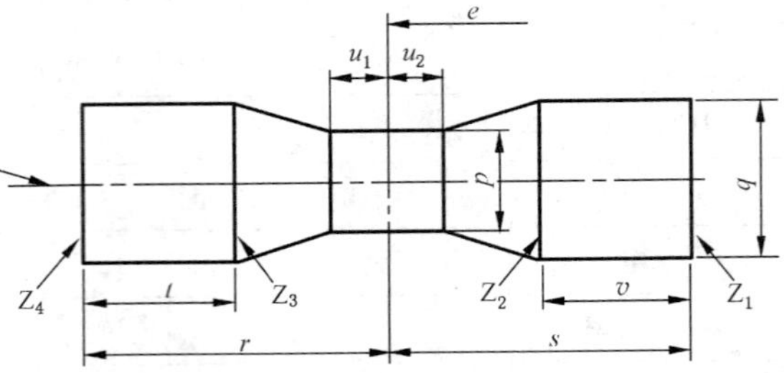

A 向视图

	p	q	u_1,u_2	r,s	t,v
产品灯丝灯泡	1.7	1.9	0.3	2.6	0.9
标准灯丝灯泡	1.5	1.7	0.25	2.45	0.6

灯丝位置在两个相互垂直的平面内检验，其中一个平面为通过两导线的平面。

如活页 P13W/2 注 5）所确定的灯丝端点必须位于线 Z_1 和 Z_2 及 Z_3 和 Z_4 之间。

灯丝应完全位于如图所示的范围内。

	道路机动车辆灯泡数据活页 类型：P19W，PY19W，PR19W，PS19W，PSY19W 和 PSR19W 灯头：PGU20-1，PGU20-2，PGU20-5，PG20-1，PG20-2 和 PG20-5	P19W/1

本图仅表明灯丝灯泡的主要尺寸

单位为毫米

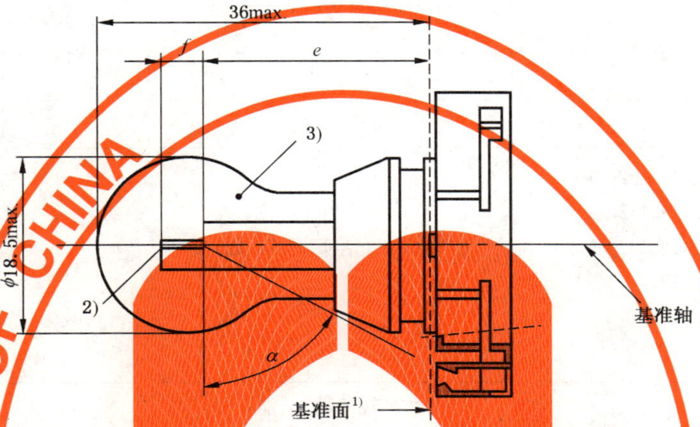

1) 基准面是由灯头和灯座配合的接触点所确定的平面。

2) 不是对实际灯丝直径的限定要求，而是目标为 d_{max} = 1.1 mm。

3) 产品灯泡发射的光，对于类型 P19W 和 PS19W，应为白色，对于类型 PY19W 和 PSY19W，应为琥珀色，对于类型 PR19W 和 PSR19W，应为红色(也见注 8))。

	道路机动车辆灯泡数据活页 类型:P19W，PY19W，PR19W，PS19W，PSY19W 和 PSR19W 灯头:PGU20-1,PGU20-2,PGU20-5,PG20-1,PG20-2 和 PG20-5	P19W/2

尺寸[4)] /mm	产品灯丝灯泡			标准灯丝灯泡
	min	nom	max	8)
e[5) 6)]		24.0		24.0
f[5) 6)]		4.0		4.0 ±0.2
α[7)]	58°			58°min

P19W 灯头:PGU20-1
PY19W 灯头:PGU20-2
PR19W 灯头:PGU20-5 符合 IEC 60061(活页 7004-127-2)
PS19W 灯头:PG20-1
PSY19W 灯头:PG20-2
PSR19W 灯头:PG20-5

光电性能					
标称值	电压		V	12	12
	功率		W	19	19
试验电压			V	13.5	13.5
目标值	功率		W	20 max	20 max
	光通量	lm	P19W PS19W	350(1±15%)	
			PY19W PSY19W	215(1±20%)	
			PR19W PSR19W	80(1±20%)	
基准光通量:在约 13.5 V				白色:350 lm 琥珀色:215 lm 红色: 80 lm	

4) 对于类型 PS19W、PSY19W 和 PSR19W,尺寸应在去掉 O 型圈后检验。

5) 灯丝位置用箱式系统检验,见活页 P19W/3。

6) 灯丝端点定义为如下的点,当沿与通过如活页 P19W/1 图所示的灯丝两导线的平面相垂直的方向观察时,端部圈外侧的投影与灯丝轴的交点。

7) 基准面以上的灯头部分不应位于角 α 以内。玻壳在角 $2\alpha+180°$以内,应无光学畸变。

8) 标准灯丝灯泡发射的光,对于类型 P19W 和 PS19W,应为白色,对于类型 PY19W 和 PSY19W,应为白色或琥珀色,对于类型 PR19W 和 PSR19W,应为白色或红色。

15766.1—GB-P19W/1-3

	道路机动车辆灯泡数据活页 类型：P19W，PY19W，PR19W，PS19W，PSY19W 和 PSR19W 灯头：PGU20-1，PGU20-2，PGU20-5，PG20-1，PG20-2 和 PG20-5	P19W/3

屏幕投影要求

单位为毫米

本项试验通过检查灯丝相对于基准轴和基准面的位置是否正确，确定灯丝灯泡是否符合要求。

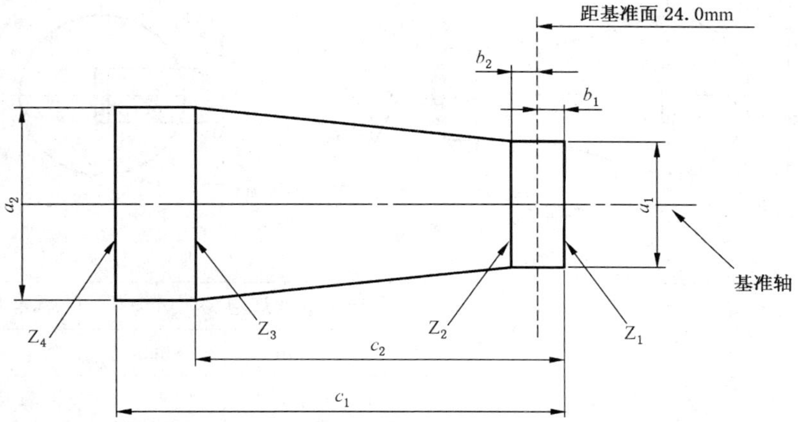

	a_1	a_2	b_1，b_2	c_1	c_2
产品灯丝灯泡	2.9	3.9	0.5	5.2	3.8
标准灯丝灯泡	1.5	1.7	0.25	4.7	3.8

灯丝位置在两个相互垂直的平面内检验，其中一个平面为通过两导线的平面。

如活页 P19W/2 注 6）所确定的灯丝端点，必须位于线 Z_1 和 Z_2 及 Z_3 和 Z_4 之间。

灯丝应完全位于如图所示的范围内。

15766.1—GB-P19W/1-3

	道路机动车辆灯泡数据活页 类型:P21W 灯头:BA15s(BA15d)	P21W/1

本图仅表明灯丝灯泡的主要尺寸

单位为毫米

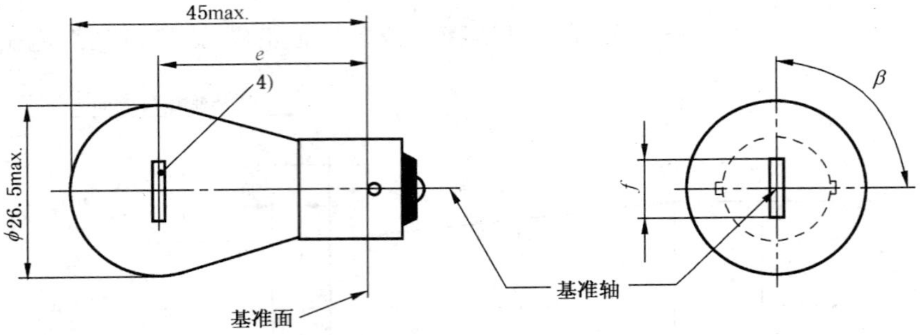

尺寸/mm			产品灯丝灯泡			标准灯丝灯泡
			min	nom	max	
e	6 V,12 V			31.8[3)]		31.8 ±0.3
	24 V		30.8	31.8	32.8	
f	12 V		5.5	6.0	7.0	6.0 ±0.5
	6 V				7.0	
横向偏差[1)]	6 V,12 V				3)	0.3 max
	24 V				1.5	
β			75°	90°	105°	90°±5°
灯头 BA15s 符合 IEC 60061 (活页 7004-11A-9) 2)						
光 电 性 能						
标称值	电压	V	6	12	24	12
	功率	W	21			21
试验电压		V	6.75	13.5	28.0	13.5
目标值	功率	W	27.6 max	26.5 max	29.7 max	26.5 max
	光通量	lm	460(1±15%)			
基准光通量:460 lm 在约 13.5 V						

1) 系指灯丝中心与两个相互垂直平面的最大横向偏差,这两个平面都通过基准轴,而且其中一个平面还通过销钉轴。

2) 采用 BA15d 灯头的灯泡用于特殊用途,灯泡的尺寸相同。

3) 用箱式系统检验,见活页 P21W/2。

4) 在此视图中,24 V 型式的灯丝可以是线状灯丝或 V 型灯丝。这应在认证申请中说明。如果其为线状灯丝,则屏幕投影要求适用活页 P21W/2。如果其为 V 型灯丝,则灯丝两端点距基准面为相同的距离,(允差)在±3 mm之内。

15766.1—GB-P21W/1-2

道路机动车辆灯泡数据活页 类型:P21W 灯头:BA15s(BA15d)	P21W/2

屏幕投影要求

单位为毫米

本项试验通过检查灯丝相对于基准轴和基准面的位置是否正确,灯丝轴与通过销钉(P21W)或基准销钉(PY21W 和 PR21W)中心线和基准轴的平面的垂直要求,是否在±15°的范围内,确定灯丝灯泡是否符合要求。

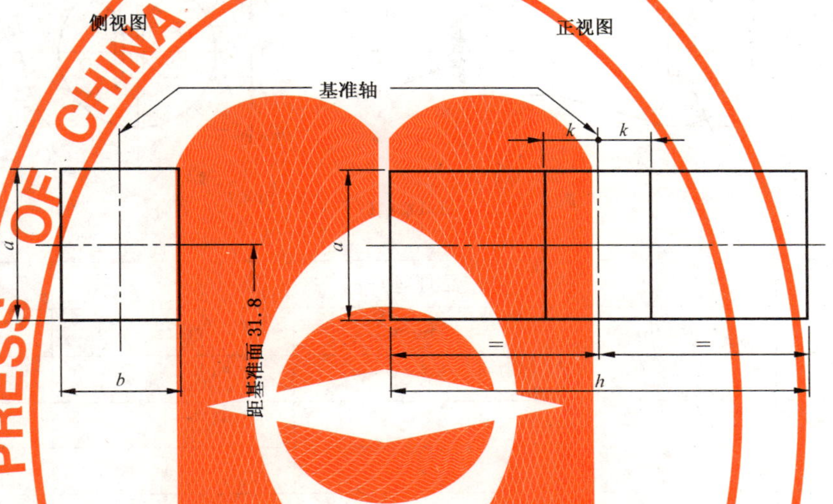

代号	a	b	h	k
尺寸	3.5	3.0	9.0	1.0

试验程序和要求

1 灯丝灯泡置于能围绕其轴线旋转的灯座中,灯座上带定标刻度或对应于角位移允差极限的定位档块。然后将灯座适当旋转,使灯丝的端部影像投影于屏幕上,灯丝端部影像应在角位移允差极限内得到。

2 侧视图

灯丝灯泡的位置是灯头朝下,基准轴呈垂向,而观察到的灯丝成纵向,灯丝投影应完全位于高为"a",宽为"b"的矩形内,该矩形的中心位于灯丝中心的理论位置上。

3 正视图

灯丝灯泡的位置为灯头朝下,基准轴呈垂向,从与灯丝轴成直角的方向进行观察:

3.1 灯丝的投影应完全位于高为"a",宽为"h"的矩形内,该矩形的中心位于灯丝中心的理论位置上。

3.2 灯丝中心偏离基准轴的距离不应超过"k"。

15766.1—GB-P21W/1-2

	道路机动车辆灯泡数据活页 类型:P21/4W 灯头:BAZ15d	P21/4W/1

单位为毫米

本图仅表明灯丝灯泡的主要尺寸

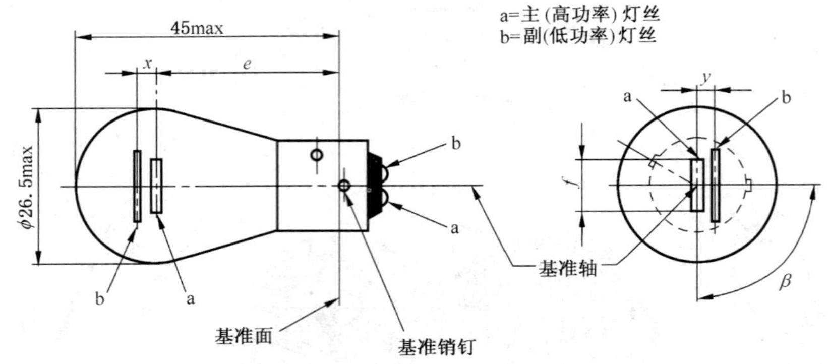

尺寸/mm	产品灯丝灯泡			标准灯丝灯泡
	min	nom	max	
e		31.8[1)]		31.8±0.3
f			7.0	7.0+0/−2
横向偏差			1)	0.3 max[2)]
x,y	1)			2.8±0.5
β	75°[1)]	90°[1)]	105°[1)]	90°±5°
灯头 BAZ15d 符合 IEC 60061(活页 7004-11C-3)				

光 电 性 能							
标称值	电压	V	12		24		12
	功率	W	21	4	21	4	21/4
试验电压		V	13.5		28.0		13.5
目标值	功率	W	26.5 max	5.5 max	29.7 max	8.8 max	26.5 max/ 5.5 max
	光通量	lm	440	15	440	20	
		±%	15	20	15	20	
基准光通量:440 lm 和 15 lm　在约 13.5 V							

1) 这些尺寸应使用基于上述尺寸和允差的箱式系统[3)]检验,"x"和"y"是相对于主(高功率)灯丝,而不是相对于灯泡基准轴。关于提高灯丝及灯头灯座组件定位精度的方法在考虑中。

2) 系指主灯丝中心与两个相互垂直平面的最大横向偏差,这两个平面都通过基准轴,而且其中一个平面还通过基准销钉轴。

3) 箱式系统与 P21/5W 灯丝灯泡相同。

15766.1—GB-P21/4W/1

道路机动车辆灯泡数据活页 类型:P21/5W 灯头:BAY15d	P21/5W/1

单位为毫米

本图仅表明灯丝灯泡的基本尺寸

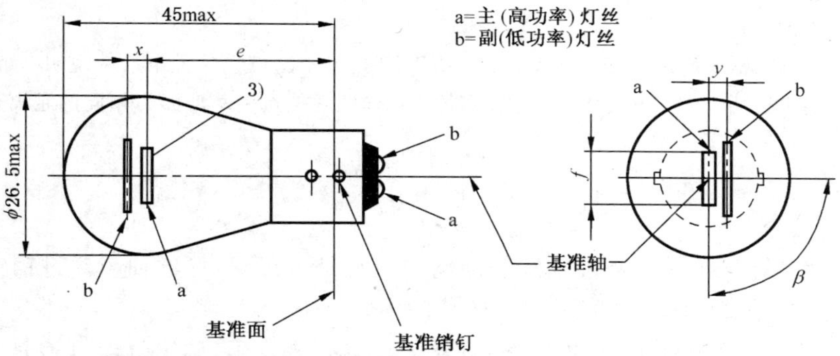

尺寸 mm		产品灯丝灯泡 min	产品灯丝灯泡 nom	产品灯丝灯泡 max	标准灯丝灯泡
e	6 V,12 V		31.8[1]		31.8±0.3
	24 V	30.8	31.8	32.8	
f	6 V,12 V			7.0	7.0+0/−2
横向偏差[2]	6 V,12 V			1)	0.3 max
	24 V			1.5	
x,*y*	6 V,12 V		1)		2.8±0.3
x	24 V[3]	−1.0	0	1.0	
y	24 V[3]	1.8	2.8	3.8	
β		75°	90°	105°	90°±5°

灯头 BAY15d 符合 IEC 60061(活页 7004-11B-7)

光 电 性 能

标称值	电压	V	6		12		24		12
	功率	W	21	5	21	5	21	5	21/5
试验电压		V	6.75		13.5		28.0		13.5
目标值	功率	W	27.6 max	6.6 max	26.5 max	6.6 max	29.7 max	11.0 max	26.5max/6.6 max
	光通量	lm	440	35	440	35	440	40	
		±%	15	20	15	20	15	20	

基准光通量:440 lm 和 35 lm 在约 13.5 V

注见活页 P21/5W/2。

15766.1—GB-P21/5W/1-3

	道路机动车辆灯泡数据活页 类型：P21/5W 灯头：BAY15d	P21/5W/2

1） 这些尺寸应使用箱式系统检验，见活页 P21/5W/2 和 P21/5W/3，"x"和"y"是相对于主（高功率）灯丝，而不是相对于灯泡基准轴。

2） 系指主（高功率）灯丝中心与两个相互垂直平面的最大横向偏差，这两个平面都通过基准轴，而且其中一个平面还通过基准销钉轴。

3） 在此视图中，24 V 型式的灯丝可以是线状灯丝或 V 型灯丝。这应在认证申请中说明。如果其为线状灯丝，则屏幕投影要求适用。如果其为 V 型灯丝，则每一灯丝的两端点距基准面为相同的距离，（允差）在±3 mm 之内。

屏幕投影要求

本项试验通过检查：

（a） 主（高功率）灯丝相对于基准轴和基准面的位置是否正确，灯丝轴与通过销钉中心线和基准轴的平面的垂直要求，是否在±15°的范围内；

（b） 副（低功率）灯丝相对于主（高功率）灯丝的位置是否正确，确定灯丝灯泡是否符合要求。

试验程序和要求

1 灯丝灯泡置于能围绕其轴线旋转的灯座中，灯座上带定标刻度或对应于角位移允差极限，即±15°的定位档块。然后将灯座适当旋转，使主灯丝的端部影像投影于屏幕上，主灯丝端部影像应在角位移允差极限内得到。

2 侧视图

灯丝灯泡的位置是灯头朝下，基准轴呈垂向，基准销钉位于右侧，而观察到的主灯丝成纵向：

2.1 主灯丝投影应完全位于高为"a"，宽为"b"的矩形内，该矩形的中心位于灯丝中心的理论位置上；

2.2 副灯丝的投影应完全位于：

2.2.1 宽为"c"，高为"d"的矩形内，该矩形的中心位于距主灯丝中心的理论位置向右距离为"v"，向上的距离为"u"的位置上；

2.2.2 与主灯丝投影的上边缘相切，而且自左至右以 25°角上升的一条直线的上方；

2.2.3 主灯丝投影的右侧。

3 正视图

灯丝灯泡的位置为灯头朝下，基准轴呈垂向，从与主灯丝轴成直角的方向进行观察：

3.1 主灯丝的投影应完全位于高为"a"，宽为"h"的矩形内，该矩形的中心位于灯丝中心的理论位置上。

3.2 主灯丝中心偏离基准轴的距离不应超过"k"。

3.3 副灯丝中心偏离基准轴的距离应不超过±2 mm（对于标准灯丝灯泡，应不超过±0.4 mm）。

15766.1—GB-P21/5W/1-3

	道路机动车辆灯泡数据活页 类型:P21/5W 灯头:BAY15d	P21/5W/3

单位为毫米

侧视图

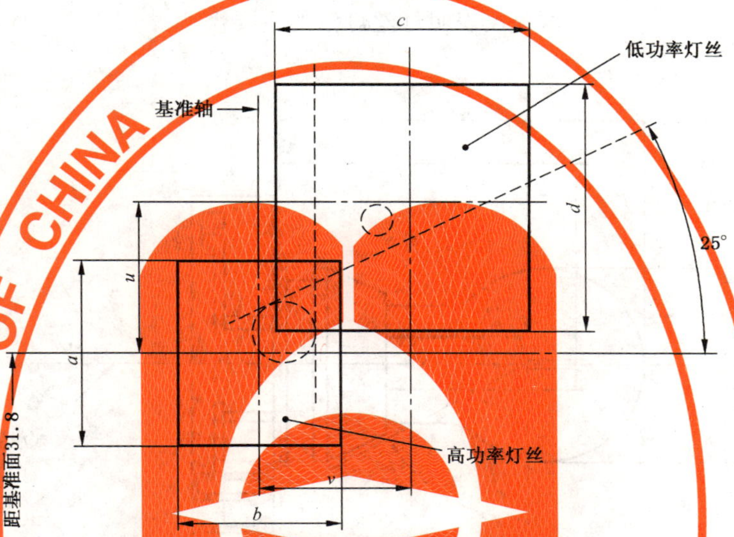

代号	a	b	c	d	u	v
尺寸	3.5	3.0	4.8		2.8	

正视图

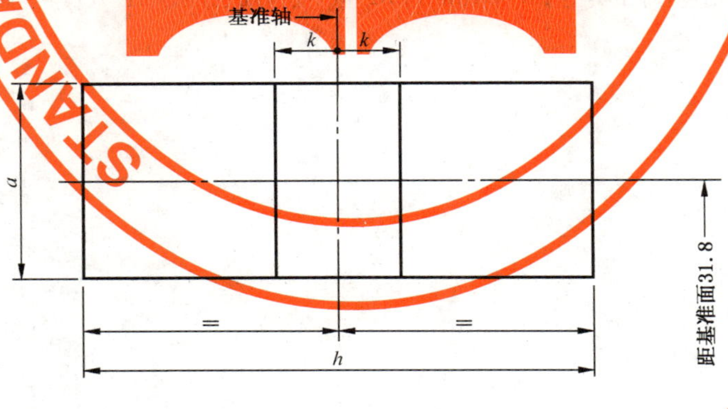

代号	a	h	k
尺寸	3.5	9.0	1.0

	道路机动车辆灯泡数据活页 类型：P24W，PX24W，PY24W，PR24W，PS24W，PSX24W，PSY24W 和 PSR24W 灯头：PGU20-3，PGU20-7，PGU20-4，PGU20-6，PG20-3，PG20-7，PG20-4 和 PG20-6	P24W/1

单位为毫米

本图仅表明灯丝灯泡的主要尺寸

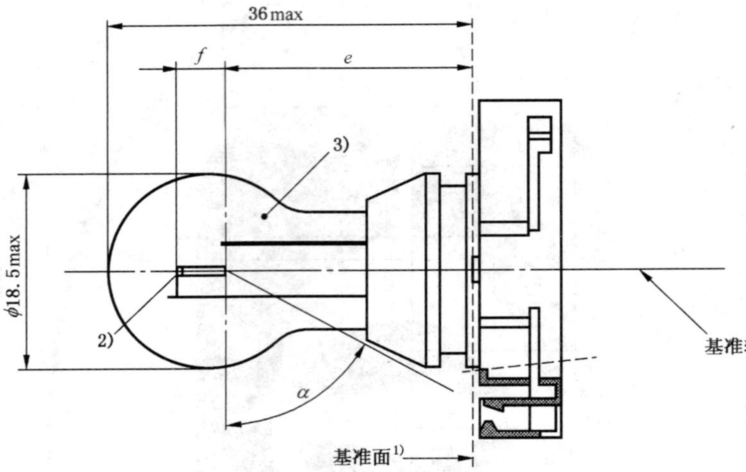

1) 基准面是由灯头和灯座配合的接触点所确定的平面。

2) 不是对实际灯丝直径的限定要求，而是目标为 $d_{max}=1.1$ mm。

3) 产品灯泡发射的光，对于类型 P24W，PX24W，PS24W 和 PSX24W 应为白色，对于类型 PY24W 和 PSY24W，应为琥珀色，对于类型 PR24W 和 PSR24W，应为红色（也见注 8)）。

	道路机动车辆灯泡数据活页 类型:P24W,PX24W,PY24W,PR24W,PS24W, PSX24W,PSY24W 和 PSR24W 灯头:PGU20-3,PGU20-7,PGU20-4,PGU20-6, PG20-3,PG20-7,PG20-4 和 PG20-6	P24W/2

尺寸[4] /mm		产品灯丝灯泡			标准灯丝灯泡
		min	nom	max	8)
e[5) 6)]			24.0		24.0
f[5) 6)]	P24W,PY24W,PR24W, PS24W,PSY24W,PSR24W		4.0		4.0
	PX24W,PSX24W		4.2		4.2
α[7)]		58.0°			58.0°min

P24W	灯头:PGU20-3	
PX24W	灯头:PGU20-7	
PY24W	灯头:PGU20-4	
PR24W	灯头:PGU20-6	符合 IEC 60061(活页 7004-127-2)
PS24W	灯头:PG20-3	
PSX24W	灯头:PG20-7	
PSY24W	灯头:PG20-4	
PSR24W	灯头:PG20-6	

光　电　性　能

标称值	电压	V		12	12
	功率	W		24	24
试验电压		V		13.5	13.5
目标值	功率	W		25 max	25 max
	光通量	lm	P24W PS24W	$500^{(1+10\%)}_{(1-20\%)}$	
			PX24W PSX24W	$500^{(1+10\%)}_{(1-15\%)}$	
			PY24W PSY24W	$300^{(1+15\%)}_{(1-25\%)}$	
			PR24W PSR24W	$115^{(1+15\%)}_{(1-25\%)}$	
基准光通量:在约				12 V	白色:345 lm
				13.5 V	白色:500 lm 琥珀色:300 lm 红色:115 lm

4) 对于类型 PS24W、PSX24W、PSY24W 和 PSR24W,尺寸应在去掉 O 型圈后检验。

5) 灯丝位置用箱式系统检验,见活页 P24W/3。

6) 灯丝端点定义为如下的点,当沿与通过如活页 P24W/1 图所示的灯丝两导线的平面相垂直的方向观察时,端部圈外侧的投影与灯丝轴的交点。

7) 基准面以上的灯头部分不应位于角 α 以内。玻壳在角 2α+180°以内,应无光学畸变。

8) 标准灯丝灯泡发射的光,对于类型 P24W、PX24W、PS24W 和 PSX24W 应为白色,对于类型 PY24W 和 PSY24W 应为白色或琥珀色,对于类型 PR24W 和 PSR24W,应为白色或红色。

	道路机动车辆灯泡数据活页 类型：P24W，PX24W，PY24W，PR24W，PS24W，PSX24W，PSY24W 和 PSR24W 灯头：PGU20-3，PGU20-7，PGU20-4，PGU20-6，PG20-3，PG20-7，PG20-4 和 PG20-6	P24W/3

屏幕投影要求

单位为毫米

本项试验通过检查灯丝相对于基准轴和基准面的位置是否正确，确定灯丝灯泡是否符合要求。

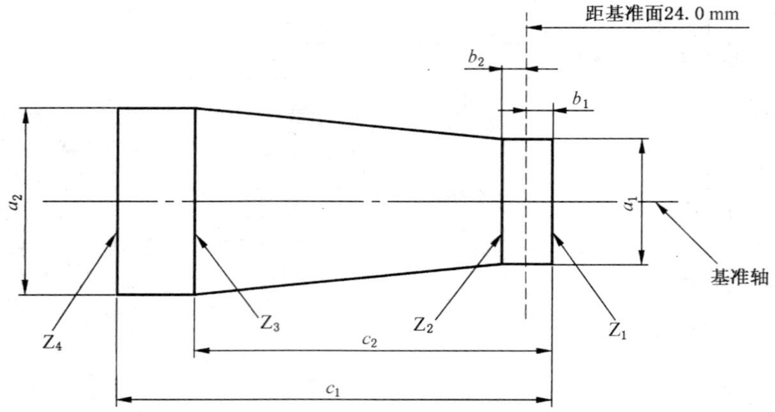

P24W，PY24W，PR24W，PS24W，PSY24W，PSR24W	a_1	a_2	b_1，b_2	c_1	c_2
产品灯丝灯泡	2.9	3.9	0.5	5.2	3.8
标准灯丝灯泡	1.5	1.7	0.25	4.7	3.8

PX24W，PSX24W	a_1	a_2	b_1，b_2	c_1	c_2
产品灯丝灯泡	1.9	1.9	0.35	5.0	4.0
标准灯丝灯泡	1.5	1.5	0.25	4.7	4.0

灯丝位置在两个相互垂直的平面内检验，其中一个平面为通过两导线的平面。

如活页 P24W/2 注 6)所确定的灯丝端点，必须位于线 Z_1 和 Z_2 及 Z_3 和 Z_4 之间。

灯丝应完全位于如图所示的范围内。

道路机动车辆灯泡数据活页 类型：P27W 灯头：W2.5x16d	P27W/1

单位为毫米

本图仅表明灯丝灯泡的主要尺寸

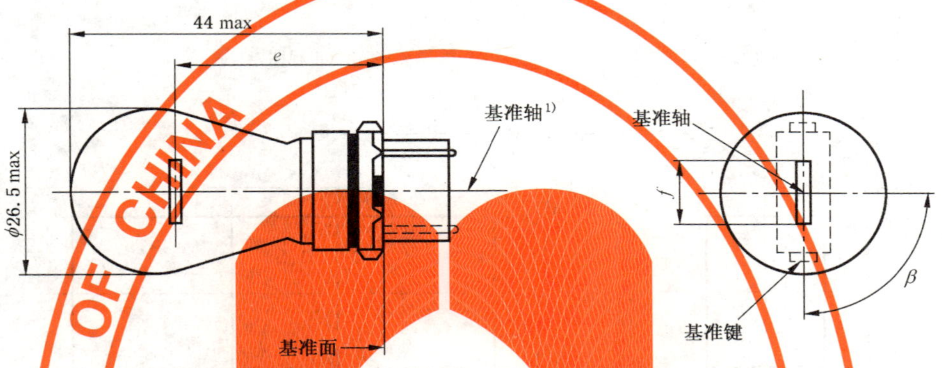

尺寸/mm	产品灯丝灯泡			标准灯丝灯泡
	min	nom	max	
e		27.9[3]		27.9±0.3
f			9.9	9.9+0/−2
横向偏差[2]			3)	0.0±0.4
β	75°[3]	90°	105°[3]	90°±5°
灯头 W2.5x16d 符合 IEC 60061(活页 7004-104-1)				
光 电 性 能				
标称值	电压	V	12	12
	功率	W	27	27
试验电压		V	13.5	13.5
目标值	功率	W	32.1 max	32.1 max
	光通量	lm	475(1±15%)	
基准光通量：475 lm　在约 13.5 V				

1) 基准轴相对于基准键定义且垂直于基准面。

2) 系指灯丝中心与两个相互垂直平面的最大横向偏差，这两个平面都通过基准轴，而且其中一个平面还通过基准键的轴线。

3) 用箱式系统检验，见活页 P27W/2。

15766.1—GB-P27W/1-2

	道路机动车辆灯泡数据活页 类型：P27W 灯头：W2.5x16d	P27W/2

屏幕投影要求

单位为毫米

本项试验通过检查灯丝相对于基准轴和基准面的位置是否正确，灯丝轴与通过键中心和基准轴的平面的垂直要求，是否在±15°的范围内，确定灯丝灯泡是否符合要求。

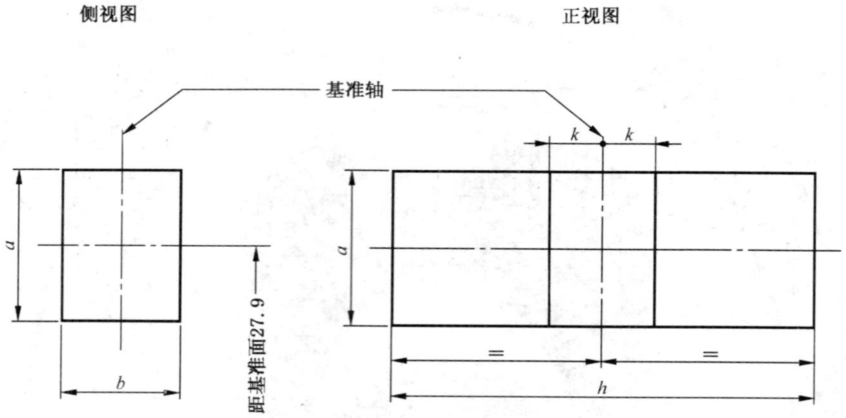

代号	*a*	*b*	*h*	*k*
尺寸	3.5	3.0	11.9	1.0

试验程序和要求

1　灯丝灯泡置于能围绕其轴线旋转的灯座中，灯座上带定标刻度或对应于角位移允差极限的定位档块。然后将灯座适当旋转，使灯丝的端部影像投影于屏幕上，灯丝端部影像应在角位移允差极限内得到。

2　侧视图

灯丝灯泡的位置是灯头朝下，基准轴呈垂向，而观察到的灯丝成纵向，灯丝投影应完全位于高为“*a*”，宽为“*b*”的矩形内，该矩形的中心位于灯丝中心的理论位置上。

3　正视图

灯丝灯泡的位置为灯头朝下，基准轴呈垂向，从与灯丝轴成直角的方向进行观察：

3.1　灯丝的投影应完全位于高为“*a*”，宽为“*h*”的矩形内，该矩形的中心位于灯丝中心的理论位置上。

3.2　灯丝中心偏离基准轴的距离不应超过“*k*”。

	道路机动车辆灯泡数据活页 类型：P27/7W 灯头：W2.5x16q	P27/7W/1

单位为毫米

本图仅表明灯丝灯泡的主要尺寸

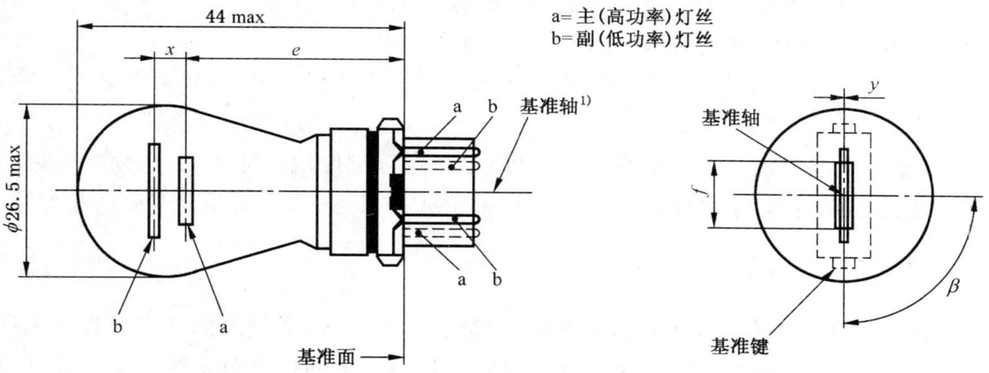

尺寸/mm	产品灯丝灯泡			标准灯丝灯泡
	min	nom	max	
e		27.9[3)]		27.9±0.3
f			9.9	9.9+0/−2
横向偏差[2)]			3)	0.0±0.4
x[4)]		5.1[3)]		5.1±0.5
y[4)]		0.0[3)]		0.0±0.5
β	75°[3)]	90°	105°[3)]	90°±5°

灯头 W2.5x16q 符合 IEC 60061(活页 7004-104-1)

光电性能						
标称值	电压	V	12		12	
	功率	W	27	7	27	7
试验电压		V	13.5		13.5	
目标值	功率	W	32.1 max	8.5 max	32.1 max	8.5 max
	光通量	lm	475(1±15%)	36(1±15%)		

基准光通量：475 和 36 lm 在约 13.5 V

1) 基准轴相对于基准键定义且垂直于基准面。

2) 系指主(高功率)灯丝中心与两个相互垂直平面的最大横向偏差，这两个平面都通过基准轴，而且其中一个平面还通过基准键的轴线。

3) 用箱式系统检验，见活页 P27/7W/2 和 3。

4) “x”和“y”表示副(低功率)灯丝轴相对于主(高功率)灯丝轴的偏离。

15766.1—GB-P27/7W/1-3

	道路机动车辆灯泡数据活页 类型：P27/7W 灯头：W2.5x16q	P27/7W/2

屏幕投影要求

本项试验通过检查：

(a) 主(高功率)灯丝相对于基准轴和基准面的位置是否正确，主(高功率)灯丝轴与通过键中心和基准轴的平面的垂直要求，是否在±15°的范围内；

(b) 副(低功率)灯丝相对于主(高功率)灯丝的位置是否正确，确定灯丝灯泡是否符合要求。

试验程序和要求

1 灯丝灯泡置于能围绕其轴线旋转的灯座中，灯座上带定标刻度或对应于角位移允差极限的定位档块。然后将灯座适当旋转，使主灯丝的端部影像投影于屏幕上，主灯丝端部影像应在角位移允差极限内得到。

2 侧视图

灯丝灯泡的位置是灯头朝下，基准轴呈垂向，基准键位于右侧，而观察到的主灯丝成纵向：

2.1 主灯丝投影应完全位于高为“a”，宽为“b”的矩形内，该矩形的中心位于灯丝中心的理论位置上；

2.2 副灯丝的投影应完全位于宽为“c”，高为“d”的矩形内，该矩形的中心位于距主灯丝中心的理论位置向上的距离为“u”的位置上。

3 正视图

灯丝灯泡的位置为灯头朝下，基准轴呈垂向，从与主灯丝轴成直角的方向进行观察：

3.1 主灯丝的投影应完全位于高为“a”，宽为“h”的矩形内，该矩形的中心位于灯丝中心的理论位置上。

3.2 主灯丝中心偏离基准轴的距离不应超过“k”。

3.3 副灯丝中心偏离基准轴的距离应不超过±2 mm(对于标准灯丝灯泡，应不超过±0.4 mm)。

	道路机动车辆灯泡数据活页 类型：P27/7W 灯头：W2.5x16q	P27/7W/3

单位为毫米

侧视图

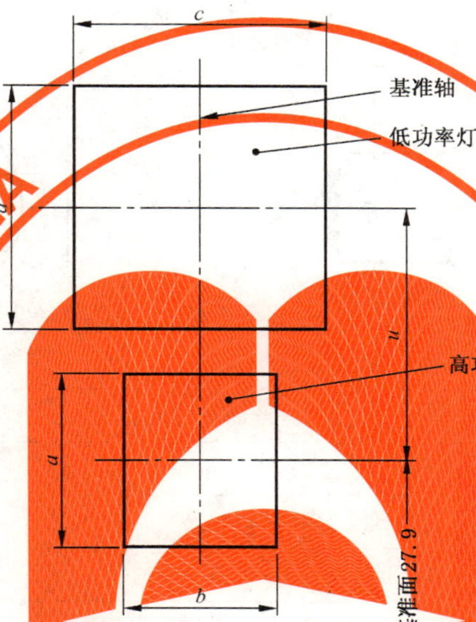

代号	a	b	c	d	u
尺寸	3.5	3.0	4.8		5.1

正视图

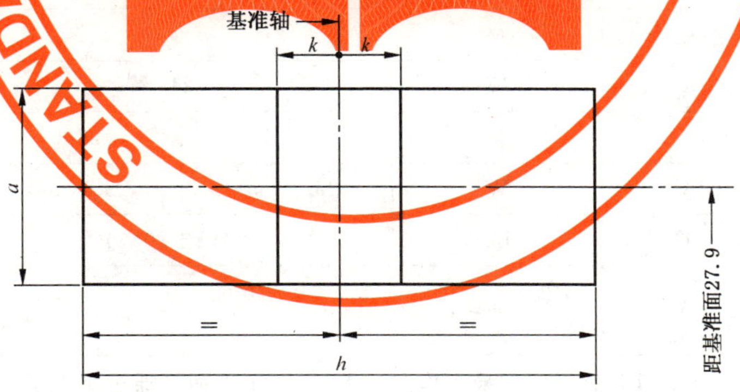

代号	a	h	k
尺寸	3.5	11.9	1.0

15766.1—GB-P27/7W/1-3

	道路机动车辆灯泡数据活页 类型:PR21W 灯头:BAW15s	PR21W/1

单位为毫米

本图仅表明灯丝灯泡的主要尺寸

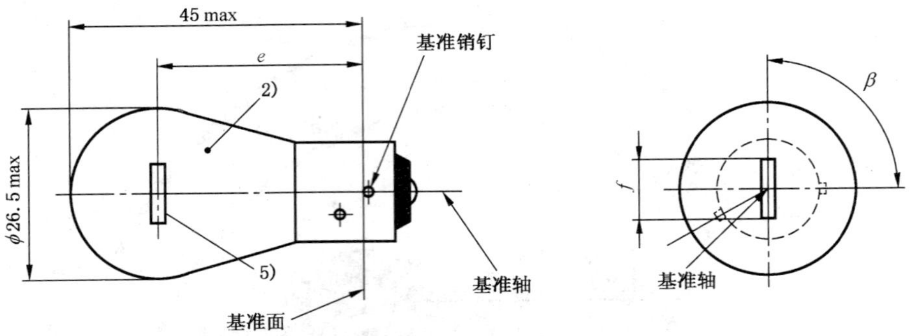

尺寸/mm		产品灯丝灯泡			标准灯丝灯泡
		min	nom	max	4)
e	12 V		31.8[3)]		31.8±0.3
	24 V	30.8	31.8	32.8	
f	12 V	5.5	6.0	7.0	6.0±0.5
横向偏差[1)]	12 V			3)	0.3 max
	24 V			1.5	
β		75°	90°	105°	90°±5°
灯头 BAW15s 符合 IEC 60061(活页 7004-11E-1)					
光 电 性 能					
标称值	电压	V	12	24	12
	功率	W	21		21
试验电压		V	13.5	28.0	
目标值	功率	W	26.5 max	29.7 max	26.5 max
	光通量	lm	110(1±20%)		
基准光通量:在约 13.5 V		白色: 红色:	460 lm 110 lm		

1) 系指灯丝中心与两个相互垂直平面的最大横向偏差,这两个平面都通过基准轴,而且其中一个平面还通过基准销钉轴。

2) 产品灯泡发射的光应为红色(也见注 4))。

3) 用箱式系统检验,见活页 P21W/2。

4) 标准灯丝灯泡发射的光应为白色或红色。

5) 在此视图中,24 V 型式的灯丝可以是线状灯丝或 V 型灯丝。这应在认证申请中说明。如果其为线状灯丝,则屏幕投影要求适用活页 P21W/2。如果其为 V 型灯丝,则灯丝两端点距基准面为相同的距离,(允差)在±3 mm 之内。

15766.1—GB-PR21W/1

	道路机动车辆灯泡数据活页 类型:PR21/4W 灯头:BAU15d	PR21/4W/1

单位为毫米

本图仅表明灯丝灯泡的主要尺寸

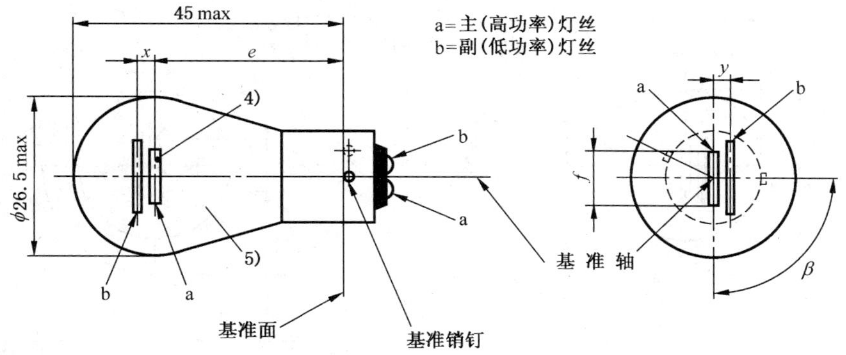

尺寸/mm	产品灯丝灯泡[5]			标准灯丝灯泡
	min	nom	max	6)
e		31.8[1]		31.8±0.3
f			7.0	7.0+0/−2
横向偏差			1)	0.3 max[2]
x,y	1)			2.8±0.5
β	75°[1]	90°[1]	105°[1]	90°±5°

灯头 BAU15d 符合 IEC 60061(活页 7004-19-2)

光 电 性 能

标称值	电压	V	12		24[4]		12
	功率	W	21	4	21	4	21/4
试验电压		V	13.5		28.0		13.5
目标值	功率	W	26.5 max	5.5 max	29.7max	8.8 max	26.5 max/5.5 max
	光通量	lm	105	4	105	5	
		±%	20	25	20	25	
基准光通量:在约 13.5 V			白色:440 lm 和 15 lm 红色:105 lm 和 4 lm				

1) 这些尺寸应使用基于上述尺寸和允差的箱式系统[3]检验,"x"和"y"是相对于主(高功率)灯丝,而不是相对于灯泡基准轴。关于提高灯丝及灯头灯座组件定位精度的方法在考虑中。

2) 系指主灯丝中心与两个相互垂直平面的最大横向偏差,这两个平面都通过基准轴,而且其中一个平面还通过基准销钉轴。

3) 箱式系统与 P21/5W 灯丝灯泡相同。

4) 24V 灯丝灯泡不推荐用于将来的装置。

5) 产品灯泡发射的光应为红色(也见注 6))。

6) 标准灯丝灯泡发射的光应为白色或红色。

15766.1—GB-PR21/4W/1

	道路机动车辆灯泡数据活页 类型:PR21/5W 灯头:BAW15d	PR21/5W/1

单位为毫米

本图仅表明灯丝灯泡的主要尺寸

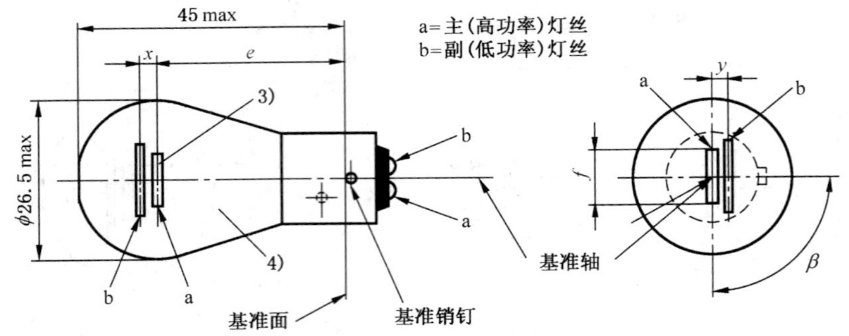

尺寸/mm		产品灯丝灯泡[4)]			标准灯丝灯泡
		min	nom	max	5)
e	12 V		31.8[1)]		31.8±0.3
	24 V	30.8	31.8	32.8	
f	12 V			7.0	7.0+0/−2
横向偏差[2)]	12 V			1)	0.3 max
	24 V			1.5	
x,y	12 V		1)		2.8±0.3
x	24 V[3)]	−1.0	0	1.0	
y	24 V[3)]	1.8	2.8	3.8	
β		75°	90°	105°	90°±5°

灯头 BAW15d 符合 IEC 60061(活页 7004-11E-1)

光　电　性　能

标称值	电压	V	12		24		12
	功率	W	21	5	21	5	21/5
试验电压		V	13.5		28.0		13.5
目标值	功率	W	26.5 max	6.6 max	29.7 max	11.0max	26.5max/6.6max
	光通量	lm	105	8	105	10	
		±%	20	25	20	25	
基准光通量:在约 13.5V			白色:440 lm 和 35 lm 红色:105 lm 和 8 lm				

1）见活页 P21/5W/2 注 1)。

2）见活页 P21/5W/2 注 2)。

3）见活页 P21/5W/2 注 3)。

4）产品灯泡发射的光应为红色(也见注 5))。

5）标准灯丝灯泡发射的光应为白色或红色。

15766.1—GB-PR21/5W/1

道路机动车辆灯泡数据活页 类型:PR27/7W 灯头:WU2.5x16q	PR27/7W/1

单位为毫米

本图仅表明灯丝灯泡的主要尺寸

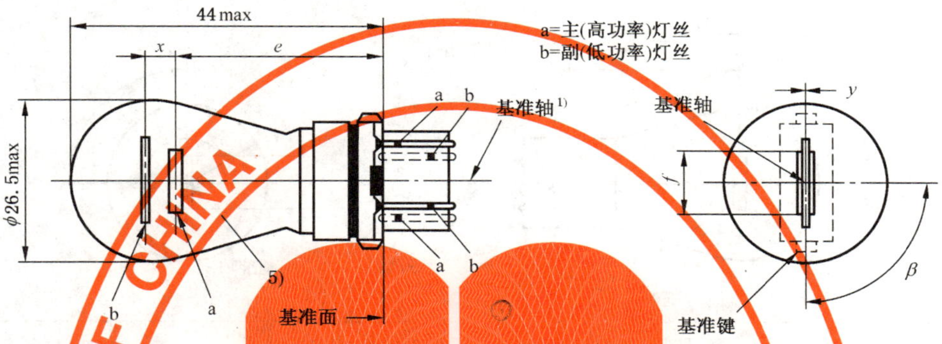

尺寸/mm	产品灯丝灯泡			标准灯丝灯泡
	min	nom	max	6)
e		27.9[3)]		27.9±0.3
f			9.9	9.9+0/−2
横向偏差[2)]			3)	0.0±0.4
x[4)]		5.1[3)]		5.1±0.5
y[4)]		0.0[3)]		0.0±0.5
β	75°[3)]	90°	105°[3)]	90±5°

灯头 WU2.5x16q 符合 IEC 60061(活页 7004-104D-1)

光 电 性 能

			产品灯丝灯泡		标准灯丝灯泡	
标称值	电压	V	12		12	
	功率	W	27	7	27	7
试验电压		V	13.5		13.5	
目标值	功率	W	32.1 max	8.5 max	32.1 max	8.5 max
	光通量	lm	110(1±20%)	9(1±20%)		
基准光通量:在约 13.5 V			白色:475 和 36 lm 红色:110 和 9 lm			

1) 基准轴相对于基准键定义且垂直于基准面。

2) 系指主(高功率)灯丝中心与两个相互垂直平面的最大横向偏差,这两个平面都通过基准轴,而且其中一个平面还通过基准键的轴线。

3) 用箱式系统检验,见活页 P27/7W/2 和 3。

4) "x"和"y"表示副(低功率)灯丝轴相对于主(高功率)灯丝轴的偏离。

5) 产品灯泡发射的光应为红色(也见注 6))。

6) 标准灯丝灯泡发射的光应为白色或红色。

15766.1—GB-PR27/7W/1

	道路机动车辆灯泡数据活页 类型:PY21W 灯头:BAU15s	PY21W/1

单位为毫米

本图仅表明灯丝灯泡的主要尺寸

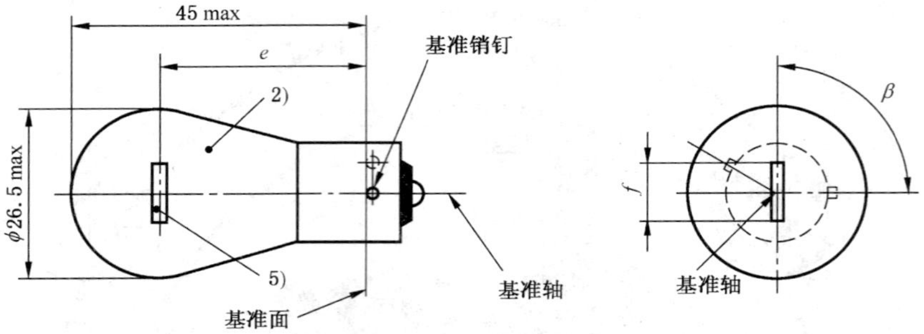

尺寸/mm		产品灯丝灯泡			标准灯丝灯泡
		min	nom	max	4)
e	12 V		31.8[3)]		31.8±0.3
	24 V	30.8	31.8	32.8	
f	12 V			7.0	7.0 +0/−2
横向偏差[1)]	12 V			3)	0.3 max
	24 V			1.5	
β		75°	90°	105°	90°±5°
灯头 BAU15s 符合 IEC 60061(活页 7004-19-2)					
光　电　性　能					
标称值	电压	V	12	24	12
	功率	W	21		21
试验电压		V	13.5	28.0	13.5
目标值	功率	W	26.5 max	29.7 max	26.5 max
	光通量	lm	280(1±20%)		
基准光通量:在约 13.5 V			白色:460 lm		
			琥珀色:280 lm		

1) 系指灯丝中心与两个相互垂直平面的最大横向偏差,这两个平面都通过基准轴,而且其中一个平面还通过基准销钉轴。

2) 产品灯泡发射的光应为琥珀色。(也见注 4))。

3) 用箱式系统检验,见活页 P21W/2。

4) 标准灯丝灯泡发射的光应为琥珀色或白色。

5) 在此视图中,24 V 型式的灯丝可以是线状灯丝或 V 型灯丝。这应在认证申请中说明。如果其为线状灯丝,则屏幕投影要求适用活页 P21W/2。如果其为 V 型灯丝,则灯丝两端点距基准面为相同的距离,(允差)在±3 mm之内。

15766.1—GB-PY21W/1

	道路机动车辆灯泡数据活页 类型:PY27/7W 灯头:WX2.5x16q	PY27/7W/1

单位为毫米

本图仅表明灯丝灯泡的主要尺寸

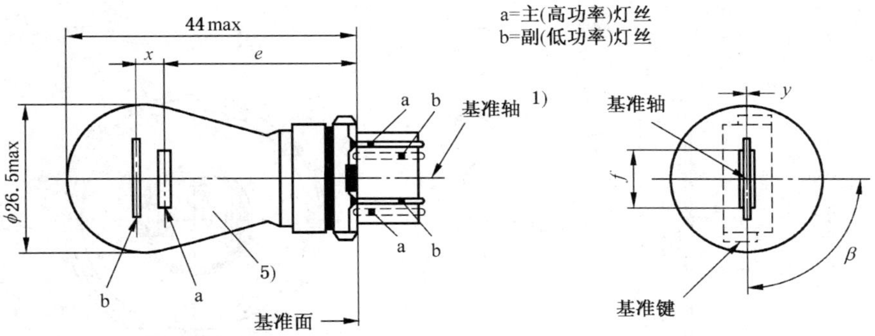

尺寸/mm	产品灯丝灯泡			标准灯丝灯泡
	min	nom	max	6)
e		27.9[3]		27.9±0.3
f			9.9	9.9+0/−2
横向偏差[2]			3)	0.0±0.4
x[4]		5.1[3]		5.1±0.5
y[4]		0.0[3]		0.0±0.5
β	75°[3]	90°	105°[3]	90°±5°

灯头 WX2.5x16q 符合 IEC 60061(活页 7004-104A-1)

光 电 性 能

标称值	电压	V	12		12	
	功率	W	27	7	27	7
试验电压		V	13.5		13.5	
目标值	功率	W	32.1 max	8.5 max	32.1 max	8.5 max
	光通量	lm	280(1±15%)	21(1±15%)		
基准光通量:在约 13.5 V			白色:475 和 36 lm 琥珀色:280 和 21 lm			

1) 基准轴相对于基准键确定且垂直于基准面。

2) 系指主(高功率)灯丝中心与两个相互垂直平面的最大横向偏差,这两个平面都通过基准轴,而且其中一个平面还通过基准键的轴线。

3) 用箱式系统检验,见活页 P27/7W/2 和 3。

4) “x”和“y”表示副(低功率)灯丝轴相对于主(高功率)灯丝轴的偏离。

5) 产品灯丝灯泡发射的光应为琥珀色(也见注 6))。

6) 标准灯丝灯泡发射的光应为琥珀色或白色。

15766.1—GB-PY27/7W/1

	道路机动车辆灯泡数据活页 类型：R2 灯头：P45t-41	R2/1

单位为毫米

本图仅表明灯丝灯泡的主要尺寸

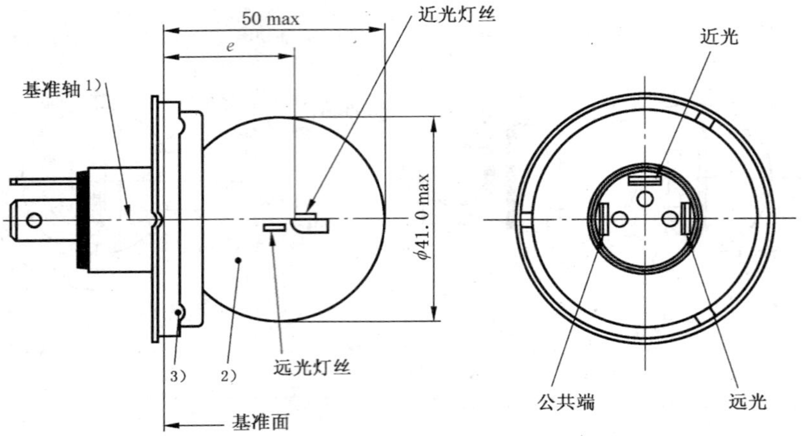

光 电 性 能											
			产品灯丝灯泡						标准灯丝灯泡	
标称值	电压	V	6[4]		12[4]		24[4]		12[4]	
	功率	W	45	40	45	40	55	50	45	40
试验电压		V	6.3		13.2		28.0		13.2	
目标值	功率	W	53 max	47 max	57 max	51 max	76 max	69 max	$52^{+0\%}_{-10\%}$	46±5%
	光通量	lm	720 min	570 (1±15%)	860 min	675 (1±15%)	1 000 min	860 (1±15%)		
测量光通量[5]		lm	—	450	—	450	—	450		
基准光通量：lm 在约 12 V									700	450

1) 基准轴是一条与基准面垂直且通过灯头直径为 45 mm 圆的圆心的直线。

2) 所发射光的颜色应为白色或选择性黄色。

3) 当灯丝灯泡处于道路机动车辆上的正常工作位置时，灯头任何部位不应由于反射近光灯丝的光线而投射出向上倾斜的杂散光。

4) 左列和右列表明的值分别对应于远光灯丝和近光灯丝。

5) 测量光通量用于根据本部分 2.8 进行的测量。

注：R2 灯丝灯泡不推荐用于新的前照灯设计。

15766.1—GB-R2/1-3

	道路机动车辆灯泡数据活页 类型：R2 灯头：P45t-41	R2/2

配光屏和灯丝的位置及尺寸

本图对于配光屏和灯丝的设计不强制遵循

单位为毫米

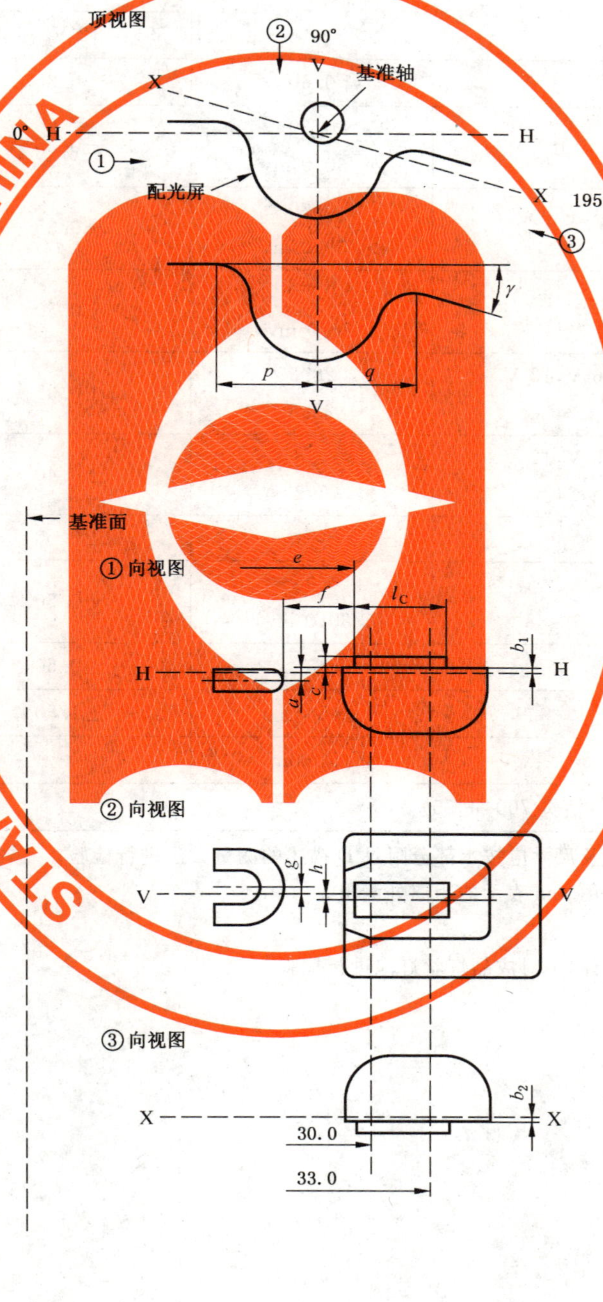

	道路机动车辆灯泡数据活页 类型:R2 灯头:P45t-41	R2/3

灯丝和配光屏位置及尺寸[1)]

尺寸/mm			允差	
			产品灯丝灯泡	标准灯丝灯泡
			6 V　12 V　24 V	12 V
a		0.60	±0.35	±0.15
$b_1/30.0$[2)] $b_1/33.0$		0.20 $b_1/30.0$ mv[3)]	±0.35	±0.15
$b_2/30.0$[2)] $b_2/33.0$		0.20 $b_2/30.0$ mv[3)]	±0.35	±0.15
$c/30.0$[2)] $c/33.0$		0.50 $c/30.0$ mv[3)]	±0.30	±0.15
e	6 V,12 V 24 V	28.5 28.8	±0.35	±0.15
f	6 V,12 V 24 V	1.8 2.2	±0.40	±0.20
g		0	±0.50	±0.30
$h/30.0$[2)] $h/33.0$		0 $h/30.0$ mv[3)]	±0.50	±0.30
$(p-q)/2$		0	±0.60	±0.30
l_c		5.5	±1.50	±0.50
γ[4)]		15° nom		

灯头 P45t-41 符合 IEC 60061(活页 7004-95-5)

1) 配光屏和灯丝的位置及尺寸应按本部分附录 D 描述的测量方法进行检验。

2) 在距基准面为斜线后用 mm 表示的距离处测量。

3) mv=测量值。

4) 角 γ 仅用于配光屏设计,不对成品灯丝灯泡进行检验。

15766.1—GB-R2/1-3

道路机动车辆灯泡数据活页 类型：R5W 和 RR5W 灯头：BA15s(BA15d) 和 BAW15s	R5W/1

单位为毫米

本图仅表明灯丝灯泡的主要尺寸

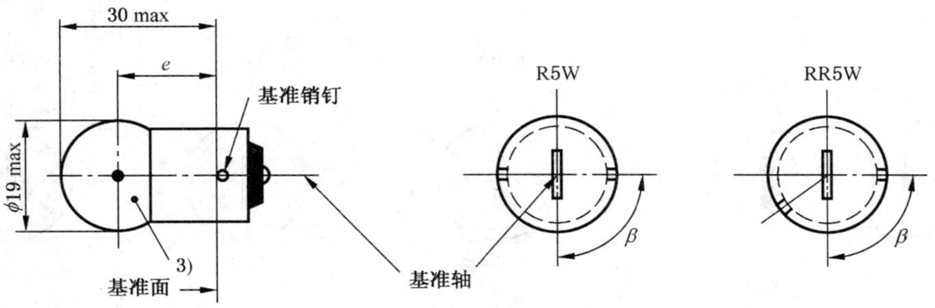

尺寸/mm	产品灯丝灯泡			标准灯丝灯泡
	min	nom	max	4)
e	17.5	19.0	20.5	19.0±0.3
横向偏差[2)]			1.5	0.3 max
β	60°	90°	120°	90°±5°
灯头：R5W：BA15s RR5W：BAW15s	符合 IEC 60061		(活页 7004-11A-9)[1)] (活页 7004-11E-1)	

光 电 性 能

标称值	电压		V	6[5)]	12	24	12
	功率		W	5			5
试验电压			V	6.75	13.5	28.0	13.5
目标值	功率		W	5.5 max		7.7 max	5.5 max
	光通量	lm	R5W	50(1±20%)			
			RR5W	5)	12(1±25%)		
基准光通量：在约 13.5 V				白色：50 lm 红色：12 lm			

1) 采用 BA15d 灯头的灯丝灯泡用于特殊用途，灯泡的尺寸相同。

2) 系指灯丝中心与两个相互垂直平面的最大横向偏差，这两个平面都通过基准轴，而且其中一个平面还通过基准销钉轴。

3) 产品灯丝灯泡发射的光，对于类型 R5W 应为白色，对于类型 RR5W 应为红色(也见注 4))。

4) 标准灯丝灯泡发射的光，对于类型 R5W 应为白色，对于类型 RR5W 应为白色或红色。

5) 类型 RR5W 未规定 6 V 标称电压型式。

15766.1—GB-R5W/1

	道路机动车辆灯泡数据活页 类型:R10W,RY10W 和 RR10W 灯头:BA15s(BA15d),BAU15s 和 BAW15s	R10W/1

单位为毫米

本图仅表明灯丝灯泡的主要尺寸

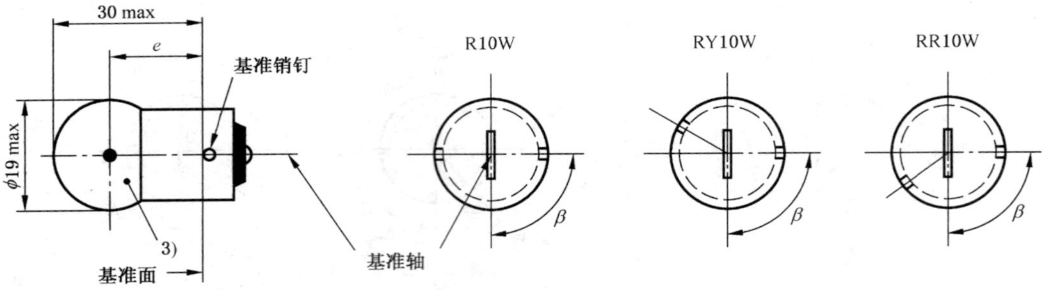

尺寸/mm	产品灯丝灯泡			标准灯丝灯泡
	min	nom	max	4)
e	17.5	19.0	20.5	19.0±0.3
横向偏差[2]			1.5	0.3 max
β	60°	90°	120°	90°±5°

R10W:BA15s （活页 7004-11A-9）[1]

灯头:RY10W:BAU15s 符合 IEC 60061 （活页 7004-19-2）

RR10W:BAW15s （活页 7004-11E-1）

光 电 性 能							
标称值	电压	V		6[5]	12	24	12
	功率	W		10			10
试验电压		V		6.75	13.5	28	13.5
目标值	功率	W	R10W	11 max		14 max	11 max
			RY10W				
			RR10W	5)	11 max		
	光通量	lm	R10W	125(1±20%)			
			RY10W	75(1±20%)			
			RR10W	5)	30(1±25%)		
基准光通量:在约 13.5 V				白色:125 lm 琥珀色:75 lm 红色:30 lm			

1) 采用 BA15d 灯头的 R10W 灯丝灯泡用于特殊用途,灯泡的尺寸相同。

2) 系指灯丝中心与两个相互垂直平面的最大横向偏差,这两个平面都通过基准轴,且其中一个平面还通过基准销钉轴。

3) 产品灯丝灯泡发射的光,对于类型 R10W 应为白色,对于类型 RY10W 应为琥珀色,对于类型 RR10W 应为红色(也见注 4))。

4) 标准灯丝灯泡发射的光,对于类型 R10W 应为白色,对于类型 RY10W 应为白色或琥珀色,对于类型 RR10W 应为白色或红色。

5) 类型 RR10W 未规定 6 V 标称电压型式。

15766.1—GB-R10W/1

道路机动车辆灯泡数据活页 类型:S1 和 S2 灯头:BA20d	S1/S2/1

单位为毫米

本图仅表明灯丝灯泡的主要尺寸

用于摩托车的灯丝灯泡

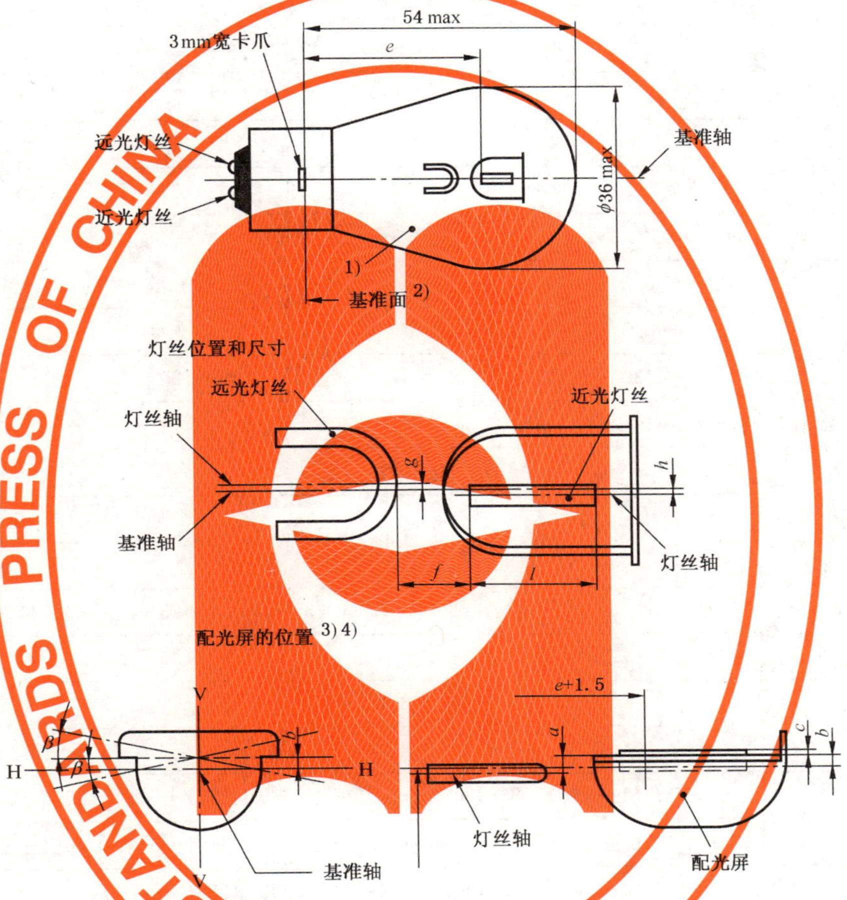

1) 所发射光的颜色应为白色或选择性黄色。

2) 基准面为垂直于基准轴并与 4.5 mm 宽的基准卡爪上表面相切的平面。

3) V—V 面为包含基准轴和两卡爪中心线的平面。

4) H—H 面(配光屏的目标位置)垂直于 V—V 面并含基准轴。

15766.1—GB-S1/S2/1-2

	道路机动车辆灯泡数据活页 类型:S1 和 S2 灯头:BA20d	S1/S2/2

尺寸/mm	产品灯丝灯泡			标准灯丝灯泡
	min	nom	max	
e	32.35	32.70	33.05	32.7±0.15
f	1.4	1.8	2.2	1.8±0.2
l	4.0	5.5	7.0	5.5±0.5
c [5]	0.2	0.5	0.8	0.5±0.15
b [5]	−0.15	0.2	0.55	0.2±0.15
a [5]	0.25	0.6	0.95	0.6±0.15
h	−0.5	0	0.5	0±0.2
g	−0.5	0	0.5	0±0.2
β [5][6]	−2°30′	0°	+2°30′	0°±1°

灯头 BA20d 符合 IEC 60061(活页 7004-12-7)

光 电 性 能

标称值	电压	V	S1	6[7]		12[7]		6	
			S2					12	
	功率	W	S1	25	25	25	25	25	25
			S2	35	35	35	35	35	35
试验电压		V	S1	6.75		13.5		6.75	
			S2	6.3		13.5		13.5	
目标值	功率	W	S1	25(1±5%)	25(1±5%)	25(1±5%)	25(1±5%)	25(1±5%)	25(1±5%)
			S2	35(1±5%)	35(1±5%)	35(1±5%)	35(1±5%)	35(1±5%)	35(1±5%)
	光通量	lm	S1	435(1±20%)	315(1±20%)	435(1±20%)	315(1±20%)		
			S2	650(1±20%)	465(1±20%)	650(1±20%)	465(1±20%)		
基准光通量:				S1:398 和 284 lm 在约 6 V					
				S2:568 和 426 lm 在约 12 V					

5) 尺寸 a,b,c 和 β 在平行于基准面并距离 e+1.5 mm 处和配光屏的两边相截的平面内测量。

6) 配光屏翼平面偏离目标位置的允许角度偏差。

7) 左列表明的值对应于远光灯丝。右列表明的值对应于近光灯丝。

15766.1—GB-S1/S2/1-2

	道路机动车辆灯泡数据活页 类型:S3 灯头:P26s	S3/1

单位为毫米

本图仅表明灯丝灯泡的主要尺寸

用于轻便摩托车的灯丝灯泡

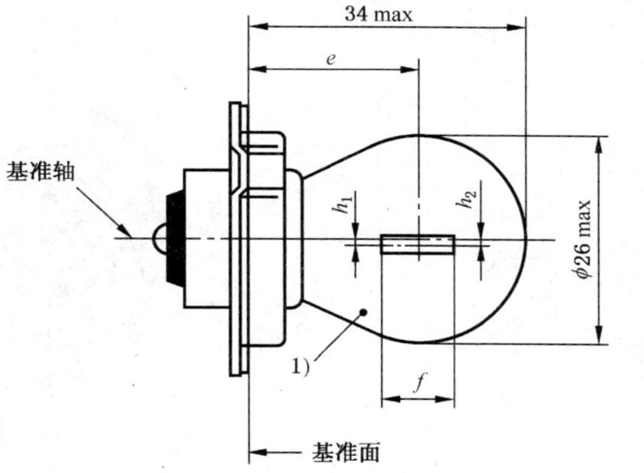

尺寸/mm		产品灯丝灯泡			标准灯丝灯泡
		min	nom	max	
e 2)		19.0	19.5	20.0	19.5±0.25
f	6 V			3.0	2.5±0.5
	12 V			4.0	
h_1,h_2 3)		−0.5	0	0.5	0±0.3
灯头 P26s 符合 IEC 60061(活页 7004-36-1)					
光　电　性　能					
标称值	电压	V	6	12	6
	功率	W	15		15
试验电压		V	6.75	13.5	6.75
目标值	功率	W	15(1±6%)		15±6%
	光通量	lm	240(1±15%)		
基准光通量:240 lm　在约 6.75 V					

1) 所发射光的颜色应为白色或选择性黄色。

2) 与光中心有关的距离。

3) 灯丝轴相对基准轴的横向偏差,在两个相互正交的平面内检测此偏差即可。

	道路机动车辆灯泡数据活页 类型：T1.4W 灯头：P11.5d	T1.4W/1

单位为毫米

本图仅表明灯丝灯泡的主要尺寸

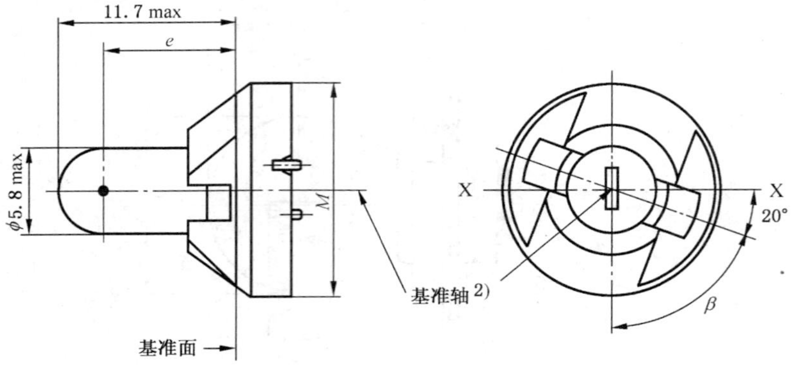

尺寸/mm	产品灯丝灯泡			标准灯丝灯泡
	min	nom	max	
e	7.6	8.3	9.0	8.3±0.35
横向偏差1)			0.7	0.35 max
β	55°	70°	85°	70°±5°
灯头 P11.5d 符合 IEC 60061(活页 7004-79-1)				
光　电　性　能				
标称值	电压	V	12	12
	功率	W	1.4	1.4
试验电压		V	13.5	13.5
目标值	功率	W	1.54 max	1.54 max
	光通量	lm	8(1±15%)	
基准光通量：8 lm 在约 13.5 V				

1) 系指灯丝中心与两个相互垂直平面的最大横向偏差，这两个平面都通过基准轴，而且其中一个平面还通过X—X轴。

2) 基准轴是一条与基准面垂直且通过直径为 M 圆的圆心的直线。

15766.1—GB-T1.4W/1

	道路机动车辆灯泡数据活页 类型：T4W 灯头：BA9s	T4W/1

单位为毫米

本图仅表明灯丝灯泡的主要尺寸

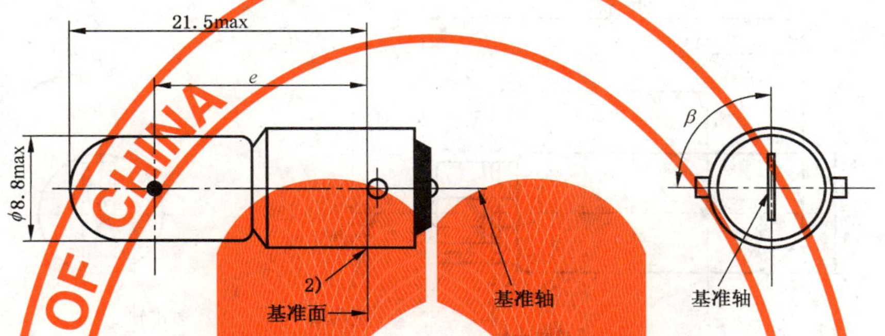

尺寸/mm	产品灯丝灯泡			标准灯丝灯泡
	min	nom	max	
e	13.5	15.0	16.5	15.0±0.3
横向偏差[1]			1.5	0.5 max
β		90°		90°±5°
灯头 BA9s 符合 IEC 60061(活页 7004-14-8)				

光 电 性 能

标称值	电压	V	6	12	24	12
	功率	W	4			4
试验电压		V	6.75	13.5	28.0	13.5
目标值	功率	W	4.4 max		5.5 max	4.4 max
	光通量	lm	35(1±20%)			
基准光通量：35 lm 在约 13.5 V						

1) 系指灯丝中心与两个相互垂直平面的最大横向偏差，这两个平面都通过基准轴，而且其中一个平面还通过销钉轴。

2) 在灯头全长范围内不应有超过灯头最大允许直径的凸起或焊锡。

15766.1—GB-T4W/1

	道路机动车辆灯泡数据活页 类型：W2.3W 灯头：W2x4.6d	W2.3W/1

单位为毫米

本图仅表明灯丝灯泡的主要尺寸

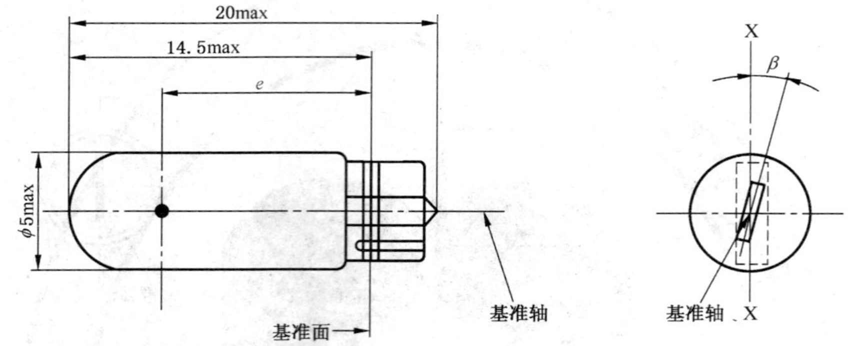

尺寸/mm	产品灯丝灯泡			标准灯丝灯泡
	min	nom	max	
e	10.3	10.8	11.3	10.8±0.3
横向偏差[1)]			1.0	0.5 max
β	−15°	0°	+15°	0°±5°
灯头 W2x4.6d 符合 IEC 60061(活页 7004-94-2)				
光 电 性 能				
标称值	电压	V	12	12
	功率	W	2.3	2.3
试验电压		V	13.5	13.5
目标值	功率	W	2.5 max	2.5 max
	光通量	lm	18.6(1±20%)	
基准光通量：18.6 lm 在约 13.5 V				

1) 系指灯丝中心与两个相互垂直平面的最大横向偏差，这两个平面都通过基准轴，而且其中一个平面还通过 X—X 轴。

15766.1—GB-W2.3W/1

	道路机动车辆灯泡数据活页 类型:W3W 灯头:W2.1x9.5d	W3W/1

单位为毫米

本图仅表明灯丝灯泡的主要尺寸

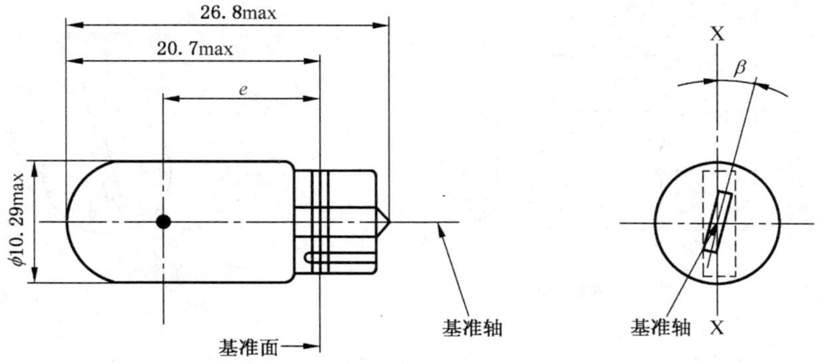

尺寸/mm	产品灯丝灯泡			标准灯丝灯泡
	min	nom	max	
e	11.2	12.7	14.2	12.7±0.3
横向偏差[1]			1.5	0.5 max
β	−15°	0°	+15°	0°±5°
灯头 W2.1x9.5d 符合 IEC 60061(活页 7004-91-3)				

光电性能						
标称值	电压	V	6	12	24	12
	功率	W	3			3
试验电压		V	6.75	13.5	28.0	13.5
目标值	功率	W	3.45 max		4.6 max	3.45 max
	光通量	lm	22(1±30%)			
基准光通量:22 lm 在约 13.5 V						

1) 系指灯丝中心与两个相互垂直平面的最大横向偏差,这两个平面都通过基准轴,而且其中一个平面还通过 X—X 轴。

15766.1—GB-W3W/1

	道路机动车辆灯泡数据活页 类型：W5W，WY5W 和 WR5W 灯头：W2.1x9.5d	W5W/1

单位为毫米

本图仅表明灯丝灯泡的主要尺寸

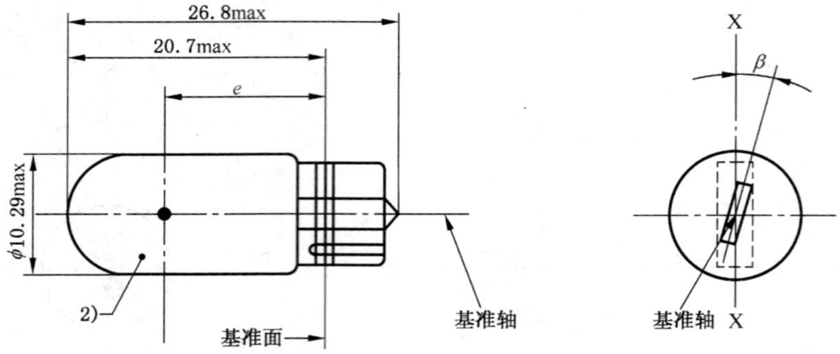

尺寸/mm	产品灯丝灯泡			标准灯丝灯泡
	min	nom	max	3)
e	11.2	12.7	14.2	12.7±0.3
横向偏差[1]			1.5	0.5 max
β	−15°	0°	+15°	0°±5°
灯头 W2.1x9.5d 符合 IEC 60061(活页 7004-91-3)				

光电性能							
标称值	电压	V		6[4]	12	24	12
	功率	W		5			5
试验电压		V		6.75	13.5	28.0	13.5
目标值	功率	W		5.5 max		7.7 max	5.5 max
	光通量	lm	W5W	50(1±20%)			
			WY5W	30(1±20%)			
			WR5W	4)	12(1±25%)		
基准光通量：在约 13.5 V				白色：50 lm 琥珀色：30 lm 红色：12 lm			

1) 系指灯丝中心与两个相互垂直平面的最大横向偏差，这两个平面都通过基准轴，而且其中一个平面还通过 X—X 轴。

2) 产品灯丝灯泡发射的光，对于类型 W5W 应为白色，对于类型 WY5W 应为琥珀色，对于类型 WR5W 应为红色。(也见注 3))

3) 灯丝灯泡发射的光，对于类型 W5W 应为白色，对于类型 WY5W 应为白色或琥珀色，对于类型 WR5W 应为白色或红色。

4) 类型 WR5W 未规定 6 V 标称电压型式。

15766.1—GB-W5W/1

道路机动车辆灯泡数据活页 类型：W15/5W 灯头：WZ3x16q	W15/5W/1

单位为毫米

本图仅表明灯丝灯泡的主要尺寸

用于摩托车的灯丝灯泡

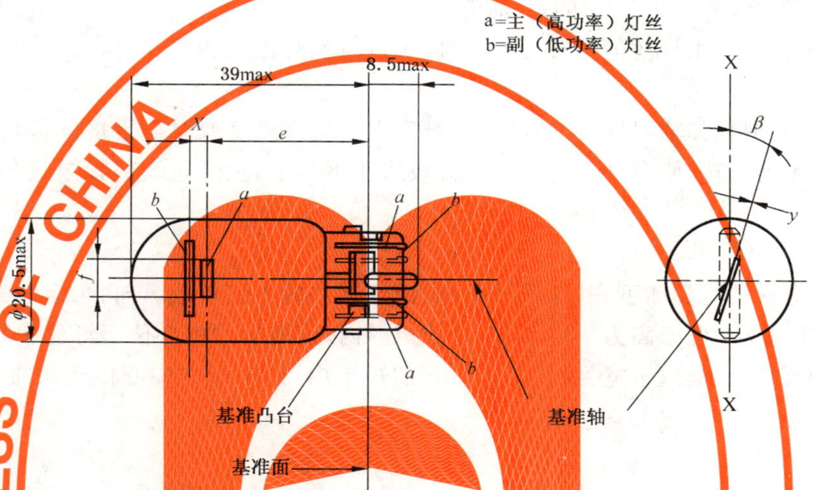

尺寸/mm	产品灯丝灯泡			标准灯丝灯泡
	min	nom	max	
e		25.0[1)]		25.0±0.3
f			7.5	7.5+0/−2
横向偏差[2)]			1)	0.3 max
x[3)]		2.8[1)]		2.8±0.3
y[3)]		0.0[1)]		0.0±0.3
β	−15°[1)]	0°	+15°[1)]	0°±5°
灯头 WZ3x16q 符合 IEC 60061(活页 7004-151-1)				

光电性能						
标称值	电压	V	12		12	
	功率	W	15	5	15	5
试验电压		V	13.5		13.5	
目标值	功率	W	19.1 max	6.6 max	19.1 max	6.6 max
	光通量	lm	280(1±15%)	35(1±20%)		
基准光通量：280 lm 和 35 lm　在约 13.5 V						

1)　用箱式系统检验，见活页 W15/5W/2 和 3。

2)　系指灯丝中心与两个相互垂直平面的最大横向偏差，这两个平面都通过基准轴，而且其中一个平面还通过 X—X 轴。

3)　“x”和“y”表示副灯丝轴相对于主灯丝轴的偏离。

15766.1—GB-W15/5W/1-3

	道路机动车辆灯泡数据活页 类型:W15/5W 灯头:WZ3x16q	W15/5W/2

屏幕投影要求

本项试验通过检查:

(a) 主灯丝相对于基准轴和基准面的位置是否正确,主灯丝轴与通过 X—X 轴和基准轴的平面的垂直要求,是否在±15°的范围内;

(b) 副灯丝相对于主灯丝的位置是否正确,确定灯丝灯泡是否符合要求。

试验程序和要求

1 灯丝灯泡置于能围绕其轴线旋转的灯座中,灯座上带定标刻度或对应于角位移允差极限的定位档块。然后将灯座适当旋转,使主灯丝的端部影像投影于屏幕上,主灯丝端部影像应在角位移允差极限(±15°)内得到。

2 侧视图

灯丝灯泡的位置是灯头朝下,基准轴呈垂向,而观察到的主灯丝成纵向:

2.1 主灯丝投影应完全位于高为"a",宽为"b"的矩形内,该矩形的中心位于灯丝中心的理论位置上;

2.2 副灯丝的投影应完全位于宽为"c",高为"d"的矩形内,该矩形的中心位于距主灯丝中心的理论位置向上的距离为"u"的位置上。

3 正视图

3.1 主灯丝的投影应完全位于高为"a",宽为"h"的矩形内,该矩形的中心位于灯丝中心的理论位置上。

3.2 主灯丝中心偏离基准轴的距离不应超过"k"。

3.3 副灯丝中心偏离基准轴的距离应不超过±2 mm(对于标准灯丝灯泡,应不超过±0.4 mm)。.

15766.1—GB-W15/5W/1-3

	道路机动车辆灯泡数据活页 类型：W15/5W 灯头：WZ3x16q	W15/5W/3

单位为毫米

侧视图

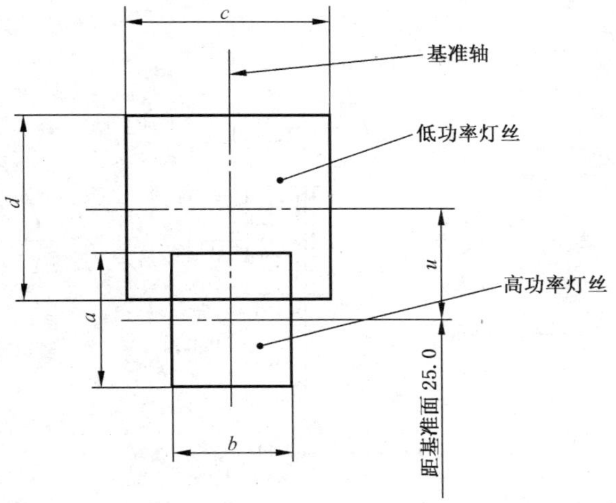

代号	*a*	*b*	*c*	*d*	*u*
尺寸	3.3	2.8	4.8		2.8

正视图

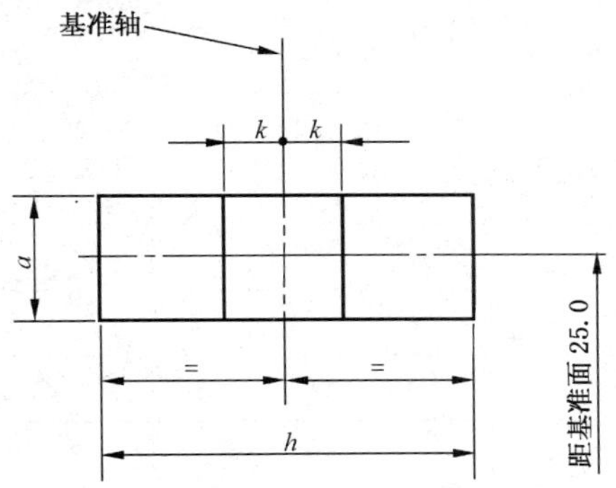

代号	*a*	*h*	*k*
尺寸	3.3	9.5	1.0

15766.1—GB-W15/5W/1-3

	道路机动车辆灯泡数据活页 类型：W16W 灯头：W2.1x9.5d	W16W/1

单位为毫米

本图仅表明灯丝灯泡的主要尺寸

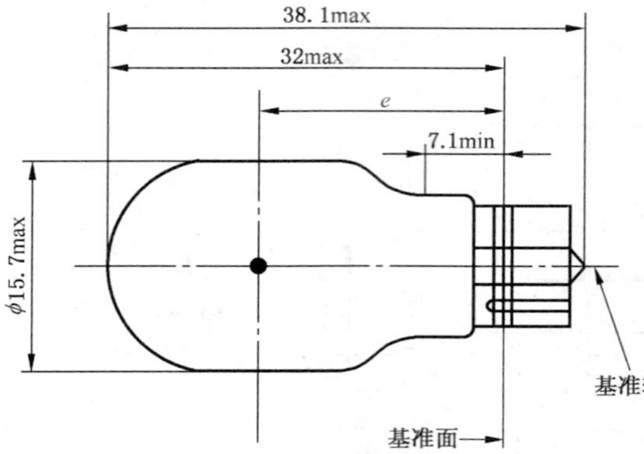

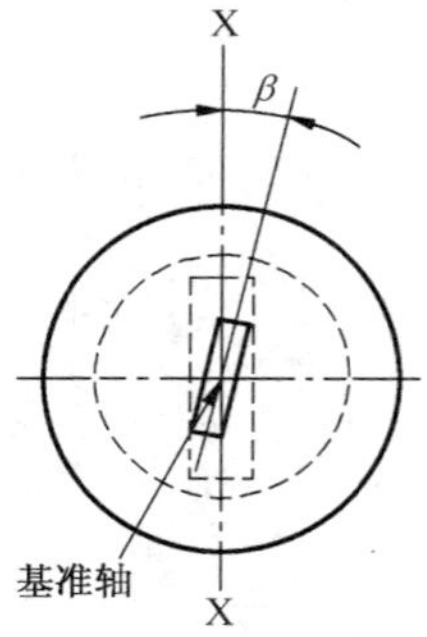

尺寸/mm	产品灯丝灯泡			标准灯丝灯泡
	min	nom	max	
e	18.3	20.6	22.9	20.6±0.3
横向偏差[1]			1.0	0.5 max
β	−15°	0°	+15°	0°±5°
灯头 W2.1x9.5d 符合 IEC 60061(活页 7004-91-3)				
光　电　性　能				
标称值	电压	V	12	12
	功率	W	16	16
试验电压		V	13.5	13.5
目标值	功率	W	21.35 max	21.35 max
	光通量	lm	310(1±20%)	
基准光通量：310 lm 在约 13.5 V				

1) 系指灯丝中心与两个相互垂直平面的最大横向偏差，这两个平面都通过基准轴，而且其中一个平面还通过X—X轴。

15766.1—GB-W16W/1

	道路机动车辆灯泡数据活页 类型：W21W 灯头：W3x16d	W21W/1

单位为毫米

本图仅表明灯丝灯泡的主要尺寸

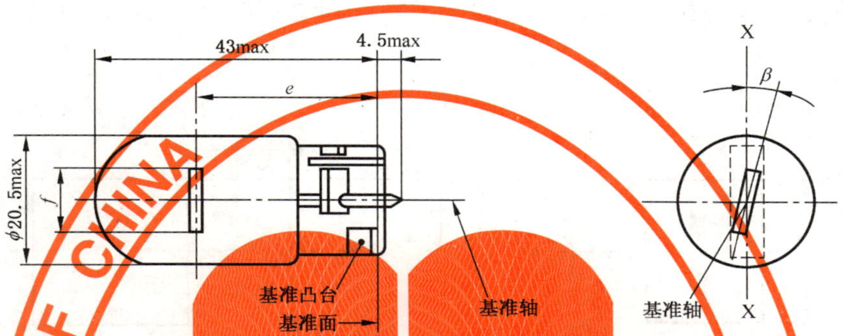

尺寸/mm		产品灯丝灯泡			标准灯丝灯泡
		min	nom	max	
e			29.0[2)]		29.0±0.3
f				7.5	7.5+0/−2
横向偏差[1)]				[2)]	0.5 max
β		−15°[2)]	0°	+15°[2)]	0°±5°
灯头 W3x16d 符合 IEC 60061(活页 7004-105-2)					
光　电　性　能					
标称值	电压		V	12	12
	功率		W	21	21
试验电压			V	13.5	13.5
目标值	功率		W	26.5 max	26.5 max
	光通量		lm	460(1±15%)	
基准光通量：460 lm　在约 13.5 V					

1) 系指灯丝中心与两个相互垂直平面的最大横向偏差，这两个平面都通过基准轴，而且其中一个平面还通过 X—X 轴。

2) 用箱式系统检验，见活页 W21W/2。

15766.1—GB-W21W/1-2

	道路机动车辆灯泡数据活页 类型：W21W 灯头：W3x16d	W21W/2

屏幕投影要求

单位为毫米

本项试验通过检查灯丝相对于基准轴和基准面的位置是否正确，灯丝轴与通过 X—X 轴和基准轴的平面的垂直要求，是否在±15°的范围内，确定灯丝灯泡是否符合要求。

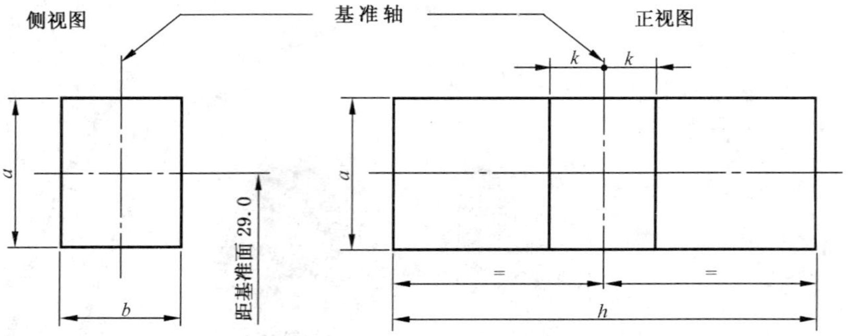

代号	a	b	h	k
尺寸	3.5	3.0	9.5	1.0

试验程序和要求

1 灯丝灯泡置于能围绕其轴线旋转的灯座中，灯座上带定标刻度或对应于角位移允差极限，即±15°的定位档块。然后将灯座适当旋转，使灯丝的端部影像投影于屏幕上，灯丝端部影像应在角位移允差极限(±15°)内得到。

2 侧视图

灯丝灯泡的位置是灯头朝下，基准轴呈垂向，而观察到的灯丝成纵向，灯丝投影应完全位于高为“a”，宽为“b”的矩形内，该矩形的中心位于灯丝中心的理论位置上。

3 正视图

灯丝灯泡的位置为灯头朝下，基准轴呈垂向，从与灯丝轴成直角的方向进行观察：

3.1 灯丝的投影应完全位于高为“a”，宽为“h”的矩形内，该矩形的中心位于灯丝中心的理论位置上。

3.2 灯丝中心偏离基准轴的距离不应超过“k”。

	道路机动车辆灯泡数据活页 类型:W21/5W 灯头:W3x16q	W21/5W/1

单位为毫米

本图仅表明灯丝灯泡的主要尺寸

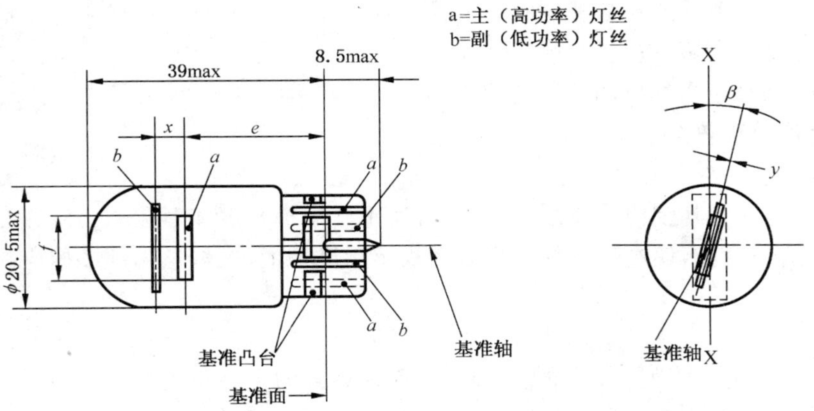

尺寸/mm	产品灯丝灯泡			标准灯丝灯泡
	min	nom	max	
e		25.0[1]		25.0±0.3
f			7.5	7.5+0/−2
横向偏差[2]			1)	0.3 max
x[3]		2.8[1]		2.8±0.3
y[3]		0.0[1]		0.0±0.3
β	−15°[1]	0°	+15°[1]	0°±5°
灯头 W3x16q 符合 IEC 60061(活页 7004-106-2)				

光电性能						
标称值	电压	V	12		12	
	功率	W	21	5	21	5
试验电压		V	13.5		13.5	
目标值	功率	W	26.5 max	6.6 max	26.5 max	6.6 max
	光通量	lm	440(1±15%)	35(1±20%)		
基准光通量:440 和 35 lm 在约 13.5 V						

1) 用箱式系统检验,见活页 W21/5W/2 和 3。

2) 系指灯丝中心与两个相互垂直平面的最大横向偏差,这两个平面都通过基准轴,而且其中一个平面还通过 X—X 轴。

3) "x"和"y"表示副灯丝轴相对于主灯丝轴的偏离。

15766.1—GB-W21/5W/1-3

	道路机动车辆灯泡数据活页 类型：W21/5W 灯头：W3x16q	W21/5W/2

屏幕投影要求

单位为毫米

本项试验通过检查：

(a) 主灯丝相对于基准轴和基准面的位置是否正确，主灯丝轴与通过 X—X 轴和基准轴的平面的垂直要求，是否在±15°的范围内；

(b) 副灯丝相对于主灯丝的位置是否正确。

确定灯丝灯泡是否符合要求。

试验程序和要求

1 灯丝灯泡置于能围绕其轴线旋转的灯座中，灯座上带定标刻度或对应于角位移允差极限的定位档块。然后将灯座适当旋转，使主灯丝的端部影像投影于屏幕上，主灯丝端部影像应在角位移允差极限(±15°)内得到。

2 侧视图

灯丝灯泡的位置是灯头朝下，基准轴呈垂向，而观察到的主灯丝成纵向：

2.1 主灯丝投影应完全位于高为“a”，宽为“b”的矩形内，该矩形的中心位于灯丝中心的理论位置上；

2.2 副灯丝的投影应完全位于宽为“c”，高为“d”的矩形内，该矩形的中心位于距主灯丝中心的理论位置向上的距离为“u”的位置上。

3 正视图

灯丝灯泡的位置为灯头朝下，基准轴呈垂向，从与主灯丝轴成直角的方向进行观察：

3.1 主灯丝的投影应完全位于高为“a”，宽为“h”的矩形内，该矩形的中心位于灯丝中心的理论位置上。

3.2 主灯丝中心偏离基准轴的距离不应超过“k”。

3.3 副灯丝中心偏离基准轴的距离应不超过±2 mm(对于标准灯丝灯泡，应不超过±0.4 mm)。

	道路机动车辆灯泡数据活页 类型：W21/5W 灯头：W3x16q	W21/5W/3

单位为毫米

侧视图

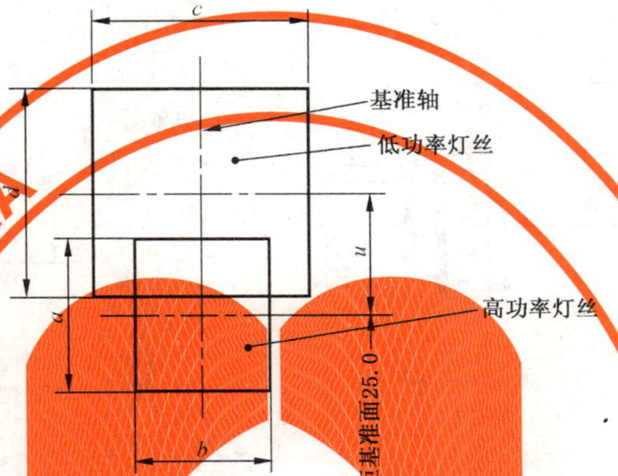

代号	*a*	*b*	*c*	*d*	*u*
尺寸	3.5	3.0		4.8	2.8

正视图

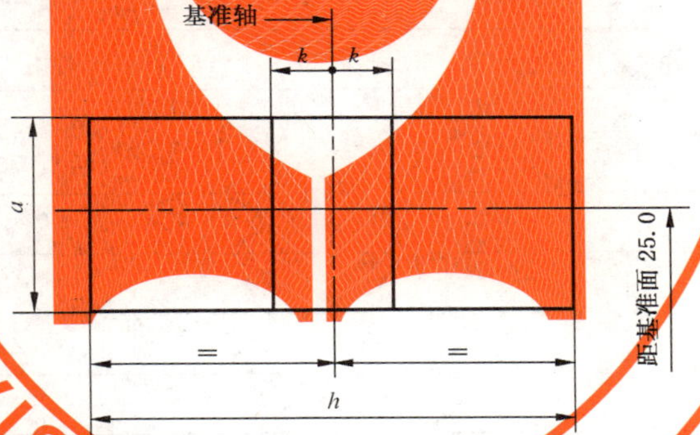

代号	*a*	*h*	*k*
尺寸	3.5	9.5	1.0

15766.1—GB-W21/5W/1-3

	道路机动车辆灯泡数据活页 类型：WP21W 和 WPY21W 灯头：WY2.5x16d 和 WZ2.5x16d	WP21W/1

单位为毫米

本图仅表明灯丝灯泡的主要尺寸

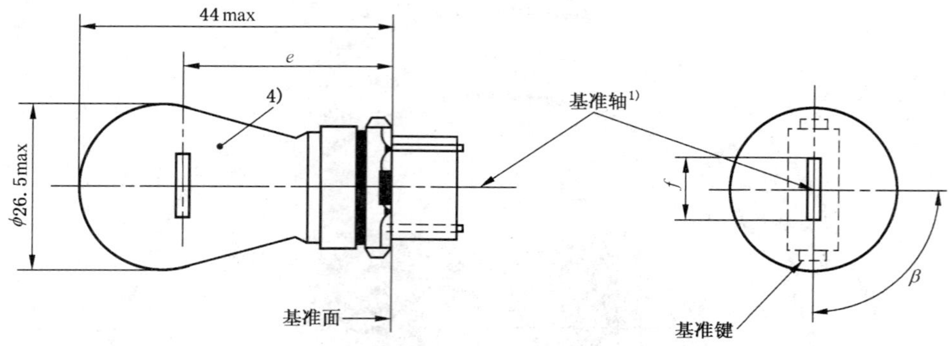

尺寸/mm	产品灯丝灯泡			标准灯丝灯泡
	min	nom	max	
e		27.9 3)		27.9±0.3
f	5.5	6.0	7.0	6.0±0.5
横向偏差 2)			3)	0.0±0.4
β	75° 3)	90°	105° 3)	90°±5°

灯头：WP21W：WY2.5x16d　符合 IEC 60061　（活页 7004-104B-1）
　　　WPY21W：WZ2.5x16d　　　　　　　　（活页 7004-104C-1）

光　电　性　能

				产品灯丝灯泡	标准灯丝灯泡
标称值	电压	V		12	12
	功率	W		21	21
试验电压		V		13.5	13.5
目标值	功率	W		26.5 max	26.5 max
	光通量	lm	WP21W	460(1±15%)	
			WPY21W	280(1±20%)	
基准光通量：在约 13.5 V				白色：460 lm	
				琥珀色：280 lm	

1) 基准轴相对于基准键确定且垂直于基准面。

2) 系指灯丝中心与两个相互垂直平面的最大横向偏差，这两个平面都通过基准轴，而且其中一个平面还通过基准键的轴线。

3) 用箱式系统检验，见活页 WP21W/2。

4) 产品灯丝灯泡发射的光，对于类型 WP21W，应为白色，对于类型 WPY21W，应为琥珀色。（也见注 5））

5) 标准灯丝灯泡发射的光，对于类型 WP21W，应为白色，对于类型 WPY21W，应为白色或琥珀色。

15766.1—GB-WP21W/1-2

	道路机动车辆灯泡数据活页 类型：WP21W 和 WPY21W 灯头：WY2.5x16d 和 WZ2.5x16d	WP21W/2

屏幕投影要求

单位为毫米

本项试验通过检查灯丝相对于基准轴和基准面的位置是否正确，灯丝轴与通过键中心线和基准轴的平面的垂直要求，是否在±15°的范围内，确定灯丝灯泡是否符合要求。

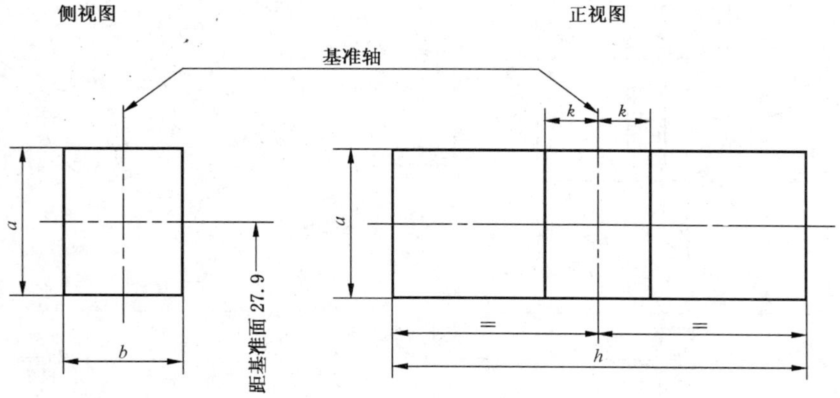

代号	a	b	h	k
尺寸	3.5	3.0	9.0	1.0

试验程序和要求

1 灯丝灯泡置于能围绕其轴线旋转的灯座中，灯座上带定标刻度或对应于角位移允差极限的定位档块。然后将灯座适当旋转，使灯丝的端部影像投影于屏幕上，灯丝端部影像应在角位移允差极限内得到。

2 侧视图

灯丝灯泡的位置是灯头朝下，基准轴呈垂向，而观察到的灯丝成纵向，灯丝投影应完全位于高为“a”，宽为“b”的矩形内，该矩形的中心位于灯丝中心的理论位置上。

3 正视图

灯丝灯泡的位置为灯头朝下，基准轴呈垂向，从与灯丝轴成直角的方向进行观察：

3.1 灯丝的投影应完全位于高为“a”，宽为“h”的矩形内，该矩形的中心位于灯丝中心的理论位置上。

3.2 灯丝中心偏离基准轴的距离不应超过“k”。

道路机动车辆灯泡数据活页 类型：WR21/5W 灯头：WY3x16q	WR21/5W/1

单位为毫米

本图仅表明灯丝灯泡的主要尺寸

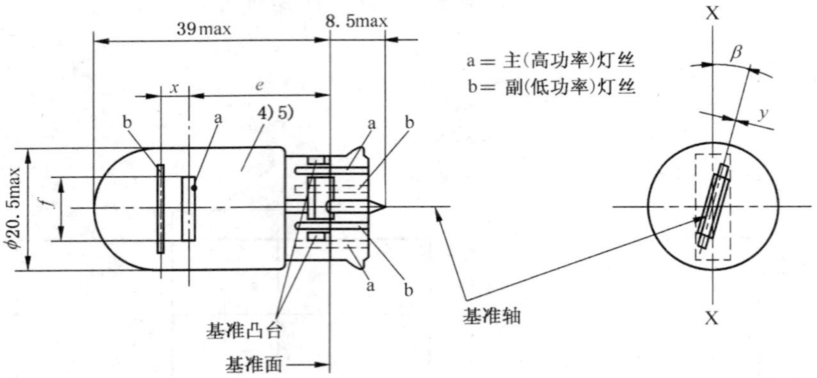

尺寸/mm	产品灯丝灯泡			标准灯丝灯泡
	min	nom	max	
e		25.0[1]		25.0±0.3
f			7.5	7.5+0/−2
横向偏差[2]			1)	0.3 max
x[3]		2.8[1]		2.8±0.3
y[3]		0.0[1]		0.0±0.3
β	−15°[1]	0°	+15°[1]	0°±5°

灯头 WY3x16q 符合 IEC 60061(活页 7004-106-3)

光电性能						
标称值	电压	V	12		12	
	功率	W	21	5	21	5
试验电压		V	13.5		13.5	
目标值	功率	W	26.5 max	6.6 max	26.5 max	6.6 max
	光通量	lm	105(1±20%)	8(1±25%)		
基准光通量： 在约 13.5 V			白色：440 lm 和 35 lm 红色：105 lm 和 8 lm			

1) 用箱式系统检验，见 活页 W21/5W/2 和 3。

2) 系指灯丝中心与两个相互垂直平面的最大横向偏差，这两个平面都通过基准轴，而且其中一个平面还通过X—X 轴。

3) “x”和“y”表示副灯丝轴相对于主灯丝轴的偏离。

4) 产品灯丝灯泡发射的光应为红色(也见注 5))。

5) 标准灯丝灯泡发射的光应为白色或红色。

15766.1—GB-WR21/5W/1

道路机动车辆灯泡数据活页 类型：WY2.3W 灯头：W2x4.6d	WY2.3W/1

单位为毫米

本图仅表明灯丝灯泡的主要尺寸

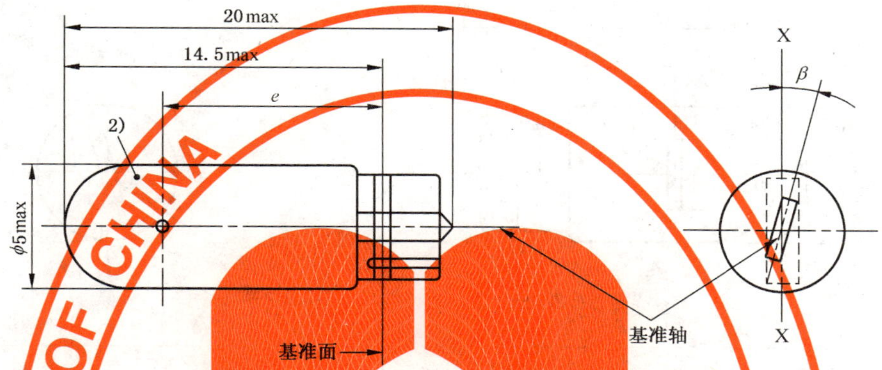

尺寸/mm	产品灯丝灯泡			标准灯丝灯泡
	min	nom	max	
e	10.3	10.8	11.3	10.8±0.3
横向偏差[1]			1.0	0.5 max
β	−15°	0°	+15°	0°±5°
灯头 W2x4.6d 符合 IEC 60061(活页 7004-94-2)				
光 电 性 能				
标称值	电压	V	12	12
	功率	W	2.3	2.3
试验电压		V	13.5	13.5
目标值	功率	W	2.5 max	2.5 max
	光通量	lm	11.2(1±20%)	
基准光通量：在约 13.5 V			白色：18.6 lm	
			琥珀色：11.2 lm	

1) 系指灯丝中心与两个相互垂直平面的最大横向偏差，这两个平面都通过基准轴，而且其中一个平面还通过 X—X 轴。

2) 产品灯泡发射的光应为琥珀色(也见注 3))。

3) 标准灯丝灯泡发射的光应为琥珀色或白色。

道路机动车辆灯泡数据活页 类型:WY21W 灯头:WX3x16d	WY21W/1

单位为毫米

本图仅表明灯丝灯泡的主要尺寸

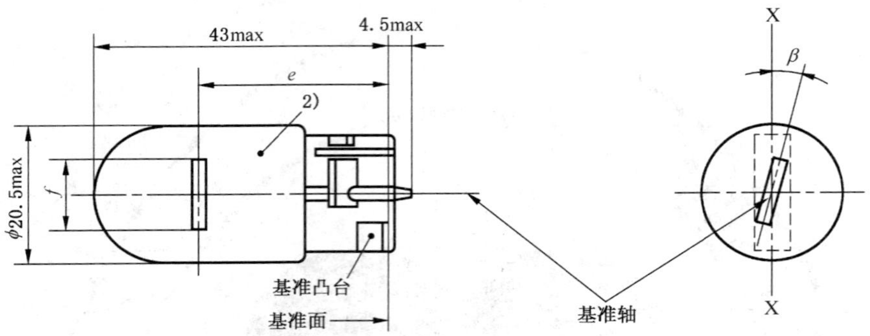

尺寸/mm	产品灯丝灯泡			标准灯丝灯泡
	min	nom	max	
e		29.0[2)]		29.0±0.3
f			7.5	7.5+0/−2
横向偏差[1)]			2)	0.5 max
β	−15°	0°	+15°	0°±5°
灯头 WX3x16d 符合 IEC 60061(活页 7004-105-2)				
光　电　性　能				
标称值	电压	V	12	12
	功率	W	21	21
试验电压		V	13.5	13.5
目标值	功率	W	26.5 max	26.5 max
	光通量	lm	280(1±20%)	
基准光通量:在约 13.5 V			白色:460 lm	
			琥珀色:280 lm	

1) 系指灯丝中心与两个相互垂直平面的最大横向偏差,这两个平面都通过基准轴,而且其中一个平面还通过 X—X 轴。

2) 产品灯丝灯泡发射的光应为琥珀色(也见注 4))。

3) 用箱式系统检验,见活页 WY21W/2。

4) 标准灯丝灯泡发射的光应为琥珀色或白色。

15766.1—GB-WY21W/1-2

	道路机动车辆灯泡数据活页 类型：WY21W 灯头：WX3x16d	WY21W/2

屏幕投影要求

单位为毫米

本项试验通过检查灯丝相对于基准轴和基准面的位置是否正确，灯丝轴与通过 X—X 轴和基准轴的平面的垂直要求，是否在±15°的范围内，确定灯丝灯泡是否符合要求。

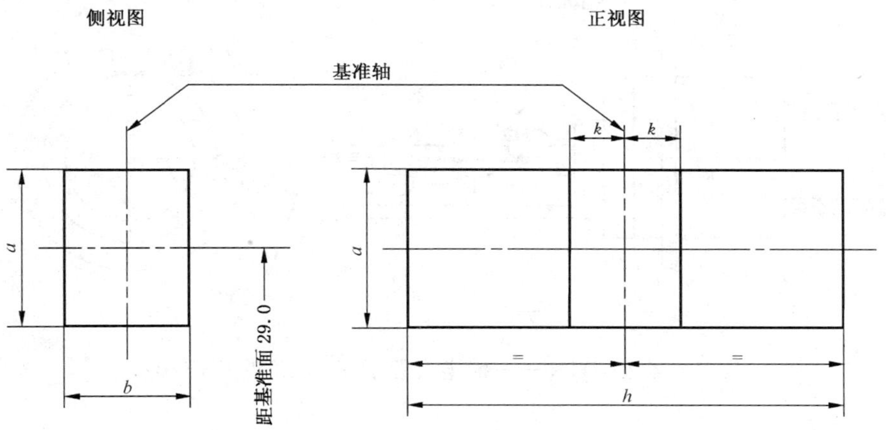

代号	*a*	*b*	*h*	*k*
尺寸	3.5	3.0	9.5	1.0

试验程序和要求

1　灯丝灯泡置于能围绕其轴线旋转的灯座中，灯座上带定标刻度或对应于角位移允差极限，即±15°的定位档块。然后将灯座适当旋转，使灯丝的端部影像投影于屏幕上，灯丝端部影像应在角位移允差极限(±15°)内得到。

2　侧视图

灯丝灯泡的位置是灯头朝下，基准轴呈垂向，而观察到的灯丝成纵向，灯丝投影应完全位于高为"*a*"，宽为"*b*"的矩形内，该矩形的中心位于灯丝中心的理论位置上。

3　正视图

灯丝灯泡的位置为灯头朝下，基准轴呈垂向，从与灯丝轴成直角的方向进行观察：

3.1　灯丝的投影应完全位于高为"*a*"，宽为"*h*"的矩形内，该矩形的中心位于灯丝中心的理论位置上。

3.2　灯丝中心偏离基准轴的距离不应超过"*k*"。

15766.1—GB-WY21W/1-2

	道路机动车辆灯泡数据活页 类型:D1R,D2R,D3R 和 D4R 灯头:PK32d-3,P32d-3,PK32d-6 和 P32d-6	DxR/1

单位为毫米

本图仅表明放电灯泡的主要尺寸

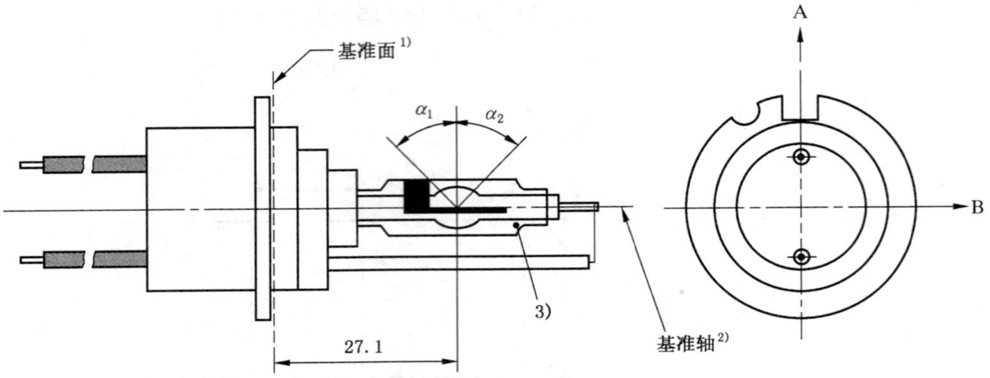

图 1　类型 D1R——带电缆型式——灯头 PK32d-3

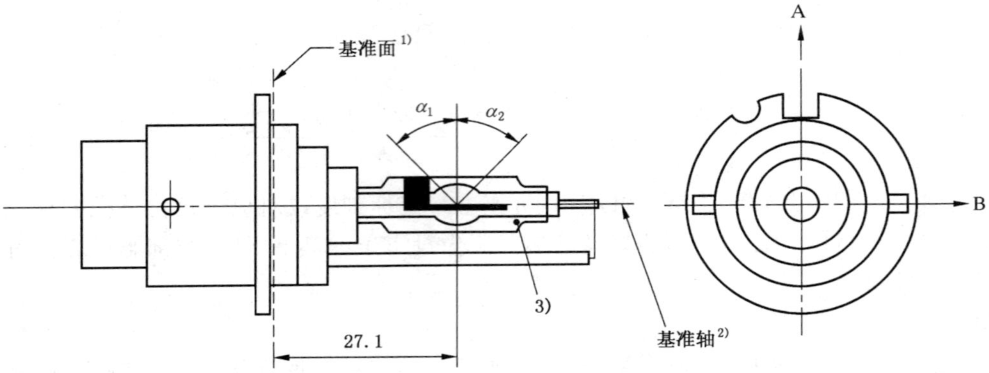

图 2　类型 D2R——带连接件型式——灯头 P32d-3

1)　基准面由灯头环的三个支撑凸起与灯座表面的接触位置所确定。

2)　见活页 DxR/3。

3)　当距基准面 27.1 mm 测量时,外玻壳相对于基准轴的偏心度在方向 B 应小于±0.5 mm,在方向 A 应小于+1 mm/−0.5 mm。

道路机动车辆灯泡数据活页 类型:D1R,D2R,D3R 和 D4R 灯头:PK32d-3,P32d-3,PK32d-6 和 P32d-6	DxR/2

单位为毫米

本图仅表明放电灯泡的主要尺寸

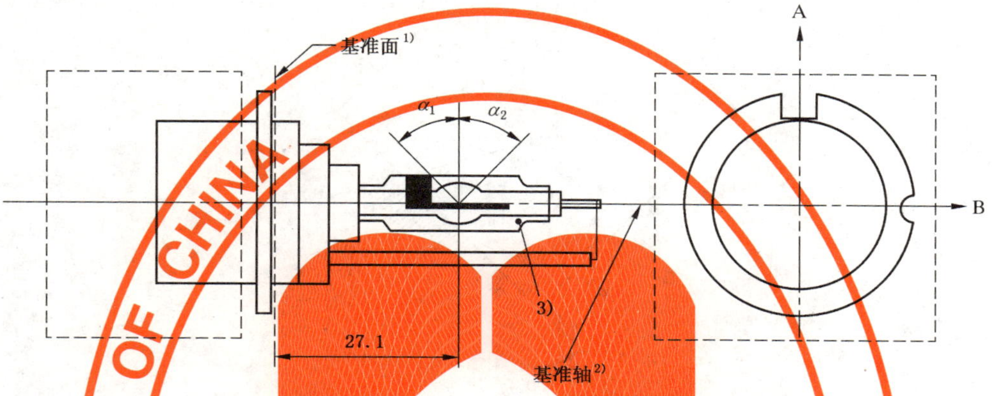

图 3　类型 D3R——带启动器型式——灯头 PK32d-6

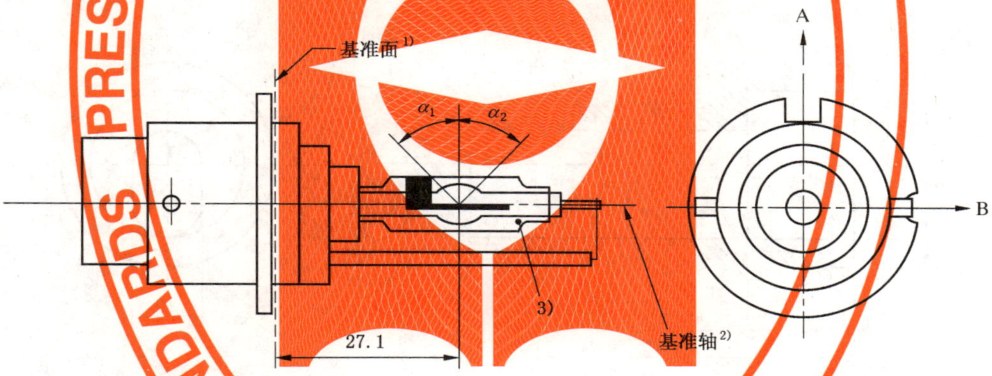

图 4　类型 D4R——带连接件型式——灯头 P32d-6

1)　基准面由灯头环的三个支撑凸起与灯座表面的接触位置所确定。

2)　见活页 DxR/3。

3)　当距基准面 27.1 mm 测量时,外玻壳相对于基准轴的偏心度在方向 B 应小于±0.5 mm,在方向 A 应小于 +1 mm/−0.5 mm。

	道路机动车辆灯泡数据活页 类型:D1R,D2R,D3R 和 D4R 灯头:PK32d-3,P32d-3,PK32d-6 和 P32d-6	DxR/3

单位为毫米

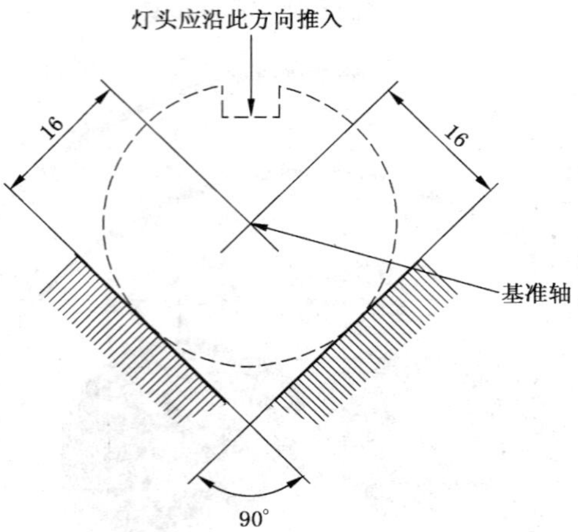

图 5　基准轴的定义1)

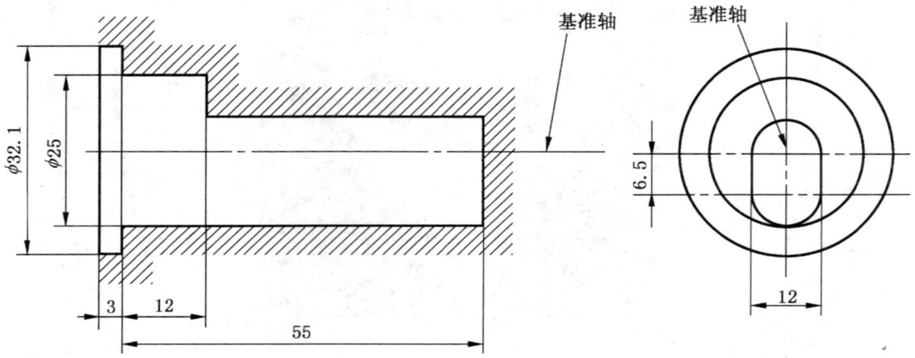

图 6　放电灯泡最大外轮廓2)

1)　基准轴垂直于基准面且通过如图 5 所表明的两条平行线的交点。

2)　玻壳和支撑不应超出如图 6 所示的轮廓。该轮廓和基准轴同心。

	道路机动车辆灯泡数据活页 类型:D1R,D2R,D3R 和 D4R 灯头:PK32d-3,P32d-3,PK32d-6 和 P32d-6	DxR/4

尺寸	产品放电灯泡	标准放电灯泡
电极位置	活页 DxR/5	
电弧位置和形状	活页 DxR/6	
遮光带位置	活页 DxR/7	
α_1 1)	45°± 5°	
α_2 1)	45°min	

D1R 灯头:PK32d-3
D2R 灯头:P32d-3
D3R 灯头:PK32d-6
D4R 灯头:P32d-6

符合 IEC 60061 (活页 7004-111-3)

光电性能						
			D1R/D2R	D3R/D4R	D1R/D2R	D3R/D4R
镇流器标称电压		V	12 2)		12	
标称功率		W	35		35	
试验电压		V	13.5		13.5	
灯电压	目标值	V	85	42	85	42
	允差		±17	±9	±8	±4
灯功率	目标值	W	35		35	
	允差		±3		±0.5	
光通量	目标值	lm	2 800		2 800	
	允差		±450		±150	
色坐标	目标值		$x=0.375$　$y=0.375$			
	允差范围 3)		$x\geqslant 0.345$　$y\leqslant 0.150+0.640x$ $x\leqslant 0.405$　$y\geqslant 0.050+0.750x$			
热再触发关闭时间		s	10		10	

1) 在角 α_1 和 α_2 范围内的玻壳部分应是发光部分。这部分玻壳在形态上应尽可能均匀且应无光学畸变。此项要求适用于在角 α_1 和 α_2 范围内除遮光带以外的整个玻壳圆周。

2) 镇流器的应用电压可以偏离 12 V。

3) 见附录 H。

15766.1—GB-DxR/1-7

	道路机动车辆灯泡数据活页 类型:D1R,D2R,D3R 和 D4R 灯头:PK32d-3,P32d-3,PK32d-6 和 P32d-6	DxR/5

单位为毫米

电极位置

此项试验用于确定电极相对于基准轴和基准面的位置是否正确。

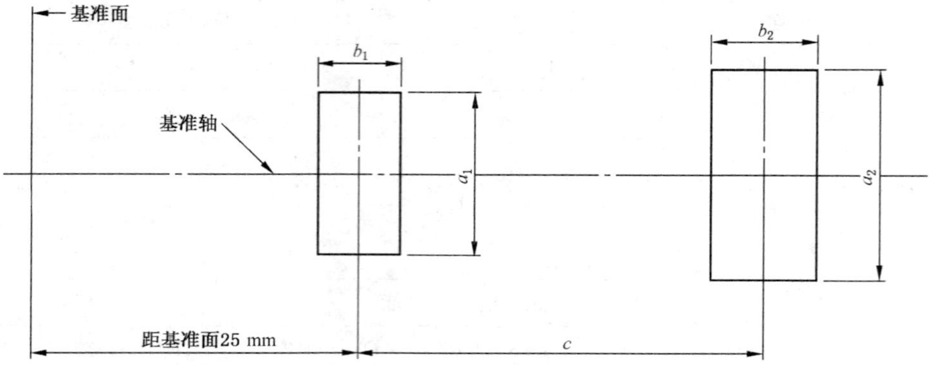

测量方向:放电灯泡侧视图和俯视图

尺　　寸	产品放电灯泡	标准放电灯泡
a_1	d+0.5	d+0.2
a_2	d+0.7	d+0.35
b_1	0.4	0.15
b_2	0.8	0.3
c	4.2	4.2

d=电极直径,

对 D1R 和 D2R,$d<0.3$,

对 D3R 和 D4R,$d<0.4$。

靠近基准面的电极的顶部应位于 a_1 和 b_1 所确定的范围内。远离基准面的电极的顶部应位于 a_2 和 b_2 所确定的范围内。

15766.1—GB-DxR/1-7

	道路机动车辆灯泡数据活页 类型：D1R，D2R，D3R 和 D4R 灯头：PK32d-3，P32d-3，PK32d-6 和 P32d-6	DxR/6

单位为毫米

电弧的位置和形状

此项试验通过在中心横截面 D 内测量电弧弯曲和扩散，在区域 A 及线 B 和 C 上测量杂散光强度，来确定电弧的形状和尖锐度及其相对于基准轴和基准面的位置。

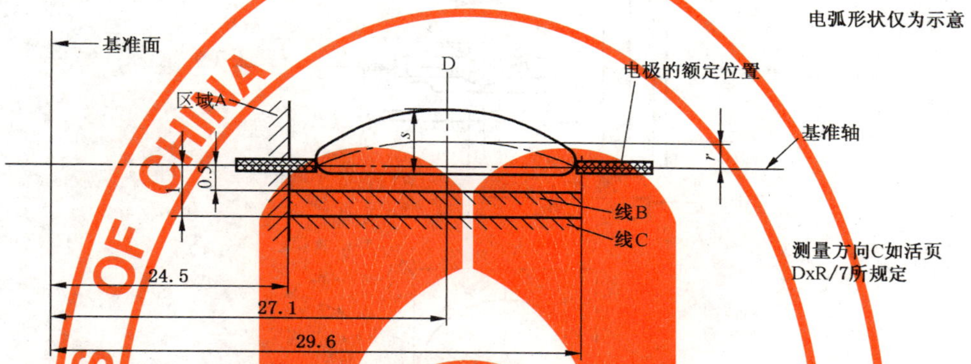

当在如上图所表明的中心横截面 D 内测量相对亮度分布时，最大值 L_{max} 距基准轴距离应为 r，L_{max} 的 20% 的两点距离应为 s，如下图所示。

尺寸/mm	产品放电灯泡		标准放电灯泡
	D1R/D2R	D3R/D4R	
r	0.50±0.25	0.50±0.25	0.50±0.20
s	1.10±0.25	$1.10^{+0.25}_{-0.40}$	1.10±0.25

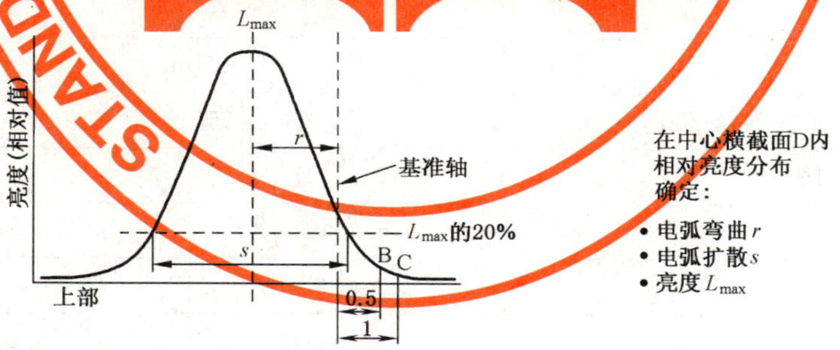

当使用如附录 F 所描述的装置，而具有 0.2M mm 直径的圆形视场，从如活页 DxR/7 所定义的测量方向 B 测量亮度时，表示为 L_{max}（在横截面 D）的百分数的相对亮度应为：

区域 A	≤4.5%	线 B	≤15%	线 C	≤5.0%

区域 A 的范围通过遮光涂层、外玻壳和距基准面 24.5 mm 的平面确定。

	道路机动车辆灯泡数据活页 类型:D1R,D2R,D3R 和 D4R 灯头:PK32d-3,P32d-3,PK32d-6 和 P32d-6	DxR/7

单位为毫米

遮光带的位置

此项试验用于确定遮光带相对于基准轴和基准面的位置是否正确。

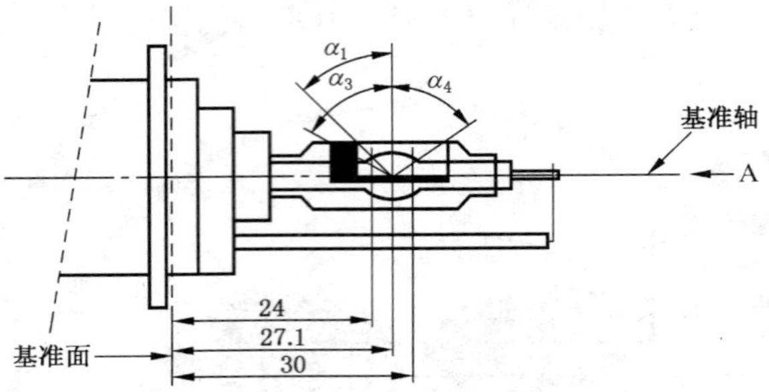

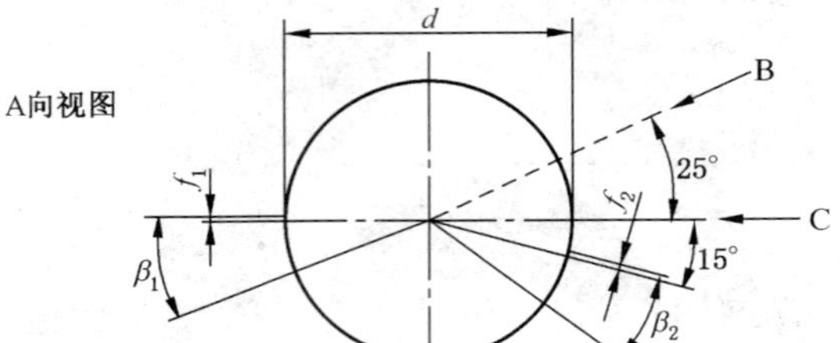

当在如活页 DxR/6 所确定的中心横截面内测量电弧亮度分布时,在转动光源以致遮光带覆盖电弧后,测得的亮度应不大于 L_{max}的 0.5%。

在 α_1 和 α_3 确定的区域,遮光涂层可以用阻挡光通过规定区域透射的任何其他方法取代。

尺　　寸	产品放电灯泡	标准放电灯泡
α_1	45°±5°	
α_3	70°min	
α_4	65°min	
$\beta_1/24$,$\beta_1/30$,$\beta_2/24$,$\beta_2/30$	25°±5°	
$f_1/24$,$f_2/24$[1)]	0.15±0.25	0.15±0.20
$f_1/30$[1)]	$f_1/24$ mv±0.15[2)]	$f_1/24$ mv±0.1
$f_2/30$[1)]	$f_2/24$ mv±0.15[2)]	$f_2/24$ mv±0.1
$f_1/24$ mv－$f_2/24$ mv	± 0.3 max	± 0.2 max
d	9 ± 1	

1) "f_1/.."表示尺寸 f_1 在距基准面为斜线后用 mm 表明的距离测量。

2) "/24 mv"表示在距基准面的距离为 24 mm 处测量的值。

15766.1—GB-DxR/1-7

道路机动车辆灯泡数据活页 类型：D1S，D2S，D3S 和 D4S 灯头：PK32d-2，P32d-2，PK32d-5 和 P32d-5	DxS/1

单位为毫米

本图仅表明放电灯泡的主要尺寸

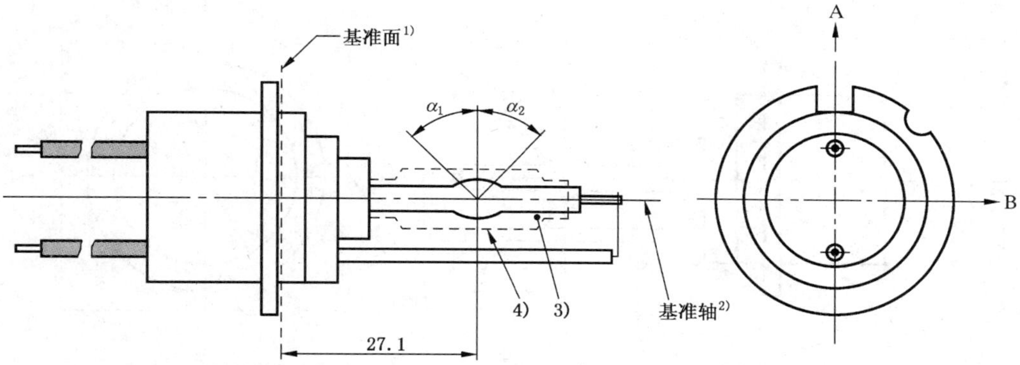

图 1　类型 D1S——带电缆型式——灯头 PK32d-2

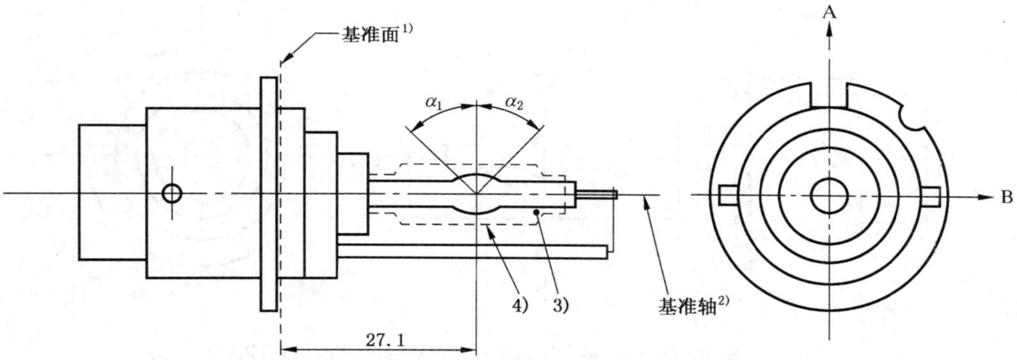

图 2　类型 D2S——带连接件型式——灯头 P32d-2

1）　基准面由灯头环的三个支撑凸起与灯座表面的接触位置所确定。

2）　见活页 DxS/3。

3）　当距基准面 27.1 mm 且相对于内玻壳的中点测量时，外玻壳偏心度应为 1 mm max。

4）　虚线表明的外玻壳形状仅为示意(ECE R99 法规中无此注)。

	道路机动车辆灯泡数据活页 类型：D1S，D2S，D3S 和 D4S 灯头：PK32d-2，P32d-2，PK32d-5 和 P32d-5	DxS/2

单位为毫米

本图仅表明放电灯泡的主要尺寸

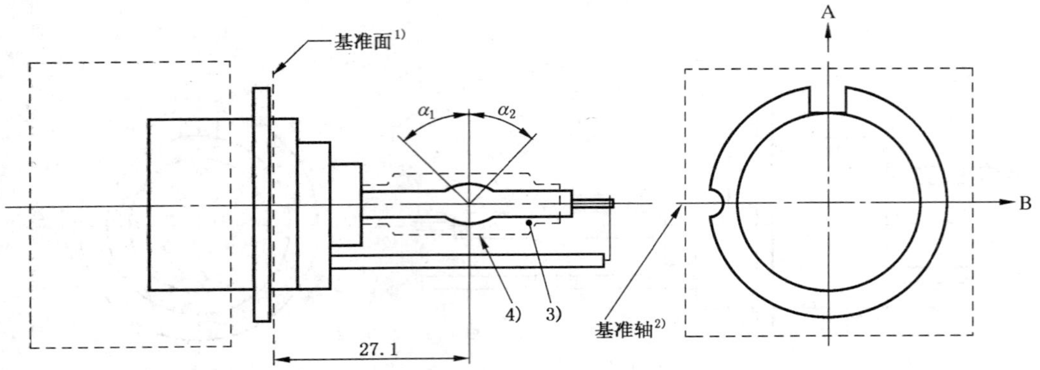

图 3 类型 D3S——带启动器型式——灯头 PK32d-5

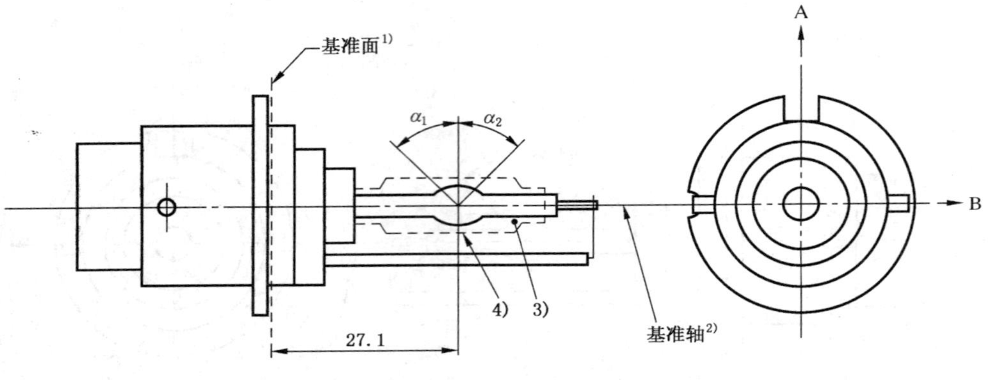

图 4 类型 D4S——带连接件型式——灯头 P32d-5

1) 基准面由灯头环的三个支撑凸起与灯座表面的接触位置所确定。

2) 见活页 DxS/3。

3) 当距基准面 27.1 mm 且相对于内玻壳的中点测量时，外玻壳偏心度应为 1 mm max。

4) 虚线表明的外玻壳形状仅为示意(ECE R99 法规中无此注)。

	道路机动车辆灯泡数据活页 类型:D1S,D2S,D3S 和 D4S 灯头:PK32d-2,P32d-2,PK32d-5 和 P32d-5	DxS/3

单位为毫米

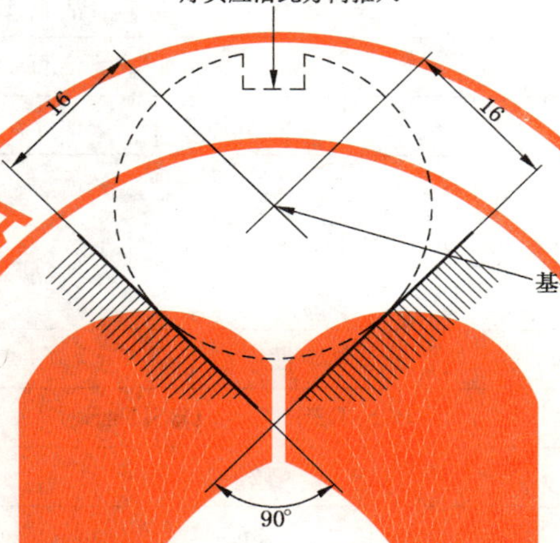

图 5 基准轴的定义[1)]

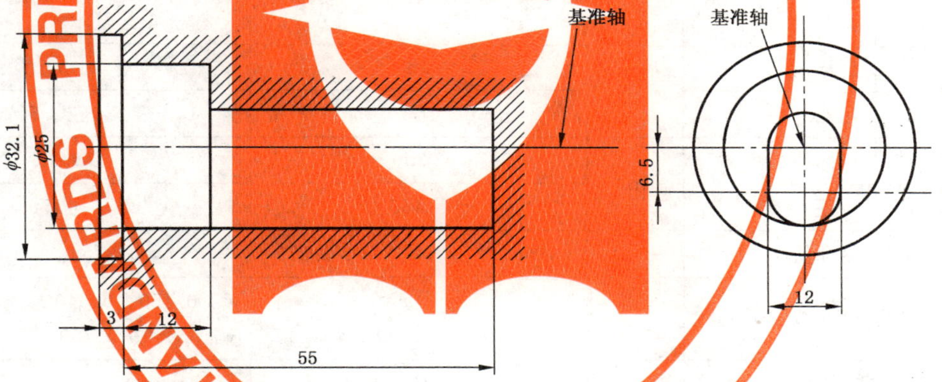

图 6 放电灯泡最大外轮廓[2)]

1) 基准轴垂直于基准面且通过如图 5 所表明的两条平行线的交点。

2) 玻壳和支撑不应超出如图 6 所示的轮廓。该轮廓和基准轴同心。

	道路机动车辆灯泡数据活页 类型：D1S，D2S，D3S 和 D4S 灯头：PK32d-2，P32d-2，PK32d-5 和 P32d-5	DxS/4

尺　寸			产品放电灯泡		标准放电灯泡	
电极位置			活页 DxS/5			
电弧位置和形状			活页 DxS/6			
α_1，α_2[1)]			55°min		55°min	
D1S　灯头：PK32d-2 D2S　灯头：P32d-2 D3S　灯头：PK32d-5 D4S　灯头：P32d-5	符合 IEC 60061（活页 7004-111-3）					
光　电　性　能						
			D1S/D2S	D3S/D4S	D1S/D2S	D3S/D4S
镇流器标称电压		V	12[2)]		12	
标称功率		W	35		35	
试验电压		V	13.5		13.5	
灯电压	目标值	V	85	42	85	42
	允差		±17	±9	±8	±4
灯功率	目标值	W	35		35	
	允差		±3		±0.5	
光通量	目标值	lm	3 200		3 200	
	允差		±450		±150	
色坐标	目标值		$x=0.375$　　$y=0.375$			
	允差范围[3)]		$x \geqslant 0.345$　　$y \leqslant 0.150+0.640x$ $x \leqslant 0.405$　　$y \geqslant 0.050+0.750x$			
热再触发关闭时间		s	10		10	

1）在角 α_1 和 α_2 范围内的玻壳部分应是发光部分。这部分玻壳在形态上应尽可能均匀且应无光学畸变。此项要求适用于在角 α_1 和 α_2 范围内的整个玻壳圆周。

2）镇流器的应用电压可以偏离 12 V。

3）见附录 G。

道路机动车辆灯泡数据活页 类型:D1S,D2S,D3S 和 D4S 灯头:PK32d-2,P32d-2,PK32d-5 和 P32d-5	DxS/5

单位为毫米

电极位置

此项试验用于确定电极相对基准轴和基准面的位置是否正确。

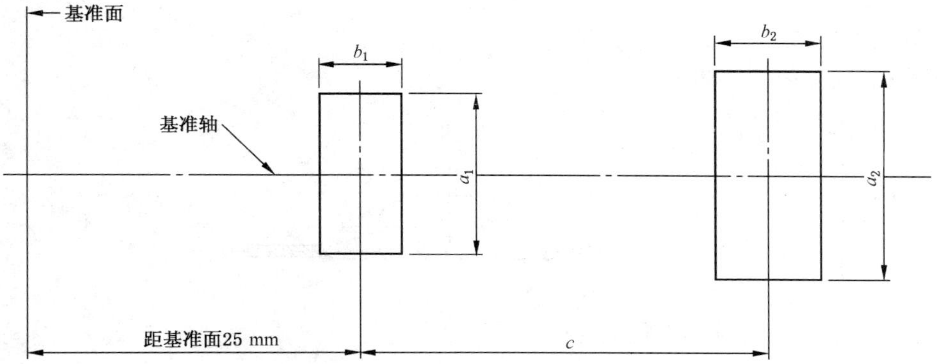

测量方向:放电灯泡侧视图和俯视图

尺寸/mm	产品放电灯泡	标准放电灯泡
a_1	d+0.2	d+0.1
a_2	d+0.5	d+0.25
b_1	0.3	0.15
b_2	0.6	0.3
c	4.2	4.2

d=电极直径,

对于 D1S 和 D2S,$d<0.3$,

对于 D3S 和 D4S,$d<0.4$。

靠近基准面的电极的顶部应位于 a_1 和 b_1 所确定的范围内。远离基准面的电极的顶部应位于 a_2 和 b_2 所确定的范围内。

	道路机动车辆灯泡数据活页 类型：D1S，D2S，D3S 和 D4S 灯头：PK32d-2，P32d-2，PK32d-5 和 P32d-5	DxS/6

电弧的位置和形状

此项试验通过在距基准面 27.1 mm 的横截面内测量电弧的弯曲和扩散，来确定电弧形状及其相对于基准轴和基准面的位置。

电弧形状仅为示意

测量方向：放电灯泡侧视图

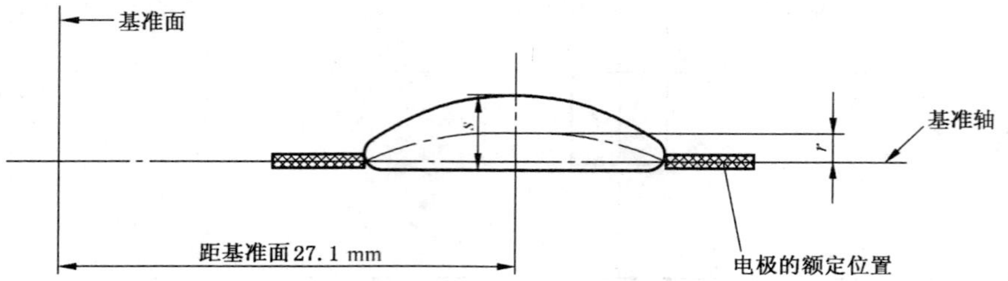

当在如上图所表明的中心横截面内测量相对亮度分布时，最大值应位于距基准轴距离为 r 的范围内，最大值的 20 %的点应位于 s 内。

尺寸/mm	产品放电灯泡	标准放电灯泡
r	0.50±0.40	0.50±0.20
s	1.10±0.40	1.10±0.25

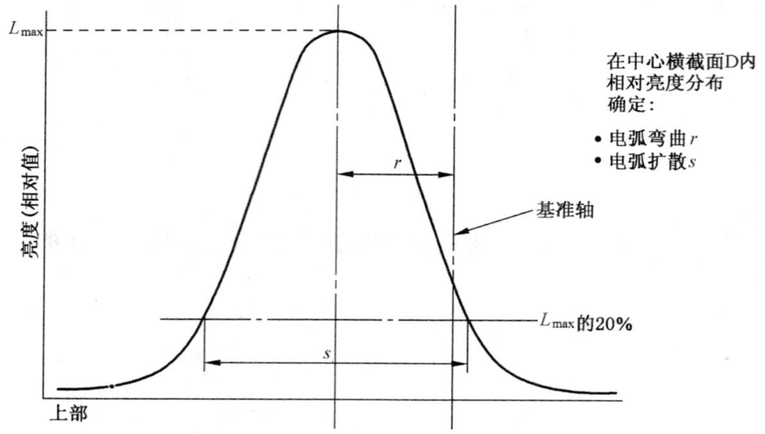

附 录 A
（规范性附录）
灯丝的形状、长度及位置

A.1 在灯丝灯泡的数据活页上表明了灯丝形状的情况下，灯丝即应具有与之基本相同的形状。

A.2 如果在灯丝灯泡的数据活页上，灯丝作为一个点来表示，则灯丝形状可任意选择，而灯丝的光中心应按图 A.2 的规定予以确定。

A.3 线状灯丝的正确位置和形状，应按有关灯丝灯泡数据活页中的规定进行检验。应在 90%～100% 的试验电压下进行测量。测量的灯丝灯泡应处在正常的工作位置。

A.4 双螺旋灯丝可按单螺旋灯丝对待，假定它的一次螺旋就是单螺旋灯丝的钨丝。

A.5 灯丝端部圈定义为在投影内完全处于正确的螺旋角的首圈和末圈，但在有关的灯丝灯泡数据活页中另有规定者除外。如果一圈的螺距不超过平均螺距的 150%，即被认为处于正确的螺旋角内。

A.6 线状灯丝的端点，在灯丝丝脚的角度不超过 90°的情况下，由灯丝首圈和末圈投影的顶端位置所确定，但在有关灯丝灯泡数据活页中另有规定者除外(见图 A.1)。

A.6.1 对于轴向灯丝，顶点的极限位置应被考虑为将灯丝灯泡绕其基准轴旋转，直至达到最远位置。

A.6.2 对于横向灯丝，应使灯丝轴位于与投影方向相垂直的位置。

A.7 灯丝长度的确定

灯丝长度是指 A.6 条中规定的(见图 A.1)灯丝两端的距离，可根据灯丝类型，或平行于基准轴或垂直于基准轴进行测量，但在有关灯丝灯泡数据活页中另有规定者除外。

A.8 灯丝偏离值

在灯丝位置通过偏离值定位的情况下，灯丝偏离值定义为 A.5 条中规定的灯丝端部圈与实际灯丝轴各交点到灯丝基准线之间的距离(见图 A.1)，但在有关灯丝灯泡数据活页中另有规定者除外。

A.9 横向偏差值

在灯丝位置通过横向偏差值定位的情况下，横向偏差值定义为基准轴或面与按 A.2 条规定而确定的灯丝中心之间的距离，横向偏差值大多数情况下，在两个相互垂直的平面内给出。此两项偏差值再加上光中心高度的允差决定着灯丝中心相对于 X、Y、Z 坐标系统的偏差值(见图 A.3)。但在有关灯丝灯泡数据活页中另有规定者除外。

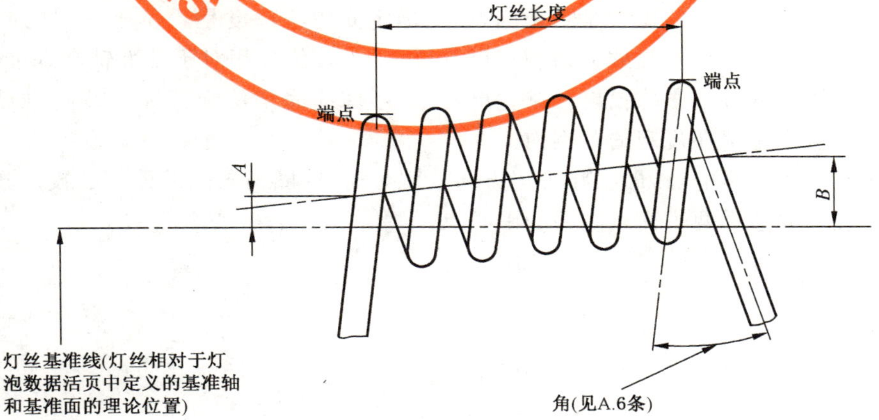

图 A.1 各端点、灯丝长度和灯丝偏离值(A 和 B)的确定

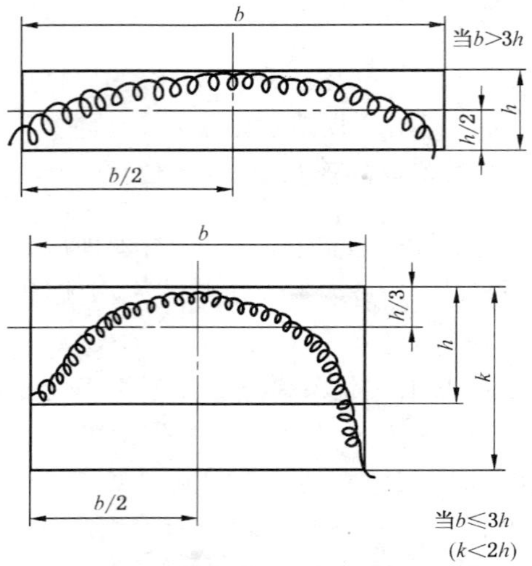

图 A.2 灯丝中心的确定

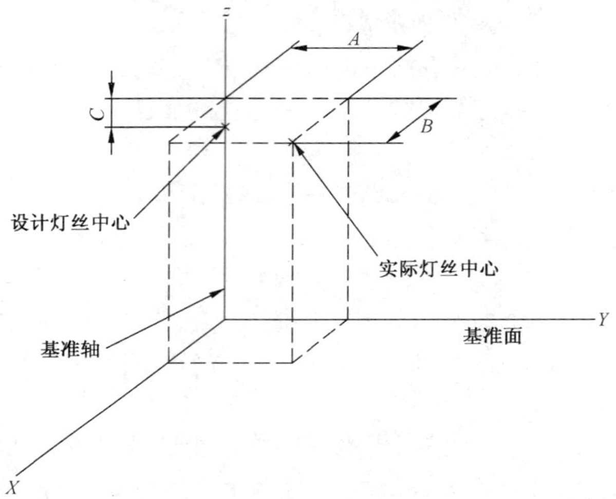

图 A.3 灯丝横向偏差值(*A* 和 *B*)以及光中心高度允差(*C*)的确定

A.10 灯丝定位检验系统(箱式系统)

某些具有线状灯丝的灯丝灯泡,其灯丝的形状和位置利用被称之为箱式系统的装置来检验。该系统用于确定灯丝相对于基准面的位置是否正确,以及确定光中心高度是否位于一定的允差内。将有关灯丝灯泡数据活页中给出的允差经放大绘制在试验屏幕上,其位置相对于基准轴和基准面必须正确,然后将具有同样放大倍数的灯丝影像投射在试验屏幕上,影像应完全位于目标区域内,如果需要的话,灯丝的端点或中心也应完全落在规定的范围内。

灯丝端点被定义为这样的点,即当在给定方向上观察时,首圈与末圈的外侧的投影与灯丝基准线的相交点。灯丝中心即为这样两个交点之间的中心点。

附 录 B
（规范性附录）
灯丝灯泡颜色的测量方法

B.1 总则

测量应对成品灯泡进行。具有起到滤色作用的第二层(外)玻壳的灯丝灯泡应如具有单一玻壳的灯丝灯泡同样对待。

试验应在23℃±5℃的环境温度下进行。

试验应在有关的灯泡数据活页规定的试验电压下进行。

测量时灯丝灯泡最好处在正常的工作位置。

每次试验开始之前，灯丝灯泡应在试验电压下工作10 min，使其温度达到稳定。

B.2 颜色

颜色试验应使用能够确定接收光的CIE三色度坐标的测量系统进行，准确度为±0.002。

测量三色度坐标应使用色度接收器，在不小于5°和不大于15°角所对的正圆锥内进行积分，圆锥的顶点在灯丝的中心。

B.3 测量方向

B.3.1 概述

首先，接收器应垂直于灯泡轴和灯丝轴（或对于曲线灯丝为灯丝平面）定位。在测量开始后，接收器应围绕灯丝灯泡以约30°角的双向步长移动，直至覆盖B.3.2或B.3.3规定的范围。测量应在每一位置进行。然而，当接收器的中心线与灯丝轴重合时，测量不必进行。

B.3.2 用于前照灯的灯丝灯泡

对用于前照灯的灯丝灯泡，测量应在围绕灯丝灯泡的方向上进行，接收器窗口的中心线定位在相对垂直于灯泡轴的平面±30°角之内，原点位于灯丝的中心（见图B.1）。对具有双灯丝的灯丝灯泡，原点应位于远光灯丝的中心。

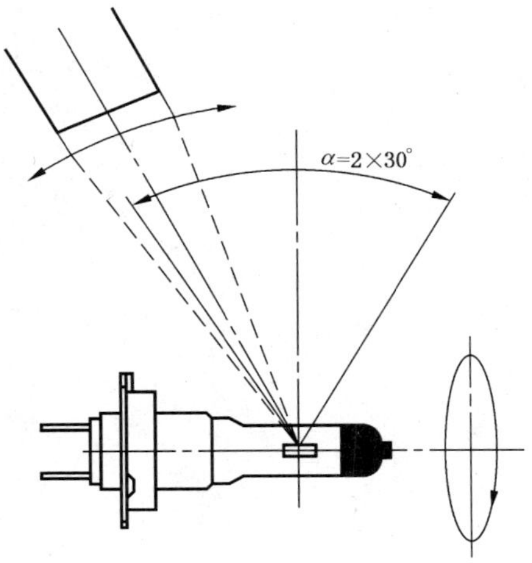

图 B.1 测量前照灯的灯泡时色度接收器的位置示意图

B.3.3 用于光信号装置的灯丝灯泡

对用于光信号装置的灯丝灯泡，测量应围绕灯丝灯泡随机进行，被灯丝灯泡的灯头覆盖的区域，包括临近的过渡区域除外(见图 B.2)。对具有双灯丝的灯丝灯泡，原点应位于高功率灯丝的中心。

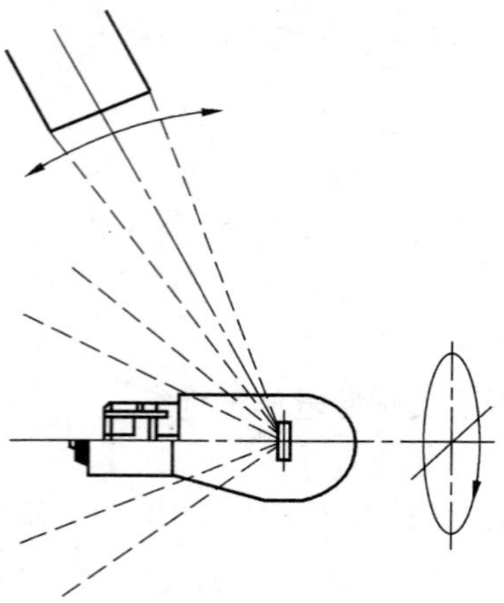

图 B.2 测量光信号装置中的灯泡时色度接收器的位置示意图

附 录 C
（规范性附录）
光电性能的试验条件

C.1 灯丝灯泡应在试验电压下老炼约 1 h。试验电压在有关的灯丝灯泡数据活页中表明。对双灯丝灯泡，每条灯丝应分别老炼。

C.2 应在试验电压下进行光电性能的测量。

C.3 测量电性能时应使用精确度合乎要求的仪器（根据 IEC 60051，不低于 0.2 级）。

C.4 光通量测量应在一适宜的球形光度计内进行。

附　录　D
（规范性附录）
R2 灯泡内部零件的测量方法

D.1　一般试验条件

D.1.1　灯丝灯泡应处在水平正常工作位置下测量，基准槽在下。

D.1.2　每条灯丝应在试验电压下（分别）老炼 1 h，测量灯丝前应首先在试验电压下工作至少 2 min。

D.1.3　测量灯丝要在试验电压下进行。

D.2　基准轴、基准面和用于测量的面

D.2.1

基准轴

基准轴是一条与基准面垂直且通过灯头环直径 45 mm 圆的圆心的直线。

D.2.2

基准面

由灯头环底座各点形成的平面。

D.2.3

V—V 面

垂直于基准面，包含基准轴和定位槽中心线的平面。

D.2.4

H—H 面

垂直于基准面和 V—V 面且包含基准轴的平面。

D.2.5

X—X 面

垂直于基准面，包含基准轴，并相对于 H—H 面，从玻壳顶部看向着定位槽顺时针转动 15°角而形成的平面。

D.2.6

Y_1—Y_1 面

平行于基准面并距其 30 mm 的平面。

D.2.7

Y_2—Y_2 面

平行于基准面且距其 33 mm 的平面。

注：如果灯丝非常短，Y_2—Y_2 面与灯丝不可能有交点的情况下，则把 Y_2—Y_2 面朝 Y_1—Y_1 面方向移动直到有交点，这些交点就是必须测量的 MP_{13} 和 MP_{14} 测量点。

D.3　观察方向（见图 D.1）

D.3.1

观察方向①

垂直于 V—V 面，从配光屏左侧边缘的一边看。

D.3.2

观察方向②

垂直于 H—H 面，从定位槽相反的一边看。

D.3.3

观察方向③

平行于 X—X 面和基准面，从转 15°角的配光屏右侧的一边看。

D.4 测量点(MP)

应测量在图 D.2 中规定的下列各点。测量应在垂直于各自观察方向上进行。

观察方向①：

MP_1 和 MP_{12}　配光屏边缘的轮廓同 Y_1—Y_1 面和 Y_2—Y_2 面的交点。

MP_2 和 MP_{13}　近光灯丝外轮廓距 H—H 面最远的上边缘同 Y_1—Y_1 面和 Y_2—Y_2 面的交点。

注：如果灯丝非常短，Y_2—Y_2 面与灯丝不可能有交点的情况下，则把 Y_2—Y_2 面朝 Y_1—Y_1 面方向移动直到有交点，这些交点就是必须测量的 MP_{13} 和 MP_{14} 测量点。

MP_4 和 MP_8　近光灯丝的首末发光圈各自的外侧同配光屏轮廓的交点。

MP_5　由 MP_{11} 点确定的螺旋圈的顶点。

MP_{11}　远光灯丝的中心，即

——对弧形灯丝，指距离基准面最远螺旋圈的中心。

——对横向或至少是部分横向灯丝，指中间螺旋圈的中心。

观察方向②：

MP_7　由 MP_{11} 点确定的螺旋圈中心。

MP_6 和 MP_{14}　近光灯丝轴同 Y_1—Y_1 面和 Y_2—Y_2 面的交点。

MP_9 和 MP_{10}　配光屏凹下去部分的边缘同 Y_2—Y_2 面的交点。

注：MP_5 和 MP_7 也许不能从观察方向②看到，那样的话，两点将从相反的方向测量。

观察方向③：

MP_3 和 MP_{15}　配光屏的 15°角弯曲部分的轮廓同 Y_1—Y_1 面和 Y_2—Y_2 面的交点。

D.5 测量尺寸

下表列出了需要测量的尺寸，值和允差在本部分有关 R2 灯丝灯泡数据活页(R2/3)中给出。

距　离	测量垂直于平面	观察方向	尺　寸
MP_1 到 MP_{11}	H—H	1	a
MP_1 到 H—H	H—H	1	b_1/30.0[1)]
MP_{12} 到 H—H	H—H	1	b_1/33.0[1)]
MP_3 到 X—X	X—X	3	b_2/30.0[1)]
MP_{15} 到 X—X	X—X	3	b_2/33.0[1)]
MP_9 到 V—V	V—V	2	p/33.0[1)]
MP_{10} 到 V—V	V—V	2	q/33.0[1)]
MP_2 到 MP_1	H—H	1	c/30.0[1)]
MP_{13} 到 MP_{12}	H—H	1	c/33.0[1)]
MP_6 到 V—V	V—V	2	h/30.0[1)]
MP_{14} 到 V—V	V—V	2	h/33.0[1)]
MP_4 到基准面	基准面	1	e
MP_4 到 MP_5	基准面	1	f
MP_7 到 V—V	V—V	2	g
MP_4 到 MP_8	基准面	1	l_c

1)　在距离基准面为斜线后用 mm 表示的距离处测量。

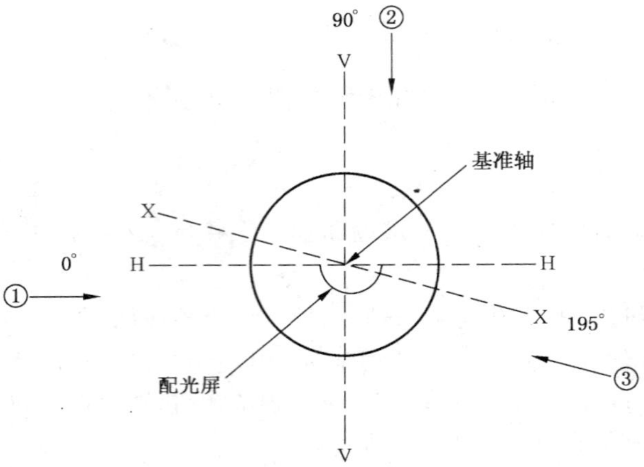

图 D.1 观察方向,从灯泡顶部看

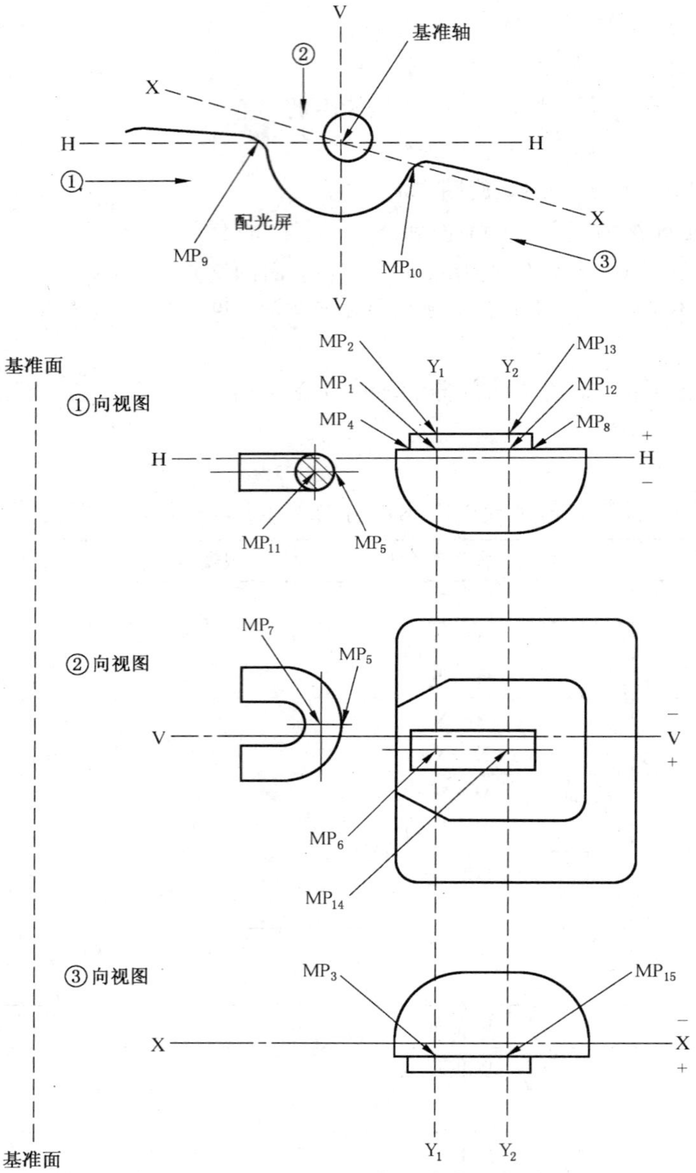

图 D.2 R2 灯泡测量点位置

附　录　E
（规范性附录）
H4 和 HS1 灯泡内部零件的测量方法

E.1　一般试验条件

E.1.1　灯丝灯泡应处在水平正常工作位置下测量，基准卡爪在上。

E.1.2　每条灯丝应在试验电压下（分别）老炼约 1 h。测量灯丝前应首先在试验电压下工作至少 2 min。

E.1.3　测量灯丝要在试验电压下进行。

E.2　基准轴、基准面和用于测量的面

E.2.1

基准轴

基准轴是一条与基准面垂直且通过灯头环直径为 M 圆的圆心的直线。

E.2.2

基准面

由三个卡爪的定位点形成的平面。

E.2.3

V—V 面

垂直于基准面，包含基准轴和基准卡爪中心线的平面。

E.2.4

H—H 面

垂直于基准面和 V—V 面，包含基准轴的平面。

E.2.5

X—X 面

垂直于基准面，包含基准轴并相对于 H—H 面背着基准卡爪，从玻壳顶部看顺时针转动 15°角而形成的平面。

E.2.6

Y_1—Y_1 面

平行于基准面并距其 29.5 mm（对 24 V 型式为 30.0 mm）的平面。

E.2.7

Y_2—Y_2 面

平行于基准面并距其 33.0 mm（对 HS1 类型为 31.0 mm）的平面。

E.2.8

Y_3—Y_3 面

平行于基准面并距其 23.5 mm（对 HS1 类型为 25.0 mm）的平面。

E.2.9

Y_4—Y_4 面

平行于基准面并距其 26.0 mm 的平面。

E.2.10

Y_5—Y_5 面

平行于基准面并距其 28.95 mm（对 24 V 型式为 29.25 mm）的平面。

E.3 观察方向(见图 E.1)

E.3.1

观察方向①

垂直于 V—V 面,从配光屏左边的边缘看。

E.3.2

观察方向②

垂直于 V—V 面,从基准卡爪一边看。

E.3.3

观察方向③

平行于 X—X 面和基准面,从配光屏右边的边缘看。

E.4 测量点(MP)

应测量在图 E.2 和 E.3 中规定的下列点。测量应在垂直于观察方向上分别进行。

E.4.1 配光屏和灯丝(见图 E.2)

观察方向①:

MP_1 和 MP_2 远光灯丝轴同 $Y_3—Y_3$ 面和 $Y_4—Y_4$ 面的交点。

MP_3 和 MP_4 配光屏的边缘同 $Y_1—Y_1$ 面和 $Y_2—Y_2$ 面的交点。

MP_5 和 MP_6 近光灯丝距离 H—H 面最远的外轮廓同 $Y_1—Y_1$ 面和 $Y_2—Y_2$ 面的交点。

MP_7 玻壳轴同 $Y_1—Y_1$ 面的交点。

MP_8 和 MP_{11} 近光灯丝的首末发光圈各自的外侧同配光屏边缘的交点。

MP_9 和 MP_{10} 远光灯丝的首末发光圈各自的外侧同该灯丝的中心线(轴线)的交点。

观察方向②:

MP_{12} 和 MP_{13} 远光灯丝轴同 $Y_3—Y_3$ 面和 $Y_4—Y_4$ 面的交点。

MP_{14} 和 MP_{15} 近光灯丝轴同 $Y_1—Y_1$ 面和 $Y_2—Y_2$ 面的交点。

MP_{16} 和 MP_{17} 配光屏的边缘同 $Y_2—Y_2$ 面的交点。

观察方向③:

MP_{18} 和 MP_{19} 配光屏的边缘同 $Y_1—Y_1$ 面和 $Y_2—Y_2$ 面的交点。

E.4.2 顶部暗区(见图 E.3)

观察方向①:

MP_{20} 顶部暗区同平行于 V—V 面并包含玻壳轴的平面的交点。

观察方向②:

MP_{23} 玻壳轴同 $Y_5—Y_5$ 面的交点。

MP_{21} 和 MP_{22} 顶部暗区同平行于 H—H 面并包含玻壳轴的平面的交点。

E.5 测量尺寸

下表列出了要测量的尺寸和角度,值和允差在相应的灯丝灯泡数据活页中给出,H4 类型为 H4/1-5,HS1 类型为 HS1/1-5。

距　离 (见图 E.2)	测　量 垂直于平面	观察方向	尺　寸	
			12 V	24 V
MP_2 到 MP_3	H—H	1	a/26.0	
MP_1 到 MP_3 1)	H—H	1	a/23.5	
MP_3 到 H—H	H—H	1	b_1/29.5	b_1/30.0
MP_4 到 H—H 2)	H—H	1	b_1/33.0	
MP_{18} 到 X—X	X—X	3	b_2/29.5	b_2/30.0
MP_{19} 到 X—X 2)	X—X	3	b_2/33.0	
MP_3 到 MP_5	H—H	1	c/29.5	c/30.0
MP_4 到 MP_6 2)	H—H	1	c/33.0	
MP_7 到 MP_3	H—H	1	d	
MP_8 到基准面	基准面	1	e	
MP_8 到 MP_9	基准面	1	f	
MP_{13} 到 V—V	V—V	2	g/26.0	
MP_{12} 到 V—V 1)	V—V	2	g/23.5	
MP_{14} 到 V—V	V—V	2	h/29.5	h/30.0
MP_{15} 到 V—V	V—V	2	h/33.0	
MP_9 到 MP_{10}	基准面	1	l_R	
MP_8 到 MP_{11}	基准面	1	l_c	
MP_{16} 到 V—V 2)	V—V	2	q/33.0	
MP_{17} 到 V—V 2)	V—V	2	p/33.0	
角 α(见图 E.3)				
MP_{23} 到 MP_{20}	H—H	1	α	
MP_{23} 到 MP_{21}	V—V	2	α	
MP_{23} 到 MP_{22}	V—V	2	α	

1) 对于 HS1 类型，此尺寸应在距基准面 25.0 mm 处测量。

2) 对于 HS1 类型，此尺寸应在距基准面 31.0 mm 处测量。

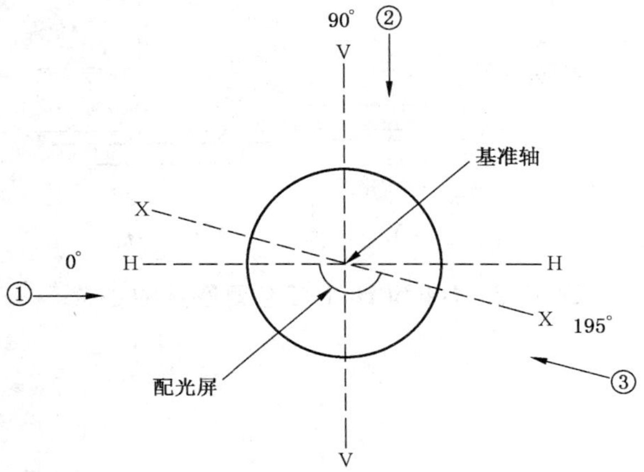

图 E.1　观察方向，从灯泡顶部看

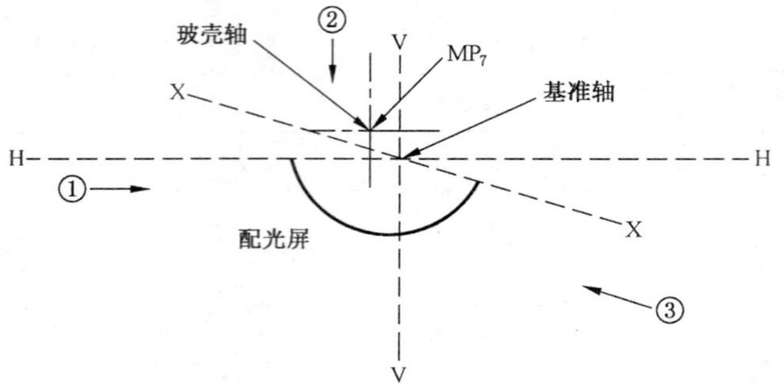

观察方向① $MP_{1,2,3,4,5,6,7,8,9,10,11}$

观察方向② $MP_{12,13,14,15,16,17}$

观察方向③ $MP_{18,19}$

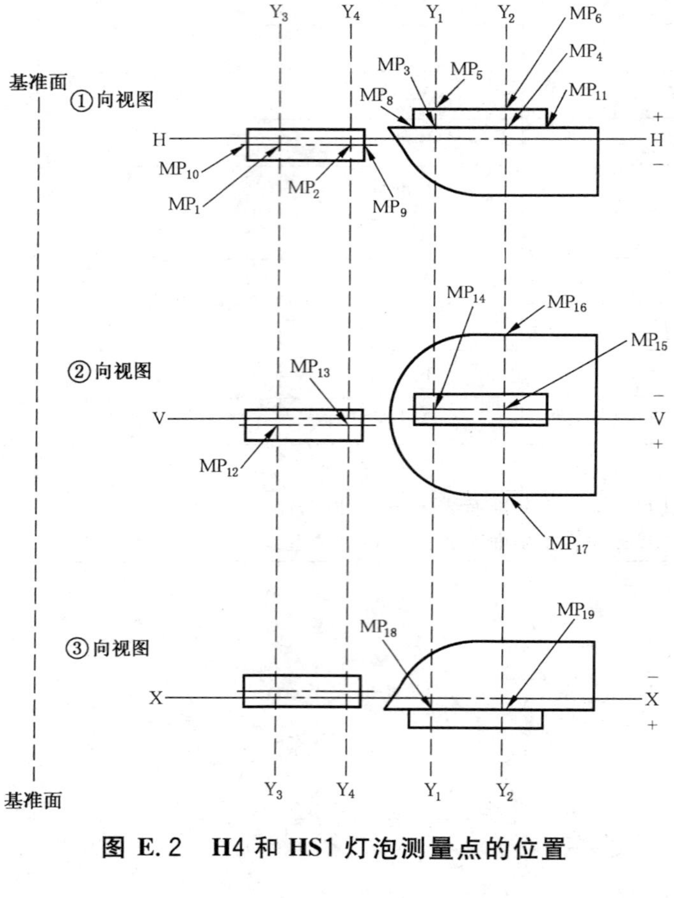

图 E.2　H4 和 HS1 灯泡测量点的位置

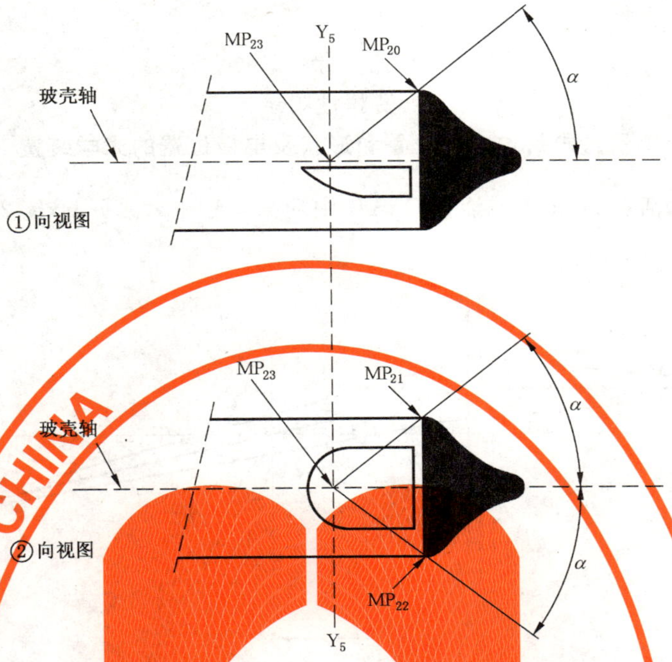

图 E.3 顶部暗区

附 录 F
（资料性附录）
测量放电灯泡电弧位置和形状及电极位置的光学装置[1)]

放电灯泡应分别如活页 DxR/1 或活页 DxS/1 中的图1或图2，活页 DxR/2 或活页 DxS/2 中的图3或图4所示定位：

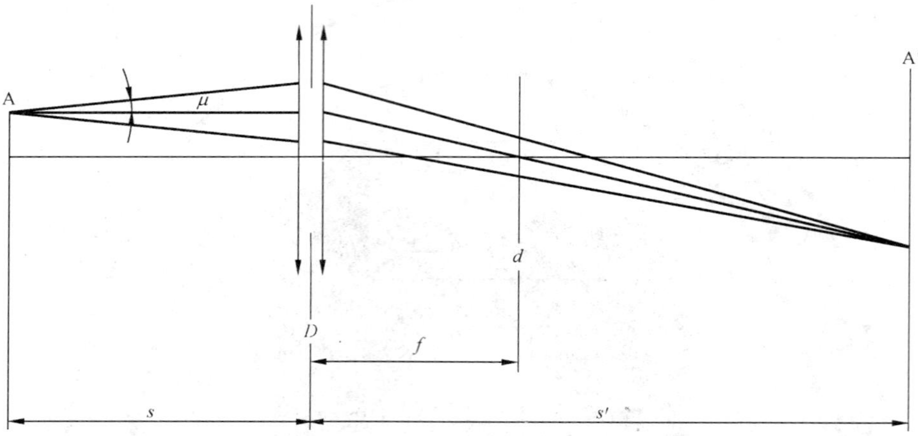

一光学系统应将电弧 A 的实像 A′投影到屏幕上，放大倍数最好为 $M=s'/s=20$。

该光学系统应是消球差和消色差的。在光学系统的焦距 f，光栏 d 将使电弧的投射(光线)几乎与观察方向平行。为达到半发散角不大于 $\mu=0.5°$，焦点光栏的直径应不大于 $d=2_f\tan(\mu)$。

光学系统的有效直径应不大于：

$$D=(1+1/M)d+c+(b_1+b_2)/2$$

（c，b_1 和 b_2 在有关的放电灯泡数据活页中给出）

屏幕上的刻线使得能测量电极的位置。刻线布置的校准可使用另外一个具有平行光束的投影仪实现，该投影仪与一个规相连，规的影像投影到屏幕上。该规应显示出基准轴和与基准面平行且距其“e”mm 的平面。（e 在有关的放电灯泡数据活页中给出）

在屏幕平面上，必须安装一个可在竖直方向沿一直线移动的接收器，该直线对应于距放电灯泡的基准面距离为“e”的平面。该接收器应具有人眼睛的相对光谱灵敏度。接收器的尺寸在水平方向应不大于 0.2Mmm，在竖直方向应不大于 0.025Mmm。（M=放大倍数）

适当的移动范围应使得电弧弯曲 r 和电弧扩散 s 所要求的尺寸能够进行测量。

1） 本方法是测量方法的一个例子，任何具有等价测量准确性的方法可以使用。

附　录　G
（规范性附录）
放电灯泡光电性能的测量方法

G.1　总则

为进行启动、上升和热再触发试验及测量光电性能，放电灯泡应在环境温度为 25℃±5℃的开放空间燃点。

G.2　镇流器

所有试验和测量应使用放电灯泡制造商提供的镇流器进行。用于启动和上升试验的电源应能提供快速上升的高电流脉冲。

G.3　燃点位置

燃点位置应为水平±10°范围内，导线向下。老炼和试验位置应相同。如果灯偶然地在错误的位置燃点，则在测量开始前应再老炼。在老炼和测量过程中，不允许电导体位于直径为 32 mm、长 60 mm 且与基准轴同心的圆柱内。而且杂散磁场应避免。

G.4　老炼

除了启动试验以外，所有的试验应对已老炼最少 15 个周期的放电灯泡进行。一个开关周期如下：45 min 开，15 s 关，5 min 开，10 min 关。

G.5　电源电压

所有试验应在有关的数据活页规定的试验电压下进行。

G.6　启动试验

启动试验应对未老炼且在试验前至少 24 h 未使用的放电灯泡进行。

G.7　上升试验

上升试验应对在试验前至少 1 h 未使用的放电灯泡进行。

G.8　热再触发试验

放电灯泡在试验电压下用镇流器启动且燃点 15 min。然后，关闭镇流器的电源电压，关闭时间按有关的数据活页规定，而后再打开电源。

G.9　光电性能试验

在任何测量前，放电灯泡应稳定 15 min。

G.10　颜色

放电灯泡的颜色应在积分球内使用能够显示接收光的 CIE 色度坐标的测量系统进行测量，准确度为±0.002。

图 G.1 表明了白色光的颜色允差范围和对于放电灯泡 D1R，D1S，D2R，D2S，D3R，D3S，D4R 和 D4S 限定的允差范围。

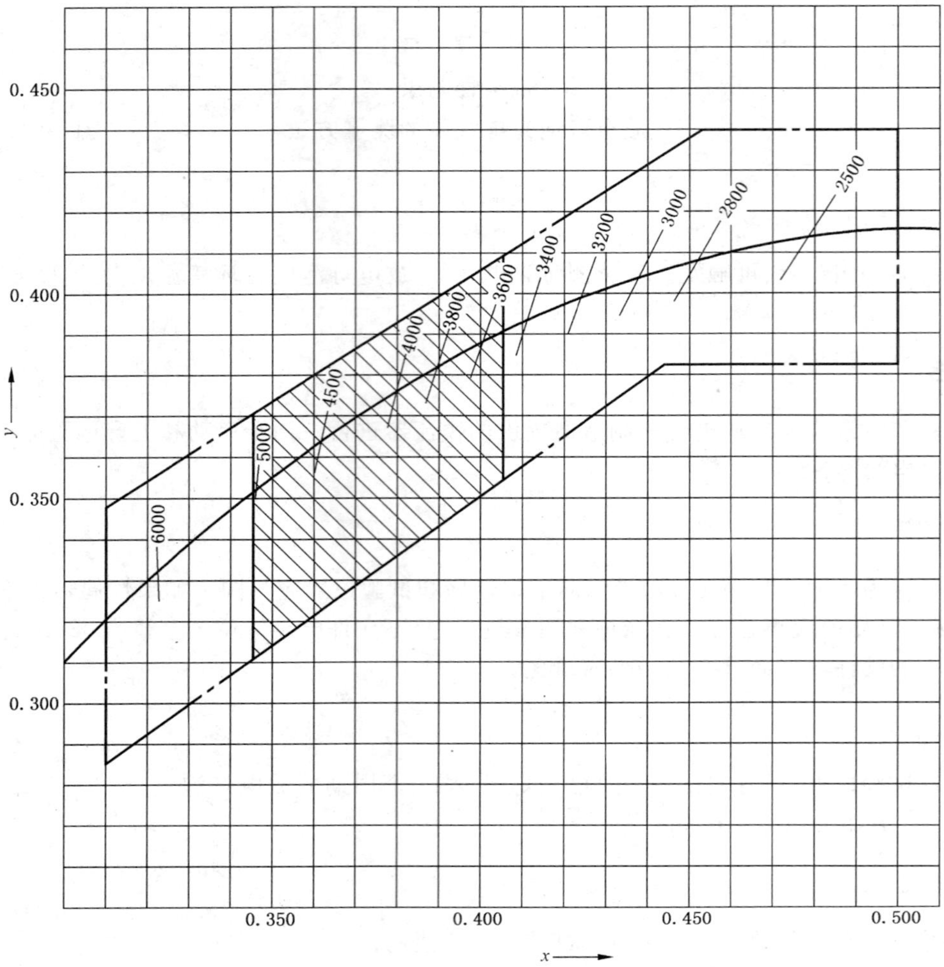
0.450
0.400
0.350
0.300
y
0.350
0.400
0.450
0.500
x
6000
5000
4500
4000
3800
3600
3400
3200
3000
2800
2500

图 G.1 允差范围

附　录　H
（资料性附录）
灯泡类型及其应用综述 1) 2) 3)

机动车辆灯泡								自行车灯泡
用于前照灯和/或前雾灯的灯泡					用于信号灯的灯泡			
灯丝灯泡				放电灯泡				
双灯丝灯泡		单灯丝灯泡			双灯丝灯泡	单灯丝灯泡		
汽车和卡车	摩托车和轻便摩托车	汽车和卡车	摩托车和轻便摩托车					
R2　—2 110	S1　—2 140	H1　—2 310	S3　—2 360	D1S　—7 110	P21/4W　—3 120	C5W　—4 110	B1.13W　3)　—9 310
	S2　—2 150	H2　2)　—2 320		D2S　—7 110	PR21/4W	C21W　—4 120	B0.6W　3)　—9 610
	S4　2)　—2 160	H3　—2 330		D3S	P21/5W　—3 110	H6W　—3 410	B2.4W　3)　—9 620
H4　—2 120		H5　3)　—2 305	HS2　—2 340	D4S	PR21/5W	H21W　—3 420	
H6　3)　—2 125		H7　—2 315	HS3　3)　—2 350	D1R　—7 120	P27/7W　—3 140	P13W	
H13		H8　—2 365		D2R　—7 120	PY27/7W　—3 141	P19W	
H13A	HS1　—2 130	H8B		D3R	PR27/7W	PY19W	
H14	HS5	H9　—2 370		D4R		PR19W	
		H9B				PS19W	
HB1 3)　—2 135		H10　—2 375			W15/15W	PSY19W	
		H11　—2 380			W21/5W　—3 130	PSR19W	
		H11B			WR21/5W	P21W　—3 310	
		H12　—2 385				PY21W　—3 311	
						PR21W	
						P24W	
		H27W/1　—3 430				PX24W	
		H27W/2　—3 430				PY24W	
						PR24W	
		HB3　—2 325				PS24W	
		HB3A　—2 325				PSX24W	
		HB4　—2 335				PSY24W	
		HB4A　—2 335				PSR24W	
						P27W　—3 315	
						R5W　—3 320	
		H1R1　—2 410				RR5W	
		H1R2　—2 420				R10W　—3 330	

表（续）

机动车辆灯泡							自行车灯泡
用于前照灯和/或前雾灯的灯泡					用于信号灯的灯泡		
灯丝灯泡				放电灯泡			
双灯丝灯泡		单灯丝灯泡			双灯丝灯泡	单灯丝灯泡	
汽车和卡车	摩托车和轻便摩托车	汽车和卡车	摩托车和轻便摩托车				
					RY10W RR10W T1.4W —5 010 T4W —3 340 W2.3W —4 305 WY2.3W W3W —4 310 W5W —4 320 WY5W —4 321 WR5W W16W —4 340 W21W —4 330 WP21W WPY21W WY21W		
注：用于汽车的前照灯可以安装在摩托车上。对于灯泡类型的使用限制，也见“灯泡类型及其活页号一览表”中的注。							

1） 灯泡类型后有4位数字活页号的为IEC 60809中类型，除注2）和3）的灯泡外，纳入本部分。灯泡类型后没有四位数字活页号的为ECE R37或ECE R99中类型，尚未纳入IEC 60809，纳入本部分。
2） ECE R37已淘汰的类型。
3） ECE R37中未包含的IEC 60809中的灯泡类型。

附　录 I
（规范性附录）
颜色耐久性测量试验条件

I.1　总则

颜色耐久性测量试验条件应适用于在光信号装置中使用的有色灯丝灯泡。可采用的系列试验条件在表 I.1.a 和 I.1.b 中表明：

——在表 I.1.a 中的开关模式（见 I.6）；

——在表 I.1.b 中的安装灯丝灯泡的试验罩（见 I.5）。

表 I.1　经受颜色耐久性测量的灯丝灯泡可采用的系列试验条件

表 I.1.a　可采用的开关模式

灯　丝　灯　泡		可采用的试验条件
发射光	用于	
琥珀色光	间歇工作	图 I.5
红色光	间歇并连续工作	图 I.6
白色光	连续工作	图 I.7

表 I.1.b　可采用的试验架的罩

灯丝灯泡最大功率[a]	表 I.2 中可采用的试验罩
＞0 W 和≤10 W	A
＞10 W 和≤20 W	B
＞20 W 和≤30 W	C
＞30 W 和≤45 W	D

[a] 功率
——当在试验电压下工作时；
——对于双灯丝灯泡，当两条灯丝同时工作时。
（IEC 60809：额定功率；ECE/R37：功率目标值）

I.2　老炼

灯丝灯泡应在其试验电压下老炼 60 min±5 min。对于双灯丝灯泡，每条灯丝应分别进行老炼。在老炼过程中失效的灯丝灯泡应替换，再对替换灯泡进行老炼。

I.3　试验电压

灯丝灯泡应在有关的灯丝灯泡数据活页规定的试验电压下工作。

I.4　工作位置

灯丝灯泡应在试验架上工作。试验架应水平定位在气候试验箱中，每一试验架周围的温度和相对湿度应如 I.6 条所规定。为促进空气对流，建议使用一风扇。那么，试验架的安装位置应使得灯丝灯泡的玻壳不正对风扇。试验架不应为多层或重叠结构。

I.5 试验架

试验架应由如图 I.1 和 I.2 及表 I.2 所规定的试验罩水平阵列组成。试验罩的正面和底面应开放，其他面应使用 1 mm 厚的不锈钢板封闭。对试验罩阵列，相邻的侧边的总厚度应为 1 mm。灯丝灯泡应安装在其通常的灯座中，灯泡轴和灯丝均处于水平位置，且其相对于试验罩的位置如图 I.1 和 I.2 所规定。在通常的灯座不能承受本附录所规定的温度的情况下，可以采用其他方法按规定固定灯丝灯泡。

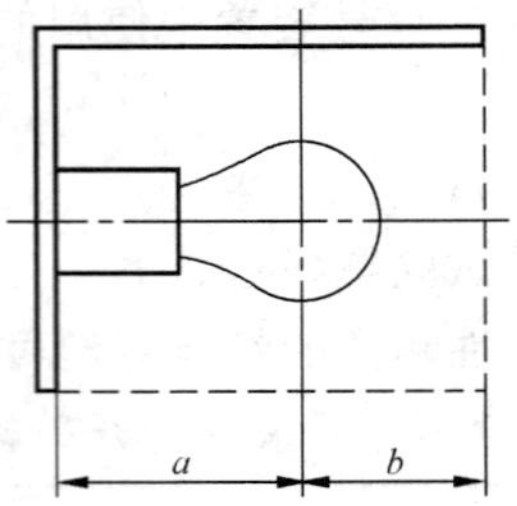

图 I.1 试验罩侧视图

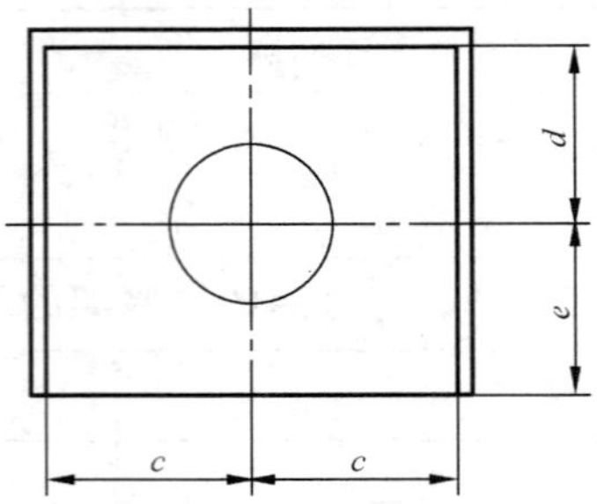

图 I.2 试验罩正视图

表 I.2 可采用的试验罩尺寸及灯丝中心的相对位置

试验罩	a mm	b mm	c mm	d mm	e mm
A	13	11	7.75	8	12
B	28	15	13	14	26
C	42	18	19	19	40
D	42	18	19	19	40

I.6 工作周期

灯丝灯泡应在气候试验箱中工作 10 个周期，每个周期 24 h，在每个周期中按表 I.1、I.3 和 I.4 及图 I.3 至 I.7 的规定，改变温度、相对湿度和开关模式。

表 I.3 一个工作周期的时限

周期开始												周期结束
t_0 h	t_1 h	t_2 h	t_3 h	t_4 h	t_5 h	t_6 h	t_7 h	t_8 h	t_9 h	t_{10} h	t_{11} h	t_{12} h
0	1	5	5:20	7	8	12	12:20	20	21	21:20	23	24

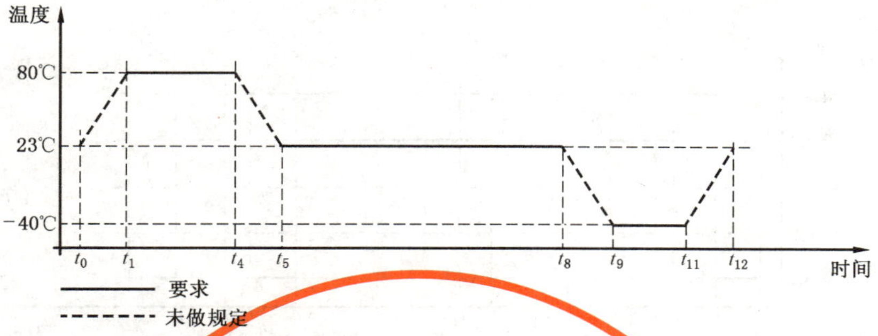

图 I.3　一个工作周期内气候试验箱中的温度

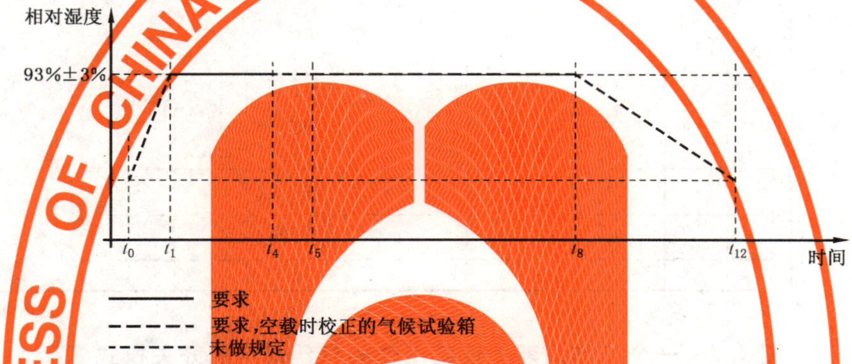

图 I.4　一个工作周期内气候试验箱中的相对湿度

表 I.4　灯丝灯泡的开关模式

模　　式	灯　丝　开　关	模式通用名称
1	关	“关”模式
2	间歇工作 15 s，闪烁频率 90/min，开/关比 1∶1 关 15 s	“间歇”模式
3	间歇工作，闪烁频率 90/min，开/关比 1∶1	“闪烁”模式
4	5 min 开，5 min 关	“间断开”模式
5	开	“开”模式

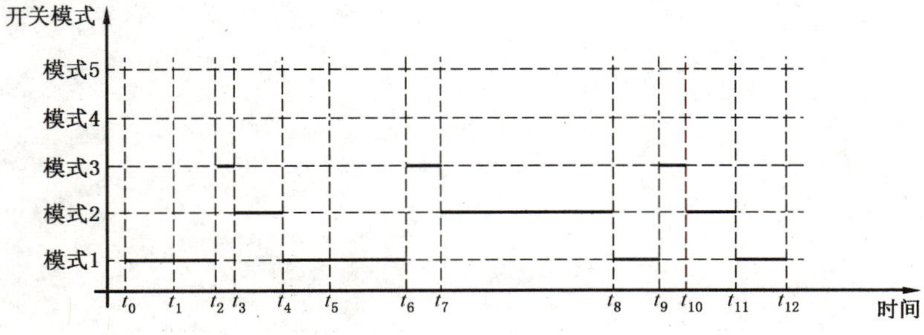

图 I.5　一个工作周期内间歇工作的灯丝灯泡的开关模式

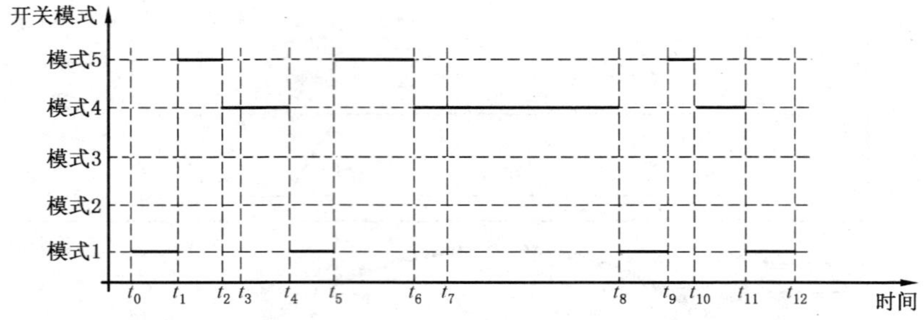

图 I.6　一个工作周期内间歇并连续工作的灯丝灯泡的开关模式

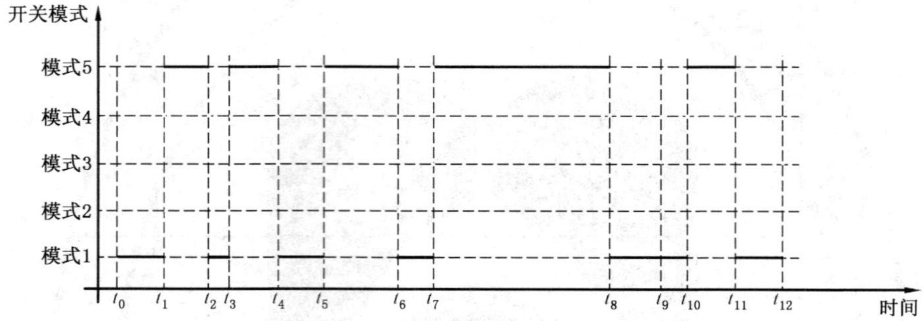

图 I.7　一个工作周期内连续工作的灯丝灯泡的开关模式

I.7　结束

在 10 个工作周期结束后，将灯丝灯泡关闭，在室温为 23℃±2℃下静置至少 2 h。

附 录 J
（规范性附录）
对制造商质量控制程序的最低要求

J.1 总则

如果有关的（灯泡）数据活页以及有关的灯头数据活页中对于产品灯泡规定的允差被满足，则从光度性能（包括 UV 辐射）、几何尺寸、外观质量和电学性能几个方面考虑，认为产品一致性要求是满意的。

J.2 对验证制造商产品一致性的最低要求

对每种型式的灯泡，制造商或商标标志的持有人应依据本部分的规定，以适当的时间间隔进行试验。

J.2.1 试验的性质

对这些规格的一致性检验应包括其光度性能、几何尺寸及光学性能。

J.2.2 试验中使用的方法

J.2.2.1 试验一般依据本部分规定的方法进行。

J.2.2.2 应用 J.2.2.1 要求试验设备的定期校准，以及与主管权威机构所做的测量进行比较。

J.2.3 抽样的性质

灯泡样品应从一均匀批量的产品中随机抽取。一均匀批量指的是一批根据制造商的生产方式确定的相同型式的灯泡。

J.2.4 特性的试验和记录

灯泡应遵循附录 K 表 K.1 中关于特性的分组进行试验并记录试验结果。

J.2.5 认定合格性的准则

制造商或商标的持有者有责任对试验记录进行统计研究，以便满足本部分关于验证产品一致性的规定。

如果附录 K 表 K.1 中给出的每组特性可接受的不合格水平没有超过，则应确认合格。这意味着，对于任何灯泡型式的任一组特性，不符合要求的灯泡数量不超过附录 K 相应的表 K.2、表 K.3 或表 K.4中规定的合格极限。

注：每一单项的灯泡要求应视为一项特性。

附 录 K
（规范性附录）
制造商试验记录的抽样及合格水平

表 K.1 特性（灯丝灯泡）

特性分组	灯泡型式间的试验记录分组[a]	每组 12 个月的最少样品数[a]	每组特性可接受的不合格水平(%)
标志 清晰和耐久性	具有相同外部尺寸的所有型式	315	1
玻壳质量	具有相同玻壳的所有型式	315	1
玻壳颜色	相同设计的所有有色玻壳	315	
灯泡外部尺寸 （不包括灯头）	相同类型的所有型式	200	1
灯头尺寸	相同类型的所有型式	200	6.5
与内部零件相关的尺寸[b]	一种型式的所有灯泡	200	6.5
初始读数： 功率和光通量[b]	一种型式的所有灯泡	200	1
颜色耐久性试验	同一涂覆工艺的所有有色灯泡	20[c]	1

[a] 评价一般应包括单个工厂的系列产品灯丝灯泡。制造商可以把几个工厂的相同型式的记录组合在一起，条件是这些工厂在相同的质量体系和质量管理下生产。

[b] 就灯丝灯泡具有一个以上内部零件（灯丝、配光屏）的情况而言，特性（尺寸、功率、光通量）的分组分别适用于每一个零件。

[c] （样品）有代表性地分布于采用相同涂色工艺和涂层的各灯泡类型，包括外玻壳直径最小和最大的灯泡，每一种为最高的标称功率。

表 K.2 特性（放电灯泡）

特性分组	放电灯泡型式间的试验记录分组[a]	每组 12 个月的最少样品数[a]	每组特性可接受的不合格水平(%)
标志 清晰和耐久性	具有相同外部尺寸的所有型式	315	1
玻壳质量	具有相同玻壳的所有型式	315	1
外部尺寸 （不包括灯头）	相同类型的所有型式	315	1
电弧和遮光带的位置及尺寸	相同类型的所有型式	200	6.5
启动、上升和热再触发	相同类型的所有型式	200	1
灯电压和功率	相同类型的所有型式	200	1
光通量、颜色和紫外辐射	相同类型的所有型式	200	1

[a] 评价一般应包括单个工厂的系列产品放电灯泡。制造商可以把几个工厂的相同型式的记录组合在一起，条件是这些工厂在相同的质量体系和质量管理下生产。

基于每组特性试验结果的不同数量，可接受的合格极限列于表 K.3，给定为不合格的最大数量。此极限基于可接受的不合格水平为 1%，假定接受的概率至少为 0.95。

表 K.3　基于每组特性试验结果的不同数量，可接受的合格极限

每个特性的试验结果的数量	可接受的合格极限
～200	5
201～260	6
261～315	7
316～370	8
371～435	9
436～500	10
501～570	11
571～645	12
646～720	13
721～800	14
801～860	15
861～920	16
921～990	17
991～1 060	18
1 061～1 125	19
1 126～1 190	20
1 191～1 249	21

基于每组特性试验结果的不同数量，可接受的合格极限列于表 K.4，给定为不合格的最大数量。此极限基于可接受的不合格水平为 6.5%，假定接受的概率至少为 0.95。

表 K.4　基于每组特性试验结果的不同数量，可接受的合格极限

记录中灯泡数量	合格极限	记录中灯泡数量	合格极限	记录中灯泡数量	合格极限
～200	21	541～553	47	894～907	73
201～213	22	554～567	48	908～920	74
214～227	23	568～580	49	921～934	75
228～240	24	581～594	50	935～948	76
241～254	25	595～608	51	949～961	77
255～268	26	609～621	52	962～975	78
269～281	27	622～635	53	976～988	79
282～295	28	636～648	54	989～1 002	80
296～308	29	649～662	55	1 003～1 016	81
309～322	30	663～676	56	1 017～1 029	82
323～336	31	677～689	57	1 030～1 043	83
337～349	32	690～703	58	1 044～1 056	84
350～363	33	704～716	59	1 057～1 070	85
364～376	34	717～730	60	1 071～1 084	86
377～390	35	731～744	61	1 085～1 097	87
391～404	36	745～757	62	1 098～1 111	88
405～417	37	758～771	63	1 112～1 124	89
418～431	38	772～784	64	1 125～1 138	90
432～444	39	785～798	65	1 139～1 152	91
445～458	40	799～812	66	1 153～1 165	92
459～472	41	813～825	67	1 166～1 179	93
473～485	42	826～839	68	1 180～1 192	94
486～499	43	840～852	69	1 193～1 206	95
500～512	44	853～866	70	1 207～1 220	96
513～526	45	867～880	71	1 221～1 233	97
527～540	46	881～893	72	1 234～1 249	98

基于每组特性试验结果的不同数量，可接受的合格极限列于表 K.5，给定为试验结果的百分数。假定接受的概率至少为 0.95。

表 K.5 基于每组特性试验结果的不同数量，可接受的合格极限

每个特性试验结果的数量	以试验结果的百分数表明的合格极限 可接受的不合格水平 1%	以试验结果的百分数表明的合格极限 可接受的不合格水平 6.5%
1 250	1.68	7.91
2 000	1.52	7.61
4 000	1.37	7.29
6 000	1.30	7.15
8 000	1.26	7.06
10 000	1.23	7.00
20 000	1.16	6.85
40 000	1.12	6.75
80 000	1.09	6.68
100 000	1.08	6.65
1 000 000	1.02	6.55

附 录 L
(规范性附录)
权威管理机构进行现场检验的最低要求

L.1 总则

如果有关的(灯泡)数据活页以及有关的灯头数据活页中对于产品灯泡规定的允差被满足,则从光度性能、几何尺寸、外观质量和电学性能几个方面考虑,认为产品一致性要求是满意的。

L.2 如果试验结果符合本部分附录M,则批量生产的灯泡的一致性应是无争议的。

L.3 如果试验结果不符合本部分附录M,则一致性应是有疑义的,应要求制造商进行满足要求的生产。

L.4 如果适用本附录第L.3章,则另外的250只灯泡样品,应在两个月内从近期生产的产品中随机抽取。

附 录 M
（规范性附录）
现场检验的合格条件

合格性是否通过，应根据表 M.1 中的值决定。对于每组特性，灯泡被通过或拒绝，依据表 M.1 中给出的值。[1)]

表 M.1

样品	1%[a]		6.5%[a]	
	接受	拒绝	接受	拒绝
第一次样品数量:125 如果不合格数量大于 2 (11)并小于 5 (16)，再抽 125 只样品，对 250 只进行评价。	2 6	5 7	11 26	16 27
a 灯泡应遵循附录 K 表 K.1 中关于特性的分组进行试验并记录试验结果。				

1) 设计此表用于评价灯泡的合格性，可接受的不合格水平分别为 1% 和 6.5%，它是依据 IEC 60410《特性检验的抽样方法和程序》中的正常检验的二次抽样方法而编制的。

ICS 13.080
B 11

中华人民共和国国家标准

GB/T 15772—2008
代替 GB/T 15772—1995

水土保持综合治理　规划通则

Comprehensive control of soil and water conservation—General rule of planning

2008-11-14 发布　　　　2009-02-01 实施

中华人民共和国国家质量监督检验检疫总局
中国国家标准化管理委员会　发布

前　言

本标准代替 GB/T 15772—1995《水土保持综合治理　规划通则》。

本标准与 GB/T 15772—1995 相比，作如下修改：

a） 完善了规划体系，并进一步明确了本标准的适用范围和各级各类规划的隶属关系；

b） 原标准 3.2.3 编制土地利用规划，改为土地利用评价；

c） 原标准中小流域规划改为小流域初步设计，并去掉原标准中小流域规划条目；

d） 增加环境影响评价条目；

e） 将水土保持区划，改为水土保持分区；

f） 有关工程措施条目参照 GB/T 16453—2008《水土保持综合治理　技术规范》；

g） 技术经济计算指标参照 GB/T 15774—2008《水土保持综合治理　效益计算方法》；

h） 进一步明确了附录中水土流失调查内容、方法和工作底图比例尺。

本标准的附录 A、附录 B、附录 C、附录 D 和附录 E 均为资料性附录。

本标准由水利部提出。

本标准由水利部国际合作与科技司归口。

本标准起草单位：水利部水土保持司、水利部水土保持监测中心、黄河水利委员会上中游管理局、黄河水利委员会农村水利水土保持局、长江水利委员会水土保持局、松辽水利委员会农田水利处、珠江水利委员会农田水利处、海河水利委员会农田水利处、淮河水利委员会农田水利处、北京林业大学水土保持学院。

本标准主要起草人：郭廷辅、刘万铨、周录随、张凤洲、戚赉棣、范起敬、王志凯、郭索彦、鲁胜力、宁堆虎、张长印、赵永军、陈法扬、余新晓、丛佩娟、常丹东、冯伟、李琦。

本标准所代替标准的历次版本发布情况为：

——GB/T 15772—1995。

引　言

GB/T 15772—1995 已经实施十余年，对我国的水土保持综合治理规划起到了重要的指导作用。随着我国社会经济的发展和农村产业结构的变化，水土保持工作的内容、性质等方面也发生了深刻的变化。为了适应新形势下的水土保持工作，进一步规范水土保持规划，根据水利部国际合作与科技司、水土保持司的统一安排，对 GB/T 15772—1995 进行了修订。

水土保持综合治理　规划通则

1　范围

本标准规定了编制水土保持综合治理规划的任务、内容、程序、方法、成果整理等的基本要求。

本标准适用于全国、流域、行政区等所辖不同面积的水土保持规划。专项规划参照执行。

2　规范性引用文件

下列文件中的条款通过本标准的引用而成为本标准的条款。凡是注日期的引用文件，其随后所有的修改单(不包括勘误的内容)或修订版均不适用于本标准，然而，鼓励根据本标准达成协议的各方研究是否可使用这些文件的最新版本。凡是不注日期的引用文件，其最新版本适用于本标准。

GB/T 15774—2008　水土保持综合治理　效益计算方法

GB/T 21010　土地利用现状分类

3　总则

3.1　规划的任务

3.1.1　编制规划应贯彻"预防为主，全面规划，综合防治，因地制宜，加强管理，注重效益"的水土保持方针。本规划通则以治理为主。

3.1.2　应在综合调查的基础上，根据当地农村经济发展方向，合理调整土地利用结构和农村产业结构，针对水土流失特点，因地制宜地配置各项水土保持措施，提出各项措施的技术要求。

3.1.3　应分析各项措施所需劳工、物资和经费，在规划期内(小面积 3 a～5 a，大面积 5 a～10 a)安排好治理进度，预测规划实施后的效益，提出实施规划的保证措施。

3.2　规划内容与程序

3.2.1　综合调查从以下几方面着手：

3.2.1.1　调查分析规划范围内的基本情况，主要包括自然条件、自然资源、社会经济情况、水土流失特点等内容。

3.2.1.2　调查总结水土保持工作成就与经验。包括开展水土保持的过程，治理现状(各项治理措施的数量、质量、效益)，水土保持(技术措施经验和组织领导经验)，存在问题和改进意见等。

3.2.2　水土保持分区应根据规划范围内不同地区的自然条件、社会经济情况和水土流失特点，划分若干个不同的类型区，并按不同类型区，分别提出不同的土地利用规划和防治措施布局。

3.2.3　土地利用评价应根据规划范围内土地利用现状与土地资源评价，考虑人口发展情况与农业生产水平、发展商品经济与提高人民生活的需要，研究评价农村各业(农、林、牧、副、渔)用地和其他用地的数量和位置，作为部署各项水土保持措施的基础。

3.2.4　防治措施规划应根据不同土地利用现状和不同的水土流失特点，分别采取不同的防治措施。

3.2.4.1　对林地、草地等水土流失轻微但有潜在流失危险(坡度在 15°以上)的地方，应采取"预防为主"的保护措施。

3.2.4.2　对有轻度以上土壤侵蚀的坡耕地、荒地、沟壑和风沙区，应分别采取相应的治理措施，控制水土流失，并利用水土资源发展农村经济。

3.2.4.3　规划应包括以下内容：

a)　提出各个不同类型地区不同的防治措施。

b)　在每一类型区内至少有一条典型小流域初步设计或实施效果。

c) 典型小流域的条件是：地形、降雨、土壤(地面组成物质)、植被、水土流失、人口密度、土地利用结构和农村产业结构等，在本类型区有代表性，同时水土保持实施效果较好。

d) 根据工作需要，还应提出重点治理地区与重点治理项目。

3.2.5 环境影响评价从以下方面着手：

3.2.5.1 现状与影响分析应包括以下主要内容：

a) 叙述并分析规划区面源污染、江河水质、生态环境等相关环境因子的现状。

b) 分析、预测和评估规划实施后对环境可能造成的影响，预测与评估哪些影响是可接受的，哪些影响是需要预防与改善的。

3.2.5.2 应提出针对环境影响采取的预防或者减轻不良环境影响的对策和措施。

3.2.5.3 应作出规划区环境影响评价的结论。

3.2.6 分析技术经济指标应包括投入指标、进度指标和效益指标。三项指标应互相关联，根据投入确定进度，根据进度确定效益。

3.2.7 整理规划成果应按上述内容，写出规划报告，同时完成必要的附图和附表。

4 水土保持综合调查

4.1 调查目的

4.1.1 通过综合调查，了解规划范围内的自然条件、自然资源、社会经济情况、水土流失特点和水土保持现状(成就、经验和问题)。

4.1.2 综合调查的主要成果，应经过文字、图表的加工整理，纳入水土保持规划报告，作为其中一个重要的组成部分；全面系统地阐明规划的科学依据与工作基础。

4.1.3 大面积水土保持规划应通过综合调查进行分区，划分类型区；根据各区的不同特点，分别采取不同的生产发展方向和防治措施布局。

4.2 调查前的准备

4.2.1 调查前应制定统一的调查提纲和相应的调查表格，紧紧围绕编制水土保持规划的需要，安排调查的项目和内容。

4.2.2 调查时间较长、参加单位人员较多时，应根据需要，在调查前举办培训。全体调查人员通过培训，应明确调查的目的、要求、内容和方法。

4.3 调查内容

4.3.1 自然条件：包括气候、水文、地貌、土壤、植被等，重点是地形、降雨、风、土壤(地面组成物质)、植被等五项因素，以及温度、霜等其他气象因素。

4.3.2 自然资源：着重土地资源、水资源、生物资源、光热资源、矿藏资源等。

4.3.3 社会经济情况：着重人口、劳力、土地利用、农村各业生产、粮食与经济收入(总量和人均量)、燃料、饲料、肥料情况、群众生活水平、人畜饮水情况等。

4.3.4 水土流失情况：着重各类水土流失形态的分布、数量(面积)、程度(侵蚀量)、危害(对当地和对下游)、原因(自然因素与人为因素)等。

4.3.5 水土保持现状：着重各项治理措施的数量、质量、效益、开展水土保持的主要过程和经验、教训。

4.3.6 水土保持信息库建设：着重信息采集、传输与储存。

4.3.7 各项调查的具体内容和方法参见附录A。

4.4 调查要求

4.4.1 对规划中需要的内容，应集中主要力量和时间，全面完整收集，不应遗漏；对于与规划无关或关系不大的项目和内容，不应安排。

4.4.2 调查中应逐项填写调查表，并勾绘有关草图。调查中收集的各方面的资料，应情况真实，数据可靠。

4.4.3 小流域水土保持综合调查，应对流域内的主要分水岭、干沟和主要支沟逐坡、逐沟以及逐乡、逐村地进行详查，按调查项目和内容，取得第一手资料。

4.4.4 大中流域（或省、地区、县）水土保持综合调查，应根据有关资料，将调查范围划分为若干不同的类型区，在每一类型区内各选一条有代表性的小流域，按上述要求进行详细调查，并结合各区面上的普查，得出大面积的综合调查成果（大中流域分区原则与方法步骤，将在第5章中规定）。

4.4.5 在大面积水土保持规划综合调查中，应充分运用有关科研和业务部门的专业调查成果或分区成果。对这些部门取得的大范围的地貌、土壤（地面组成物质）、植物、气象、农业、林业、畜牧等成果，应经过分析，吸取其与水土保持规划有关的内容。在综合调查初期，就应索取上述有关成果，或邀请各有关部门人员参加调查，在调查过程中对原有成果应进行验证和补充。

4.4.6 当综合调查邀请有关部门（地理、地质、土壤、植物、气象、农业、林业、畜牧等）专业人员参加时，应根据统一的调查提纲进行；如各有关部门对其本专业的调查有某些方面要求较高，某些项目和内容与水土保持规划无关或关系不大，但也确有某些水土保持规划需要的内容时，此时应根据调查提纲，在各有关专业单项调查报告基础上，吸取其与水土保持有关部分，同时补充其不足部分。

4.5 调查成果

4.5.1 文字报告，包括综合调查总报告和各专项调查报告。

4.5.2 附表和附图参见附录A。

4.5.3 照片、录像和录音。

5 水土保持分区

5.1 分区任务

5.1.1 根据区内相似性和区间差异性原则，将规划范围划分为若干个不同的类型区。

5.1.2 应以自然条件、自然资源、社会经济情况、水土流失特点等因素为依据，研究不同类型区的生产发展方向和防治措施布局。

5.2 分区原则

5.2.1 同一类型区内，各地的自然条件、自然资源、社会经济情况、水土流失特点应有明显的相似性；不同类型区之间，其自然条件、自然资源、社会经济情况、水土流失特点应有明显的差异性。其相似性和差异性均应有定量的指标反映。

5.2.2 同一类型区内的生产发展方向（或土地利用方向）与防治措施布局应基本一致；不同类型区之间的生产发展方向与防治措施布局应有明显的差异。

5.2.3 应以影响水土流失和生产发展的主导因素作为划分不同类型区的主要依据。不同情况下，主导因素应有所侧重。

5.2.3.1 在自然条件中，对水土流失和生产发展起主导作用的因素应着重地貌、水文、气象、土壤、植被等。在地貌因素中，应明确划分山区、丘陵与平原（地面坡度组成不同）；在水文、气象因素中，应明确划分多雨区与少雨区；在土壤因素中，应明确划分土类、岩石、沙地；在植被因素中，应明确划分林区、草原与无植被山丘。

5.2.3.2 在自然资源中，对水土流失和生产发展起主导作用的因素应着重土地资源、水资源、生物（特别是植物）资源、光热资源和矿藏资源。并应明确划分这五项资源的丰富区与贫乏区。

5.2.3.3 在社会经济情况中，对水土流失和生产发展起主导作用的因素，应着重人口密度、人均土地、人均耕地、土地利用现状、农村各业生产和群众生活水平等。

5.2.4 在坚持上述分区原则基础上，应适当照顾行政分区的完整性；同时每一类型区应集中连片，不应有“飞地”或“插花地”。

5.3 分区的主要内容

5.3.1 各个类型区的界限、范围、面积和行政区划。

5.3.2 各类型区的自然条件,着重说明以下因素:

5.3.2.1 地貌:宏观上说明各区的山地、丘陵、高原、平原、阶地等不同地貌;微观上说明地面坡度组成、沟壑密度等定量指标。

5.3.2.2 水文:说明各区的年均雨量、汛期雨量、降雨的年际分布与季节分布、暴雨情况、干旱缺雨情况等。

5.3.2.3 气象:温度、无霜期、风力、霜冻、冰雹等自然灾害。

5.3.2.4 土壤:说明各区的土类、岩石、沙地的分布、农业土壤的主要物理化学性质等。

5.3.2.5 植被:说明各区的林地(天然林与人工林)、草地(天然草地与人工草地)分布情况、植被覆盖度、主要树种、草种等。

5.3.3 各类型区的自然资源,着重说明以下因素:

5.3.3.1 土地资源:各区的耕地、林地、牧草地、未利用土地等各类土地的总量、人均量、土地质量、生产能力。

5.3.3.2 水资源:各区的地面水、地下水、总量、人均量、耕地平均量。

5.3.3.3 生物资源:各区能提供用材、果品、药用、编织、淀粉、调料、观赏等用途的植物和有开发价值的动物。

5.3.3.4 光热资源:各区的日照数、辐射热量、大于等于10 ℃积温。

5.3.3.5 矿藏资源:各区的煤、铁、铜、铝、石油、天然气等矿藏资源的分布、数量和开采情况。

5.3.4 各类型区的社会经济情况,着重说明以下因素:

5.3.4.1 各区人口、劳力、人均土地、人均耕地。

5.3.4.2 各区土地利用现状、存在问题。

5.3.4.3 各区农村各业生产情况、经验和问题。

5.3.4.4 各区群众生活水平、人均粮食、人均收入、人畜饮水和燃料、饲料、肥料供需情况。

5.3.5 各类型区的水土流失特点,应着重说明以下方面:

5.3.5.1 各区水土流失主要形式(沟蚀、面蚀、重力侵蚀、风力侵蚀)、侵蚀强度(按侵蚀模数定量指标)、分布情况。

5.3.5.2 各区水土流失造成的危害:包括对当地农村生产、群众生活的危害和对下游淤积水库、河道、造成洪涝灾害等危害。

5.3.5.3 各区水土流失成因:包括自然因素和人为因素(不合理的土地利用、开发建设不注意保持水土,造成新的水土流失等)。

5.3.6 各类型区的生产发展方向与防治措施布局,应着重说明以下方面:

5.3.6.1 各区的生产发展方向,具体表现为土地利用区划,提出各区农、林、牧、副、渔业用地和其他用地的位置和面积比例。

5.3.6.2 各区的防治措施布局:根据各类土地上不同的水土流失形式与强度,有针对性地提出主要防治措施及其配置特点,并简述其依据。

5.4 分区的方法步骤

5.4.1 进行水土保持综合调查,应根据调查结果划定各类型区的界限,分别调查各区的自然条件、自然资源、社会经济情况、水土流失特点和水土保持现状等。

5.4.2 应将调查中收集的有关专业的分区成果(包括农业、林业、畜牧、水利、自然地理、土壤侵蚀等分区成果)作为水土保持分区的重要依据之一。

5.4.3 在上述调查中,除进行各类型区的面上普查外,还应在每一类型区内选一有代表性的典型小流域(面积20 km^2～50 km^2)进行详查,将普查与详查情况点面结合,互相验证。

5.4.4 根据上述调查情况,结合区域性经济发展与流域性开发治理,研究提出不同类型区的生产发展方向与防治措施布局。

5.4.5 整理分区成果。按5.3规定的内容，编写水土保持分区报告，并附有关图表。分区成果应作为大面积水土保持规划的重要组成部分，也可以独立运用。

5.5 分区的分级要求

5.5.1 根据规划范围分区可分为：国家级、大流域级（以上两级都跨省）和省级、地区级、县级等五个层次，各级的精度要求不同。省级及以上高层次的分区着重宏观战略，相对粗略些；地区级及以下低层次的分区应能具体指导实施，要求精度较高些。在国家级和省级分区中属同一类型区的，在地区级和县级分区中可能还需再划分为两个以上的类型区。

5.5.2 根据影响因素可分为：一级分区（类型区）、二级分区（亚区）、三级分区（小区）。在省以上大面积分区中，当一级分区不能满足工作需要时，应考虑二、三级分区。

5.5.2.1 一级分区应以第一主导因素为依据，二、三级分区以相对次要的其他因素为依据。

5.5.2.2 多数情况下以地貌为第一主导因素，一级分区分山地、丘陵、高原、平原等；二、三级分区则以微地貌、地面组成物质、降雨、植被、气候、耕垦指数等相对次要的因素为依据。

5.5.2.3 如一级分区为山地，二级分区根据海拔高度不同可分高山、中山、低山；如一级分区为丘陵，二级分区根据地面坡度不同可分缓坡丘陵、陡坡丘陵等。

5.5.3 在同一类型区（一级区）内不同的二、三级区，其生产发展方向与防治措施布局在基本相近的基础上，还应有某些具体差异。

5.6 分区的命名

5.6.1 分区命名的目的是反映不同类型区的特点和应采取的主要防治措施，在规划与实施中能更好地指导工作。命名的组成有二因素、三因素、四因素三类，不同层次的分区，应分别采用不同的命名。

5.6.2 二因素命名，由地理位置和各区地貌和土质特点二因素组成，一般适用于省及省以上高层次的分区。如在全国水土保持工作分区中，有东北黑土区、西北黄土区、南方红壤丘陵区等。

5.6.3 三因素命名，在上述二因素基础上，再加侵蚀强度，共三因素组成，一般适用于省以下较低层次的区划。如某省或某地区的水土保持分区中，有北部红壤丘陵严重侵蚀区、南部冲积平原轻度侵蚀区等。

5.6.4 四因素命名，在上述三因素基础上，再加防治方案，共四因素组成。一般适用于省级以下较低层次的分区。如：北部红壤丘陵严重侵蚀坡沟兼治区、南部冲积平原轻度侵蚀护岸保滩区等。

5.7 分区成果

5.7.1 水土保持分区报告：阐明分区依据、各区特点、分区分级和命名。

5.7.2 水土保持分区图：反映各区位置，范围和分区分级。一级分区线比二级分区线粗一倍，二级分区线比三级分区线粗一倍。

6 土地利用评价

6.1 评价目的

6.1.1 通过土地利用评价，对农、林、牧等各业用地和其他用地的数量和位置进行合理安排，在此基础上科学地布署各项治理措施。

6.1.2 通过土地利用评价，对原来土地利用不合理的进行有计划的调整。

6.2 评价原则

6.2.1 无论是大面积还是小面积的水土保持评价，首先应充分运用当地农业部门或土地管理部门现有的土地利用调查、规划等成果，并按水土保持综合治理的要求，对其不足部分进行补充。

6.2.2 无现成土地利用调查、规划成果的地区，可参见附录B进行全面的土地利用评价。

6.3 评价方法与步骤

6.3.1 土地利用现状应作为水土保持综合调查中一项重要内容，着重了解农村各业用地的情况和存在问题，分析产生问题的原因，提出解决问题的办法。

6.3.2 在土地资源普查(大面积)或详查(小面积)基础上,可参照附录B中表B.1的10项“评价指标”进行土地资源评价,并将规划区内全部土地分为6个等级,作为确定农村各业用地的依据。

6.3.3 研究农村经济与生产发展方向。在当地区域经济发展规划指导下,以市场经济为导向,研究规划区的农村经济与生产发展方向,作为制定土地利用评价的依据。

6.3.4 进行各业用地评价。这是土地利用评价的主体,其中重点是确定农、林、牧业用地的数量和位置。对原来土地利用不合理的,应进行有计划的调整。

6.3.5 土地利用评价的具体方法步骤参见附录B。

6.4 评价成果

6.4.1 土地利用评价报告:应阐明评价的依据和各业用地评价情况,其主要内容作为水土保持规划报告的一部分。

6.4.2 附图:土地利用现状图与土地利用评价图。

6.4.3 附表:土地利用结构调整情况表,参见附录B中的表B.2。

7 水土保持治理措施规划

7.1 综合治理措施的总体布局

总体布局应包括措施平面配置与实施顺序安排两个方面,每个方面又各有小流域规划和大、中流域规划两个层次的不同要求。

7.2 综合治理措施的平面配置

7.2.1 小流域综合治理的措施配置应遵循的原则

7.2.1.1 以整个小流域为规划对象,流域四周分水岭为界,不受行政区划(县、乡、村)的限制,进行全面规划,建成完整的防御体系。

7.2.1.2 根据流域内各类土地的适宜性和发展生产的需要,确定土地利用规划;根据土地利用规划,在不同利用的土地上分别配置相应的治理措施:在宜农的坡耕地配置梯田(梯地)与保土耕作措施,在宜林宜牧的荒地上配置造林种草与育林育草,根据需要在坡耕地和荒地配置各类小型蓄排工程,在各类沟道配置各项治沟措施,做到治坡与治沟、工程与林草紧密配合,协调发展,互相促进。

7.2.1.3 治理保护与开发利用相结合。根据各类土地防治水土流失的需要,因害设防地部署各项治理措施;而各类治理措施的产品又应满足群众生产、生活需要,并适应市场经济的要求。通过梯田、坝地等基本农田建设,应解决群众粮食问题;通过造林、种草和育林、育草和营造果园、经济林,应解决群众燃料、饲料、肥料问题,并与当地区域经济发展规划结合,建成商品生产基地,发展市场经济,促进群众脱贫致富奔小康。

7.2.1.4 小流域各项治理措施的平面配置,应逐项到位,落实到措施规划图上(一般应以土地利用规划为基础,有的可与之结合),明确反映各项措施的具体位置和数量,并作出典型设计,便于实施。

7.2.1.5 不同类型地区的小流域,其治理措施各有不同,应因地制宜。不能千篇一律,生搬硬套。

7.2.2 大中流域综合治理的措施配置应遵循的原则

7.2.2.1 应根据不同类型区确定各区的生产发展方向及水土保持措施总体布局。

7.2.2.2 根据规划范围内不同区的水土流失特点和开展工作的需要,确定重点防护区、重点监督区与重点治理区,并应符合下列规定:

a) 大面积连片的森林和草原,应列为重点防护区,制定和实施防止破坏林草植被的规划。
b) 资源开发和基本建设规模较大,破坏地面造成严重水土流失的,应列为重点监督区,实施监督执法,要求有关单位作好水土保持规划,与主体工程同步实施。

7.2.2.3 大中流域的土地利用规划和农村生产方向,应当与所在省和地区的区域经济发展方向一致,并纳入区域经济体系,其治理措施配置应为区域经济的发展服务。

7.2.2.4 大中流域规划的实施,应在总体规划基础上,以小流域为单元,分期分批进行。小流域规划中措施配置的原则，在大中流域实施治理进程中均应遵循。

7.3 综合治理措施的实施顺序

7.3.1 小流域综合治理措施的实施顺序安排应遵循的原则

7.3.1.1 应先治坡面，后治沟底；先治支毛沟，后治干沟；先治上游，后治下游。在某些具体情况下，需要采取相反的作法时，应经过科学论证，确定其技术上可行，经济上合理，方可采用。

7.3.1.2 应先治投入少、见效快、收益大的地方。有的措施虽然投入较多、见效较慢，但对小流域的生产和治理有全局性重大影响，经过科学论证也应优先安排。

7.3.1.3 规划中对实施顺序上相互影响的措施，应根据其相互关系妥善安排。对广种薄收农业（粮食）用地偏多、而造林种草土地偏少的地方，应通过修基本农田，提高粮食单产，促进陡坡退耕，造林种草。修建基本农田、退耕陡坡、造林种草三者的实施顺序应紧密配合，逐年交错进行。

7.3.2 大中流域综合治理的实施顺序安排应遵循的原则

7.3.2.1 应根据各个类型区水土流失特点和开发利用的效益，确定其实施顺序。对水土流失严重，影响当地群众生产生活和淤积下游水库、河道，危害较大的地区，应优先安排实施；对虽然危害不大，但投入少，开发利用效益大的地区，也应优先安排。

7.3.2.2 对革命老区、少数民族地区、边远地区和贫困山区（简称老、少、边、贫地区）的实施，应优先安排。

7.3.2.3 经过研究确定为重点治理区的，应优先安排。如重点治理区面积较大，还应根据上述原则，选"重点中之重点"优先安排。

7.3.2.4 在规划范围内分期分批实施的小流域，同样应根据上述原则，确定第一、二批优先实施顺序；但应同时适当考虑大致均匀分布在不同的行政区划，避免过分集中。

7.4 各项治理措施规划

7.4.1 坡耕地治理措施规划

7.4.1.1 梯田（梯地）规划应包括修梯田地段选定、类型确定、道路规划、地块布设、田埂利用等内容。陡坡区（15°以上）与缓坡区（5°以下）应有不同要求，因地制宜区别对待。

7.4.1.2 保土耕作规划应包括改变微地形的保土耕作（沟垄种植，抗旱丰产沟等）、增加地面被覆的保土耕作（草田轮作、间作套种等）、提高土壤入渗与抗蚀能力的保土耕作（深耕、深松等），各地应根据不同条件因地制宜地配置。

7.4.2 荒地治理措施规划

7.4.2.1 水土保持造林应主要在水土流失的土地上实施，应做到适地适树，既能保持水土，防止侵蚀，改善生态环境，又能解决群众的燃料、饲料、肥料，并增加经济收入。

7.4.2.2 水土保持种草应主要在水土流失的土地上实施，同时结合畜牧业的发展，选种抗逆性强的优良饲草。

7.4.2.3 封禁治理规划应包括封山育林与封坡育草两方面。对原有残存疏林应采取封山育林措施，对需要改良的天然牧场可采取封坡育草措施。

7.4.3 沟壑治理措施规划

7.4.3.1 应以"坡沟兼治"为规划原则

在搞好集水区水土保持规划基础上，进行从沟头到沟口，从支沟到干沟的全面治理。

7.4.3.2 沟头防护工程规划

应根据沟头附近地形和来水情况，因地制宜地布设蓄水型或排水型沟头防护工程，防止水流下沟，制止沟头前进。

7.4.3.3 谷坊工程规划

应根据沟底地质和附近的建筑材料情况，因地制宜地布设土谷坊、石谷坊、柳谷坊；合理安排谷坊高度与间距，减缓沟底比降，制止沟底下切。

7.4.3.4 **淤地坝与小水库(塘坝)工程规划**

a) 首先应进行坝系规划,在干沟和支沟中全面、合理地安排淤地坝、小水库和治沟骨干工程,并确定各项工程的实施顺序。

b) 根据淤地坝、小水库、治沟骨干工程三者的不同要求,正确选定每项工程的坝址,确定工程规模。

7.4.3.5 **崩岗治理措施规划**

崩岗是风化花岗岩地区沟壑发展的一种特殊形式,其治理布局原则与沟壑治理相似。

7.4.4 **风沙区治理规划**

7.4.4.1 北部(东北、西北、华北)风沙区治理,应因地制宜地布设沙障、防风固沙林带、农田防护林网、成片造林种草和引水拉沙造田等措施。

7.4.4.2 中部(黄河故道为主)风沙治理,应采取密植杨柳堵住风源、淤土压沙、育草固沙等措施,固定沙丘,改造沙地,发展林果商品生产。

7.4.4.3 东南沿海风沙区治理,应营造大型防风固沙林带和选种适应高温树种,有条件的搞围海造田。

7.4.5 **小型蓄排引水工程规划**

7.4.5.1 **坡面小型蓄排工程**

包括截水沟、蓄水池、排水沟三项措施。截、蓄、排应合理配置,暴雨时应保护坡面农田和林草不受冲刷,并可蓄水利用。

7.4.5.2 **"四旁"小型蓄水工程**

包括水窖、涝池(蓄水池)、塘坝等,主要布设在村旁、路旁、宅旁、渠旁,拦蓄暴雨径流,供人畜饮用,同时可减轻土壤侵蚀。

7.4.5.3 **引洪漫地工程**

a) 有引坡洪、村洪、路洪、沟洪、河洪等五种。其中前三种措施简便易行,暴雨中使用一般措施即可引水入田;后两种应正式规划设计,修建永久性的引洪漫地工程。

b) 引沟洪工程包括拦洪坝、引洪渠、排洪渠等,主要漫灌沟口附近小面积川台地。

c) 引河洪工程包括引水口、引水渠、输水渠、退水渠、田间工程等,主要漫灌河岸大面积川地。

8 技术经济指标计算

8.1 投入指标计算

8.1.1 单项措施投入指标计算

先求得每项措施三个方面的投入定额,再分别乘上各项措施规划期内新增的数量。以梯田为例,可按式(1)、式(2)和式(3)进行计算:

$$N_t = n_t M_t \qquad (1)$$

$$V_t = u_t M_t \qquad (2)$$

$$J_t = j_t M_t \qquad (3)$$

式中:

N_t——投入劳工总量,单位为工日;

n_t——投入劳工定额,单位为工日每公顷(工·日/hm^2);

M_t——规划期新增措施量,单位为公顷(hm^2);

V_t——投入物资总量,单位为吨(t);

u_t——投入物资定额,单位为吨每公顷(t/hm^2);

J_t——投入经费总量,单位为元;

j_t——投入经费定额,单位为元每公顷(元/hm^2)。

8.1.2 综合治理投入指标计算

按上述方法分别算得各项治理措施的投入劳工、物资、经费指标，再将各项措施三方面的指标分别累加，求得综合治理三方面的投入指标。

有关投入计算的具体要求参见附录C。

8.2 进度指标计算

8.2.1 规划期内各项措施的开展面积与保存面积可按式(4)计算：

$$M_c = KM \tag{4}$$

式中：

M_c——某项治理措施的保存面积，单位为公顷(hm^2)；

K——该项措施的保存率，%；

M——某项治理措施的开展面积，单位为公顷(hm^2)。

不同措施在不同地区的保存率不同，应根据各地的自然条件和社会经济情况，通过实际调查分别确定。

8.2.2 年均治理进度(km^2/a)可按式(5)计算：

$$y = \sum M_c / n \tag{5}$$

式中：

y——年均治理进度，单位为平方公里每年(km^2/a)；

$\sum M_c$——规划实施期内各项治理措施保存面积之和，单位为平方公里(km^2)；

n——规划实施期，单位为年(a)。

8.2.3 累计治理程度可按式(6)计算：

$$p = (M_b + \sum M_c) / A_e \tag{6}$$

式中：

p——累计治理程度；

M_b——规划期初原有各项治理措施保存面积，单位为平方公里(km^2)；

$\sum M_c$——规划期内新增各项治理措施保存面积，单位为平方公里(km^2)；

A_e——未治理前规划范围内原有水土流失面积，单位为平方公里(km^2)。

本项计算中各类面积的单位都应将 hm^2 折算为 km^2。有关进度指标的具体要求参见附录C。

8.3 效益指标计算

水土保持的效益指标包括基础效益(保水或调水、保土)、经济效益、社会效益、生态效益四方面，在分别算得四方面效益的基础上，算得其综合治理效益。

有关效益指标计算的具体要求见GB/T 15774。

9 规划成果整理

9.1 规划报告

9.1.1 基本情况

a) 自然条件：地貌、水文、气象、土壤(地面组成物质)、植被。

b) 自然资源：土地资源、水资源、生物资源、光热资源、矿藏资源。

c) 社会经济：人口、劳力、土地利用、农村各业生产情况、群众生活水平。

d) 水土流失：流失形态、程度、分布、危害、成因等。

e) 水土保持：发展过程、治理现状、成就、主要经验、存在问题。

9.1.2 规划布局

a) 指导思想与防治原则：针对规划范围的具体特点和问题，因地制宜地提出不同的指导思想与防治原则。

b) 水土保持分区：大面积规划应进行分区阐述基本特点与发展方向。小面积规划中，如规划范围内几部分情况有明显差异的也应进行分区。

c) 土地利用评价：提出规划依据，明确农、林、牧、副、渔各业用地和其他用地的数量和位置。

d) 治理措施规划：应提出坡耕地、荒地、沟壑、风沙等水土流失地类的防治措施，以及小型蓄排引水工程等辅助措施的具体部署。在大面积规划中，还应分别提出不同类型地区的治理措施组成及其部署的典型小流域规划，作为附件。

9.1.3 技术经济指标

a) 提出规划期间年均治理进度与规划期末累计治理程度，以及相应的各项治理措施数量，并简述计算依据。

b) 提出完成上述治理任务需要投入的劳工、物资和经费，并简述计算依据。

c) 提出完成上述治理任务后可能获得的基础效益(保水或调水、保土)、经济效益、社会效益、生态效益。

9.1.4 保证实施规划的措施

应根据规划范围内的实际情况和存在问题，提出在组织领导、机构、经费、政策、科学研究、技术培训等方面需要采取的具体措施。所提措施应具有针对性、现实性和可操作性。

9.2 附表

9.2.1 基本情况表与规划成果表可参见附录 D 中的 14 个表格，具体运用可参照附录 D 中的 D.2 进行。

9.2.2 主要技术经济指标计算过程表

a) 根据计算工作需要，各地可采取不同表式，以能全面反映计算过程、说明计算依据为原则，本标准不作统一规定。

b) 当技术经济指标计算作为规划的附件时，此项计算过程表应纳入该附件中。

9.3 附图

9.3.1 小面积规划附图

a) 水土流失现状图；

b) 土地利用与水土保持措施现状图；

c) 土地利用与水土保持措施规划图。

图的比例尺为(1∶10 000)～(1∶5 000)。

9.3.2 大面积规划附图

a) 行政区划图；

b) 水系分布图；

c) 水土流失类型分区图(或水土保持工作分区图)；

d) 重点防护区、重点监督区与重点治理区分布图；

e) 重点治理小流域与治理骨干工程分布图。

根据不同的规划面积，附图应分别采取不同的比例尺，见表 1。

表 1 附图的比例尺

规划面积/10^4 km^2	<1	1～10	10～20	20～100
比例尺	(1∶5×10^4)～(1∶10×10^4)	(1∶10×10^4)～(1∶100×10^4)	(1∶100×10^4)～(1∶200×10^4)	(1∶200×10^4)～(1∶400×10^4)

9.3.3 根据需要和可能，大面积规划中应附不同类型地区的典型小流域土地利用评价与水土保持措施规划图。

9.3.4 有条件的还可编制地貌类型图、土壤分布图、植被分布图、降雨分布图、侵蚀模数分布图等附图供深化研究。

9.3.5 附图的图例

9.3.5.1 常规通用图例包括行政区界、村庄、道路、河流等，可按国内一般地图图例绘制。

9.3.5.2 水土保持专业图例，如梯田、坝地、引洪漫地、水土保持林、经济林、果园、人工草地等，参见附录E。

9.4 附件

9.4.1 重点工程的规划设计。对大型淤地坝、治沟骨干工程和小(二)型以上水库等重点工程根据有关技术标准进行专项规划设计，并将其规划设计报告和图纸作为水土保持规划的附件。

9.4.2 大面积规划中不同类型区的典型小流域综合治理规划报告及其有关图表。

9.4.3 大面积规划中重点防护区、重点监督区、重点治理区的专项规划及其有关图表。

9.4.4 投入、进度、效益三项主要技术经济指标(或可行性论证报告)的计算依据与计算过程。

附 录 A
（资料性附录）
水土保持综合调查的内容与方法

A.1 自然条件调查

着重调查地貌、水文和气象、土壤、植物被覆等与水土流失和水土保持有关的项目和内容。

A.1.1 地貌调查

A.1.1.1 宏观地貌调查

a) 调查内容：了解山地（高山、中山、低山）、高原、丘陵、平原、阶地、沙漠等地形以及大面积的森林、草原等天然植被，作为大面积水土保持规划中划分类型区的主要依据之一。

b) 调查方法：首先从现有资料上了解地貌分区，再在调查范围内选几条主要路线进行普查，对分区的界线和各区的范围进行验证。普查中带海拔仪，对各区主要高程点进行验证。

A.1.1.2 微观地貌调查

以小流域为单元进行地形测量；或利用现有的地形图进行有关项目的量算，并在上、中、下游各选有代表性的坡面和沟道，逐坡逐沟地进行现场调查，了解以下情况：

A.1.1.2.1 流域面积（km^2）、流域形状（流域长度和宽度与洪水汇流速度有关）从地形图上量得；海拔高程、最高点与最低点相对高度，一般坡顶与沟底相对高度用海拔仪测得，或从地形图上量得。

A.1.1.2.2 沟道情况调查，着重以下几点：

a) 干沟长度、主要支沟长度。

b) 全流域平均（或分上、中、下游）沟壑密度按式（A.1）计算：

$$D = L/F \qquad \text{(A.1)}$$

式中：

D——流域平均沟壑密度，单位为公里每平方公里（km/km^2）；

L——流域沟道总长度，单位为公里（km）；

F——流域总面积，单位为平方公里（km^2）。

L 与 F 数值要求从比例尺（1∶10 000）～（1∶5 000）的地形图上量得，长度 200 m 以上支沟都应量算。

大面积调查中沟壑密度的计算应以各类型区内典型小流域的计算为准。

c) 流域切割裂度，即沟壑面积占流域总面积的比例。

在地形图上先勾出明确的沟间地与沟谷地的分界线，然后量算沟谷地的面积求得。如上、中、下游不一致，则应分别阐明。

d) 上、中、下游干沟和有代表性主要支沟的比降需用水平仪或手水准，在沟底从下向上逐段测量，或从地形图上量得，并按式（A.2）计算：

$$s = \sum(H_{i+1} - H_i)/\sum L \qquad \text{(A.2)}$$

式中：

s——某干沟沟段或支沟的平均比降，%；

H_i——从下向上第一测点高程，单位为米（m）；

H_{i+1}——从下向上第二测点高程，单位为米（m）；

L——第一、二两个测点间的水平距离，单位为米（m）。

e) 沟底宽度和沟谷坡度。在干沟上、中、下游和重要的、有代表性的支沟，选有代表性的沟段，用皮尺和测坡仪量得。

A.1.1.2.3 坡面情况调查，着重调查坡面长度和地面坡度组成。在流域的上、中、下游各选有代表性的完整坡面或山头，从坡顶到坡脚(或从坡顶到沟边、从沟边到沟底)先在地形图上量算，再到现场用手水准、皮尺等工具量算，进行验证，具体如下：

a) 坡面长度，应量其水平长度。可在地形图上量算，或用皮尺在现场量得斜坡长度，应根据其坡度用三角关系折算为水平长度。在沟壑面积较大地区，先将从坡顶到沟边的坡面长度和沟边到沟底的坡面长度分别量算，再相加得其总长。

b) 地面坡度组成即各级坡度地块面积所占比例。根据各地条件，可采用不同的量法：现场实测、用坡度尺在地形图上量算等。

A.1.1.2.4 现场实测中可用地块累加法或代表断面法，地形图上量算主要采用代表断面法，具体如下：

a) 地块累加法：在一个完整的坡面上，分别量其每一地块的坡度；以各类坡度地块的数量占地块总数的百分数，算得其坡度组成。

b) 代表断面法：在一个坡面上选几个有代表性的断面从坡顶到坡脚(或从坡顶到沟边，从沟边到沟底)结合丈量坡长，从上到下分段量其坡度，每量得一段不同坡度转折处，同时量其坡长与坡度；以各类坡度的长度占坡面总长度的百分数，算得其坡度组成。

c) 坡度组成一般分为五级：小于5°、5°～15°、15°～25°、25°～35°、大于35°。在平缓坡面较多地区，坡度组成可分为六级：小于3°、3°～8°、8°～15°、15°～25°、25°～35°、大于35°。在国际交往中，可将上述各级坡度折算为百分数。

d) 上述测量和计算应将地面坡度与耕地坡度分别列出。坡耕地中大于25°或根据各地不同条件确定需要退耕的应着重列出，供规划实施中采用。

A.1.2 水文和气象调查

A.1.2.1 宏观调查

A.1.2.1.1 降雨

a) 年降雨量。最大年、最小年、多年平均和丰水年、枯水年、平水年各占比例。根据年降雨量等值线，了解其地区分布。

b) 年降雨量的季节分布。特别注意农作物播种、出苗与不同生长期的雨量、汛期与非汛期的雨量。

c) 暴雨。出现季节、频次、雨量、强度(最大、一般)占年雨量比重。

A.1.2.1.2 温度

a) 年均气温、季节分布，最高、最低气温，大于等于10 ℃积温。

b) 无霜期，早霜、晚霜起讫时间。

c) 根据有关等值线了解其地区分布。

A.1.2.1.3 蒸发

a) 了解水面年蒸发量与陆面年蒸发量，根据有关等值线了解其地区分布。

b) 调查中以年蒸发量(陆面)与年降雨量的比值为干燥度(d)。d值大于2.0的为干旱地区；d值小于1.5的为湿润地区；d值在1.5～2.0之间的为半干旱地区。以此为依据划分调查范围的气候分区。

A.1.2.1.4 风

a) 年平均风速，主导风向，主害风向；

b) 风速的季节分布；

c) 最大风速、沙尘暴天数。

A.1.2.1.5 灾害性气候着重调查霜冻、冰雹、干热风等分布的地区、范围与面积、出现的季节与规律、灾害程度等具体情况。

A.1.2.2　微观调查。小面积规划中，在上述各项宏观调查内容基础上，还需补充以下要求：

A.1.2.2.1　引用有关气象站、水文站或水土保持站的气象观测资料时，该站与规划小流域应属于同一个类型区，并且观测站位置与规划小流域之间没有高山阻隔等影响。

A.1.2.2.2　在山区、丘陵区暴雨分布区域性很强的地方，调查中对小流域上、中、下游的暴雨分布应作补充了解，为坝库的规划、设计收集更准确的暴雨资料。

A.1.3　土壤(地面组成物质)调查

A.1.3.1　宏观调查。作为划分不同类型区的主要依据之一，根据现有地理、土壤等科研部门的研究成果作初步划分，然后到现场调查验证，了解其分布范围、面积和变化情况。主要有以下三方面：

A.1.3.1.1　根据山区地面组成物质中土与石占地面积的比例，划分石质山区、土质山区或土石山区。对土层较薄、土地“石化”、“沙化”发展较严重的地方，需了解其土层厚度与每年冲蚀厚度，计算其侵蚀“危险程度”(土层被冲光年代)。划分的标准是：

a)　以岩石构成山体、基岩裸露面积大于70%者为石质山区。

b)　以各类土质构成山体、岩石裸露面积小于30%者为土质山区。

c)　介于二者之间为土石山区，着重了解裸岩面积的变化情况。

A.1.3.1.2　根据丘陵或高原地面组成物质中大的土类进行划分，如东北黑土区、西北黄土区、南方红壤区等，着重了解土层厚度的变化情况。

A.1.3.1.3　根据地面覆盖明沙的程度，确定沙漠或沙地的范围(如我国西北、华北、东北的风沙区，我国中部黄河故道的沙地和东南沿海的沙滩等)。着重了解沙丘移动情况和规律、沙埋面积、厚度及沙化土地扩大情况。

A.1.3.2　微观调查

A.1.3.2.1　用土钻或其他方法取样，进行土壤理化性质等分析，调查坡沟不同部位的土层厚度、土壤质地、容重、孔隙率，氮、磷、钾、有机质含量，了解其对农、林、牧业的适应性，作为土地资源评价依据之一。

A.1.3.2.2　对于需修梯田的坡耕地，重点调查其土层厚度是否能适应修建水平梯田。对于需造经济林或建果园的荒山荒坡，也应调查其土层厚度，以便规划中采取适应的树种和整地工程。

A.1.3.2.3　对需要取土、取石作为修筑坝库建筑材料的地方，对土料场、石料场的情况应作详细调查，了解土料、石料的位置、数量和质量。

A.1.4　植被调查

A.1.4.1　宏观调查。根据自然地理、植物、林业、畜牧等部门的科研成果作初步划分，然后到现场调查验证，着重注意以下问题：

a)　调查天然林区与草原的分布范围(水平分布与垂直分布)、面积、主要树种、林分、草类、群落。

b)　调查树木与草类的生长情况。包括株高与冠幅，特别是林地的郁闭度和草地的盖度，选有代表性地块，分别取样方进行观测并按式(A.3)计算：

$$D = f_d / f_e \quad \cdots\cdots\cdots\cdots (A.3)$$

式中：

D——林地的郁闭度(或草地的盖度)；

f_e——样方面积，单位为平方米(m^2)；

f_d——样方内树冠(草冠)垂直投影面积，单位为平方米(m^2)。

注：样方面积要求乔木林 20 m×20 m，灌木林 5 m×5 m，草地 2 m×2 m。

c)　在上述工作基础上，按式(A.4)计算类型区的林草的植被覆盖度。

$$C = f / F \quad \cdots\cdots\cdots\cdots (A.4)$$

式中：

C——林(或草)植被覆盖度，%；

F——类型区总面积,单位为平方公里(km^2);

f——林地(或草地)面积,单位为平方公里(km^2)。

注:纳入计算的林地(或草地)面积,其林地的郁闭度或草地的盖度都应大于30%。

d) 调查森林和草原的历史演变情况。根据有关专家的历史考证和向当地老人访问,追溯若干年前林草植被分布的范围(水平分布与垂直分布)、面积、生长情况及遭到破坏的年代、情况和原因。

e) 通过调查,应对需列为重点防护区或需采取封育措施的林地和草地提出建议,并明确其位置、范围和面积。

A.1.4.2 微观调查

在小面积规划中,对天然林草和人工林草都应进行现场调查。调查的内容基本上与宏观调查一致,包括林草植被的分布、面积、种类、群落、生长情况和历史演变等。林地的郁闭度、草地的盖度和林草的植被覆盖度的观测方法和计算公式,也与宏观调查一致。

A.2 自然资源调查

A.2.1 土地资源调查

A.2.1.1 调查项目和内容

A.2.1.1.1 土地类型调查。一般按土地所在位置及其地貌特征分类。宏观调查中,应按GB/T 21010区划一类地、二类地;微观调查,在山地中可分山顶地、山腰地、山脚地,在坡地中可分缓坡(小于5°)、中坡(5°～15°)、陡坡(15°～25°)、急陡坡(大于25°),在沟地中可分沟坡地、沟台地、沟底地等。

A.2.1.1.2 土地利用现状调查。分别调查各类用地分布位置与面积、人均各类土地数量,结合土地资源评价,指出土地利用中存在的问题,特别是由于土地利用不合理,导致水土流失和低产、贫困等方面的问题。

A.2.1.1.3 土地资源评价。根据调查范围内各类土地的地貌与地面完整程度、地面坡度、土层厚度、土壤侵蚀、土壤质地、表层土壤有机质含量、石砾含量、盐碱化程度,以及有无灌溉条件等指标,将各类土地分为六个等级,评价其对林、牧各业的适宜性。一般高等级的土地为宜农地,其次为果园和经济林地,再次为牧草地和水土保持林地,参见本标准第6章及附录B。

A.2.1.2 调查方法

A.2.1.2.1 宏观调查。应收集土地管理部门和农、林、牧等部门的普查和分区成果,结合局部现场调查,并在不同类型区内选有代表性的小流域进行具体调查,加以验证。

A.2.1.2.2 微观调查。应与当地农民和乡、村干部结合,用土地详查的办法,一坡一沟地进行调查,着重了解土地资源评价和土地利用现状中存在的问题,为水土保持规划中的土地利用规划打好基础。

A.2.2 水资源调查

A.2.2.1 宏观调查。收集水利部门的水利区划成果和水文站的观测资料,结合局部现场调查验证,着重了解以下内容:

A.2.2.1.1 年均径流深的地区分布。根据河川径流和地表径流等值线图,按不同年均径流深将规划范围划分为不同的径流带,见表A.1:

表A.1 年均径流深的地区分布

径流带	丰水带	多水带	足水带	少水带	缺水带	干涸带
径流深/mm	>800	600～800	200～600	50～200	10～50	<10

A.2.2.1.2 提出各带分布范围与面积、人均水量(m^3/人)和单位面积耕地平均水量(m^3/hm^2)。着重调查人畜饮水困难地区的分布范围、面积,涉及的县、乡、村与人口、牲畜数量,困难具体程度和解决的途径。

A.2.2.1.3 不同类型地区地表径流的年际分布(最大、最小、一般)与年内季节分布(汛期洪水占年总径流的比重)。

A.2.2.1.4 河川径流含沙量(kg/m^3,最大、最小、一般),河川径流利用现状、存在问题与发展前景。

A.2.2.2 微观调查。以小流域为单元,在上、中、下游干沟和主要支沟进行具体调查。调查非汛期的常水流量和汛期中的洪水流量、含沙量,具体如下:

A.2.2.2.1 调查常水流量,选有代表性的断面,用活动三角堰量水槽或当水量很小时用水桶、量杯、秒表等进行量算。

A.2.2.2.2 调查洪水流量,选有代表性的断面,请了解历史情况的人指出洪水痕迹进行量算。

A.2.2.2.3 对于不同频率的暴雨洪水,结合暴雨调查,查阅当地的水文手册,弄清各次洪水的洪峰流量与洪水总量。

A.2.3 生物资源调查

A.2.3.1 调查内容

a) 在植物资源中着重调查可供用材、果品、纤维、编织(含工艺品)、药用、油脂、淀粉、染料、调料、山货、观赏等方面开发利用的树种和草类。

b) 在动物资源中着重调查易于饲养、繁殖、肉皮毛绒等产品在市场上有竞争能力的畜、禽、鱼、虫和珍奇动物。

A.2.3.2 调查方法

a) 宏观调查,从植物、动物、农业、林业、畜牧、水产、综合经营等部门收集有关资料,结合局部现场调查,进行验证。

b) 微观调查,除查阅有关资料外,着重现场调查和向有经验的农民进行访问。

A.2.4 光热资源调查

A.2.4.1 根据气象站、水文站的观测资料,结合农业气象,就光热资源的以下三项主要指标进行调查,作为不同类型区的分区依据之一,具体如下:

a) 年均大于等于 10 ℃的积温,℃;

b) 年均日照时数,h;

c) 年均辐射总量,J/cm^2。

A.2.4.2 微观调查,内容和方法与大面积规划相同。但引用资料的观测站(场)应与规划小流域属于同一类型区,而且二者之间没有高山阻隔等影响。

A.2.5 矿藏资源调查

A.2.5.1 宏观调查中,应向各地各级计划委员会和地质、矿产部门收集有关资料,结合局部现场调查进行验证。着重了解煤、铁、铝、铜、石油、天然气等各类矿藏分布范围、蕴藏量、开发情况、矿业开发对当地群众生产生活和水土流失、水土保持的影响、发展前景等。

A.2.5.2 微观调查中,调查内容与大面积相同。调查方法除查阅有关资料外,应着重对规划范围内各类矿点逐个进行具体调查。对因开矿造成水土流失的,应选有代表性的位置,具体测算其废土、弃石剥离量与年均新增土壤流失量。

A.3 社会经济调查

A.3.1 人口劳力调查

A.3.1.1 调查内容,大面积规划与小面积规划基本一致,具体要求如下:

A.3.1.1.1 人口调查中应着重调查现有人口总量、人口密度、城镇人口、农村人口,农村人口中从事农业(大农业)和非农业生产的人口;各类人口的自然增长率;规划期内可能出现的变化(由于各种原因迁入或迁出);人口素质、文化水平。

A.3.1.1.2 劳力调查中着重现有劳力总数、其中城镇劳力与农村劳力,农村劳力中男、女、全、半劳力,从事农业(大农业)与非农业生产的劳力;从事农业生产劳力中一年实际用于农业生产的时间(d),可能用于水土保持的时间(d),在水土保持中使用半劳动力和辅助劳力的情况。各类劳力的自然增长率,规划期内可能出现的变化。

A.3.1.2　调查方法

A.3.1.2.1　大面积规划,主要从县以上各级民政部门和计划部门收集有关资料,按不同类型区分别进行统计计算。对各类型区劳力使用情况,应选有代表性的小流域进行典型调查。

A.3.1.2.2　小面积规划,主要从乡、村行政部门收集有关资料,按规划范围进行统计计算。如小流域内上、中、下游人口密度和劳力分布等情况不一样,应按上、中、下游分别统计。对其中劳力使用情况,需向群众进行访问,结合在某些施工现场进行调查加以验证。

A.3.2　农村各业生产调查

A.3.2.1　调查内容

a）大面积规划侧重农村产业结构,根据规划范围内各地农村不同的产业结构,提出不同类型区的生产发展方向。

b）小面积规划侧重根据农村产业结构和各业生产中存在的具体问题,研究在规划中采取相应的对策。

A.3.2.1.1　农村产业结构

a）了解农、林、牧、副、渔各业在土地利用面积(hm^2)、使用劳力数量(工·日)、年均产值(元)和年均收入(元)等各占农村总生产的比重。

b）同时调查近年来拍卖“四荒”地(即未治理小流域,包括荒山、荒沟、荒滩、荒丘)使用权情况及其对农村各业生产与水土保持的影响。

A.3.2.1.2　农业生产情况

a）着重调查粮食作物与经济作物各占农田面积、种植种类、耕作水平(每公顷投入劳力、肥料)、不同年景(丰年、平年、欠年)的单产和总产。

b）耕地中基本农田(梯田、坝地、小片水地等)所占比重、一般单产、修建进度、主要经验和问题。

A.3.2.1.3　林业生产情况。着重调查不同林种(水土保持林、经济林、果园等)各占林地面积、主要树种、经营管理情况、生长情况、成活率与保存率、经济收入情况、主要经验与存在问题。

A.3.2.1.4　牧业生产情况。着重调查各类牲畜数量、品种、饲料(饲草)来源、天然牧场与人工草地情况(数量、质量)、载畜量情况(是否超载)、经营管理情况、存栏率与出栏率、经济收入情况、主要经验与存在问题。

A.3.2.1.5　副业生产情况。着重调查副业生产门路(种植、养殖、编织、加工、运输、建筑、采掘、第三产业等)占用劳力数量和时间、经营方式与水平、经济收入、主要经验和问题。

A.3.2.1.6　渔业生产情况。着重调查养鱼水面的类型(水库、池塘或其他)、面积、经营管理情况、单产和总产、主要经验和问题。

A.3.2.1.7　与农村经济发展有关的交通运输、市场贸易、经济信息等情况和问题。

A.3.2.2　调查方法应符合下列规定:

A.3.2.2.1　大面积规划中,从农业、林业、畜牧、水利、水产、综合经营、土地管理等部门收集有关资料,并进行局部现场调查加以验证。

A.3.2.2.2　小面积规划中,除收集并查阅有关资料外,还应在小流域的上、中、下游,各选有代表性的乡、村、农户和农地、林地、牧地、鱼池和各类副业操作现场进行深入的典型调查或抽样调查。

A.3.3　农村群众生活调查应符合的规定:

a）调查内容以人均粮食和现金收入为重点,同时还应了解燃料、饲料、肥料和人畜饮水供需情况。

b）除在规划范围内进行一般调查外,还应选择“好、中、差”三种不同经济情况的典型农户进行重点调查。实施规划后还应跟踪调查,了解其变化情况。

A.3.3.1 人均粮食和收入情况的统计应符合下列规定：

a) 根据当地的粮食总产和收入总量按调查时农村总人口平均计算。人均粮食调查不同年景（丰年、平年、欠年）的情况，人均收入应了解收入来源组成。

b) 大面积规划中，对不同类型地区应分别统计，小流域规划中，如果上、中、下游收入有较大差异亦应分别统计，并说明其原因。

A.3.3.2 燃料、饲料、肥料缺乏问题的调查应符合以下规定：

a) 小面积规划中逐村进行具体调查，大面积规划中对不同类型地区分别选有代表性的小流域进行调查。

b) 调查内容包括燃料、饲料、肥料各自缺乏的程度、有此问题的范围、面积、涉及的农户和人口。

A.3.3.3 人畜饮水困难问题的调查应符合下列规定：

a) 小面积规划中逐村进行具体调查，大面积规划中对不同类型地区分别选有代表性的小流域进行调查。

b) 调查内容包括了解人畜饮水缺乏的程度、范围、面积，涉及的农户、人口和牧畜数量。划分人畜饮水困难的标准是：取水地点距农民住处垂直高差 200 m 以上，水平距离 500 m 以上。

A.4 水土流失（土壤侵蚀）调查

A.4.1 水土流失情况调查

A.4.1.1 水土流失调查应着重调查不同侵蚀类型及其侵蚀强度的分布面积、位置与相应的侵蚀模数，并据此推算调查区的年均侵蚀总量。

A.4.1.1.1 水力侵蚀调查包括面蚀与沟蚀两项：

a) 面蚀调查包括细沟侵蚀和浅沟侵蚀。

b) 沟蚀调查包括沟头前进、沟底下切与沟岸扩张三方面。调查中应分别了解其年均侵蚀数量。

A.4.1.1.2 重力侵蚀主要在沟壑内，调查应包括崩塌、滑塌、泻溜等主要形态及其与水力侵蚀相伴产生形成的泥石流，调查中应分别了解其崩滑数量、在沟中被冲走数量和影响的土地面积。在有大型滑坡和大量泥石流的地方，应另作专项调查。

A.4.1.1.3 风力侵蚀调查包括风力将原地的土壤（或沙粒）扬起刮走和外地的土壤（或沙粒）吹来埋压土地两方面，调查中了解其土壤（或沙粒）刮走和运来的数量，在风沙区应调查沙丘移丘移动情况。

A.4.1.1.4 各类土壤侵蚀形态，分别调查其侵蚀模数，并根据水利部颁发的《土壤侵蚀分级标准》分别划定其侵蚀强度。

A.4.1.2 调查方法

A.4.1.2.1 大面积规划中应调查以下几个方面：

a) 收集有关部门对土壤侵蚀分区的研究成果，进行规划范围的水土流失分区，参照使用其关于水土流失情况的资料。

b) 在不同类型区内选有代表性的小流域，进行水土流失情况的具体调查加以验证。

A.4.1.2.2 小面积规划中应调查以下几个方面：

a) 结合自然条件中地貌的调查和土地资源中土地类型和土地资源评价等调查，逐坡逐沟地具体调查面蚀、沟蚀、重力侵蚀、风力侵蚀等各种侵蚀类型的分布位置、面积及其侵蚀模数。根据各类侵蚀分布情况绘制土壤侵蚀分布图，用求积仪量算各类侵蚀的面积。

b) 侵蚀强度的调查，对某一具体位置可根据地中或地边的树木、墓碑等根部地面多年下降的情况加以量算；或根据地面的坡度、坡长、土质、植被等情况，引用同一类型区水土保持站的观测资料。对各类土地的综合侵蚀强度，可根据沟中坝库拦泥量进行推算。

A.4.2 水土流失危害的调查

A.4.2.1 水土流失危害调查主要包括土壤肥力调查、地面完整情况调查，还应对危害所造成的影响进行调查。

A.4.2.1.1 土壤肥力调查。在水土流失严重的坡耕地和耕种多年的水平梯田田面，分别取土样进行物理、化学性质分析，并将其结果进行对比，了解由于水土流失，使土壤含水量和氮、磷、钾、有机质等含量变低、孔隙率变小、容重增大等情况，同时，相应地调查由于土壤肥力下降增加了干旱威胁，使农作物产量低而不稳等问题。

A.4.2.1.2 地面完整情况调查。对侵蚀活跃的沟头，现场调查其近几十年来的前进速度(m/a)，年均吞蚀土地的面积 (hm^2/a)。用若干年前的航片、卫片，与近年的航片、卫片对照，调查由于沟壑发展使沟壑密度(km/km^2)和沟壑面积(km^2)增加，相应地使可利用的土地减少。崩岗破坏地面的调查与此要求相同。

A.4.2.1.3 危害影响调查。调查由于上述危害造成当地人民生活贫困、社会经济落后，对农业、工业、商业、交通、教育等各业带来的不利影响。

A.4.2.2 对下游的危害

A.4.2.2.1 加剧洪涝灾害。调查几次较大暴雨中，没有进行水土保持的小流域及流域出口处附近平川地遭受洪水危害情况，包括冲毁的房屋、田地，伤亡的人畜，各类损失折合为货币(元)。

A.4.2.2.2 泥沙淤塞水库、塘坝、农田。调查在规划范围内被淤水库、塘坝、农田的数量(座、hm^2)，损失的库容(m^3)，按建筑物造价将每立方米库容折算为货币(元)；被淤农田(或造成“落河田”)每年损失的粮食产量(kg)折合为货币(元)。

A.4.2.2.3 泥沙淤塞河道、湖泊、港口，具体如下：

a) 调查其在若干年前的航运里程的变化，与目前航运里程对比(注意指出可能还有其他因素)；调查影响湖泊容量、面积及其对国民经济的影响；调查影响港口深度，停泊船只数量、吨位等。

b) 调查方法主要是向水利、航运等部门收集有关资料，并进行局部现场调查加以验证。

A.4.3 水土流失成因调查

A.4.3.1 自然因素调查

A.4.3.1.1 大面积规划中，根据不同自然条件划分各个类型区，通过水文站径流泥沙观测资料进行对比分析，了解地形、降雨、土壤、植被等主要自然因素及其不同的组合情况对水土流失的影响。

A.4.3.1.2 小面积规划中，结合不同土地类型与不同土地利用情况下不同的土壤侵蚀强度，现场调查地形(坡度、坡长)、土壤(地面组成物质)、植被对水土流失的影响。根据同类型区内水土保持站的观测资料进行验证，并将不同年降雨量和不同暴雨情况下的水土流失量进行对比，了解降雨对水土流失的影响。

A.4.3.2 人为因素调查

以完整的中、小流域为单元，全面系统地调查流域内近年来(可从 1980 年开始)由于开矿、修路、陡坡开荒、滥牧、滥伐等人类活动破坏地貌和植被，新增的水土流失量；结合水文观测资料，分析各流域在大量人为活动破坏以前和以后洪水泥沙变化情况，加以验证。调查内容和计算方法见 GB/T 15774—2008 中附录 D。

A.5 水土保持现状调查

A.5.1 水土保持发展过程调查

着重了解规划范围内开始开展水土保持的时间(年)，其中经历的主要发展阶段，各阶段工作的主要特点，整个过程中实际开展治理的时间(年)。

A.5.2 水土保持成绩和经验调查

A.5.2.1 水土保持成绩调查

a) 调查各项治理措施的开展面积和保存面积，各类水土保持工程的数量、质量。

b) 在小流域调查中还应了解各项措施与工程的布局是否合理，水土保持治沟骨干工程的分布与作用。

c) 大面积调查中应了解重点治理小流域的分布与作用。

d) 各项治理措施和小流域综合治理的基础效益(保水、保土)、经济效益、社会效益、生态效益。

A.5.2.2 水土保持经验调查

A.5.2.2.1 水土保持措施经验,着重了解水土保持各项治理措施如何结合开发、利用水土资源建立商品生产基地,为发展农村市场经济、促进群众脱贫致富奔小康服务的具体作法。其中包括各项治理措施的规划、设计、施工、管理、经营等全程配套的技术经验。

A.5.2.2.2 水土保持领导经验。着重了解如何发动群众、组织群众,如何动员各有关部门和全社会参加水土保持,如何用政策调动干部和群众积极性的具体经验。

A.5.3 水土保持中存在问题的调查

A.5.3.1 着重了解工作过程中的失误和教训,包括治理方向、治理措施、经营管理等方面工作中存在的问题。

A.5.3.2 同时了解客观上的困难和问题,包括经费困难、物资短缺、人员不足、坝库淤满需要加高、改建等问题。

A.5.4 今后开展水土保持的意见

根据规划区的客观条件,针对水土保持现状与存在问题,提出开展水土保持的原则意见,供规划工作中参考。

A.6 调查成果要求

A.6.1 调查报告要求全面系统地反映上述调查成果,文字简明扼要。

A.6.2 调查附表要求将调查中主要数据需纳入水土保持综合治理规划,作为规划中各项内容的“现状”。其表式见附录D所列各表格中的“现状”栏。

A.6.3 调查附图

A.6.3.1 大面积规划调查需提出:

a) 土壤侵蚀分区图(或水土保持工作分区图)。

b) 重点治理小流域分布图。根据不同面积确定其比例尺,一般为($1:5\times10^4$)~($1:10\times10^4$)或($1:50\times10^4$)~($1:100\times10^4$)。

A.6.3.2 小面积规划调查需提出:

a) 土壤侵蚀分布图(包括侵蚀类型和侵蚀强度)。

b) 土地利用现状图(与水土保持措施现状图结合,包括治沟骨干工程分布位置),比例尺(1:5 000)~(1:10 000)。

附　录　B
（资料性附录）
土地利用评价的方法步骤

B.1　调查土地利用现状

B.1.1　各类土地的数量和位置应包括：

a)　耕地（灌溉水田、望天田、水浇地、旱地、菜地）；

b)　园地（果园、桑园、茶园、橡胶园、其他园地）；

c)　林地（天然林地与人工林地或有林地、灌木林、疏林地、未成林造林地、迹地、苗圃）；

d)　草地（天然草地、改良草地与人工草地）；

e)　居民点及工矿用地（城镇、农村居民点、独立工矿用地、盐田、特殊用地）；

f)　交通用地（铁路、公路、农村道路、民用机场、港口、码头）；

g)　水域（河流水面、湖泊水面、水库水面、坑塘水面、苇地、滩涂、沟渠、水工建筑物、冰川及永久积雪）；

h)　未利用土地（荒草地、盐碱地、沼泽地、沙地、裸土地、裸岩、石砾地、田坎、其他）。

B.1.2　现有各类土地利用情况是否合理，指出不合理的具体情况（数量、范围与位置）和问题的关键、根源所在。

B.1.3　各类土地的现有生产力高或低的原因，应包括：

a)　农地粮食单位面积产量；

b)　经济林与果园的果品单位面积产量；

c)　天然草地的单位面积产草量和载畜量。

B.2　进行土地资源评价

B.2.1　在小面积规划中通过土地详查，了解不同地块的完整程度、地面坡度、土层厚度、土壤侵蚀强度、有机质含量、砾石（沙砾）含量、pH 值、有无灌溉条件等因素，将土地分为六级。等级高的作为农、林、果、牧用地都适宜；等级低的一般不宜作农地。可依次作为经济林或人工草地和人工林地；最低的等级一般是难利用土地。根据上述原则将土地资源不同的适宜性列表，供规划中选用。表 B.1 列出土地分级条件，各地可在土地资源评价中参照使用。

表 B.1　土地资源评价等级表

评价指标	评价等级					
	一	二	三	四	五	六
地貌	平整大块	缓坡大块	缓坡小块	陡坡小块	急坡破碎	难利用地
地面坡度	<3°	3°～5°	5°～15°	15°～25°	25°～35°	>35°
土壤侵蚀程度	微度	微度	轻度	中度	强度	极强度
土层厚度/cm	>200	150～200	50～150	30～50	15～30	<15
土壤质地	轻壤～中壤	轻壤～中壤	轻壤～中壤	中壤～重壤	重壤、粗沙	重粘土、粗沙风化母质
有机质含量/%	>1.0	0.8～1.0	0.5～0.8	0.3～0.5	0.1～0.3	<0.1
砾石含量/%	<2	2～5	5～15	15～30	30～50	>50

表 B.1（续）

评价指标	评价等级					
	一	二	三	四	五	六
pH 值	6.5～7.5	6.5～7.5	6.5～7.5	＞7.5，＜5.5	＞7.5，＜5.5	7.5，＞5.5
有无灌溉条件	有	无	无	无	无	无
土地适应性	宜农	宜农、果、牧	宜农、果、牧	宜农、林、牧	宜林、牧	需经改造，然后利用

B.2.2 大面积规划中应根据不同的自然条件、社会经济情况和水土流失特点，分为若干不同的类型区，每个类型区分别作出不同的土地资源评价。进行评价的依据是：

a) 各区内土地资源普查或详查成果；

b) 各区内分别选一条有代表性的小流域，按 B.2.1 所述原则和方法，作出小面积上典型的土地资源评价，与面上普查或详查成果结合，提出各类型区的土地资源评价。

B.3 研究确定农村经济与生产发展方向

B.3.1 大面积水土保持规划中研究确定不同类型区的农村经济与生产发展方向的依据是：

a) 根据各区宏观的自然条件（地貌、林草植被、地面组成物质、年降雨量、年均温度等）和社会经济情况（人口密度、生产基础、交通运输、市场经济）。

b) 国家对该地区经济发展的宏观布局和地方政府制定的区域经济发展规划（特别是其中对各类土地利用需求的预测）。

B.3.2 小面积水土保持规划中研究确定农村经济与生产发展方向的依据是：

a) 在大面积规划方向指导下，根据当地的自然条件与社会经济情况，因地制宜地具体确定。

b) 注意小范围内地形、土质等自然条件和人口密度、生产基础等社会经济可能出现的局部特殊情况，从实际出发，因地制宜地研究其农村经济与生产发展方向。

B.3.3 无论大面积规划或小面积规划，在土地利用中考虑生产发展方向的共同要求是：

a) 核心问题都应是确定农、林（含水土保持林、经济林与果园）、牧（含天然牧场与人工草地）三者用地的比例。

b) 总的要求以经济效益、社会效益、生态效益的最佳组合为确定用地比例的依据。

c) 一般情况下，在人多地少的地区，生产方向和土地利用中应以农为主，农、林、牧并举；在地多人少地区，生产方向和土地利用中可以林、牧为主，农地所占比重相对较小。

B.4 确定农村各业用地的数量和位置

B.4.1 基本要求

B.4.1.1 在各业用地中应当主要确定用地面积较大而且矛盾较多的农业、林业、牧业三者的用地数量和位置。

B.4.1.2 总的步骤是：首先确定农地，其次是果园、经济林、牧草地和一般水土保持林地，再次是副业、渔业用地和其他用地。

B.4.1.3 通过规划，对原有不合理的土地利用进行调整。

B.4.2 根据土地资源评价，将一级和二级土地作为农地；如不能满足需要，则考虑三级或四级土地加工改造后作为农地。对农地需要用的数量，按以下步骤进行：

B.4.2.1 研究确定单位面积粮食产量。应考虑在规划实施期内由于基本农田（梯田、坝地、引洪漫地、小片水地)数量的增加、保土耕作法和其他农业增产技术的采用,到规划期末粮食单产比规划初期能提高的程度。

B.4.2.2 研究确定农村人口的增减数量,包括农村人口的自然增长和人口迁入、迁出的数量。农村人口自然增长的数量按式(B.1)计算:

$$P_e = P_b \times (1+k)^n \qquad \text{(B.1)}$$

式中:

P_b——规划期初的人口总量,单位为人;

P_e——规划期末的人口总量,单位为人;

n——规划期年限,单位为年(a);

k——当地人口自然增长率,%。

对受社会经济影响较大的人口迁入和迁出数量应另作单独计算,将其计算结果从人口自然增长计算数量中增加或减少。

B.4.2.3 研究确定规划期末需粮总量(V),按式(B.2)计算:

$$V = p_e u_1 + u_e u_2 + y_e u_3 \qquad \text{(B.2)}$$

式中:

V——规划期末需粮总量,单位为千克(kg);

p_e——规划期末人口总量,单位为人;

u_e——规划期末牲畜总量,单位为头;

y_e——规划期末粮田总量,单位为公顷(hm^2);

u_1——每年人均需粮,单位为千克每人(kg/人);

u_2——每年畜均需粮,单位为千克每头(kg/头);

u_3——单位面积种子需粮,单位为千克每公顷(kg/hm^2)。

人均需粮按以丰补欠每人每年400 kg计。

B.4.2.4 研究确定规划期末需要的农地面积(F),按式(B.3)和(B.4)计算:

$$F = f_1 + f_2 \qquad \text{(B.3)}$$

$$f_1 = Q/q \qquad \text{(B.4)}$$

式中:

F——规划期末需要的农地面积,单位为公顷(hm^2);

f_1——需要粮田面积,单位为公顷(hm^2);

f_2——需要经济作物地面积,单位为公顷(hm^2);

Q——需要粮食总量,单位为千克(kg);

q——单位面积粮食产量,单位为千克每公顷(kg/hm^2)。

B.4.3 水土保持中的林业用地,包括人工营造水土保持林、经济林和果园,以及进行封禁治理的天然林,规划中各有不同的要求。

B.4.3.1 水土保持林用地主要布设在水土流失比较严重的陡坡、沟坡或沟底等在土地资源评价中等级较低的土地。在有风蚀和风沙危害地区应有农田防护林网与防风固沙林带。为达到防治水土流失、改善生态环境的目的,同时结合解决群众烧柴问题的需要,水土保持林面积应占较大比重,一般可达30%左右。

B.4.3.2 经济林与果园用地主要布设在土层较厚、背风向阳的荒坡或退耕地。根据发展市场经济、建立商品生产基地、促进群众脱贫致富奔小康的需要,经济林与果园用地面积,有条件的要求规划期末达到人均0.07hm^2左右。

B.4.3.3 在规划范围内原有大片天然林的地区，应将天然林面积包括在林业用地面积内，并在土地利用结构中加大林业用地占土地总面积的比重；同时提出封禁治理措施。

B.4.4 牧业用地应包括人工草地、天然草地和天然牧场，规划中各有不同要求。

B.4.4.1 人工种草用地主要布设在土壤比较瘠薄、水土流失比较严重的退耕地或荒坡，在土地资源评价中也属较低等级，但可略高于水土保持林用地。为了满足发展牲畜的需要，人工种草应有足够的面积。特别在天然牧场不能满足发展牲畜需要的地区，更需加大人工种草面积的比重，一般要求每一个羊单位有 0.07 hm^2 人工草地。

B.4.4.2 在规划范围内有大片天然草地和天然牧场的地区，应将天然草地和天然牧场面积包括在牧业用地面积内，并在土地利用结构中加大牧业用地比重；同时提出封禁治理与天然牧场改良措施。

B.4.5 农村副业包括种植（药材、蔬菜、特种经济作物等）、养殖（鸡、兔、蜂、蚕等）、编织（筐、席、工艺美术品）、加工（果品加工、粮食产品加工）、采集、挖掘、运输和第三产业等，其需用土地有的结合在农、林、牧业用地中安排，有的在其他用地（村庄、房屋、道路）中安排，规划中可不单独安排用地。

B.4.6 根据市场经济发展需要，渔业用地有的应结合水土保持措施中的小水库、塘坝和蓄水池，有的利用天然水面，有的专修鱼塘养鱼，规划中应分别明确其面积和位置。

B.4.7 其他用地应包括村庄、道路、房屋等。随着市场经济和第三产业的发展，规划实施期内村庄、道路、房屋等用地面积将不断增加。规划中应根据“珍惜每一寸土地”的原则精打细算，合理安排，在满足发展经济需要的同时，尽量节约用地，尽量避免占用高产农地。

B.4.8 改造土地和保护土地的规划

B.4.8.1 规划范围内原有低等级土地不能利用或不能作高等级土地利用的，经过水土保持治理措施加工改造，提高其利用等级，规划中应明确其位置、面积、措施和利用等级变化前后的安排。在进行此项工作时，对其技术上的可能性与经济上的合理性应作出科学论证。

B.4.8.2 规划范围内原有坡耕地由于水土流失严重，出现“石化”、“沙砾化”有被迫弃耕危险的，规划中应提出“抢救”措施，要求加快治理，避免土地“石化”、“沙砾化”的产生。

B.4.8.3 规划范围内原有土地由于沟头前进、崩岗发展、沙丘移动等，具有破坏土地和埋压土地危险的，规划中应提出防治措施，要求加快治理，防止土地遭受破坏和埋压。

B.4.8.4 对因开矿、修路、房屋基建的废土、弃石、矿渣等占用土地，应作土地“复垦”规划，提高土地利用率。

B.4.9 调整插花地

在小流域规划中有条件的，应尽量保持全流域为完整的行政单元（乡、村），便于管理和实施。如遇流域内的乡、村有少量土地在流域外，而流域外的乡、村有少量土地在流域内的，应根据等价交换、互利互惠原则，通过协商进行调整。在乡、村等小面积规划中，遇有小块插花地和“飞地”的，也应采取同样原则进行调整。

B.4.10 土地利用结构调整的比较方案

有条件的地方可将各业用地（特别是其中农、林、牧三者的用地）提出两种以上的不同方案，分析其投入、产出（经济效益）、减少土壤侵蚀量（基础效益）等因素，用系统工程的原理、线性规划的方法，明确目标函数与约束条件，建立数学模型，电算求解，选出最优的土地利用结构方案，制定土地利用结构调整情况表（见表 B.2）。

B.5 “土地利用结构调整情况表”的使用

B.5.1 调整情况表中的基本要求（填表说明）

B.5.1.1 表 B.2 中对角线（斜线）经过的各栏，是各业用地面积不增不减的位置。

表 B.2　土地利用结构调整情况表

单位为公顷

各业用地		合计	农地	水保林地	经济林地	果园	草地	荒地	水域	其他用地	难利用地
调整前面积			500			10					30
调整中各业增地来源与减地去处	合计										
	农地					+20					−10
	水保林地										
	经济林地										
	果园		−20								
	草地										
	荒地										
	水域										
	其他用地										
	难利用地		+10								
调整中共增加			+10			+20					
调整中共减少			−20								−10
调整后面积			490			30					20
注：表中农地、果园和难利用地三栏中的数字是“填表说明”中的例子。											

B.5.1.2　各业用地在此对角线以上增加(或减少)的面积，应与对角线以下减少(或增加)的面积一致。

B.5.1.3　各业用地调整前与调整后面积之差，应与调整中增加(或减少)的面积一致。

B.5.2　调整举例

在表 B.2 中，以某小流域的农地、果园、难利用地三者为例，说明调整中的增减情况。

a)　调整前有农地 500 hm^2，果园 10 hm^2，难利用地 30 hm^2(见表 B.2 中第 2 行)。

b)　调整中，农地减少 20 hm^2 作为果园(斜线以下农地减少 20 hm^2，左边对应果园；斜线以上果园增加 20 hm^2，左边对应农地)；同时又改造 10 hm^2 难利用地作为农地(斜线以下农地增加 10 hm^2，左边对应难利用地；斜线以上难利用地减少 10 hm^2，左边对应农地)。

c)　调整后，农地减少 10 hm^2，为 490 hm^2；果园增加 20 hm^2，为 30 hm^2；难利用地减少 10 hm^2，为 20 hm^2(见表 B.2“调整后面积”项)。

附　录　C
（资料性附录）
投入与进度计算要求

C.1　投入与进度计算的原则

C.1.1　明确纳入计算的项目和内容

C.1.1.1　纳入投入计算的项目

a）投入的劳工、物资和经费应是直接用于各项措施在治理水土流失阶段、一次性投入、具有基本建设性质的投入，不包括在治理后土地上进行生产和经营的投入。

b）造林、种草根据当地成活率与保存率的客观情况，在规划中应包括适量补栽、补种的投入，以保证完成"保存面积"的规划指标。

c）各类工程措施（梯田、坝地、引洪漫地、坡面小型蓄排工程等）规划中，应在基本建设投入劳工数量基础上，增加5%～10%的维修、管护等投入的劳工。

d）封禁治理的投入，包括从封禁开始到完成验收期间用于管护和补栽、补种等工作的投入。

C.1.1.2　纳入进度计算的项目

包括治理面积（hm^2）和工程数量（座、个、眼、道等）两方面，其具体要求是：

a）按治理面积计算的措施包括：梯田（梯地）、坝地、引洪漫地、小片水地、保土耕作法、造林（乔木、灌木、经济林）、种草、果园、封禁治理（封山育林与封坡育草）。

b）按工程数量计算的措施包括：谷坊、淤地坝、拦沙坝、小水库、塘坝、治沟骨干工程（以上都按座计）、沟头防护（个）、水窖（眼）、涝池（个）以及截水沟（道，m）、排水沟等。

c）保土耕作当年实施当年有效，只计算当年实施面积；第二年不在原地继续实施便自然消失，其治理进度不能累计。

d）封禁治理不能在开始之年就计算治理面积，应在封禁3 a～5 a后经验收合格，才能计算治理面积。

e）淤地坝在坝库建成时可计算完成坝库座数和"可淤地面积"，在坝地已淤平可以耕种时才计算坝地面积。

f）谷坊、淤地坝、小水库、治沟骨干工程等的集水面积不能计算为治理面积，但应计算为"控制面积"，供研究治理情况参考。

g）防风固沙林带、农田防护林网等保护的农田面积可单独计算，但不计算为治理面积。

C.1.2　计算投入的各项定额应切合实际

C.1.2.1　制定各项治理措施投入劳工、物资和经费的定额，小面积与大面积有以下不同要求：

a）小面积规划中，应以当时当地各项措施实有的施工定额为依据，用统计分析与成因分析相结合的方法研究确定。

b）大面积规划中如各地定额不同时，应分别采取不同的定额，或加权平均定额。

C.1.2.2　同一地区的同一治理措施，由于具体作法不同，应采取不同的投入定额。特别是小面积的实施规划更应注意明确区分，以免在工程预算中造成误差，直接影响实施。

同为水平梯田，陡坡梯田与缓坡梯田应采取不同的投入定额，土坎梯田与石坎梯田应采取不同的投入定额，具体要求如下：

同为造林、乔木与灌木应采取不同的投入定额，有整地工程与无整地工程应采取不同的投入定额。

C.1.2.3　每项治理措施投入的经费定额由投入劳工定额折合经费与投入物资定额折合经费二者组合而成。在同一地区的各项措施的施工特性确定之后，每一具体措施投入劳工与投入物资的定额基本上应是固定的。由劳工、物资折合经费时需注意以下几点：

a) 投入劳工与投入物资的单价应随市场情况变化而各个时期不同，投入经费的定额应随市场情况变化而各个时期不同。

b) 在物价持续上涨情况下，对规划实施期较长的（3 a 以上）应考虑物价上涨因素，适当加大投资定额。

C.1.2.4 合理的投入定额应符合以下条件：

a) 定额应从水土保持各项措施的施工实践中来，如实反映各项治理措施实施中对劳工、物资和经费的实际需要，不偏大，也不偏小。

b) 定额应使实施主持单位与施工承包单位双方都能接受。

C.1.3 实施进度的计算结果应当积极可靠

C.1.3.1 计算各项治理措施进度的依据是：

a) 治理水土流失与发展农村生产的需要，各项投入（劳工、物资、经费）的可能。

b) 需要与可能二者兼顾，使治理进度安排既积极，又可靠。

C.1.3.2 当投入的劳力、物资、经费不能满足各项治理措施同时开展时，应分类排队，选其中对控制水土流失和发展农村生产作用大的优先安排，特别是其中某项措施完成后能推动其他措施更好开展的，更应优先安排。

C.1.3.3 在根据投入劳工计算治理进度中，应充分挖掘劳动潜力，特别是小面积实施规划，更应根据当地实际情况，充分利用半劳力和妇女劳力，以加快治理进度。

C.1.3.4 规划中根据经费投入计算治理进度时，应落实经费来源。包括当地农民群众自筹（一般是投入劳工折合经费）、地方政府投资补助、国家投资补助等，计算中应贯彻“群众自力更生为主、国家投资补助为辅”的原则，在各项治理措施总需经费中，根据各地实际情况，分别确定各类经费来源的不同比例，并落到实处，以保证规划实施。

C.2 投入定额的确定

C.2.1 对结构比较简单、投入定额组成也不复杂的一般措施，可以直接用每项措施为单位，计算其投入定额。

C.2.1.1 以土方开挖与填筑为主的措施（梯田、保土耕作、截水沟、排水沟、水窖、蓄水池、蓄水型沟头防护、土谷坊等）：

a) 根据每项措施的统计单位（座、眼、个、道、米等）所需土方工程量（m^3），计算投入劳工定额，再按劳工单价，计算投入经费定额。

b) 适量增加工具（铁锹、镢头、架子车等）补助经费，纳入投入经费定额之中。

C.2.1.2 造林、种草、封禁治理等，既需投入劳工（整地、栽植、播种、看管等），又需投入物质（树苗、种子等）的措施：

a) 计算出每公顷投入劳工定额和投入物资定额。

b) 再按劳工单价与物资单价计算出每公顷投入劳工折合经费与投入物资折合经费。

c) 二者相加，计算每公顷投入经费定额。

C.2.1.3 柳谷坊、浆砌石谷坊和塘坝、浆砌石蓄水池、浆砌石排水型沟头防护和石坎梯田（梯地）等，既需投入劳工，又需投入物资（柳桩、铅丝、炸药、水泥、石料等）的措施，以座为单位，按 C.2.1.2 同样的方法计算。

C.2.2 重点工程投入定额的确定

C.2.2.1 土坝、溢洪道、泄水洞在修建以前，都应进行清基，根据清基工作的难易，分别制定不同的投入劳工定额，具体要求如下：

a) 碾压式土坝根据挖土（松土）、装土、运土、铺土、压实等五道工序，分别制定不同的投入劳工定额。

1） 对爆破松土需用炸药，机械碾压需用油料，应分别制定不同的物资定额。

2） 对水坠法筑坝中修筑围堰和水力冲填两道交错进行的工序，分别制定投入劳工定额和投入炸药、油料、电力等物资定额。

b） 对溢洪道与泄水洞施工中的石方（或混凝土）衬砌工程，根据其开石、备料、运料、水泥沙浆拌合、石方铺砌、勾缝和冲洗沙石、混凝土拌合、浇筑、养护等工序，分别制定其不同的投入劳工定额与投入炸药、钢材、水泥、油料、电力等物资定额。

C.2.2.2 上述各项工程的各道工序投入劳工定额与投入物资定额，一般可引用当地小型水利工程的施工定额，并根据当时当地劳力单价和物资单价，分别计算投入劳工定额折合经费与投入物资定额折合经费，二者相加即为每道工序的投入经费定额。

C.2.2.3 对土坝、溢洪道、泄水洞的规格尺寸不同、施工工程量不同的每座坝库及其每一分部工程，不要求算得统一的投入定额。

a） 小面积规划中应以每道工序的投入定额为基础，具体计算各工序需要投入的劳工、物资和经费。

b） 大面积规划中，可在不同类型地区分别选若干有代表性的坝库，进行投入劳力、物资和经费的具体计算，以每一座坝库为单位，求得综合性的投入劳工、物资、经费定额，然后推算同一类型区其他坝库的综合性投入定额。

C.3 各类投入可能程度的预测

在规划实施期中，应从实际出发，准确地计算预测可能投入的劳工、物资和经费数量，作为影响实施进度的主要制约因素。

C.3.1 可能投入劳力的预测

C.3.1.1 劳力增减情况的预测

a） 规划实施期内劳力的增长数量，一般按人口自然增长的比例按式（C.1）和式（C.2）进行计算。

$$L_e = L_b(1+k)^n \quad \cdots\cdots (C.1)$$

$$L_a = 1/2(L_b + L_e) \quad \cdots\cdots (C.2)$$

式中：

L_e——规划期末的劳力总量，单位为个；

L_b——规划期初的劳力总量，单位为个；

L_a——规划期平均的劳力总量，单位为个；

k——规划期内人口平均增长率，%；

n——规划期年限，单位为年（a）。

b） 对在规划期内由于人口迁入或迁出，影响到劳力增加或减少的地方，需根据其增、减情况，在上述计算结果基础上进行增加或减少的计算。

C.3.1.2 可能投入水土保持劳工的分析

a） 可能投入水土保持的劳工的计算为，以平均总劳力为基数，扣除每年农、林、牧、副、渔各业生产和发展市场经济、第三产业等需用劳工，以及农民家庭生活需用劳工。

b） 在上述可能投入劳工数量中，进一步分析实际能投入水土保持的劳工数量。主要考虑以下因素的影响：

1） 水土保持产品对当地群众的经济实惠和群众对水土保持的积极性；

2） 基层（特别是乡、村两级）行政组织对当地群众的号召能力与组织能力；

3） 是国家和地方政府对当地水土保持投资补助的“启动”作用。

c） 根据上述分析，计算投入水土保持劳力时，在群众积极性高、基层领导能力强、上级有经费支持等有利情况下，应将半劳力、辅助劳力等都纳入计算。

C.3.2 可能投入物资的预测

C.3.2.1 规划中应按下述原则，计算预测树苗、草籽等可能投入的程度：

a) 规划实施期间造林、种草、建果园等需用的树苗、草籽、在规划的林地、草地中明确划定足够数量的苗圃和草籽基地，保证整个实施期间每年造林、种草、建果园所需的全部树苗和草籽，而且其品种符合规划设计要求。

b) 本地种苗不足的可从外地少量调入补充，不应主要依靠外地调入树苗和草籽。

C.3.2.2 规划中应按下述情况，计算预测水泥、炸药等类物资投入的可能程度。

a) 规划实施期间需用的水泥、钢材、炸药、油料等物质，应尽可能在本地或邻近地区解决，以减少运输费用。

b) 当本地和邻近地区不能解决时，考虑从外地和远地解决，但增加了投入难度。

C.3.3 可能投入经费的预测

C.3.3.1 规划实施期间需用的总经费，其来源包括群众自筹、地方政府投资补助、国家投资补助三部分。预测时对三方面经费来源应逐项计算落实，特别是地方政府投资和国家投资两部分，应明确经费渠道、投资项目、数量，做到切实可靠，以保证规划的顺利实施。

C.3.3.2 群众自筹经费，包括投入劳工折合投入经费，一般占总需经费70%左右；少数经济条件较好地区，可考虑群众投入部分现金和物资（特别是树苗和草籽，应提倡群众在当地自己培育）。

C.3.3.3 地方政府投资和国家投资，一般共占总需经费30%左右。经济条件较好的地区，地方政府投资比例应大些；经济条件较差的地区，地方政府投资比例应小些。

C.3.3.4 对接受外援经费开展水土保持的地区，其与外援经费对等的国内匹配资金，一般由地方政府负责，规划中需进行这方面可能投入数量的预测计算。

C.4 实施进度计算

C.4.1 在各类投入基本有保证的经济条件较好的地区或各级重点治理地区与重点治理流域，一般应采用根据生产需要确定实施进度的方法，但应用各类投入的可能数量进行核算。

C.4.1.1 用可能投入的劳工进行核算

a) 要求可能提供的劳工能满足加快治理的需要。

b) 在经费来源有保证的条件下，对可能投入水土保持的劳工的计算，除了当地劳工（计算方法见C.3.1）外，还可以考虑从外地雇佣劳工，有的工程项目可以采用机械化施工以代替人力施工。但采用此两种途径时，都应专题论证其可行性。

C.4.1.2 用可能投入的物资进行核算

a) 要求可能提供的物资能满足加快治理的需要。

b) 各类物资的使用都应有严格的质量和时间要求。对可能提供的物资，不仅要求数量足够，而且要求质量、规格等都能符合规划设计要求；同时还要求每年不同施工季节，各类相应的需用物资都能及时运到施工现场。

C.4.1.3 用可能投入的经费进行核算

a) 要求可能提供的经费能满足加快治理的需要。

b) 每年可能提供的经费，首先应满足购置各类需用物资的需要，以免影响施工；其次要能满足对群众投入劳工的补助，以调动积极性。

c) 为了保证各类需用物资供应及时，应要求相应的经费调拨及时。

C.4.1.4 上述三方面核算，如有任何一方面不能满足要求，都应在规划中进行调整，降低某些项目的治理进度。

C.4.2 在经济条件较差或一般治理地区与流域，国家和地方政府没有专项经费补助的，应采用根据投入可能确定实施进度的方法，使规划的治理进度切实可行。

C.4.2.1 用可能投入的劳工计算治理进度

a) 在没有专项经费补助情况下，水土保持治理进度的计算，主要应按投入劳工的数量作为控制因素。

b) 根据防治水土流失和发展农村经济的需要，将拟开展的水土保持各项治理措施分别轻重缓急，排列实施顺序，根据实施期内可能投入水土保持的劳工，按排列的顺序，逐项满足。如不能满足，应将拟开展的某些措施减少实施数量；或者按照实施顺序的轻重缓急，将某些措施暂不开展。

C.4.2.2 用可能投入的物资和经费计算实施进度

a) 在经费短缺，水泥、钢材、炸药、油料等物资很难解决，且需用此类物资的大型淤地坝、治沟骨干工程可暂不安排。

b) 树苗、草籽等物资不需大量经费，应自力更生建设苗圃与草籽基地解决，并按此要求计算造林、种草进度。

C.4.3 不同方案对比

C.4.3.1 在不同方案对比中，应提出不同的投入和进度及其相应的不同效益供决策研究。

C.4.3.2 有条件的可以采用系统工程原理、线性规划方法，将规划中的效益、投入等因素分别纳入“目标函数”与“约束条件”作为变量，建立数学模型，用电算求解，进行方案比较选优，使投入与进度的计算成果在定量上更加精确。

C.5 投入计算

C.5.1 投入计算与进度计算的关系

在计算进度过程中，需以可能投入的计算成果为确定进度的依据；在进度已确定之后，则需按此进度要求具体计算相应的投入。

C.5.2 在算得规划期总进度与总投入的基础上，还应根据各项治理措施分期（或分年）的实施进度，算出相应的分期（或分年）的各项投入。

C.5.3 对工程量较大，需跨年度施工的大型淤地坝或治沟骨干工程，其各年需要投入的劳工、物资、经费不同，应分年单独计算，不宜简单地取年均数，以免由于投入不足影响实施。

附 录 D
（资料性附录）
规划主要附表表格

D.1 基本规定

D.1.1 本附录所列表格规定了规划成果中主要附表的内容项目及其序列关系，其有关的辅助表和计算过程表，可根据需要自拟，不作统一规定。

D.1.2 在满足本附录所列表格规定内容前提下，根据规划范围内分区（类型区或行政区单元）的多少，表格可横可竖，可分可合。

D.1.3 下列各表在规划范围内分区较少时，可合二为一；在规划范围内分区较多时，可一分为二。各表设栏要求如下：

a） 表 D.2～表 D.7 与表 D.12～表 D.14 设“现状”与“规划”两大栏；

b） 表 D.8、表 D.10 和表 D.11 设“规划期间”与“平均每年”两大栏；

c） 表 D.9 中设“投工定额”与“投资定额”两大栏。

D.2 填表说明

D.2.1 各表均有规划范围内的“分区”一栏（从上向下的第二栏），其要反映在规划范围内，无论大面积或小面积，一般都应分区或分片进行。

a） 在大面积规划中一般指不同的水土流失类型区（或水土保持工作分区），也有的是按行政区划单元（县，有的甚至是地区或省）；

b） 在小流域规划中一般是村（或乡），也有的根据小流域的具体情况，分“上游、中游、下游”。

D.2.2 表 D.1 中各项内容根据综合调查资料填写。

D.2.3 表 D.2 以后各表中“现状”栏各项内容，按规划开始前一年（基准年）情况填写，表 D.4 中现状粮食单产、总产、人均量按规划前三年平均数填写。

D.2.4 表 D.2 中“人口”、“劳力”等项都分“总”和“农村”，大面积规划中“总人口”减去城市人口即为“农村人口”，小流域规划中，“总人口”减去当地（农村）从事非农业的人口即为“农村人口”。

D.2.5 表 D.3 中“其他用地”包括城镇、村庄、道路等用地，“未利用地”包括沟壑、沙漠等。

D.2.6 表 D.4 中耕地类型只列了“坡地、梯田、坝地”三项，不同地区可根据当地实有耕地类型增列。

D.2.7 表 D.5 中“副业”包括以当地初级产品就地加工转化的乡镇企业和离土不离乡的第三产业。

D.2.8 表 D.6 中的“封禁治理”包括封山育林和封坡育草，“保土耕作”包括草田轮作、沟垄种植等。此二项的治理面积统计方法与梯田、造林、种草等不同，需按有关标准规定填写。

D.2.9 表 D.7 中“m^3”单位指各项小型拦蓄工程的容量。

D.2.10 表 D.8 中各项“新增主要治理措施”数量，为表 D.6 与表 D.7 中“规划”数量与“现状”数量之差。

表 D.1 自然条件与水土流失

项 目		地貌、土质、植被、侵蚀		
		区(县、村)	区(县、村)	区(县、村)
地貌特征				
地面组成物质				
坡度组成/%	<5°			
	5°～15°			
	15°～25°			
	25°～35°			
	>35°			
沟壑密度/(km/km²)				
林草被覆度/%				
侵蚀模数/[t/(km²·a)]				
水土流失特征				

项 目	主要水热条件		
	区(县、村)	区(县、村)	区(县、村)
年降雨量/mm	一般		
	最大		
	最小		
年径流深/mm	一般		
	最大		
	最小		
年均气温/℃	一般		
	最大		
	最小		
≥10 ℃积温/℃	一般		
	最大		
	最小		
无霜期/d	一般		
	最大		
	最小		

注：侵蚀模数与主要水热条件需注明资料年限序列。

表 D.2 土地、人口、劳力情况

项 目		现状(年)				规划(年)			
		区(县、村)	区(县、村)	区(县、村)	合计	区(县、村)	区(县、村)	区(县、村)	合计
面积/hm²	总								
	流失								
户数/户	总								
	农村								
人口/人	总								
	农村								
劳力/个	总								
	农村								
人口密度/(人/km²)	总								
	农村								

表 D.2（续）

项目		现状（　　年）				规划（　　年）			
		区（县、村）	区（县、村）	区（县、村）	合计	区（县、村）	区（县、村）	区（县、村）	合计
人均土地/（hm²/人）	总								
	农村								
人均耕地/（hm²/人）	总								
	农村								
耕地面积/hm²									

表 D.3　土地利用情况

单位为公顷

项目		现状（　　年）				规划（　　年）			
		区（县、村）	区（县、村）	区（县、村）	合计	区（县、村）	区（县、村）	区（县、村）	合计
农地	粮田								
	经济作物								
	小计								
林地	天然								
	人工								
	小计								
草地	天然								
	人工								
	小计								
果园									
水域									
荒地									
其他用地									
未利用地									
合计									

注：本表只作土地利用主要分类控制，对各类用地中还需进一步具体分类的，可另列辅助表。

表 D.4　粮食生产情况

项目		现状（　　年）				规划（　　年）			
		区（县、村）	区（县、村）	区（县、村）	合计	区（县、村）	区（县、村）	区（县、村）	合计
粮田面积/hm²	坡地								
	梯田								
	坝地								
	小片水地								
	合计								

表 D.4（续）

项目		现状（ 年）区（县、村）	区（县、村）	区（县、村）	合计	规划（ 年）区（县、村）	区（县、村）	区（县、村）	合计
平均单产/（kg/hm²）	坡地								
	梯田								
	坝地								
	小片水地								
	合计								
粮食总产/kg	坡地								
	梯田								
	坝地								
	小片水地								
	合计								
人均粮食/（kg/人）									

注：表中“梯田”包括南方的“梯地”、“梯土”，“小片水地”包括引洪漫地，本表以后各表梯田含义相同。

表 D.5 农村产业结构与产值

项目		现状（ 年）区（县、村）	区（县、村）	区（县、村）	合计	规划（ 年）区（县、村）	区（县、村）	区（县、村）	合计
农村各业年产值/元	农业								
	林果业								
	牧业								
	副业								
	渔业								
	合计								
农村各业年产值比例/%	农业								
	林果业								
	牧业								
	副业								
	渔业								
	合计								
人均/元	年产值								
	年收入								

注：人均年产值＝农村各业年产值÷农村总人口，人均年收入＝（农村各业年产值－生产费用）÷农村总人口。

表 D.6 水土保持主要治理措施

项目		现状（ 年）				规划（ 年）			
		区（县、村）	区（县、村）	区（县、村）	合计	区（县、村）	区（县、村）	区（县、村）	合计
面积/km^2	总								
	流失								
水土保持主要治理措施/hm^2	梯田								
	坝地								
	小片水地								
	水保林（乔木）								
	水保林（灌木）								
	经济林与果园								
	种草								
	封禁治理								
	保土耕作								
合计	面积/km^2								
	措施/hm^2								
治理程度/%	占总面积								
	占流失面积								

表 D.7 水土保持小型蓄排工程

项目		现状（ 年）				规划（ 年）			
		区（县、村）	区（县、村）	区（县、村）	合计	区（县、村）	区（县、村）	区（县、村）	合计
谷坊	数量/座								
	工程量/m^3								
塘坝	数量/座								
	工程量/m^3								
水窖	数量/眼								
	工程量/m^3								
蓄水池	数量/个								
	工程量/m^3								
沟头防护	数量/处								
	工程量/m^3								
截水沟	数量/m								
	工程量/m^3								
合计	数量/座（处）								
	工程量/m^3								
注：其土石方工程量可另列辅助表。									

表 D.8 新增治理措施

项目		规划期间				平均每年			
		区（县、村）	区（县、村）	区（县、村）	合计	区（县、村）	区（县、村）	区（县、村）	合计
新增主要治理措施/hm^2	梯田								
	坝地								
	小片水地								
	水保林(乔木)								
	水保林(灌木)								
	经济林与果园								
	种草								
	封禁治理								
	保土耕作								
	合计								
新增小型拦蓄工程/座	谷坊								
	塘坝								
	水窖								
	蓄水								
	沟头防护								
	截水沟								
	合计								
注：各项措施需用的土石方工程量可另列辅助表。									

表 D.9 投工、投资定额

项目		投工定额/(工·日/hm^2 或工·日/座)				投资定额/(元/hm^2 或元/座)			
		区（县、村）	区（县、村）	区（县、村）	合计	区（县、村）	区（县、村）	区（县、村）	合计
新增主要治理措施/hm^2	梯田								
	坝地								
	小片水地								
	水保林(乔木)								
	水保林(灌木)								
	经济林与果园								
	种草								
	封禁治理								
	保土耕作								

表 D.9（续）

项目		投工定额/（工·日/hm² 或工·日/座）				投资定额/（元/hm² 或元/座）			
		区（县、村）	区（县、村）	区（县、村）	合计	区（县、村）	区（县、村）	区（县、村）	合计
新增小型拦蓄工程/座	谷坊								
	塘坝								
	水窖								
	蓄水								
	沟头防护								
	截水沟								

表 D.10 投入劳工计算

单位为工日

项目		规划期间				平均每年			
		区（县、村）	区（县、村）	区（县、村）	合计	区（县、村）	区（县、村）	区（县、村）	合计
新增主要治理措施/hm²	梯田								
	坝地								
	小片水地								
	水保林（乔木）								
	水保林（灌木）								
	经济林与果园								
	种草								
	封禁治理								
	保土耕作								
	合计								
新增小型拦蓄工程/座	谷坊								
	塘坝								
	水窖								
	蓄水								
	沟头防护								
	截水沟								
	合计								
合计									

表 D.11　投入经费计算

单位为元

项　目		规划期间				平均每年			
		区（县、村）	区（县、村）	区（县、村）	合计	区（县、村）	区（县、村）	区（县、村）	合计
新增主要治理措施/hm^2	梯田								
	坝地								
	小片水地								
	水保林（乔木）								
	水保林（灌木）								
	经济林与果园								
	种草								
	封禁治理								
	保土耕作								
	合计								
新增小型拦蓄工程/座	谷坊								
	塘坝								
	水窖								
	蓄水								
	沟头防护								
	截水沟								
	合计								
合计									

表 D.12　主要水保措施增产能力

项　目		现状（　　年）				规划（　　年）			
		区（县、村）	区（县、村）	区（县、村）	合计	区（县、村）	区（县、村）	区（县、村）	合计
措施面积/hm^2	梯田								
	坝地								
	水保林								
	经济林与果园								
	种草								
增产定额/(kg/hm^2)	梯田粮食								
	坝地粮食								
	水保林枝条								
	果品								
	饲草								

表 D.12（续）

项　目		现状（　　年）				规划（　　年）			
		区（县、村）	区（县、村）	区（县、村）	合计	区（县、村）	区（县、村）	区（县、村）	合计
增产总量/kg	梯田粮食								
	坝地粮食								
	水保林枝条								
	果品								
	饲草								

表 D.13　主要水保措施保水能力

项　目		现状（　　年）				规划（　　年）			
		区（县、村）	区（县、村）	区（县、村）	合计	区（县、村）	区（县、村）	区（县、村）	合计
措施面积/hm^2	梯田								
	坝地								
	造林								
	种草								
	合计								
保水定额/(m^3/hm^2)	梯田								
	坝地								
	造林								
	种草								
	加权平均								
保水能力/m^3	梯田								
	坝地								
	造林								
	种草								
	合计								

表 D.14　主要水保措施保土能力

项　目		现状（　　年）				规划（　　年）			
		区（县、村）	区（县、村）	区（县、村）	合计	区（县、村）	区（县、村）	区（县、村）	合计
措施面积/hm^2	梯田								
	坝地								
	造林								
	种草								
	合计								

表 D.14（续）

项目		现状（ 年）				规划（ 年）			
		区（县、村）	区（县、村）	区（县、村）	合计	区（县、村）	区（县、村）	区（县、村）	合计
保土定额/（t/hm²）	梯田								
	坝地								
	造林								
	种草								
	加权平均								
保土能力/t	梯田								
	坝地								
	造林								
	种草								
	合计								

附 录 E
（资料性附录）
水土保持专业图例

图 E.1 水土保持专业图例

ICS 13.080
B 11

中华人民共和国国家标准

GB/T 15773—2008
代替 GB/T 15773—1995

水土保持综合治理　验收规范

Comprehensive control of soil and water conservation—Regulation of acceptance

2008-11-14 发布　　2009-02-01 实施

中华人民共和国国家质量监督检验检疫总局
中国国家标准化管理委员会　发布

前　　言

本标准代替 GB/T 15773—1995《水土保持综合治理　验收规范》。

本标准与 GB/T 15773—1995 相比，作如下修改：

a）修正了适用范围，明确了验收对象的投资方，包括中央、地方和引用外资。

b）验收分类中，明确了纸质文件的要求，并将脚注做了修改：

　1）增加“及其具有相应资质的工程公司”。

　2）将“乡级政府”修改为“乡级政府或以上”。

　3）将“县级”修改为“县级政府或以上”。

c）验收组织中去掉“建设单位”和“质量监督机构、监理、设计、施工等单位”等，改“实施主持单位”为“项目责任主体”。

d）对原标准 4.3.1 做了修改，将原标准中按措施的五个方面进行验收，改为按实际完成措施的数量和质量进行验收。

e）验收申请报告中，增加了监理单位的阶段监理报告。

f）提出了补充建立电子档案的要求。

本标准的附录 A、附录 B、附录 C 和附录 D 均为资料性附录。

本标准由水利部提出。

本标准由水利部国际合作与科技司归口。

本标准起草单位：水利部水土保持司、水利部水土保持监测中心、黄河水利委员会上中游管理局、黄河水利委员会农村水利水土保持局、长江水利委员会水土保持局、松辽水利委员会农田水利处、珠江水利委员会农田水利处、淮河水利委员会农田水利处、海河水利委员会农田水利处、北京林业大学水土保持学院。

本标准主要起草人：段巧甫、刘万铨、苏仲仁、周录随、范起敬、郭索彦、鲁胜力、宁堆虎、张长印、陈法扬、余新晓、陈丽华。

本标准所代替标准的历次版本发布情况为：

——GB/T 15773—1995。

引　言

GB/T 15773—1995 已经实施十余年，对我国的水土保持综合治理验收工作起到了重要的指导作用。随着我国社会经济的发展和农村产业结构的变化，水土保持工作的内容、性质等方面也发生了深刻的变化。为了适应新形势下的水土保持工作，进一步规范水土保持综合治理验收行为，根据水利部国际合作与科技司、水土保持司的统一安排，对 GB/T 15773—1995 进行了修订。

水土保持综合治理　验收规范

1　范围

本标准规定了水土保持综合治理验收的分类、各类验收的条件、组织、内容、程序、成果要求、成果评价以及建立技术档案的要求。

本标准适用于由中央投资、地方投资和利用外资的以小流域为单元的水土保持综合治理以及专项工程等水土保持工程的验收。群众和社会出资的水土保持治理的验收可参照执行；大中流域或县以上大面积重点治理区的验收，也可参照本标准。

2　验收分类

2.1　单项措施验收

在水土保持综合治理实施过程中，施工承包单位[1]按合同完成了某一单项治理措施时，应由实施主持单位[2]及时组织验收，评定其质量和数量。对工程较大的治理措施（如大型淤地坝、治沟骨干工程等），施工承包单位在完成其中某项分部工程（如土坝、溢洪道、泄水洞等）时，实施主持单位也应及时组织验收。

2.2　阶段验收

每年年终，水土保持综合治理实施主持单位，按年度实施计划完成了治理任务时，应由项目主管单位[3]组织阶段验收，并对年度治理成果作出评价。

2.3　竣工验收

一届治理期（一般五年左右）末，项目主管单位按水土保持综合治理规划全面完成了治理任务时，应由项目提出部门[4]组织全面的竣工验收，并评价治理成果等级。

3　总则

3.1　基本要求

三类验收均应具备相应的验收条件、组织、内容、程序和成果要求。

3.2　纸质文件

三类验收均应以相应的合同、文件和有关的规划、设计、施工图纸、设计变更通知书以及技术文件为验收依据。

3.3　验收重点

三类验收的重点均应为各项治理措施的质量和数量（质量不符合标准的不计其数量）。在竣工验收中，还应着重于治理措施的单项效益与综合效益。

4　单项措施验收

4.1　验收条件

各项治理措施的施工承包单位，按有关规划、设计和施工合同，完成某一单项治理措施或重点工程的某一分部工程施工任务，施工现场整理就绪，施工质量、数量符合要求，并有工程监理单位的单项措施

1）施工承包单位一般为农户、联户、专业队及其具有相应资质的工程公司。

2）实施主持单位一般由乡级政府或以上组成的小流域治理指挥部。

3）项目主管单位一般为县级政府或以上水土保持主管部门。

4）项目提出部门是国家（或委托流域机构）、省水土保持主管部门。

监理报告。施工承包单位提出申请时,应及时组织验收。

4.2 验收组织

单项工程验收应在施工单位自评的基础上,经项目监理单位复核,由水土保持综合治理项目实施主持单位负责组织有关人员进行现场验收。

4.3 验收内容

4.3.1 验收重点。第一是各项治理措施的质量,第二是各项治理措施的数量。质量不符合标准的,不计其数量;其中经过返工,重新验收,质量符合标准时,可补计其数量。

4.3.2 各项治理措施的施工质量要求参见附录A,质量测定方法参见附录B,数量统计要求参见附录C。

4.4 验收程序

4.4.1 验收人员与施工单位负责人一起,在施工现场,根据施工合同,参见附录A的质量要求、附录B的质量测定方法、附录C的数量统计要求,一坡一沟、逐项验收。

4.4.2 验收合格的,由实施主持单位向施工承包单位发给验收单,单上写清验收的措施项目、位置、数量、质量、验收时间等,验收人与施工负责人分别在验收单上签字,见表1。

表1 单项治理措施验收单

治理措施	所在位置（小地名）	治理完成数量	验收合格数量	验收时间（年、月、日）	验收人（签字）
注:梯田、林草等计量单位按 hm^2,谷坊、水窖等计算单位按座或个。					

此验收单适用于一个施工承包单位承包几项治理措施,或一项措施分布几处地方。验收单一式两联,其中一联由施工承包单位保存。

4.4.3 验收人员根据单项措施验收情况,在施工现场及时绘制验收草图。草图以水土保持综合治理规划图或土地利用现状图为底图,在施工现场根据验收合格单项措施(如梯田、林草、果园等)的位置、范围,及时准确地勾绘在图上,并注明验收数量和验收时间。

4.4.4 每次单项措施验收后,验收人员在室内填写单项措施验收表。每项措施各列一表,表内填写该项措施每次验收的位置、数量、质量、验收时间、验收人等内容。到年终总计该项措施全年的验收数量,作为阶段验收的依据,如表2。

表2 ________措施____年验收汇总表

措施位置（小地名）	施工单位	合同规定数量	验收合格数量	验收时间	验收人（签字）
合计					
注:梯田、林草等面积计算单位按 hm^2,谷坊、水窖等计算单位按座或个。					

4.5 验收成果

验收成果包括验收单、验收图、验收表三项。

5 阶段验收

5.1 验收条件

5.1.1 水土保持综合治理实施主持单位按年度计划完成了各项治理任务。

5.1.2 实施主持单位自查初验，在各项治理措施的质量、数量均符合要求的基础上，提出阶段验收申请报告。

5.1.3 阶段验收申请报告应附当年的《水土保持综合治理年度工作总结》及监理单位的阶段监理报告。

5.1.3.1 《水土保持综合治理年度工作总结》应说明本年度完成治理措施的质量、数量、工程量(土、石方量)，完成的治理面积，投入的劳工、物资、经费，工作中的经验、教训等。各项治理措施的数量，应同时分别说明其开展(实施)数量与保存数量。

5.1.3.2 《水土保持综合治理年度工作总结》应附《水土保持综合治理措施阶段验收表》，其格式参见附录D中表D.2，同时应以《单项措施验收汇总表》作为该表的附件和依据。

5.1.3.3 《水土保持综合治理年度工作总结》应附《水土保持综合治理阶段验收图》，该图根据单项措施验收时现场勾绘的草图加工绘制而成，每年新增的措施与前几年原有的措施应有明显的区别与标志。

5.2 验收组织

由项目主管单位主持，该单位有关技术人员参加，并请上级主管部门派员参加检查指导。

5.3 验收内容

5.3.1 措施项目：根据年度计划和《阶段验收申请报告》中要求验收的措施项目，在4.3.1所列治理措施项目范围内，逐项进行验收。

5.3.2 验收重点

5.3.2.1 各项治理措施的质量和数量。质量要求参见附录A，质量测定方法参见附录B，数量统计要求参见附录C。

5.3.2.2 对于汛前施工的工程措施，还应检查其经受暴雨考验情况；对于春季种植的林草，尚应检查其成活情况。

5.3.2.3 对当年完成的各项措施的位置和数量，应与当年的验收图对照，防止和历年完成的措施混淆。

5.3.3 全部阶段验收内容应以年度计划为依据，申请验收的内容与年度计划一致，验收成果应与验收申请报告一致。对年度计划有修改变动的，应说明理由。

5.4 验收程序

5.4.1 项目主管单位应对实施主持单位提出的《阶段验收申请报告》和《水土保持综合治理年度工作总结》的文字、图、表进行全面审查。

5.4.2 对本年度实施的各项治理措施应选择有代表性的若干处施工现场，参见附录D中表D.1规定的抽样比例，对照年度治理成果验收图，逐项进行抽样复查其数量与质量，验证实施主持单位自查初验情况的可靠程度。

5.4.3 阶段验收除对工程质量、数量进行现场检查外，还应对年度施工的原始记录、质量检验记录等资料进行查验，确认这些记录的真实性和完整性。

5.4.4 对治沟重点工程(库容50万m^3以上的坝库)的成果或其阶段性成果(分部工程)，应逐座进行专项验收。

5.4.5 结合抽样复查，应到现场重点检查5.3.2.2所列内容。

5.4.6 在上述工作基础上，对本年度水土保持综合治理成果作出评价，并由项目主管单位向实施主持单位发给《阶段验收合格证书》。

5.5 **验收成果**

5.5.1 《水土保持综合治理阶段验收报告》包括必要的附表、附图，由项目主管单位根据阶段验收情况编写。

5.5.2 实施主持单位提出的《水土保持综合治理年度工作总结》及其有关附表、附图。

6 竣工验收

6.1 验收条件

6.1.1 项目主管单位应按水土保持综合治理规定全面完成了规划期内的治理任务，经自查初验，认为数量、质量达到规划、设计与合同要求。

6.1.2 自查初验的治理措施质量，还应包括各项治理措施经过规划期内多次汛期暴雨考验，基本完好（或小有破坏已及时修复完好）；造林、种草的成活率、保存率符合规定要求；各项治理措施获得了规划期内应有的各类效益。

6.1.3 项目主管单位应提出《竣工验收申请报告》，附《水土保持综合治理竣工总结报告》，并有工程监理单位的监理报告。《水土保持综合治理竣工总结报告》应包括以下内容：

6.1.3.1 文字部分：应说明规划期内完成各项治理措施的质量、数量、工程量（土、石方量），累计完成的治理面积、年均治理进度等，规划期内共计投入的劳工、物资、经费，水土保持综合治理获得的基础效益（保水、保土）、经济效益、社会效益和生态效益；工作中的经验、教训等（在保土效益中应将减蚀与拦泥分别叙述，下同）。

6.1.3.2 附表：应包括《水土保持综合治理措施竣工验收表》、《水土保持综合治理经费使用情况表》、《水土保持综合治理主要效益统计表》、《水土保持综合治理前后农村经济变化情况表》和《水土保持综合治理前后土地利用与农村生产结构变化情况表》等，参照附录D中表D.3～表D.7。

6.1.3.3 附图：水土保持综合治理竣工验收图，在历年的阶段验收图基础上汇总绘制而成，包括规划期内完成各项治理措施的位置和数量。

6.1.3.4 附件：应包括以下几方面：

a) 水土保持综合治理规划任务书与综合治理承包合同；
b) 水土保持综合治理规划报告及其附表、附图；
c) 重点工程的专项规划、设计；
d) 效益计算的专项报告（含计算过程表）；
e) 历年阶段验收表；
f) 财务决算及审计报告。

6.2 验收组织

由项目提出部门主持，该部门相关工程技术人员参加，并邀请有关财务、审计部门配合验收，有关专家参加指导。

6.3 验收内容

6.3.1 措施项目应根据《水土保持综合治理规划》和《竣工验收申请报告》要求验收的措施项目，在4.3.1所列治理措施项目范围内，逐项进行验收。

6.3.2 验收重点内容包括：

a) 各项治理措施的综合配置是否合理，是否按照规划实施。
b) 各项治理措施的质量和数量。验收质量要求参见附录A，质量测定方法参见附录B，数量统计要求参见附录C。
c) 质量验收中，包括造林、种草的成活率与保存率，各类工程措施经汛期暴雨考验情况。
d) 水土保持综合治理的基础效益（保水、保土）、经济效益、社会效益与生态效益。

6.3.3 全部竣工验收内容应以《水土保持综合治理规划》为依据，申请竣工验收的内容应与规划一致，验收成果应与申请竣工验收的内容一致。实施过程中对规划有修改的,应说明理由。

6.4 验收程序

6.4.1 项目提出部门对项目主管单位上报的《竣工验收申请报告》和《水土保持综合治理竣工总结》的文字报告、附表、附图、附件等进行全面审查。

6.4.2 对规划期内实施的各项治理措施应选有代表性的若干处,参照附录D中表D.1规定的抽样比例,对照综合治理竣工验收图,逐项进行抽样复查,验证项目主管单位自查初验情况的可靠程度。

6.4.3 对治沟重点工程,应逐座进行专项验收。

6.4.4 应结合抽样复查,到现场重点检查造林、种草的成活率与保存率,各类工程措施汛期经受暴雨考验的情况。

6.4.5 对各项措施的各类效益,应根据《效益分析报告》采取现场观察与室内核算相结合的办法,审查其效益分析的基础资料是否可靠、计算方法是否合理、计算结果是否符合实际。

6.4.6 在上述验收工作基础上,对规划期内的水土保持综合治理成果,按本标准6.6的要求,作出全面评价,评定其等级,由项目提出部门向项目主管单位发给水土保持综合治理《竣工验收合格证书》。

6.4.7 竣工验收时应确定验收后的经营管理单位及其负责人,并明确以下要求:

a) 管理保护已有治理成果,及时维修养护,充分发挥效益。

b) 对流域内尚未治理的水土流失面积,应进一步加强治理,提高治理程度和效益。

6.5 验收成果

6.5.1 《水土保持综合治理竣工验收报告》,包括竣工验收图和各项竣工验收表,由项目提出部门根据验收情况编写。

6.5.2 项目主管单位上报的《水土保持综合治理竣工总结报告》及其附表、附图、附件。

6.6 验收评价标准

6.6.1 一级标准

6.6.1.1 按规划目标全面完成治理任务,各项治理措施符合附录A的验收质量要求,治理程度达到70%以上,林草保存面积占宜林宜草面积80%以上(经济林草面积占林草总面积的20%~50%),综合治理措施保存率80%以上,人为水土流失得到控制并有良好的管理,没有发生毁林毁草、陡坡开荒等破坏事件,开矿、修路等生产建设,均采取了水土保持措施,妥善处理了废土、弃石;基本上制止了新的水土流失产生。

6.6.1.2 各项治理措施配置合理,工程与林草,治坡与治沟紧密结合,协调发展,互相促进,建成了完整的水土流失防御体系;各项措施充分发挥了保水、保土效益(保土效益中主要是减蚀,其次是拦泥,不能用拦泥代替减蚀),实施期末与实施前比较,流域泥沙减少70%以上,生态环境有明显的改善。

6.6.1.3 通过治理调整了不合理的土地利用结构,做到农、林、牧、副、渔各业用地比例合理,布局恰当,治理保护与开发利用相结合,建成了能满足群众粮食需要的基本农田和能适应市场经济发展的林、果、牧、副等商品生产基地。土地利用率80%以上,小流域经济或农村经济初具规模,土地产出增长率50%以上,商品率达50%以上。到实施期末人均粮食达到自给有余(400 kg~500 kg),现金收入比当地平均增长水平高30%以上(扣除物价变动因素,下同),条件较好的地区应达到小康水平,进入人口、资源、环境和经济的良性循环。

6.6.2 二级标准

6.6.2.1 全面完成规划治理任务,各项治理措施符合质量标准,治理程度达到60%以上,林草面积占宜林宜草面积70%以上。

6.6.2.2 各项治理措施配置合理,建成有效的防御体系;实施期末与实施前比较,流域泥沙减少60%以上(保土减沙效益中应以减蚀作用为主)。

6.6.2.3 合理利用土地,建成满足群众粮食需要的基本农田,解决群众所需燃料、饲料、肥料,增加经济收入的林、果、饲草基地。到实施期末达到人均粮食400 kg左右,现金收入比实施前提高30%以上,生态系统开始进入良性循环。

6.6.3　列入国家重点和各级重点治理的小流域或村，都应达到一级标准；一般治理小流域或村，都应达到二级标准，达不到的为不合格。

7　技术档案

7.1　基本要求

7.1.1　明确档案制度，资料及时归档。

7.1.1.1　技术档案的主体，应包括综合治理过程中各个工作环节形成的各类技术资料。各级水土保持主管部门和实施主持单位应把各项技术资料的积累、整理和建立技术档案工作作为综合治理任务中一个组成部分，并列入治理项目相关人员的职责范围。工作开始，就应明确建立档案的制度，对每一工作环节的每一技术资料，均应妥为保存，及时归档，不得丢失，不得私人据为己有。

7.1.1.2　将水土保持综合治理每一实施期中的每一年作为一阶段，在每一年中又应根据各项措施的进展情况，分为若干小阶段。每阶段和每一小阶段工作任务完成进行验收后，应及时将有关技术档案进行一次阶段性清理，在实施期全部结束竣工验收时，进行一次总清理，建立全面、系统的技术档案，填写保管期限，注明密级，由项目负责人审查后，及时归档。

7.1.1.3　各级技术档案的建立和清理，应由各级主要技术负责人主持，有关人员参加。各分项档案的建立和清理，应由各分项技术负责人主持或参加。

7.1.1.4　进行阶段验收和竣工验收时，应同时验收其技术档案。对治理项目同时又是科研项目的，没有技术档案不得进行验收和成果鉴定。

7.1.1.5　由几个单位协作完成的项目，其技术档案应由主办单位主持办理，并保存一整套；参加协作的单位应负责完成分工承担的部分技术档案，并保存本部门档案正本，同时将复制本送交主办单位保存。

7.1.2　项目内容齐全，资料确切可靠。

7.1.2.1　对水土保持综合治理过程中的规划、设计、工程施工、监理、检查验收、经营管理等几个主要技术环节，以及每一个环节中涉及的有关各方面的技术资料，均应收集、整理齐全；如有丢失、漏缺等，应及时设法弥补，直到齐全为止。

7.1.2.2　各项主要技术成果，应包括文字和必要的图、表；收集的原始资料（作为辅助性技术成果），除文字、图、表外，包括必要的照片、录音、录像等，应建立电子档案。

7.1.2.3　纸质文件材料和电子档案材料应各归档一份。重要的和使用频繁的，应根据需要复制副本，归档2份～3份。

7.2　主要内容

7.2.1　反映工作过程的主要文献

7.2.1.1　反映任务来源的主要文献：包括上级主管部门提出规划与治理的任务书（或通知）、项目主管单位或实施主持单位上报的申请书和上级的批复、引用外资考评过程中的有关文献、上级主管部门、项目主管单位、实施主持单位之间签订的合同等。当治理项目同时又是科研项目时，应有课题报告、课题论证等文献。

7.2.1.2　反映工作部署的主要文献：包括规划与治理过程中重要会议的《纪要》，重要问题的书面汇报、请示和上级批复的文件，有关领导同志检查指导工作时的谈话记录等。

7.2.1.3　反映验收情况的主要文献：包括治理成果，历次阶段验收和竣工验收的会议记录、总结、纪要等材料，特别是上级主管部门验收的书面意见和竣工验收的《合格证书》等。

7.2.2　各个工作环节的主要技术成果

7.2.2.1　综合调查成果分为下列三个方面，同时应按此分类将调查结果及时整理归档。

a)　调查报告：其内容包括自然条件、自然资源、水土流失情况、社会经济情况、水土保持治理现状、开展水土保持的意见等。在大面积综合调查中，还需有分区的调查成果和各不同类型区内典型小流域或村的调查成果，同时应有上述各种调查的原始记录。

b) 附表与附图：包括为配合上述报告内容而填制的各类附表与绘制的各种附图，在各类附图中，最主要的是水土流失、土地利用和治理措施现状图，其余如地貌、土壤、植被、降雨等分布图，有条件已制成的，也应整理归档。

c) 电子档案：包括调查报告、附图、附表的电子档案和水土保持治理区的基本属性数据库等。

7.2.2.2 规划、设计成果

a) 规划总体布局、土地利用规划、各项治理措施规划、重点工程规划等的规划报告及其附表、附图、电子文件。

b) 小面积规划中应有土地利用规划与治理措施规划落实到地块的附图，同时应有沟壑治理的坝系规划图、崩岗治理的措施配置图；大面积规划中应有水土流失类型分布图（或水土保持区划图）、各分区内典型小流域（村）的土地利用规划与治理措施规划图，以及重点防护区、重点监督区、重点治理区分布图。

c) 各项治理措施在不同类型地区的标准设计或定型设计，包括坡耕地治理中各类措施（梯田、保土耕作法、坡面小型蓄排工程），荒地治理中各类林型、林种、整地工程，沟壑治理中的各类措施（沟头防护、谷坊、小型淤地坝、塘坝等）的设计文字说明和平面布置与断面示意图。

d) 大型淤地坝、小（二）型及以上小水库、治沟骨干工程等重点工程以座为单元的专项规划、设计（包括坝址选定、设计洪水、调洪演算、建筑物平面布置、断面设计、坝库运用安排等）的文字说明和附表、附图。

7.2.2.3 水土保持综合治理验收成果

a) 单项措施验收成果。根据 4.5 的规定，将单项措施的验收单、验收图和验收表三项归档。

b) 阶段验收成果。根据 5.5 的规定，将《水土保持综合治理阶段验收报告》与相关图表、《水土保持综合治理年度工作总结》及其有关图表归档。

c) 竣工验收成果。根据 6.5 的规定，将《水土保持综合治理竣工验收报告》与相关图表、《水土保持综合治理竣工总结报告》及其附表、附图、附件归档。

7.2.3 各个工作环节的辅助性技术成果

7.2.3.1 综合调查的辅助性技术成果包括调查过程中向有关单位索取的技术资料、现场观察（或观测）的情况记载（包括文字、照片、录像）、向有关人员口头调查的谈话记录和录音、有关数据的统计计算过程等，调查工作结束后应及时整理归档。

7.2.3.2 规划设计的辅助性技术成果包括为规划设计提供依据的技术资料（文字、图、表）、暴雨洪水资料、规划设计草图、规划设计的计算过程、规划设计不同比较方案的研究过程、规划设计修改过程（修改几次全部保存）等，在规划设计工作结束后，及时整理归档。

7.2.3.3 工程施工中的辅助性技术成果：

a) 各承包施工单位对每一单项措施或分部工程逐日（或每旬）出工数量记录、相应完成的措施工程量记录（由此求得实际用工定额）。

b) 各单项治理措施或分部工程使用物资（种子、树苗、水泥、炸药、柴油等）记录、相应完成的措施工程量记录（由此求得实际用料定额）。

c) 施工过程中，参见附录 B 的规定，对各单项治理措施或分部工程质量检查的原始记录。

d) 施工过程中遇暴雨洪水或其他事故，进行抢救或处理的记录和总结。

7.2.3.4 验收中辅助性技术成果。包括自查初验的原始记录、各类统计数据的原始资料与计算过程、各项措施四类效益的计算过程、施工承包单位领取补助费的收据等。

7.3 管理与使用

7.3.1 档案管理

7.3.1.1 分类建档：按前述三个工作过程、三个主要技术环节进行分类，同时将主要技术成果与辅助性技术成果既有区别、又相配套地纳入分类系列，分别建档。

7.3.1.2 分级建档：各级主管部门、流域机构、省（区、市）、地（盟、市）、县（旗、市）和基层实施单位，在建档内容和要求上应各有侧重。前述各项建档内容和要求主要适用于县级主管部门和基层实施单位；地区以上各级主管部门，应根据工作需要，酌情增减其中某些内容。下级建档情况应向上级汇报，并得到上级的指导和协助。上级建档时，下级应积极提供有关资料。

7.3.2 档案保存

7.3.2.1 长期保存（15 a 以上）的包括：流域综合调查资料（含有关声像、测绘资料）、综合治理规划、重点工程设计、重要专题报告、综合治理总结、竣工验收成果等。

7.3.2.2 中期保存（5 a～15 a）的包括：一般技术成果、重要辅助性技术成果、重要工作计划、财务帐目等（财务帐目可交财务部门归档，但需保存目录备查）。

7.3.2.3 短期保存（3 a～5 a）的包括：各类原始资料、年度计划、年度工作总结、一般日常行文等。

7.3.3 档案的使用

7.3.3.1 归档材料移交时，移交部门或移交人应编制移交目录，一式两份。交接时应按目录内容当面清查，并在交接单上签字。

7.3.3.2 档案材料借阅时，应在借阅单上填清材料名称、份数，并规定归还时间，由借阅者签字，到期及时送还归档。

附 录 A
（资料性附录）
各项治理措施验收质量要求

A.1 坡耕地治理措施质量要求

A.1.1 梯田（梯地）

A.1.1.1 梯田应做到集中连片，梯田区的总体布局（包括梯田区位置、道路与小型蓄排工程）、田面宽度、田坎高度与坡度、田边蓄水埂等，规格尺寸应符合规划、设计要求。

A.1.1.2 水平梯田（隔坡梯田的水平台）应做到田面水平，田坎坚固，田边有宽 1 m 左右反坡。

A.1.1.3 坡式梯田应做到田埂顶部水平，地中集流槽内有水簸箕等分流措施。

A.1.1.4 被暴雨冲毁的田坎（田埂）已及时修补复原。

A.1.1.5 田坎利用应种植经济林草，种植密度与成活率符合设计要求。

A.1.2 保土耕作

A.1.2.1 沟垄种植、抗旱丰产沟、休闲地水平犁沟等改变微地形的保土耕作法，应做到规格尺寸与基本作法符合设计要求。一般地区要求顺等高线布设，在雨量较大、沟垄需要排水的地区，沟垄与等高线的倾斜度应符合设计要求。

A.1.2.2 草田轮作、间作套种、休闲地种绿肥等增加地面覆被的保土耕作，在总的作法符合设计要求基础上，着重要求暴雨季节地面有植物覆盖。

A.1.2.3 深耕、深松等保土耕作，要求划破"犁底层"。

A.2 荒地治理措施质量要求

A.2.1 水土保持造林

A.2.1.1 要求总体布局合理，造林位置恰当，不同林种、树种适应当地的立地条件，生长良好，各类树种的造林密度符合设计要求。

A.2.1.2 各类树种的配置，能满足群众解决燃料、饲料、肥料和增加经济收入的需要。经济林、果、薪炭林、用材林等各占适当的比例。

A.2.1.3 工程整地的形式与当地地形适应，其规格尺寸与施工质量都符合设计要求。

A.2.1.4 当年成活率在 80%以上（春季造林，秋后统计；秋季造林，第二年秋后统计），3 a 后的保存率在 70%以上。

A.2.2 水土保持种草

A.2.2.1 种草的位置分布合理，符合各类草种所需的立地条件，种草密度符合设计要求。

A.2.2.2 采用经济价值高、保土能力强的优良草种，能满足解决群众燃料、饲料、肥料和促进畜牧业发展，增加经济收入的需要。

A.2.2.3 干旱、半干旱地区采用了抗旱栽培技术。

A.2.2.4 当年出苗率与成活率在 80%以上，3 a 后保存率在 70%以上。

A.2.3 封禁治理

A.2.3.1 封禁当年应达到以下要求：

a) 封禁区四周有明显的标志，专人专管，有合理的封禁规划和计划；

b) 有明确的封禁制度和相应的乡规民约，并做到家喻户晓；

c) 封山育林结合补植、平茬复壮、修枝疏伐等抚育措施，封坡育草结合了补播、灌水、施肥、铲除毒草等管理措施。

A.2.3.2 封禁3 a～5 a后应达到以下要求：

a) 封禁期内严格按规划、计划和有关制度实施，无破坏林草事件发生；

b) 林草郁闭度达80%以上，水土流失显著减轻。

A.3 沟壑治理措施质量要求

A.3.1 沟头防护工程

A.3.1.1 施工做到修建位置恰当、规格尺寸与施工质量都符合设计标准。

A.3.1.2 经暴雨考验后，做到工程完好、稳固，沟头不再前进。

A.3.2 谷坊、淤地坝、小水库、治沟骨干工程

A.3.2.1 进行了坝系规划，各项工程的位置布设合理。

A.3.2.2 按照规定的暴雨频率，进行了坝库建筑物设计，工程施工的规格尺寸符合设计要求，蓄洪（滞洪）量和排洪量能保证坝库安全。

A.3.2.3 土坝坝体均匀压实，无冻块缝隙，干容重达1.5 t/m^3 以上，与坝体内泄水洞和坝肩两端山坡结合紧密。

A.3.2.4 溢洪道、泄水洞等石方建筑物，料石、块石的规格、质量符合标准，胶合材料（水泥、白灰沙浆等）性能良好，砌石牢固、整齐。

A.3.2.5 经暴雨洪水考验后，各项工程基本完好，局部小的损毁能很快修复。

A.3.2.6 淤地坝坝地的防洪保收措施完备，同时在设计频率的暴雨下保证收成。小水库做到减淤措施落实，能保证使用寿命，蓄水利用20 a以上。治沟骨干工程在暴雨中能发挥保护沟中其他工程的作用。

A.3.3 崩岗治理

A.3.3.1 崩口以上集水区进行了综合治理，减少地表径流来源。

A.3.3.2 天沟的规格尺寸、容量、排量、施工质量都符合设计要求，在设计频率暴雨下能保证地表径流不入崩口。

A.3.3.3 谷坊、拦沙坝的总体布局合理，工程规格尺寸、容量与施工质量都符合设计要求，经暴雨考验基本完好。淤出的沙渍地得到有效的利用。

A.3.3.4 崩壁两岸小平台的规格尺寸、施工质量都符合设计要求；平台上种植树、草；经暴雨考验，小平台基本完好无损。

A.4 风沙治理措施质量要求

A.4.1 沙障。要求布设的位置和形式、使用的材料、施工的方法和质量都符合设计要求，并于布设当年就起到固沙作用。

A.4.2 防风固沙林带、农田防护林网、成片造林等。要求布局合理、林带走向、宽度、树种、林型、株行距等都符合设计要求。造林当年成活率在80%以上，3 a后保存率在70%以上。

A.4.3 沙柳等灌木的开发利用，采取迎主风方向带状种植、带状间伐、带状轮栽的作法，地面始终保持有防风固沙植物。

A.4.4 引水拉沙造田，配套工程（蓄水池、引水渠、冲沙渠等）齐备，布局合理，造出的田面平整，且有林带保护，不致遭受风沙危害。

A.5 小型蓄排引水工程质量要求

A.5.1 坡面截水沟、排水沟等做到总体布局合理，能有效地控制上部地表径流，保护下部农地或林草地；断面尺寸与施工质量符合设计要求，排水去处有妥善处理。

A.5.2 水窖、蓄水池做到布设位置合理，有地表径流水源；规格尺寸与施工质量符合设计要求，蓄水容

量能满足人畜饮用需要。

A.5.3 上述各项工程经规定频率的暴雨考验，完好率在90%以上。

A.5.4 引洪漫地应符合以下要求：

A.5.4.1 拦洪坝、引洪渠等工程的规划布局、断面尺寸、渠道比降和各项工程的施工质量，均达到设计要求，引洪过程中渠系作到不冲不淤。

A.5.4.2 淤漫地块要求布设合理，暴雨洪水中能迅速、均匀地淤漫全部地块。

A.5.4.3 在设计频率的暴雨洪水下，各项建筑物和淤漫地块基本上完好无损；局部损毁的能很快补修完好。

A.5.4.4 按照规划设计的技术要求，有计划地实施淤漫成地，并获得高产。

附　录　B
（资料性附录）
各项治理措施质量测定方法

B.1　基本规定

B.1.1　本附录应与附录A、附录C配套使用，根据附录A规定的质量要求进行质量测定，质量测定结果符合要求的才进行数量统计。

B.1.2　严格按质量测定的下列操作规程办事：

B.1.2.1　在每项治理措施的质量测定中，所需测定的面积、座（个）数、部位以及取样的数量等，都应分别按照该项措施质量测定的有关规定执行，不应任意减少。

B.1.2.2　对每项治理措施的质量测定方法，应按该项措施质量测定的规定方法执行，不应任意改变。对各项质量测定结果，应及时准确地记载，并同时注明测定的方法。

B.1.2.3　特殊情况下需改变测定方法时，应论证其改用方法的可靠性，并在记载测定结果时，注明改用的方法及其理由。

B.1.3　质量测定采用的仪器和工具应符合标准及下列规定：

B.1.3.1　测定质量以前，应对使用的仪器和工具进行检查，符合标准才能使用。

B.1.3.2　当仪器有某种误差影响质量测定结果时，应在计算中消除其误差，求得准确结果，然后记载，并注明消除误差的情况。

B.1.4　质量测定应贯彻到施工与验收的全过程。

B.1.4.1　造林种草等植物措施，从总体部署、工程整地、种子、苗木、栽植等直到完成，各道工序的质量都应及时进行测定，不合要求的及时改正，前一道工序质量不合要求的，不进行后一道工序，以保证质量，避免返工浪费。

B.1.4.2　各类工程措施，从总体部署、施工设计到清基、备料、开挖、填筑、砌石等直到完成，各道工序的质量都应进行测定，不合要求的应及时改正，不应只在竣工后才测定一次，致使有些不合要求的工程无法纠正，造成隐患。

B.1.4.3　造林种草在完成施工后1 a～3 a之内，应测定其成活率与保存率。各类工程措施在竣工后3 a之内，应测定其经暴雨、洪水考验的质量。

B.1.5　结合成果质量测定，确定治理成果数量，并符合下列规定：

B.1.5.1　各项治理措施成果统计的原则是：质量不合要求的，不统计其数量。质量测定应直接为成果的数量统计服务。

B.1.5.2　在单项治理措施施工过程中，实施主持单位对施工承包单位的治理成果进行验收时，一般应测定质量与验收数量同时进行。梯田、林草的面积等措施数量还应通过质量测定，在弄清其规格尺寸基础上，才能最后确定数量。

B.1.5.3　竣工验收时，在确定各项治理措施数量的基础上，计算土地利用结构的变化。

B.2　坡耕地治理措施的质量测定

B.2.1　梯田的质量测定

应在观察了解其总体布局是否合理基础上，着重测定其规格尺寸与施工质量。

B.2.1.1　水平梯田规格尺寸的测定

B.2.1.1.1　田面宽度的测定，用皮尺或测绳丈量。如田面为规整的矩形，在田面中部量一处即可；如田面不规整，则在田面中部和距两端各约1/5部位，共量3处，取其平均值。

B.2.1.1.2 田面长度的测定，用皮尺或测绳丈量。如田面为规整的矩形，则顺田坎量其长度即可；如田面不规整，则在田面最外边、最里边和中部共量三处，取其平均值。

B.2.1.1.3 田面净面积，采取田面平均宽度乘以平均长度算得（以 m^2 计，除以 10 000，折合为 hm^2）。

B.2.1.1.4 田坎高度和坡度的测定。田坎高度用木尺或钢卷尺量，田坎坡度用坡度尺或量斜仪量。如一条田坎各处高度、坡度一致，只在田坎中部量一处即可；如不一致，则在中部和距两端各约 1/5 处，共量三处，取其平均值。

B.2.1.1.5 田坎占地宽度的测定。根据田坎高度和坡度，用三角关系计算而得。

$$b = h\cot\theta \qquad \text{(B.1)}$$

式中：

b——田坎占地宽度，单位为米(m)；

h——田坎高度，单位为米(m)；

θ——田坎坡度，单位为度(°)。

B.2.1.1.6 用两根木尺测定田坎尺寸，一人执木尺竖于田坎根部，使之垂直地面，读出田坎高度为 h；另一人用另一木尺从田坎顶部量到垂直木尺上，与之正交，读出田坎占地宽度为 b。则田坎坡度 θ 为：

$$\theta = \operatorname{arccot}(b/h) \qquad \text{(B.2)}$$

B.2.1.2 水平梯田施工质量的测定

B.2.1.2.1 田面横向是否水平的测定。一人执木尺立于田面里侧，另一人执手水准立田边，看尺读数，如读数与仪器高度相等或高差小于1%，则田面水平。

B.2.1.2.2 田面纵向是否水平的测定。在田面两端各有一人持水平尺，田面中部一人持手水准，先后向左右两端看尺上读数，如两端读数相等或高差小于1%，则田面水平。田埂顶部是否水平，采用同样方法测定。

B.2.1.2.3 田坎是否坚固的测定。在田坎上取土样测定其干容重，达 1.3 t/m^3；或人从田坎上来回走一遍，田坎不坍塌、坎顶无陷坑，即算合格。

B.2.1.3 隔坡梯田质量测定

其平台部分的规格尺寸、施工质量的测定与水平梯田相同；其斜坡部分的宽度和坡度，应用皮尺和测坡仪量，折算为垂直投影宽度；测定其与平台的比例，是否与设计相符。也可采用两人各执一根木尺，一扶垂直，一执水平，直角相交，同时测得斜坡部分的垂直高度与水平宽度，再用三角关系计算其坡度。

B.2.1.4 坡式梯田质量测定

田面规格尺寸与田埂坚实程度的测定方法与水平梯田相同，但应着重测定田埂顶部是否水平（与水平梯田测定田面纵向是否水平方法相同），地中集流槽是否处理。

B.2.1.5 石坎梯田质量测定

田面规格尺寸、施工质量等测定方法与水平梯田相同；田坎应着重观察砌石的施工质量，要求外沿整齐，砌缝上下交错、左右咬紧，先砌大块，后砌小块，逐层上升，最上一层用大块压顶。

B.2.1.6 暴雨后梯田质量的测定

检查在田坎（田埂）总条数中，有坍塌现象的条数，求得其比例（%）；量坍塌田坎（田埂）的长度(m)，求得占田坎（田埂）总长度(m)的比例（%）。要求田坎（田埂）有坍塌现象的条数比例和长度比例都不超过10%。同时观察田面是否有细沟侵蚀等现象。

B.2.2 保土耕作的质量测定

B.2.2.1 改变微地形保土耕作法的质量测定

B.2.2.1.1 沟垄种植法与抗旱丰产沟、休闲地上水平犁沟等的沟垄宽度和深度，都用木尺或钢卷尺量得。在地块中轴线的上部、中部、下部，各量一条沟垄，取其平均值，检查是否符合设计要求。

B.2.2.1.2 等高耕作、沟垄种植、抗旱丰产沟等的沟垄走向是否水平，或沟垄走向的倾斜度是否符合设计要求，都用手水准测定。测定水平的方法与梯田测纵向田面相同。测倾斜度时，基本作法相似，但两端水平尺上读数不同;用两端读数之差(m)除以两尺之间的水平距离(m),求得沟垄走向的倾斜度。

B.2.2.2 增加地面植被保土耕作法的质量测定

B.2.2.2.1 首先应观察草田轮作中的粮食作物与牧草、间作套种中的高秆作物与簇生作物、休闲地种绿肥等措施选种的作物种类与品种是否符合设计要求,着重观察暴雨季节是否地面有植物覆盖。

B.2.2.2.2 暴雨季节应在上述各项措施地块中轴线的上部、中部、下部,各选一个 5 m×5 m 的样方,测定其植物盖度。测定方法是:在样方内用目测作物(牧草)枝叶垂直投影面积(m^2)与样方面积(5 m×5 m)之比,即为此项措施对地面的植物盖度。可与无此措施的一般耕作暴雨季节地面植物盖度进行对比,算得增加的盖度。

B.2.2.3 土壤耕深保土耕作方法的质量测定

在地块中轴线的上部、中部、下部各选一个 1 m×1 m 的样方,用铁锹挖开一道宽 50 cm 的小坑,用木尺或钢卷尺量得耕作的深度,着重观察耕深是否划破了“犁底层”。

B.3 荒地治理措施的质量测定

B.3.1 水土保持造林的质量测定

B.3.1.1 造林总体布局的检查。对照水土保持造林规划图与完成情况验收图,在小流域(或治理区)内全面走看一遍,检查林种、林型、树种是否适合立地条件并符合规划、设计的要求,按小地名逐片作好记载。特别注意检查经济林、果园的数量、位置、立地条件是否合适。

B.3.1.2 整地工程的测定。水平沟、水平阶、反坡梯田、鱼鳞坑等整地工程的断面尺寸,用木尺或钢卷尺量;工程是否水平用手水准量。在规定的抽样范围内,取一面坡的中轴线,在上部、中部、下部各选一条整地工程,进行测定,取其平均值,检查其是否符合设计要求。

B.3.1.3 树苗质量的测定。用木尺或钢卷尺测定树苗的高度、根径,检查是否符合设计的苗龄要求,并检查树根是否完好、枝梢是否新鲜,判断其栽植后能否保证成活。

B.3.1.4 株行距和造林密度的测定。一般水土保持林取 10 m×10 m 样方,果园和造林密度较小的经济林取 30 m×30 m 样方,用皮尺量其株行距,同时清点样方内的造林株数,由此推算每公顷的造林株数。株距在同一水平线上量两树的根部;陡坡行距取水平距离,测定时由两人各执一木尺,一人将木尺垂直竖于下行树根处(或与其等高位置),另一人将木尺水平置于上行树根处,两木尺直角相交,在平置木尺上读出上下两行间的行距。

B.3.1.5 造林成活率和保存率的测定。造林 1 a 后和 3 a 后,分别测定其成活率与保存率。不分林种、林型,在规定的抽样范围内,取样方 30 m×30 m,检查造林株数、成活株数与保存株数。采取成活株数除以造林株数,算得成活率(%),保存株数除以造林株数算得保存率(%)。

B.3.2 水土保持种草的质量测定

B.3.2.1 种草总体布局的检查。对照水土保持种草规划图与完成情况验收图,到有种草面积的现场逐片观察,分清荒地或退耕地上长期种草与草田轮作中的短期种草,按小地名分别作好记载。

B.3.2.2 整地情况的测定。根据规定的抽样范围,在一面坡的中轴线上取上、中、下三处,用木尺或钢卷尺测定整地翻土深度,并观察其耙耱碎土情况,看是否达到“精细整地”要求。

B.3.2.3 种草出苗与生长情况的测定。在规定抽样范围内取 2 m×2 m 样方,测定其出苗与生长情况。用目测清点其出苗株数,以每平方米面积上有苗 30 株为合格。草长成后,在同样尺寸的样方上,用木尺或钢卷尺测定其自然草层高度,并目测其垂直投影对地面的盖度(%)。

B.3.3 封禁治理的质量测定

B.3.3.1 封禁措施的检查。对照封禁治理规划图与完成情况验收图,围绕封禁区四周走一遍,检查封禁范围是否有明确的界限,是否有专人管理,管理人员的职责、工作地址与工作条件是否落实。

B.3.3.2 封禁制度的检查。对照封禁制度与乡规民约,进入封禁区,现场观察封禁和轮封轮放的具体执行情况,检查是否有违反制度、破坏林草现象。

B.3.3.3 抚育、管理措施的检查。进入封禁区现场观察，封山育林是否符合规划、设计要求并采取了补播、修枝、疏伐等抚育措施；封坡育草是否符合规划、设计要求并采取了补播、灌水、施肥、铲除毒草等措施。

B.3.3.4 封山育林效果的测定。在规定的抽样范围内，取 20 m×20 m 的样方，清点原有残林株数和新生幼林株数，并各选 10 株老树和新树，分别用钢卷尺或木尺测定其株高、冠幅，用卡尺测定其根(胸)径，推算其对地面的覆盖度(%)。

B.3.3.5 封坡育草效果的测定。在规定的抽样范围内，取 2 m×2 m 的样方，观察其草丛结构，并测定其牧草质量、生物产量与对地面的盖度。

B.4 沟壑治理措施的质量测定

B.4.1 沟头防护工程的质量测定

B.4.1.1 蓄水型沟头防护工程，用皮尺测定防护土埂与沟头之间的距离(应在 2 m 以上)和土埂长度，用钢卷尺或木尺测定土埂断面尺寸(设计顶宽和内外坡)，同时观察沟头以上水路情况，检查防护工程是否能有效地防止径流下沟。暴雨后观察工程是否完好，沟头是否前进。

B.4.1.2 排水型沟头防护工程，用皮尺和钢卷尺或木尺测定排水设施的各部尺寸，检查该项工程各构件与沟头地面的结合部位是否牢固，排水出口处的消能设备是否完善；暴雨后着重检查这两处有无损毁。

B.4.2 谷坊工程的质量测定

B.4.2.1 对各类谷坊首先应现场测定其总体布局，用皮尺测定坊间的水平距离，用手水准测定下坊顶部与上坊趾部之间的沟底比降，并检查是否能有效地制止沟底下切。

B.4.2.2 土谷坊用皮尺测定坊顶长度、宽度、最大高度、上下游坡比、溢洪口尺寸(长度、深度、上下口宽度)等；并在坝顶中部和距两端各约 1/5 处，用环刀取坝体土样(取样部位为坝顶一处，上、下游坡各两处)，测定其干容重(要求不小于 1.5 t/m^3)。

B.4.2.3 石谷坊应用皮尺测定其断面尺寸(长度、宽度、最大高度、上下游坡比)，着重测定施工质量，在最大坊高处用钢卷尺或木尺测定铺砌石的厚度、宽度、高度，衬砌技术是否作到"平、稳、紧、满"四字要求(砌石顶部要平，每层铺砌要稳，相邻石料要靠得紧，缝间砂浆要灌饱满)，两端与山坡接头处是否牢固。

B.4.2.4 柳谷坊应用钢卷尺或木尺测定柳桩长度、直径、入土深度、桩距、行距等尺寸，并检查柳梢是否分层平顺填实，捆紧柳梢的铅丝是否牢固。

B.4.2.5 暴雨后观察各类谷坊完好程度，如有损毁，用皮尺、木尺或钢卷尺测定损毁部位的长、宽、深度，作好记载。

B.4.3 大型淤地坝、小水库、治沟骨干工程的质量测定

B.4.3.1 对照坝系规划图和完成验收图，检查坝系工程的总体布局是否全面和完善，各类坝库的坝址是否恰当，每一坝库的建筑物(土坝、溢洪道、泄水洞)具体位置是否合适。

B.4.3.2 各类坝库土方填筑、石方衬砌以前，就应检查其清基工作是否完善。用皮尺测定清基范围是否足够(应比坝趾坡脚线加宽 0.5 m～0.6 m)，检查此范围内地面表土、淤泥、卵石、砾石、树根等是否清除干净，洞穴等隐患是否处理，并用测坡仪测定两岸山坡削坡以后的坡度是否合适(土坡不陡于 1∶1，石坡不陡于 1∶0.75)，用钢卷尺或木尺测定坝轴线与山坡接头处开挖的接合槽深度(要求不小于 0.5 m)，坝底沟床上开挖的截水槽断面尺寸与回填土料是否符合设计要求。

B.4.3.3 土坝的坝轴线、溢洪道与涵洞的中心线，应根据施工时设置的控制桩，在不同施工阶段，进行多次测定和校正，要求中心线位移不超过±15 mm。

B.4.3.4 土坝的上坝土料，在分层夯实过程中，及时测定其质量。包括土料含水量、每层铺土厚度、压实次数，对照施工单位的施工记录，每压实一层进行一次核实；并挖坑用环刀取土样，测定其干容重(要

求不小于1.5 t/m³),直到坝体全部完成。取土样位置,按碾压面积,大致每200 m²一个,对死角、坝端、接缝等薄弱处应加密取样。同时各层土样取土位置要错开,应取在上下两层接合处,包括上层2/3、下层1/3。要求压实干容重不合格的样品数不得超过样品总数的10%。

B.4.3.5 溢洪道、泄水洞的石方或混凝土方工程,在衬砌之前,用皮尺测定其各构件部位基础的尺寸和质量;溢洪道的溢流堰顶高程,泄水洞的涵洞比降,在衬砌施工前用水平仪测定是否符合设计要求,土质基础测定其是否分层压实与压实后的干容重;石方衬砌过程中测定其沙浆配料是否符合规定,铺砌技术是否符合"平、稳、紧、满"四字要求,以及坝体和山坡结合部位是否牢固。

B.4.3.6 反滤体堆砌过程中,由下到上、由里到外,及时测定其每层堆砌沙料与石料的级配、高度、厚度、长度,检查其是否符合设计要求。

B.4.3.7 土坝、溢洪道、泄水洞三大件每项分部工程完成后,及时用皮尺和测坡仪测定其各部尺寸,包括土坝的坝高、顶宽、顶长、上下游坡比等,溢洪道的引水渠、宽顶堰、渐变段、陡坡、消力池等,泄水洞的卧管、涵洞、消力池等,是否符合设计要求,检查其能否满足蓄洪、排洪和泄水的需要。泄水洞竣工后,采取灌水或浓烟法充满洞内,检查是否漏水、漏烟。如发现漏水、漏烟,用水泥沙浆或沥青麻刀封堵。

B.4.3.8 土坝竣工后,顺坝轴线长度每1/10处设一高程标志点,在岸坡上用水平仪测定其高程,作好记载;在竣工后1 a内每三个月再测一次各标志的高程,检查是否有不均匀沉陷。

B.4.3.9 暴雨洪水后,及时检查坝库各项建筑物是否完好无损,如有损毁,及时测定其损毁部位的尺寸,并查明其原因,作好记载。

B.4.3.10 坝库蓄水后,检查坝下有无管涌和浑水现象,坝体与两岸山坡接合处有无渗水现象。如有,应测定其水量,查明原因,及时处理,并作好记载。

B.4.4 崩岗治理措施的质量测定

B.4.4.1 以每一个崩口为单元,对照其规划图与完成措施验收图,现场检查其总体布局,是否符合规划要求。

B.4.4.2 崩口以上排水天沟的质量测定,参照沟头防护与坡面小型蓄排工程的质量测定要求执行。

B.4.4.3 崩口内谷坊、拦沙坝的质量测定,参照侵蚀沟治理中谷坊、淤地坝的质量测定要求执行。

B.4.4.4 崩壁两岸小平台种树、种草的质量测定,参照荒地治理中造林、种草质量测定的要求执行。

B.5 风沙治理措施的质量测定

B.5.1 以一定规划范围(乡、村或小流域)为单元,对照其规划图与完成措施验收图,现场检查其总体布局是否符合规划的要求。

B.5.2 用罗盘仪测定防风固沙林带与农田防护林网的主林带走向是否与主风向正交(农田防护林网的主林带,如不与主风向正交时,其偏角不应大于45°),用皮尺测定林带的宽度、树木的株行距。

B.5.3 造林的栽培质量及其成活率、保存率的测定,参照荒地治理质量测定中有关规定执行。

B.5.4 用皮尺测定引水拉沙造地的平面尺寸,用手水准测定其水平程度,测定方法参照水平梯田质量测定方法执行。

B.6 小型蓄排引水工程质量测定

B.6.1 坡面小型蓄排工程的质量测定

B.6.1.1 以每一完整坡面为单元,逐坡观察坡面截水沟、蓄水池、排水沟、沉沙池的位置、数量,是否符合规划、设计要求,是否能保证其下部农田和林地、草地的安全。

B.6.1.2 截水沟的长度用皮尺丈量,其断面尺寸(深度、上口宽、底宽)应用钢卷尺或木尺测定,每一条截水沟的中部和距两端各约1/5处,分别各测一次,取其平均值。截水沟比降(水平或有微度倾斜)用手水准与水平尺测定,每条截水沟中部各测长约30 m一段,计算其蓄排能力是否符合设计要求。

B.6.1.3 蓄水池的长、宽、深用皮尺或测绳测定,并计算其容量。土质蓄水池,检查其防渗措施。石砌蓄水池，测定其砌石质量，用钢卷尺或木尺量料石厚度（要求不小于 30 cm）与接缝宽度（要求不大于 2.5 cm），铺砌中是否做到“平、稳、紧、满”四字。

B.6.1.4 排水沟应用钢卷尺或木尺测定其断面尺寸，用手水准测定其比降，并计算其排水量是否符合设计要求。着重检查其排水去处，是否有防冲措施。

B.6.1.5 水窖首先检查其是否有地表径流来源，径流入窖前的拦污、沉沙措施是否齐全、完善；用皮尺测定窖身各部尺寸，计算其单窖容量，检查其防渗措施和效果。

B.6.2 引洪漫地措施的质量测定

B.6.2.1 以一个完整的引洪区为单元，对照规划图和完成验收图，现场检查其总体布局是否符合规划要求，河道引洪和沟道引洪的拦洪坝、溢洪道、引洪渠、各级输水渠以及田间工程等布局是否合理。

B.6.2.2 应用皮尺测定各项建筑物的外部尺寸，用钢卷尺或木尺测定各级渠系横断面，用水平仪测定各级渠系比降，每级渠系各测定三处（在该渠段中部和距两端各约 1/5 处）。结合测定引水含沙量，审定其是否符合不冲不淤流速的要求。

B.6.2.3 各类土方填挖工程、石方衬砌工程的质量测定，参照沟中坝库和坡面小型蓄排工程质量测定的有关规定执行。

B.6.2.4 淤漫技术的质量测定。在竣工后第一年引洪淤漫和每次较大暴雨淤漫后，测定一次淤地厚度，检查漫区总体和每一地块的各部位，是否淤漫均匀。同时检查各类建筑物是否完好；对有损毁的部位，测定其损毁尺寸，查明原因，作好记载。

附　录　C
（资料性附录）
各项治理措施成果统计要求

C.1　基本要求

各项治理措施应符合附录A规定的质量要求，并经用附录B规定的质量测定方法确认后，才能作为治理成果，进行其数量统计。

C.2　坡耕地治理措施统计要求

C.2.1　梯田(梯地)

主要统计其当年完成面积和累计完成面积的保存数(以 hm^2 计)。不同形式的梯田，应符合下列规定：

C.2.1.1　水平梯田，统计其净田面面积和埂坎占地面积(按垂直投影计，下同)，不能以原坡耕地面积作为梯田面积。

C.2.1.2　隔坡梯田，统计其平台部分和隔坡部分面积(按垂直投影计)，同时统计其埂坎占地面积。

C.2.1.3　坡式梯田，统计其种植面积(按垂直投影计)和田埂占地面积。

C.2.1.4　田坎利用，统计其已利用的田坎长度(m)、与此长度相应的梯田面积(hm^2)和种植经济树木的数量(株)。

C.2.2　保土耕作

C.2.2.1　应是在未修基本农田的坡耕中采用的保土耕作法，才纳入统计。

C.2.2.2　分别统计其每年完成的面积。同一地块，当年采用保土耕作，当年可统计其面积；第二年不采用，就不再统计。各年实施面积可供参考，但不应作为治理面积累计。

C.3　荒地治理措施统计要求

C.3.1　水土保持造林

C.3.1.1　当年完成的，统计其开展面积；3 a后经过核实统计其保存面积。历年的开展面积和保存面积应分别累计。

C.3.1.2　不同的树种(乔木、灌木、经济林、果园等)分别统计。

C.3.1.3　有工程整地的面积与无工程整地的面积分别统计。

C.3.2　水土保持种草

C.3.2.1　对荒坡与退耕地上长期性种草和草田轮作中的牧草与休闲地上种绿肥等短期性种草，应分别统计。

C.3.2.2　长期性种草，当年统计其开展面积，3 a～5 a后经过核实统计其保存面积，其开展面积与保存面积应分别累计；短期性种草，只统计其当年开展面积，不应累计。

C.3.3　封禁治理

C.3.3.1　封山育林与封坡育草的开展面积与保存面积应分别统计。

C.3.3.2　当年采取的封禁措施，经检查验收合格，统计其开展面积；3 a～5 a后，林草达到封育治理成果要求的，统计其保存面积。

C.4　沟壑治理措施统计要求

C.4.1　沟头防护统计其当年开展数量与历年累计保存数量(座)及其相应的土、石方工程量(m^3)和蓄水型沟头防护的容量(m^3)。

C.4.2 谷坊、淤地坝(拦沙坝)、小水库(塘坝)、治沟骨干工程等,统计其当年开展数量与历年累计数量(座)及其库容(m^3)、土石方工程量(m^3)。

C.4.3 淤地坝和淤平后改作坝地用的小水库,同时统计其坝地面积,坝修成后地未淤平的,统计其“可淤地面积”,淤平以后统计为“已淤地面积”,种地以后再统计其“种植面积”(因有一部分面积不种植)。各类坝地除统计当年新增数外,还应统计累计保存数。

C.4.4 崩岗治理措施统计应符合下列规定:

C.4.4.1 对于正在进行治理的,统计其开展治理崩口的数量(个)及相应的各项治理措施的数量、容量及土、石方工程量;对于已完成治理措施并经暴雨考验确实已控制崩岗发展的,统计其已治理崩口的数量(个)及其相应的各项治理措施的数量、容量及土、石方工程量。

C.4.4.2 天沟统计其长度(m)、容量、土石方量。谷坊、拦沙坝统计其座数、容量、土石方量;淤出的沙渍地统计其面积。崩壁两岸小平台统计其面积、土方量,种植树木数量(株)。当年施工验收合格的统计开展面积,经暴雨考验工程基本完好的统计保存面积。

C.5 风沙治理措施统计要求

C.5.1 沙障固沙与沙地种草、成片造林等措施当年施工验收合格的,统计其开展面积;3 a 后根据其保存情况,统计其保存面积,保存面积应当累计。

C.5.2 大型防风固沙林带与农田防护林网,除按上述要求统计其开展面积与保存面积外,还需统计受其保护免遭风沙危害的土地面积和农田面积。

C.5.3 引水拉沙造田、碱滩地改良等措施,统计其开展面积与累计保存面积,同时统计其有关设施(蓄水池、引水渠)的开展数量(蓄水池以座计,引水渠以米计)。

C.6 小型蓄排引水工程统计要求

C.6.1 坡面截水沟(m)、排水沟(m)、蓄水池(个)、水窖(眼)等统计其当年完成和历年累计完成的数量及其相应的容量(m^3)。

C.6.2 引洪漫地工程应符合下列规定:

C.6.2.1 当年施工验收合格的统计其开展面积,经暴雨洪水考验工程完好的统计其保存面积,并应累计。

C.6.2.2 同时统计其配套工程拦洪坝(座)、引洪渠(m)等,并统计其土石方工程量(m^3)。当年施工验收合格的,统计其开展数量;经暴雨洪水考验工程完好的统计其保存数量,两者都应累计。

附 录 D
（资料性附录）
验收抽样比例与主要成果表格式

表 D.1 各项治理措施验收抽样比例

治理措施	验收面积或座数	抽样比例/%		备注
		阶段验收	竣工验收	
梯田、梯地	＜10 hm^2	7	5	
	10 hm^2～40 hm^2	5	3	
	＞40 hm^2	3	2	
造林、种草	＜10 hm^2	7	5	
	10 hm^2～40 hm^2	5	3	
	＞40 hm^2	3	2	
封禁治理	40 hm^2～150 hm^2	7	5	
	＞150 hm^2	5	3	
保土耕作		7	5	
截水沟		20	10	
水窖		10	5	
蓄水池		100	50	
塘坝		100	100	
引洪漫地		100	50	
沟头防护		30	20	
谷坊	≤100 座	12	10	
	＞100 座	10	7	
淤地坝		100	100	
拦沙坝		100	100	

表 D.2 水土保持综合治理措施阶段验收表（ 年）

治理措施		单位	验收数量		完成工程量/m^3		投入劳工/工·日
			计划数	完成数	土方	石方	
基本农田	梯田	hm^2					
	坝地	hm^2					
	小片水地	hm^2					
	引洪漫地	hm^2					
	小计	hm^2					

表 D.2（续）

治理措施		单位	验收数量		完成工程量/m^3		投入劳工/工·日
			计划数	完成数	土方	石方	
保土耕作		hm^2					
林草措施	水保林（乔木）	hm^2					
	水保林（灌木）	hm^2					
	经济林与果园	hm^2					
	种草	hm^2					
	小计	hm^2					
封禁治理		hm^2					
小型蓄排工程	截水沟	m					
	水窖	眼					
	蓄水池	个					
	塘坝	座					
	谷坊	座					
	沟头防护	道					
治理面积合计		hm^2					
		km^2					
年治理进度		%					

表 D.3 水土保持综合治理措施竣工验收表（　　年～　　年）

治理措施		单位	验收数量			原有措施数量	累计达到数量
			规划数	开展数	保存数		
基本农田	梯田	hm^2					
	坝地	hm^2					
	小片水地	hm^2					
	引洪漫地	hm^2					
	小计	hm^2					
保土耕作		hm^2					
林草措施	水保林（乔木）	hm^2					
	水保林（灌木）	hm^2					
	经济林与果园	hm^2					
	种草	hm^2					
	小计	hm^2					
封禁治理		hm^2					
小型蓄排工程	截水沟	m					
	水窖	眼					
	蓄水池	个					
	塘坝	座					
	谷坊	座					
	沟头防护	道					

表 D.3（续）

治理措施	单位	验收数量			原有措施数量	累计达到数量
		规划数	开展数	保存数		
治理面积合计	hm^2					
	km^2					
年治理进度	%					

注：保土耕作不计入治理面积，封禁治理未达到规定要求的不计入治理面积。

表 D.4 水土保持综合治理经费使用情况

治理措施		补助经费/10^4 元		总需经费来源/10^4 元			
		定额	总量	国家投资	地方匹配	群众自筹	合计
基本农田	梯田						
	坝地						
	小片水地						
	引洪漫地						
	小计						
保土耕作							
林草措施	水保林（乔木）						
	水保林（灌木）						
	经济林与果园						
	种草						
	小计						
封禁治理							
小型蓄排工程	截水沟						
	水窖						
	蓄水池						
	塘坝						
	谷坊						
	沟头防护						
治理措施合计							
管理费							
总计							

注 1：此表一式两用，阶段验收时注明　　年，竣工验收时注明　　年～　　年。

注 2：定额单位：以面积计的措施为元/hm^2，以座（个）计的措施为元/座（个）。

表 D.5 水土保持综合治理主要效益统计表（ 年～ 年）

治理措施		措施数量/hm²(座)	经济效益			基础效益	
			增产品种	增产量/10^4 kg	增产值/10^4 元	保水量/10^4 m^3	保土量/10^4 t
基本农田与保土耕作	梯田		粮食				
	坝地		粮食				
	小片水地		粮食				
	引洪漫地		粮食				
	保土耕作		粮食				
	小计		粮食				
林草措施	水保林(乔木)		枝条				
	水保林(灌木)		枝条				
	经济林与果园		果品				
	种草		饲草				
	封禁治理		枝条				
	小计						
小型蓄排工程	截水沟						
	水窖						
	蓄水池						
	塘坝						
	谷坊						
	沟头防护						
	小计						
合计							

注 1：本表一式两用，主要用于计算实施期间的新增措施，如"措施数量"改为"历年累计"则可计算包括实施期以前原有措施的效益。

注 2：各项措施增产值的不同产品，只能小计，不能合计；其产值可以合计。

表 D.6 水土保持综合治理前后农村经济变化情况（ 年～ 年）

项目		单位	变化情况		增减(+、-)	
			治理前	治理后	数量	比例/%
基本情况	农村户数	户				
	农村人口	人				
	农村劳力	个				
	耕地面积	hm²				
	人口密度	人/km²				
	人均耕地	hm²/人				

表 D.6（续）

<table>
<tr><th colspan="3" rowspan="2">项目</th><th rowspan="2">单位</th><th colspan="2">变化情况</th><th colspan="2">增减(+、-)</th></tr>
<tr><th>治理前</th><th>治理后</th><th>数量</th><th>比例/%</th></tr>
<tr><td rowspan="8">主要治理成果</td><td rowspan="2">基本农田</td><td>总量</td><td>hm²</td><td></td><td></td><td></td><td></td></tr>
<tr><td>人均</td><td>hm²/人</td><td></td><td></td><td></td><td></td></tr>
<tr><td rowspan="2">人工林地</td><td>总量</td><td>hm²</td><td></td><td></td><td></td><td></td></tr>
<tr><td>人均</td><td>hm²/人</td><td></td><td></td><td></td><td></td></tr>
<tr><td rowspan="2">经济林果</td><td>总量</td><td>hm²</td><td></td><td></td><td></td><td></td></tr>
<tr><td>人均</td><td>hm²/人</td><td></td><td></td><td></td><td></td></tr>
<tr><td rowspan="2">人工草地</td><td>总量</td><td>hm²</td><td></td><td></td><td></td><td></td></tr>
<tr><td>人均</td><td>hm²/人</td><td></td><td></td><td></td><td></td></tr>
<tr><td rowspan="7">主要经济情况</td><td rowspan="3">粮食</td><td>总量</td><td>kg</td><td></td><td></td><td></td><td></td></tr>
<tr><td>人均</td><td>kg/人</td><td></td><td></td><td></td><td></td></tr>
<tr><td>单产</td><td>kg/hm²</td><td></td><td></td><td></td><td></td></tr>
<tr><td rowspan="2">产值</td><td>总量</td><td>10⁴ 元</td><td></td><td></td><td></td><td></td></tr>
<tr><td>人均</td><td>元/人</td><td></td><td></td><td></td><td></td></tr>
<tr><td rowspan="2">收入</td><td>总量</td><td>10⁴ 元</td><td></td><td></td><td></td><td></td></tr>
<tr><td>人均</td><td>元/人</td><td></td><td></td><td></td><td></td></tr>
</table>

表 D.7 水土保持综合治理前后土地利用与农村生产结构变化情况（　　年～　　年）

<table>
<tr><th colspan="2" rowspan="2">项目</th><th rowspan="2">单位</th><th colspan="2">治理前</th><th colspan="2">治理后</th><th rowspan="2">增减比例
(+、-)/%</th></tr>
<tr><th>数量</th><th>比例/%</th><th>数量</th><th>比例/%</th></tr>
<tr><td rowspan="9">土地利用结构变化</td><td>农地</td><td>hm²</td><td></td><td></td><td></td><td></td><td></td></tr>
<tr><td>林地</td><td>hm²</td><td></td><td></td><td></td><td></td><td></td></tr>
<tr><td>果园</td><td>hm²</td><td></td><td></td><td></td><td></td><td></td></tr>
<tr><td>草地</td><td>hm²</td><td></td><td></td><td></td><td></td><td></td></tr>
<tr><td>荒地</td><td>hm²</td><td></td><td></td><td></td><td></td><td></td></tr>
<tr><td>水域</td><td>hm²</td><td></td><td></td><td></td><td></td><td></td></tr>
<tr><td>其他用地</td><td>hm²</td><td></td><td></td><td></td><td></td><td></td></tr>
<tr><td>难利用地</td><td>hm²</td><td></td><td></td><td></td><td></td><td></td></tr>
<tr><td>合计</td><td>hm²</td><td></td><td>100.0</td><td></td><td>100.0</td><td></td></tr>
<tr><td rowspan="7">农村生产结构变化</td><td>农业</td><td>10⁴ 元</td><td></td><td></td><td></td><td></td><td></td></tr>
<tr><td>林业</td><td>10⁴ 元</td><td></td><td></td><td></td><td></td><td></td></tr>
<tr><td>果业</td><td>10⁴ 元</td><td></td><td></td><td></td><td></td><td></td></tr>
<tr><td>牧业</td><td>10⁴ 元</td><td></td><td></td><td></td><td></td><td></td></tr>
<tr><td>副业</td><td>10⁴ 元</td><td></td><td></td><td></td><td></td><td></td></tr>
<tr><td>渔业</td><td>10⁴ 元</td><td></td><td></td><td></td><td></td><td></td></tr>
<tr><td>合计</td><td>10⁴ 元</td><td></td><td>100.0</td><td></td><td>100.0</td><td></td></tr>
<tr><td colspan="8">注 1：农地包括粮田与经作，林地包括天然林与人工林、乔木与灌木，草地包括天然草与人工草，果园包括经济林，其他用地包括村庄、道路等，难利用地包括沟床、沙化、石化地。
注 2：副业包括农村第三产业，农村生产结构指各业产值。</td></tr>
</table>

ICS 13.080
B 11

中华人民共和国国家标准

GB/T 15774—2008
代替 GB/T 15774—1995

水土保持综合治理效益计算方法

Comprehensive control of soil and water conservation—Method of benefit calculation

2008-11-14 发布　　　　2009-02-01 实施

中华人民共和国国家质量监督检验检疫总局
中国国家标准化管理委员会　发布

前　言

本标准代替 GB/T 15774—1995《水土保持综合治理　效益计算方法》。

本标准与 GB/T 15774—1995 相比，作如下修改：

a) 效益计算的分类，将基础效益改为调水保土效益，并将表 1 中的相关内容做了必要的修改。

b) 调水保土效益计算，增加了坡面排水和小流域径流调节能力的内容，并将调水效益用文字表示。

c) 经济效益计算，简化间接经济效益计算内容，土地资源增值效益用文字表述，增加水土保持工程引蓄水效益计算内容。

d) 生态效益计算，简化水圈、土圈、气圈和生物圈中的部分内容，增加碳固定效益；增加林分质量、林木郁闭度和草盖度等内容；将植物覆盖度改为林草覆盖率。

e) 社会效益计算，复核了拦泥量计算公式；增加面源污染方面有关条款。

本标准的附录 A、附录 B、附录 C、附录 D 和附录 E 均为资料性附录。

本标准由水利部提出。

本标准由水利部国际合作与科技司归口。

本标准起草单位：水利部水土保持司、水利部水土保持监测中心、黄河水利委员会上中游管理局、黄河水利委员会农村水利水土保持局、长江水利委员会水土保持局、松辽水利委员会农田水利处、珠江水利委员会农田水利处、淮河水利委员会农田水利处、海河水利委员会农田水利处、北京林业大学水土保持学院。

本标准主要起草人：焦居仁、刘万铨、徐传早、佟伟力、宁堆虎、郭索彦、鲁胜力、张长印、赵永军、陈法扬、陈丽华、张信宝、丛佩娟、常丹东、冯伟、李琦。

本标准所代替标准的历次版本发布情况为：

——GB/T 15774—1995。

引　言

GB/T 15774—1995已经实施十余年，在水土保持综合治理效益计算方面起到了重要的指导作用。随着我国社会经济的发展和农村产业结构的变化，水土保持工作的内容、性质等方面也发生了深刻的变化。为了适应新形势下的水土保持工作，进一步规范水土保持综合治理效益计算方法，根据水利部国际合作与科技司、水土保持司的统一安排，对GB/T 15774—1995进行了修订。

水土保持综合治理
效益计算方法

1 范围

本标准规定了水土保持综合治理效益计算的原则、内容和方法。

本标准适用于水蚀地区和水蚀与风蚀交错地区小流域水土保持综合治理的效益计算,也可用于大中流域和不同范围行政单元(省、地区、县、乡、村)的水土保持综合治理的效益计算。

2 规范性引用文件

下列文件中的条款通过本标准的引用而成为本标准的条款。凡是注日期的引用文件,其随后所有的修改单(不包括勘误的内容)或修订版均不适用于本标准,然而,鼓励根据本标准达成协议的各方研究是否可使用这些文件的最新版本。凡是不注日期的引用文件,其最新版本适用于本标准。

GB/T 15773—2008 水土保持综合治理 验收规范

3 效益计算的分类

本标准规定的水土保持综合治理效益,包括调水保土效益、经济效益、社会效益和生态效益等四类。四者间的关系是:在调水保土效益的基础上产生经济效益、社会效益和生态效益。四类效益的计算内容见表1。

表1 水土保持综合治理效益分类及计算内容

效益分类	计算内容	计算具体项目
调水保土效益	调水(一)增加土壤入渗	改变微地形增加土壤入渗
		增加地面植被减轻面蚀
		改良土壤性质增加土壤入渗
	调水(二)拦蓄地表径流	坡面小型蓄水工程拦蓄地表径流
		四旁小型蓄水工程拦蓄地表径流
		沟底谷坊坝库工程拦蓄地表径流
	调水(三)坡面排水	改善坡面排水的能力
	调水(四)调节小流域径流	调节年际径流
		调节旱季径流
		调节雨季径流
	保土(一)减轻土壤侵蚀(面蚀)	改变微地形减轻面蚀
		增加地面植被减轻面蚀
		改良土壤性质减轻面蚀
	保土(二)减轻土壤侵蚀(沟蚀)	制止沟头前进减轻沟蚀
		制止沟底下切减轻沟蚀
		制止沟岸扩张减轻沟蚀
	保土(三)拦蓄坡沟泥沙	小型蓄水工程拦蓄泥沙
		谷坊坝库工程拦蓄泥沙

表 1（续）

效益分类	计算内容	计算具体项目
经济效益	直接经济效益	增产粮食、果品、饲草、枝条、木材
		上述增产各类产品相应增加经济收入
		增加的收入超过投入的资金(产投比)
		投入的资金可以定期收回(回收年限)
	间接经济效益	各类产品就地加工转化增值
		基本农田比坡耕地节约的土地和劳工
		人工种草养畜比天然牧场节约土地
		水土保持工程增加蓄、饮水
		土地资源增值
社会效益	减轻自然灾害	保护土地不遭沟蚀破坏与石化沙化
		减轻下游洪涝灾害
		减轻下游泥沙危害
		减轻风蚀与风沙危害
		减轻干旱对农业生产的威胁
		减轻滑坡泥石流的危害
		减轻面源污染
	促进社会进步	改善农业基础设施提高土地生产率
		剩余劳力有用武之地提高劳动生产率
		调整土地利用结构合理利用土地
		调整农村生产结构适应市场经济
		提高环境容量缓解人地矛盾
		促进良性循环制止恶性循环
		促进脱贫致富奔小康
生态效益	水圈生态效益	减少洪水流量
		增加常水流量
	土圈生态效益	改善土壤物理化学性质
		提高土壤肥力
	气圈生态效益	改善贴地层的温度、湿度
		改善贴地层的风力
	生物圈生态效益	提高地面林草被覆程度
		促进生物多样性
		增加植物固碳量

4 总则

4.1 效益计算的数据资料来源

4.1.1 观测资料，由水土保持综合治理小流域内直接布设试验取得；计算大中流域的效益时，除在控制性水文站进行观测外，还应在流域内选若干条有代表性的小流域布设观测。如引用附近其他流域的观测资料时，其主要影响因素(地形、降雨、土壤、植被、人类活动等)应基本一致或有较好的相关性。各项效益的观测布设与观测方法参见附录A。

4.1.2 调查研究资料，在本流域内应进行多点调查，调查点的分布应能反映流域内各类不同情况。

4.1.3 无论观测资料或调查资料，均应进行综合分析，用统计分析与成因分析相结合的方法，确定其确有代表性，然后使用。

4.1.4 水土保持效益计算以观测和调查研究的数据资料为基础，采用的数据资料应经过分析、核实，做到确切可靠。观测资料如在时间和空间上有某些漏缺，应采取适当方法，进行插补。

4.2 根据治理措施的保存数量计算效益

4.2.1 水土保持效益中的各项治理措施数量，应采用实有保存量进行计算。对统计上报的治理措施数量，应分别不同情况，查清其保存率，进行折算，然后采用。

4.2.2 小流域综合治理效益，应根据正式验收成果中各项治理措施的保存数量进行计算。

4.3 根据治理措施的生效时间计算效益

4.3.1 造林、种草有水平沟、水平阶、反坡梯田等整地工程的，其调水保土效益，从有工程时起就可开始计算；没有整地工程的，应在林草成活、郁闭并开始有调水保土效益时开始计算；其经济效益应在开始有果品、枝条、饲草等收入时才能开始计算效益。

4.3.2 梯田(梯地)、坝地的调水保土效益，从有工程之时起就开始计算；梯田的增产效益，在“生土熟化”后，确有增产效益时开始计算；坝地的增产效益，在坝地已淤成并开始种植后开始计算。

4.3.3 淤地坝和谷坊的拦泥效益，在库容淤满后就不再计算。修在原来有沟底下切、沟岸扩张位置的淤地坝和谷坊，其减轻沟蚀(巩固并抬高沟床、稳定沟坡)的效益应长期计算。

4.4 根据治理措施的研究分析计算效益

有条件的应对各项治理措施减少(或拦蓄)的泥沙进行颗粒组成分析，为进一步分析水土保持措施对减轻河道、水库淤积的作用提供科学依据。

5 水土保持调水保土效益的计算

5.1 就地入渗措施的效益计算

5.1.1 计算项目包括两方面：一是减少地表径流量，以 m^3 计；二是减少土壤侵蚀量，以 t 计。

5.1.2 计算方法按两个步骤：第一步先求得减少径流与侵蚀的模数，第二步再计算减少径流与减少侵蚀的总量。

5.1.2.1 减流、减蚀模数的计算，用有措施(梯田、林、草)坡面的径流模数、侵蚀模数与无措施(坡耕地、荒坡)坡面的相应模数对比，按式(1)和式(2)计算：

$$\Delta W_m = W_{mb} - W_{ma} \qquad \cdots\cdots (1)$$

$$\Delta S_m = S_{mb} - S_{ma} \qquad \cdots\cdots (2)$$

式中：

ΔW_m——减少径流模数，单位为立方米每公顷(m^3/hm^2)；

ΔS_m——减少侵蚀模数，单位为吨每公顷(t/hm^2)；

W_{mb}——治理前(无措施)径流模数，单位为立方米每公顷(m^3/hm^2)；

W_{ma}——治理后(有措施)径流模数，单位为立方米每公顷(m^3/hm^2)；

S_{mb}——治理前(无措施)侵蚀模数，单位为吨每公顷(t/hm^2)；

S_{ma}——治理后(有措施)侵蚀模数，单位为吨每公顷(t/hm^2)。

5.1.2.2 各项措施减流、减蚀总量的计算，应用各项措施的减流、减蚀有效面积与相应的减流、减蚀模数相乘，按式(3)和式(4)计算：

$$\Delta W = F_e \Delta W_m \qquad \cdots\cdots (3)$$

$$\Delta S = F_e \Delta S_m \qquad \cdots\cdots (4)$$

式中：

ΔW——某项措施的减流总量，单位为立方米(m^3)；

ΔW_m——减少径流模数，单位为立方米每公顷(m^3/hm^2)；

ΔS——某项措施的减蚀总量，单位为吨(t)；

F_e——某项措施的有效面积，单位为公顷(hm^2)；

ΔS_m——减少侵蚀模数，单位为吨每公顷(t/hm^2)。

5.1.2.3 计算减流模数与减蚀模数应考虑下列因素：

a) 当治理前后的径流模数和侵蚀模数是从 20 m(或其他长度)小区观测得来时，与自然坡长相差很大，应考虑坡长因素的影响，治理前侵蚀模数的观测值偏小；

b) 一般小区上的治理措施比大面上完好，这一因素影响治理后减蚀模数的观测值偏大。

c) 二者都需采取辅助性全坡长观测和面上措施情况的调查研究，取得科学资料，进行分析，予以适当修正。

5.1.2.4 减流、减蚀有效面积的确定应符合下列规定：

a) 根据计算时段内(例如 10 a)各项措施实施后减流、减蚀生效所需时间(年)，扣除本时段内未生效时间(a)的措施面积，求得减流、减蚀有效面积。

b) 一般情况下，梯田(梯地)、保土耕作、淤地坝等当年实施当年有效；造林有整地工程的当年有效，没有整地工程的，灌木需 3 a 以上，乔木需 5 a 以上有效；种草第二年有效。

c) 保土耕作当年有减流、减蚀作用，可以计算；但其实施面积不能保留，不能累计；当年实施当年有效，第二年不再实施，原有实施面积不复存在，不能再计算其减流、减蚀作用。

d) 一个时段(例如 10 a)的治理措施，如是逐年均匀增加，则此时段的年均有效面积可按式(5)计算：

$$F_{ea} = \frac{1}{2}(F_{eb} + F_{ee}) \quad \cdots\cdots(5)$$

式中：

F_{ea}——时段年均有效面积，单位为公顷(hm^2)；

F_{eb}——时段初有效面积，单位为公顷(hm^2)；

F_{ee}——时段末有效面积，单位为公顷(hm^2)。

5.2 就地拦蓄措施的效益计算

5.2.1 计算项目包括两方面：一是减少的径流量，以 m^3 计；二是减少的泥沙量，以 t 计。

5.2.2 计算方法。对不同特点的措施，应采取不同的计算方法，计算方法主要有典型推算法和具体量算法两种。

5.2.2.1 典型推算法。对于数量较多，而每个容量较小的水窖、涝池、谷坊、塘坝、小型淤地坝等措施，可采用此法。通过典型调查，求得有代表性的单个(座)拦蓄(径流、泥沙)量，再乘上该项措施的数量，即得总量。

5.2.2.2 具体量算法。对数量较少、而每座容量较大的大型淤地坝、治沟骨干工程和小(二)型以上小水库等措施，应采用此法。其拦蓄(径流、泥沙)量，应到现场逐座具体量算求得。

5.2.2.3 对未淤满以前的淤地坝、小水库，可计算其拦泥、蓄水作用；在淤满以后，如不加高，可不再计算此两项作用。淤满后的拦泥量可按式(6)计算：

$$\Delta V = \Delta m_s F_e \quad \cdots\cdots(6)$$

式中：

ΔV——坝地拦泥总量，单位为吨(t)；

Δm_s——单位面积坝地拦泥量，单位为吨每公顷(t/hm^2)；

F_e——坝地拦泥有效面积，单位为公顷(hm^2)。

在一段时期内(例如 n 年)坝地的年均拦泥有效面积按式(7)计算：

$$F_{ea} = F_{eb} + \frac{1}{n}(F_{ee} - F_{eb}) \quad \cdots\cdots(7)$$

式中：

F_{ea}——时段平均坝地拦泥的有效面积，单位为公顷(hm^2)；

F_{eb}——时段初坝地拦泥的有效面积，单位为公顷(hm^2)；

F_{ee}——时段末坝地拦泥的有效面积，单位为公顷(hm^2)。

5.3 减轻沟蚀的效益计算

5.3.1 减轻沟蚀效益包括四个方面，可按式(8)计算：

$$\sum \Delta G = \Delta G_1 + \Delta G_2 + \Delta G_3 + \Delta G_4 \quad \cdots\cdots(8)$$

式中：

$\sum \Delta G$——减轻沟蚀效益，单位为立方米(m^3)；

ΔG_1——沟头防护工程制止沟头前进的保土量，单位为立方米(m^3)；

ΔG_2——谷坊淤地坝等制止沟底下切的保土量，单位为立方米(m^3)；

ΔG_3——稳定沟坡制止沟岸扩张的保土量，单位为立方米(m^3)；

ΔG_4——塬面、坡面水不下沟(或少下沟)而减轻沟蚀的保土量，单位为立方米(m^3)。

这四个方面的作用，应分别采取以下不同的方法计算，计算所得保土量后均应将 m^3 折算为 t。

5.3.2 制止沟头前进效益的计算。对于治理后不再前进的沟头，应通过调查和量算，求得未治理前若干年内平均每年沟头前进的长度(m)和相应的宽度(m)与深度(m)，从而算得治理前平均每年损失的土量(m^3)，即为治理后平均每年的减蚀量(或保土量)。

5.3.3 制止沟底下切效益的计算。对于治理后不再下切的沟底，应通过调查和量算，求得在治理前若干年内每年沟底下切深度(m)和相应的长度(m)与宽度(m)，从而算出治理前平均每年损失的土量(m^3)，即为治理后制止沟底下切的减蚀量(或保土量)。

5.3.4 制止沟岸扩张效益的计算。对于治理后不再扩张的沟岸，应通过调查和量算，求得在治理前若干年内平均每年沟岸扩张的长度(顺沟方向，m)、高度(从岸边到沟底，m)、厚度(即对沟壑横断面加大的宽度 m)，从而算得治理前平均每年损失的土量(m^3)，即为治理后平均每年的减蚀量(或保土量)。

5.3.5 水不下沟对减轻沟蚀效益的计算。应根据不同的资料情况，分别采取下列直接运用观测成果和流域减蚀总量反求两种不同的计算方法：

5.3.5.1 在布设了水对沟蚀影响试验观测的小流域，可直接运用观测成果进行计算，但其成果，应与全流域减蚀总量的计算成果互相校核，取得协调。

5.3.5.2 在没有布设上述试验观测的小流域，可采用流域减蚀总量反求的方法，按式(9)计算：

$$\Delta G_4 = \Delta S - \sum \Delta S_i \quad \cdots\cdots(9)$$

式中：

ΔG_4——水不下沟减轻的沟蚀量，单位为立方米(m^3)；

ΔS——流域出口处测得的减蚀总量，单位为立方米(m^3)；

$\sum \Delta S_i$——流域内各项措施计算减蚀量之和，单位为立方米(m^3)。

5.3.5.3 采用式(9)计算时，尚应符合以下条件：

a) ΔS 的观测和 $\sum \Delta S_i$ 的计算允许误差为±20%。

b) 流域内无较大的其他天然冲淤变化影响，或者虽有这样的变化，但已通过专门计算，消除了其影响。

5.4 坡面排水

治理前后坡面排水能力的变化可按式(10)计算：

$$\Delta Q = Q_a - Q_b \quad \cdots\cdots(10)$$

式中：

ΔQ——治理前后坡面排水能力的变化值，单位为立方米每秒（m^3/s）；

Q_a——治理后坡面排水能力，单位为立方米每秒（m^3/s）；

Q_b——治理前坡面排水能力，单位为立方米每秒（m^3/s）。

5.5 调节小流域径流

调节小流域径流包括年径流量、旱季径流量和雨季径流量的变化，可按式(11)计算：

$$\Delta R_i = R_{ia} - R_{ib} \qquad \cdots\cdots (11)$$

式中：

ΔR_i——治理前后年径流量、旱季径流量和雨季径流量变化值，单位为毫米(mm)；

R_{ia}——治理后年径流量、旱季径流量和雨季径流量，单位为毫米(mm)；

R_{ib}——治理前年径流量、旱季径流量和雨季径流量，单位为毫米(mm)。

6 水土保持经济效益的计算

6.1 经济效益的类别与性质

6.1.1 直接经济效益。包括实施水土保持措施土地上生长的植物产品（未经任何加工转化）与未实施水土保持措施的土地上的产品对比，其增产量和增产值，可按以下几方面进行计算：

a) 梯田、坝地、小片水地、引洪漫地、保土耕作法等增产的粮食与经济作物；

b) 果园、经济林等增产的果品；

c) 种草、育草和水土保持林增产的饲草（树叶与灌木林间放牧）和其他草产品；

d) 水土保持林增产的枝条和木材蓄积量[1)]。

6.1.2 间接经济效益。在直接经济效益基础上，经过加工转化，进一步产生的经济效益，其主要内容应包括以下两方面：

a) 基本农田增产后，促进陡坡退耕，改广种薄收为少种高产多收，节约出的土地和劳工，计算其数量和价值，但不计算其用于林、牧、副业后增加的产品和产值。

b) 直接经济效益的各类产品，经过就地一次性加工转化后提高的产值（如饲草养畜、枝条编筐、果品加工、粮食再加工等），计算其间接经济效益。此外的任何二次加工，其产值不应计入。

6.2 直接经济效益的计算

应以单项措施增产量与增产值的计算为基础，将各个单项措施算得的经济效益相加，即为综合措施的经济效益。单项措施经济效益的计算包括以下五个步骤：

6.2.1 单位面积年增产量与年毛增产值和年净增产值的计算。

6.2.2 治理（或规划）期末，有效面积、上年增产量与年毛增产值和年净增产值的计算。

6.2.3 治理（或规划）期末，累计有效面积、上年累计增产量与累计毛增产值和累计净增产值的计算。

6.2.4 措施全部充分生效时，有效面积、年增产量与年毛增产值和年净增产值的计算。

6.2.5 措施全部充分生效时，累计有效面积、上年累计增产量与累计毛增产值和累计净增产值的计算。

通过6.2.1、6.2.2、6.2.4三项的计算，了解该措施一年内的增产能力；通过6.2.3与6.2.5两项的计算，了解在某一阶段已有的实际增产效益。五个步骤的具体计算方法参见附录B。

6.3 产投比与回收年限的计算

根据上述6.2.1、6.2.3、6.2.5三项增产效益的计算成果，与相应的单位面积（或实施面积）基本建设投资作对比，可分别算得三项不同的产投比。

运用6.2.1计算成果，在算得单位面积上产投比的基础上，进一步计算基本建设投资的回收年限。

6.3.1 单项措施单位面积的产投比与回收年限采取以下两个步骤计算：

---

1) 木材蓄积量只增加固定资产，不增加现金收入。

6.3.1.1 按式(12)计算产投比：

$$K = j/d \tag{12}$$

式中：

K——产投比；

j——单项措施生效年单位面积的净增产值，单位为元每公顷(元/hm^2)；

d——单项措施单位面积的基本建设投资，单位为元每公顷(元/hm^2)。

6.3.1.2 按式(13)计算基本建设投资回收年限：

$$H = m + d/j = m + 1/K \tag{13}$$

式中：

H——基本建设投资回收年限，单位为年(a)；

m——该项措施生效所需时间，单位为年(a)。

式(12)算得的产投比 K，只有一年的增产效益，未能全面反映水土保持的一次基建投资后若干年内应有的增产效益。

6.3.2 措施实施期末的产投比可按以下步骤计算：

6.3.2.1 基本建设总投资 D 可按式(14)计算：

$$D = Fd = nfd \tag{14}$$

式中：

F——该项措施实施总面积，单位为公顷(hm^2)；

f——该项措施年均实施面积，单位为公顷(hm^2)；

n——该项措施实施期，单位为年(a)。

6.3.2.2 累计净增产值可按式(15)计算：

$$J_r = F_r j = fRj \tag{15}$$

式中：

J_r——累计净增产值，单位为元；

F_r——该项措施累计有效面积，单位为公顷(hm^2)；

R——该项措施累计有效面积系数。

6.3.2.3 产投比 K_r 可按式(16)计算：

$$K_r = J_r/D = \frac{fRj}{nfd} = \frac{Rj}{nd} \tag{16}$$

6.3.3 全部措施生效时的产投比可按以下步骤计算：

6.3.3.1 基本建设总投资可按式(17)计算：

$$D = n \times f \times d \tag{17}$$

6.3.3.2 累计净增产值 J_{tr} 可按式(18)计算：

$$J_{tr} = F_{tr} j = fR_t j \tag{18}$$

式中：

F_{tr}——该项措施全部生效时累计有效面积，单位为公顷(hm^2)；

R_t——该项措施全部生效时累计有效面积系数。

6.3.3.3 产投比 K_{tr} 可按式(19)计算：

$$K_{tr} = J_{tr}/D = fR_t j/nfd = R_t j/nd \tag{19}$$

上述计算中，j、J_t、J_{tr}、f、F_t、F_{tr}、R、R_t 等值的求法参见附录 B。

6.3.4 各类治理措施经济效益总的计算年限，应根据不同类型地区(水热条件不同)的措施条件(梯田、坝地、林、草)和实施(或规划)主持单位的要求分别确定，本标准不作统一规定。

6.4 间接经济效益的计算

6.4.1 水土保持的间接经济效益，主要有以下两类。应根据不同要求，采用不同方法进行计算，并应符合以下规定：

a) 对水土保持产品(饲草、枝条、果品、粮食等)，当地分别用于饲养(牲畜、蜂、蚕等)、编织(筐、席等)、加工(果脯、果酱、果汁、糕点等)后，其提高产值部分，可计算其间接经济效益，但需在加工转化以后，结合当地牧业、副业生产情况进行计算，本标准不规定其计算方法。

b) 对建设基本农田与种草，提高了农地的单位面积产量和牧地的载畜量，由于增产而节约出的土地和劳工，应计算其间接经济效益，本标准着重规定此类效益的计算方法。

6.4.2 基本农田(梯田、坝地、引洪漫地等)间接经济效益可按如下方法进行计算：

6.4.2.1 节约的土地面积可按式(20)计算：

$$\Delta F = F_b - F_a = V/P_b - V/P_a \qquad \cdots\cdots(20)$$

式中：

ΔF——节约的土地面积，单位为公顷(hm^2)；

V——需要的粮食总产量，单位为千克(kg)；

F_b——需坡耕地的面积，单位为公顷(hm^2)；

F_a——需基本农田的面积，单位为公顷(hm^2)；

P_b——坡耕地的粮食单位面积产量，单位为千克每公顷(kg/hm^2)；

P_a——基本农田的粮食单位面积产量，单位为千克每公顷(kg/hm^2)。

6.4.2.2 节约的劳工可按式(21)计算：

$$\Delta E = E_b - E_a = F_b e_b - F_a e_a \qquad \cdots\cdots(21)$$

式中：

ΔE——节约的劳工，单位为工日；

e_b——种坡耕地单位面积需劳工，单位为工日每公顷(工·日/hm^2)；

e_a——种基本农田单位面积需劳工，单位为工日每公顷(工·日/hm^2)；

E_b——种坡耕地总需劳工，单位为工日；

E_a——种基本农田总需劳工，单位为工日。

节约出的土地和劳工，只按规定单价计算其价值，不再计算用于林、牧等业的增产值。

6.4.2.3 由于坡耕地修成基本农田而导致节约土地和劳工的计算示例，参见附录C。

6.4.3 种草的间接经济效益，应分别计算其以草养畜和提高载畜量节约土地两方面。

6.4.3.1 以草养畜。只计算增产的饲草可饲养的牧畜数量(或折算成羊单位)，以及这些牧畜出栏后，肉、皮、毛、绒的单价，不再计算畜产品加工后提高的产值。种草养畜的效益，应结合当地畜牧业生产计算，本标准不作具体规定。

6.4.3.2 提高土地载畜量，节约牧业用地面积可按式(22)进行计算：

$$\Delta F = F_b - F_a = V/P_b - V/P_a \qquad \cdots\cdots(22)$$

式中：

ΔF——节约牧业用地面积，单位为公顷(hm^2)；

V——发展牧畜总需饲草量，单位为千克(kg)；

P_a——天然草地单位面积产草量，单位为千克每公顷(kg/hm^2)；

P_b——人工草地单位面积产草量，单位为千克每公顷(kg/hm^2)；

F_b——天然草地总需土地面积，单位为公顷(hm^2)；

F_a——人工草地总需土地面积，单位为公顷(hm^2)。

6.4.4 工程蓄引水的经济效益计算

只计算小型水利水保工程提供的用于生产、生活的水的价值，可按人畜饮水及灌溉用水水价分类计算[见式(23)、式(24)]：

$$S = W(P - C) \quad \cdots\cdots (23)$$

$$W = V \times Q \quad \cdots\cdots (24)$$

式中：

S——工程的水资源增值，单位为元每年(元/a)；

W——蓄水或引水量，单位为立方米(m^3)；

P——生活用水或灌溉用水水价，单位为元每立方米年[元/(m^3·a)]；

C——管理成本，单位为元每立方米年[元/(m^3·a)]；

V——蓄水容积，单位为立方米(m^3)；

Q——年利用率，%。

6.4.5 土地资源增值的效益计算

水土保持治理后生产用地土地等级提高，导致土地增值，由此而产生的经济效益可根据当地的实际情况，在考虑土地资源情况、人均耕地面积、土地补偿费和征用耕地的安置补助费，以及不同等级的土地价格等的情况下，参照《中华人民共和国土地管理法》的相关规定进行计算，本标准不作统一规定。

7 水土保持社会效益的计算

7.1 社会效益的类别与性质

对水土保持的社会效益，有条件的应进行定量计算，不能作定量计算的，可根据实际情况作定性描述，并应符合下列规定：

7.1.1 减轻自然灾害。其效益有的在当地，有的在治理区下游，包括以下几项：

a) 减轻水土流失对土地的破坏(沟蚀割切并吞蚀土地，面蚀使土地“石化”、“沙化”)；

b) 减轻沟道、河流的洪水、泥沙危害；

c) 减轻风蚀与风沙危害；

d) 减轻干旱对农业生产的威胁；

e) 减轻滑坡泥石流的危害；

f) 减轻面源污染。

7.1.2 促进社会进步。其效益主要在治理区当地，包括以下几项：

a) 完善农业基础设施，提高土地生产率，为实现优质、高产、高效的大农业奠定基础；

b) 使农村剩余劳力有用武之地，得到高效利用，提高劳动生产率；

c) 调整土地利用结构与农村生产结构，使人口、资源、环境与经济发展走上良性循环；

d) 促进群众脱贫致富奔小康；

e) 提高环境容量，缓解人地矛盾；

f) 改善群众生活条件，改善农村社会风尚，提高劳动者素质。

7.2 减轻自然灾害的效益计算

7.2.1 保护土地免遭水土流失破坏的年均面积，可按式(25)进行计算：

$$\Delta f = f_b - f_a \quad \cdots\cdots (25)$$

式中：

Δf——免遭水土流失破坏的年均面积，单位为公顷(hm^2)；

f_b——治理前年均损失的土地，单位为公顷(hm^2)；

f_a——治理后年均损失的土地，单位为公顷(hm^2)。

水土流失损失的土地，包括沟蚀破坏地面和面蚀使土地“石化”、“沙化”，f_b 与 f_a 数值都通过调查取得。

7.2.2 减轻洪水危害可按下述步骤进行计算：

7.2.2.1　用本标准 8.2.1 所述式(28)算得治理后与治理前一次暴雨情况相近条件下，流域不同的洪水总量 W_{a1} 与 W_{b1}。

7.2.2.2　根据计算区自然地理条件，分别算得上述治理后与治理前不同洪水总量相应的洪峰流量 Q_a 与 Q_b 以及相应的最高洪水位 H_a 与 H_b。

7.2.2.3　调查 H_a 与 H_b 水位以下的耕地、房屋等财产，折算为人民币(元)，分别计算出治理后与治理前两次不同洪水的淹没损失，按式(26)计算减轻洪水危害的经济损失：

$$\Delta X = X_b - X_a \qquad (26)$$

式中：

ΔX——减轻洪水危害的经济损失，单位为元；

X_b——治理前洪水淹没损失，单位为元；

X_a——治理后洪水淹没损失，单位为元。

7.2.3　减少沟道、河流泥沙的计算可根据观测与调查资料，用水文资料统计分析法(简称水文法)与单项措施效益累加法(简称水保法)分别进行计算，并将两种方法的计算结果互相校核验证，二者差值应不超过 20%。具体计算方法参见附录 D。

7.2.4　在风沙区和其他有严重风蚀和风沙危害的地区，减轻风沙危害的效益计算应包括以下三个方面水土保持效益：

a)　保护现有土地不被沙化；

b)　改造原有沙地为农、林、牧生产用地；

c)　减轻风暴保护生产和交通等。

7.2.4.1　保护现有土地不被沙化的面积可按式(27)计算：

$$\Delta f = f_b - f_a \qquad (27)$$

式中：

Δf——保护土地不被沙化的面积，单位为公顷(hm^2)；

f_b——治理前每年沙化损失的面积，单位为公顷(hm^2)；

f_a——治理后每年沙化损失的面积，单位为公顷(hm^2)。

f_b 与 f_a 的数值，均通过调查取得。

7.2.4.2　改造原有沙地为农、林、牧生产用地的效益计算应根据经正式验收的治理措施面积进行计算，主要包括如下两方面内容：

a)　通过造林种草、固定沙丘，使之不再流动，当林草覆盖率达 50%以上，枝叶可以利用时，即可计算为生产用地。

b)　用引水拉沙的办法，把沙丘改造为农田，计算新增生产用地。

7.2.4.3　减轻风暴，保护生产、交通等效益计算：

a)　减轻风暴的计算应根据调查资料，了解治理前后风暴的天数和风力，进行治理前后对比，计算治理后减少风暴的时间(天数)和程度(风力)。

b)　保护现有耕地正常生产的效益应根据调查资料，按以下两个步骤进行计算，计算单位应都折算为人民币(元)：

　　1)　计算治理前由于风沙危害损失的劳工、种子、产量；

　　2)　计算治理后由于减轻风沙危害所节省的劳工、种子、产量。

c)　减轻风沙对交通危害的效益计算应根据观测或调查资料，按以下两个步骤进行计算：

　　1)　计算治理前每年由于风沙埋压影响交通的里程(km)和时间(d)，清理压沙、恢复交通所耗的人力(工·日)和经费(元)；

　　2)　计算治理后由于减轻风沙危害所减少的各项相应损失，折算为人民币(元)。

7.2.5　减轻干旱危害的效益计算应在当地发生旱情(或旱灾)时进行调查，用梯田(梯地)、坝地、引洪漫地、保土耕作法等有水土保持措施农地的单位面积产量(kg/hm^2)与无水土保持措施坡耕地的单位面积产量(kg/hm^2)进行对比,计算其抗旱增产作用。

7.2.6 减轻滑坡、泥石流危害的效益计算应在滑坡、泥石流多发地区进行调查,选有治理措施地段与无治理措施地段,分别了解其危害情况(土地、房屋、财产等损失,折合为人民币)进行对比,计算治理的效益。

7.2.7 减轻面源污染的效益计算应通过对当地治理前后面源污染程度、污水总量、污染物浓度等调查,根据污染物处理单价、污水处理费等计算减轻面源污染的效益。

7.3 促进社会进步的效益计算

7.3.1 提高土地生产率的计算

7.3.1.1 调查统计治理前和治理后的农地、林地、果园、草地等各业土地的单位面积实物产量(kg/hm^2),进行对比,分别计算其提高土地生产率情况。

7.3.1.2 以整个治理区的土地总面积(km^2)为单元,调查统计治理前和治理后的土地总产值(元),进行对比,计算其提高的土地生产率(元/hm^2)。

7.3.2 提高劳动生产率的计算

7.3.2.1 调查统计治理前和治理后的全部农地(面积可能有变化)从种到收需用的总劳工(工·日)所获得的粮食总产量(kg),求得治理前和治理后单位劳工生产的粮食[kg/(工·日)],进行对比,计算其提高的劳动生产率。

7.3.2.2 以整个治理区为单元,调查统计治理前与治理后农村各业(农、林、牧、副、渔、第三产业等)的总产值(元)和投入的总劳工(工·日),求得治理前与治理后单位劳工的产值[元/(工·日)],进行对比,计算其提高的劳动生产率。

7.3.3 改善土地利用结构与农村生产结构的计算

7.3.3.1 调查统计治理前与治理后农地、林地、牧地、其他用地、未利用地等的面积(hm^2)和各类用地分别占土地总面积的比例(%),进行对比,并分析未调整前存在的问题和调整后的合理性。

7.3.3.2 调查统计治理前与治理后农业(种植业)、林业、牧业、副业、渔业、第三产业等分别的年产值(元)和各占总产值的比例(%),进行对比,并分析未调整前存在的问题与调整后的合理性。

7.3.4 促进群众脱贫致富奔小康的计算

7.3.4.1 调查统计治理前与治理后全区人均产值与纯收入(元/人),进行对比,并用国家和地方政府规定的脱贫与小康标准衡量,确定全区贫、富、小康状况的变化。

7.3.4.2 根据国家和地方政府规定的标准,调查统计治理前后区内的贫困户、富裕户、小康户的数量(户),进行对比,说明其变化。

7.3.5 提高环境容量的计算

7.3.5.1 调查统计治理前与治理后全区的人口密度(人/km^2),结合人均粮食(kg/人)、人均收入(元/人),进行对比,计算提高环境容量的程度。

7.3.5.2 调查统计治理前与治理后全区的牧地(天然草地与人工草地,面积可能有变化)面积(hm^2),产草量(kg)和牲畜头数(羊单位,每一大牲畜折合五个羊单位),分别计算其载畜量(羊单位/hm^2)和饲草量(kg/羊单位),进行对比,计算提高环境容量的程度。

7.3.6 促进社会进步的其他效益

调查统计,对治理前和治理后群众的生活水平,燃料、饲料、肥料、人畜饮水等问题解决的程度,以及教育文化状况等,进行定量对比或定性描述,反映其改善、提高和变化情况。

8 水土保持生态效益的计算

8.1 生态效益的计算分类

a) 水圈生态效益,主要计算改善地表径流状况。

b) 土圈生态效益，主要计算改善土壤物理化学性质。

c) 气圈生态效益，主要计算改善贴地层小气候。

d) 生物圈生态效益，主要计算提高地面植物被覆程度以及碳固定量，并描述野生动物的增加。

8.2 水圈生态效益的计算

8.2.1 减少洪水流量。根据小流域观测资料，可按式(28)进行计算：

$$\Delta W_1 = W_{b1} - W_{a1} \qquad (28)$$

式中：

ΔW_1——减少的洪水年总量(或次总量)，单位为立方米(m^3)；

W_{b1}——治理前洪水年总量(或一次洪水总量)，单位为立方米(m^3)；

W_{a1}——治理后洪水年总量(或一次洪水总量)，单位为立方米(m^3)。

8.2.2 增加常水流量。根据小流域观测资料，可按式(29)进行计算：

$$\Delta W_2 = W_{a2} - W_{b2} \qquad (29)$$

式中：

ΔW_2——增加的常水年径流量，单位为立方米(m^3)；

W_{b2}——治理前常水年径流量，单位为立方米(m^3)；

W_{a2}——治理后常水年径流量，单位为立方米(m^3)。

8.2.3 8.2.1、8.2.2两项计算，应选治理前与治理后的年降雨(或次降雨)情况相近的进行。

8.3 土圈生态效益的计算

8.3.1 计算的措施范围。包括梯田、坝地、引洪漫地、保土耕作法、造林、种草等。

8.3.2 计算的项目内容。包括土壤水分、氮、磷、钾、有机质、团粒结构、空隙率等。

8.3.3 计算的基本方法。在实施治理措施前后，分别取土样，进行物理、化学性质分析，将分析结果进行前后对比，取得改良土壤的定量数据。具体如下：

a) 对比内容。将梯田与坡耕地对比，保土耕作法与一般耕作法对比，坝地、引洪漫地与旱平地对比，造林种草与荒坡或退耕地对比。

b) 取样深度及土壤物理化学性质分析方法，可按土壤物理化学性质分析的有关规定执行。

c) 改良土壤计算项目的增产量，可按式(30)计算：

$$\Delta q = q_a - q_b \qquad (30)$$

式中：

Δq——改良土壤计算项目的增减量；

q_a——有措施地块中计算项目的含量；

q_b——无措施地块中计算项目的含量。

8.4 气圈生态效益的计算

8.4.1 气圈生态效益的计算应包括以下内容：

a) 农田防护林网内温度、湿度、风力等的变化，减轻霜、冻和干热风危害，提高农业产量等。

b) 大面积成片造林后，林区内部及其四周一定距离内小气候的变化。

8.4.2 气圈生态效益的计算，应利用历年农田防护林网内外治理前后观测的温度、湿度、风力、作物产量等资料，对比分析对改善小气候的作用，并进行以下定量计算：

8.4.2.1 小气候(温度、湿度、风力等)的变化，可按式(31)计算：

$$\Delta q = q_a - q_b \qquad (31)$$

式中：

Δq——林网内外小气候的变化量；

q_a——林网内的小气候观测量；

q_b——林网外的小气候观测量。

8.4.2.2 由于改善小气候提高作物的产量，可按式(32)进行计算：

$$\Delta p = p_a - p_b \qquad (32)$$

式中：

Δp——林网内外单位面积作物产量的变化量，单位为千克每公顷(kg/hm^2)；

p_a——林网内单位面积的作物产量，单位为千克每公顷(kg/hm^2)；

p_b——林网外单位面积的作物产量，单位为千克每公顷(kg/hm^2)。

8.4.3 计算要求

8.4.3.1 在采用式(32)进行作物增产计算时，林网内外作物的耕作情况和其他条件应基本一致。

8.4.3.2 对遇有霜、冻、干热风等自然灾害时，应作专题说明，进一步弄清改善小气候对减轻自然灾害的具体作用。

8.5 生物圈生态效益的计算

8.5.1 计算项目。主要计算人工林、草和封育林、草新增加的林草覆盖率，以及植物固碳量。

8.5.2 计算方法。先求得原有林、草对地面的覆盖度[见式(33)]，再计算新增林、草所增加的林草覆盖度[式(34)]，按式(35)计算累计达到的林草覆盖度：

$$C_b = f_b/F \qquad (33)$$

$$C_a = f_a/F \qquad (34)$$

$$C_{ab} = (f_b + f_a)/F \qquad (35)$$

式中：

f_b——原有林草(包括人工林草和天然林草)面积，单位为平方公里(km^2)；

f_a——新增林草(包括人工林草和封育林草)面积，单位为平方公里(km^2)；

F——流域总面积，单位为平方公里(km^2)；

C_b——原有林草的地面覆盖度，%；

C_a——新增林草所增加的林草覆盖度，%；

C_{ab}——累计达到的林草覆盖度，%。

f_b 与 f_a 均应为实有保存面积。

8.5.3 通过绿色植物的光合作用吸收二氧化碳，可按式(36)计算植物固碳量：

$$W = V \times D \times R \times C_c \qquad (36)$$

式中：

W——植物固碳量；

V——某种植物类型的单位面积的生物蓄积量；

D——植物茎干密度；

R——植物的总生物量与茎干生物量的比例；

C_c——植物中的碳含量。

8.5.4 流域内由于提高林草覆盖度以后，山鸡、野兔、蛇等野生动物的增加，可通过观察进行定性描述。

附 录 A
（资料性附录）
各项治理措施生态效益测定方法

A.1 调水保土效益的测定

A.1.1 梯田(梯地)造林、种草、保土耕作法等措施效益的测定

A.1.1.1 在坡面上设置径流试验小区，进行较长期的定位观测，并采取有措施坡面与无措施坡面对比(梯田、保土耕作法与一般坡耕地对比，造林、种草与荒坡或退耕地对比)。每次暴雨后，分别观测记载各个对照小区的径流量与泥沙量，用无措施坡面的观测数值减去有措施坡面的观测数值，算得各项治理措施的保水、保土效益，其保土量即为减蚀量(计算方法见5.1.2.1)。

A.1.1.2 进行对比观测的每个小区，除需对比的内容不同外(有梯田与无梯田、有林草与无林草)，其余各项基本条件(坡度、坡长、坡向、土壤、降雨等)均应相同。

A.1.1.3 径流小区对比观测的结果，与自然坡面和大田相比，若存在如下偏大和偏小的因素，应采取辅助性观测，给予必要的改正。

a) 偏大的因素是：小区上的治理措施经营管理较好，保水、保土作用可能高于大田。
b) 偏小的因素是：小区的坡长一般是20 cm(或其他长度)，而自然坡长大部在100 m～200 m或更多，同时还有坡面浅沟汇流，其水土流失量高于20 m长的规整坡面若干倍。
c) 辅助性观测，应选一处或几处有代表性的全坡长自然坡面，观测其水土流失量，与20 m坡长观测的数值对比，求得改正值的比例关系。

A.1.1.4 配合小区观测，进行梯田、林、草等保水、保土效益的调查研究。调查中同样应采取有措施坡面与无措施坡面进行对比，测定方法主要应采取暴雨后现场观察，用钢卷尺量算坡面冲刷细沟断面，借助水文站、径流站的观测资料，分析坝库泥沙淤积量等。

A.1.2 谷坊、淤地坝、小水库、治沟骨干工程等措施保水、保土、减蚀效益的测定

A.1.2.1 对数量较多，而每座保土量较小的谷坊和小型淤地坝的保土效益，应选用具代表性的若干工程，分别测定其平均淤积深度、淤泥面的平均宽度与长度，计算其拦泥量，然后推算全部坊、坝的保土量。

淤泥面的深度和宽度，可在坝前、末端和中部各取一断面测定，取其平均值。在每一处断面在中部和距两端各五分之一处，分别测定三个深度，取其平均值。

A.1.2.2 对数量较少，而每座保水、保土量较大的大型淤地坝、小水库与治沟骨干工程，应逐座分别测定其效益。

此类坝库规划设计，一般都通过测量绘制水位-库容曲线。测定其保水、保土效益时，应分别测定其水面高程和淤泥面高程，从水位-库容曲线上，用淤泥面高程查得其拦泥(保土)量，用水面高程查得蓄水拦泥总量，减去其中的拦泥量，即为蓄水量。

A.1.2.3 沟底各类工程减轻沟蚀(保土)的作用，应在侵蚀活跃的支毛沟上中游沟段进行测定。测定的方法，可选两条自然条件相近的支毛沟设置对比沟观测，或在一条支毛沟内进行治理前后对比观测。具体观测应符合下列要求：

a) 在无措施的支毛沟内，进行全面系统的沟蚀情况调查和少量定位观测。测定未治理以前某些沟段的沟底下切长度、深度、宽度和某些沟段沟岸扩张的长度、高度、厚度，分别记载其损失土量。
b) 在有措施的支毛沟内(其治理措施主要是谷坊和小型淤地坝)，进行同样全面系统的沟蚀情况调查和少量的定位观测，测定治理以后沟底下切和沟岸扩张的具体情况和相应数值。
c) 将两种测定的数值对比，算出谷坊和小型淤地坝减轻沟蚀的保土量。

A.1.2.4 梯田、林、草等措施减少地表径流下沟后减轻沟蚀保土量的测定，应符合下列规定：

a) 选地貌相似且均有代表性的两条小毛沟，一条为坡面径流自然下沟，一条坡面有梯田、林草，径流不下沟或少下沟，对比观测其沟蚀量。

b) 算出二者沟蚀量之差，求出因减少坡面径流而减轻沟蚀的保土量。

c) 在进行对比观测之前，应先进行空白观测，测定两条小毛沟均在坡面径流自然下沟情况下的沟蚀量(应基本相近)。

A.1.3 坡面小型蓄排工程保水、保土效益的测定

A.1.3.1 坡面截水沟、蓄水池、沉沙池以及水窖等，可通过暴雨后观测其容积内拦蓄的水量和泥量，测定其直接的保水、保土效益。

A.1.3.2 坡面截水沟、排水沟、沉沙池等，保护其下部农田和林草地而减少的侵蚀量，作为其间接的保土量，应通过有蓄排工程和无蓄排工程的两个坡面(或两条小毛沟的坡面)的对比观测进行测定。

A.2 经济效益的测定

A.2.1 梯田、保土耕作、坝地、引洪漫地等增加粮食产量的测定

A.2.1.1 在大田中的抽样比例应按照 GB/T 15773—2008 附录 D 中的规定，对有措施和无措施地块，在规定范围内，按“田”字形的纵横 9 个交会点上分别各选 9 个 2 m×2 m 样方，测定其粮食产量，再分别推算整个大田产量。

A.2.1.2 用有措施大田的产量减去无措施大田的产量，算得各项治理措施的增产量。

A.2.2 种草与封坡育草增产牧草数量的测定

A.2.2.1 应根据 GB/T 15773—2008 附录 D 中规定的抽样比例，对种草、育草荒坡与无措施荒坡在规定范围内按“田”字形分别各选 9 个 5 m×5 m 样方，测定其产草量，再分别推算规定范围内的总产草量。

A.2.2.2 用种草、育草地的产草量，分别减去无措施荒坡的产草量，算得种草、育草增加的产草量。

A.2.3 造林与封山育林增产枝条数量的测定

A.2.3.1 应根据 GB/T 15773—2008 附录 D 中规定的抽样比例，对造林、育林的荒坡与无措施的荒坡残林地在规定范围内按“田”字形分别各选 9 个 10 m×10 m 样方，测定其枝条产量，再分别推算其规定范围内的枝条总产量。

A.2.3.2 用造林、育林地的枝条产量，分别减去无措施地的枝条产量，可算得造林、育林增加的枝条产量。

A.2.4 经济林与果园增加果品产量的测定

A.2.4.1 应根据 GB/T 15773—2008 附录 D 中规定的抽样比例，对经济林和果园在规定的范围内按“田”字形分别各选 9 个 30 m×30 m 样方，在样方内再按“田”字形选 9 株果树，测定每株果品产量，进而推算每公顷的果品产量。

A.2.4.2 取观测所得各公顷产量平均值，推算规定范围内的果品总产量。

A.3 生态效益的测定

A.3.1 改善地表径流状况的测定

A.3.1.1 可选条件相似的两条小流域，一条进行综合治理，一条未治理(或治理程度很低)，分别在沟口布设径流观测。除一般常规观测外，对较大暴雨洪水，应进行重点观测。

A.3.1.2 应在全年径流中，划分洪水流量与常水流量；用观测数值，进行对比分析，分别计算常水与洪水的增减量，求得改善地表径流状况的定量数值。

A.3.1.3 如只在一条小流域中进行观测，则应用其未治理以前或治理初期(治理程度很低)在沟口观测的径流情况，与其治理后期(治理程度较高)在沟口观测的径流情况进行对比，算得地表径流改善的定

量数值。

A.3.1.4 进行对比的时间(1a或1次洪水)内,降雨情况(雨量和强度)应基本相近。

A.3.2 改善土壤物理化学性质的测定

A.3.2.1 应选有代表性的梯田、保土耕作、坝地、引洪漫地等有措施农田和无措施的坡耕地与河滩地,在每一地块中"田"字形位置分别各取9个土样,根据有关规定的方法,进行土壤容量、空隙率、含水量与氮、磷、钾有机质等含量的测定。

A.3.2.2 取9个点的平均值,进行对比,分别求得有措施农田的土壤物理化学性质比无措施农田改善的定量数值。

A.3.3 改善地面小气候的测定

A.3.3.1 在农田防护林网内外,分别布设温度、湿度、风力、风速观测,网内、网外的东、南、西、北四方各布设一处,按气象观测有关规定进行观测。

A.3.3.2 取四方平均值,网内小气候与网外小气候进行对比,求得农田防护林网对改善地面小气候的定量数值。

附 录 B
（资料性附录）
单项措施增产量与增产值的计算

B.1 单位面积年增产量与年增产值的计算

当计算对象为增产有效面积时，应按以下三个步骤进行：

B.1.1 产品（实物）的增产量（治理前后种植同一作物）可按式（B.1）计算：

$$\Delta p = p_a - p_b \qquad \text{(B.1)}$$

式中：

Δp——该项措施实施后每年单位面积增产量，单位为千克每公顷（kg/hm^2）；

p_b——该项措施实施前每年单位面积产量，单位为千克每公顷（kg/hm^2）；

p_a——该项措施实施后每年单位面积产量，单位为千克每公顷（kg/hm^2）。

B.1.2 年毛增产值可按式（B.2）计算：

$$z = y\Delta p = y(p_a - p_b) \qquad \text{(B.2)}$$

式中：

z——年毛增产值，单位为元每公顷（元/hm^2）；

y——上述措施的产品单价，单位为元每千克（元/kg）。

为便于对比研究，y 值应采用不变价格。

B.1.3 年净增产值可按式（B.3）、式（B.4）及式（B.5）计算：

$$j = z - \Delta u \qquad \text{(B.3)}$$

$$\Delta u = u_a - u_b \qquad \text{(B.4)}$$

$$j = (yp_a - u_a) - (yp_b - u_b) \qquad \text{(B.5)}$$

式中：

j——年净增产值，单位为元每公顷（元/hm^2）；

Δu——该项措施实施后单位面积年增加的生产费用，单位为元每公顷（元/hm^2）；

u_b——该项措施实施前单位面积年生产费用，单位为元每公顷（元/hm^2）；

u_a——该项措施实施后单位面积年生产费用，单位为元每公顷（元/hm^2）。

B.1.4 当同一地块治理前后种植的作物不同，产品单价不同，生产费用不同时，应将式（B.5）改写为式（B.6）：

$$j = (y_a p_a - u_a) - (y_b p_b - u_b) \qquad \text{(B.6)}$$

式中：

y_a——治理后作物产品单价，单位为元每千克（元/kg）；

y_b——治理前作物产品单价，单位为元每千克（元/kg）。

B.2 治理（或规划）期末有效面积上年增产量与年增产值的计算

按以下三个步骤进行：

B.2.1 核定该项措施的实施保存面积 F，按以下两种情况分别处理：

a） 当 n a 内各年新增措施保存面积相等或相近时，计算实施保存面积 F 时将治理（或规划）年限 n 乘以平均每年增加实施保存面积 f，见式（B.7）。

$$F = nf \qquad \text{(B.7)}$$

b） 当 n a 内各年新增措施保存面积不相等时，计算实施保存面积 F 将 n a 内每年新增实施保存

面积 f_1、f_2、f_3、…、f_n 累加，见式(B.8)，即：

$$F = f_1 + f_2 + f_3 + \cdots + f_n \quad \cdots\cdots(B.8)$$

在实际计算中，如各年增加的面积相近，可简化为式(B.7)，不影响计算质量。本标准以下有关计算，都以此为基础。

B.2.2 在实施保存面积 F 基础上，求得增产有效面积 F_e。

设该项措施实施后，需 m a 才开始有增产效益，在实施期 n a 内，应有增产效益的时间为 n_e(a)，按式(B.9)计算：

$$n_e = n - m \quad \cdots\cdots(B.9)$$

由此可算得增产有效面积 F_e[见式(B.10)]：

$$F_e = n_e f = f(n - m) \quad \cdots\cdots(B.10)$$

B.2.3 根据上述计算结果，治理(或规划)期末有效面积上的年增产量 ΔP_e 与年增产值(年毛增产值 Z_e、年净增产值 J_e)应分别采用式(B.11)～式(B.13)计算：

$$\Delta P_e = F_e \Delta p \quad \cdots\cdots(B.11)$$

$$Z_e = F_e z \quad \cdots\cdots(B.12)$$

$$J_e = F_e j \quad \cdots\cdots(B.13)$$

Δp、z、j 三值的计算，分别见式(B.1)、式(B.2)、式(B.3)。

B.3 治理(或规划)期末有效面积上累计增产量与累计增产值的计算

按以下两个步骤进行：

B.3.1 计算累计有效面积 F_r：

根据上述计算，在计算 na 内，实有增产时间应为

$$n_e = n - m$$

则累计有效面积 F_r 按式(B.14)计算：

$$F_r = f(1 + 2 + 3 + \cdots + n_e) = f[1 + 2 + 3 + \cdots + (n - m)] = fR \quad \cdots\cdots(B.14)$$

式中：

R——累计有效面积的累计系数。

B.3.2 在此基础上算得治理(或规划)期末有效面积上的累计增产量 ΔP_r 与累计增产值(累计毛增产值 Z_r、累计净增产值 J_r)分别按式(B.15)～式(B.17)计算：

$$\Delta P_r = F_r \Delta p \quad \cdots\cdots(B.15)$$

$$Z_r = F_r z \quad \cdots\cdots(B.16)$$

$$J_r = F_r j \quad \cdots\cdots(B.17)$$

Δp、z、j 三值的计算，分别见式(B.1)、式(B.2)和式(B.3)。

B.4 措施全部生效的年增产量与年增产值的计算

按以下三个步骤进行：

B.4.1 求措施全部生效时间 n_t，应考虑该项措施实施后需 ma 生效，在 na 内实施的措施，需在 n_ta 才能全部生效，则按式(B.18)进行计算：

$$n_t = n + m \quad \cdots\cdots(B.18)$$

B.4.2 措施全部生效时，有效面积 F_t 与实施面积 F 一致，可按式(B.19)计算：

$$F_t = F \quad \cdots\cdots(B.19)$$

B.4.3 措施全部生效时，采取式(B.20)、式(B.21)和式(B.22)计算年增产量 ΔP_t 与年增产值(年毛增产值 Z_t、年净增产值 J_t)：

$$\Delta P_t = F \Delta p \quad \cdots\cdots(B.20)$$

$$Z_t = Fz \qquad (B.21)$$

$$J_t = Fj \qquad (B.22)$$

Δp、z、j 三值的计算，分别见式(B.1)、式(B.2)、式(B.3)。

B.5 措施全部生效时累计增产量与累计增产值的计算

按以下两个步骤进行：

B.5.1 措施全部生效时，应按式(B.23)求得累计有效面积 F_{tr}：

$$F_{tr} = (1 + 2 + 3 + \cdots + n) = fR_t \qquad (B.23)$$

式中：

R_t——措施全部生效时，累计有效面积的累计系数。

B.5.2 在此基础上，采用式(B.24)、式(B.25)和式(B.26)计算累计增产量 ΔP_{tr} 与累计增产值(累计毛增产值 Z_{tr}、累计净增产值 J_{tr})：

$$\Delta P_{tr} = F_{tr}\Delta p \qquad (B.24)$$

$$Z_{tr} = F_{tr}z \qquad (B.25)$$

$$J_{tr} = F_{tr}j \qquad (B.26)$$

Δp、z、j 三值的计算，分别见式(B.1)、式(B.2)和式(B.3)。

附　录　C
（资料性附录）
基本农田节约土地和劳工计算示例

计算示例：

某小流域有人口 1 500 人，要求人均年产粮食 500 kg。已知：种坡耕地每公顷产粮 750 kg，需劳工 120 工·日；种基本农田每公顷产粮 3 000 kg，需劳工 180 工·日。试求在满足粮食需要前提下，全种基本农田比全种坡耕的能节约多少土地和劳工。

解：已知　$V=1\ 500\times 500=750\ 000\ \text{kg}$

$P_b=750\ \text{kg/hm}^2$

$P_a=3\ 000\ \text{kg/hm}^2$

$e_b=120$ 工·日/hm^2

$e_a=3\ 000$ 工·日/hm^2

则能节约的土地为

种坡耕地需土地　$F_b=\dfrac{750\ 000}{750}=1\ 000\ \text{hm}^2$

种基本农田需土地　$F_a=\dfrac{750\ 000}{3\ 000}=250\ \text{hm}^2$

能节约土地　$\Delta F=1\ 000-250=750\ \text{hm}^2$

能节约的劳工为

种坡耕地需劳工　$E_b=1\ 000\times 120=120\ 000$ 工·日

种基本农田需劳工　$E_a=250\times 180=4\ 500$ 工·日

能节约劳工　$\Delta E=120\ 000-45\ 000=75\ 000$ 工·日

附　录　D
（资料性附录）
水土保持减沙效益的计算

D.1　减沙效益计算的基本要求

D.1.1　以完整的流域为计算单元，以治理（或规划）期末实有的措施保存面积和实测各项措施的保水、保土效益为依据。计算前应搜集以下两方面的资料：

D.1.1.1　各个单项水土保持措施减少泥沙效益的观测资料或调查资料，这些资料都经过分析、论证，消除了偏大或偏小的因素。

D.1.1.2　作为计算对象的沟道、河道下游控制性径流站、水文站的泥沙观测资料，此项资料应有 5 a 以上的观测系列，时间越长越好。

D.1.2　运用上述资料进行分析计算时，应遵循以下原则：

D.1.2.1　采取水文法与水土保持法相结合进行计算，两种方法的计算结果应基本一致或比较接近。

D.1.2.2　计算中进行治理前后对比时，时段的划分应合理，前时段应水土保持未开展或进度很慢，减沙效果很微；治理后时段应水土保持进展较快，减沙效果显著。

D.1.2.3　在进行治理前后对比中，可通过降雨产沙关系分析，扣除治理前后由于降雨不同对流域产沙的影响，求得水土保持真正的减沙作用。

D.1.3　在进行因减沙作用而减轻的物质损失按货币价值折算为经济效益时，应符合下列要求：

D.1.3.1　作为计算对象的流域范围内，其下游实际有因减沙而收到的经济效益（如水库减淤、河道恢复、延长航程等）时，才能纳入计算。

D.1.3.2　在折价计算减轻损失的物质时，应按前后变动的单价分别计算。

D.1.4　减轻流域下游泥沙淤积的效益计算应按以下三个步骤进行：

a)　用水文法进行流域减沙作用的计算；
b)　用水保法进行流域减沙作用的计算；
c)　将两种方法的计算结果互相验证。

D.2　水文法计算水土保持的减沙作用

D.2.1　求总减沙量 ΔS_t

D.2.1.1　当治理前实测输沙量与流域实有产沙量基本一致时，可按式(D.1)进行计算：

$$\Delta S_t = S_b - S_a \quad \cdots\cdots(D.1)$$

式中：

ΔS_t——治理后年均总减沙量，单位为吨(t)；
S_b——治理前实测年均输沙量，单位为吨(t)；
S_a——治理后实测年均输沙量，单位为吨(t)。

D.2.1.2　当治理前实测输沙量与流域实有产沙量不一致，且差距较大时，应将实测输沙量 S_b 还原为流域产沙量 S_{bp}，然后采用式(D.2)和式(D.3)进行计算：

$$\Delta S_t = S_{bp} - S_a \quad \cdots\cdots(D.2)$$

$$S_{bp} = S_b + S_{b1} + S_{b2} + S_{b3} \quad \cdots\cdots(D.3)$$

式中：

S_{bp}——治理前年均流域产沙量，单位为吨(t)；
S_b——治理前年均实测输沙量，单位为吨(t)；

S_{b1}——治理前年均水库拦沙量,单位为吨(t);

S_{b2}——治理前年均灌溉引沙量,单位为吨(t);

S_{b3}——治理前年均河道淤积量,单位为吨(t)。

D.2.2 在总减沙量 ΔS_t 中分析出水土保持减沙量

D.2.2.1 通过降雨产沙关系分析,算得年均总减沙量中由于降雨偏小影响减沙量 ΔS_r。此项分析方法较多,本标准推荐其中两种,方法参见附录 E。有条件的应采用两种以上方法计算,将其结果互相验证。

D.2.2.2 在年均总减沙量 ΔS_t 中,扣除降雨偏小影响减沙量 ΔS_r,算得人类活动影响减沙量 ΔS_h[见式(D.4)]。

$$\Delta S_h = \Delta S_t - \Delta S_r \quad \cdots\cdots (D.4)$$

D.2.2.3 在人类活动影响减沙量 ΔS_h 中扣除水利工程减沙量 ΔS_q(水库拦沙和灌溉引沙,一般都有实测资料)即为水土保持减沙量 ΔS_p[见式(D.5)]。

$$\Delta S_p = \Delta S_h - \Delta S_q \quad \cdots\cdots (D.5)$$

D.3 水保法计算水土保持的减沙作用

D.3.1 水保法计算水土保持减沙作用,可采用式(D.6)计算:

$$\Delta S_c = \Delta S_1 \pm \Delta S_2 - \Delta S_3 + \Delta S_4 \quad \cdots\cdots (D.6)$$

式中:

ΔS_c——治理后年均减沙量,单位为吨(t);

ΔS_1——各项水土保持措施年均减沙量,单位为吨(t);

ΔS_2——泥沙运行中年均增减量,单位为吨(t);

ΔS_3——各类活动年均河道增沙量,单位为吨(t);

ΔS_4——降雨偏小影响年均减沙量,单位为吨(t)。

D.3.2 ΔS_1 值的计算见式(D.7)~式(D.10):

$$\Delta S_1 = \sum\Delta p + \sum\Delta V + \sum\Delta G \quad \cdots\cdots (D.7)$$

$$\sum\Delta p = \Delta p_1 + \Delta p_2 + \Delta p_3 + \Delta p_4 \quad \cdots\cdots (D.8)$$

$$\Delta V = \Delta V_1 + \Delta V_2 + \Delta V_3 + \Delta V_4 + \Delta V_5 \quad \cdots\cdots (D.9)$$

$$\Delta G = \Delta G_1 + \Delta G_2 + \Delta G_3 + \Delta G_4 \quad \cdots\cdots (D.10)$$

式中:

$\sum\Delta p$——各类就地入渗措施的减沙量,单位为吨(t);

$\sum\Delta V$——各类就近拦蓄措施的减沙量,单位为吨(t);

$\sum\Delta G$——各类减轻沟蚀因素的减沙量,单位为吨(t)。

Δp_1、Δp_2、Δp_3、Δp_4——梯田(梯地)、造林、种草、保土耕作等各项措施的年均减沙量(其计算方法见 5.1);

ΔV_1、ΔV_2、ΔV_3、ΔV_4、ΔV_5——水窖、蓄水池、谷坊、淤地坝、小水库等的年均拦泥量(其计算方法见 5.2);

ΔG_1、ΔG_2、ΔG_3——制止沟头前进、沟底下切;沟岸扩张的年均减沙量(其计算方法见 5.3);

ΔG_4——减少塬、坡径流下沟后相应减轻沟蚀的减沙量(其计算方法见 5.3)。

D.3.3 ΔS_2 值的计算

D.3.3.1 调查项目包括以下两方面:

a) 自然冲淤变量。包括沟岸河岸、较大的崩塌、滑塌、沟床、河床侵蚀基点的破坏等,引起沟道、河道泥沙的堵塞或冲蚀。

b) 人为冲淤变量。包括坝库兴建后拦截的泥沙,坝库水毁后冲出的泥沙,以及大型灌区引用浑水灌溉减少的泥沙。

以上二者，如果治理前后两个阶段情况一致或相近，则不需计算；如前阶段没有而后阶段有，则应计算。

D.3.3.2 冲淤变量计算，包括以下两方面：

a) 自然冲淤变量。对崩体、滑体等应分别计算其破坏量与逐年冲蚀量，二者不能混淆(许多情况下，一次崩塌、滑塌的土体，需若干年才能冲蚀完)；对崩体、滑体堵塞沟道的，应计算堵塞后的拦泥量。

b) 人为冲淤变量。对坝库拦蓄泥沙量，应通过淤积观测，计算其拦泥总量与逐年拦泥量；对水毁坝库，应通过具体测量计算，计算其坝体土方损失量和库内淤泥量。灌溉引沙量应向各级水利部门调查。

以上二者，应根据各年冲淤变量，求得治理后若干年内的冲淤总量，然后求得其年平均冲淤变量 ΔS_2，代入式(D.6)进行计算。

D.3.4 人为破坏新增土壤侵蚀量 ΔS_3 值

D.3.4.1 调查项目：包括陡坡开荒、开矿、建厂、修路、修渠、建房、挖窑、采石等。

D.3.4.2 新增侵蚀量 ΔS_3 值的计算，包括以下三方面：

a) 陡坡开荒。用开荒后的侵蚀模数减去开荒前的侵蚀模数，得新增侵蚀模数，再乘以开荒面积即得。新增侵蚀量每年都有，应连续计算。

b) 修路、修渠、建房、挖窑等，只是在基本建设进程中有一次性破坏土地，其废土、弃石等将逐年被冲蚀，到一定时期可能趋于稳定，不再增加侵蚀量。不应把破坏量当成冲刷量，也不应认为新增的冲蚀量长期不变。

c) 开矿、建厂新增土壤侵蚀有两个方面：一是基本建设进程中一次性破坏土地，其侵蚀量的计算要求与修路、修渠等基本一致；二是生产进程中的废土、弃石、废渣等每年都有，应连续计算。计算中同样应把冲蚀量与破坏量分开，求出冲蚀量占破坏量的比例。

以上三者，应根据各年新增的侵蚀量，求得实施期(或规划期)若干年内的侵蚀总量，然后求得年平均新增侵蚀量 ΔS_3。代入式(D.6)进行计算。

D.3.5 降雨偏小影响减沙量 ΔS_4 值的计算

与水文法相同，见 D.2.2.1。也可以引用水文法的计算结果($\Delta S_4 = \Delta S_r$)。

D.4 两种计算方法的检验

D.4.1 用减沙总量进行检验，见式(D.11)。

$$Z_1 = \frac{\Delta S_t - \Delta S_e}{\Delta S_t} \quad \cdots\cdots\cdots\cdots (D.11)$$

式中：

Z_1——减沙总量检验系数(应小于0.2)；

ΔS_t——水文法算得的年均减沙总量，单位为吨(t)；

ΔS_e——水保法算得的年均减沙总量，单位为吨(t)。

D.4.2 用水土保持减沙量进行检验，见式(D.12)。

$$Z_2 = \frac{\Delta S_p - \Delta S_1}{\Delta S_p} \quad \cdots\cdots\cdots\cdots (D.12)$$

式中：

Z_2——水土保持减沙量检验系数(应小于0.2)；

ΔS_p——水文法算得的年均水土保持减沙量，单位为吨(t)；

ΔS_1——水保法算得的年均水土保持减沙量，单位为吨(t)。

附　录　E
（资料性附录）
降雨影响减沙量 ΔS_r 的计算

E.1　基本规定

E.1.1　本项计算方法与附录 D 配套使用，并作为附录 D 的补充。主要用于 D.2.2.2 中的以下规定："在年总减沙量 ΔS_t 中，扣除降雨偏小影响减沙量 ΔS_r，算得人类活动影响减沙量 ΔS_h"，该规定并以式(D.4)表述为 $\Delta S_h = \Delta S_t - \Delta S_r$。

E.1.2　当降雨偏大影响增沙时，式(D.4)仍适用，但 ΔS_r 为负值。此时算得的 ΔS_h 值大于 ΔS_t 值，是合理的。

E.1.3　计算 ΔS_r 值有多种方法，分别适应于计算区不同的自然地理条件(降雨和下垫面条件)与不同的观测资料情况。计算中应根据计算区不同的自然条件与资料情况，分别采用不同的方法。

E.1.4　本附录根据不同的观测资料情况，推荐以下两种不同的计算 ΔS_t 值的方法：

E.1.4.1　一般综合治理小流域，观测资料较少、系列较短的，可采用相似降雨对比法计算 ΔS_t，方法简便易行，精度可满足一般要求。

E.1.4.2　观测资料较多、系列较长的大中流域和重点小流域，可采用降雨指标分析法计算 ΔS_t，考虑因素比较全面，计算结果能更接近实际。

E.1.5　有条件的大中流域和重点小流域，应采用两种以上的方法，同时进行计算，将其结果互相验证，并结合流域实际情况，进行综合分析，确定最佳的计算结果。

E.2　相似降雨对比法计算 ΔS_t

E.2.1　将治理前各年实测降雨量 R_b 与实测流域产沙量 S_b 列表(见表 E.1)，并绘制 R_b-S_b 关系曲线(见图 E.1)。当汛期的降雨产沙关系比全年的降雨产沙关系好时，应采用汛期的数值。

表 E.1　治理前各年实测降雨量 R_b 与实测流域产沙量 S_b

项　目	____年	____年	____年	____年	____年	合　计	年　均
R_b/mm							
S_b/t							

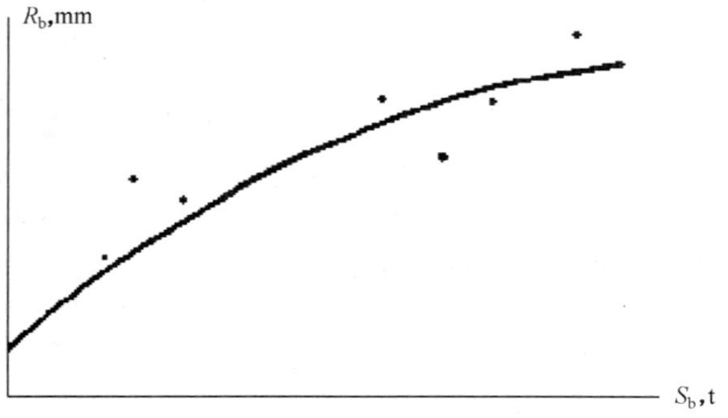

图 E.1　R_b-S_b 关系曲线

E.2.2　将治理后各年实测降雨量 R_a 列表(见表 E.2)；从图 E.1 上查得与各年降雨量 R_a 相对应的流域产沙量 S_{ab} 计算值，填入表 E.2。表中的雨量和沙量可为全年数值，也可为汛期数值，但应与表 E.1 保持一致。

表 E.2 治理后各年实测降雨量 R_a 与计算流域产沙量 S_{ab}

项　目	___年	___年	___年	___年	___年	合　计	年　均
R_a/mm							
S_{ab}/t							

E.2.3 S_{ab}的物理意义是：治理后各年的实测降雨量 R_a，在未治理前的地面（无措施）下，应有的流域产沙量（计算值）其与实测流域输沙量 S_a 之间的差值，是由于人类活动（水利措施与水土保持）的减沙作用所造成（即 ΔS_h），从而得到式(E.1)。

$$S_a = S_{ab} - \Delta S_h \quad \cdots\cdots(\text{E.1})$$

E.2.4 用此关系，结合附录 D 中式(D.4)，求得 ΔS_r［见式(E.2)、式(E.3)］。

将附录 D 中式(D.4)改写为：

$$\Delta S_r = \Delta S_t - \Delta S_h \quad \cdots\cdots(\text{E.2})$$

而

$$\Delta S_t = S_b - S_a = S_b - (S_{ab} - \Delta S_h)$$

代入式(E.2)得

$$\Delta S_r = S_b - S_{ab} \quad \cdots\cdots(\text{E.3})$$

E.3 降雨指标分析法计算 ΔS_r

E.3.1 将治理前各年的一日最大雨量与相应沙量（X_1 与 S_1）、30 日最大雨量与相应沙量（X_2 与 S_2）、汛期雨量与相应沙量（X_3 与 S_3）、全年雨量与相应沙量（X_4 与 S_4）列表（见表 E.3）。

表 E.3 治理前各年降雨特征值与相应产沙量

年　份	一日最大		30 日最大		汛　期		全　年	
	雨量 X_1/mm	沙量 S_1/t	雨量 X_2/mm	沙量 S_2/t	雨量 X_3/mm	沙量 S_3/t	雨量 X_4/mm	沙量 S_4/t
…	…	…	…	…	…	…	…	…
平均								
均值符号	$\overline{X_1}$		$\overline{X_2}$		$\overline{X_3}$		$\overline{X_4}$	
注：表中各项降雨特征值都是流域内各雨量站的加权平均值。								

E.3.2 用式(E.4)～式(E.7)计算每年各项特征降雨的产沙量占全年产沙量的比重：

$$n_1 = \frac{S_1}{S_4} \quad \cdots\cdots(\text{E.4})$$

$$n_2 = \frac{S_2 - S_1}{S_4} \quad \cdots\cdots(\text{E.5})$$

$$n_3 = \frac{S_3 - S_2}{S_4} \quad \cdots\cdots(\text{E.6})$$

$$n_4 = \frac{S_4 - S_3}{S_4} \quad \cdots\cdots(\text{E.7})$$

E.3.3 用式(E.8)～式(E.11)计算每年各项特征降雨占该项特征降雨多年平均值的比重（称"模比系数"）：

$$m_1 = \frac{\overline{X_1}}{X_1} \quad \cdots\cdots(\text{E.8})$$

$$m_2 = \frac{\overline{X_2}}{X_2} \quad \cdots\cdots (E.9)$$

$$m_3 = \frac{\overline{X_3}}{X_3} \quad \cdots\cdots (E.10)$$

$$m_4 = \frac{\overline{X_4}}{X_4} \quad \cdots\cdots (E.11)$$

E.3.4 将式(E.4)～式(E.11)各项计算结果列入表 E.4。

表 E.4 治理前各年各项降雨特征的 *n* 与 *m* 数值

年 份	一日最大		30 日最大		汛 期		全 年	
	n_1	m_1	n_2	m_2	n_3	m_3	n_4	m_4
…	…	…	…	…	…	…	…	…

E.3.5 用式(E.12)计算各年的产沙降雨指标 R：

$$R = X_1 n_1 m_1 + X_{2-1} n_2 m_2 + X_{3-2} n_3 m_3 + X_{4-3} n_4 m_4 \quad \cdots\cdots (E.12)$$

式中：

X_{2-1}——$X_2 - X_1$；

X_{3-2}——$X_3 - X_2$；

X_{4-3}——$X_4 - X_3$。

R 值的物理意义是：既考虑了降雨的各项特征值，又考虑了降雨的年际变化。以 R 值作为产沙降雨比单用年降雨或汛期降雨更接近实际。

E.3.6 将上述各 R 值计算结果与相应各年的实测流域产沙量 S_b 列入表 E.5。

表 E.5 治理前各年产沙降雨 *R* 与流域产沙量 S_b

年 份	$X_1 n_1 m_1$	$X_{2-1} n_2 m_2$	$X_{3-2} n_3 m_3$	$X_{4-3} n_4 m_4$	R	S_b
…	…	…	…	…	…	…

E.3.7 将表 E.5 中各年的 R 与 S_b 值，点绘在双对数纸上，制成 R-S 关系图(见图 E.2)，可得式(E.13)：

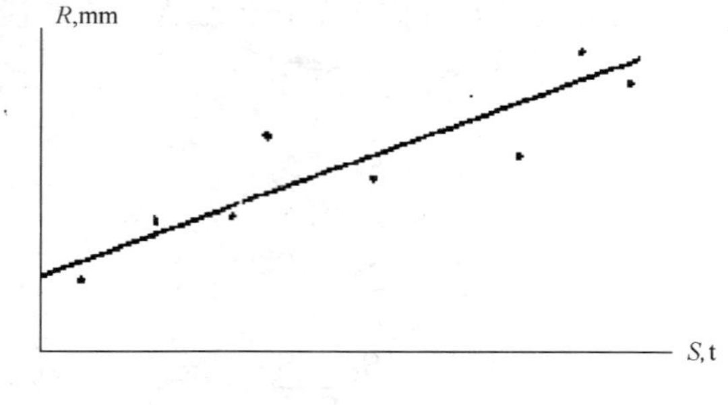

图 E.2 *R-S* 关系图

$$S = \alpha R^{u} \quad \cdots\cdots (E.13)$$

式(E.13)表达了在治理前(地面无措施)情况下，降雨与产沙的定量关系。

E.3.8 根据图 E.2,用数学方法可以求得式(E.13)中的 α 与 u,使式(E.13)可用于具体计算。

E.3.9 将治理后各年的降雨量值 S_a 代入式(E.13),可算得相应各年的流域产沙量 S_{ab}。

S_{ab}的物理意义是:治理后各年的降雨,在未治理前(地面无措施)情况下应有的流域产沙量(计算值)。

E.3.10 用前述 E.2.3 与 E.2.4 同样的步骤,可算得治理后由于降雨偏小影响的减沙量 ΔS_r。

$$\Delta S_r = S_b - S_{ab}$$

ICS 65.020.30
B 41

GB

中华人民共和国国家标准

GB/T 15805.1—2008
部分代替 GB/T 15805.1—1995

鱼类检疫方法 第1部分:传染性胰脏坏死病毒(IPNV)

Quarantine methods of fish—Part 1: Infectious pancreatic necrosis virus(IPNV)

2008-07-31 发布　　　　2008-11-01 实施

中华人民共和国国家质量监督检验检疫总局
中国国家标准化管理委员会　发布

前　言

GB/T 15805《鱼类检疫方法》分为下列部分：

——第1部分：传染性胰脏坏死病毒(IPNV)；

——第2部分：传染性造血器官坏死病毒(IHNV)；

——第3部分：病毒性出血性败血症病毒(VHSV)；

——第4部分：斑点叉尾鮰病毒(CCV)；

——第5部分：鲤春病毒血症病毒(SVCV)；

——第6部分：杀鲑气单胞菌；

——第7部分：脑粘体虫；

……

本部分为GB/T 15805的第1部分。

本部分代替GB/T 15805.1—1995《淡水鱼类检疫方法　第一部分》中的第3章。

本部分与GB/T 15805.1—1995的第3章相比主要变化如下：

——增加了用ELISA方法鉴定IPNV；

——结构格式按GB/T 1.1—2000的规定，作为部分编写。

本部分的附录A为规范性附录。

本部分由中华人民共和国农业部提出。

本部分由全国水产标准化技术委员会归口。

本部分起草单位：农业部全国水产技术推广总站、中华人民共和国深圳出入境检验检疫局。

本部分主要起草人：孙喜模、江育林、陈爱平、陈辉、朱泽闻。

本部分所代替标准的历次版本发布情况为：

——GB/T 15805.1—1995。

鱼类检疫方法
第1部分:传染性胰脏坏死病毒(IPNV)

1 范围

GB/T 15805的本部分规定了用中和试验和酶联免疫吸附试验检测传染性胰脏坏死病毒(IPNV)的方法。

本部分适用于IPNV的分离与抗原的鉴定,IPN的流行病学调查、诊断、监测以及口岸出入境、国内跨区域移动的检疫。

2 规范性引用文件

下列文件中的条款通过GB/T 15805的本部分的引用而成为本部分的条款。凡是注日期的引用文件,其随后所有的修改单(不包括勘误的内容)或修订版均不适用于本部分,然而,鼓励根据本部分达成协议的各方研究是否可使用这些文件的最新版本。凡是不注日期的引用文件,其最新版本适用于本部分。

GB/T 6682—1992 分析实验室用水规格和试验方法(neq ISO 3696:1987)

GB/T 18088—2000 出入境动物检疫采样

3 试剂和材料

3.1 水:GB/T 6682—1992,二级。

3.2 酶标羊抗兔IgG:按说明书使用。

3.3 IPNV参考株:由农业部指定的动物病原微生物菌(毒)种保藏机构提供。

3.4 阴性对照:正常细胞组织悬液。

3.5 IPNV参考抗血清。

3.6 羊抗IPNV抗体。

3.7 硫酸:分析纯。

4 器材和设备

4.1 96孔细胞培养板。

4.2 酶标板。

4.3 酶标测定仪。

4.4 微量移液器。

4.5 倒置显微镜。

4.6 恒温培养箱。

4.7 普通冰箱和低温冰箱。

4.8 组织研磨器。

4.9 离心机和离心管。

4.10 消毒设备。

5 IPNV的分离

5.1 采样

按GB/T 18088—2000的规定执行。对有临床症状的鱼,体长≤4 cm的鱼苗取整条,若是带卵黄囊的鱼应去掉卵黄囊。体长 4 cm～6 cm 的鱼苗取内脏(包括肾);体长大于 6 cm 的鱼则取肝、肾、脾。对无症状的鱼取肝、肾、脾;成熟雌鱼还需取卵巢液。鱼卵则取卵壳。

5.2 样品处理

应在 10 ℃以下进行。先用组织研磨器将样品匀浆,匀浆后,再用含有适量抗菌素(1 000 IU/mL 的青霉素和 1 000 μg/mL 的链霉素或其他抗菌素)的细胞培养液(见第 A.1 章),按 1∶10 的最终稀释度悬浮。于 15 ℃下孵育 2 h～4 h 或 4 ℃下孵育 6 h～24 h。7 000 r/min 离心 15 min,收集上清液。卵巢液不必匀浆,稀释两倍以上。用相同的方法离心卵巢液样品并在以后的步骤中直接用其上清液。

5.3 分离操作

对上述 1∶10 的组织匀浆上清液用细胞培养液再做两次 10 倍稀释,然后将这 1∶10、1∶100 和 1∶1 000三种稀释度的上清液,用无菌操作方法,以适当体积分别接种到生长约 24 h 的 RTG-2、CHSE 或者 PG 细胞单层中,每孔(2 cm^2)的细胞单层最多接种 100 μL 稀释液。15 ℃～20 ℃吸附 1 h 后,加入细胞培养液。置于 18 ℃±2 ℃培养。

阳性对照组和待测样品都接种细胞后,7 d 内每天用 40 倍到 100 倍倒置显微镜检查,接种了被检物匀浆上清稀释液的细胞培养中是否出现细胞病变(CPE)。如果除阳性对照细胞外,没有 CPE 出现,则在培养 7 d 后还要用敏感细胞进行再传代培养。传代时,冻融并收集接种了组织匀浆上清稀释液的细胞单层培养物。7 000 r/ min,4 ℃离心 15 min,收集上清液。接种到新鲜细胞单层,培养 7 d。每天用 40 倍～100 倍倒置显微镜检查。如果样品经过接种细胞和盲传后均没有 CPE 出现,则结果判为阴性。如有 CPE 出现,则要用中和试验或者 ELISA 方法进行鉴定是否由 IPNV 引起。

如果在阳性对照组也未出现 CPE,则试验无效。应采用敏感细胞和一批新的组织样品重新按上述方法进行病毒学检查。

6 IPNV 的鉴定Ⅰ:中和试验

6.1 试验准备

6.1.1 把 RTG-2(或 CHSE、PG 等)细胞培养于 96 孔微量细胞培养板上。

6.1.2 病毒:用 IPNV 参考毒株,传代后制成病毒悬液。

6.1.3 抗血清:抗 IPNV 的参考血清,使用前于 56 ℃灭活 60 min。

6.1.4 待检样品(出现了 CPE 的细胞培养物):冻融一次,除去细胞碎片后使用。

6.2 操作步骤

6.2.1 将待检样品用细胞培养液作系列稀释,使其稀释度由 10^{-1} 到 10^{-8},每管体积为 0.5 mL。

6.2.2 取两排试管,分别从上述各稀释度的待检样品中取出 0.2 mL 于两排试管中,然后第一排管加入 0.2 mL 抗 IPNV 参考血清,第二排管加入 0.2 mL 细胞培养液,充分混合均匀。

6.2.3 25 ℃温育 60 min。

6.2.4 温育后分别将第一排管与第二排管的样品接种于已长满细胞单层的 96 孔微量细胞培养板,每个稀释度 4 孔,每孔 0.1 mL。

6.2.5 将抗 IPNV 参考血清倍比稀释后(1∶8 至 1∶64)接种于上述培养板,每个稀释度 2 孔,每孔 0.05 mL,作为参考抗血清对照。

6.2.6 将 IPNV 参考病毒按照 6.2.1～6.2.3 的方法由 10^{-1} 到 10^{-8} 稀释,并和参考血清混合反应后加入细胞板,每个稀释度 2 孔,每孔 0.1 mL,作为“参考病毒＋参考血清”对照,细胞板中剩余 8 孔中 4 孔作正常细胞对照,4 孔接参考病毒原液做病毒对照。

6.2.7 各孔再加入细胞培养液 0.1 mL。

6.2.8 放入 20 ℃培养箱中培养,逐日观察病变,按表 1 填写试验结果。

表 1　中和试验结果记录表

项目		待检样品＋参考血清				待检样品＋细胞培养液				参考病毒＋参考血清		参考血清	对照
		1	2	3	4	5	6	7	8	9	10	11	12
A	10^{-1}											1∶8	细胞对照
B	10^{-2}											1∶8	
C	10^{-3}											1∶16	
D	10^{-4}											1∶16	
E	10^{-5}											1∶32	病毒对照
F	10^{-6}											1∶32	
G	10^{-7}											1∶64	
H	10^{-8}											1∶64	

6.3　结果计算

按 Reed-Muench 法分别计算出“待检样品＋参考血清”以及“待检样品＋细胞培养液”的细胞半数死量($TCID_{50}$)，二者的滴度指数之差的反对数即为中和指数。若正常细胞与参考血清对照为阴性，标准毒对照为阳性，“参考病毒＋参考血清”中血清能有效抑制病毒产生 CPE，则按表 2 判定结果。

表 2　中和试验结果判定表

中和指数	结果判定
＜10	阴性(待检查不带毒)
10～50	可疑
＞50	阳性

7　IPNV 的鉴定Ⅱ：ELISA 法

7.1　包被羊抗 IPNV 抗体

将羊抗 IPNV 的 IgG 用包被稀释液(见第 A.2 章)稀释成工作浓度后包被酶标板，每孔 0.1 mL。4 ℃孵育 12 h～24 h 或者 37 ℃反应 1.5 h～2 h。倒出孔内液体。

7.2　洗涤

将 PBST(见第 A.3 章)加满小孔，2 min 后倒出，拍干。如此重复 3 次。

7.3　加入待测样品

每个样品两孔，每孔 0.1 mL。另将已知 IPNV 参考毒株(阳性对照)、正常组织样品(阴性对照)和细胞培养液(空白对照)也各加两孔。37 ℃反应 1.5 h～2 h。倒出孔内液体。用 PBST 洗 3 次，方法见 7.2。

7.4　加入兔抗 IPNV 血清

每孔加 0.1 mL 稀释到工作浓度的兔抗 IPNV 参考血清(用细胞培养液稀释)。37 ℃反应 1.5 h～2 h。倒出孔内液体。用 PBST 洗两次，方法见 7.2。

7.5　消除非特异性过氧化物酶

每孔加 0.1 mL 0.1%的 H_2O_2(用双蒸水稀释)。37 ℃ 反应 15 min 以除掉非特异性的过氧化物酶。倒出孔内液体。用 PBST 洗两次，方法见 7.2。

7.6　加入酶标羊抗兔 IgG 结合物(酶标二抗)

每孔加入 0.1 mL 稀释到工作浓度的酶标羊抗兔 IgG (用细胞培养液稀释)。37 ℃反应 1.5 h～2 h。倒出孔内液体。用 PBST 洗 3 次，方法见 7.2。

7.7 加底物 OPD 溶液

溶液配制见第 A.4 章。

每孔加入 0.1 mL OPD 溶液。室温下避光反应显色约 10 min。

7.8 加终止液

当阳性对照出现明显棕黄色，阴性对照无色时，立即每孔加入 0.2 mL 浓度为 2 mol/L 硫酸终止反应。

7.9 结果计算和判定

当 ELISA 反应结束并加入终止液后，10 min 内用酶标仪测量各孔在 490 nm 波长时的光吸收值(A_{490}值)。以空白对照的 A_{490} 值为零点。先计算阳性对照和阴性对照的 A_{490} 值之比。阳性对照孔的 A_{490} 值 (P)与阴性对照孔的 A_{490} 值(N)之比大于 2.1 (即 $P/N \geqslant 2.1$)，表明对照成立。再计算待测样品孔和阴性对照孔的 A_{490} 值之比。当样品孔的 A_{490} 值(P)与阴性对照孔的 A_{490} 值(N)之比大于或等于 2.1(即 $P/N \geqslant 2.1$) 时定为 IPNV 阳性。

8 综合判定

8.1 经细胞培养出现 CPE，并经中和试验或者 ELISA 检测为阳性者，若出现临床症状，可判定患有传染性胰坏死病；若无临床症状，判定为 IPNV 携带者。

8.2 仅有临床症状，或仅能在细胞培养中出现 CPE，但不能被抗 IPNV 中和抗体中和或者 ELISA 检测为阴性则不能称患有 IPN，需进一步作其他病检查。

8.3 若中和试验为可疑，则需要重复一次，结果如果仍为可疑则判为可疑，或者改用 ELISA 方法鉴定。

附 录 A
（规范性附录）
试 剂 配 制

标准中所有试剂，除特别注明外，全部采用分析纯的试剂。

A.1 细胞培养液

TC199培养基，按说明书的要求配制，然后加入10%的胎牛血清，抽滤除菌后分装，－20 ℃保存。

A.2 包被稀释液(pH9.6)

碳酸钠(Na_2CO_3)	1.59 g
碳酸氢钠($NaHCO_3$)	2.93 g
水	1 000 mL

充分搅拌溶解后，4 ℃保存。

A.3 PBST (pH7.4)

氯化钠(NaCl)	8 g
氯化钾(KCl)	0.2 g
磷酸二氢钾(KH_2PO_4)	0.2 g
十二水磷酸氢二钠($Na_2HPO_4 \cdot 12H_2O$)	2.9 g
水	1 000 mL
Tween-20	0.05 mL

摇匀后，4 ℃保存。

A.4 底物OPD溶液 (pH5.0)

0.1 moL/L 磷酸氢二钠(Na_2HPO_4)	600 mL
0.1 moL/L 柠檬酸	300 mL 混合成底物稀释液

在100 mL底物稀释液中溶入80 mg的邻苯二胺 (OPD)，然后加入80 μL的双氧水(H_2O_2)，放5 min不变色即可使用(使用前配制)。

ICS 65.020.30
B 41

中华人民共和国国家标准

GB/T 15805.2—2008
部分代替 GB/T 15805.1—1995

鱼类检疫方法
第2部分：传染性造血器官坏死病毒（IHNV）

Quarantine methods of fish—
Part 2: Infectious haematopoietic necrosis virus (IHNV)

2008-07-31 发布 　　　　2008-11-01 实施

中华人民共和国国家质量监督检验检疫总局
中国国家标准化管理委员会 发布

前　言

GB/T 15805《鱼类检疫方法》分为下列部分：

——第1部分：传染性胰脏坏死病毒(IPNV)；

——第2部分：传染性造血器官坏死病毒(IHNV)；

——第3部分：病毒性出血性败血症病毒(VHSV)；

——第4部分：斑点叉尾鮰病毒(CCV)；

——第5部分：鲤春病毒血症病毒(SVCV)；

——第6部分：杀鲑气单胞菌；

——第7部分：脑粘体虫；

……

本部分为GB/T 15805的第2部分。

本部分代替GB/T 15805.1—1995《淡水鱼类检疫方法　第一部分》中的第4章。

本部分与GB/T 15805.1—1995的第4章相比主要变化如下：

——增加了用PCR方法鉴定IHNV；

——增加了资料性附录“IHN病毒N基因的全序列(1 176 bp)”；

——结构格式按GB/T 1.1—2000的规定，作为部分编写。

本部分的附录A为规范性附录，附录B为资料性附录。

本部分由中华人民共和国农业部提出。

本部分由全国水产标准化技术委员会归口。

本部分起草单位：农业部全国水产技术推广总站、中华人民共和国深圳出入境检验检疫局。

本部分主要起草人：孙喜模、江育林、陈爱平、陈辉、朱泽闻。

本部分所代替标准的历次版本发布情况为：

——GB/T 15805.1—1995。

鱼类检疫方法 第2部分：传染性造血器官坏死病毒(IHNV)

1 范围

GB/T 15805的本部分规定了用逆转录-聚合酶链反应(RT-PCR)检测传染性造血器官坏死病毒(IHNV)的方法。

本部分适用于IHNV的分离与鉴定，IHN的流行病学调查、诊断、疫情监测，以及口岸出入境、国内跨区域移动的检疫。

2 规范性引用文件

下列文件中的条款通过GB/T 15805的本部分的引用而成为本部分的条款。凡是注日期的引用文件，其随后所有的修改单(不包括勘误的内容)或修订版均不适用于本部分，然而，鼓励根据本部分达成协议的各方研究是否可使用这些文件的最新版本。凡是不注日期的引用文件，其最新版本适用于本部分。

GB/T 6682—1992 分析实验室用水规格和试验方法(neq ISO 3696:1987)

GB/T 18088—2000 出入境动物检疫采样

3 试剂和材料

3.1 IHNV参考毒株：由农业部指定的动物病原微生物菌(毒)种保藏机构提供。

3.2 水：GB/T 6682—1992，一级，并要用焦碳酸二乙酯(DEPC)处理，除去DNA和RNA酶。

3.3 Taq酶：-20 ℃保存，不要反复冻融或温度剧烈变化。

3.4 逆转录酶AMV：-20 ℃保存，不要反复冻融或温度剧烈变化。

3.5 RNA酶抑制剂(Ranase)：-20 ℃保存，不要反复冻融或温度剧烈变化。

3.6 dNTP(含dCTP、dGTP、dATP、dTTP各10 mmoL/L)。

3.7 引物：所选取的基因为IHNV的N基因中的片段，两对引物，浓度为40 μmoL/L，F1和R1扩增该基因中的786 bp片断，而F2和R2则从786 bp片断中再扩增323 bp片断。

上游引物F1：5′-TCA-AGG-GGG-GAG-TCC-TCG-A-3′；

下游引物R1：5′-CAC-CGT-ACT-TTG-CTG-CTA-C-3′；

上游引物F2：5′-TTC-GCA-GAT-CCC-AAC-AAC-AA-3′；

下游引物R2：5′-GCG-CAC-AGT-GCC-TTG-GCT-3′。

3.8 无水乙醇：分析纯，使用前预冷到-20 ℃。

3.9 矿物油：分析纯。

3.10 溴酚蓝。

4 仪器和设备

4.1 PCR扩增仪。

4.2 电泳仪。

4.3 紫外透射仪。

4.4 普通冰箱。

4.5 超低温冰箱。

4.6 台式离心机。

4.7 电子天平。

4.8 低温高速离心机。

4.9 微量移液器及吸头。

4.10 恒温培养箱。

4.11 电动匀浆器。

4.12 剪刀,镊子。

4.13 离心管和 PCR 管。

4.14 组织研磨器。

4.15 倒置显微镜。

5 IHNV 的分离

5.1 采样

按 GB/T 18088—2000 的规定执行。对有临床症状的鱼,体长≤4 cm 的鱼苗取整条,若是带卵黄囊的鱼应去掉卵黄囊;体长 4 cm～6 cm 的鱼苗取内脏(包括肾);体长大于 6 cm 的鱼则取肝、肾、脾。对无症状的鱼取肝、肾、脾;成熟雌鱼还需取卵巢液;鱼卵则取卵壳。

5.2 样品处理

应在 10 ℃以下进行。先用组织研磨器将样品匀浆。再用细胞培养液(见第 A.1 章)按 1∶10 的最终稀释度悬浮。在匀浆前未用抗菌素处理过的样品,则须将样品匀浆后再悬浮于含有抗菌素(1 000 IU/mL的青霉素和 1 000 μg/mL 的链霉素或其他抗菌素)的细胞培养液中,于 15 ℃下孵育 2 h～4 h或 4 ℃下孵育 6 h～24 h。7 000 r/min 离心 15 min,收集上清液。卵巢液不必匀浆,稀释两倍以上。用相同的方法离心卵巢液样品并在以后的步骤中直接用其上清液。

5.3 IHNV 分离

对上述 1∶10 的组织匀浆上清液用细胞培养液再做两次 10 倍稀释,然后将这 1∶10、1∶100 和 1∶1 000三种稀释度的上清液,以适当体积分别接种到生长约 24 h 的 EPC 或者 FHM 细胞单层中,每孔(2 cm^2)的细胞单层最多接种 100 μL 稀释液。15 ℃～18 ℃吸附 1 h 后,加入细胞培养液。置于 15 ℃～18 ℃培养。

阳性对照组和待测样品都接种细胞后,7 d 内每天用 40 倍到 100 倍倒置显微镜检查,接种了被检物匀浆上清稀释液的细胞培养中是否出现细胞病变(CPE)。如果除阳性对照细胞外,没有 CPE 出现,则在培养 7 d 后还要用敏感细胞进行再传代培养。传代时,冻融并收集接种了组织匀浆上清稀释液的细胞单层培养物。7 000 r/min,4 ℃离心 15 min,收集上清液。接种到新鲜细胞单层,培养 7 d。每天用 40 倍到 100 倍倒置显微镜检查。如果样品经过接种细胞和盲传后均没有 CPE 出现,则结果判为阴性。如有 CPE 出现,则要用 PCR 方法进行鉴定是否由 IHNV 引起。

如果在阳性对照组也未出现 CPE,则试验无效。应采用敏感细胞和一批新的组织样品重新按上述方法进行病毒学检查。

6 IHNV 的鉴定

6.1 采样

对有临床症状的鱼,可以按照 5.1 的要求取样直接做 RT-PCR 检测鱼组织中是否有 IHNV 的核酸。而对无症状的鱼,则应接种细胞,分离到病毒后再用 RT-PCR 鉴定是否存在 IHNV。

6.2 样品处理

如果是鱼样品,取不多于 100 mg 组织。先加入 150 μL CTAB 溶液(见第 A.2 章),用组织研磨器将样品匀浆成糊状，放入1.5 mL的离心管中，再将CTAB溶液补加至900 μL。如果是有CPE的细胞悬液，则取450 μL细胞悬液加入450 μL CTAB溶液混匀。25 ℃作用2.5 h。

6.3 RNA抽提

将处理好的样品离心管中加入600 μL抽提液2(见第A.3章)，用力混合不少于30 s。12 000 r/min离心5 min，小心取上层水相(约800 μL)。再加入700 μL抽提液1(见第A.4章)，用力混合不少于30 s。12 000 r/min离心5 min，小心取上层水相(约600 μL)。再加入－20 ℃预冷的1.5倍体积的无水乙醇约900 μL，倒置数次混匀后，－20 ℃ 8 h以上沉淀核酸。12 000 r/min离心30 min，小心弃去上清液。干燥后加10 μL水溶解后作为RT-PCR模板。

6.4 变性和退火

在PCR管中加入10 μL模板和2.5 μL引物R1，加2.5 μL水使总体积为15 μL。置于70 ℃反应5 min。立即冰浴，低速离心约5 s，将液体收集在底部。

6.5 cDNA合成

在上述反应管中继续加入：5 μL的5倍逆转录酶浓缩缓冲液(5×buffer)(见第A.5章)、2 μL dNTP、0.5 μL RNA酶抑制剂(20 U)、1 μL逆转录酶AMV(10 U)和1.5 μL水，总体积为25 μL。

42 ℃ 60 min反应以合成模板的cDNA。

6.6 PCR扩增DNA

在上述反应管中再继续加入：10倍Taq酶用浓缩缓冲液8 μL(见第A.7章)、25 mmoL/L的氯化镁8 μL(见第A.6章)、dNTP 2 μL、引物R1 2 μL和引物F1 2 μL、Taq酶5 U，加水到总体积为100 μL。每管加入50 μL矿物油。短时间低速离心让矿物油集中在上层。在PCR扩增仪中。先94 ℃预变性4 min，再94 ℃ 1 min→55 ℃ 1 min→72 ℃ 1 min，30次循环，然后72 ℃ 8 min，最后4 ℃保温。

6.7 琼脂糖电泳

用TBE电泳缓冲液(见第A.8章)配制1.5%的琼脂糖(含1 μg/mL EB，见第A.9章)平板。将平板放入水平电泳槽，使电泳缓冲液刚好淹没胶面。将6 μL样品和2 μL样品缓冲液(见第A.10章)混匀后加入样品孔。在电泳时设立DNA标准分子质量作对照，推荐使用pUC19 DNA/MspI(HpaⅡ)。5 V/cm电泳约1 h，当溴酚蓝到达底部时停止。在紫外灯下观察有无DNA带并判定结果。

6.8 套式PCR

如果PCR后的产物在电泳时看不到特异的DNA带，取5 μL产物做模板；如果PCR后的产物在电泳时能看到特异的DNA带则需将产物按1∶100～1∶1 000稀释后，取5 μL做模板。

然后依次加入以下试剂：Taq酶5 U，dNTP 2 μL，引物R2 2.5 μL和引物F2 2.5 μL，10倍用浓缩的Taq酶缓冲液10 μL，25 mmoL/L的氯化镁10 μL，加水到总体积100 μL。

每管加入50 μL矿物油。短时间低速离心让矿物油集中在上层。再将反应管置于PCR扩增仪。先94 ℃预变性4 min，再94 ℃ 1 min→55 ℃ 1 min→72 ℃ 1 min，30次循环，然后72 ℃ 8 min，最后4 ℃保温。

6.9 设立对照

6.9.1 在6.1的样品处理过程中应设立阳性对照、阴性对照和空白对照。

6.9.2 取含有已知IHNV参考株的细胞悬液为模板作阳性对照。

6.9.3 取正常的阴性组织为模板作阴性对照。

6.9.4 取等体积的水代替样品为模板作空白对照。

7 结果判定

经第一次PCR后阳性对照会出现一条786 bp的DNA带。阴性对照和空白对照没有该核酸带。套式PCR后阳性对照会出现一条323 bp的DNA带。阴性对照和空白对照均没有该核酸带。

待测样品PCR扩增后能在相应786 bp DNA位置上有带，并且套式PCR扩增后能在相应323 bp

位置上有带;或者虽经 PCR 扩增后可能因浓度太低看不到可见的 DNA 带,但套式 PCR 扩增后能在相应 323 bp 位置上有带者,均可判为阳性。无带的判为阴性。仅在 PCR 扩增后有 786 bp 的 DNA 带,但套式 PCR 重复两次仍不能扩增出 323 bp 的 DNA 带的样品也判为阴性。

如果扩增出的 DNA 带的大小不是 786 bp 与 323 bp 应判为阴性。如果带的大小和阳性片段接近难以确定,则需要测序,根据是否和已知 DNA 片段(参见附录 B)的序列吻合来判定。

附 录 A
(规范性附录)
试剂配制

标准中所有试剂,除特别注明外,全部采用分析纯的试剂。

A.1 细胞培养液

TC199 培养基,按说明书的要求配制。然后加入 10%的胎牛血清,抽滤除菌,-20 ℃保存。

A.2 CTAB 溶液

按 CTAB(hexadecyl trimethy ammonium bromide)2%,氯化钠 1.4 moL/L,EDTA 20 mmoL/L,Tris-HCl 20 mmoL/L pH=7.5 配制。用前加巯基乙醇至终浓度为 0.25%。

A.3 抽提液 2

1 moL/L Tris 水溶液饱和的酚∶三氯甲烷∶异戊醇=25∶24∶1 混合,密闭避光保存。

A.4 抽提液 1

将三氯甲烷∶异戊醇按 24∶1 的比例混合,密闭避光保存。

A.5 逆转录酶 AMV 的 5 倍浓缩缓冲液

Tris-HCl	250 mmoL/L,pH 8.3
氯化钾(KCl)	250 mmoL/L
氯化镁($MgCl_2$)	50 mmoL/L
DTT	50 mmoL/L

A.6 氯化镁($MgCl_2$)溶液

浓度为 25 mmoL/L。

A.7 Taq 酶用 10 倍浓缩缓冲液

Tris-HCl	500 mmoL/L,pH 8.8
氯化钾(KCl)	500 mmoL/L
Triton X-100	1%

A.8 TBE 电泳缓冲液(5 倍浓缩液)

Tris	54 g
硼酸(HBO_3)	27.5 g
EDTA	2.922 g
水	1 000 mL

用 5 moL/L 的盐酸(HCl)调到 pH 8.0。

A.9 EB(ethidium bromide,核酸染色剂)

用水配制成 10 mg/mL 的浓缩液。用时每 10 mL 电泳液或琼脂中加 1 μL。

A.10 样品缓冲液

每 100 mL 水溶液中含:溴酚蓝 0.25 g,蔗糖 40。

附 录 B
（资料性附录）
IHN 病毒 N 基因的全序列(1 176 bp)

1	atgacaagcg	cactcagaga	gacgttcact	ggactcagag	acatcaaggg	gggagtcctc
61	gaggatccag	agacggagta	tcgtcccagt	acgataaccc	tccctctatt	tttctccaag
121	acagacttag	acctagagat	gatcaagcgg	gcggtgagtc	aagtcggagg	agagggaacg
181	agaaaggcat	tgagcctcct	gtgcgcgttc	gtcattgcag	agacggtccc	atcggaggca
241	ggtacggtcg	ccgaacttct	ggaagccctg	ggtttcgtgc	tggagtcttt	ggacactggg
301	gcaccaccag	acgctacctt	cgcagatccc	aacaacaagc	ttgcagaaac	gatcgtaaag
361	gaaaatgtcc	ttgaggttgt	gaccggcctc	ctcttcacct	gcgccctact	gactaagtat
421	gatgtggaca	agatggccac	atactgccaa	aacaagctcg	agcgtcttgc	aaccagccaa
481	gggattggcg	agttggttaa	cttcaacgcc	aacaggggag	tcctggccaa	gatcggggcg
541	gtgcttagac	ccggacagaa	gctcaccaag	gctatctatg	ggatcattct	catcaacctg
601	tccgacccag	ccatcgctgc	cagagccaag	gcactgtgcg	ccatgagact	gagcgggaca
661	ggaatgacaa	tggtggggct	gttcaaccaa	gccgcaaaga	acctgggcgc	ccttccagcc
721	gaccttttag	aggatctgtg	catgaagtca	gtggtggagt	ccgccagacg	cattgtcaga
781	ctgatgagga	tcgtagcaga	ggccccaggg	gtagcagcaa	agtacggtgt	catgatgagc
841	aggatgctcg	gggaggggta	cttcaaggcc	tacgggatca	acgagaacgc	caggatcacc
901	tgcattctca	tgaacatcaa	cgataggtat	gacgatggga	cctcgagagg	actgacaggg
961	ataaaggtct	ccgacccttt	caggaagctg	gcgagggaga	tcgctcgtct	ccttgtcctc
1021	aagtacgatg	gcgatggctc	aaccggagag	gggcgtcag	agctgatccg	ccgggcggag
1081	atggcatctc	ggggaccaga	catgggtgag	gaggaggagg	aggacgagga	ggacgacgac
1141	tccagtgagc	caggagactc	cgactcattc	cactga		

注：涂墨和划线处是引物序列。